油田硫酸盐还原菌生态特性及其应用

魏利 郝天伟 李春颖 曹振锟 等著

The Ecological Characteristics and Application of Sulfate-Reducing Bacteria in Oil Field

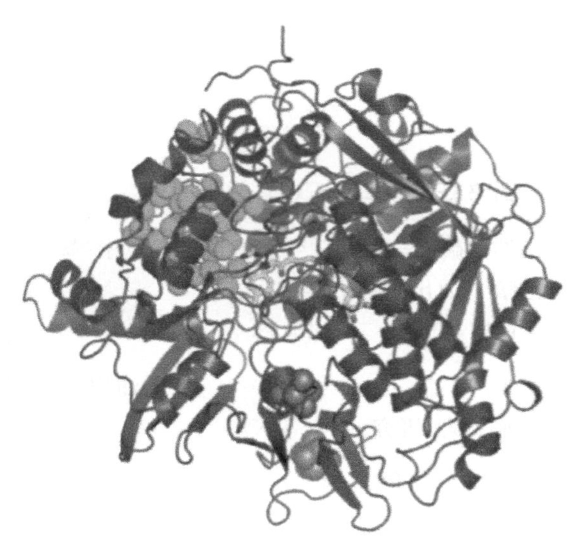

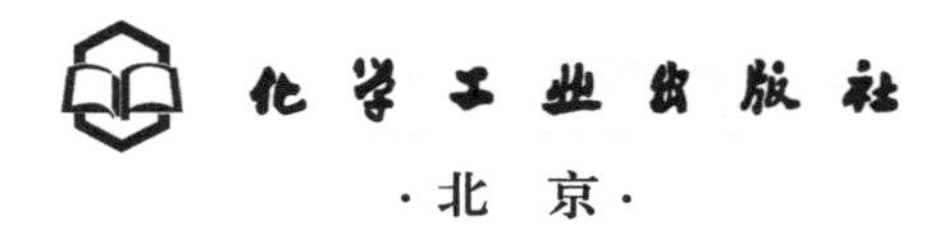

化学工业出版社

·北 京·

内容简介

本书主要围绕油田硫酸盐还原菌展开，首先介绍了硫酸盐还原菌的分类、组成、生态分布规律及检测方法；其次介绍了硫酸盐还原菌的代谢途径和关键蛋白；再次介绍了硫酸盐还原菌的危害和控制方法；最后介绍了硫酸盐还原菌在微生物采油、污水处理及其他环保领域的应用。

本书内容翔实、重点突出，理论与实践有机结合，具有较强的技术应用性和针对性，可供从事油田环境污染治理、油田污水处理等的工程技术人员、科研人员和管理人员参考，也可供高等学校环境工程、市政工程、生物工程及相关专业师生参阅。

图书在版编目（CIP）数据

油田硫酸盐还原菌生态特性及其应用/魏利等著. —北京：化学工业出版社，2022.1

ISBN 978-7-122-40175-5

Ⅰ.①油… Ⅱ.①魏… Ⅲ.①油田-硫酸盐还原细菌-污水处理-研究 Ⅳ.①X741

中国版本图书馆 CIP 数据核字（2021）第 219391 号

责任编辑：刘兴春 刘 婧　　文字编辑：林 丹 骆倩文
责任校对：李雨晴　　装帧设计：张 辉

出版发行：化学工业出版社（北京市东城区青年湖南街 13 号 邮政编码 100011）
印 装：北京捷迅佳彩印刷有限公司
787mm×1092mm 1/16 印张 26 彩插 8 字数 642 千字 2022 年 1 月北京第 1 版第 1 次印刷

购书咨询：010-64518888　　售后服务：010-64518899
网 址：http://www.cip.com.cn
凡购买本书，如有缺损质量问题，本社销售中心负责调换。

定 价：198.00 元

序

能源是我国经济社会发展的重要基础。石油作为重要的化石能源之一，随着我国国民经济持续稳定发展和人民生活水平的不断提高，其需求在一定时期内仍将稳定增长。在石油发展“十三五”规划中提出目前的重点任务之一是加强勘探开发，保障国内资源供给，积极应对石油工业发展带来的挑战。

油田硫酸盐还原菌是油田中具有典型代表性的功能菌群，在油田采油、油田污水处理及油田环境保护等过程中发挥着重要的作用，但同时硫酸盐还原菌也给油田的生产带来巨大的危害。如何有效地控制和利用硫酸盐还原菌，发挥它的作用是目前油田工作研究的着力点。

由哈尔滨工业大学环境学院的魏利博士、澳门大学的郝天伟博士、哈尔滨商业大学的李春颖博士以及大庆油田设计院有限公司的曹振锟高工等著的《油田硫酸盐还原菌生态特性及其应用》一书，是国内首次将硫酸盐还原菌系统地整理编著成书，填补了国内在油田硫酸盐还原菌方面图书的空白，将对广大的科研工作者和生产一线研究人员从事科学研究和工程实践提供有效的基础支撑。

本书作者一直从事油田微生物的研究，尤其是油田硫酸盐还原菌的研究。多年来在生产和科研的一线，先后开展了油田硫酸盐还原菌生态调控的基础和理论研究，并对油田回注水系统中的硫酸盐还原菌的种群进行了深入的研究。基于扎实的理论基础和多年来的研究经验，本书系统地归纳了硫酸盐还原菌的特性、组成、分布、检测方法，硫酸盐还原菌的危害和控制方法，以及硫酸盐还原菌在采油、污水处理和其他环保领域的应用。本书作者密切联系油田生产的实际情况，结合油田实际工程问题，专门对引起油田开发生产过程中腐蚀难题的硫酸盐还原菌进行了全面、详细的介绍，并结合现场试验阐述了硫酸盐还原菌的控制方法。本书以理论联系实际为指导思想，内容上充分体现了先进性、系统性和实用性。

总之，本书在遵循全面落实科学发展观和石油发展“十三五”规划的基础上，深入研究了引起严重腐蚀、给油田生产带来巨大损害的油田硫酸盐还原菌，对于油田生产趋利避害，有效地控制硫酸盐还原菌并发挥它在环保领域的作用，有极大的参考价值，并将极大满足环境保护、环境微生物学、环境工程、油田工程等领域的教学、科研和工程技术人员对该方面知识的需求。

中国工程院院士

2021 年 5 月

前言

能源是我国经济社会发展的重要基础，目前石油安全面临挑战，国内石油勘探投入不足，行业可持续发展受到制约。“十三五”规划中提出目前的重点任务之一是加强勘探开发，保障国内资源供给，加大精细挖潜，强化三次采油。

油田硫酸盐还原菌是油田中一种具有典型代表性的功能菌群，在油田采油、油田污水处理及油田环境保护过程中发挥着巨大的作用。但由于硫酸盐还原菌导致的钢铁腐蚀是石油工业中严重的问题，同时硫酸盐还原菌使石油储层孔隙的渗透率下降，妨碍注水法二次采油，还可导致三次采油中流度控制剂水解聚丙烯酰胺被降解，因此对硫酸盐还原菌的控制刻不容缓。

本书系统地阐述了硫酸盐还原菌的组成分布、硫酸盐还原菌的代谢调控及硫酸盐还原菌在采油、污水处理和环境保护过程中的应用，以硫酸盐还原菌为研究对象，旨在使读者更深入详细地了解硫酸盐还原菌，为油田工作者开展研究提供理论依据和技术支撑。

全书共分11章：第1章绪论，综述了硫酸盐还原菌的生理生化特征、分布、生理学特性、应用，分析了硫酸盐还原菌控制的必要性和控制方法；第2章硫酸盐还原菌的分类，介绍了不同分类标准下的硫酸盐还原菌的分类，以及油藏和地面系统中常见的硫酸盐还原菌属；第3章油田硫酸盐还原菌种群组成及生态分布规律，介绍了油田微生物的研究方法和进展，分析了不同温度油藏下硫酸盐还原菌的分布特征，并以葡萄花油田为例分析其分布特征；第4章油田硫酸盐还原菌的基因组学和蛋白组学研究，介绍了硫酸盐还原菌的基因组学和蛋白质组学的研究进展，并详述了硫酸盐还原菌的氢化酶、电子传递蛋白及参与电子传递的电子传递体；第5章硫酸盐还原菌的硫循环及代谢途径研究，介绍了硫酸盐还原菌的代谢途径、影响因素、代谢过程中的能量储存、参与代谢的膜复合物，以及不同细胞色素含量下硫酸盐还原菌的代谢情况；第6章硫酸盐还原菌的检测技术，介绍了基于不同原理的硫酸盐还原菌检测技术、硫酸盐还原菌快速定量检测方法以及SRB-HX-7新型快速硫酸盐还原菌测试瓶现场试验；第7章硫酸盐还原菌在微生物采油中的应用研究，介绍了微生物采油技术的特点、分类和应用，以及抑制硫酸盐还原菌强化微生物采油的研究；第8章油田硫酸盐还原菌的控制技术，介绍了控制硫酸盐还原菌的不同方法，主要详述了反硝化抑制方法的研究现状，以及葡三联地面污水系统和油田回注水系统中的硫酸盐还原菌生态调控的研究；第9章油田硫酸盐还原菌的腐蚀作用，介绍了硫酸盐还原菌的腐蚀机理、影响腐蚀的因素和腐蚀检测技术；第10章油田硫酸盐还原菌在污水处理中的应用研究，介绍了硫酸盐还原菌在高含铁采出水、油砂废水、工业废水和含聚采油污水中的应用，以及对缺氧海洋沉积物中石油烃的修复作用；第11章硫酸盐还原菌在含油污泥和土壤修复中的应用，介绍了石油污染的来源和危害、参与石油烃污染修复的降解菌和降解机制，以及烃类降解菌修复土壤的研究。

本书由魏利、郝天伟、李春颖、曹振锟等著，具体分工如下：

第1章由周普林、欧阳嘉（香港科技大学霍英东研究院），魏利（哈尔滨工业大学、香港科技大学霍英东研究院），郝天伟（澳门大学）著；第2章由张昕昕、骆尔铭、欧阳嘉（香港科技大学霍英东研究院），郝天伟（澳门大学）著；第3章由魏利（哈尔滨工业大学、香港科技大学霍英东研究院），郝天伟（澳门大学），冯英明（中国昆仑工程有限公司）著；第4章由欧阳嘉（香港科技大学霍英东研究院）、郝天伟（澳门大学）、魏利（哈尔滨工业大学、香港科技大学霍英东研究院）著；第5章由魏东（哈尔滨工业大学），曹振锟、舒志明、古文革、赵秋实（大庆油田设计院有限公司），李春颖（哈尔滨商业大学）著；第6章由李春颖（哈尔滨商业大学），曹振锟、马骏、孙秀秀、王忠良（大庆油田设计院有限公司）著；第7章由魏利（哈尔滨工业大学、香港科技大学霍英东研究院），欧阳嘉、张昕昕（香港科技大学霍英东研究院）著；第8章由欧阳嘉（香港科技大学霍英东研究院）、魏利（哈尔滨工业大学、香港科技大学霍英东研究院），曹振锟、范晓刚、马骏、孙秀秀、刘国宇、王忠良（大庆油田设计院有限公司）著；第9章由郝天伟（澳门大学），欧阳嘉、张昕昕（香港科技大学霍英东研究院），魏利（哈尔滨工业大学、香港科技大学霍英东研究院），邓海平、李殿杰、刘忠宇、王峰（大庆油田有限责任公司第七采油厂）著；第10章由欧阳嘉、张昕昕（香港科技大学霍英东研究院），魏利（哈尔滨工业大学、香港科技大学霍英东研究院）、李春颖（哈尔滨商业大学）著；第11章由魏利（哈尔滨工业大学、香港科技大学霍英东研究院）、魏东（哈尔滨工业大学）、李春颖（哈尔滨商业大学）、欧阳嘉（香港科技大学霍英东研究院）著。全书最后由魏利、郝天伟、李春颖、曹振锟统稿并定稿。

本书的撰写得到了哈尔滨工业大学任南琪院士的关怀，任南琪院士在百忙之中为本书欣然作序，在此表示衷心的感谢！本书的研究内容是笔者多年来依托大庆油田-哈尔滨工业大学环境科学与工程联合实验室在大庆油田展开的研究工作，书中许多的研究得到了大庆油田设计院有限公司陈忠喜教授级高工、大庆油田有限责任公司第七采油厂的马士平总工程师等领导和专家学者多年的支持，在此出版之际表示衷心的感谢。本书在撰写和出版过程中得到了华辰环保能源（广州）有限责任公司的帮助，在此深表谢忱！同时本书得到了广州市羊城创新创业领军人才支持计划（项目编号：2017012）、南沙区高端领军人才支持计划（2020年）、广州市科技厅项目对外科技合作专题（201704030053）、佛山科技专项（FSUST19-FYTRI03）、广州市科技规划项目（201907010005）、广州市基础与应用基础研究项目编号（202002030220）、城市水资源与水环境国家重点实验室开放研究基金（2019TS05）、国家创新群体项目（No. 51121062）、澳门科学技术发展基金（0040/2018/A1）和澳门大学MYRG研究项目（MYRG 2019-00045-FST）的资助。

本书在撰写过程中参考了部分该领域的教材、专著以及国内外生产实践相关资料，在此对这些著作的作者表示感谢。

限于著者水平及撰写时间，书中疏漏和不妥之处在所难免，敬请广大读者批评指正。

著者

2021年3月

目录

第1章 绪论

1.1 原油微生物系统简介

1.1.1 油藏

原油系统包括生油岩、储集层和盖层3部分。缺少任何一个地质因素，油藏都无法形成。同时圈闭也是形成油藏的必要因素。

从20世纪60年代开始到90年代，我国已相继在大庆、新疆、辽河、大港、吉林、华北等油田开展了微生物提高石油采收率的现场试验，并取得了良好的增产效果。但至今为止，相关研究主要集中在好氧微生物的降解作用，而对厌氧微生物研究甚少，只是最近几年才有关于厌氧微生物在原油降解、提高原油产量方面的报道[1]。

地下大部分石油（油和气）储存于渗透性的多孔沉积物中，如砂岩和石灰石。一般储层的原始含油饱和度在80%左右，其余是不连续水相。油层下面的水层中充满了不同盐浓度的连续水相。油气藏通常为高温环境，埋藏深度每增加100m，温度将升高2～3℃。大部分发生生物降解的油藏的温度在40～80℃之间。油藏压力是可变的，许多已发生生物降解的油藏都是高压环境，如北海油田，埋深1km时，油藏压力为10MPa；埋深2km时，油藏压力为20MPa。超高压储层中往往含有生物降解原油，压力达到40MPa或更高时，压力对生物降解过程的影响将忽略不计。油层水通常含有一定浓度的盐，对于高盐油藏，无论温度高低，原油的生物降解作用通常都会减弱[2]。

据经验可知，通常发生原油生物降解的油藏温度都低于80℃，埋深不超过4km，但一些低温油藏也蕴藏着未被降解的原油，这些原油可能来源于新鲜原油的充注或是由深层、高温区域的油藏抬升造成的。Wilhelms等[3] 提出“paleopasteurization”模式，即在原油充注前，油藏中烃降解菌由于埋深作用（温度高达80～90℃）而失去了活性，因此一些抬升盆地不含有降解原油。这种观点认为，在不断抬升和充注过程中，来自地表或深层地下油藏的微生物作用已经非常微弱，烃降解菌在“被灭菌”的油藏中无法生长代谢；同时认为在埋藏过程中，这些微生物已经存在于油藏中，且经过漫长的地质年代，这些生物种群仍能存活。

石油来源于油藏系统，生油岩产生油气，并将油气排放到运移层。运移层是一个渗透层，石油以一定的速度流进圈闭。圈闭由多孔的渗透性岩石构成，其上部由低渗透性的盖层封闭。在从生油岩到圈闭的过程中，石油可横向运移500km，纵向运移5km。成藏充注的时间不取决于运移速率，而取决于生油岩的产生，生油岩的产生由温度决定。通常生油岩产生并排出原油的温度为100～150℃，典型的沉积盆地的地质升温速率为每百万年上升1～10℃，所以圈闭充注需要百万年甚至数百万年的时间，远远超过了原油运移至储集层所需的时间。因此油田形成需要上百万年，现在发现的原油都是由过去数百万年时间里原油充注形成的。

石油形成的限速步骤是油藏的充注过程[4]。对于大部分沉积盆地而言，温度为100～150℃时，生油岩产生原油及溶解气；当温度升高至150～200℃时，原油裂解产生气体[5]。在圈闭充注期间，石油的排出和圈闭是一个油藏容积（饱和烃和芳香烃含量及气/油比）和分子（生物标记物和非生物标记物）成熟度不断变化的过程。在演变过程中，不同组分的原油形成了混合体系[4,6]。大多数盆地中多源生油岩充注圈闭，最终形成两种石油体系：a. 具有不同成熟度的相似的有机生油岩形成的石油；b. 由两种或多种生油岩形成的石油。

1.1.1.1 原油系统

(1) 生油岩

生油岩是产生并排出原油的岩石。通常认为油气流体是在埋藏过程中，由沉积物中的矿物有机质热解生成的。该过程可能是迄今为止发现的最重要的油气来源，但一些油气流体也明显来源于无机质。

随着地层压力和温度的增加，有机质的转化与石油的成熟过程相对应。

① 第1阶段是成岩阶段：微生物降解有机质。由于温度的增加，该过程历时较短。有机质降解生成二氧化碳和水，O/C比较H/C比下降快。这是非成熟阶段。

② 第2阶段是退化阶段：生成原油和湿气。该阶段由于热裂解作用，H/C比较O/C比下降快。该阶段相对应的地层温度为50～150℃，埋深1.5～4km。

③ 第3阶段是产气阶段：该阶段相对应的地层温度为120～200℃，C—C键断裂，H/C比下降很快。

(2) 储集层

储集层像一块海绵，既可以存储液体也可以排出液体。这类岩石依靠于它们的多孔介质，具有巨大的存储烃类化合物流体的能力。流体饱和度是指储层岩石孔隙中单位孔隙体积中所包含流体的体积，以百分数表征。由于在原油进入储集层中之前在孔道空间中已经有一定量的水分散，从而导致原油饱和度不可能达到100%。并且在原油流动过程中，储集层中的水不能完全被排挤出来。

石油储集层中的原油总量，主要取决于其孔隙度和饱和度。总孔隙度是岩石样品中所有孔隙空间体积与该岩样总体积的比值（一般用百分数来表示）。有效孔隙度是指那些互相连通的、可以允许流体在其中流动的孔隙总体积与该岩样总体积的比值，它是一个非常重要的参数。一般有三种类型的孔隙被认为是有效孔隙：粒间孔隙、粒内孔隙和裂缝孔隙。

渗透率是岩石允许液体流过的能力，其单位一般用达西（D，$1D=0.986923\times10^{-12}m^2$）和毫达西（mD）表示。一般而言，若要达到原油的经济可采产量通常需要至少10mD的渗透率，但是相对于气体而言其渗透率可以小于1mD。渗透率可以分为水平渗透率和垂直渗透率两种。一般而言，垂直渗透率比水平渗透率小一个数量级。

(3) 盖层

盖层的作用是阻止烃类运移，进而形成油气藏。烃类流体通常比水轻，一旦形成便会向上逸散。只有非渗透性岩层能限制烃类运移。盖层类似于塑料，不会发生断裂，具有低孔隙和低渗透性的特点。常见盖层的岩石类型有泥质岩类、膏盐类和致密灰岩类。盖层岩石孔隙的毛细管压力很高，能够阻止油气逸散。

1.1.1.2 圈闭

圈闭是储集层中能够阻止油气继续移动，并能使油气在其中聚集起来的地质构造。圈闭的形成必须具备3个必要条件：a. 储存油气的储集层；b. 储集层之上有防止油气散失的盖层；c. 有阻止油气继续向四周运移的遮挡条件。当这3个条件配合良好时储集层便处于上方和四周被不渗透岩层所包围或阻隔的状态，而当有油气进入时便可被捕获而聚集形成油气藏。烃类运移过程中形成具有封闭盖层的油气藏并不常见，因此成藏时间对油气藏的形成至关重要。通常圈闭分为构造圈闭、地层圈闭和复合圈闭三大类，构造圈闭主要包括弯窿圈闭和背斜圈闭。

综上，一个油气藏的形成依赖于3个方面的因素：a. 沉积作用（各类岩石的形成）；b. 成岩作用和退化作用（有机质的转化）；c. 地壳运动（圈闭的形成）。

1.1.2 采油机理

从采油的阶段和技术手段上划分，石油开采分为三个典型阶段，即一次采油、二次采油和三次采油。一次采油依靠油藏能量进行自喷开采。二次采油是通过注入水或气体，增大油藏压力，进而开采出更多石油。三次采油是采用多种方法和技术，改善油藏物理性质，提高采收率。

1.1.2.1 一次采油

石油开采取决于油藏的规模和特性，最初油藏压力高，油和气能够自喷到地表；随着油藏压力降低，油井底部与地表的压差很低，只能采用机械采油的方法（如在井底安装泵）增加石油开采量。

油气藏包括4个部分：a. 原油及其溶解气；b. 气顶油和气顶气；c. 原油和含水层的水；d. 含水层的油、水和气顶气。在石油开采过程中，整个油藏压力会逐渐降低。开井时压力下降会影响油气流体的流动情况。采油机理主要有溶解气驱、气顶膨胀和含水层水驱。溶解气驱是当油藏压力下降到泡点压力时，油相中的轻烃组分逸散到气相。气顶膨胀是油藏压力下降而导致气顶气体膨胀。含水层水驱是含水层膨胀慢慢推动原油开采，从而保持油藏压力。但在某些情况下，水层无法推动油气流体，因此油藏压力迅速降低。

当油藏压力下降得很低，导致产率太低或开采出的水或气含量太高时，一次采油阶段就会结束。通常，一次采油只能采出10%的原油。

1.1.2.2 二次采油

向油藏中注入气或水有两个目的：维持油藏压力、推动原油流向采油井。一般情况下，注入的流体分布于整个油田，在注入井周围形成一个流体带。当二次注入时，含水带不断扩大，导致采油井水窜，采出液中的含水量增加，部分原油被水驱动。通常，二次采油能采出15%～60%的原油，采收率取决于储层原油的性质、油藏的特性以及油井的数量和布井方式。

1.1.2.3 三次采油

三次采油采用更尖端的技术，被称为提高采收率（EOR）技术。该技术包括提高采收率机理的研究和开采技术的更新。提高采收率的目标是改善原油的流动性和被驱动性，提高原油的采收率。尖端技术包括油井的改善、设备的改善以及油藏特征的优化。这些技术不断更新，然而提高采收率机理的研究仍没有大的突破。

1.1.2.4 提高采收率

提高采收率（EOR）机理包括热力法、化学法、混相法和微生物法 4 种方法。

(1) 热力法

热力法是世界上提高采收率技术最常用的方法。热力法分为注蒸汽法和地下燃烧法两种方法。事实上，温度越高，原油黏度越低，因此热力法的原理是通过改变地层温度而降低原油黏度。

① 注蒸汽法。注蒸汽法是向油层中注入一定压力和温度的饱和蒸汽，蒸汽的配比取决于油藏及原油的性质，包括蒸汽驱、蒸汽吞吐和蒸汽辅助重力泄油技术。蒸汽驱是将蒸汽注入垂直井中，把原油驱向生产井采出。蒸汽吞吐是先向油井注入一定量的蒸汽，关井一段时间，待蒸汽的热能向油层扩散后，再开井开采。蒸汽辅助重力泄油是一种有效开采沥青质超稠油油藏的方法，将蒸汽注入采油井上方的水平井中，形成蒸汽腔。在重力的作用下，被加热的原油流向注入井下方的生产井而采出。

② 地下燃烧法。地下燃烧法是向油藏中注入空气，使原油和空气一起燃烧。燃烧是一个放热过程，使油藏温度升高，而原油的黏度降低，该方法主要在美国使用。

(2) 化学法

化学法是向油藏中注入聚合物、表面活性剂或碱。注入聚合物可以增加水的黏度。注入表面活性剂可以减小毛细管力，而毛细管力能够限制注入水的微观驱替效率。事实上，残余油的驱替是各种力和毛细管力相互竞争的结果，可以用毛细管数表示。只有当毛细管力下降引起临界毛细管数降低时，原油才能被表面活性剂所驱替，残余油越容易被驱替，其饱和度就越低。

向油层中注入碱性物质，有利于改变润湿性，降低油、水界面张力。碱-表面活性剂-聚合物驱融合 3 种化学物质的驱油优势。化学法提高采收率成本高，只能应用于特殊油藏（油藏温度和盐浓度不太高），且随时间推移，化学物质会降解而导致驱油效率降低。

(3) 混相法

混相法是指通过注入一种能与原油混相的流体来排驱残余油的方法，其可以大大降低原油和注入流体的界面张力。混相气体能够降低残余油的饱和度。原油流动性越强，采收率越高。当界面张力下降至临界值时，相对渗透率曲线会发生变化。界力临界值取决于流体和岩石的性质，但该值通常为 0.1～1mN/m。注入的混合气体，可以是干气体或湿气，这取决于油和气的性质，混合气体的比例可以通过蒸发气驱或浓缩气驱而获得。二氧化碳与其他气体相比，具有较低的混相压力。注入二氧化碳引起膨胀效应，能够增加原油饱和度、原油相对渗透率及原油流动性。二氧化碳气驱可以降低油黏度，但也存在潜在的破坏力。二氧化碳可破坏沥青质的稳定性，导致沥青质在储层、地面设备或管道中沉积，从而引起堵塞问题。

(4) 微生物法

微生物强化采油是一种有吸引力的替代采油方法，它涉及使用本地或外源微生物来促进微生物副产品的生产，这些副产品有利于石油生产。因此，微生物强化采油的成功取决于对微生物群落结构和油藏环境的充分了解。自然界中微生物群落的丰度和多样性取决于营养物质（微生物的食物）的存在和各种环境条件，如温度、压力、pH 值、盐度和氧气可用性。微生物群落繁衍生息的环境可能有利于某些物种的生存，也可能对其他物种构成威胁。在自然界，微生物利用生态系统资源的代谢产物不断产生新细胞并适应环境，它们也将副产品排泄回环境中。因此，微生物甚至可以根据资源可用性和新陈代谢的环境条件改变生态系统。温度、pH 值、盐度和氧气可用性是影响细菌生长的主要因素。油藏是与高毒性、高温、高盐度和高压相关的微生物生活的极端环境。

由于我国油田开发时间相对较早，经历了长时间的发展实践，渐渐进入高含水发展阶段，技术应用广泛性逐渐增强，如聚合物强化水驱技术、化学药剂驱油技术以及蒸汽吞吐技术等，但是由于实际成本投入非常大且多种因素影响，使得油田采收率并不是非常理想。微生物技术为油田开发提供了发展新思路，在较为理想的发展条件下，采油效果较为理想，实际的采油成本也相对较低，不会破坏环境。从目前来看，我国在油田开发工作中仍然存在着非常多的问题，如生产效率不高、管理效果不理想、菌种选择范围较为狭窄等，石油开采工作人员需要结合油田实际情况以及微生物技术来不断总结开采经验，做好技术优化工作，逐步加强实际的科研工作力度，为提升油田开发效率提供有效保障。

1.1.2.5 水的问题

采油需要消耗大量的水，同时也会采出大量的水。在油田开采寿命终止时，采油井含水率高达 98%，即每立方米采出液中仅含有 0.02m^3 原油。采出水的盐浓度可能很高，并含有部分有毒物质和大量的烃类物质，因此在外排或回注油藏前必须经过处理。

(1) 采出水特征

油井采出水具有以下特征：a. 不含溶解氧；b. 温度高（40～90℃）；c. 含少量悬浮颗粒，盐浓度最高达 300g/L（盐酸盐、硫酸盐或碳酸盐）；d. 含不同浓度、不同性质的多种烃组分及醇类或酚类物质；e. 含有金属（锌、铅或铜）、酸、有机物质和氮、磷等成分。

(2) 水处理

依据用途不同，采出水的处理方法不同，如对于外排到海或河里的水及回注到油藏的水而言，二者的处理方法不一样。

① 外排：排放前必须经过脱油处理，排放标准是采出水中原油含量不超过 5～40mg/L。

② 回注：采出水回注具有生态意义，同时可节约水资源。但注入水的需求量大于回注水量，因此需要混入其他水源，这就涉及不同水源之间的配伍性问题。

注入水处理需要根据储集层性质遵循不同的标准：a. 一般水中固含量低于 5mg/L，固形物直径小于 2μm（或 5μm）；b. 氧含量低于 0.02～0.03mg/L，避免发生腐蚀；c. 使用杀菌剂杀灭微生物；d. 防止沉积和矿物质引起的腐蚀问题。注入水应当避免与岩石或油层水形成沉淀。水处理过程取决于水的来源（地下水、采出水和地表水）。

1.1.3 油田中的内源微生物群落

在油藏中，内源微生物被认为附着在固体表面，形成生物膜[7]。大多数用于微生物研究的样品都取自采油设备的产出液体。油层采出水一般取自储油罐、分离器和集输管线，因为这些设备很容易被微生物污染，故大部分采集的样品并不是典型的油藏流体样品。生物膜生长于设备表面，在水中释放出与油田内源微生物无关的微生物，因此采集油层采出水时应尽量采集井口的样品。若油井选择恰当，采集的采出液来自单一地层的单一采油区，采出液将不会受到其他不同地化性质的油藏微生物的污染。采集样品时应当避免被污染，由于油藏是一个厌氧生态系统，样品应避免暴露于空气中[8]。长达几百米甚至几千米的油井生产管柱也容易形成生物膜而污染采出液。这些微生物并不是全部来自地层水，而是部分来自井筒管柱。油井中硫酸盐还原菌的生长，造成了所谓的油井酸化现象，证实了油井管柱本身就是一个独特的生态系统。

微生物也可以通过注水开采进入油藏，无论注入水的来源是什么，包括油层采出水的二次注入都会对油藏造成污染。因此，研究真正的内源微生物应选择未被注水开发的油藏。由于改进的钻井技术并未考虑用于油藏微生物的研究，因此这些样品并不能完全反映地层环境。微生物学家只能推断这些样品中的特殊微生物的潜在内源特性。

(1) 源于地层水的微生物

大量的微生物分离自油层采出水，其中很多微生物都属于未知的新属或新种，说明油藏中蕴藏着原始的、特殊的内源微生物。然而目前大多数文献关于新微生物的内源特性都描述得不是很清楚。

一般通过比较分离得到的微生物的生理特征是否与油藏条件下的物理化学性质相符，来判断分离到的微生物是否是油藏内源微生物。

以往的相关文献报道表明，基于分子生物学方法的非可培养技术并不是分析油藏内源微生物群落的有效方法，只能为未被污染的油藏提供内源微生物群落结构的相关信息。尽管非可培养技术有一定的局限性，但至少可通过研究样品中可培养微生物的生理特性，判断其生理特征是否与环境条件相符。

(2) 油田中相似的微生物

从全世界的许多油田分离到同一类微生物，也许可以证明该种微生物属于油藏的内源微生物。

目前，从温度为60～80℃的很多油藏中都分离到了热袍菌（*Thermotoga*）和热厌氧杆菌（*Thermoanaerobacter*）。埃氏热袍菌（*Thermotoga elfii*）和地下热袍菌（*Thermotoga subterranea*）是两株首次从法国Cameroon和巴黎盆地分离的嗜热菌[9,10]。这类微生物都分离自注水开发或未注水开发的海相或陆相油藏，表明这些微生物并不是因油田开发而带入的。

Grassia等[11]研究发现，与热厌氧杆菌（*Thermoanaerobacter*）和嗜热厌氧芽孢杆菌（*Thermoanaerobacterium*）相似的细菌广泛存在于高温油藏中。他们研究了这类分离自澳大利亚、委内瑞拉、巴林和新西兰的低温油藏的典型嗜热菌，结果表明：a. 这类细菌广泛分布于油藏中；b. 无论油藏是否经过注水开发，这类细菌的生长温度和盐浓度均与油藏环境一致，表明它们属于油藏内源微生物，而非钻井或注水开发时带入的微生物。

(3) 油藏温度及内源微生物菌群

油藏温度随着埋深的增加而升高，埋深每增加100m，温度平均升高3℃，由此深层油藏温度高达130～150℃。油藏生命形式的形成温度远远低于这个极限值。

通过对北美87个油层采出水中的脂肪酸浓度进行分析[12]，结果显示，在温度为20～90℃的油藏中含有较多的偶数碳脂肪酸，当温度高于90℃时偶数碳脂肪酸的含量减少。两种截然不同的结果是由低温生物降解作用和高温化学脱羧作用造成的。

Head等通过观察油藏原油生物降解作用，认为油藏内源微生物的最高生长温度为80～

90℃。在接近80℃的油藏中很少发现被生物严重降解的原油，随着温度降低，生物降解作用愈发明显[13]。

通过大量的培养试验，更多的研究证实了油藏生命形式存在的最高温度是特定的。尽管很多报道称油藏微生物不能耐受80℃的高温，但也有从油田采出水中分离到超嗜热微生物的研究报道，如从北海油田和阿拉斯加油田获得的一株最高生长温度为85℃的古球菌[11,14]。在油藏中，微生物的代谢活动可通过限制营养物质和电子受体的补给得到控制，高效的代谢速率需要细胞元件的快速修复，因此在接近80℃的油藏中异养型微生物将停止代谢。

(4) 油藏微生物的营养获取与代谢过程

通常油层水中微生物密度不太高。据报道，直接通过显微镜观察，微生物数量从每毫升几个到10^4个/mL，细菌总数可达10^5～10^6个/mL。较低的微生物密度表明油藏水中营养物质匮乏或原位物化性质限制了微生物的生长。

对于大多数地表或地下环境而言，氮和磷是主要的限制性营养元素。在油藏环境中，铵离子含量丰富，氮气和含氮杂环化合物都可作为微生物代谢的氮源。因此，磷元素可能是油藏中微生物代谢的主要限速因子[13]。

油藏中微生物的代谢过程很大程度上取决于电子受体的获得。溶解氧无法到达油藏中，即使是浅表、有雨水流经的油藏也不存在溶解氧。因为少量的有机物就能将溶解氧消耗掉。因此，大部分油藏微生物生长于严格的厌氧环境。同样地，向油藏中注入硝酸盐也是不可行的，油藏微生物并非通过硝酸盐还原代谢，但硝酸盐的加入可以抑制油井酸化[7]。

已从其他一些极端环境（包括一些深层地下环境）中分离得到铁还原菌。Head等[13]认为地表下烃降解可能与铁还原作用（及产甲烷）相关，但油藏中三价铁离子浓度不高，这种潜在的电子受体在油藏中很匮乏。由于分离源都是经注水开发的油藏，故无法判定这些细菌是否来自于油藏。

鉴于地层中含有大量的硫酸盐和碳酸盐，因此假设油藏中主要的代谢途径是硫酸盐还原、产甲烷、发酵及可能存在的同型产乙酸过程，相应的4类微生物也已从油层采出水中分离获得，并被认为是油藏内源菌。厌氧条件下厌氧食物链通过发酵性细菌和硫酸盐还原菌氧化有机物，产甲烷作为末端代谢过程，利用氢和二氧化碳产生甲烷。氢来源于矿物水解、有机质成熟、发酵细菌代谢或原油芳构化，不仅产甲烷菌能够利用氢，硫酸盐还原菌和产乙酸菌亦能利用氢作为能源[13]。

发酵和硫酸盐还原代谢过程的电子供体包括大量的有机物。在干酪根成熟过程中，大量的有机酸和氨基酸积累。通常代谢产物中的乙酸含量最丰富，也含有甲酸、丙酸、丁酸和苯甲酸。被生物降解的油藏和未被生物降解的油藏相比，前者油层采出水的脂肪酸含量较低[12]，表明微生物代谢烃的同时也在利用其他有机物。一些更复杂的有机酸，如环烷酸，在原油中浓度可达100mmol/L，是微生物代谢潜在的碳源和能源。

即使有机酸或氨基酸在维持微生物代谢过程中起着重要作用，但油藏中数百种其他有机分子都可以成为微生物代谢的碳源和能源。一方面，烃生物降解普遍存在于油藏中；另一方面，已分离获得了能利用烷烃或芳香烃作为碳源和能源的厌氧细菌。一些烃降解菌分离自油水分离器，无法确定这些微生物是否来源于油藏。除了一株能利用烷烃的嗜热菌外，其余的烃降解菌都是中温菌。该菌株分离自瓜伊马斯盆地，而非来源于油藏。

1.2 油田硫酸盐还原菌简介

硫酸盐还原菌（sulfate-reducing bacteria，SRB）是一类以硫酸盐作为最终电子受体的化能异养微生物，存在于厌氧环境中，可以利用硫酸盐、亚硫酸盐、硫代硫酸盐等物质，并将其还原为硫化物的细菌的总称。经过长期的研究，事实上硫酸盐还原菌包括满足以上条件的细菌和古菌，由于细菌数量明显偏多，故习惯命名为 SRB。SRB 主要是以硫酸盐作为最终电子受体，但在不断深入研究后发现，在其代谢过程中，也可以利用其他化合物作为电子供体以支持其生长。

大部分 SRB 是严格的厌氧菌，到目前为止已经发现的属有 40 多个。SRB 能适应多种环境，如厌氧的泥浆、淡水沉积物、深海热泉、金属管道、厌氧生物反应器。由于其特殊的生理作用，SRB 在自然界硫循环过程中有很重要的地位，在环境修复、生态保护、元素循环中有着很好的应用前景。

我国大多数油田系统都含有不同量的 SRB。由 SRB 导致的钢铁腐蚀，是石油工业中的严重问题，同时 SRB 也使石油储层孔隙的渗透率下降，妨碍注水法二次采油，有研究表明 SRB 可导致三次采油中流度控制剂水解聚丙烯酰胺的降解。目前对 SRB 的防治手段主要是投加杀菌剂，但由于细菌的种群不同，其对各种杀菌剂的敏感性也不同，造成杀菌剂使用不当，进而产生抗药菌，造成水处理费用增加，同时也给环境治理造成负担。

1926 年，Friedrich 等在美国伊利诺伊州油层采出水中发现了 SRB，由此提出油层采出水中的硫化物来源于微生物作用[15]。1991 年，Rosnes 等发现嗜热 SRB 能够在模拟油藏条件下生长并产生硫化物，证实了深层高温油藏中硫化物的产生是由微生物代谢引起的[16]。之后，在美国阿拉斯加州和北海的油井中都发现了超嗜热 SRB[14,17]。目前，已从油田中分离到多株 SRB（见表 1-1），其中许多菌株都属于新种或新属，与已分离到的 SRB 亲缘关系较远，表明这些菌株分离自油田。在油田中检测到了大量的有机酸，如乙酸、丙酸、丁酸、戊酸和己酸，浓度高达 20mmol/L，可作为油藏中 SRB 的底物[18,19]。非注水油藏中硫酸盐含量很低，SRB 的生长受到限制。

表 1-1 分离自油层采出水的 SRB[1]

种类	最适温度/℃	采样油田	完全氧化	电子供体①						参考文献
				H_2	乙酸盐	乳酸盐	丙酸盐	长链脂肪酸	乙醇	
闪烁古生菌（*Archaeoglobus fulgidus*）	76	北海	+	±	−	+	−	ND	−	[9]
地下脱硫肠状菌（*Desulfacinum infernum*）	60	北海	+	+	+	+	+	+	+	[20]
陆地脱硫肠状菌（*Desulfacinum subterraneum*）	60	越南	+	+	+	+	+	+	+	[21]
弧形脱硫菌（*Desulfobulbus vibrioformis*）	33	北海	+	−	+	−	−	−	−	[22]
花金龟脱硫杆菌（*Desulfobacterium cetonicum*）	30～35	阿普歇伦	+	ND	+	+	+	+	+	[23]
杆状脱硫叶菌（*Desulfobulbus rhabdoformis*）	31	北海	−	ND	−	+	+	ND	ND	[24]

续表

种类	最适温度/℃	采样油田	完全氧化	电子供体①						参考文献
				H_2	乙酸盐	乳酸盐	丙酸盐	长链脂肪酸	乙醇	
脱硫微菌 (*Desulfomicrobium* sp.)	25～35	北海	−	−	−	+	−	−	+	[25]
阿普歇伦脱硫微菌 (*Desulfomicrobium apsheronum*)	25～30	阿普歇伦	−	ND	−	+	−	−	+	[26]
脱硫肠状菌 (*Desulfotomaculum* spp.)	65	北海	−	+	(+)	+	+	+	+	[16]
嗜盐脱硫肠状菌 (*Desulfotomaculum halophilum*)	35	巴黎盆地	−	(+)	−	+	ND	ND	+	[27]
库氏脱硫肠状菌 (*Desulfotomaculum kuznetsovii*)	60～65	俄罗斯	+	+	+	+	+	+	+	[28]
致黑脱硫肠状菌 (*Desulfotomaculum nigrificans*)	60	俄罗斯	−	+	−	+	−	ND	+	[29]
高温油藏脱硫肠状菌 (*Desulfotomaculum thermocisternum*)	62	北海	−	+	−	+	+	+	+	[30]
巴氏脱硫弧菌 (*Desulfovibrio bastinii*)	35～40	刚果	−	−	−	+	−	ND	+	[31]
长链脱硫弧菌 (*Desulfovibrio capillatus*)	40	墨西哥湾	−	−	−	+	−	−	−	[32]
加蓬脱硫弧菌 (*Desulfovibrio gabonensis*)	30	加蓬	−	−	−	+	ND	ND	+	[33]
细长脱硫弧菌 (*Desulfovibrio gracilis*)	37～40	刚果	−	−	−	+	−	ND	−	[31]
长脱硫弧菌 (*Desulfovibrio longus*)	35	巴黎盆地	−	−	−	+	−	−	−	[34]
越南脱硫弧菌 (*Desulfovibrio vietnamensis*)	37	越南	−	−	−	+	−	−	+	[35]
普通热脱硫杆菌 (*Thermodesulfobacterium commune*)	70	巴黎盆地	−	+	−	+	ND	ND	−	[36]
嗜热脱硫杆菌 (*Thermodesulfobacterium thermophilum*)	65	北海，里海	−	+	−	+	ND	−	−	[37,38]
挪威热硫还原杆菌 (*Thermodesulforhabdus norvegicus*)	60	北海	+	−	+	−	−	+	ND	[17]

① 大部分种的硫酸盐还原菌都不能完全氧化底物。

注：+表示能利用；−表示不能利用；(+)表示生长情况不佳；ND表示未测定。

采用可培养技术评价油层采出水中SRB的总量。SRB的数量随着油藏温度的升高而减少，在温度高达85℃的油井中未检测到SRB的存在，该结果与之前观察到的高温油藏中仅含有少量SRB的结果一致[39]。盐浓度是影响油藏微生物代谢及多样性的重要因素。大多数油层采出水盐浓度都低于6%，少数高于20%，油井中未发现极端嗜盐SRB，大多数嗜盐菌都属于越南脱硫弧菌（*Desulfovibrio vietnamensis*）、嗜盐脱硫肠状菌（*Desulfotomaculum halophilum*）和细长脱硫弧菌（*Desulfovibrio gracilis*）等，最适盐浓度在5%～6%[27,31,35]。1992年，Voordouw等发现低盐和高盐油井中，SRB群落结构差异很大，表明盐浓度是油藏的一个重要鉴别因子。

大多数分离自油层采出水的SRB都属于δ-变形菌亚门。如表1-1所列，脱硫弧菌属（*Desulfovibrio*）中包含了6个新种，分别分离自非洲、越南和墨西哥的海上油井以及法国巴黎盆地的陆地油井。这些新种都是中温菌，最适生长温度为30～40℃，能利用的电子供体较少，营养需求与脱硫弧菌属的其他种相似。这6株菌能够氧化乳酸盐生成乙酸和二氧化碳。巴氏脱硫弧菌（*Desulfovibrio bastinii*）和细长脱硫弧菌（*Desulfovibrio gracilis*）都分离自刚果的埃默罗德油田，中度耐盐，最适盐浓度为4%～6%。巴氏脱硫弧菌中度嗜酸，最适pH值在6左右，生理特征不同于其他5株菌。这6株菌的最适生长条件分别与它们的分离环境（中等盐浓度，pH值为5.5～6.5，温度为35～42℃）一致[31]，由此表明这些新种是油藏内源微生物。加蓬脱硫弧菌（*Desulfovibrio gabonensis*）分离自低温油藏，可能是油藏内源微生物，长脱硫弧菌（*Desulfovibrio longus*）和越南脱硫弧菌（*Desulfovibrio vietnamensis*）来自高温油层采出水。另一类SRB属于变形菌门的脱硫弧菌科（*Desulfovibrionaceae*），阿普歇伦脱硫微菌（*Desulfomicrobium apsheronum*）分离自阿普歇伦半岛的含油地层水，属于中温菌，能够以甲酸盐为碳源进行自养生长[26]。脱硫微菌属的其他菌株分离自北海油田。属于脱硫杆菌科（*Desulfobacteriaceae*）的SRB包括了中温菌和嗜热菌。地下脱硫状菌（*Desulfacinum infernum*）和陆地脱硫状菌（*Desulfacinum subterraneum*）分别分离自北海油田和越南油田，最适生长温度为60℃，能够利用多种底物，包括H_2、乙酸盐、乳酸盐、长链脂肪酸和乙醇（见表1-1）。与脱硫弧菌科不同之处在于脱硫杆菌科的SRB能够将底物完全氧化为CO_2。一株嗜热SRB——挪威热硫还原杆菌（*Thermodesulforhabdus norvegicus*）分离自北海油田，底物范围较窄，不能利用H_2进行自养生长[17]。属于脱硫杆菌科的中温菌包括了分离自北海油田的弧形脱硫菌（*Desulfobulbus vibrioformis*）、杆状脱硫叶菌（*Desulfobulbus rhabdoformis*）。在检测的30种底物中，弧形脱硫菌只能利用乙酸盐，并能将其彻底氧化为CO_2。与此不同，杆状脱硫叶菌具有较广的底物范围，但不能利用H_2，且不能将底物完全氧化。花金龟脱硫杆菌（*Desulfobacterium cetonicum*）分离自阿普歇伦半岛，能利用大量的有机底物，包括苯甲酸、酮化物、对甲酚和间甲酚，并能彻底氧化为CO_2[23]。脱硫肠状菌属（*Desulfotomaculum*）的嗜盐脱硫肠状菌（*Desulfotomaculum halophilum*）、库氏脱硫肠状菌（*Desulfotomaculum kuznetsovii*）、致黑脱硫肠状菌（*Desulfotomaculum nigrificans*）、高温油藏脱硫肠状菌（*Desulfotomaculum thermocisternum*）4个种都分离自油层水，属于革兰氏阳性菌，能产生芽孢。嗜盐脱硫肠状菌是唯一一株中温菌，其余的3株菌都是嗜热菌，最适生长温度为60～65℃，盐浓度为0～1.2%。所有菌株都能利用乳酸盐和乙醇，大部分菌株只能将底物不完全氧化为乙酸，并能利用H_2自养生长。库氏脱硫肠状菌分离自巴黎盆地油层水[8]，除H_2以外，该菌株还能利用甲醇、甲酸盐、乙酸盐、脂肪酸、乙醇、乳酸盐、延胡索酸盐和苹果酸盐作为碳源。

嗜热脱硫杆菌（*Thermodesulfobacterium thermophilum*），最初命名为嗜热脱硫弧菌（*Desulfovibrio thermophilus*），是首次从采出液中分离到的嗜热菌，之后更名为运动热脱硫杆菌（*Thermodesulfobacterium mobile*），最终命名为嗜热脱硫杆菌[40]。普通热脱硫杆菌（*Thermodesulfobacterium commune*）首次从黄石公园分离获得[41]，之后在非注水陆地油藏中也得到了该菌株[36]，北海油田也发现了嗜热脱硫杆菌菌株[37]，这些种的微生物广泛存在于世界各地的地下油藏，证明了这些细菌真正来源于油藏。这两个种都能利用H_2、甲酸盐、乳酸盐和丙酮酸盐作为能源。

超嗜热硫酸盐还原古菌的典型菌株——闪烁古生球菌VC-16（*A. fulgidus* VC-16），首次分离自地中海热泉[42,43]；1993年，Stetter等从北海东设得兰盆地也分离到了闪烁古生球菌[14]；1995年，Beeder等从北海挪威油田分离出闪烁古生球菌7324[17]，其最适生长温度为76℃，比典型菌株VC-16的最适温度（83℃）低。这两种菌都能以乳酸盐和丙酮酸盐作为碳源，与菌株VC-16不同，闪烁古生球菌7324能利用淀粉，但不能利用H_2和CO_2进行自养生长[44]。自北海油井也分离到了古生球菌属（*Archaeoglobus*）的其他种——深处古生球菌（*Archaeoglobus profundus*）和自养古生球菌（*Archaeoglobus lithotrophicus*，拟命名）[14]。深处古生球菌属于混合营养型微生物，需要严格要求氢气和有机碳源[45]。1993年，Stetter等[14] 提出自养古生球菌能够利用H_2和CO_2自养生长，但该说法未得到证实。

1.3 硫酸盐还原菌生理生化特征

1.3.1 硫酸盐还原菌的细胞特征

SRB有革兰氏阴性真核菌、革兰氏阳性真核菌和古细菌三个基本的细胞群。SRB细胞形态变化相当大，从长杆状到球状变化。

SRB是工业生产中微生物腐蚀的主要原因之一，近期发现SRB常发生变异现象，即SRB在饥饿状态下在尺寸上自动变小。

1.3.2 硫酸盐还原菌的可利用底物

1.3.2.1 有机酸、醇、酮

SRB可以利用的底物是多种多样的，依据其利用有机物的特性可分为两大类：第一类利用乳酸、丙酮酸、乙醇和脂肪酸，将硫酸盐还原为H_2S，如脱硫单胞菌属、脱硫叶菌属、脱硫弧菌属和脱硫肠状菌属等，这类SRB不产CO_2；第二类彻底氧化醋酸、草酰乙酸、乳酸和富马酸等有机物为CO_2和H_2O，并将硫酸盐还原为硫化物，如脱硫线菌属、脱硫菌属和脱硫球菌属等。

SRB可以利用多种物质作为电子受体和供体，如多种脱硫弧菌属菌株可利用丙酮酸、胆碱、苹果酸、甘油、硝酸盐、亚硫酸盐和硫代硫酸盐。在很多菌体中亚硫酸盐和硫代硫酸盐等硫氧化物既能做电子供体又是电子受体。许多SRB也可以利用硝酸盐作为电子受体，将NO_3^-还原为NH_3，或通过发酵作用在完全缺乏硫酸盐的情况下以某些有机物来产生能量或是作为最终电子受体。最常见的发酵化合物为丙酮酸，经磷酸裂解反应为乙酸、CO_2和H_2。若用乳酸或乙醇，经发酵产生的能量不充足，因此需要硫酸盐。通过比较在含有硫酸盐和不含硫酸盐的丙酮酸上菌体的生长量，可以发现在硫酸盐存在时，菌体生长得更快，由此证明了硫酸盐作为电子受体的价值。后来还发现脱硫弧菌属和脱硫菌属中的大多数菌种能够固定N_2。

1.3.2.2 烃类

SRB对烃类的利用被认为是油层成熟过程中硫化物和硫的主要来源之一，硫是由硫化物的不完全氧化形成的。Rueter等[46] 利用加州湾瓜伊马斯盆地沉积物，在60℃、原油存在的条件下，利用硫酸盐还原活性进行缺氧富集，培养物还表现出以正癸烷为碳源的硫酸盐还原作用。从该富集物中分离出纯培养的菌株TD3，该菌株具有氧化正构烷烃（$C_6 \sim C_{16}$）的能力，在$C_8 \sim C_{12}$的碳源上生长得最好。该菌株还利用$C_4 \sim C_{18}$的脂肪酸，但在H_2、乙醇或乳酸上未见生长。在三角洲区硫酸盐还原真菌群中，TD3在温度为55～65℃、pH值为6.8左右时生长最佳。

Kniemeyer等[47] 最近的研究表明，SRB也能在丙烷、丁烷等短链烃类储量丰富的渗漏区和气藏中大量生长。SRB可以利用这些短链烃类化合物，从而改变气体的组成，促进硫

化物的产生。利用在墨西哥湾和加州湾瓜伊马斯盆地的烃渗漏区收集到的沉积物，在12℃、28℃或60℃条件下以丙烷或丁烷为唯一基质进行SRB的富集培养。分离出一种中温的纯培养菌株，命名为BuS5菌株，仅利用丙烷和正丁烷，隶属于脱硫叠球菌属/脱硫球菌属。在60℃的丙烷底物条件下富集生长了嗜热的以脱硫菌属为主的SRB菌群。

1.3.2.3 有机苯系物类

Rueter等[46]也将北海威廉港的一个油罐的水相作为接种剂，开发富集了一种具有氧化烷基苯能力的中温硫酸盐还原菌群。对该富集菌群进一步研究分离出两种硫酸盐还原菌新菌株，分别命名为oXyS1和mXyS1，两者分别以邻二甲苯和间二甲苯为底物。除邻二甲苯外，菌株oXyS1还能利用甲苯、邻乙基甲苯、苯甲酸和邻甲基苯甲酸，而菌株mXyS1氧化甲苯、间乙基甲苯、间异丙基甲苯、苯甲酸、间甲基苯甲酸和间二甲苯。结果表明，在原油存在的情况下，两种分离菌均能将硫酸盐厌氧还原为硫化物。根据16S rRNA基因序列分析，oXyS1菌株与脱硫杆菌和可变脱硫八叠球菌的相似性最高，而与mXyS1菌株最接近的亲缘关系为脱硫球菌。从西欧（意大利威尼斯大运河、法国阿卡钦湾、德国瓦登海）和北美（美国马萨诸塞州伍兹霍尔的鳗鱼池、墨西哥加州湾瓜伊马斯盆地）的不同地区的缺氧海洋沉积物中富集了乙基苯降解硫酸盐还原菌。从瓜伊马斯盆地富集物中分离得到的纯培养菌株EbS7表现出乙苯完全矿化和硫酸盐还原的耦合作用。EbS7菌株与海洋硫酸盐还原菌NaphS2菌株和mXyS1菌株密切相关，这两种菌株分别是以萘和间二甲苯为厌氧源生长的。然而，菌株EbS7并没有氧化萘、间二甲苯或甲苯。但EbS7菌株可利用乙酸苯酯、甲酸酯、正己酯和丙酮酸酯等其他化合物。

1.3.3 硫酸盐还原菌的培养

SRB可选用的培养基有很多，但要求是厌氧环境，并且培养基中氧化还原电位必须在－100mV以下，因此在SRB的培养基中经常添加巯基乙醇、抗坏血酸、L-半胱氨酸盐酸盐来维持这种环境。通过在培养基中添加二价铁盐可以判断SRB是否生长。液体培养基培养SRB，若SRB生长，则添加二价铁盐后液体培养基全部变黑；而固体培养基则有黑色的菌落生成。

SRB是工业生产中微生物腐蚀的主要原因之一，近期发现SRB常发生变异现象，即SRB在饥饿状态下在尺寸上自动变小，这表明检测中会有许多新型SRB菌株出现，它包括以下几种情况。a. SRB透过滤膜进入储水池，滤膜孔径不能让正常尺寸的细菌通过，但尺寸变小的SRB可以通过滤膜。b. 具有与正常细菌不同的对杀菌剂的敏感性。c. 适应性增强，在高矿化度体系中生长的细菌能较快地适应新的淡水环境。d. SRB在不同pH值溶液中，菌体发生变异现象。在中原油田注水系统中，由于对水体进行了改性，SRB产生适应性变化，获得适应性变化后能继续快速生长。e. 研究发现SRB能在200mg/L的Cu^{2+}溶液中存活，并能对Cu^{2+}起有效的迁移作用。因此，不能单纯用原来的检测介质和检测手段来检测微生物。

虽然从理论上讲，SRB为严格的厌氧菌，但随着研究的深入，已有研究结果表明，SRB并非严格意义上的绝对厌氧，而是兼性厌氧，但总体上来说，SRB对氧还是敏感的，因此其培养与分离的关键是采用严格的厌氧技术[48]。培养SRB可选用的培养基有很多。SRB的生长条件主要分为两种：一种为中温型，温度在30～40℃之间；另一种为高温型，温度在55～60℃之间。SRB在pH值为5～10内均能生存，最佳pH值在7.0～7.8之间。判断SRB是否生成的标志是在加有二价铁盐的培养基中，液体培养基表现为全部变黑；而固体培养基在有二价铁盐的存在下则有黑色的菌落生成。培养SRB不仅要求周围生长的环境是无氧的，还要求培养基中氧化还原电位必须在－100mV以下。所以通常在培养基中加入一些强还原剂，如巯基乙醇、抗坏血酸、L-半胱氨酸盐酸盐，这些物质受热容易分解，所以要采用过滤除菌的方法单独灭菌。

1.3.3.1 液体培养法

液体培养SRB，首先排除培养基内的空气，可以采用高纯氮气吹脱培养基内的空气以及使培养基加热的方法，然后接入适量菌液，在适宜的温度下静置培养。在培养基上方覆盖一层灭过菌的液体石蜡效果更佳。

1.3.3.2 固体培养法

(1) 稀释摇管法

稀释摇管法是稀释倒平板法的一种变通形式。先将一系列盛有无菌琼脂培养基的试管加热使琼脂熔化并保持在50℃左右，将已稀释成不同梯度的菌液加入这些已熔化好的琼脂试管中，迅速充分混匀。待凝固后，在琼脂柱表面倒一层灭菌的液体石蜡和固体石蜡的混合物，使培养基尽量隔绝空气。培养后，菌落形成在琼脂柱的中间。困难之处在于菌落的挑取，首先需用一支灭菌针将覆盖的石蜡盖取出；然后再将一根毛细管插入琼脂和管壁之间，吹入无菌无氧气体，将琼脂柱吸出，放在培养皿中；最后用无菌刀将琼脂柱切成薄片进行观察并转移菌落。该法的不足之处是观察与挑取菌落比较困难，但在缺乏专业设备的条件下此法仍是一种方便有效地进行厌氧微生物分离、纯化和培养的低成本方法。

(2) 叠皿夹层法

万海清等提出一种培养SRB的改进方法——叠皿夹层法。叠皿夹层法实质是将菌夹在上下两层培养基之间，创造一个相对无氧的环境，从而使SRB能在夹缝中生长。具体做法是将已经富集好的菌液采用无菌操作技术稀释成不同浓度。将含有2%（质量分数）琼脂的固体培养基熔化并保持在50℃左右，在无菌条件下，向培养皿（90mm×15mm）的皿盖中倒入约1/3高度的固体培养基，待其刚刚冷凝后，吸取适量不同浓度的稀释液，快速涂布于平板上，使稀释液渗透约30s后，在培养皿的中间位置倒入同种营养型固体培养基，直到出现将溢未溢的凸起状态，随后迅速盖上皿盖并往下压，最终皿内不能有气泡。去掉培养皿内外两层侧壁间多余的琼脂，并在其中灌入适量熔化的石蜡，使培养皿侧壁缝隙被石蜡密封，尽量不要留有气泡。培养一周后，在加有二价铁离子的平板中会长出黑色的SRB菌落，在酒精灯旁加热使固体石蜡熔化，由于上下两层培养基凝固时间不同，所以当移去内皿后，用镊子很容易将上层培养基揭起，从而露出下层培养基的菌落。当需要进行菌落挑取时，可以对其进行切块转移，放入液体培养基时捣碎即可。该方法的优点是培养物均采用涂布或划线生长于营养琼脂夹层中，取菌落时可以很方便地做到定点取菌，同时该方法不需要另外创建一个无氧环境，故省时、省力，具备了所有好氧、厌氧分离方法的优点。

(3) Hungate滚管技术

Hungate滚管技术是培养厌氧菌最佳的方法。滚管技术是美国微生物学家亨盖特于1950年首次提出并应用于瘤胃厌氧微生物研究的一种厌氧培养技术。这项技术又经历了几十年的不断改进，从而使亨盖特厌氧技术日趋完善，并逐渐发展成为研究厌氧微生物的一套完整技术。目前国内外很多专门做厌氧培养的实验室大都采用此技术。Hungate滚管技术是指将适当稀释度的菌液，在无菌无氧条件下接入含有琼脂培养基的厌氧试管中，然后将其在滚管机或冰盘上均匀滚动，使含菌培养基均匀地凝固在试管内壁上。当琼脂绕管壁完全凝固后，琼脂试管即可垂直放置贮存，并可使少量的水分集中在底部。经过几天的培养后，就可以见到厌氧管内固体培养基内部和表面有菌落出现。挑取菌落时也很方便，可以在酒精灯旁用自制的玻璃细管接种针挑取生长状态良好的菌落，快速接到液体培养基中富集培养。Hungate 滚管技术的优点在于，培养基可以在厌氧管内壁上形成一层均匀透明的薄层，同时菌落可以埋藏在培养基内部或生长在表面，与平板涂布法相比，与氧气接触的机会大大减少。

(4) 其他

若试验条件允许，还可以利用厌氧袋、厌氧罐、厌氧手套箱等设备，这些设备的共同特点是在一定范围内提供了无氧环境，有利于厌氧菌的生存。

1.4 硫酸盐还原菌的分布情况

油藏通常由砂石、石灰石或白云石的沉积物组成，油岩中的空隙、裂缝和断裂带中充满了油、气和水[49]。不同油藏的地质条件（如沉积环境、源岩和原油成熟度）及理化特征（如温度、盐浓度、压力等）差异很大。世界上大部分油藏中的油气是可以生物降解的，虽然人们推测油藏中存在本源微生物，但是迄今为止还没有直接的微生物学证据表明地下深层油藏中有微生物的存在。油藏经注水开采后，大量微生物可能随注水进入油藏生存下来，并且改变油藏的地质化学环境。尽管采用注水开采原油，但是氧不大可能直接随水流入地下深层油藏，因此地下油藏主要是缺氧环境。早在 20 世纪 20 年代就发现了油井采出水中微生物的存在，但由于技术的约束而无法进一步开展油藏中厌氧微生物学研究。以 Hungate 厌氧操作技术为基础的厌氧可培养技术应用于油藏微生物学研究后，人们认识到了油藏中厌氧微生物的多样性，其生理类群主要可以分为发酵菌、硝酸盐还原菌、铁还原菌、SRB 和产甲烷古菌。尽管有人从油井采出水中也分离到了降解石油烃的好氧微生物，但在油藏这种特殊环境中，好氧微生物难以正常生长繁殖。所以，能够在油藏中生长代谢的微生物，只能是以硝酸盐、硫酸盐、三价铁、二氧化碳和有机酸等作为电子受体进行厌氧呼吸或发酵的厌氧菌。

自然界中最常见的 SRB 是嗜温的革兰氏阴性、不产芽孢的类型。在淡水及其他含盐量较低的环境中，易分离得到革兰氏阳性、产芽孢的菌株。此外，在自然界中存在的还有革兰氏阴性嗜热真细菌和革兰氏阴性古细菌。SRB 是严格的厌氧菌，但是它分布广泛，可以存在于土壤、水稻田、海水、自来水、温泉水、地热地区、油井和天然气井、含硫沉积物、河底污泥、污水、动物肠道等，还可以在一些受污染的环境中检测到它的存在，如厌氧的污水处理厂废物或被污染的食品中。

汪卫东[50] 对胜利油区 44 个污水站污水的含油量、悬浮物含量和 SRB 浓度等指标进行系统检测，并将检测数据进行相关性分析。结果表明，SRB 的浓度与污水的含油量和悬浮物含量呈正相关，所以要控制 SRB 的浓度，需要首先降低污水的含油量和悬浮物含量。通过分析油田生产流程中的污水中 SRB 的分布状况及其变化规律，提出根据污水的用途不同，使用不同的处理工艺，其中开放处理系统、引入气浮工艺等是解决污水沿程恶化和聚合物溶液黏度下降问题的关键。

油田地面处理工艺流程基本相似。各油井产出液汇集到联合站，在油站进行油水分离后，污水进入水站，经沉淀和过滤处理后变成回注污水，输送到注水站，最后通过注水井回注到地层中，这实质上是污水在地面和地下循环的过程。污水从油井产出液变成回注污水至注入地层之前，整个过程基本上是在一个密闭系统中进行的，密闭系统为 SRB 的滋生提供了条件。为了掌握 SRB 在油田地面处理流程中的变化，对油井产出液、污水站来水和污水站出水中的 SRB 存在的情况分别进行了检测分析。

1.4.1 在油井产出液中的分布

在胜利油区选择了5个整装油藏、8个中高渗透断块油藏，分别从油井井口取样，采用分子生物学技术直接分析产出液中的微生物群落，通过克隆测序，发现这些油藏的产出液中存在丰富的微生物群落，共分析出细菌114个属，古菌14个属，结果在3个油藏检测到3个属的常温 SRB（*Desulfitobacterium*，*Desulfosporosinus* 和 *Desulfotomaculum*）及2个属的高温 SRB（*Thermodesulfobacterium* 和 *Thermodesulfovibrio*）。其中，埕东油田东区油藏（62℃）发现了 *Desulfosporosinus* 和 *Desulfotomaculum*，相对含量达40%；胜坨一区油藏（80℃）发现了 *Desulfosporosinus*，相对含量为5%；罗9油藏（91℃）发现了以上5种 SRB，相对含量达40%。应用 MPN 方法先后2年跟踪测试了孤岛油田中一区 Ng3 的 G1-6 井的注入水和相邻的12口油井产出液中的 SRB 浓度。结果表明，注入水中 SRB 的浓度稳定在450个/mL，而产出液中 SRB 的浓度均低于10个/mL，且2年的分析数据在同一个数量级上，说明油藏产出液中 SRB 的浓度较低[51]。

1.4.2 在污水站来水中的分布

胜利油区油藏类型多种多样，其产出液水质也各不相同。对44个污水站来水的 pH 值、矿化度、污水温度、硫酸根含量、含油量、悬浮物含量、SRB 浓度和腐蚀率等多项指标进行分析。结果表明，污水站来水均含 SRB，最高含量可达每毫升上万个，说明 SRB 在产出液抽提到地面后得到了快速繁殖。为了寻找相关规律，应用 SPSS 统计分析软件处理44个污水站污水测试获得的相关数据，将污水站来水中 SRB 的浓度分别与污水的含油量、悬浮物含量、硫酸根含量、矿化度和污水温度进行相关性分析。结果表明（表1-2）：污水中 SRB 的浓度与含油量和悬浮物含量均呈正相关，说明污水中的油和悬浮物可促进 SRB 繁殖；SRB 的浓度与矿化度呈负相关，说明较高的矿化度不利于 SRB 繁殖；SRB 的浓度与污水温度的非相关概率为0.073，大于0.05，说明两者之间无明显相关性；同样，SRB 的浓度与污水中的硫酸根含量也无相关性，说明只要有硫酸根存在即可，浓度高低不影响 SRB 的生长繁殖。由此可见，对于特定的污水，因为其具备一定的物理化学性质，也就注定了要滋生 SRB。也就是说，SRB 的存在是可以理解的，是油田污水的特征之一。将胜利油区44个污水站2008年和2010年来水中 SRB 的浓度分析结果进行比较，发现各站 SRB 的浓度在这2年变化不大（图1-1），这也从侧面说明，只要污水的物理化学性质不变，SRB 的浓度就具有一定的稳定性。

表1-2 胜利油区污水站来水中 SRB 的浓度与其他测试指标之间的相关性

相关指标	相关性值	非相关概率	结论
含油量	0.469	0.001	正相关
悬浮物含量	0.552	0	正相关
硫酸根含量	−0.214	0.164	非相关
矿化度	−0.535	0	负相关
污水温度	−0.273	0.073	非相关

1.4.3 在污水站出水中的分布

污水经水站处理后，其含油量、悬浮物含量和 SRB 的浓度等指标均会降低；同样，对

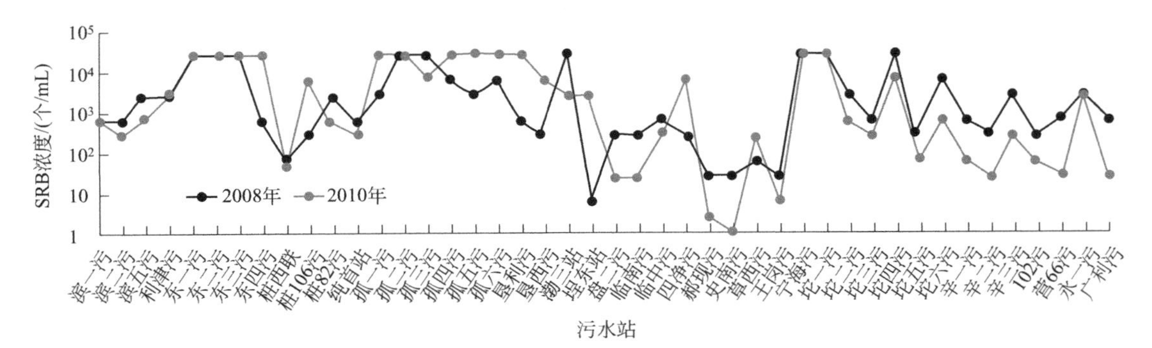

图 1-1　胜利油区 44 个污水站 2008 年和 2010 年来水中 SRB 的浓度

44 个污水站出水水质测试指标的数据进行相关性分析，结果表明（表 1-3）SRB 浓度与含油量、悬浮物含量均呈正相关，再次说明污水中的油与悬浮物促进了 SRB 的滋生，但 SRB 浓度与腐蚀率呈非相关。一般认为 SRB 会引起腐蚀问题，它们之间应该存在正相关，但由于种种原因其代谢活性不强，因此不会引起太大的腐蚀危害。例如，胜利油区临中站改性污水中 SRB 的浓度达到 $10^2 \sim 10^4$ 个/mL，但其腐蚀率仅为 0.03～0.05mm/a。通过对油田地面生产流程各环节进行取样，分析 SRB 的浓度可以看出，在地面各处理环节，SRB 在污水中的含量一直在变化（图 1-2）。当产出液从油井产出后，由于温度和压力下降，SRB 开始生长繁殖，其浓度迅速增大；进入水站后，经过絮凝沉淀、杀菌和过滤作用，出水中的 SRB 的浓度迅速下降；污水在由注水站到水井的过程中，SRB 的浓度又出现一定的回升；当污水注入油藏后，由于油藏高温和多孔介质的过滤作用，在向油井推进过程中 SRB 数量越来越少，到达油井时又开始了下一个新的循环。

表 1-3　胜利油区污水站出水各项水质分析指标之间的相关性

相关指标	相关性值	非相关概率	结论
SRB 浓度-含油量	0.556	0	正相关
SRB 浓度-悬浮物含量	0.411	0.006	正相关
SRB 浓度-腐蚀率	0.178	0.349	非相关
悬浮物含量-含油量	0.646	0	正相关
腐蚀率-含油量	0.149	0.336	非相关
悬浮物含量-腐蚀率	0.305	0.044	正相关

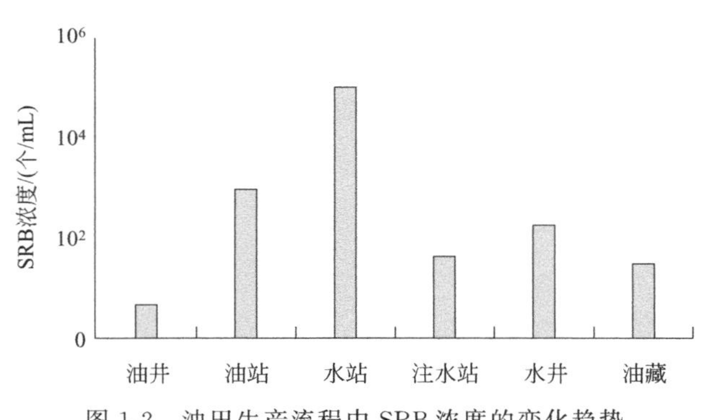

图 1-2　油田生产流程中 SRB 浓度的变化趋势

1.5 硫酸盐还原菌的生理学研究

在发现 SRB 的碳代谢有多条途径之后的一段时期内，硫和能量的代谢也被证明是多样的。但主要的生物能问题仍然没有解决。虽然 SRB 的多样性已越来越明了，但是大多数研究仍采用脱硫弧菌属的菌种，并局限于淡水种。研究者越来越清楚地认识到：即使能量很少，它也能被硫酸盐还原菌利用。与无机硫的化合物的歧化反应偶联的生长表明了能量利用的极度高效性。异化型 SRB 十分善于进行硫的转化。显然，硝酸盐或分子氧的利用是可能的，但利用较少。硫酸盐还原的完全可逆性表明了硫代谢的复杂性。为了更透彻地了解 SRB 的功能，需要了解硫酸盐还原的生化和生物能方面的知识[51]。

1.5.1 关键蛋白

电子载体蛋白，目前在 SRB 中已得到很好的表征，也容易分类，即非亚铁血红素铁蛋白、黄素蛋白、血红素蛋白及其他含金属蛋白。在细胞和酶水平上进行的重要硫同位素研究可以更好地了解 SRB 在硫循环过程中的重要作用，同时改进的系统发育分析加上基因组可用性扩大了 SRB 的多样系统，也极大地提高了对 SRB 系统发育和进化的理解。目前对硫酸盐呼吸链的理解已取得了相当大的进展，即关于必需的膜复合物参与该过程（Qmo 和 Dsr）和其他所需的可溶性蛋白（如 DsrC）[52-54]。已经认识到两组生物，即更广泛地依赖于周质电子传递链并且具有大量细胞色素 c 和相关膜复合物，以及不存在和缺乏可溶性蛋白质的生物体，其可能更多地依赖于其他节能呼吸复合物[55]。

现代蛋白质组学补充的经典生理学和生物化学方法的应用，极大地促进了对 SRB 特别是脱硫杆菌科（Desulfobacteraceae）成员的营养多样性的研究[56]。在芳香族化合物和烃的厌氧降解领域取得了重大进展，揭示了几种新的反应类型，例如Ⅱ类和Ⅲ类苯甲酰-CoA 还原酶以及芳基（烷基）-琥珀酸合成酶，同时也获得了对 H_2、乳酸和乙醇等经典 SRB 底物代谢的新见解[55,57]。

硫酸盐还原菌关键蛋白质的相关研究见本书第 4 章。

1.5.2 硫酸盐还原菌的代谢途径

硫酸盐还原菌在硫元素的循环中起着重要的作用。硫有三种氧化态：−2 价（硫化物和还原性有机硫）、0 价（单质硫）和 +6 价（硫酸盐）。化学或生物制剂有助于硫从一种状态转变成另一种状态。描述这些转变的生物地球化学循环是由许多氧化还原反应组成的。例如，H_2S 是硫的一种还原形式，它可以被多种微生物氧化成硫或硫酸盐。反过来，硫酸盐又可以被硫酸盐还原细菌还原为硫化物。硫循环基本反应的简化示意如图 1-3 所示。硫的循环包括氧化和还原两个方面。硫酸盐在还原侧起电子受体的作用，在许多微生物的代谢途径中被转化为硫化物。在氧化方面，还原态的硫化合物，如硫化物，可作为光养或化能代谢细菌的电子供体，将这些化合物转化为单质硫或硫酸盐。如果这个循环的还原性和氧化性方

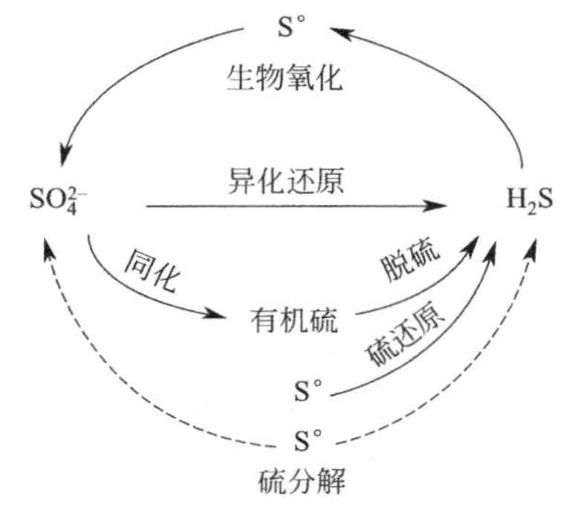

图 1-3 微生物硫循环的示意

面不平衡，可能会导致诸如硫、硫化铁和硫化氢等中间产物的积累。硫歧化是硫单质或硫代硫酸盐同时作为电子供体和电子受体的一种能量生成过程。硫歧化作用导致同时形成硫酸盐和硫化物。除了无机硫化合物外，微生物还合成了大量的有机硫化合物（即含硫蛋白质），并被认为是微生物硫循环的一部分。其他有机硫化合物如二甲基硫醚、二甲基二硫化物、二甲基亚砜、甲硫醇和二硫化碳也参与并影响微生物的硫循环。

在厌氧条件下，SRB能使有机物矿化，同时将硫酸盐还原成硫化物，并经硫化作用而氧化成单质硫。对SRB及其代谢途径的研究渐趋广泛而深入。发掘新的SRB，揭示硫酸盐还原过程，将推动生物脱硫技术的研发。目前，对SRB的生理学的研究方面主要集中在以下几点[51]。

① 还原力［H］从电子供体向电子受体流动的过程伴随着电子传递水平的磷酸化作用，大量的电子载体参与其中。产物 H_2S 能与金属发生反应形成硫化物。几种从SRB分离出的电子传递蛋白被用作模型和工具来置换和取代金属，这些电子传递蛋白的含量相对丰富，分子量小，稳定，易于提纯。

② SRB能够利用大量的有机化合物。在缺氧条件下的氧化过程也包含了复杂的生物化学反应。

③ 硫酸盐还原为硫化物。在微生物界，异养型的SRB具有独特的利用无机硫作为电子最终受体的能力，在厌氧条件下的呼吸作用比需氧生物的有氧呼吸复杂得多，需要各种各样的酶或酶系统才能完成。硫元素存在形式除硫酸盐外，其他氧化形式都非常活泼，甚至可以在室温下发生转化或氧化反应，这些化学反应使得酶促反应分析起来更加困难。为维持这种生活方式，SRB需要消耗数量较大的硫酸盐，因此造成大量 H_2S 在其附近释放。

④ SRB中主要的能量储存问题。SRB除了能进行硫酸盐代谢途径，释放 H_2S 外，还有与能量储存有关的其他途径，如有机化合物的发酵、歧化反应、无机硫化物的氧化，以及选择性利用硝酸盐和分子氧等电子受体，这大部分途径是SRB所特有的。说明了SRB能量代谢的灵活性，并将为硫酸盐还原过程中能量储存的阐明提供有力的工具。

硫酸盐还原菌的代谢途径的相关研究见本书第5章。

1.6 油田硫酸盐还原菌的危害

1.6.1 对钻井液、完井液和压裂液的危害[58]

在钻井液、完井液和压裂液中，常常要添加有机处理剂，如淀粉类（如改性淀粉）、纤维素类（如HEC）、生物聚合物类（如黄原胶XCD）、多糖类（如田菁粉）及植物胶等，这些有机物易于生物降解，若其他条件适宜，可造成钻井液、完井液、压裂液的细菌污染，并由于细菌的大量生长、繁殖和代谢活动而造成多种危害[60]。这些危害主要有以下几种。

① 使钻井液、完井液、压裂液中的有机处理剂被生物降解，从而影响钻井液、完井液、压裂液的原有性能，进而影响钻井作业、完井作业和压裂作业的正常进行。

植物胶（如田菁胶、香豆胶、皂仁胶、魔芋胶、瓜尔胶等）广泛用作压裂液的稠化剂。微生物对植物胶的生物降解作用，主要是使植物胶的半乳甘露聚糖分子在酶的作用下发生水解反应，引起苷键断裂、分子链降解，降解后的植物胶失去增稠能力。植物胶易于生物降解，在配制和使用过程中会滋生大量的微生物。尤其是在夏秋高温季节进行压裂液的配制和压裂作业时，极易引起压裂液的腐败变质，导致压裂液不交联或交联不充分，无法用于压裂施工作业。华北油田1987～1990年共有167罐压裂液腐败变质，造成了很大的经济损失；长庆安塞油田也曾出现过类似事故[59]。

田菁胶是我国油田压裂液最常用的稠化剂。田菁胶的组成以多糖为主，其成分是D-半乳糖和D-甘露糖，占80%以上，蛋白质占5%以上，纤维和灰分约占10%，因此田菁胶和由田菁胶组成的压裂液是微生物生长繁殖的良好基质，在现场使用和配制过程中极易滋生微生物，进而引起严重的生物降解，田菁胶的生物降解，使压裂液失去了应有的成胶性能，致使压裂效果不好或根本无法进行压裂作业；同时大量的菌体随压裂施工进入油层，还会给油层带来污染，造成严重的经济损失。

② 在各类钻井液、完井液、压裂液中存在着多种有害的微生物，其中危害最大的细菌主要有两类：一类是腐生菌，它们能生物降解有机物，使钻井液、完井液和压裂液失去原有的性能，并产生大量的菌体及其他代谢物质；另一类则是SRB，SRB是一种厌氧菌，只有在无氧的环境里才会繁殖，其代谢活动的产物是H_2S。SRB生长繁殖的最佳温度是20～40℃，它在含盐量高于20g/L的水中会受到抑制，绝大多数SRB的活性在盐浓度超过50g/L时急剧下降。适宜SRB繁殖的pH值是5.5～8.5。

③ 在生产过程中，SRB可随钻井液、完井液、压裂液进入地层，从而引起地层或油层的细菌污染，进而引起油层酸化和堵塞。水驱（酸化）油藏中H_2S的生物生成是石油工业的一个严重问题。硫化氢的毒性，管线、生产加工设备的加速腐蚀，生物质和金属硫化物沉淀对含油地层的堵塞造成的二次采油效率的降低等都是与酸化有关的问题。SRB被认为是油层酸化的主要因素。储层岩石中硫化物组分的热化学硫酸盐还原和溶解被认为是其他的影响因素。在浅层油藏和深海油藏中，均可观察到酸化现象，浅层油藏中普遍存在中温硫酸盐还原反应，而深海油藏中注入海水为嗜热SRB的活性提供了硫酸盐来源。钻井液、完井液和压裂液遭受细菌污染和危害后常常会表现出起泡、恶臭和发黑等异常现象，这些异常现象可作为腐败变质的直观依据。

1.6.2 对油田污水、注水的污染与危害

注水采油是国内外最常用的二次采油方法，在采出液中，至少有50%以上的液体为采出水，有些油田采出液中采出水含量高达95%以上。因此，在采油过程中将产生大量的采出水，这些采出水体积大且含有多种环境污染物质，不能外排，若需外排，则需要进行严格的处理。实际上，国内外各油田大都将采出水经适当处理后回注进入地层（称为注入水）。

油田采出水脱油后称为油田污水，油田污水经处理后注入地层称为注水。在油田污水注水系统中，普遍存在着严重危害油田生产的各种微生物，其中最为常见的是SRB、腐生菌和铁细菌。这些微生物在生长、代谢、繁殖过程中，会给油田生产带来多种影响和危害，这些影响和危害主要包括：a. 微生物的大量繁殖会产生大量的菌体和黏液性物质等，这些物质注入地层后与机械杂质等一起堵塞地层，使地层压力和注水压力增加，进而影响注水作业和采油生产；b. SRB的生长繁殖会产生极具腐蚀性的H_2S，H_2S的存在会造成污水及注水设备和管道的严重点蚀，引起设备损坏和管道穿孔，从而造成严重的生产困难和巨大的经济损失。此外，H_2S腐蚀设备和管道以后的腐蚀产物，如硫化亚铁与腐生菌菌体及其代谢产物等一起堵塞地层，并使注水变黑。

在油田污水注水系统中，存在着多种腐蚀因素，包括溶解氧、无机盐（矿化度）、二氧

化碳、细菌、H_2S等。国内外的许多研究表明，在上述各种腐蚀因素中，SRB是最主要的腐蚀因素。

对采油工艺而言，较差的注水水质会给注水管材、设备以至油层带来腐蚀、堵塞和结垢等严重危害。研究分析表明，SRB可以同时对注水系统造成上述三大危害，而且这些危害相互关联、相互作用，SRB的新陈代谢在金属的电化学腐蚀过程中起到了阴极去极化的作用，从而加剧了腐蚀程度，这是致腐蚀的主要因素。在美国石油工业中，发现某个生产井组77%以上的腐蚀是由SRB造成的。据中国石油天然气总公司1992年统计显示，每年由于腐蚀给油田造成的损失约为2亿元，其中SRB引起的腐蚀占相当大的部分[60]。产生的腐蚀产物FeS又易造成注水井渗滤端面和油层的堵塞；存在于油层中的SRB还能将硫酸钙还原为硫化物，同步生成碳酸钙沉淀。特别是在油-水接触区中的岩石由于碳酸钙沉淀物堵塞了空隙，使油层的渗透率降低。反应如下：

$$CaSO_4 + 8H^+ + 8e^- + CO_2 \xrightarrow{SRB} CaCO_3 \downarrow + 3H_2O + H_2S$$

另外，SRB的代谢物和乳化油等物质与某些细菌（如铁细菌、腐生菌等）的分泌物黏附在器壁上形成生物膜垢。而各种垢下的厌氧条件又为SRB创造了生存条件，当各种微生物膜剥落后又会造成多种形式的堵塞。

总的来说，油田中SRB的危害主要有以下几种[61]。

① 研究表明，油藏及采输管等处存在着种类众多的SRB，如热脱硫杆菌、脱硫肠状菌、脱硫弧菌及脱硫杆菌等。SRB会造成油水井套管、原油集输管道、注水管线、储罐和油水处理装置等腐蚀；在联合站脱水系统中常见的黑色老化油，也是由SRB大量繁殖而引起的钢铁的腐蚀产物，其密度介于油和水之间而悬浮在油水界面，增强了油水混合物的导电性，导致电脱水器运行不稳或跳闸，甚至造成电脱水器极板击穿。每年由于SRB造成的油田生产系统的停产整修和设备更换的经济损失无法估算。

② SRB的腐蚀产物FeS是一种胶状沉淀物，其稳定性很好，会使处理后的水质变黑发臭，悬浮物增加，注入地下会堵塞地层，油层的吸水能力也会随之下降，注水压力不断升高，影响水井增注，使防腐措施有效期缩短，费用增加，在地面使除油难度增加；FeS与其他污垢结合时，常附着于泵筒和管壁上，使其与管壁之间形成更适于SRB生长的封闭区，进一步加剧油管和泵筒的腐蚀，在管壁上形成严重的坑蚀或局部腐蚀，最终导致管壁穿孔，破坏污水和注水设备。

③ 在工业应用中，保持聚丙烯酰胺（HPAM）溶液黏度对于聚驱采油有相当重要的意义。美国学者Grula和Swell在1982年提出，SRB对HPAM的降解作用可能还会导致三次采油工作的失败[62]。研究发现在含有合适的营养成分和适宜pH值条件下，SRB经驯化培养后能在任何质量浓度不大于1000mg/L的HPAM中生长繁殖，因此SRB对聚合物二元复合驱油的影响不容忽视[63]。另外，试验还发现短期内SRB对高浓度HPAM的降解作用有限。SRB培养物中的Fe^{2+}是造成HPAM黏度下降的主要原因[64]。

④ SRB的代谢产物和乳化油等物质能与某些细菌（如铁细菌、腐生菌等）的分泌物黏附在器壁上形成生物膜垢。研究表明，随着细菌的生长，细菌的代谢产物改变了介质的pH值，生物膜厚度增加，膜中细菌含量增加[65]。各种垢下的厌氧条件又为SRB创造了生存条件，当各种微生物膜剥落后会造成堵塞；另外，生物膜黏附其他固体颗粒，在地层孔隙中形成桥堵现象，也降低了储层的渗透率。

⑤ SRB产生的H_2S会导致严重的环境问题，可能会对工人和矿区群众造成人身伤害，增加了油田生产的安全隐患；另外，SRB造成的腐蚀穿孔可能导致原油泄漏，会造成生态灾难。2003年3月，英国的BP石油公司在阿拉斯加的石油管线由于锈蚀造成了757m^3原油的泄漏，沿线的生态环境遭到严重破坏。根据近年来对墨西哥湾海管泄漏事故的权威统计，海管泄漏事故发生最主要的原因是腐蚀。据了解，由腐蚀引发的事故占近40%，它使得67%的海管和几乎所有的接入管停止运行。

1.6.3 对金属的腐蚀

在厌氧条件下，SRB对钢铁具有强烈的腐蚀作用。最引人关注的是其对石油管道和水管的腐蚀作用。20世纪50年代，由于SRB对地下铜或铁制的天然气管道和水管的腐蚀作用使美国每年损失5亿～20亿美元。在低pH值或需氧条件下，或在这两个条件都存在时，SRB形成的H_2S能直接腐蚀钢。硫化物氧化的形态，如硫酸和硫黄，也可以是强腐蚀性的。油田地面系统因SRB繁殖导致H_2S含量不断增加，是长期注污水开发的油田所面临的普遍问题。

SRB繁殖导致H_2S含量增加，主要从以下两个方面增加油田污水系统的腐蚀[66]：

① H_2S为酸性气体，在水中对普通碳钢具有较强的腐蚀性，并且是管道和设备应力腐蚀开裂的主诱因。油田开发过程中，污水H_2S含量不断增加，腐蚀性不断增强，已经成为油田管道和设备腐蚀失效的主要原因[67,68]。详细见本书第9章内容。

② SRB的繁殖过程会加速腐蚀。SRB影响腐蚀的机理相当复杂，主要有阴极去极化、局部电池、浓差电池、SRB阳极区固定等多种理论[69-71]。详细见本书第9章内容。

1.6.4 对原油降解的作用

石油混合是石油系统的重要特征，无论是在被生物降解的油藏，还是在有多种混合成分的油藏中都存在着石油混合现象[3]。Koopmans等[72]认为，未降解原油和已降解原油混合，可以基本保持原油的物理性质，如黏度。

生油岩排放出原油，在随后的运移过程中，原油发生一系列变化，从而改变了原油组分[73]。一个重要的变化过程就是微生物的降解作用[74,75]。之前西方的地球化学报道中普遍认为，氧气随降水进入油藏，地表及地下原油的降解主要是由好氧微生物作用造成的[76,77]。然而，即使含有饱和溶解氧的降水能够到达油藏[78]，从地质上分析，要保持水体的物质平衡是十分困难的，且许多生物降解作用都发生在盐水环境，这意味着水的流动性很小[13]。已有微生物学研究表明，厌氧SRB和发酵性细菌能够降解原油[79,80]。在许多油藏中发现了厌氧烃降解产生的代谢产物，充分证实了地下原油的生物降解主要是厌氧过程[81-83]。

油藏温度是控制生物降解程度的主要因素。油藏温度必须低于80℃，相应的油藏埋深浅于2000～2500m。来自浅层低温油藏的原油与深层高温油藏的原油相比，前者更易被生物降解。Wilhelms等[3]认为80℃是生物降解的上限温度，但该温度是地下生物圈的基本生长温度。然而，并不是所有的浅层油藏都是经过生物降解的，Wilhelms等[3]认为油藏抬升前，经过超过80℃的高温，油藏微生物停止了代谢活动。另外，石油充注阻碍了生物降解。充注时间长的油藏与充注时间短的油藏相比，即使油藏温度相同，前者发生生物降解的可能性更大。因此，油藏温度和原油停留时间是原油生物降解的主要影响因素。石油生物降解可以通过原油组分、碳同位素和特定的代谢产物进行鉴定。

马立安等[83] 采用厌氧微生物 SRB 处理不同黏度的原油，利用红外光谱和气相色谱分析处理前后的原油成分的变化。结果表明，SRB 可降解原油，使 $(CH_2)_n$ 链变短，轻组分相对减少，重组分相对增加。细菌硫酸盐还原作用可产生高的分馏效应，一般在 60℃以下进行。近年来在生产流体中发现了极端嗜热 SRB，油藏温度可达到 100℃左右。在中温和极端嗜热培养物中，观察到了 SRB 可利用原油作为自己唯一的底物。从油田中分离出的 SRB 可利用石油脂肪酸、微生物和化学作用形成的氢或好氧烃菌产生的极性化合物作为电子供体，在地层使硫酸盐还原为硫化物[46]。向廷生等[84] 在好氧及厌氧试验条件下发现，烃氧化菌和 SRB 的混合菌可以直接消耗原油，使原油的组分发生变化。对经微生物处理后的原油进行气相色谱分析，结果表明：烃氧化菌可以降解原油，使轻组分相对减少、重组分相对增加；SRB 在厌氧条件下也可以降解原油，但与前者的结果是有差别的。

1.7 硫酸盐还原菌的检测技术

SRB 在油田污水及注水系统中一般以两种状态存在，以浮游状态存在于污水注水体中的称为浮游型 SRB，以固着状态存在于管道等物体表面的称为固着型 SRB。多项研究表明，固着型 SRB 的危害远大于浮游型 SRB。因此，SRB 的检测技术应包括浮游型和固着型两类。

由于钻井液、完井液、压裂液一般都呈较为稳定的胶态，因此对其进行 SRB 检测时应进行必要的预处理；对于油田污水注水中的浮游型 SRB 一般不需要进行预处理，但对于其中的固着型 SRB 检测则需进行预处理[85]。

1.7.1 检测预处理

(1) 钻井液、完井液、压裂液的预处理

预处理的基本方法：称取或量取一定质量或体积的待测定试样，然后根据试样的稳定性，用不同比例的水进行稀释，并充分混匀，让其中的细菌全部分散进入水体，然后测定该水体中的细菌含量，并通过简单的数学换算，计算出单位质量（或体积）中 SRB 的细菌数量，其单位为个/g 或个/mL。在预处理过程中所用水应为无菌水。

(2) 固着型 SRB 的采样与预处理

固着型 SRB 的采集大都采用挂片法和螺栓法（Robbins 装置）两种。挂片法是将金属材料挂片（试片）悬挂在污水注水系统的适宜部位，而螺栓法则是将一定面积（0.5～1.0cm^2）的螺栓拧在管线或管线旁路表面，经过一段时间后使其表面形成生物膜而获得固着菌菌样。一般而言，螺栓法比挂片法更切合现场实际，其样品更具代表性。但固着菌并非到处都存在，其形成与水体流速、设备材质以及在水体中的暴露时间等因素相关，因此选择位置应根据现场实际而定，一般以滞淹区或低流速区等处为宜。

测定前的预处理采样用的挂片或螺栓取出后，需经过必要的预处理使挂片上的固着型 SRB 进入水溶液后才能开始测定。一般采用浸刷法进行预处理，其过程如下：将待分析试片放在盛有一定量蒸馏水的烧杯中，用刷子刷落试片表面的全部 SRB，再用少量蒸馏水冲洗试片和刷子各 3 遍，冲洗液倒入烧杯中，搅拌均匀后立即检测水体中的 SRB 数量，计算水的体积，将所得数值换算成试片表面单位面积的 SRB 数量。

1.7.2 测试技术

总的来说，目前国外较为常见的SRB检测方法主要有两类七种[86-88]：一类是培养法，主要包括测试瓶法、琼脂深层培养法和熔化琼脂管法三种；另一类是直接测定法，包括显微镜直接计数法、ATP法、ECSA法和ARA法四种。此外，还有一些其他方法。国内较为常见的SRB检测方法主要有测试瓶法和绝迹稀释法，这两种方法均属于培养法。目前，我国油田污水注水系统基本上采用中国石油天然气行业标准《碎屑岩油藏注水水质指标及分析方法》(SY/T 5329—2012) 的推荐方法进行测定。但也有不少新的检测方法正在产生。总的来说，目前国内外还没有一种十分理想的SRB检测方法，关于相关方面的研究主要涉及3个：a. 改进培养法（尤其是测试瓶法），缩短培养时间；b. 改进直接测定法（尤其是ARA法），降低检测下限；c. 研究新的更理想的检测方法。

1.8 控制方法

1.8.1 钻井液、完井液、压裂液中SRB控制技术

控制钻井液、完井液及压裂液中有害菌危害的方法虽然有多种，但在实际工作中应用最多的有两种。第一种方法是通过改变环境使有害菌难以生存，即提高钻井液、完井液或压裂液的pH值为11～12和使含盐量达到20%。这种方法虽然简单有效且成本低廉，但在实际应用过程中往往受到限制，因为pH值升高可能使井眼稳定性降低、管柱腐蚀加剧；而含盐量升高受到实际条件的限制，而且有些细菌可以适应高的含盐量（20%～30%）。第二种方法则是在钻井液、完井液和压裂液中加入杀菌剂[89]。目前应用比较普遍的是添加杀菌剂控制钻井液、完井液、压裂液的有害菌危害。

(1) 钻井液、完井液、压裂液用杀菌剂筛选

为了保证钻井液、完井液和压裂液的工艺性能，杀菌剂的正确选择十分重要，其应满足下列基本要求：

① 高效、低毒、广谱（在较低加量条件下能对有害的腐生菌、硫酸盐还原菌和铁细菌等都具有杀灭效果），对人、畜低毒或无毒，且不易产生抗药性。

② 与钻井液、完井液、压裂液添加剂及体系配伍性好，不影响各种添加剂及体系的原有性能，杀菌剂也不受pH值和温度等因素影响而降低杀菌效果，杀菌剂本身无金属腐蚀性。

③ 价廉，使用方便，且用量低、成本低。

(2) 常用杀菌剂的种类及杀菌机理[58]

钻井液、完井液、压裂液用杀菌剂的种类众多，但归纳起来主要有以下几类。

① 无机碱类杀菌剂主要是氢氧化钠、氢氧化钙、铬酸钠等。氢氧化钠、氢氧化钙加入钻井液、完井液和压裂液中，可大幅度提高pH值，从而抑制细菌细胞膜的蛋白质合成，使蛋白质的内部结构改变而凝固，造成细菌死亡。铬酸钠是一种常用的有效杀菌剂，但铬是一种严重污染环境的重金属，因而其使用受到限制。

② 无机氯类杀菌剂加入钻井液体系中，能缓慢地释放出次氯酸根，次氯酸根利用它的强氧化作用来杀灭细菌，杀菌效果良好。次氯酸钠、硫酸氢钠及缓蚀剂（磷酸三钠或硼酸

钠）的混合体系，在含盐的淀粉类钻井液中杀菌效果良好。

这类以氧化作用为杀菌机理的杀菌剂，对钻井液中的其他处理剂的配伍性要求比较严格，如果两者不相适应，处理剂将被杀菌剂氧化，从而失效。

③ 无机盐类杀菌剂主要是指氯化钠、氯化钙等，其主要杀菌机理是通过增加钻井液、完井液、压裂液的矿化度从而抑制微生物的生长。这类杀菌剂的添加量受体系的限制，而且有许多微生物具有耐盐性。因此，这类杀菌剂的使用效果是有限的。

④ 醛类杀菌剂主要产品有甲醛、多聚甲醛、戊二醛及丙烯醛等。在钻井液中最常用的是多聚甲醛，用量约为钻井液中淀粉类添加剂的10%，多聚甲醛在钻井液中被解聚，释放出甲醛。这类产品的杀菌机理是：抑制细菌细胞膜蛋白质合成，使蛋白质的内部结构改变而凝固，造成细菌死亡。

⑤ 阳离子表面活性剂主要产品为季铵盐类、铵盐、氮唑和咪唑啉，具有良好的分散、杀菌及缓蚀作用。这类产品的杀菌机理是：利用阳离子表面活性剂所具有的强穿透能力，选择性吸附于细菌的细胞壁上，改变细胞壁的穿透性结构，使细菌被溶解而杀菌。这类杀菌剂具有高效、低毒、广谱、不受pH值影响、使用方便、对人体无刺激性等优点。但这类杀菌剂价格高，长期使用会产生抗药性，有时与钻井液、完井液或压裂液中的其他添加剂不配伍。

⑥ 对水基钻井液中的细菌抑制效果好的含硫有机化合物是含有硫醚基团或磺基的1,5-噻嗪的四价盐及异噻唑啉酮，其中有二硫代氨基甲酸盐、亚甲基二硫代氰酸盐、磺基三甲胺乙内脂、2-甲基-4-异噻唑啉-3-酮等。异噻唑啉酮已被广泛地用作淀粉类钻井液的防腐杀菌剂，其效果优于甲醛。

⑦ 除上述几类主要的杀菌剂外，还有许多其他的杀菌剂。如胺类化合物（尤其是二胺类）、含氮化合物中的胍类如十二烷基胍醋酸盐等。实际上，在许多商品杀菌剂中有许多杀菌剂由两种或两种以上的杀菌剂复配而成。

目前，国内外使用的钻井液、完井液和压裂液中，多聚甲醛是使用最为广泛的杀菌剂，甲醛、戊二醛和二硫代氨基甲酸盐有逐渐推广的趋势。

醛类杀菌剂虽然使用广泛，且杀菌效果优良，但这类杀菌剂具有毒性，特别是甲醛，在使用过程中刺激性太大，在使用后不能自行生物降解，有残毒，长期使用会对人畜及周围环境产生污染。鉴于上述原因，美国已禁止在海洋作业中使用甲醛作为钻井液杀菌剂。我国目前钻井液用杀菌剂仍以醛类为主，很有必要开发新的杀菌剂。

总体而言，国内钻井液、完井液、压裂液用杀菌剂的研究很不活跃。杀菌剂种类少、品种少，研究报道也很少。

1.8.2 油田污水系统中SRB控制技术

(1) 物理方法

SRB只有在合适的环境条件下才能生长繁殖，因此可以通过控制环境的物理条件来控制SRB的腐蚀。可控制的环境条件有pH值、温度、矿化度、溶解氧、微波、紫外线和超声波等。

紫外线杀菌技术在水处理工业中，早期主要用于自来水消毒。河南油田在20世纪80年代末开展了紫外线用于油田污水的杀菌试验，采用国产普通小功率紫外灯管和国外大功率紫外灯管，均取得了较好的效果[90]。但是由于污水水质较差，国产灯管寿命短且效率低，而进口灯管价格太高等原因，未能在工业上推广。近十几年来，随着国产紫外杀菌灯管和装置技术的进步及成本的降低，紫外线杀菌技术逐渐在各油田开始应用。目前大庆、胜利、大港等油田都有规模应用的成功案例[91-93]。

（2）化学方法

化学方法是最简单而又行之有效的控制SRB腐蚀的方法。目前在油田和冷却水系统中被广泛使用，其主要途径是通过投加杀菌剂杀死SRB，或投加抑制剂抑制SRB的生长繁殖。

采用化学杀菌剂是油田抑制SRB繁殖最为普遍的方法，具有见效快、效果好、使用方便等优点。

为了经济有效地控制微生物的危害，又不给生产带来新的问题，必须选用合适的油田污水注水杀菌剂。理想的油田污水注水杀菌剂应具备下列条件：

① 高效、低毒、速效、长效、广谱：即要求杀菌剂在低剂量浓度条件下能对产生危害的各种微生物（尤其是SRB、腐生菌和铁细菌）都具有快速而持久的杀菌效果，而对人畜和鱼类低毒或无毒，对环境不造成严重污染。

② 稳定性强：即要求杀菌剂在污水注水系统中比较稳定，其杀菌效果不易受变化着的pH值、温度以及盐分浓度等因素的影响；也不易被油类、机械杂质、滤料等吸附而造成损失。

③ 配伍性好：即要求杀菌剂能与其他水处理化学药剂（如缓蚀剂、阻垢剂、脱氧剂等）配合使用且相互之间不干扰，甚至相互促进。

④ 无副作用：要求杀菌剂本身对石油生产不产生危害，如不会引起金属腐蚀。

⑤ 不易产生抗药性：在使用过程中不易为微生物所适应而失去或降低杀菌效力。

⑥ 一剂多用：即一种杀菌剂最后能同时具备杀菌、缓蚀或阻垢等作用。

⑦ 廉价且使用方便：要求杀菌剂来源丰富、价廉，且使用方便。

在实际使用过程中要综合考虑各种因素，选择最佳杀菌剂投入使用。

常用的杀菌剂有季铵盐类（典型的有十二烷基二甲基苄基氯化铵等）、季磷盐、异噻唑啉酮、戊二醛、甲醛、二氧化氯、臭氧、四羟甲基磷硫酸盐、硫醇钝化剂、苯扎氯铵等[94-97]及它们的复配制剂。虽然经常使用杀菌剂来处理酸化和生物腐蚀，但SRB在保护性生物膜中的存在和SRB的抗杀微生物菌株的出现可能会影响杀菌剂的效率。生物杀灭剂的毒性和腐蚀性也值得关注。由于多数单一杀菌剂长期应用时，细菌易产生耐药性，导致使用量逐渐上升，效果下降，因此油田一般采取不同类型的杀菌剂交替使用，或采用高浓度冲击加药的方法来避免。虽然化学杀菌剂杀菌效果可靠，但是很少有油田仅通过杀菌剂使SRB繁殖、H_2S增长及由其引起的腐蚀得到彻底控制。原因大致有3点：a. 杀菌剂很难穿透到污泥和垢层中，而SRB主要在这些地方大量繁殖，所以虽然加药后水质检测SRB指标合格，但实际上其繁殖不一定得到了有效控制；b. 油田污水系统不同于冷却水系统等闭路循环体系，污水加药后注入地下，采出水需要不断加药，因而药剂用量很大，有时因生产成本控制，导致实际加药量不足，影响了效果；c. 目前对SRB效果优异且经济和技术上都可行的杀菌剂品种并不多，少数药剂长期大量应用后，细菌产生了抗药性[98-101]。此外，去除水中的硫酸盐也是控制SRB的策略，如用钼酸盐和亚硝酸盐调配注入水。

（3）生物防治

微生物防治方法机理体现在以下两方面：一是所用细菌在生活习性上与SRB非常相似，只是它们不产生H_2S，这些细菌注入地层和SRB生活在同一环境中，就可与SRB争夺生活空间和食物营养，从而抑制 SRB 的生长繁殖；二是某些细菌可以产生类似抗生素类的物质直接杀死 SRB，即利用微生物之间的共生、竞争以及拮抗的关系来防止微生物对金属的腐蚀。

控制 SRB 产生 H_2S 的生物替代方法是将硫化物氧化成单质硫或硫酸盐，可分为直接法和间接法两类。间接法是利用三价铁的氧化能力将硫化物转化为单质硫，利用铁氧化菌的催化活性使三价铁再生。在直接法中，光自养或化能自养的硫化物氧化细菌将硫化物转化为单质硫或硫酸盐。

近年来，一种依赖于注入水中添加硝酸盐或硝酸盐与硝酸盐还原-硫化物氧化菌（NR-SOB）组合的微生物方法已经成为控制 SRB 的一个有吸引力的选择。硝酸盐的应用增加了一种被称为反硝化硫微螺菌 CVO 的硝酸盐还原-硫化物氧化菌（NR-SOB）的数量。单独添加硝酸盐并没有起到抑制作用，但刺激了 SRB 培养中浓度较低的 NR-SOB 的活性，使硫化物被去除。NR-SOB 在硫化物氧化过程中产生亚硝酸盐是观察到的抑制作用的主要原因。含有亚硝酸盐还原酶（Nrf）的 SRB 可以通过进一步将亚硝酸盐还原为氨来克服这种抑制。添加硝酸盐或硝酸盐与 NR-SOB 的组合可使硫化物被氧化和去除。亚硝酸根的加入直接抑制了硫化物的生成，并通过亚硝酸根对硫化物的氧化作用去除硫化物。在模型实验室系统的研究以及在陆上和海上油藏的大量现场试验表明了这种方法的有效性。油层中的 NR-SOB 或与硝酸盐一起引入的 NR-SOB 对硫化物的生物氧化，特别是在实验室系统中已被描述为受此处理的油层或模型实验室系统中硫化物水平下降的潜在机制之一。

在某些情况下，水中添加硝酸盐刺激了异养硝酸盐还原菌（NRB）和 NR-SOB 种群的大量增长，能使现有硫化物的浓度迅速下降，而其他情况下，仅 NR-SOB 种群受到刺激，硫化物的去除速度慢得多。因此，要从油田产出水中快速去除硫化物，需要刺激异养 NRB 的生长。这就是反硝化技术，即利用反硝化菌（硝酸盐还原菌）抑制 SRB 的生长。反硝化技术是生物控制 SRB 的主要技术。新疆、大庆、江苏等油田都开展了这方面的研究，并且有过部分成功应用，但均未大规模推广[102-107]。

综上所述，模型系统和现场试验的研究结果揭示了添加硝酸盐或亚硝酸盐对降低硫化物生物产生水平的机制和控制作用，包括：a. 对于某些种类的 SRB，优先使用硝酸盐替代硫酸盐作为电子受体；b. 通过异养硝酸盐还原菌（NRB）和 SRB 竞争普通电子供体来抑制 SRB 的活性，而非淘汰 SRB；c. 通过添加或已经存在于系统中的 NR-SOB 对现有的硫化物进行氧化；d. 添加亚硝酸盐抑制 SRB 活性，亚硝酸盐介导硫化物氧化。SRB 的某些种类具有较高的亚硝酸盐还原酶活性，这使它们能够通过将亚硝酸盐还原为氨来克服这种抑制作用。NRB 或 NR-SOB 还原硝酸盐过程中产生的亚硝酸盐、NO、N_2O 等中间化合物也会对 SRB 的活性产生影响。应当指出，在某些情况下控制生物源硫化物的产生可能涉及一种以上的机制。

有研究探索了在微生物燃料电池型反应器中生物去除废弃物中的硫酸盐和硫化物并产生能量，还有众多研究重点关注硫循环细菌在环境和工业中的应用。硫酸盐的厌氧还原是生物硫循环中的关键反应，在许多应用中起着中心作用。

1.9 硫酸盐还原菌分子生物学研究现状

长期以来，无论对于采油还是管路的腐蚀，从微生物角度进行的研究都较少。目前使用微生物提高采油率，也被称为微生物促进采油（microbial enhanced oil recovery，MEOR）技术，在全世界受到广泛青睐并得到了迅速的发展。同时用于降低生物腐蚀率的生物竞争排斥技术（BCX technology）也在一些油田试验成功。因此，在采油项目中，不论是使用生物竞争排斥技术控制 H_2S 的产生，还是采用 MEOR 技术提高采油率，对于微生物群落的分析都是很有必要的[108]。

分子生物学新技术不断发展，且其适用于大多数主要研究领域，使用不依赖于培养的方法进行微生物群落分析越来越受到欢迎。分子生物学在整个微生物生态领域都是研究微生物群落的主要方法，不仅局限于油田环境。自从 1985 年 Pace 等通过 DNA 序列分析研究微生物生态及进化问题，微生物多样性研究上了一个新台阶，逐渐形成了一种新的技术方法——微生物分子生态学技术。国际上大量研究论文证明使用分子生态学技术来研究微生物，不受其是否可分离培养或是否能在实验室中生存的束缚，因此复杂的微生物结构可以被迅速、真实、准确地分析出来。在大多数环境中生物多样性是由不可培养的微生物主导的，由于一些微生物中涉及的重要代谢过程依赖于其他微生物的参与，或者一些微生物能很轻易地进入不可培养状态，而实验室的标准培养条件不能满足这些微生物的生长需求，这就导致很多微生物菌种很难分离培养和研究。在一些环境，例如土壤中大概有 99%的内在微生物菌种不能用现有的方法培养[109]。培养技术的缺陷使得发展针对 RNA、DNA 和蛋白质的分子检测方法成为必需。

宏基因组学技术绕开了培养的步骤，直接对从环境样品中提取的 DNA 进行测序；这就使得宏基因组学方法能提供一个几乎覆盖整个环境菌群多样性的结果，宏基因组学方法概述见表 1-4[109]。

表 1-4 宏基因组学方法概述

技术名称	描述	菌种存在	菌种数量	功能检测
DGGE	指纹识别技术，PCR 扩增的基因在梯度胶中分离；条带可以切出并且测序	利：微生物多样性快速可视；阐明群落动态；通过条带测序能鉴定样品中包括未知微生物的所有生物。 弊：多样性很高时结果很差；鉴定菌群成员时条带必须单独切出并且测序；非定量，受通用引物效率及专一性限制	非定量	可以用来分析功能基因的多样性（如 *dsrAB*）
扩增子测序	16S rRNA 扩增产物或者功能基因的焦磷酸测序	利：能鉴定所有的菌群成员；高通量能鉴定几乎所有存在的种。 弊：受通用引物效率及专一性的限制	非定量	虽然并不常用，但是功能基因的扩增产物也可以被分析
随机鸟枪法测序	总 DNA 的焦磷酸测序	利：所有的系统发育标记都能被分析；使其他方法的偏好性最小化。 弊：非常昂贵并且需要更多的初始材料；数据存储和生物信息学分析复杂	如果并不需要全基因组扩增可以对样品进行半定量化	利：功能基因可以被分析，提供环境中全面的代谢流程信息。 弊：需要大量的 DNA；较短的读长使得将功能基因与物种相关联非常困难；需要的测序深度和相关生物信息学支持非常昂贵

续表

技术名称	描述	菌种存在	菌种数量	功能检测
qPCR	荧光染料和校正曲线或者用PCR引物和校正曲线的终点分析可以确定样品中起始基因的拷贝数	利:高灵敏度。 弊:获取的数据量依赖于PCR后所采用的分析技术	利:高灵敏度,可以产生定量或半定量的结果。 弊:高通量	利:定量。 弊:目标必须事先确定并且序列已知;同时进行检测的目标数量受限
FISH	荧光寡核苷酸探针直接与细胞内RNA杂交	利:可以用来鉴定物种并且观察微生物之间的相互作用。 弊:目标必须事先已知;同时进行分析的目标数量有限	利:可以定量并且定位。 弊:非高通量,工作强度大	利:可以进行功能鉴定和定位。 弊:目标必须事先确定并且序列已知;同时进行分析的目标数量受限
芯片	涂有特定基因片段的载玻片;标记的核糖体RNA、mRNA、cDNA、DNA杂交到芯片上,如果目标核酸存在就会被信号检出	利:相对高通量,半定量。 弊:只能检测出芯片上已有微生物探针的相应物种	利:半定量。 弊:只能检测出芯片上已有微生物探针的相应物种;相互杂交会限制低强度信号的量化	利:相对高通量和半定量。 弊:只能检测出芯片上已知基因探针的对应基因;只能通过表达基因的序列同源性来推测相应功能
SIP	放射性标记物直接嵌入菌群中的活跃菌种中	弊:只能检测活跃物种;非高通量	利:能对活跃的物种进行定量。 弊:非高通量	利:可以量化代谢物的利用。 弊:非高通量

目前分子生物学研究集中于16S rRNA分析、DGGE、T-RFLP、FISH及PCR等方法。下面是几类当前主要的分子生物学研究方法及其在油田微生物多样性研究中的应用举例。

1.9.1 16S rRNA基因序列分析

由于16S rRNA基因在原核生物中普遍存在，且序列非常保守，在演化的过程中变异程度不大且变异速度稳定，因此被作为一种重要的推断细菌系统发生与进化关系的方法，已广泛应用于土壤、海洋、湖泊等多种生态系统中，并已取得良好成效[110]。其基本原理为从样品中提取16S rRNA基因片段，通过克隆、测序或酶切、探针杂交获得序列信息，然后与数据库中已知的16S rRNA基因序列进行比较，根据序列的不同计算出其间的进化差距，在进化树中确定它们的位置，以确定样品中微生物的种类。Orphan等[111]在一篇报告中指出，从加利福尼亚州一座高温高硫化物含量的油田水样中提取了总DNA，使用了古细菌或细菌通用寡核苷酸引物，建立了两个16S rRNA基因文库。结果表明大多数细菌及古细菌都和其他相似环境中已知的细菌高度相近。

1.9.2 变性梯度凝胶电泳

变性梯度凝胶电泳（denaturant gradient gel electrophoresis，DGGE）是一种分离PCR扩增DNA样品的方法，DNA在凝胶电场中移动，其中加有梯度变性剂。根据DNA所含不同片段，其分别停留在不同浓度的变性剂中。因此含有不同种细菌的样品在凝胶中将产生一系列相对应的条带。条带的位置和数量本身就是比较不同样品的充分的信息。这些条带也可以切下，其中的碱基序列可以进行直接的基因测序。DGGE已经被用来分析PCR扩增的编码16S rRNA的基因，其完全基于核苷酸序列的差异[112,113]。此方法被证实是一种获得微生物群落特征的简单方法，可以用于确定群落结构的时空差异或者随着环境的变化群落结构发生的相应改变[114]。另外，每个DNA片段的外观都可能来自一个或几个系统上截然不同的群体，因此，可以很容易地通过扩增片段的数量和亮度来估计种类的数量和丰度。也可以对切下的扩增DNA片段进行序列分析，从而推断群落成员的系统发生关系[115]。Wang等[116] 用DGGE的方法研究了微生物促进采油试验中外源菌的变化及内源菌的多样性。DGGE图谱表明外源菌种在生产水样品中重新找到，内源菌种也被检测到。DGGE条带测序分析表明变形菌纲（Proteobacteria）是其中占主要组成部分的细菌。他们的研究进一步证明了DGGE分析是研究促进采油中微生物变化的有效途径。

1.9.3 荧光原位杂交

对于每一类细菌来说，其遗传物质（DNA和RNA）都是独一无二的。例如利用16S rRNA序列，探针可以设计为与目标群、类或种的细菌进行杂交。将荧光物质嵌合到探针中，可以用来探测基因结合了特定探针的细胞。虽然准备步骤不同，但细胞的计数和直接细菌计数采用同样的方法。使用不同的荧光团可以同时结合多个细胞群，包括通用染料DA-PI，都可以用来获得定量信息（特定群体在总体中的百分比）[117]。Zeng等[118] 利用FISH技术对胜利油田采油厂回注水中硫酸盐还原原核生物（SRPs）进行检测，结果表明SRPs在胜利油田回注水中具有极高的种群多样性，广泛分布于4个细菌门和1个古菌门，其中优势菌属为脱硫弧菌属（*Desulfovibrio*）和脱硫肠状菌属（*Desulfotornaculum*），同时也检测到了古生球菌属（*Archaeoglobus*）的SRPs，证明了古菌类SRPs是回注水中一个不容忽视的硫酸盐还原微生物种群。

1.9.4 末端限制性片段长度多态性

末端限制性片段长度多态性（terminal restriction fragment length polymorphism，T-RFLP）也被称为16S rRNA基因末端限制性片段（terminal restriction fragment，TRF）分析技术，是近期出现的研究微生物多态性的分子生物学技术。T-RFLP技术与RFLP技术基本原理类似，不同的是在其中一条PCR引物的末端加上荧光标记，如TET（4,7,2,7-tetrachloro-6-carboxyfluorescein）、6-FAM（phosphoramidite fluorochrome 5-carboxyfluorescein）等。在对目标基因进行PCR扩增后同样采用不同的限制性内切酶进行酶切，产生不同长度的片段，电泳结果在测序仪上用基因扫描程序进行扫描，只有那些末端带有荧光标记的片段能够被检测到。简化了图谱，就可以用来分析复杂的微生物群落，以及能提供一些多样性的信息，因为每一个可见的条带都代表一个单个的OTU或核糖体类型。通过这个图谱，可以计算种的丰度、均度，以及样品之间的相似性。T-RFLP技术与其他分子生物学方法相比有几点明显的优势。首先，序列数据库具有直接参考意义，即从消化产物中获得的所有的末端片段大小，可以与序列数据库中的末端片段相对比，从而可以进行系统发生的推断；其次，与DGGE依赖电泳系统相比，DNA测序技术结果有更高的可信度；再次，T-RFLP的毛细管凝胶电泳分析更为快速且结果以数据的形式输出。因此，其越来越受到研究工作者的重视。Yuan等[119] 使用T-RFLP技术分析了胜利油田注水井（S122ZHU）及三口相关生产井（S1224、S1225及S12219）的微生物多样性。基于T-RFLP图谱的Shannon-Wiener多样性指数表明细菌与古细菌在注水井中的种类数要比生产井中的高。说明T-RFLP在分析油田微生物多样性中非常具有应用价值。

1.9.5 存在的问题与展望

关于油田生态系统中微生物的多样性研究的报道目前仍然相对较少。然而，近期结合分子生物学途径，对于这种类型环境中微生物的研究有所增加[120]。但任何研究微生物群落组成的方法都有自身的局限性。在16S rRNA测序分析过程中，由于PCR偏移，有些微生物的DNA可能丢失，例如有些基因可能优先扩增，16S rRNA基因文库建立前样品纯化过程可能造成某些基因丢失。Watanabe等[121]在其一篇报告中指出使用不同分子生物学方法对结果会有很大影响。他表示他们不使用FISH，因为试验表明这种方法可能造成对于生长缓慢细菌的低估。另外，根据目前的研究，FISH只能检测到结合细菌或古细菌引物的60%的DAPI染色的细胞，而且相当一部分标记细胞显示的信号非常微弱。Lopez等[122]指出在使用PCR-DGGE技术检测葡萄酒发酵过程中的细菌时，一些通常使用的细菌16S rDNA PCR引物也会扩增样品中的酵母、真菌，甚至植物DNA。对于非细菌性DNA的扩增，会在DGGE图谱中掩盖了细菌群类的真实组成，因为其会造成对任何特殊小环境中细菌数目的高估。另外，PCR扩增中细菌基因模板与无目标模板之间的竞争会造成对细菌群类的高估。Isabel等的研究论证了对PCR扩增引物进行测试的重要性，以防在进行序列分析时引入真核生物的DNA，造成错误的结果。Wang等[116]在报告中指出了PCR-DGGE的不足。首先，PCR-DGGE只能检测环境样品中占主导地位的群类；其次，DGGE的灵敏度为1%模板DNA；再次，取样、提取DNA、PCR扩增及DGGE阶段都可能出现许多问题。只有当微生物浓度很高时才能用DGGE进行检测。虽然存在着许多不足之处，但分子生物学技术及研究策略仍然是反映油田环境中生物多样性及群落物种组成的主要手段。其不断发展完善，必将极大推动油田环境微生物的研究，相当具有实用性意义。

1.10 油田硫酸盐还原菌的应用

1.10.1 生物修复

在地下，油生物降解主要发生在缺氧条件下，由SRB或以各种其他电子受体作为氧化剂的其他厌氧菌介导[123]。许多报道证明甲苯、苯和各种烷烃可以在严格的厌氧条件下被降解[124-126]。

大部分可以利用石油烃的某一组分作为碳源的厌氧菌主要是硝酸盐还原菌和SRB，另外还有少量的铁细菌和光合细菌，这些降解单菌可利用的烃类主要是正构烷烃中碳数在C_6～C_{23}之间的部分化合物，单环芳烃中的苯、甲苯、乙苯、对异丙基甲苯、2-乙基甲苯和间二甲苯，多环芳烃中的萘等，见表1-5。

表1-5 已报道可厌氧降解石油烃的细菌

菌名	种属	代谢类型	可利用的烃类	参考文献
Blastochloris sulfoviridis strain ToPl	*Rhodospirillum*	光合作用	甲苯	[127]
Strain BS-TN	*Roseobacter*	硝酸盐还原	甲苯	[79]
Strains BC	*Marinobacter*	硝酸盐还原	C_{18}	[128]
Thauera aromatica strains T1,K 172	*Ralstonia*	硝酸盐还原	甲苯	[129,130]
strain DNT-1	*Thauera*	硝酸盐还原	甲苯	[131]
Citrobacter freundii(BS2211)	*Gammaproteo*	硝酸盐还原	联苯	[132]

续表

菌名	种属	代谢类型	可利用的烃类	参考文献
Azoarcus spp. ,various strains	*Thauera selenatis*	硝酸盐还原	甲苯	[133-135]
Azoarcus spp. strains T, mXyNl, M3, Td3, Tdl5	*Thauera selenatis*	硝酸盐还原	间二甲苯	[134,136-138]
Azoarcus sp. strain EbNl	*Thauera selenatis*	硝酸盐还原	甲苯,乙苯	[133]
Azoarcus sp. strain EB1	*Thauera selenatis*	硝酸盐还原	乙苯	[139]
Azoarcus sp. strain PbNl	*Thauera selenatis*	硝酸盐还原	乙苯,正丙苯	[137]
Azoarcus sp. strain pCyNl	*Thauera selenatis*	硝酸盐还原	对异丙基甲苯, 2-乙基甲苯,甲苯	[140]
Azoarcus sp. strain HxNl	*Thauera selenatis*	硝酸盐还原	$C_6 \sim C_8$	[141]
strain RCB	*Dechloromonas*	硝酸盐还原	苯	[142]
Strain OcNl	*Rhodocyclus*	硝酸盐还原	$C_8 \sim C_{12}$	[141]
Vibrio sp. NAP-4	*Escherichia coli*	硝酸盐还原	萘	[143]
Halomonas sp. NS-TN	*Escherichia coli*	硝酸盐还原	甲苯	[79]
Pseudomonas sp. NAP-3	*Escherichia coli*	硝酸盐还原	萘	[143]
Bacillus cereus strain C	*Bacillus cereus*	硝酸盐还原	BTEX	[144]
Strain HdNl	*Ectothiorhodospira*	硝酸盐还原	$C_{14} \sim C_{20}$	[141]
Desulfatiferula olefinivorans LM2801	*Desulfatiferula*	硝酸盐还原	$C_{14} \sim C_{23}$	[145]
Strain TD3	*Desulfovibrio*	硝酸盐还原	$C_6 \sim C_{16}$	[46]
Strain NaphS2	*Desulfovibrio*	硝酸盐还原	萘	[146]
Clone 30	*Desulfovibrio*	硝酸盐还原	苯	[147]
Strain mXyS 1	*Desulfovibrio*	硫酸盐还原	对异丙基甲苯, 2-乙基甲苯,甲苯	[148]
Strain EbS7	*Desulfovibrio*	硫酸盐还原	乙苯	[47]
Strains NaphS2, NaphS3, NaphS6	*Deltaproteo*	硫酸盐还原	萘	[149]
Desulfatibacillum alkenivorans PF2803	*Desulfatibacillum*	硫酸盐还原	$C_8 \sim C_{23}$	[150]
Strain oXySl	*Desulfobacterium*	硫酸盐还原	邻二甲苯, 2-乙基甲苯,甲苯	[148]
Desulfobacula toluolica	*Desulfobacterium*	硫酸盐还原	甲苯	[151]
Clone SB29	*Desulfobacterium*	硫酸盐还原	苯	[147]
Strain Hxd3	*Desulfobacterium*	硫酸盐还原	$C_{12} \sim C_{20}$	[152]
Strain Pnd3	*Desulfobacterium*	硫酸盐还原	$C_{14} \sim C_{17}$	[153]
Strain AK01	*Desulfobacterium*	硫酸盐还原	$C_{13} \sim C_{18}$	[154]
Desulfotignum toluenicum (H3)	*Desulfotignum*	硫酸盐还原	甲苯	[155]
Geobacter metallireducens GS215	*Desulfuromonas*	二价铁还原	甲苯	[156]
strain UKTLT	*Desulfitobacterium*	二价铁还原	甲苯、苯酚	[157]
strain TMJIT	*Geobacter*	三价铁还原	甲苯、苯酚	[157]
Ferroglobus placidus	*Ferroglobu*	三价铁还原	甲苯	[158]

除上述所列的石油烃降解菌外，还有大量从油藏、地下水和石油污染土壤中筛选得到的厌氧单菌或混合菌，这些厌氧菌有的能直接以石油烃中的某些组分或其衍生物为碳源，有的能以某些简单的糖类、酸类、醇类和醛类化合物为碳源，有的甚至能直接以原油为碳源进行生长代谢。向廷生等[84] 在试验条件下发现，烃氧化菌和 SRB 的混合菌可以在好氧和厌氧条件下直接以原油为碳源，使原油组分发生变化。马立安等[83] 发现 SRB 可以降解不同黏度原油，原油中大部分低分子化合物相对减少，某些高分子化合物相对增加，表明 SRB 可以优先利用低分子化合物。

1.10.2 硫酸盐还原菌处理有机废水

近年来，食品、制药、造纸等工业迅猛发展，产生了大量的高浓度硫酸盐有机废水，这些废水若处理不善，排入水体不仅会产生具有恶臭味和腐蚀性的 H_2S，而且直接危害人体健康和生态平衡。对于高浓度硫酸盐有机废水，一般采用厌氧微生物处理方法，这是因为生物脱硫与物化脱硫相比，具有投资少、成本低、能耗少、去除率高、没有二次污染等优点。在微生物厌氧消化过程中，产甲烷菌对有机物的去除起了重要的作用，但是在高硫酸盐有机废水中，SRB 对产甲烷菌在碳源及营养物质上的优势竞争、硫化物对产甲烷菌的毒害使硫酸盐还原作用对产甲烷菌的活性产生了抑制，因此根据参与酸性发酵和甲烷发酵的微生物不同，采用两相厌氧消化法，即首先利用 SRB 对废水中的硫酸盐进行还原，以消除硫酸盐还原作用对产甲烷菌的抑制影响，再进行甲烷发酵，这样有利于提高工艺运行的稳定性和去除效率。

SRB 所具有的超强能力已受到各国学者的广泛关注，且主要表现为：

① SRB 还原 SO_4^{2-} 产生的 H_2S 与重金属离子反应生成金属硫化物沉淀而使 SO_4^{2-}、重金属离子同步得以去除；

② SRB 还原 SO_4^{2-} 会产生碱度而使被处理废水的 pH 值升高、酸性降低，且 pH 值的升高有利于重金属离子形成氢氧化物沉淀而去除；

③ SRB 分解有机物使废水 COD 浓度降低而得以净化，且生成的 CO_2 会使部分重金属转化成不溶性的碳酸盐而去除；

④ SRB 菌体的直接吸附作用和生物絮凝性能，进一步使重金属物质、有机物和污泥等从水中去除。

另外，国内外研究表明：SRB 处理废水具有投资小、运行费用低、处理效果好、工艺稳定、适用性强、管理方便、无二次污染、可回收单质硫等优点，作为一项新的实用技术，极具潜力，具有广阔的应用前景和良好的环境效益、社会效益，将被越来越多地应用于废水处理中。从长远看，要最大限度发挥 SRB 在废水处理中的作用，还必须进一步深入研究 SRB 的作用机理。

由于影响生化过程的因素复杂繁多，所以仍存在不少技术上的问题，主要包括：a. 如何保持常温下 SRB 的生化活性；b. 在酸性环境中，如何达到较高的 SO_4^{2-} 还原率；c. 如何消除重金属离子和 H_2S 对 SRB 的抑制；d. 如何在满足还原过程需要的条件下，尽量降低出水中的 COD；e. 污泥中有用物质的回收和无用物质的贮存等。解决上述问题，有利于提高 SRB 处理废水的能力和效率，有利于 SRB 技术在实践中的推广和应用。

黄建新等[159] 为了确定钻井液所含的磺化物成分能否被油井中存在的主要腐蚀性细菌——SRB 分解利用，研究了在有乳酸钠和无乳酸钠两种情况下，SRB 对磺化酚醛树脂Ⅰ型、磺化酚醛树脂Ⅱ型和磺化褐煤树脂等常用磺化物不同浓度的分解利用情况。研究结果表明这些磺化物能被 SRB 分解利用，释放出 H_2S；脱硫弧菌以共代谢方式分解磺化物；肠状脱硫弧菌可直接利用磺化物。进一步测定了在有乳酸钠和无乳酸钠时，一定磺化物浓度下，SRB 分解利用磺化物过程中，SO_4^{2-} 和 H_2S 浓度及 SRB 菌数的变化。结果表明：在 SRB 对磺化物的分解过程中，SO_4^{2-} 浓度分别达 1.8128mg/mL 和 1.010mg/mL，H_2S 释放量达 0.0428mg/mL 和 0.0402mg/mL，SRB 菌数随之增加到 1.5×10^9/mL 和 7×10^6/mL。此过程产生的 H_2S 在油井环境下，可对油井套管和金属管道造成腐蚀，给石油工业带来潜在危害，应给予重视。

1.10.3 硫酸盐还原菌在石油开采中的应用

在石油开采过程中，将SRB加入油井中，可以提高油产量。在石油的二次回收过程中，脱硫弧菌产生的黏液——一种胞外多糖，起着表面活性剂的作用，有助于从石油砂层中提取石油[16]。但是，没有消除还原产物毒害的有效方法，使得目前该类研究仍处在实验室阶段。另外，还有研究认为脱硫弧菌参与石油的形成。据报道，脱硫弧菌可合成14～25个碳的长链脂肪族烃类化合物。这项技术已取得了一定的经济效益，研究工作也做得较多。

Aeckersberg等[153]分别从油槽和海洋沉积物中分离得到了一株可利用长链烷烃的SRB，并分别命名为Hxd_3和Pnd_3，Hxd_3菌株可降解长链烷烃的范围为C_{12}～C_{20}，Pnd_3降解的范围为C_{14}～C_{17}。Cravo等[160]从烃类污染的海洋沉积物中分离得到了一株名为$CV2803^T$的SRB（*Desulfatibacillum aliphaticivorans* gen. nov.，sp. nov.），在24g/L NaCl、pH值为7.5、温度为28～35℃的条件下，研究了SRB对烃类的降解作用，结果表明：$CV2803^T$菌株能够氧化长链烷烃（C_{13}～C_{18}）和烯烃（C_7～C_{23}）。So等[154]从石油污染的湖泊沉积物中分离了一株能够降解烷烃（C_{13}～C_{18}）、脂肪酸（C_4～C_{16}）、烯烃（C_{15}～C_{16}）和烯醇类（C_{15}～C_{16}）的SRB。冀忠伦等[161]采用PCR-DGGE技术在长庆油田原油集输系统中发现了能够稳定生长的5种SRB。大量研究发现，SRB能够降解甲苯、邻二甲苯、间二甲苯、对二甲苯、邻乙基甲苯、乙苯、萘、四氢化萘、2-甲基萘等芳香烃类有机物[146,162]。

Gieg等[163,164]分析了接种烃降解复合菌群后，边际油藏中存在的油被转为甲烷的前景。取美国俄克拉荷马州不同油田的多个岩芯样品进行研究，测试接种物转化岩芯中烃到甲烷的能力。虽然没有检测这些岩芯样品的烃组分，但比起未接种对照组，接有培养物的岩芯中甲烷水平明显提高。其他实验也发现，接种物在3%盐浓度条件下也能从含油岩芯产生明显的甲烷，这表明它们在含盐油藏中仍有很大的应用潜力。此外，硫酸盐浓度达到10mmol/L也不影响甲烷生成。当考虑在含硫酸盐的油田运用MEOR策略时，这一发现显得十分重要，因为微生物产生的硫化物会导致油田酸化。

通过使用16S rRNA基因测序来确定接种物中微生物种类。其中占主导地位的细菌序列与SRB的菌属亲缘关系最近，这些菌属包括脱硫叶菌属（*Desulfobulbus*）、脱硫芽孢弯曲菌属（*Desulfosporoinus*）、脱硫弧菌属（*Desulfovibrio*）、脱硫肠状菌属（*Desulfotomaculum*）和密斯氏菌属（*Smithella*）。此外还有一些与发酵细菌绿弯菌门（Chloroflexi）亚门Ⅰ、梭菌目（Bacteroidales）亲缘关系很近。古菌序列测序显示主要与严格利用乙酸产甲烷的菌属相关。鉴定出的硫酸盐还原细菌、互养细菌和发酵细菌可能参与激活和代谢原油组分生成产甲烷的前体（如乙酸和氢气），然后产甲烷菌消耗这些前体物质产生甲烷。这些混合菌群的协同作用在原油代谢生成甲烷过程中是必不可少的。为了更好利用这类微生物菌群从边际油藏中开采甲烷，确定该菌群成员在代谢过程中的作用是十分必要的。

在李虞庚等[62]编著的《石油微生物学》一书中，总结了SRB释放石油的实验室研究以及现场试验情况。Updegraff和Wren[165]使用了38种不同来源的硫酸盐还原菌来进行释放石油的试验。他们发现脱硫弧菌属培养物注入油的充填砂层中能健壮生长。用加热无菌的石油培养基以及加热无菌的砂和磨碎的牡蛎壳（石灰质物质堆积）进行试验，得到了不同的结果，见表1-6。在长时间连续试验以后得出结论，用这些细菌做现场试验是无法保证的，因为硫酸盐还原菌不能产生释放地下岩层原油可能需要的天然气、有机酸或表面活性剂等物质。

表 1-6 硫酸盐还原菌在加热灭菌的砂层和牡蛎壳层中的石油释放试验

充填(20～60 孔眼)	每个孔隙的石油体积/%		
	原始	释放	残余
砂层、加热灭菌(对照)	68	50	18
砂层、加热灭菌(对照)	71	66	5
砂层、加热灭菌(接种)	65	57	8
砂层、加热灭菌(接种)	68	67	11
牡蛎壳层、加热灭菌(对照)	63	61	2
牡蛎壳层、加热灭菌(对照)	73	66	7
牡蛎壳层、加热灭菌(接种)	61	43	18
牡蛎壳层、加热灭菌(接种)	59	44	15

1.10.4 硫酸盐还原菌在燃料脱硫中的应用

许多加工业，如食品发酵工业、采矿业、造纸工业等产生的废水中都含有大量的硫酸盐。硫酸盐本身会产生多种危害，并且会产生高毒性的 H_2S，对环境和人类造成危害。所以这类污水在排入自然界之前必须经过处理。利用 SRB 能利用硫酸盐的特性，可以设计工艺去除硫酸盐。另外，燃料燃烧产生 SO_2 是空气污染的一个重要来源。因此，去除燃料中的硫有着重要的环境学意义。脱硫弧菌利用矿物质和前处理的污水污泥将 SO_2 转化为 H_2S。东方脱硫肠状菌（*Desulfotomaculumorientis*）能利用 H_2 和 CO_2 将 SO_2 转化为 H_2S，完成了燃料的脱硫。

在生物脱硫过程中，氧化态的污染物如 SO_2、硫酸盐、亚硫酸盐及硫代硫酸盐，必须先经生物还原作用生成硫化物或 H_2S，然后再经生物氧化过程生成单质硫而去除。参与这类硫污染物还原的微生物是 SRB，还原过程的实质是以硫酸盐作为有机物氧化时的电子受体，脱硫弧菌是具有强烈硫还原作用的典型代表，能将硫酸盐还原成 H_2S[166]。

目前已有许多报道证实，与重油脱硫相关的微生物，通过加氢脱硫可脱除重油和渣油中的硫，但原油分子量不会明显降低。就降低交通燃油分子量、提高产率而言，硫化催化裂化(FCC) 技术在重油精炼工艺中占据着主导地位[167]。但是，FCC 技术不能达到脱硫的目的。而且，加氢脱硫和 FCC 工艺中采用的催化剂会被重油中的硫、氮杂环和重金属污染。石油中硫的所有化学形态里，噻吩硫对加氢脱硫的抵抗力最强。原油中大量存在烷基化 DBTs，它们对加氢脱硫的抵抗力较强，因此有效脱除烷基化 DBTs 中硫的技术更为人们所关注[168]。

红城红球菌（*Rhodococcus erythropolis* IGTS8，ATCC53986）是第一个报道的能选择性裂解石油、煤及多种官能团化合物的 C—S 键，并保留碳和热值的微生物[169]。其后，分离鉴定出大量能选择性裂解 DBT 中的 C—S 键的其他微生物。在对 DBT 进行脱硫的过程中，由于硫的逐步氧化，这些好氧微生物采用的生物化学途径被称为 4S 途径。有报道称厌氧微生物也可以选择性脱除 DBT 和石油中的硫，SRB 如脱硫弧菌（*Desulfovibrio desulfuricans*）能降解 DBT 产生 H_2S 和联苯[170]。厌氧环境下对石油进行脱硫，减少了好氧环境下产生的相关费用，同时还能以气体的形式释放出硫。然而，由于较低的反应速率、安全性、费用以及缺乏对参与厌氧脱硫的特定酶和基因的识别，厌氧生物脱硫工艺还没有发展起来，目前大多数生物脱硫的研究仍然集中在好氧生物脱硫上[168]。

1.11 硫酸盐还原菌的概述展望

从工业和环境的观点来看，参与硫循环的细菌及其所进行的反应，特别是硫酸盐的厌氧还原具有重要意义。海洋和陆地油层经常发生酸化现象，降低了油气质量，给生产、运输和加工设施带来了严重的腐蚀风险。酸化是由硫酸盐还原菌引起的。硫酸盐还原菌在石油加工的同时也面临严重的环境问题。

由于硫酸盐厌氧还原和硫化物生物氧化的广泛应用，硫酸盐厌氧还原得到了广泛的研究。这些研究涵盖了广泛的主题，包括微生物和遗传方面、生物能学、动力学和过程工程。硫酸盐厌氧还原研究评价了硫酸盐浓度、pH 值、温度、碳源和能源等因素对微生物生长和硫酸盐还原动力学的影响，以及硫化物和金属离子对微生物生长和硫酸盐还原动力学的抑制作用。在工艺工程方面，反应动力学的建模以及通过反应器设计的变化和利用廉价的碳源来提高工艺的可行性一直是人们关注的焦点。然而，所面临的挑战仍然是分离和鉴定具有碳源完全氧化能力的耐酸 SRB 物种，以及确定可由微生物群有效利用的廉价碳源来处理酸性矿井排水。控制硫化物的生物生产模型实验室系统和油藏彻底消除硫酸盐注入水，在注入水中添加杀菌剂和代谢抑制剂，以及硝酸对储层的修复对策，成为硫酸盐厌氧还原研究的一个重点。

利用光养或化学氧化细菌探究抑制硫酸盐厌氧还原菌产生的硫化氢气体。虽然光养细菌对硫化物的去除率与化学氧化细菌相当，但更简单的营养和能量需求使后者成为一个更有吸引力的选择。利用硫化物氧化细菌，特别是硫杆菌属细菌，对硫化物在好氧条件下的化学氧化进行研究。然而，与反应器在富氧环境下运行相关的风险是一个主要问题（特别是在处理天然气或沼气等气体流时）。反硝化条件下硫化物的生物氧化消除了这种风险并降低了曝气成本。因此，许多研究工作都集中在这一课题上。对硫化物厌氧生物氧化的兴趣也来自于最近的发现，这一过程被认为是控制受硝酸盐修复的油藏酸化的潜在机制之一。

本章旨在简要介绍硫酸盐还原菌及其在解决采矿和石油工业中遇到的一些环境和加工问题方面所起的作用。然而，硫酸盐还原菌的应用并不局限于本章节中讨论的主题，未来的研究方向如生物去除硫化物和反硝化作用处理废水的集成工艺，开发含有硫酸盐、硫化物和硝酸盐的流体并同时产生能量的微生物燃料电池反应堆，为这些多功能微生物的利用开辟了新的机遇。

第2章 硫酸盐还原菌的分类

2.1 传统分类

SRB早期主要依据菌体对生长环境适应情况、对不同碳源代谢情况、对底物利用情况进行分类，在分类过程中过多依赖于分类学家的主观臆断而不是对微生物特性（尤其是其化学分类性质和遗传性质）的客观评定。SRB系统分类的早期阶段从对螺旋脱硫菌（*Spirillum desulfuricans*）的描述开始直到脱硫弧菌属（*Desulforibrio*）、脱硫肠状菌属（*Desulfotomaculum*）的建立及对脱硫弧菌属的再次修正为止。

1895年，Beijerinck[171]首次发现了SRB菌株，命名为螺旋脱硫菌（*Spirillum desulfuricans*）。1924年，Elion[172]分离出了第一个喜温的SRB，命名为嗜热脱硫弧菌（*Vibrio thermodesulfuricans*）。1930年，Baars[173]又分离到一种微生物，并将其与脱硫弧菌（*Vibrio desulfuions*）进行了比较分析，在培养过程中，不断升高温度，发现该菌株在温度高达55℃时仍可生长，认为该菌是脱硫弧菌中可以适应不同温度生长的菌株。1933年，Starkey[174]观察到一株单鞭毛、短而无芽孢的硫酸盐还原弧菌逐渐转变为嗜热、周生鞭毛、有芽孢且巨大、略弯曲的杆菌的过程，为此他建议将菌株嗜热脱硫弧菌（*V. desulfuricans*）命名为脱硫芽孢弧菌（*Sporovibrio desulfuricans*）。

1957年，Campbell等[175]分离了一株革兰氏阴性、嗜热、还原硫酸盐、产生芽孢的细菌*Clostridium nigrivans*，经分析比较发现它与脱硫芽孢弧菌（*Sporovibrio desulfuricans*）很相似，而这两者都与不产芽孢、嗜温的脱硫弧菌（*Desulfovibrio desulfuricans*）区别明显，通过免疫学测试、形态生理生化及缺少色素等特征认为*C. nigrivans*不属于脱硫弧菌属，由此脱硫肠状菌属（*Desulfotomaculum*）的建立逐渐拉开序幕。

1965年，Campbell等[176]提出将SBR以是否产芽孢分为两类，产芽孢者归属为脱硫肠状菌属（*Desulfotomaculum*），不产芽孢者归属为脱硫弧菌属（*Desulfovibrio*），大多数脱硫肠状菌属和脱硫弧菌属在乳酸和丙酮酸环境中生长，并且发生不完全氧化反应，产生醋酸盐。当时涉及的SRB仅有5种，2种属于脱硫肠状菌属，即*Desulfotomaculum nigrificans*和*D. ruminis*（瘤胃脱硫肠状菌），3种属于脱硫弧菌属，包括*Desulfovibrio desulfuricans*、鲁氏脱硫弧菌（*Desulfovibrio rubentschikii*）、河口脱硫弧菌（*Desulfovibrio alstuarii*）。之后，Widdel和Pfennig[177,178]又发现了新的物种：*Desulfotomaculum acetoxi-*

dans 和 *Desulfovibrio baarsii*，这类新物种可以将脂肪酸完全氧化成 CO_2。

随着不断地研究，发现硫酸盐的还原作用并不仅限于这两个属的微生物，这种还原作用在其他属微生物中也是产能的一种方式。在某些情况下，有的属只包含一种 SRB，除此之外没有其他的 SRB，如螺旋状菌属（*Spirillum*）、假单胞菌属（*Pseudomonas*）和弧杆菌属（*Campylobacter*）。而在另外一些情况下，仍然通过 SRB 来描述某些新属，当然这一属中还有非 SRB 细菌存在，如嗜热脱硫肠状菌属（*Thermodesulfobacterium*）[179]。

20 世纪 70 年代以前，基于 Postgate 等对 SRB 的生理、生化、形态特征及营养需求的研究，确认的 SRB 只有 3 个属，即脱硫肠状菌属（*Desulfotomaculum*）、脱硫弧菌属（*Desulfovibrio*）以及脱硫单胞菌属（*Desulfomonas*）。脱硫单胞菌属细菌的形态或营养特征与脱硫肠状菌（*Desulfotomaculum*）和脱硫弧菌（*Desulfovibrio*）不同，如 Moore 等[180] 在 1976 年发现了 *Desulfomonas pigra* 具有非运动的杆状细胞，但在营养上主要类似于脱硫弧菌属（*Desulfovibrio*）。

之后，SRB 分类进一步得以发展，到 1981 年，Widdel 等[181] 发现新的菌属——脱硫杆菌属（*Desulfobacter*），其物种专一性利用硫酸盐还原剂氧化醋酸盐产生 CO_2。1982 年，发现的脱硫球茎菌属（*Desulfobulbus*）可以使用丙酸盐作为特征底物，与利用乳酸盐一样，发生不完全氧化反应[182]。1983 年，发现脱硫线菌属（*Desulfonema*）物种可滑行，且呈丝状，能利用多种有机底物（包括脂肪酸），并可以被完全氧化[183]。之后还发现了脱硫球菌属（*Desulfococcus*）和脱硫叠球菌属（*Desulfosarcina*），从营养上来看，脱硫球菌属和脱硫叠球菌属是最常用的一类硫酸盐还原剂，它们可以氧化脂肪酸、乳酸、醇类甚至芳香羧酸[184]。

在 1984 年出版的第一版《伯杰氏系统细菌学手册》第一卷中，提出了 SRB 属的检索表，将所有能还原硫酸盐、亚硫酸盐或硫元素的细菌归为 8 个属。此后，又有一些新的属被发现、分离并命名。到 2009 年，已经有超过 60 个属和 220 个种被报道[185]，分布于细菌界的 4 个门（厚壁菌门、变形菌门、硝化螺旋菌门、热脱硫杆菌门），以及古细菌界的 2 个门（广古菌门、泉古菌门）。*Desulfotomaculum*、*Desulfosporomusa*、*Thermodesulfobium narugense* 等属于产孢子、革兰氏阳性的厚壁菌门；*Desulfovibrio*、*Desulfobulbus* 等属于变形菌门；*Thermodesulfovibrio* 属于硝化螺旋菌门；*Thermodesulfobacterium*、*Thermodesulfatator* 属于热脱硫杆菌门；*Archaeoglobus* 属于广古菌门；*Thermocladium* 和 *Caldivirga* 属于泉古菌门。详细的种属见表 2-1[186]。

表 2-1　硫酸盐还原菌有效发表菌种（截至 2004.12.10）

门	属	典型种	种类数
δ-紫色光合细菌	*Desulfobacca*	*Desulfobacca acetoxidans*	1
	Desulfobacter（脱硫菌属）	*Desulfobacter postgatei*	7
	Desulfobacterium（脱硫杆菌属）	*Desulfobacterium indolicum*	7
	Desulfobacula	*Desulfobacula toluolica*	2
	Desulfobotulus	*Desulfobotulus sapovorans*	1
	Desulfobulbus（脱硫叶菌属）	*Desulfobulbus propionicus*	4
	Desulfocapsa（脱硫盒菌属）	*Desulfocapsa thiozymogenes*	2
	Desulfocella（脱硫孢菌属）	*Desulfocella halophila*	1
	Desulfococcus（脱硫球菌属）	*Desulfococcus multivorans*	2
	Desulfofaba（脱硫豆菌属）	*Desulfofaba gelida*	3
	Desulfofrigus	*Desulfofrigus oceanense*	2

 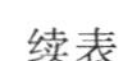

续表

门	属	典型种	种类数
δ-紫色光合细菌	*Desulfofustis*(脱硫杆菌属)	*Desulfofustis glycolicus*	1
	Desulfohalobium(脱硫盐菌属)	*Desulfohalobium retbaense*	1
	Desulfomicrobium(脱硫微杆菌属)	*Desulfomicrobium baculatum*	6
	Desulfomonas	*Desulfomonas pigra*	1
	Desulfomonile(脱硫念珠菌属)	*Desulfomonile tiedjei*	2
	Desulfomusa	*Desulfomusa hansenii*	1
	Desulfonatronovibrio(脱硫酸盐碱杆菌属)	*Desulfonatronovibrio hydrogenovorans*	1
	Desulfonatronum(脱硫弯曲杆菌属)	*Desulfonatronum lacustre*	2
	Desulfonauticus	*Desulfonauticus submarinus*	1
	Desulfonema(脱硫线菌属)	*Desulfonema limicola*	6
	Desulfonispora	*Desulfonosporus thiosulfogenes*	1
	Desulforegula	*Desulforegula conservatrix*	1
	Desulforhabdus(杆状脱硫菌属)	*Desulforhabdus amnigena*	1
	Desulforhopalus	*Desulforhopalus vacuolatus*	2
	Desulfosarcina(脱硫八叠球菌属)	*Desulfosarcina variabilis*	1
	Desulfospira(脱硫螺菌属)	*Desulfospira joergensenii*	1
	Desulfotalea	*Desulfotalea psychrophila*	2
	Desulfotignum	*Desulfotignum balticum*	2
	Desulfovibrio(脱硫弧菌属)	*Desulfovibrio desulfuricans*	42
	Desulfovirga	*Desulfovirga adipica*	1
	Bilophila(嗜胆菌属)	*Bilophila wadsworthia*	1
	Nitrosospira	*Nitrosospira briensis*	3
	Lawsonia(劳森氏菌属)	*Lawsonia intracellularis*	1
厚壁菌门	*Desulfotomaculum*(脱硫肠状菌属)	*Desulfotomaculum nigrificans*	23
	Desulfosporosinus	*Desulfosporosinus orientis*	3
硝化螺旋菌门	*Thermodesulfovibrio*(嗜热脱硫弧菌属)	*Thermodesulfovibrio yellowstonii*	2
热脱硫杆菌门	*Thermodesulfatator*	*Thermodesulfatator indicus*	1
	Thermodesulfobacterium(热脱硫杆菌属)	*Thermodesulfobacterium commune*	4
	Geothermobacterium	*Geothermobacterium ferrireducens*	2
古细菌界	*Archaeoglobus*(古生球菌属)	*Archaeoglobus fulgidus*	3

2.1.1 革兰氏阳性产芽孢硫酸盐还原菌

革兰氏阳性 SRB 中所有的种都是通过是否有芽孢而进行界定的，且芽孢的形状（球形到椭圆形）和位置（中心、近端、末端）也因菌而异。革兰氏阳性产芽孢 SRB 类群中，脱硫肠状菌属占主导地位，且 GC 含量低。这类菌体可以形成耐热内生孢子。尽管有一些脱硫肠状菌物种的最佳生长温度低于嗜热革兰氏阴性 SRB 和古菌，但它们仍是嗜热的。

脱硫肠状菌属最开始只描述了 3 个种，在这之后的 25 年中，加入了另外 3 种嗜温菌，分别是 *Desulfuromonas acetoxidans*、*Desulfuromonas antarcticum* 和 *Desulfuromonas guttoideum*。其中后两种菌同最早描述的 3 种菌一样都不能完全氧化有机底物，都是周生鞭毛，而 *Desulfuromonas acetoxidans* 能够完全氧化有机物，单端极生鞭毛，其 DNA 的（G+C）mol%含量特别低，只有 38%。现在，已经发现的有 12 个合法菌种，这些种主要是根据代谢属性和对生长因子的需要来界定的，其分类特征见表 2-2。

通过电子显微镜观察到脱硫肠状菌属的菌株革兰氏染色是阴性的，但从超微结构上看却有一个革兰氏阳性的细胞壁，这一发现后来被系统发育分析证实。

表 2-2　脱硫肠状菌（*Desulfotomaculum*）的分类特征

分类	形态	鞭毛排列	细胞色素	甲基萘醌类	最适温度/℃
acetoxidans	直杆或曲杆状	单端极生	b	MK-7	34～36
antarcticum	杆状	周生	b	nr	20～30
australicum	杆状	摆动	nr	nr	68
geothermicum	杆状	至少 2 根	c	nr	54
guttoideum	杆状/水滴形	周生	c	nr	21
kuznetsovii	杆状	周生	nr	nr	60～65
nigrificans	杆状	周生	b	MK-7	55
orientis	直杆或曲杆状	周生	b	MK-7	37
ruminis	杆状	周生	b	MK-7	37
sapomaandens	杆状	摆动	nr	nr	38
hermobenzoicum	杆状	摆动	nr	nr	62
thermoacetoxidans	直杆或曲杆状	摆动	nr	nr	55～60

注：nr 表示还未明确。

脱硫肠状菌属功能多样，在参与硫酸盐还原的过程中，该属可用的电子供体是多样的。它们可以利用乙酸盐、苯胺、琥珀酸盐、儿茶酚、吲哚、乙醇、烟酸盐、苯酚、丙酮、硬脂酸盐等作为电子受体，根据物种的不同，有机底物可以被不完全氧化成乙酸盐或完全氧化成 CO_2。一些革兰氏阳性产芽孢 SRB 还能利用 Fe(Ⅲ) 作为唯一的末端电子受体用于生长[187]。尽管大多数产芽孢 SRB 与变形菌 SRB 是在相似的环境中发现的，但孢子形成使得前者能够在长时间的干燥和有氧条件下存活。例如，由于季节性造成的氧化和缺氧条件出现的脱硫肠状菌属是稻田中普遍存在的 SRB 属[188]。

在脱硫肠状菌属中，氧化乙酸脱硫肠状菌（*Desulfotomaculum acetoxidans*）是唯一能氧化乙酸及丁酸，但不利用乳酸和 H_2 的菌种，而这个属的其他种却可以利用乳酸而不利用乙酸作为电子供体。直到 1990 年，有学者发现了新的脱硫肠状菌菌株 CAMZ，能利用乳酸、乙酸、短链脂肪酸、醇、H_2/CO_2 作为电子供体，生长于 H_2/CO_2 时能合成大量的乙酸。只有在 SO_4^{2-}、$S_2O_3^{2-}$ 和 S 等电子受体存在下才能利用各种不同的基质（有机物和 H_2/CO_2），并能还原这些电子受体形成硫化物。菌株 CAMZ 产芽孢，生长温度为 45～65℃，属于嗜热菌。在脱硫肠状菌属已描述的嗜热菌只有致黑脱硫肠状菌，但该菌株形态明显与致黑脱硫肠状菌不同。CAMZ 细胞呈中间大、两头尖的橄榄形，但致黑脱硫肠状菌细胞呈长杆形；菌株 CAMZ 能利用多种基质，包括乙酸、丙酸、丁酸等有机酸，但致黑脱硫肠状菌不能利用上述有机酸；CAMZ 细胞具有很高的一氧化碳脱氢酶活性，能利用 H_2/CO_2 合成乙酸，也能将乙酸氧化为 CO_2，而致黑脱硫肠状菌无此特性。由此确定 CAMZ 属于新的菌种，根据其特性，命名为嗜热氧化乙酸脱硫肠状菌（*Desulfotomaculum thermoacetoxidans*）[189]。

2.1.2　嗜热硫酸盐还原菌

嗜热 SRB 的分类类似于脱硫弧菌属家族的分类情况，它们是一组具有生理相似性，但在系统发育上具有多样性的类群。嗜热 SRB 和脱硫弧菌属物种可利用的电子供体有限，都是进行不完全氧化作用，它们在各自的生存环境中发挥的作用相似。大多数关于油田环境中 SRB 的研究都集中在嗜温微生物的生态学和生理学上，这些微生物在 20～40℃之间生长最佳。然而，大多数含油气藏，特别是北海油田，存在于深部地质层，温度高于 60℃。在 50℃以上热油田环境中生长的嗜热微生物可能是促进有机物质矿化的原因，并已经使用培养方法从上述生态环境中检测分离出来该类群。因此，有人提出嗜热 SRB 在油藏和生产过程中、H_2S 的生物生成中起着重要作用，识别和表征油田环境中存在的嗜热 SRB 可以更好地帮助我们了解油藏酸化的机理。嗜热 SRB 一般适于在 55～75℃的温度中生长，最低生长温度为 35～40℃。有些耐热的嗜热 SRB 最高生长温度可达 70～85℃。

在很长一段时间内，由于生长速度缓慢和现有栽培技术的局限性，纯培养嗜热 SRB 仍然是一项具有挑战性的任务，它们与其他嗜热发酵细菌的密切关联也导致难以获得纯 SRB 培养物。在 20 世纪以前，很少有研究者关注从热油储层及其相关的生产系统中鉴定和表征嗜热 SRB，而使用传统的培养方法分离鉴定这类微生物是很困难、耗时的。对自然环境中嗜热 SRB 物种的不完整描述极大地阻碍了对其多样性和生态作用的理解。通过敏感性和特异性分子技术，Voordouw 等[190,191] 开发了反向样本基因组探测（RSGP），可以鉴定到独立、纯培养的 SRB。Amann 等使用通用和特异性杂交探针成功鉴定了生物膜中的特定 SRB 群体。Leu 等[192] 直接应用 16S rRNA 基因分析鉴定 4 种不同培养基（12FL、13FA、FP5F、OB5M）中的嗜热 SRB，这是首次应用克隆的 16S rDNA 序列分析检测油田环境中的 SRB 培养物，并在不同地点的不同油田样品中鉴定了嗜热硫酸盐还原微生物。系统发育分析表明，在油田中常见的广泛分布的嗜热 SRB 是与脱硫肠状菌属相关的物种，它们在硫化物产生中发挥重要作用。在油田样品中使用脱硫肠状菌属特异性探针进一步探索将能够确认和定位具体的脱硫肠状菌物种。比较分析克隆 rDNA 序列提供一种不依赖于纯培养分离来评估样品中嗜热 SRB 的多样性方法，但该方法会带来一定误差，如细胞裂解、DNA 提取和纯化、基因组特性（细胞内基因组的大小和数量以及 rRNA 基因的组织和数量）、PCR 扩增、克隆等均会影响鉴定表征结果。尽管基于 rDNA 的分子生物学技术鉴定方法可能存在一定误差，但它们已被用于从环境衍生的混合种群中有效评估微生物群落的结构和多样性。

嗜热 SRB 的生长及其硫代谢过程受生长温度的影响很大。在 30℃、40℃、50℃和 60℃下研究嗜热 SRB 的生长曲线及硫代谢情况，分别如图 2-1、表 2-3、表 2-4 所示。虽然嗜热 SRB 的生长温度发生变化，但是其生长曲线的形状没有发生根本的变化，包括指数生长期、稳定生长期和衰亡期三个阶段。但是随着生长温度的变化，其生长过程还是会发生一些相应的变化。随着生长温度的升高，嗜热 SRB 的生长速度明显增加。并且随着生长温度的增加，稳定生长期的时间缩短。

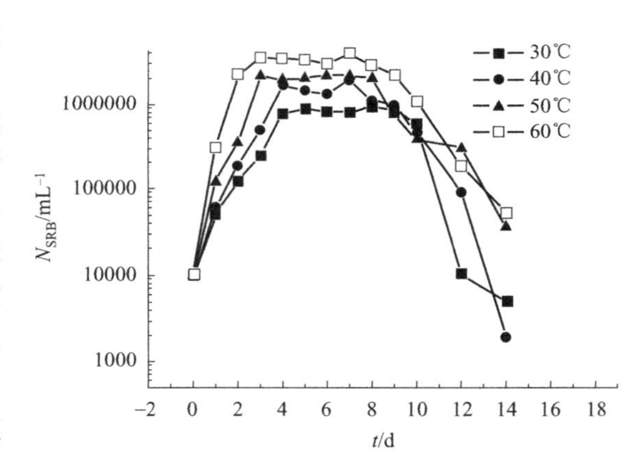

图 2-1　不同温度下嗜热硫酸盐还原菌生长曲线

随着生长温度的降低，体系中出现 S^{2-} 的时间推迟，在 40℃和 50℃的生长温度下，在第 2 天和第 5 天才开始出现 S^{2-}。当生长温度降低到 30℃时，体系中没有 S^{2-} 出现。经 0.22μm 滤膜过滤菌体原液，滴加 1∶1 的 HCl 后溶液出现浑浊，再滴加几滴六氢吡啶后振荡，溶液又变成粉红色，从而证明在没有 S^{2-} 生成时嗜热 SRB 的还原产物为硫代硫酸盐[193]。

表 2-3 不同温度下不同生长时间的硫离子浓度

t/d	30℃/(mmol/L)	40℃/(mmol/L)	50℃/(mmol/L)	60℃/(mmol/L)
0	—	—	—	—
1	—	—	—	0.02
2	—	—	—	0.37
3	—	—	0.03	1.53
4	—	—	0.40	1.38
5	—	—	1.63	1.16
6	—	0.02	1.58	1.24
7	—	0.45	1.29	1.22
8	—	1.37	1.42	1.20
9	—	1.28	1.30	1.25
10	—	1.30	1.35	1.19

表 2-4 不同温度下不同生长时间的硫代硫化物浓度

t/d	30℃/(mmol/L)	40℃/(mmol/L)	50℃/(mmol/L)	60℃/(mmol/L)
0	—	—	—	—
1	—	—	—	—
2	0.012	0.008	0.011	—
3	0.031	0.039	0.003	—
4	0.094	0.022	—	—
5	0.683	0.006	—	—
6	0.717	—	—	—
7	0.755	—	—	—
8	0.778	—	—	—
9	0.693	—	—	—
10	0.815	—	—	—

2.1.3 革兰氏阴性嗜温硫酸盐还原菌

Postgate和Campbell在1966年提出脱硫弧菌属包含5个无芽孢、极性鞭毛、嗜温的革兰氏阴性SRB，并指出这种分类是一种动态的分类框架，当有了可靠的新发现时需再进行修整。这类菌能利用的电子供体很广泛，形态上差异较大，数量发展快。经统计，到1984年，革兰氏阴性嗜温SRB包含9种，至1994年已经发展到15种，2006年已达到50多种。迄今为止发现的在自然界中分布最广泛的SRB是革兰氏阴性嗜温SRB，其是变形杆菌的δ-亚族（δ-*Proteobacteria*）成员[194]。

1973年首次报道了5株淡水型菌株，它们在不加盐的培养基中生长良好，经观察细胞形态差别很小，均为弯曲、端圆弧形、单个或成对、端生单鞭毛、无孢子、无异染颗粒、有黏膜，生长pH值为5.78～8.49，在22～44℃生存良好，最适温度在30～35℃，高于45℃生长停止，是中温菌，且都含有含细胞色素c及脱磺基绿胶霉素（desulfoviridin）。经鉴定它们都属于硫酸盐脱硫弧菌（*Desulfovibrio desulfuricans*）[195]。

1998年，Rooney-Varga等[196]通过16S rRNA分析鉴定到一株SRB，名为BG25，并发现其与脱硫球茎菌属的成员相似度高，但BG25在两种电子供体（氢和乳酸盐）环境中不能生长，但可以利用富马酸盐和苹果酸盐作为电子供体，而其他脱硫球茎菌属物种却刚好与之相反，可以以氢和乳酸盐为电子供体，而不能利用富马酸盐和苹果酸盐，通过分析比较提出 BG25 可能代表新的科，即脱硫弧菌科（*Desulfovibrionaceae*）。两株属于脱硫弧菌科的成员，命名为 BG6、BG50，其中 BG6 可能代表新的属，而 BG50 代表脱硫弧菌属中的新物种。

Mogensen 等[197] 在 2005 年从底层活性污泥中分离出来的菌株 DvO5^T 是革兰氏阴性、无孢子、单极鞭毛的细胞，在 3～37℃均可以生长，最适生长温度为 29℃，并且可以耐氧生存长达 120h。经 16S rRNA 基因测序，发现该菌属于脱硫弧菌属中的一员，与 *Desulfovibrio magneticus* 和 *Desulfovibrio burkinensis* 的 16S rRNA 基因序列相似性分别达到 98.2%和 97.5%。通过序列分析编码异化亚硫酸还原酶（dsrAB）的 α 和 β 亚基的基因以及菌株 DvO5^T 的 5′-腺苷酰硫酸还原酶（apsA）的 α 亚基，获得了类似的系统发育关系。基于表型特征和基因型的基础上，确定该菌属于新的物种，即耐氧脱硫弧菌。

经试验观察，发现脱硫弧菌属菌种表型不稳定，菌体形态、菌丝体、鞭毛、运动性经常发生改变，因此，不能依据表型对脱硫弧菌属进行分类。脱磺基绿胶霉素可以用于区分脱硫弧菌属（革兰氏阴性）和脱硫肠状菌属（革兰氏阳性）。

2.1.4 嗜热古细菌硫酸盐还原菌

嗜热古细菌 SRB 的最佳生长温度高达 80℃。在 1988 年和 1990 年分别报道了两种物种：闪烁古生球菌（*Archaeoglobus fulgidus*）[43] 和深处古生球菌（*Archaeoglobus profundus*）[45]，之后，又发现了火山古生球菌（*A. veneficus*）。

闪烁古生球菌是一种超嗜热硫酸盐还原古菌，首先是从意大利的浅海热液系统中分离出来的，之后又在海洋沉积物、北海和阿拉斯加的热油田水域中发现该菌。闪烁古生球菌是有糖蛋白包膜的不规则球状，并有单极鞭毛。Stetter 等[42] 发现闪烁古生球菌琼脂上生长的菌落呈墨绿色且光滑，在 420nm 处发出蓝绿色荧光，是严格厌氧的，在 60～95℃的条件下生存，最适温度为 83℃。在温度高达 92℃时仍可存活，其碱基组成（G+C）含量为 46%。它能在 H_2、CO_2 和硫代硫酸盐存在下化学自养生长，也能在甲酸盐、甲酰胺、（D 或 L）-乳酸、葡萄糖、淀粉、酪蛋白氨基酸、蛋白胨、明胶、酪蛋白、肉汤培养物、酵母膏中以硫酸盐、亚硫酸盐和硫代硫酸盐为电子受体化学自养生存，但不能以单质硫作为电子受体。

像大多数嗜盐生物一样，闪烁古生球菌 VC-16 积累有机化合物以应对盐胁迫。然而，该生物体积累的主要有机溶质是磷酸二甘油（DGP），迄今为止，仅在古生球菌属（*Archaeoglobus*）中发现这种现象[198]。闪烁古生球菌 VC-16，在逐步增加 NaCl 浓度的培养基中被驯化，以适应高盐浓度，并从含有 6.3% NaCl 的培养基中分离出该菌株的变异体。这种变异体能够在较高的盐度下生长，可能是其能表达比野生型菌株更高水平的 DGP。因此，有研究者从生长温度、培养基盐度和生长期的函数来探索新变种 VC-16S 中溶质积累的模式。从海洋温泉中分离出的大多数超嗜热生物是略微嗜盐的，绝大多数这些生物不能在含有超过约 5.0% NaCl 的培养基中生长。例如，古生球菌属菌种在含 NaCl 超过 4.5%的培养基中不会生长。VC-16S 明显比 VC-16 更适应高盐度环境，能够在含有 6.0%NaCl 的培养基中生长，是目前已知的最嗜盐的超嗜热古菌之一，即使在低盐浓度（4.5% NaCl）的培养基中，该变体的生长速率也比亲本菌株更高。有人已经研究了导致超嗜热菌［如火球菌属菌种

(*Pyrococcus furiosus*)、热球菌属菌种 (*Rhodothermus marinus*)、新阿波罗栖热袍菌 (*Thermotoga neapolitana*)] 中相容性溶质积累的生理条件，发现在盐胁迫下，生物体一般会积累甘露糖基甘油酸酯，而二磷酸肌醇 (DIP) 及其衍生物积累主要响应热应激。在菌株 VC-16 或其变体中未检测到甘露糖基甘露聚糖。此外，已经在 *Pyrococcus horikoshii* 和 *Rhodothermus marinus* 中确定了的合成甘露糖基甘油酸酯的基因，但是在 *Archaeoglobus fulgidus* 的完整基因组序列中不存在这些基因的同源物。目前还未在其他生物体中发现 DGP，而在闪烁古生球菌中，DGP 和 DIP 是主要的有机溶质，DGP 取代普遍存在的甘露糖基甘油酸酯，并且 DGP 是一种很好的蛋白质稳定剂。

在墨西哥瓜伊马斯的深海热液系统的沉积物 (90℃) 中发现非运动性球形超嗜热古细菌，与闪烁古生球菌相似，它们在 420nm 处发出蓝绿色荧光。与闪烁古生球菌相比，该分离株严格要求专性混合营养，专营 H_2 和有机碳源 (如乙酸盐)。硫酸盐、硫代硫酸盐和亚硫酸盐用作电子受体，元素硫抑制生长。其中研究较为详细的分离株命名为深处古生球菌 AV18，其碱基组成 (G+C) 含量比闪烁古生球菌低 5%，为 41%。

1997 年，Huber 等[199] 在大西洋中脊 (深度 3500m) 的海底黑烟囱周围分离到 4 个高度不规则、极端嗜热、运动的古生球菌。这些专性厌氧生物在大气压力、65～85℃ (最佳温度为 75～80℃) 的条件下生存，经鉴定属于古生球菌属，在 60℃以下或 90℃以上菌体不能生长，其中火山古生球菌 SNP6 菌株，最短倍增时间 (80℃) 为 1h，其他菌株 (75℃或 80℃) 最短倍增时间为 1.5h。所有分离菌在 pH＝6.5～8.0 之间生长，最佳 pH 值约为 7，最佳 NaCl 浓度为 2%，并且细胞在 NaCl 浓度低于 0.5%或高于 4.0%时裂解，最终亚硫酸盐浓度为 0.01%～0.15% (最佳为 0.1%)。

闪烁古生球菌和深处古生球菌都是从海洋热液系统中分离出来的，两种物种之间的主要差异是闪烁古生球菌有鞭毛，是兼性化学自养生物，并产生少量甲烷，而深处古生球菌不具有鞭毛，是专性化学异养生物，并且不产生甲烷。二者都可以使用硫代硫酸盐或亚硫酸盐作为电子受体，然而，仅在有机电子供体中观察到亚硫酸盐还原，并且最终细胞浓度降低。

来自超嗜热生物的热稳定蛋白与来自嗜温生物的对应物具有相同的生物学功能和催化机制，极端蛋白质是微生物抵抗极端环境的重要参与者，经常被用于物理化学和结构研究。

2.2 依据硫酸盐还原菌对有机物的利用情况分类

化学分类方法主要是依据 SRB 细胞色素、脂肪酸、细胞壁脂肪酸成分分析。这些分析方法只能为最终的种属归类提供一个依据，而不能根据检测的结果进行分类。细胞色素是血红蛋白的特化形态，根据辅基不同，主要有 a、b、c、d 4 种类别。SRB 中主要含有 b、c 型细胞色素，其中几乎所有的脱硫弧菌都有细胞色素 c_3，它包含 106～118 个氨基酸残基、4 条血红素链，与菌体硫代谢、脱氢酶、耐氧能力有关，这种基于细胞色素分类的方法对于区分 δ-紫色光合细菌门 (Deltaproteobacteria) 中的一些属和厚壁菌门 (Firmicutes) 中的脱硫肠状菌属，有一定的参考意义。脂肪酸分类仅限于属和属以上的分类。

依据 SRB 对有机物利用的情况，可以分为两类，见表 2-5。一类是发生不完全氧化：利用乳酸、丙酮酸、乙醇和脂肪酸，将硫酸盐还原为 H_2S，如脱硫叶菌属、脱硫弧菌属和脱硫肠状菌属等，在此过程中不产生 CO_2；另一类是彻底氧化醋酸、草酰乙酸、乳酸和富马酸等有机物为二氧化碳和水，并将硫酸盐还原为硫化物，如脱硫线菌属、脱硫菌属和脱硫球菌属等。

比较获得认可的对 SRB 的分类有 4 种，即依据菌体对生长环境适应情况、对不同碳源代谢情况、对底物利用情况及通过 RNA 序列分析进行分类。随着现代分子生物学技术的迅猛发展，Castro 等基于 16S rRNA 基因序列，通过系统发育分析，将 SRB 主要分为 4 个类群，分别为革兰氏阳性产芽孢 SRB、革兰氏阴性嗜温 SRB、嗜热 SRB 和嗜热古细菌 SRB。

表 2-5　硫酸盐还原菌分类（依据有机物利用情况）

属	特性	DNA 中(G+C)含量(摩尔分数)/%
	Ⅰ类 SRB:不能氧化乙酸盐的	
脱硫弧菌属(*Desulforibrio*)	极生鞭毛，弯曲杆菌，无芽孢；革兰氏阴性；含有脱硫绿胶霉素；12 个种，有一种是嗜热的	46～61
脱硫微菌属(*Desulfomicrobium*)	运动杆菌；无芽孢；革兰氏阴性；无脱硫绿胶霉素；2 个种	
Desulfobolus	弧形；革兰氏阴性；运动；无脱硫绿胶霉素；1 个种	53
脱硫肠状菌属(*Desulfotomaculum*)	垂直或弯曲杆菌，通过鞭毛或极生鞭毛运动；革兰氏阴性；无脱硫绿胶霉素；产生内孢子；2 个种，其中一种为嗜热菌，一种可以以乙酸盐为能量来源	37～46
脱硫念珠菌属(*Desulfomonile*)	杆菌；能将 3-氯苯甲酸酯经还原脱氯作用还原为苯甲酸酯	49
Desufobacula	卵圆形细胞，海洋的；可氧化各种芳香族化合物(包括芳香族硫氢甲苯)为 CO_2；1 个种	42
古生球菌属(*Archaeoglobus*)	古生的，高温型，最佳生长温度高达 80℃；含有一些独特的甲烷营养菌所具有的辅酶，生长时产生少量甲烷；H_2、甲酸、糖、乳酸和丙酮酸是电子供体，CO_3^{2-}、$S_2O_3^{2-}$ 或 SO_3^{2-} 为电子受体；3 个种	41～46
脱硫叶菌属(*Desulfobubus*)	卵圆形或柠檬形细胞；无芽孢；革兰氏阳性；不含脱硫绿胶霉素；可通过单极生鞭毛运动；可利用丙酮酸为电子供体，不完全氧化产乙酸盐；3 个种	59～60
嗜热脱硫杆菌属(*Thermodesulfobacterium*)	小，嗜热；革兰氏阴性；含有脱硫绿胶霉素；最佳生长温度为 70℃	
	Ⅱ类 SRB:能氧化乙酸盐的	
脱硫菌属(*Desulfobacter*)	杆菌；无芽孢；革兰氏阴性；无脱硫绿胶霉素；通过单极生鞭毛运动；只利用乙酸盐为电子供体并通过柠檬酸循环将其氧化为 CO_2；4 个种	45～46
脱硫杆菌属(*Desulfobacterium*)	杆菌，海洋的；有些含气泡；通过 CoA 途径可营自养生长；3 个种	41～59
脱硫球菌属(*Desulfococcus*)	球形细胞，不运动；革兰氏阴性；含有脱硫绿胶霉素；无芽孢；利用 C_1 和 C_{14} 脂肪酸为电子供体并完全氧化为 CO_2；可通过 CoA 途径可营自养生长；2 个种	57
脱硫线菌属(*Desulfonema*)	大，丝状滑行细菌；革兰氏阳性；无芽孢；部分有脱硫绿胶霉素；利用 C_2 和 C_{12} 脂肪酸为电子供体并完全氧化为 CO_2；可通过 CoA 途径可营自养生长(H_2 为电子供体)；2 个种	51

续表

属	特性	DNA 中(G+C)含量(摩尔分数)/%
Ⅱ类 SRB:能氧化乙酸盐的		
脱硫八叠球菌属(*Desulfosarcina*)	细胞成堆积状(八叠球菌的排列);革兰氏阴性;无芽孢;没有脱硫绿胶霉素;利用 C_2～C_{14} 脂肪酸为电子供体并完全氧化为 CO_2;可通过 CoA 途径营自养生长(H_2 为电子供体);2 个种	51
Desulfoarculus	弧形;革兰氏阴性;可运动;无脱硫绿胶霉素;可利用 C_1～C_{18} 脂肪酸为电子供体	66
脱硫状菌属(*Desulfacinum*)	球形或卵圆形细胞;革兰氏阴性;可利用 C_1～C_{18} 脂肪酸,营养性多样,可自养生长;嗜热	64
Desulforhabdus	杆菌;无芽孢;革兰氏阴性;不运动;可以脂肪酸完全氧化为 CO_2	52
Thermodesulforhabdus	革兰氏阴性;可运动;杆菌;嗜热;可利用 C_{18} 以下的脂肪酸	51

2.3 化学分类

随着仪器分析技术的发展，以往分拆困难的微量成分已经可以方便地进行定量了。分光光度计、气相色谱法、质谱仪、高效液相色谱法、同位素技术电泳等手段，现已广为应用。加之分类学的研究必须依赖于电子计算机来处理大量的数据。所以，计算机的高速发展为用组分分离并定量分析结果的化学分类法提供了可能。具体来说，利用化学方法来对微生物进行归类有以下一些分析手段：细胞壁成分分析、脂肪酸成分分析、蛋白质序列分析及电泳（这类研究的蛋白有铁氧合蛋白、黄素蛋白、蓝素蛋白、质体蓝素和细胞色素 c）、多位点酶电泳（MLEE）、DNA 限制性片段长度多态性（RFLP）分析以及类异戊二烯醌组分分析。化学分类涉及的细胞组分非常广泛，方法也很多，目前仍处于发展中。其结果可以与其他方法得到的结果相互印证，相互补充。在放线菌等细菌类群中，化学分类的方法是目前确定种、属的主要方法。SRB 化学分类方法的研究主要集中在细胞色素的分析、脂肪酸成分分析和细胞壁的氨基酸成分分析。这些分析方法只能为最终的种属归类提供一个依据，而不能根据检测的结果来给其分类。细胞色素是血红蛋白的特化形态，它们参与原核细胞内的各种氧化还原反应，在菌体内依照其血红素辅基的结构可以分为 a、b、c、d 4 个主要类别。根据 SRB 属中所含有不同色素的情况，对从形态学上没有太大差别的属之间加以区分有一定的参考意义，见表 2-6。脂肪酸定性分析结果限于属和属以上的分类，定量分析结果可为种和亚种提供有用的基本资料。脂肪酸组分测定可以用玻璃毛细管柱气相色谱、气-质联用色谱，美国 MIDI 公司 Sherlock 全自动细菌鉴定系统用于菌体脂肪酸的标准化分析。

全细胞脂肪酸成分分析是通过酸性或碱性水解所得的甲基化物的种类作为依据，已经被广泛用作对微生物的化学分类法当中，脂肪酸指纹图谱分析常常用作分析微生态系统中特殊的种属，水解的甲基化物分析可以从是否是饱和链、是否带有支链、是否带有环丙基或者羟基等取代基而加以区分不同的种类。据报道，所有的古细菌水解后可以得到支链带有醚链的脂肪酸，而这一特征在细菌界就比较难以观察到。缩醛磷脂是严格厌氧菌类水解特征产物，如梭菌、消化道菌和脱硫弧菌，*O*-烷基酰基-磷脂也含有缩醛磷脂，是细菌的特征产物；另据报道，含有丙三醇脂是嗜盐 SRB *Desulfohalobium retbaense* 和黏细菌 *Stigmatella aurantiaca* 的特征；相比较来说含有饱和链达到 90%并且带有偶数个丙三醇脂支链是嗜热菌 *Aquifex pyrophilus* 和 *Thermodesulf-obacterium commune* 的特征；报道也认为嗜温的 SRB 中也含有偶数或者双烷基脂的结构。因此，在原核生物中，将含有饱和脂链作为古细菌和极端细菌的分类特征。

表 2-6　典型硫酸盐还原菌不同属中含有的细胞色素

不同属	细胞色素	不同属	细胞色素
Desulfobulbus	b、c、c_3	*Thermodesulfobacterium*	b、c
Desulfomicrobium	b、c	*Desulfococcus*	b、c
Desulfomonas	c	*Desulfomonile*	c_3
Desulfovibrio	c_3、b、c	*Desulfonema*	b、c
Desulfotomaculum	b、c	*Desulfosarcina*	b、c
Desulfobacterium	b、c		

2.4　分子分类

自 1985 年 Pace 等报道以核酸测序技术来研究微生物的生态和多样性问题以来，对微生物系统发育和进化的研究进入了一个新的阶段。近 10 多年来，分子生物学理论和技术迅速发展，如质粒图谱、限制性片段长度多态性分析、脉冲场凝胶电泳、随机扩增多态性分析（random amplified polymorphic DNA，PAPD）、rDNA 指纹图、16S DNA 基因序列分析等。其中聚合酶链反应（PCR）的应用作为生物技术的里程碑，使细菌染色体分析更为简便易行，使我们真正从遗传进化的角度去认识细菌，从分子水平进行系统发育关系的研究。通过 16S rDNA 基因片段分析对微生物进行分类鉴定对于 SRB 来说主要有以下两种。

① 将 PCR 产物克隆到质粒载体上进行测序，与 16S rDNA 数据库中的序列进行比较，确定其在进化树中的位置，从而鉴定样本中可能存在的微生物种类。该方法获得的信息最全面，但在样品成分复杂的情况下需要大量的测序工作。根据报道的 SRB 有效种中比较有代表性的菌株利用 T-COFFEE 进行多重序列比对，然后进行系统发育学分析，得出结论：SRB 可以分为细菌界（Bacteria）和古细菌界（Archaea），细菌界包括 δ-紫色光合细菌门（Deltaproteobacteria）、厚壁菌门（Firmicutes）、硝化螺旋菌门（Nitrospira）、热脱硫杆菌门（Thermodesulfobacteria）；古细菌界中只有古生球菌属（Archaeoglobus）。

② 通过 16S rDNA 种属特异性的探针与 PCR 产物杂交以获得微生物组成信息。此探针也可以直接与样品进行原位杂交检测，通过原位杂交不仅可以测定微生物的形态特征和丰度，而且能够分析它们的空间分布。该方法简单快速，主要应用于快速检测，但可能出现假阳性或假阴性结果。最近报道的跟鉴定 SRB 种属有关的以 16S rDNA 为靶标的寡聚核苷酸探针，见表 2-7。表中数据主要来源于文献[200]。从表中可以看出：有的探针特异性很强，可以鉴别到种；并且有的还有几组特异性探针鉴定同一种，但是绝大部分探针的特异性只能到属，有的只能判别到门；所以，用探针的方法鉴别微生物只能作为辅助的鉴定手段。

表 2-7 以 16S rDNA 为靶标的寡聚核苷酸探针

简称	全名	系列(5′-3′)	特异性
CONT	—	AGG AAG GAA GGA AGG AAG	对照寡核苷酸
CONT-COMP	—	CTT CCT TCC TTC CTT CCT	与对照寡核苷酸互补
EUB338	S-D-Bact-0338-a-A-18	GCT GCC TCC CGT AGG AGT	大多数细菌
UNIV1389①	S-D-Univ-1389-a-A-18	ACG GGC GGT GTG TAC AAG	细菌,而不是 Epsilonproteobacteria
UNIV1389②	S-D-Univ-1389-c-A-18	ACG GGC GGT GTG TGC AAG	古菌
ARCH917	S-D-Arch-0917-a-A-18	GTG CTC CCC CGC CAA TTC	古菌
DELTA495①	S-C-d Prot-0495-a-A-18	AGT TAGCCG GTG CTT CCT	大多数 Deltaproteobacteria
DELTA495③	S-*-d Prot-0495-b-A-18	AGT TAGCCG GCG CTT CCT	一些 Deltaproteobacteria
DELTA495②	S-*-d Prot-0495-c-A-18	AAT TAG CCG GTG CTT CCT	一些 Deltaproteobacteria
NTSPA714	S-*-Ntspa-714-a-A-18	CCT TCG CCA CCG GCC TTC	Nitrospira 门,但不是 *Thermodesulfovibrio islandicus*
LGC354①	S-*-Lgc-0354-a-A-18	TGG AAG ATTCCC TAC TGC	Firmicutes 门,但不是 *Desulfotomaculum* 和 *Desulfosporosinus*
LGC354③	S-*-Lgc-0354-b-A-18	CGG AAGATT CCC TAC TGC	Firmicutes 门,但不是 *Desulfotomaculum* 和 *Desulfosporosinus*
LGC354②	S-*-Lgc-0354-c-A-18	CCG AAG ATT CCC TAC TGC	Firmicutes 门,但不是 *Desulfotomaculum* 和 *Desulfosporosinus*
SRB385	S-*-Srb-0385-a-A-18	CGG CGT CGC TGC GTC AGG	许多但不是所有的 deltaproteobacterial SRBs
SRB385D③	S-*-Srb-0385-b-A-18	CGG CGT TGC TGC GTC AGG	许多但不是所有的 deltaproteobacterial SRBs
DSBAC355	S-*-Dsbac-0355-a-A-18	GCG CAA AAT TCC TCA CTG	大多数"*Desulfobacterial*""*Syntrophobacterales*"
DSB706	S-*-Dsb-0706-a-A-18	ACC GGT ATTCCT CCC GAT	*Desulfotalea* spp.,*Desulfosarcina* sp.,*Desulforhopalus* sp.,*Desulfocapsa* spp.,*Desulfofustis* sp.,*Desulfobacterium* sp.,*Desulfobulbus* spp.,*Thermodesulforhabdus* sp.
DSS658	S-*-Dsb-0658-a-A-18	TCC ACT TCCCTC TCC CAT	*Desulfostipes* sp.,*Desulfobacterium* sp.,*Desulfofrigus* spp.,*Desulfofaba* sp.,*Desulfosarcina* sp.,*Desulfomusa* sp.
DSR651	S-*-Dsb-0651-a-A-18	CCC CCTCCA GTA CTC AAG	*Desulforhopalus* sp.,*Desulfobacterium* sp.,*Desulfofustis* sp.,*Desulfocapsa* sp.,*Desulfobulbus* spp.,*Spirochaeta* spp.
DSB804	S-*-Dsb-0804-a-A-18	CAA CGT TTA CTG CGT GGA	*Desulfobacter* spp.,*Desulfobacterium* spp.,*Desulfofrigus* spp.,*Desulfofaba* sp.,*Desulfosarcina* sp.,*Desulfostipes* sp.,*Desulfococcus* sp.,*Desulfobotulus* sp.,*Desulforegula* sp.
DSB230	S-*-Dsb-0230-a-A-18	CTA ATG GTA CGC AAG CTC	*Desulfotalea* spp.,*Desulforhopalus* sp.,*Desulfocapsa* spp.,*Desulfofustis* sp.,*Desulfobacterium* sp.
DSTAL131	S-G-Dstal-0131-a-A-18	CCC AGA TAT CAG GGT AGA	*Desulfotalea* spp.
DSRHP185	S-*-Dsrhp-0185-a-A-18	CCACCT TTC CTG TTT CCA	*Desulfrhopalus* spp.
DSBB228	S-G-Dsbb-0228-a-A-18	AATGGT ACGCAG ACCCCT	*Desulfobulbus* spp.

续表

简称	全名	系列(5′-3′)	特异性
DSB986	S-*-Dsb-0986-a-A-18	CAC AGG ATG TCA AAC CCA	*Desulfobacter* spp., *Desulfobacula* sp., *Desulfobacterium* sp., *Desulfospira* sp., *Desulfotignum* sp.
DSB1240	S-*-Dsb-1240-a-A-18	TGC CCT TTG TAC CTA CCA	*Desulfobacter* spp., *Desulfotignum* sp.
DSB623[①]	S-*-Dsb-0623-a-A-18	TCA AGT GCA CTT CCG GGG	*Desulfobacter curvatus*, *Desulfobacter halotolerans*, *Desulfobacter hydrogenophilus*, *Desulfobacter postgatei*, *Desulfobacter vibrioformis*
DSB623[③]	S-*-Dsb-0623-b-A-18	TCA AGT GCA CTT CCA GGG	*Desulfobacter* sp., strain BG8, *Desulfobacter* sp. strain BG23
DSBLA623	S-S-Dsb. la-0623-a-A-18	TCA AGT GCT CTT CCG GGG	*Desulfobacter latus*
DSBACL143	S-G-Dsbacl-0143-a-A-18	TCG GGC AGT TAT CCC GGG	*Desulfobacula* spp.
DSB674	S-*-Dsb-0674-a-A-18	CCT CTA CAC CTG GAA TTC	*Desulfofrigus* spp., *Desulfofaba gelida*, *Desulfomusa hansenii*
DSB220	S-*-Dsb-0220-a-A-18	GCG GAC TCA TCT TCA AAC	*Desulfobacterium niacini*, *Desulfobacterium vacuolatum*, *Desulfobacterium autotrophicum*, *Desulfofaba gelida*
DSBM1239	S-*-Dsbm-1239-a-A-18	GCC CGT TGT ACA TAC CAT	*Desulfobacterium niacini*, *Desulfobacterium vacuolatum*, *Desulfobacterium autotrophicum*
DSFRG211	S-G-Dsfrg-0211-a-A-18	CCC CAAACA AAA GCT TCC	Desulfofrigus spp.
DCC868	S-*-Dsb-0868-a-A-18	CAG GCG GAT CAC TTA ATG	*Desulfosarcina* sp., *Desulfonema* spp., *Desulfococcus* sp., *Desulfobacterium* spp., *Desulfobotulus* sp., *Desulfostipes* sp., *Desulfomusa* sp.
DSSDBM194	S-*-DssDbm-0194-a-A-18	GAA GAG GCC ACC CTT GAT	*Desulfosarcina variabilis*, *Desulfobacterium cetonicum*
DSC193	S-S-Dsbm. in-0218-a-A-18	GGG CTC CTC CAT AAA CAG	*Desulfobacterium indolicum*
DCC209	S-S-Dcc. mv-0209-a-A-18	CCC AAA CGG TAG CTT CCT	*Desulfococcus multivorans*
DSNISH179	S-S-Dsn. ish-0179-a-A-18	GGG TCA CGG GAA TGT TAT	*Desulfonema ishimotonii*
DSN658	S-*-Dsn-0658-a-A-18	TCC GCT TCC CTC TCC CAT	*Desulfonema limicola*, *Desulfonema magnum*
DSBOSA445	S-S-Dsbo. sa-0445-a-A-18	ACC ACA CAA CTT CTT CCC	*Desulfobotulus sapovorans*
DSMON95	S-*-Dsmon-0095-a-A-18	GTG CGC CAC TTT ACT CCA	*Desulfomonile* spp.
SYBAC986	S-*-Sybac-0986-a-A-18	CCG GGG ATG TCA AGC CCA	*Desulfovirga adipica*, *Desulforhabdus amnigena*, *Syntrophobacter* spp.
DSACI175	S-G-Dsaci-0175-a-A-18	CCG AAG GGA CGT ATC CGG	*Desulfacinum* spp.
TDRNO448	S-S-Tdr. no-0448-a-A-18	AAC CCC ATG AAG GTT CTT	*Thermodesulforhabdus norvegica*
DSV686	S-*-Dsv-0686-a-A-18	CTA CGG ATT TCA CTC CTA	"*Desulfovibrionales*" and other "*Deltaproteobacteria*"
DSV1292	S-*-Dsv-1292-a-A-18	CAA TCC GGA CTG GGA CGC	*Desulfovibrio litoralis*, *Desulfovibrio vulgaris*, *Desulfovibrio longreachensis*, *Desulfovibrio termitidis*, *Desulfovibrio desulfuricans*, *Desulfovibrio fairfieldensis*, *Desulfovibrio intestinalis*, *Desulfovibrio inopinatus*, *Desulfovibrio senezii*, *Desulfovibrio gracilis*, *Desulfovibrio halophilus*, *Bilophila wadsworthia*

续表

简称	全名	系列(5′-3′)	特异性
DSV698	S-*-Dsv-0698-a-A-18	TCC TCC AGA TAT CTA CGG	大多数 *Desulfovibrio*, *Bilophila wadsworthia*, *Lawsonia intracellularis*
DVDAPC872	S-*-Dv. d. a. p. c-0872-a-A18	TCC CCA GGC GGG ATA TTT	*Desulfovibrio caledoniensis*, *Desulfovibrio dechloracetivorans*, *Desulfovibrio profundus*, *Desulfovibrio aespoeensis*
DVHO130	S-*-Dv. h. o-0130-a-A-18	CCG ATC TGT CGG GTA GAT	*Desulfovibrio halophilus*, *Desulfovibrio oxyclinae*
DVAA1111	S-*-Dv. a. a-1111-a-A-18	GCA ACT GGC AAC AAG GGT	*Desulfovibrio africanus*, *Desulfovibrio aminophilus*
DVGL199	S-*-Dv. g. l-0199-a-A-18	CTT GCA TGC AGA GGC CAC	*Desulfovibrio gracilis*, *Desulfovibrio longus*
DSVAE131	S-S-Dsv. ae-0131-a-A-18	CCC GAT CGT CTG GGC AGG	*Desulfovibrio aestuarii*
DSV820	S-*-Dsv-0820-a-A-18	CCC GAC ATC TAG CAT CCA	*Desulfovibrio salexigens*, *Desulfovibrio zosterae*, *Desulfovibrio fairfieldensis*, *Desulfovibrio intestinalis*, *Desulfovibrio piger*, *Desulfovibrio desulfuricans*
DVSZ849	S-*-Dv. s. z-0849-a-A-18	GTT AAC TTC GAC ACC GAA	*Desulfovibrio salexigens*, *Desulfovibrio zosterae*
DVIG448	S-*-Dv. i. g-0448-a-A-18	CGC ATC CTC GGG GTT CTT	*Desulfovibrio gabonensis*, *Desulfovibrio indonesiensis*
DSV651	S-*-Dsv-0651-a-A-18	CCC TCT CCA GGA CTC AAG	*Desulfovibrio fructosivorans*, *Desulfovibrio alcoholivorans*, *Desulfovibrio sulfodismutans*, *Desulfovibrio burkinensis*, *Desulfovibrio inopinatus*
DVFABS153	S-*-Dv. f. a. b. s-0153-a-A-18	CGG AGC ATG CTG ATC TCC	*Desulfovibrio fructosivorans*, *Desulfovibrio alcoholivorans*, *Desulfovibrio sulfodismutans*, *Desulfovibrio burkinensis*
DVLVT139	S-*-Dv. l. v. t-0139-a-A-18	GCC GTT ATT CCC AAC TCA	*Desulfovibrio termitidis*, *Desulfovibrio longreachensis*, *Desulfovibrio vulgaris*
DVLT131	S-*-Dv. l. t-0131-a-A-18	TCC CAA CTC ATG GGC AGA	*Desulfovibrio termitidis*, *Desulfovibrio longreachensis*
DSM194	S-G-Dsm-0194-a-A-18	GAG GCATCC TTT ACC GAC	*Desulfomicrobium* spp., *Desulfobacterium macestii*
DSHRE830	S-S-Dsh. re-0830-a-A-18	GTC CTA CGA CCC CAA CAC	*Desulfohalobium retbaense*
DFMI227[①]	S-*-Dfm I-0227-a-A-18	ATG GGA CGC GGA CCC ATC	*Desulfotomaculum putei*, *Desulfotomaculum gibsoniae*, *Desulfotomaculum geothermicum*, *Desulfotomaculum thermosapovorans*, *Desulfotomaculum thermoacidovorans*, *Desulfotomaculum thermobenzoicum*, *Desulfotomaculum thermoacetoxidans*, *Desulfotomaculum australicum*, *Desulfotomaculum kuznetsovii*, *Desulfotomaculum thermocisternum*, *Desulfotomaculum luciae*, *Sporotomaculum hydroxybenzoicum*
DFMI227[③]	S-*-Dfml-0227-b-A-18	ATG GGA CG GGA TCC ATC	*Desulfotomaculum aeronauticum*, *Desulfotomaculum nigrificans*, *Desulfotomaculum reducens*, *Desulfotomaculum ruminis*, *Desulfotomaculum sapomandens*, *Desulfotomaculum halophilum*
DFMI210	S-*-Dfml-0210-a-A-18	CCC ATC CAT TAG CGG GTT	一些 *Desulfotomaculum* spp. of clusters Ic and Id[②]
DFMI229	S-*-Dfml-029-a-A-18	TAA TGG GAC GCG GAC CCA	一些 *Desulfotomaculum* spp. of clusters Ib, Ic, and Id[②]

续表

简称	全名	系列(5′-3′)	特异性
DFMIa641	S-＊-Dfm Ia-0641-a-A-18	CAC TCA AGT CCA CCA GTA	*Desulfotomaculum* spp.,(cluster Ia)②
DFMIb726	S-＊-Dfmlb-0726-a-A-18	GCC AGG GAG CCG CTT TCG	*Desulfotomaculum* spp.,*Sporotomaculum hydroxybenzoicum* (cluster Ib)②
DFMIc841	S-＊-Dfm Ic-0841-a-A-18	GGC ACT GAA GGG TCC TAT	*Desulfotomaculum* spp. (cluster Ic)②
DFMId436	S-＊-Dfm Id-0436-a-A-18	CTT CGT CCC CAA CAA CAG	*Desulfotomaculum* spp. (cluster Id)②
DFACE199	S-S-Df. ace-0199-a-A-18	GCA TTG TAA AGA GGC CAC	*Desulfotomaculum* spp. (cluster Ie)②
DFMIf126	S-＊-Dfm If-0126-a-A-18	CTG ATA GGC AGG TTA TCC	*Desulfotomaculum* spp. (cluster If)④
DFMII1107	S-＊-Dfm II-1107-a-A-18	CTA AAT ACA GGG GTT GCG	*Desulfosporosinus* spp.,*Desulfotomaculum auripigmentum* (cluster II)②
TDSV601	S-＊-Tdsv-0601-a-A-18	GCT GTG GAA TTC CAC CTT	*Thermodesulfovibrio* spp.
TDSV849	S-＊-Tdsv-0849-a-A-18	TTT CCC TTC GGC ACA GAG	*Thermodesulfovibrio* spp.
TDSBM1282	S-P-Tdsbm-1282-a-A-18	TGA GGA GGG CTT TCT GGG	*Thermodesulfobacterium* spp.,*Geothermobacterium* sp.
TDSBM353	S-＊-Tdsbm-0353-a-A-18	CCA AGA TTC CCC CCT GCT	*Thermodesulfobacterium* spp.
ARGLO37	S-G-Arglo-0037-a-A-18	CTT AGT CCC AGC CGG ATA	*Archaeoglobus* spp.
DSBM168⑤	S-＊-Dsbm-0168-a-A-18	ACT TTA TCC GGC ATT AGC	*Desulfobacterium niacini*,*Desulfobacterium vacuolatum*
DVHO588⑤	S-＊-Dv. h. o-0588-a-A-18	ACC CCT GAC TTA CTG CGC	*Desulfovibrio halophilus*,*Desulfovibrio oxyclinae*
DVIG267⑤	S-＊-Dv. i. g-0267-a-A-18	CAT CGT AGC CAC GGT GGG	*Desulfovibrio gabonensis*,*Desulfovibrio indonesiensis*
DVLT1425⑤	S-＊-Dv. l. t-1425-a-A-18	TCA CCG GTA TCG GGT AAA	*Desulfovibrio termitidis*,*Desulfovibrio longreachensis*
DVGL228⑤	S-＊-Dv. g. l-0228-a-A-18	CAG CCA AGA GGC CTA TTC	*Desulfovibrio gracilis*,*Desulfovibrio longus*
ARGLO390⑤	S-G-Arglo-0390-a-A-18	GCA CTC CGG CTG ACC CCG	*Archaeoglobus* spp.
DVLVT194⑥	S-＊-Dv. l. v. t-0194-a-A-18	AGG CCA CCT TTC CCC CGA	*Desulfovibrio termitidis*,*Desulfovibrio longreachensis*,*Desulfovibrio vulgaris*
DVCL1350⑥	S-＊-Dv. c. l-1350-a-A-18	GGC ATG CTG ATC CAG AAT	*Desulfovibrio cuneatus*,*Desulfovibrio litoralis*
DFMIf489⑥	S-＊-Dfm If-0489-a-A-18	CCG GGG CTT ACT CCT ATG	*Desulfotomaculum* spp. (cluster If)④

① 基于 Alm 等人命名法的寡核苷酸探针名称。

② 根据 Stackebrandt 等人的说法，革兰氏阳性、孢子形成的 SRPs 的集群名称。

③ 寡核苷酸探针的长度适合微阵列格式（18 聚体）。

④ *Desulfotomaculum halophilum* 和 *Desulfotomaculum alkaliphilum* 被归入新的类群 If。

⑤ 探针从 SRP 微阵列中移除，因为在与完全匹配参考菌株的荧光标记的 16S rRNA 基因扩增物杂交后没有检测到阳性信号。

⑥ 探针从 SRP 微阵列中移除，因为它与许多在 16S rRNA 基因靶位点有错配的参考生物非特异性杂交。

2.5 油藏中常见的硫酸盐还原菌属

油藏中SRB包括脱硫弧菌属、脱硫肠菌属和脱硫状菌属，在油田污水回注系统和油层缺氧环境中广泛存在。大多数分离自油层采出水的SRB都属于δ-变形菌亚门。

SRB代谢产生H_2S酸性气体，不但可以提高地层压力，还可以溶解碳酸盐岩层，促进原油的释放和增大地层的渗透率。某些菌种还可以降解石油中的组分，改善原油的流动性，提高原油采收率。但这类菌群的活动使产出的油气中含有H_2S，增加了生产设施的腐蚀问题，并带来了严重的生产安全问题。因为有害性，SRB是油田水中研究得最详细的细菌群落。油田水中最常被分离出的SRB属于脱硫弧菌属。SRB的数量随着油藏温度的升高而减少，在温度高达85℃的油井中未检测到SRB的存在，该结果与之前观察到的高温油藏中仅含有少量SRB的结果一致。盐度是影响油藏微生物代谢及多样性的重要因素。

2.6 地面系统常见的硫酸盐还原菌属

魏利等[201]应用Hungate厌氧操作技术，从大庆油田地面系统中分离SRB，进行形态、生理生化以及优势菌株的16S rDNA基因克隆，对通过纯培养方式分离到地面系统SRB的种类及其系统发育进行研究。

从大庆地区油藏不同地理区块的3种介质：常规水驱含油污水、聚驱含油污水、地面注聚工艺（母液罐、熟化罐和井口）处取样，进行分离纯化、16S rDNA序列的克隆与测序，所测序的20个菌株序列中只有12株和GenBank中已有的16S rDNA序列同源性大于97%，占总数的60%。表明地面系统中SRB的种类比较新颖，剩余的40%存在新种的可能性很大。大庆地面系统的SRB通常被认为是δ-变形菌纲的脱硫弧菌属（*Desulfovibrio*）和脱硫肠状菌属（*Desulfotomaculum*），从纯培养分离的角度研究发现，δ-变形菌纲只占分离菌株很少的一部分，绝大部分是具有硫酸盐还原功能的菌株，与余跃惠等的结论非常吻合。多年来的注水开发（主要是污水回注工艺），外源微生物随着钻井与采油过程被带入地层，已经形成了较稳定的微生物菌群。注水开发成为决定外源微生物群落在油层生态系统中分布状况的主要因子。外源微生物群落在油藏特定环境长期生存过程中，通过自身功能调节，适应了油藏的特定环境而生存下来。

2.7 本章小结

随着时代的发展、新的分子生物学和蛋白组学的相关技术和设备不断进步，我们可以更加准确地进行物种的分离，而不是单纯依靠以16S rDNA为主的分类，可以基于基础的分类原理，辅助菌株的代谢途径、代谢表达以及基因组的相似性和遗传性进行更好的分类，即利用一种基于遗传相似性和功能相似性的分类模式进行分类。

笔者多年在油田开展硫酸盐还原菌的分离和研究工作（《油田硫酸盐还原菌分子生态学及其活性生态调控研究》，科学出版社，2009），厌氧分离出了以拉丁字母“D”开头的模式硫酸盐还原菌株，也分离出了许多非模式菌株，这些菌株包括梭菌属、肠道菌属、假单胞杆菌属等，这些菌属中很多的细菌都在进行着硫酸盐的还原，具有很好的硫酸盐还原能力。有的菌株比模式菌株具有更好的硫酸盐还原能力。随着油田多年的注水开发、注聚开发以及破坏性的开采，油藏的环境发生了巨大的改变，很多时候生态环境已经不适合模式菌株的生长了。

因此提出一个新的概念，重新定义硫酸盐还原菌，扩大它的功能范围，在环境中以能够利用硫酸盐为主的物种，改称为硫酸盐还原功能的菌株。这样既方便后续的研究，同时随着高通量测序技术的发展，人们对微生物群落的认识更加深入，将来还会有更好的发现。同时提出，作为分离菌株这项工作实际上在高通量测序的今天更加具有重要的意义，基础的研究不能放松。

第3章 油田硫酸盐还原菌种群组成及生态分布规律

3.1 微生物群落分析的方法和手段

3.1.1 微生物分子生态学研究方法

微生物生态学是研究生态环境中微生物与其周围生物以及微生物与环境之间相互关系的一门学科。研究表明，能培养的微生物只占自然环境中的很少一部分（0.1%～15%）。纯培养技术限制了我们对自然环境中微生物群落多样性及其与环境之间相互关系的了解。微生物分子生态学是用分子生物学和基因组学的理论与方法来研究微生物与其周围生物以及微生物与环境之间的相互作用规律的新兴学科分支。由于传统的基于培养的分离方法只能对培养分离得到的SRB进行研究，这种研究方法对全面了解油藏中SRB的多样性和分布信息是非常有限的，因此应该使用更灵敏的方法来检测样品中的完整SRB群落，而不依赖于培养方法。最近十几年来，科学家们发展了大量的分子生物学方法来研究各种环境中的微生物群落结构和功能及其与环境之间的相互作用。如许多研究是基于DNA的分子技术［包括通过克隆文库进行系统发育分析、PCR-DGGE、实时荧光定量PCR、荧光原位杂交（FISH）等］进行的。应用分子生物学方法发现了很多以前不知道的微生物种群，能够对自然环境中的微生物组成及功能进行比较准确的分析。

3.1.1.1 rDNA序列同源性的应用

自然环境中的微生物有99.5%～99.9%的种类是不可培养的，这为正确认识该系统中微生物的特性及系统发育地位带来了极大的困难。由于rRNA素有“细菌化石”之称，可作为生物进化史的计时器，因此以rDNA序列同源性分析为基础的微生物系统发育学研究在微生物分子生态学中已凸显其重要性，其中以16S rDNA序列分析较为常用。通常是对纯培养的菌株进行一系列的形态、生理生化鉴定，将测得的16S rDNA、16S～23S rDNA间隔区序列在GenBank进行Blast，同源性大于97%视为同一个种，小于96%视为不同的属。

最近出现了分类及鉴别细菌的新靶标——*gyrB*基因，*gyrB*基因分析特别适用于种水平的鉴定，属内定种的界限为大于90%为同一个种。其显著优点是：存在通用引物，所扩增的目的片段大小为112～114kb，不仅有利于系统发育分析研究，而且包含可变区和保守区。

3.1.1.2 PCR扩增技术的应用

PCR技术作为一种有效的体外扩增技术，被广泛应用。其中较常用的PCR技术有：常规PCR、反转录PCR（RT-PCR）、竞争性PCR（competitive-PCR）、巢式PCR（nested-PCR）、实时荧光定量PCR（real time-PCR）等。

目前，应用PCR技术研究油田系统中的微生物主要集中在以下两个方面：一个方面是特定微生物定量检测和表达研究，其中实时荧光定量PCR技术作为一种核酸定量的手段，以其高灵敏性、高特异性、高精确度、实时性等优点，在微生物生态学中逐渐得到广泛的应用。实时荧光定量PCR技术主要包括三种探针：SYBR Green Ⅰ、Taq Man探针、分子信标，最常用的是前两种探针，Taq Man-MGB为最近出现的新一代探针，其在试验结果的精确性、重复性、杂交特异性等方面均优于常规Taq Man探针，最大的特点是增加了由三个肽组成的小沟结合物（minor groove binder，MGB），可以结合在DNA的双螺旋小沟内，起到稳定双螺旋的作用，提高了T_m值，缩短了探针的长度，增加了探针杂交的稳定性。与其他的分子生物学技术[202,203]的联合应用，使我们不仅可以定性，也可以定量研究微生物群落结构组成及数量变化，深入探索微生物群落与环境因子之间的相互作用及其动态变化过程，可用于环境中微生物群落变化的动态监测、微生物群落生理代谢以及环境微生物群落分布的研究。另一个方面是功能基因的克隆和基因工程菌的构建以及重要基因定位、表达及调控的分析，通过PCR技术构建基因文库获得可表达的基因克隆片段，进行基因重组育种，构建嗜蜡、嗜胶多功能复合石油降解菌[204]，提供有效的技术方法。

3.1.1.3 核酸探针杂交技术的应用

核酸探针杂交技术被应用于油田处理系统中微生物生态学的研究[205]。以16S rRNA或23S rRNA为探针的杂交技术在目前的许多研究中获得了成功。Daims等[206]综合运用FISH、CLSM和数字图像分析等方法进行细菌的计数。基因芯片（microarray）技术于1991年首次在*Science*杂志上被提出[207]，是生物芯片（biochip）的一种。该技术是随着人类基因组计划的逐步实施和分子生物学的迅猛发展而产生的，是当今世界高度交叉、高度综合的前沿科学与研究热点。

根据探针排列的类型，可以将用于环境研究的基因芯片主要分为三类：第一类是含有编码不同生物化学循环过程关键酶和其他功能基因序列的功能基因芯片（functional gene arrays，FGAs），该技术可以用于检测自然环境中微生物群落的生理状态和功能活动[208]；第二类是由含有源于核糖体核酸（rRNA）基因探针的系统发育的寡核苷酸芯片（phylogenetic oligonucleotide arrays，POAs），该芯片主要是用于微生物群落组成和结构的系统发育分析；第三类是含有整个DNA基因组的群落基因组芯片（community genome arrays，CGAs），该技术可以根据可培养的成分描述微生物群落结构[209]。

3.1.1.4 荧光原位杂交（FISH）技术

对于每一类细菌来说，其遗传物质（DNA和RNA）都是独一无二的。例如利用16S rRNA序列，探针可以设计为与目标群、类或种的细菌进行杂交。将荧光物质嵌合到探针中，可以用来探测基因结合了特定探针的细胞。虽然准备步骤不同，但细胞的计数和直接细菌计数采用同样的方法。使用不同的荧光团可以同时结合多个细胞群，包括通用染料DAPI，都可以用来获得定量信息（特定群体在总体中的百分比）。

荧光原位杂交（fluorescence in situ hybridization，FISH）方法使用荧光素标记探针，

以检测探针和分裂中期的染色体或分裂间期的染色质的杂交。该技术的基本原理是将DNA（或RNA）探针用特殊的核苷酸分子标记，然后将探针直接杂交到染色体或DNA纤维切片上，再通过与荧光素分子偶联的单克隆抗体与探针分子特异性结合来检测DNA序列在染色体或DNA纤维切片上的定性、定位及相对定量分析。目前在荧光原位杂交基础上又发展了多彩色荧光原位杂交技术和染色质纤维荧光原位杂交技术。

曾景海等利用FISH技术对胜利油田采油厂回注水中硫酸盐还原原核生物（SRPs）进行检测，结果表明SRPs在胜利油田回注水中具有极高的种群多样性，广泛分布于4个细菌门和1个古菌门，其中优势菌属为脱硫弧菌属（*Desulfovibrio*）和脱硫肠状菌属（*Desulfotornaculum*），同时也检测到了*Archamglobus*属的SRP，证明了古菌类SRP是回注水中一个不容忽视的硫酸盐还原微生物种群。

3.1.1.5　DNA指纹图谱技术

油藏微生物多样性的DNA指纹图谱技术分析可为开展微生物采油技术研究奠定基础，量化体系中微生物群体的各组成成员，对其群落的动态变化进行解析。例如，肠杆菌基因间的重复共有序列（enterobacterial repetitive intergenic consensus，ERIC）、限制性片段长度多态性（restriction fragment length polymorphism，RFLP）分析、核糖体DNA限制性内切酶分析（ARDRA）、单链构象多态性（single strand conformation polymorphism，SSCP）分析、末端标记限制性片段长度多态性（terminal restriction fragment length polymorphism，T-RFLP）分析等逐步被引入油田微生物学的研究中，变性梯度凝胶电泳（denaturing gradient gel electrophoresis，DGGE）和温度梯度凝胶电泳（temperature gradient gel electrophoresis，TGGE）技术直接利用DNA对微生物遗传特性进行表征，分析微生物种群多样性。

3.1.1.6　变性/温度梯度凝胶电泳（DGGE/TGGE）

DGGE是由Fischer和Lerman于1979年最先提出的用于检测DNA突变的一种电泳技术[210]。1993年Muzyer等[115]首次将DGGE技术应用于微生物生态学研究，并证实了这种技术在研究自然界微生物群落的遗传多样性和种群差异方面具有明显的优越性。DGGE技术能够快速、准确地鉴定在自然生境或人工生境中的微生物种群，并进行复杂微生物群落结构演替规律、微生物种群动态、基因定位和表达调控的评价分析。

(1) 变性/温度梯度凝胶电泳原理

DGGE/TGGE技术在一般的聚丙烯酰胺凝胶基础上，加入了变性剂（尿素和甲酰胺）梯度或是温度梯度，从而能够把同样长度但序列不同的DNA片段区分开来。一个特定的DNA片段有其特有的序列组成，其序列组成决定了其解链区域（melting domain，MD）和解链行为（melting behavior，MB）[111]。

当温度逐渐升高（或是变性剂浓度逐渐增加）达到其最低的解链区域温度时，该区域这一段连续的碱基对发生解链。当温度再升高依次达到其他解链区域温度时，这些区域也依次发生解链。直到温度达到最高的解链区域温度后，最高的解链区域也发生解链。在DNA片段的一端加入一段富含GC的DNA片段（GC夹子，一般30～50个碱基对）可以解决DNA片段完全解链的问题。含有GC夹子的DNA片段最高的解链区域在GC夹子这一段序列处，它的解链温度很高，可以防止DNA片段在DGGE/TGGE胶中完全解链。当加了GC夹子后，DNA片段中基本上每个碱基处的序列差异都能被区分开[211]。

（2）PCR-DGGE 在油田微生物中的应用

Renouf 等[212] 结合微传感器和 PCR-DGGE 技术监测了生长的细菌生物膜中群落的变化、硫酸还原菌的开始、缺氧区的变化。伴随着生物膜的生长，观察到的 DGGE 条带数增多，表明细菌种类增多。Yaseen 等[213] 以 DGGE 技术比较了自然降解及方法联合使用的土壤中烷基单加氧酶基因的差别，其中 Shannon-weaver 变异指数及 Simpoon dominame 指数说明在生物修复方法之间，生物修复前后的土壤中微生物种群具有明显差异。Hernandez-Raquet[214] 研究过法国南部礁湖 Etangde Berre 地区石油污染后微生物种群的改变，并通过 DGGE 和自动核糖体基因间空间分布（ARISA）分析，结果表明不同石油污染水平的微生物种群不一样，但其丰度一致。并发现石油污染地区主要降解菌为红细菌目及相关菌目，包括鞘氨醇单胞菌属、黄单胞菌属以及微杆菌属。Juck 等[215] 通过 DGGE 分离土壤总群落 16S rDNA 的 PCR 片段方法分析加拿大两种环境石油烃污染和非污染土壤中的适应低温细菌群落，研究表明适应低温细菌群落的多样性主要决定于样品的地理来源而不是石油污染水平。

（3）PCR-DGGE 的优势和缺陷

DGGE 技术具有以下优点：a. 分辨率高，能够检测出只存在单碱基差异的突变个体；b. 加样量小，1～5ng 的 DNA 或 RNA 加样量就可达到清晰的电泳分离效果；c. 重复性好，电泳条件如温度、时间等易于控制，可保证电泳的重现性和结果的重复性；d. 操作简便、快速，可以同时检测多个样品。

DGGE 技术具有以下缺陷。

① 其检测的 DNA 片段最适长度为 200～900bp，超出此范围的片段难以检测。

② 如果电泳的条件不适宜，不能保证可以将有一定序列差异的 DNA 片段完全分开，会出现序列不同的 DNA 迁移在同一位置的现象。DGGE 的条带数不能正确反映被分析的混合物中不同序列的数量。有时一条 DGGE 带可能代表几种细菌，或者可能不同的几条 DGGE 带代表同一种细菌。实际上，混合物中细菌 DNA 数量较少的细菌 DNA 可能得不到 PCR 扩增。Buchholz-Cleven 等[216] 发现尽管不同的甲烷氧化菌有实质的序列差异，但其 16S rDNA 片段不能通过 DGGE 进行分离。Myers 等[217] 发现 DGGE 很难分离的只有 2～3 个核苷酸不同的 rDNA 片段。

③ 该技术无法给出代谢活性、细菌数量和基因表达水平方面的信息。此外，在总 DNA 提取过程中，如何评价细胞裂解和 DNA 的回收效率、提取的 DNA 能否代表微生物菌群中的优势菌群等都是研究的难点。

尽管 DGGE 电泳技术在研究群落动态和多样性方面存在很多优势，但是也有很多不足之处，需要和其他技术相结合才能更好地发挥其效能。通过 16S rRNA 或基因文库也是分析不同种群的相对数量的一种方法。利用 Real-time PCR 扩增特异种属的 16S rRNA 或功能基因，可以对群落的细菌数量和基因表达水平进行定量。因此，与其他分子生物学技术结合后，可以进一步发挥 DGGE 技术的效能，更好地为微生物群落结构和功能分析服务。

3.1.1.7 基因芯片

基因芯片技术是集微电子学、生物学、物理学、化学和计算机科学等为一体的高度交叉的尖端新技术，又称生物芯片技术。该技术将大量探针分子固定于支持物上后与标记的样品分子进行杂交，通过检测每个探针分子的杂交信号强度进而获取样品分子的数量和序列信息，从而确定其相应的类别，并由此推断环境样品中微生物的类群。

3.1.1.8　末端限制性片段长度多态性（T-RFLP）

T-RFLP又被称为16S rRNA基因的末端限制性片段（terminal restriction fragment，TRF）分析技术，是一种新出现的研究微生物多态性的分子生物学技术。相对于其他的分子生物学手段，T-RFLP技术具有3个明显的优势：a. 序列数据库具有直接参考意义，即从消化产物中获得的所有的末端片段大小，可以与序列数据库中的末端片段对比，从而可以进行系统发育的推断；b. 核酸测序技术要比DGGE所依赖的电泳系统获得的结果更为可靠；c. T-RFLP的毛细管凝胶电泳分析更为快速，而且结果是以数据的形式输出。这是一种理想的群落对比分析方法，越来越受到人们的重视。可以考虑将这种分子生物学技术应用到对石油微生物群落结构的检测中，建立环境中各优势菌群的峰值图谱，在短时间内确定石油微生物种群的丰度及均匀度等各特征值，为快速检测石油微生态系统的变化提供可靠的检测标准。

3.1.2　微生物蛋白质组学表达谱研究

1994年，首次提出了“蛋白质组”的概念[218]。蛋白质组学研究的策略主要包括“竭泽法”和“功能法”。蛋白质组学研究的主要方向有全蛋白检测[219]、蛋白表达检测[220]、蛋白相互作用检测[221]、蛋白修饰检测[222]。

通过对蛋白质组表达谱的研究可以获得从基因组无法获得的信息，如蛋白质的细胞定位、蛋白质的相互作用等。同时通过与基因组的比较可以注释基因组，也可以发现新基因。基于基因组的蛋白质组表达谱研究，正是要解决这些问题。早期的蛋白质组表达谱研究，通常选择原核生物或微生物作为研究对象，因为它们的基因组相对较小，方法学上也仅限于2-DE技术。由于2-DE对部分蛋白质存在歧视效应，鉴定蛋白质费时费力，而且鉴定的蛋白质数目也十分有限。近年来蛋白质分离技术和质谱技术的不断革新和发展，特别是多维液相层析技术和质谱技术联用极大提高了蛋白质鉴定的通量，为大规模表达谱的构建提供了坚实的技术基础。2001年，Washburn等[219]利用他们发明的shotgun策略（MudPIT）大规模地研究了酵母的蛋白质表达谱，最终鉴定了1484种蛋白质，其中有很多疏水性蛋白质和极端分子量、等电点的蛋白质。Peng等[223]采用与Washburn等相同的技术分析酵母蛋白质组，最终可靠鉴定蛋白质1504种，不同的是他们对蛋白质鉴定结果的假阳性率进行了仔细的分析。Wiśniewski等[224]则研究了大肠杆菌在不同碳源培养条件下的蛋白质表达差异，利用非标定量策略，实现了对大肠杆菌同时进行定量和定性研究。此外，各种致病微生物也成为研究热点，例如，Ying等[225]对SARS冠状病毒蛋白质组的系统研究；Klumpp等[226]对鼠伤寒沙门氏杆菌（*Salmonella typhimurium*）蛋白质组的研究。高建峰等[227]采用双向电泳技术对25℃/37℃培养的黏质沙雷菌蛋白质表达谱进行了比较和分析，差异蛋白点经过胶内酶切后进行MALDI-TOF质谱鉴定，所得到的肽指纹图谱用Mascot进行检索，共鉴定到31个差异点对应于23种蛋白。

蛋白质组对基因组的注释的一个重要的指标是蛋白质组对基因组的覆盖率，其大致可以反映出特定条件下基因组的表达情况。从目前的研究结果来看覆盖率都不是很高，这可能有两个方面的原因：第一，在特定的生理条件下只有基因组的部分基因表达；第二，由于技术的缺陷只能检测到部分蛋白质（技术偏性）。在规模化表达谱研究中存在一些问题，如蛋白质组定性分析中生物样品中各种蛋白质组成的丰度差异以及翻译后修饰的存在，往往使蛋白质组处于动态的变化之中，特别是低丰度蛋白质的检出无论是对蛋白质分离纯化技术还是对质谱鉴定技术都是一种挑战。蛋白质组定量分析中蛋白质的表达水平也是规模化表达谱研究要回答的问题，因此对表达谱蛋白质的绝对定量是不可避免的。随着蛋白质组表达数据的海量产出，鉴定结果的可信度和数据的有效性成为人们关注的热点。

3.2 石油储层特征

石油储层生态系统的物理化学特征对其中微生物的存活或生长起着至关重要的作用。温度是这些生态系统中重要的微生物生长限制因子之一。石油储层的自然温度范围为 10～124℃[228]。石油储层的温度随着深度的增加而以 3℃/100m 深度的平均速率增加，但区域地热梯度可能不同。因此，在深油储层中，深度范围为 4030～4700m，温度范围为 130～150℃。由于在该温度范围内生物化合物的热不稳定性，该温度被认为是生长的最高理论极限，因此，在这样的深油田油藏（温度超过 130～150℃）中，生命无法维持，微生物无法生长。早在 19 世纪末期就已经发现 80～90℃的高温下有微生物存在，高于这个温度，原生细菌不能存活。Philippi[229] 提出可以在 82℃下观察到储层中石油的生物降解。超嗜热菌株是从油藏中分离出来的生长温度高达 80℃和 102℃的微生物，其代表菌株是由于海水注入产生的外来菌。

地层水的盐度和 pH 值在细菌活动中起着至关重要的作用。对于地层水，一般 pH 值在 5～8 之间，盐度范围在淡水到盐饱和水之间。pH 值受到高压下气体溶解的影响，因此在大气压下测量的 pH 值并不总是与原位 pH 值相同，石油储层的原位 pH 值通常为 3～7。盐度和压力是油田生态系统的典型特征。油藏内的压力（高达 500atm，1atm＝1.01325×10^5Pa）不会阻碍原位细菌的生存发展。

石油油田生态系统中的细菌代谢也受到可用电子供体和受体类型的影响。油田生态系统具有非常低的氧化还原电位，并且有些电子受体几乎不存在，如氧气、硝酸盐和三价铁，但地层水含有不同浓度的硫酸盐和碳酸盐。由这些因素推测在这样的生态系统中普遍存在的主要代谢过程是产甲烷、硫酸盐还原、发酵和产乙酸。CO_2、H_2 和一些有机分子是这些生态系统中存在的电子供体，许多原油油藏中也存在各种有机酸、苯甲酸盐、丁酸盐、甲酸盐、丙酸盐、环烷酸等。

3.3 油田微生物种类及研究进展

油藏是大型地质生物反应器，富含多种厌氧微生物，包括硫酸盐还原菌、产甲烷菌以及更多的微生物。它还含有大量的无机离子（如硫酸盐、硝酸盐）和有机化合物（如烷烃、烯烃、环烷烃、芳烃等）。原油储层中发生的微生物活动对原油的化学成分和物理化学性质有显著影响。油田生态系统中普遍存在的微生物过程包括硫酸盐还原、发酵、产乙酸、产甲烷、硝酸盐还原等。

3.3.1 常见微生物类群

本源微生物是油藏中存在的比较稳定的微生物群落，大多是在油田注水开采过程中带入且已经适应油藏环境而生存下来的微生物。图 3-1 解释了石油田中有机物的厌氧降解与不同微生物群的相互作用，涉及硫酸盐还原菌、产甲烷菌和发酵（产乙酸）菌。

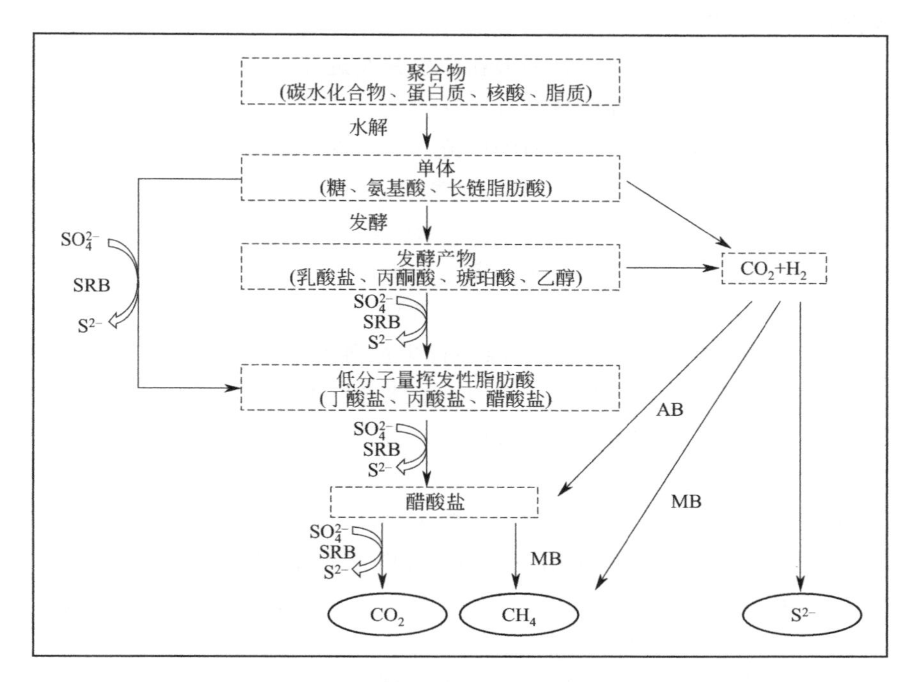

图 3-1 石油田中有机物的厌氧降解与不同微生物群的相互作用

SRB—硫酸盐还原菌；MB—产甲烷菌；AB—产乙酸菌

国内外广泛采用注水手段保持地层压力和提高采油率。然而注水会引起油层原有的平衡被破坏，各种油层伤害问题接踵而至。油层结垢就是注水过程中油层伤害的常见类型。注水一般是先将污水处理后，再将注入水与处理过的浅层清水混合，然后注入地层。清水和污水的性质差异较大，如果先分别处理再混合注入，就会形成严重的“结垢—腐蚀，腐蚀—结垢”互为因果的恶性循环，导致水处理设备、管网、井筒出现结垢和腐蚀以及地层堵塞日趋严重。1972 年美国油井发生的 77%以上腐蚀是由 SRB 引起的。1985 年美国油井因微生物腐蚀所造成的经济损失达 160 亿～170 亿美元。油井污水含有大量的有机物，但因矿化度高、介质与胞体内渗透压差大，不宜滋生细菌。而清水具备形成细菌的条件，但没有营养物质。当清水与污水混合后，细菌就会大量繁殖，产生结膜现象。这是因为细菌最适宜的生长温度为 30～35℃，含油污水温度一般为 45℃，清水温度一般约为 17℃，二者相混后，混合水的温度恰好为细菌适宜生长的温度；含油污水中含有大量的有机物质，为细菌的繁殖提供了营养源。因此，清水与污水混合时要防止混合水的结垢腐蚀和细菌结膜这两大危害。

长期注水开发使得油田水中形成了相对稳定的微生物群落，大量有机物和代谢物为复杂的生物群落的出现提供了环境保证。在油田深层处，由于高温高压，微生物群落相对比较简单；在浅层处温度较低，微生物群落较复杂，生物数量多、种类丰富，细菌占多数，尤其是石油烃降解细菌、反硝化细菌、产甲烷菌、硫酸盐还原菌、铁细菌、腐生菌等。这些细菌长期生存在油田注水环境中，适应能力强，为微生物采油技术的发展提供了基础。1926 年，Beckman[230] 提出了利用微生物活动提高采油的设想；1937 年和 1939 年，先后在苏联和美国拟定了利用气态烃氧化菌勘探油气藏的方法[231-233]；1946 年，ZoBell 申请了微生物采油法的第一个专利[234]。

3.3.1.1 烃类物质降解菌

这类微生物可以利用石油烃生长，一般在注水井及近井地带最丰富。大多数烃氧化菌属于好氧菌种，少数烃氧化菌为兼性厌氧菌种。这类菌群通常是分泌裂解酶，将长碳链烃转换为短碳链烃，从而降低原油黏度，改善原油的流动性。部分菌种还可产生表面活化剂、聚合物、有机酸、醇类和二氧化碳等有利于驱油的物质。这类菌群的代表菌株有微球菌（*Micrococcus*）、节杆菌（*Arthrobacter*）、红球菌（*Rhodococcus*）和盐杆菌（*Halobacterium*）等。烃降解菌若受油藏压力驱动会有富集现象，故可用于油气藏勘探开发。

油田微生物学的发展始于20世纪30年代，苏联、美国学者进行了大量研究；到50年代，许多国家开展了微生物利用烃类为碳源进行生产各种用途的多种产物；再到70年代，石油微生物的研究引入了遗传工程技术；80年代后期到1995年，美国大约两年召开一次微生物提高采油的国际会议，在有关生物工程的国际会议上，也组织专题组讨论与石油微生物学有关的问题。我国从1955年开始开展石油微生物学的相关研究，中国科学院菌种保藏委员会（北京微生物研究室前身）设立了油气田微生物勘探组。

何新等[235]从油田采出水中筛选出一株能在60℃高温条件下以原油为唯一碳源的烃类降解菌——芽孢杆菌D-1。在pH=6.0、培养温度为60℃、盐度为0.2%时，烃降解率可提升为64.3%。该菌种对盐离子具有耐受性。

谢英等[236]从塔里木油田污染土壤中分离得到一株高效烃降解耐温菌——马红球菌BIT-S001。在温度为40～55℃、pH=7.0时，对原油的烃降解率高达62%。通过室内驱油模型模拟驱油过程，水驱效率为67.2%，发酵液驱油效率74.0%。

Hemalatha等[237]从尼日利亚油田污染土壤中分离得到2种石油烃降解菌属——假单胞菌属和黄杆菌属。其中在pH=6～7、温度小于15℃时，假单胞菌属使石油降解率提升了40%；黄杆菌使石油的烃降解率提高了45%。另外，还发现2种菌属均具有高效耐药性和抗重金属性。

Hassanshahian等[238]针对石油产品泄漏的问题，进行微生物驱油研究。结果表明，分离出8种烃降解菌菌群——红球菌属、铜绿假单胞菌属等，它们以十六烷为唯一碳源，碳源最佳质量分数为2.5%，7d后都能降解50%以上的十六烷，可见这8种烃降解菌菌群都具有良好的烃降解效果。

3.3.1.2 发酵菌

油藏环境中一个重要的微生物群落是由嗜温菌、嗜热菌和极端嗜热菌等构成的发酵菌。已从石油储层生态系统中分离出各种发酵微生物。许多发酵微生物具有发酵和呼吸代谢的双重能力，可以还原元素硫和硫代硫酸盐。糖类、蛋白质、H_2、CO_2和烃类化合物充当这些微生物的电子供体。在其代谢过程中，可以产生有机酸和气体（如H_2和CO_2），这些产生的气体可能会增加石油储层的压力，因此，发酵微生物可用于微生物强化采油。

油藏环境属于无氧环境，因而能够在无氧状况下进行发酵代谢的微生物往往在油藏条件下有更好的代谢活性。由于发酵菌具有油藏适应性强、繁殖速度快等优点，经富集培养可运用于需要降解石油的工艺中，其产气效率的提高和与其他菌种的协同作用是今后研究的重点。

存在于油田中的嗜温、嗜热和超嗜热发酵细菌见表3-1[239]。

表 3-1　来自石油储层的发酵细菌

微生物	NaCl 浓度(质量体积浓度)/%	温度/℃	
		变化	最适
结节神袍菌(*Geotoga petraea*)	3	30～55	50
Geotoga subterranea	4	30～60	45
Thermotoga subterranea	1～2	50～75	70
极端嗜热菌(*Thermotoga hypogea*)	0.0～0.2	56～90	70～75
Spirochaeta smaragdinae	5	20～40	37
Dethiosulfovibrio peptidovorans	3	20～45	42
Sp. of genus *Marinobacteriumm and Halomonas*	未提及	28～60	未提及

胥元刚等[240] 从克拉玛依油田提取分离发酵菌，通过培养基培养该菌种后进行降解石油的室内模拟试验，结果表明，经富集后发酵菌作用的原油中芳烃的质量分数由 15.1%上升至 16.0%；饱和烃的质量分数由约 70.1%上升至 70.7%；沥青质量分数下降最为明显，由 2.7%下降至 0.7%。其中针对芳烃化合物而言，在多环芳烃未发生降解的条件下，杂环芳烃的质量分数也有所下降。可见，发酵菌富集培养物具有明显的石油降解作用。

研究表明，Rhodococcus ruber 2-25 菌株（厌氧发酵菌）以葡萄糖为唯一碳源，在 pH=4 左右、温度达到约 76.8℃时，对原油降解率可达到 76.9%。同时，Rhodococcus ruber 2-25 还具有产表面活性剂的能力，可通过降低石油黏度，改善水驱波及效率，增加油相渗透率。

She 等[241] 从大庆油田聚合驱中分离提取出发酵菌属短棒杆菌，并进行了聚合物驱试验。该菌种以糖类为唯一碳源和氮源，在温度为 45℃、盐度在 10%以下时，用 5%的发酵液接种 0.2%的原油，结果表明，该菌种可使原油降解率达到 50%之上，最高可达到 84%，研究表明，该菌种与其他菌种以 1∶1 混合时，降解率可提高到 90%。

Sheehy 等[242] 对来自油田生产水中的多形性杆状、孢杆状以及古生菌发酵性微生物进行了不同储层深度下的接种石油试验。该种发酵菌种具有较好的耐温性。油田储层深度由 396m 逐步增加至 3048m，温度为 21～130℃，盐度为 2.8～128g/L，pH=6.0～8.5 时，测出发酵菌种可使原油降解率提升为 47%，且能减少采油过程中的污染。

3.3.1.3　产甲烷菌

产甲烷菌是极端的厌氧古菌，其代谢产物主要为甲烷气体。产甲烷菌是石油储层生态系统中的重要微生物群。产甲烷菌主要包括 4 个种属，即甲烷杆菌属、甲烷八叠球菌属、甲烷球菌属和甲烷螺菌属。研究石油储层中的产甲烷菌，其最佳生长温度和盐度列于表 3-2。

表 3-2　来自石油储层的产甲烷菌[239]

微生物	NaCl 浓度(质量体积浓度)/%	温度/℃	
		变化	最适
Methanobacterium ivanovii	0.09	10～55	45
Methanosarcina siciliae	2.4～3.6	20～50	40
Methanobacterium thermoalcaliphilum	0～2	30～80	65
Methanobacterium bryantii	0～2	25～40	37
Methanoplanus petrolearius	1～3	28～43	37
Methanocalculus halotolerans	5	25～45	38
Microcosms having sp. of genus *Methanothermobacter* and *Methanosaeta*	未提及	55	未提及
Sp. of genus *Methanosaeta* and *Methanolobus*	未提及	28～60	未提及

产甲烷菌属于广古菌门（Euryarchaeota），包括五个目，即 Methanobacteriales、Methanococcales、Methanomicrobiales、Methanosarcinales 和 Mehanopyrales。产甲烷菌在严格厌氧条件下参与有机物降解的最后阶段，其还原潜力非常低。产甲烷菌代谢 H_2、CO_2、乙酸盐、甲胺和二甲基硫醚。甲烷是其最终代谢产物，因此可以通过测量甲烷产生的速率或产生的甲烷体积来衡量其生物活性。油田生态系统中产甲烷菌的发展和活动受温度、盐含量、氧气和 pH 等物理化学因素的影响，在所有这些因素中，盐含量和氧气起着至关重要的作用，它们甚至对 10^{-6} 水平的氧都很敏感。在具有各种 NaCl 浓度的油藏生态系统中发现了嗜温和嗜热的产甲烷菌；然而，同时存在高温和高盐浓度可能会妨碍产甲烷菌的活性。根据所用的底物，产甲烷菌分为氢营养型产甲烷菌、甲基营养型产甲烷菌和乙酰纤维素产甲烷菌三个主要类别。

嗜温的氢营养型产甲烷菌是从低 NaCl 浓度的石油储层生态系统中分离出来的。Belyaev 等[243] 和 Davydova-Charakhch′yan 等[244] 分别在石油储层中发现了 *Methanobacterium ivanovii* 和 *Methanobacterium bryantii*。1998 年，Ollivier 等[245] 从法国阿尔萨斯的一个油田分离出一个新的菌种，命名为 *Methanocalculus halotolerans*。*Methanocalculus halotolerans* 是该油田的土著微生物，可以利用氢气，最佳生长 NaCl 浓度为 5%（质量体积浓度，下同），但其能耐受 NaCl 的最高浓度为 12%。Orphan 和 Jeanthon 等发现了嗜热氢营养型产甲烷菌。目前在甲烷杆菌属（*Methanobacterium*）、甲烷热杆菌属（*Methanothermobacter*）、甲烷球菌属（*Methanococcus*）、甲烷囊菌属（*Methanoculleus*）及甲烷热球菌属（*Methanothermococcus*）中都有关于嗜热氢营养型产甲烷菌的发现[246]。1991 年，Ni 和 Boone[247] 从石油储层发现了甲基营养型的嗜温产甲烷菌。醋酸菌与氢营养型产甲烷菌或硫酸盐还原菌发生共生作用，这是油田生态系统中的常见现象[248]。

李凯平[249] 研究了不同底物培养出的产甲烷菌体系。试验表明，在 22℃下，以纽卡斯尔戴恩河底沉积物培养的菌群由 86%的氢营养型产甲烷菌和 13%的乙酸营养型产甲烷菌等组成；在 37℃下以 $C_{15}\sim C_{20}$ 混合烷烃接种胜利油田产出液，经 274d 培养的菌群由 32%的氢营养型产甲烷菌和 68%的甲基化合物组成；提出的产甲烷体系随底物、温度变化的特点适用于油藏残余油气化的应用。

胥元刚等[240] 对从克拉玛依油田采集的产甲烷菌富集产物进行接种原油的试验，结果表明，饱和烃的质量分数由 70.14%下降为 63.91%；芳烃的质量分数由 15.10%上升至 18.04%；胶质基本无变化；沥青由 2.7%上升到 6.4%。原萘系类化合物的质量分数由 67.20%降为 66.18%；菲的质量分数由 20.15%上升至 21.00%；芴的质量分数由 3.8%上升至 4.02%，表明产甲烷菌对石油降解的效果更明显，且富集产物对原油的作用表现出选择性。

金锐等[250] 从产甲烷原油厌氧物中获得 4 株产甲烷菌：甲烷囊菌、嗜热甲烷鬃菌及 2 株新菌。结果表明，在最适温度（50℃）下，以原油为唯一碳源，培养 60d，甲烷体积分数为 26.115%，二氧化碳体积分数为 24.405%；培养 240d，甲烷体积分数为 72.731%，二氧化碳体积分数为 1.443%。可见产甲烷菌将二氧化碳转化为甲烷，从而将难开采的油藏变为气藏，进而提高采油率。

Ivanov 等[251] 在罗马什金油田进行了内源微生物产甲烷菌接种原油试验。试验结果表明，盐度适中，该菌种代谢产物由甲烷、表面活性剂以及有机酸组成，原油的采收率可提高 32.9%，原油总回收量高达 41.08t。

产甲烷菌在不同底物、不同温度下培养的产物的结构有差异，对原油具有选择性作用，部分该菌种可产生甲烷、表面活性剂等代谢产物，从而提高原油的采收率。除产生有利于驱油的甲烷气体外，还可以利用产甲烷菌进行深度调剖。甲烷菌的分离和培养需要在特殊环境下进行，过程烦琐，但“余油转甲烷有效化”仍是今后一段时间研究的重点，该技术的发展有望能缓解能源短缺问题。

3.3.1.4 铁、硝酸盐和锰还原菌

来自油田生态系统的铁、硝酸盐和锰还原菌已经被大量研究。从油田中发现的脱铁杆菌属（*Deferribacter*）和土芽孢杆菌属（*Geobacillus*）的微生物在代谢过程中，有多种电子受体。分离发现的 *Geobacillus* 微生物是嗜热的微需氧微生物，只有在有氧条件下才能降解烷烃，有些可以厌氧还原硝酸盐。1997 年，Greene 等[252] 第一次报道了油田生态系统中的嗜热铁还原杆菌（*Deferribacter thermophilus*），该菌是在英国北海 Beatrice 油田发现的。该菌可以在铁、硝酸盐和锰的存在下利用氢、蛋白胨、酵母提取物、胰蛋白胨、酪蛋白氨基酸和各种酸的化合物（如醋酸盐、乳酸盐和戊酸盐）作为能源。在俄罗斯的 Romashkinskoe 油田发现的一种铁还原希瓦氏菌（以前称为 *Alteromonas putrefaciens*），其可以将元素硫、亚硫酸盐和硫代硫酸盐还原为硫化物。这种细菌也能耐受石油油田的极端条件，利用 H_2 或甲酸盐作为电子供体；铁氧化物和氢氧化物是该分离物代谢过程中的电子受体。已经从油藏生态系统中分离出兼性的和代谢功能多样的硝酸盐还原微生物，如异养、化能无机营养和自养微生物。2004 年，Vetriani 等[253] 从深海热液喷口烟囱壁上发现了硝酸盐氨化微生物 *Thermovibrio ammonificans*，其最佳生长温度为 75℃，pH 值为 5.5，NaCl 浓度为 2%。

3.3.1.5 硫酸盐还原菌

在油田注水系统中，各种微生物，如硫酸盐还原菌（SRB）、铁细菌、腐生菌以及其他微生物，它们在生长、代谢、繁殖过程中，可引起钻采设备、注水管线及其他金属材料的严重腐蚀，并堵塞管道，损害油层，引起注水量、石油产量、油气质量下降，也为原油加工带来严重困难，造成极大的经济损失。

SRB 是从石油储层生态系统中回收的第一批微生物。已有超过 220 种 SRB 在石油类油田中被发现。石油储层中的 SRB 是绝对的厌氧菌。在呼吸过程中，使用硫酸盐或其他含硫化合物（如亚硫酸盐、硫代亚硫酸盐、连三硫酸盐、连四硫酸盐）和元素硫作为电子受体。SRB 是石油储层中最常研究的细菌群，它们对储层有不利影响（即腐蚀和原位储层酸化），因此引起人们广泛的关注。

1926 年，Л. ичг-к[254] 和 Bastin 等[255] 证实苏联、美国的油层水中存在着 SRB 等生理菌群。油藏中 SRB 种类繁多，包括脱硫弧菌属（*Desulfovibrio*）、脱硫肠状菌属（*Desulfotomaculum*）、脱硫杆菌属（*Desulfobacter*）等。油田中最常见的是脱硫弧菌属 SRB，其在油田污水回注系统和油层缺氧环境中广泛存在。

除了 *Desulfotomaculum* 之外，从油田环境中分离出的其他亲油/超嗜热 SRB/archea 是 *Archaeoglobus fulgidus*、*Desulfacinum infernum*、*Thermodesulforhabdus norvegicus*、*Thermodesulfobacterium hydrogeniphilum*、*Thermodesulfobacterium* 和 *Desulfonauticus autotrophicus*。

Stetter 等[42] 已发现硫酸盐还原嗜热古生球菌也可以还原油田生态系统中存在的硫酸盐，该菌的最适温度约为 83℃。Jeanthon 等[256] 从美国加利福尼亚州瓜伊马斯盆地收集的

深海热液硫化物中分离出嗜热 *Thermodesulfobacterium hydrogeniphilum* SL6T，它是非孢子的、化学自养的革兰氏阴性 SRB。该细菌的最佳生长条件是温度为 75℃，pH＝6.5、NaCl 浓度为 3%。在不存在 H_2 的情况下，该菌株能够使用硫酸盐作为电子受体。然而，该生物体不能使用硫、硫代硫酸盐、亚硫酸盐、胱氨酸、富马酸盐和硝酸盐作为电子受体。若存在 H_2、CO_2 和硫酸盐，则乙酸盐、富马酸盐、3-甲基丁酸盐、谷氨酸盐、酵母提取物、蛋白胨和胰蛋白胨能刺激该菌体的生长。

SRB 代谢产生的 H_2S，一方面可以提高底层压力，溶解碳酸盐岩层，促进原油的释放和增大底层渗透率。某些 SRB 还能降解石油中的组分，改善原油的流动性，提高采油效率。另一方面，SRB 会造成腐蚀问题，这是目前普遍关注的油田开采过程中带来的生产问题。

3.3.2 油田硫酸盐还原菌的分布规律

Guan 等通过运用 16S rRNA 和 dsr*AB* 基因检测了中国的胜利油田（63℃）、华北油田坝区（58℃）、华北油田蒙古林油田（37℃）和克拉玛依油田（21℃）4 个油藏中硫酸盐还原菌的多样性和分布[257]。

在世界各地油田中经常发现 6 个属的 SRB，即脱硫肠状菌属（*Desulfotomaculum*）、脱硫菌属（*Desulfobacter*）、脱硫杆菌属（*Desulfobacerium*）、脱硫弧菌属（*Desulfovibrio*）、脱硫叶菌属（*Desulfobulbus*）和脱硫微菌属（*Desulfomicrobium*）[258]。基于 16S rRNA 基因克隆文库数据，检测了华北油田、胜利油田和克拉玛依油田环境中 SRB 的分布情况。系统发育分析表明，在油田中常见的 6 个属的 SRB 中，至少有 3 个属的 SRB（*Desulfotomaculum*、*Desulfobacter* 和 *Desulfobacterium*）存在于这 4 个油田的原始生产水样中。

在低温石油储层（21℃）中，脱硫杆菌属（*Desulfobacerium*）占优势，且物种多样性较丰富；脱硫肠状菌属（*Desulfotomaculum*）在高温油藏（63℃和 58℃）中出现的比例较高；脱硫菌属（*Desulfobacter*）在中温环境（37℃和 21℃）中的比例较高。脱硫肠状菌属（*Desulfotomaculum*）是高温油藏中的主要群体，脱硫菌属（*Desulfobacter*）和脱硫叶菌属（*Desulfobulbus*）主要出现在中温油藏中。

3.3.3 油田注水系统中的硫酸盐还原菌

油田注入水中含菌量较大时，细菌问题给注水操作带来很大影响。大量长期注水，会在注水井周围形成一个低温层带，其温度等条件适合细菌的生长繁殖。另外，注入水源源不断地把营养物质带入，使得硫酸盐还原菌、铁细菌、腐生菌等有害细菌大量繁殖。

近井地带断层内细菌的活动会对地层产生很大的损害。

① 喜氧细菌和厌氧细菌在地层内部能够相互依存，并形成代谢产物的繁殖，从而累积产生沉淀。菌体细胞形态各异，但其大小在 0.5～2μm 之间。当孔隙直径小于 0.5μm 时，细菌在岩石基质中的运移会受到严重阻碍，单个细菌有可能堵塞这些微小孔道；当细菌悬浮液流经比菌体细胞大得多的孔通道时，一些细菌在特殊多孔介质吸附机理的影响下，可能与岩石颗粒接触并附着于岩石颗粒表面或已吸附的细菌上，生长繁殖形成菌膜，使孔道的渗流能力大大降低。若多孔介质中含有残余油，则由于附着细菌的重新夹带和可能发生的再吸附，使其复杂程度提高，地层有效渗透率进一步下降。以上因素使

得注水井吸水能力降低。

② 细菌能产生多糖，多糖聚结会形成汇流生物膜，将注入流体中的各种固相颗粒或油滴捕获形成桥塞，堵塞孔道。同时，各种腐蚀产物同水中所含固体颗粒一起沉积，堵塞多孔介质中的部分孔隙，使注水压力上升，注入能力下降，直接影响油井产能。

③ 细菌还具有生化作用，这种生化作用可以改变原油的性质。特别是对正构烷烃或环烷烃，细菌通过生化作用分解它们的长链，使其分子量减小，同时也增加了原油的黏度。原油中溶解气量对原油的黏度有显著的影响，由于在原油中，液体分子间引力部分变成气-液分子间引力，减小了内摩擦力，原油黏度随之下降，原油中溶解气含量越高，黏度下降越大。细菌的生化作用会减少原油中溶解气的含量，造成原油的黏度升高。

总之，细菌的存在对注水井有着不可忽视的影响作用，有效控制注入水中的微生物数量，一直是人们研究油田注水的中心问题之一。

目前，我国多数油田已进入高含水期，在油田生产的过程中，硫酸盐还原菌的繁殖会造成很多危害，如回注水系统中腐蚀产物导致污水发黑、悬浮固体含量增加，使处理后水中悬浮固体含量超标。据近几年的不完全统计，由 SRB 等微生物造成的损失，美国高达 2000 亿美元，英国达 10 亿英镑，而我国每年由于腐蚀对油田造成的损失高达 2 亿元人民币，并且逐年上升。

3.3.3.1　对油田开采的影响

对采油工艺而言，SRB 可以同时对注水系统造成危害，SRB 对 PAM 的降解作用可能还会导致三次采油工作的失败。腐蚀的主要原因是 SRB 的新陈代谢在金属的电化学腐蚀过程中起到了阴极去极化的作用，加剧了腐蚀程度。产生的腐蚀产物 FeS 又易造成注水井渗滤端面和油层的堵塞；存在于油层中的 SRB 还能将硫酸钙还原为硫化物，同时生成碳酸钙沉淀。特别是在油-水接触区中的岩石，碳酸钙沉淀物堵塞了空隙，使油层的渗透率降低。反应如下：

$$CaSO_4 + 8H^+ + 8e^- + CO_2 \xrightarrow{SRB} CaCO_3 \downarrow + 3H_2O + H_2S \tag{3-1}$$

另外，SRB 的代谢物和乳化油等物质与某些细菌（如铁细菌、腐生菌等）的分泌物黏附在器壁上形成生物膜垢。而各种结垢下的厌氧条件又为 SRB 的代谢创造了生存条件，当各种微生物膜剥落后又会造成多种形式的堵塞。

采油过程中，为了达到稳产、高产出油的目的，同时也为了保持油层压力，在出油的同时要往地下注水。人们发现油田注水中的铁细菌、黏液形成菌及硫酸盐还原菌是形成微生物危害的主要根源。微生物腐蚀问题早在 1891～1910 年就提出了，最早是对埋地金属管线腐蚀的研究，如对油管、气管腐蚀的研究，之后逐渐扩大到对水库、桥梁腐蚀的研究。

SRB 所引起的腐蚀比其他任何细菌都严重。SRB 能把水中的 SO_4^{2-} 还原成 S^{2-} 和 H_2S，H_2S 具有强烈的腐蚀性，使采油设备管道受到点蚀、发生穿孔，严重腐蚀注水井筒。腐蚀产物主要是 FeS 沉淀，这些沉淀物被油污包裹，容易堵塞地层通道。而对于 $<5\mu m$ 孔径的地层通道，SRB 菌体本身也会引起堵塞。

SRB 腐蚀在采油业工艺中是不可忽略的威胁，SRB 的存在不仅会降低出油效率，同时会加大更换设备、管道的投资。随着经济的发展，采油量增加，注水量加大，SRB 破坏强度增加，设备维修费用大幅度提升，世界各国都非常重视 SRB 腐蚀。更为严重的是，SRB

造成集输设备的锈蚀穿孔往往伴随着原油的泄漏事故，极易造成非常严重的生态灾难。2003年3月，英国石油公司（BP）在阿拉斯加的石油管线由于锈蚀泄漏，造成超过757m^3原油的外泄，沿线生态环境遭到了严重的破坏。

1974年在美国召开的国际腐蚀学术会议上，对SRB在油田污水中的腐蚀问题进行过专门的讨论，1985年在美国华盛顿郊外由NACE和NBS召开的国际微生物腐蚀会议上，一半以上的研究论文涉及SRB的腐蚀问题。

油藏以及采输管等处存在着种类众多的SRB，如热脱硫杆菌、脱硫肠状菌、脱硫弧菌及脱硫杆菌等。SRB会腐蚀采油过程中所用到的设备、管道、储罐及处理装置等，并且SRB大量繁殖引起的钢铁腐蚀产物，因其密度介于油、水之间而悬浮在油水界面，即形成脱水系统中常见的黑色老化油。

大多数油田聚合物驱采取“清水配，污水注”工艺，油田生产过程中常需要利用注水环节向油层注水来实现油层压力的维持，而这些注入水通常来自油田集输环节处理后含有H_2S或有SRB存在的水，在油田生产开发的密闭无氧环境下，SRB的活动使油田水中的SO_4^{2-}被还原并释放出H_2S。由SRB作用产生的H_2S会腐蚀金属，产生的Fe^{2+}会破坏聚合物大分子，导致其黏度降低，从而使化学驱的效果降低。于亮等[64]的研究表明，SRB对HPAM有接触适应过程，经过驯化诱导后的SRB能降解HPAM，并且提出SRB对HPAM的作用是由于其代谢过程中产生的Fe^{2+}间接引起HAPM黏度的下降。因此，如何有效控制SRB的生长、繁殖、代谢，以控制其对油田管道的腐蚀及对HAPM黏度的影响具有重要意义。

SRB极易繁殖，对注水水质影响严重，尤其是高含Fe^{2+}、SO_4^{2-}水体，主要生成FeS，使水质发黑。塔中联合站污水中Fe^{2+}浓度较高，SRB大量繁殖后产生的H_2S与Fe^{2+}反应产生FeS黑色沉淀。站内污水处理末端悬浮物含量一般在10～50mg/L。分析表明，悬浮物中FeS占57.3%，Fe_2O_3占29.6%，水体严重发黑，曝氧后黑色沉淀迅速变为黄棕色沉淀，水质恶化。

SRB不但会造成管线、设备及管柱的腐蚀，同时给注水带来较大的危害。

① 降低地层的渗透率：细菌产生多糖汇聚成生物膜，生物膜黏附其他固体颗粒，在地层孔隙系统中形成“桥堵”，降低了地层的渗透率。同时细菌产物硫化亚铁会导致水质恶化、悬浮物增加，也降低了地层的渗透率。

② 降低注入量：细菌产物硫化亚铁和氢氧化亚铁沉淀与水中成垢离子共同沉积成污垢，造成管道、地层堵塞，注水压力上升，注入量降低。

SRB除了引起腐蚀，还能造成回注污水的沿程恶化和聚合物溶液黏度的下降，后两者已经越来越引起人们的关注。经处理过的污水回注到油田注水站、注水井等的过程中，SRB繁殖，回注水中悬浮物增多，引起低渗透地层堵塞、注入压力升高等生产问题。

3.3.3.2 影响水解聚丙烯酰胺黏度

水解聚丙烯酰胺（HPAM）以其高分子量和低浓度水溶液的高黏性被广泛用来提高原油的采收率。从1996年起，聚合物驱油技术在大庆、胜利等油田陆续步入工业化生产应用，2000年聚合物驱产油量已达900万吨以上，占大庆油田当年产油量的17%。目前，聚合物驱油技术已经较为成熟，并在提高我国油田原油采收率、有效增加原油产量的生产实践中得到了广泛应用。随着油田工业化聚合物驱规模的逐年扩大，聚合物驱的清水用量也越来越大，同时产生了大量的采出液。以大庆油田为例，在现有注采系统条件下，每年需要增加约6000万吨采出液。为了有效利用采出水，减少含聚污水排放，工业生产实践中多采用"清配污稀"的方式循环利用油田采出水，即采用清水配制HPAM母液，然后用经过处理的采出水将HPAM母液稀释到使用浓度后再注入地层。HPAM水溶液的黏度直接影响HPAM的驱油效果，是决定其使用效能的重要工艺参数。在工业应用过程中，保持HPAM溶液黏度对于聚驱采油具有重要意义。许多研究表明，油藏以及采输管等处栖息着种类众多的SRB，如*Thermodesulfobacterium mobile*、*Desulfotomaculum* spp.、*Desulfovibrio* spp.、*Desulfobacterium cetonicum* 等。进一步研究显示，经过逐级驯化的SRB能在含有HPAM的废水中生长繁殖，其降解产物又可作为SRB的营养物质促进细菌的生长从而进一步降解HAPM，使聚合物的黏度大幅下降，导致聚驱驱油效率大幅降低。此外，SRB的生长代谢还会引发较严重的金属腐蚀，其代谢物还会引起采、输油管道的堵塞。因此，研究SRB在HPAM采出水环境中的生长代谢对于深入了解聚合物驱油的影响因子以及微生物腐蚀防控具有重要的理论和实践意义。目前，国内外相关研究较少。研究模拟油田聚驱回注液并以其为研究对象，考察SRB在不同分子量HPAM溶液中的生长繁殖情况及其对HPAM溶液黏度的影响。

研究证明来源于回注水的SRB对于HPAM的作用是有限的和间接的。在SRB营养物质不充足的环境中，未经驯化的SRB对HPAM的利用是有限的，甚至不能利用；但在SRB营养物质充足的条件下，SRB生长繁殖的代谢产物会引起HPAM黏度的下降。

总体来说，油田SRB的危害如下。

① 腐蚀作用：油田SRB会腐蚀管道、储罐、处理设备等，形成黑色老化油，导致生产系统停止运行，由此造成的维修费用是巨大的。

② 堵塞作用：腐蚀产物FeS是一种胶状物质，稳定性好，会增加除油难度，使处理后的水质发黑发臭，回注地下时又会堵塞地下油层，降低油层吸水能力，增加注水压力。其次，FeS与其他污垢结合时，附着在管壁上，形成更利于SRB生长的厌氧区，加剧管道腐蚀。

③ 降解作用：SRB会降解HPAM，而HPAM在聚驱采油过程中非常重要，因此SRB存在会导致HPAM黏度降低，不利于三次采油工作的进行。

④ 代谢作用：SRB的代谢产物会改变体系的pH值，能与体系中的其他物质，如其他细菌、乳化油等共同形成生物膜垢，增加生物膜厚度，为SRB生存提供了条件，而生物膜黏附固体物质会造成"桥堵"，降低出油率。

⑤ H_2S作用：在SRB作用下产生的H_2S会危害油田工作人员的身体健康，而腐蚀穿孔会导致漏油事故。

3.3.4 铁细菌的危害

铁细菌的生长需要铁，但对铁浓度的要求并不苛刻，一般在总铁量为1～6mg/L的水中都能很好地生长。其生长需要有机物，偏爱含铁和锰的有机化合物。这类有机物被利用后，铁和锰被作为废物排出，附着于细菌的丝状体上。凡是具有以下生理特征的即为典型的铁细菌：a. 能在氧化亚铁生成高铁化合物中起催化作用；b. 可以利用铁氧化过程中释放出的能量来满足其生命的需要；c. 能大量分泌氢氧化铁成基定形结构。铁细菌偏好铁质较多的酸环境，以碳酸盐为碳源：

$$4FeCO_3 + O_2 + 6H_2O \longrightarrow 4Fe(OH)_3 + 4CO_2 + 能量 \tag{3-2}$$

铁细菌可以氧化二价铁，并在此过程中获取能量。二价铁在水中的溶解度大，是水中铁离子的常见存在形式。在偏中性环境（pH＝6～7）下，铁细菌好氧繁殖生长，能将水中的亚铁化合物氧化成氢氧化铁而在菌体膜鞘中沉积下来，从而造成严重的堵塞问题。铁细菌的大量繁殖生长会消耗大量的氧气，在局部区域形成厌氧区，为SRB的生长提供有利的条件，加快设备腐蚀。有些铁细菌分泌大量的黏性物质而使注水井和过滤器堵塞。有些铁细菌利用荚膜和胶鞘附着在管道壁上，使油井套管受到腐蚀。

铁细菌可以在很短的时间内形成大量的铁氧化物沉积，二价铁的生物性氧化率高于非生物性氧化率。铁细菌造成的是缝隙腐蚀。氧化铁细菌存在于高浓度氧区、金属表面分成的小阳极点（在致密的铁氢氧化物和生成物下面）及大范围阴极区。

铁细菌是在与水接触的菌种中最常见的一种菌。其中许多菌具有附着在金属表面的能力，另外它还具有氧化水中亚铁成为氢氧化高铁的能力，使高铁化合物在铁细菌胶质鞘中沉积下来。这样形成了由菌体和氢氧化高铁等组成的结瘤，使水流中溶解氧很难扩散到底部的金属表面。另外菌呼吸也消耗了氧，而这个区域为贫氧区，结瘤周围氧浓度相对高，形成氧浓差电池。瘤下部缺氧区为腐蚀电池的阳极区，瘤周围为阴极区，管壁阳极区溶解出的亚铁离子向外扩散，未能到表面的成为氢氧化亚铁，这样结瘤扩大，阳极区腐蚀随之加深。由于瘤底部缺氧，同时也伴随着硫酸盐还原菌的腐蚀，使腐蚀加深。铁细菌能分泌出大量的黏性物质，从而造成注水井和过滤器的堵塞，并能形成浓差腐蚀电池，同时可以给SRB提供局部的厌氧区，加快其生长繁殖。

在油田对回注水和外排水进行处理时，铁细菌数量是一项严格控制的指标，通常需要加入杀菌剂来控制铁细菌的繁殖和数量。要对铁细菌进行严格控制，一方面要准确了解铁细菌的群落结构，并且根据铁细菌群落组成来针对性地选择杀菌剂和优化杀菌工艺；另一方面要对铁细菌进行快速检测，以便及时了解水体中铁细菌的数量，调查铁细菌的控制效果。通过调整处理工艺，从而有效地控制铁细菌的生长和繁殖，避免或减少铁细菌的危害。

目前，石油天然气行业广泛采用的铁细菌检测标准方法——绝迹稀释法是最大可能数法的一种，其原理是将水样逐级稀释，注入到测试瓶中进行接种，在恒温下培养7～14d，根据阳性反应和稀释倍数，计算水样中铁细菌的数目[259]。铁细菌是能够将亚铁氧化为高铁的好氧、自养菌的通称，种类很多，目前已知的就有40多种。在分类学上，油田中通常出现的铁细菌有纤发菌属（*Leptothrix*）、球衣菌属（*Sphaerotilus*）、盖氏铁柄杆菌属（*Gallionella*）、铁细菌属（*Crenothrix*）及鞘铁细菌（*Siderocapsa*）等。绝迹稀释法利用培养的手段，根据对亚铁氧化反应来检测铁细菌是否存在及其可能的数量，这种方法具有以下缺点。

① 该方法实际是检测亚铁氧化反应发生的次数和程度，从而间接检测水样中铁细菌的存在和数量，而无法对水样中铁细菌的种类进行分别，所以也就无法解析油田水中铁细菌的群落结构。

② 该方法耗时长，需要1～2周时间，所检测的结果无法及时反映生产实际发生的情况，也就无法指导对水处理工艺进行的调整。

③ 由于自然界中只有少数微生物能够在标准实验室条件下被培养，利用绝迹稀释法无法培养外排水中所有的能够将亚铁进行氧化的铁细菌。

与绝迹稀释法相比，荧光原位杂交（FISH）技术不依赖于对微生物进行培养，而直接以微生物rRNA中高度保守、具有物种特异性的片断序列作为鉴别微生物的标志；设计和选择特异性探针以及荧光标记物质，通过探针与目标微生物 rRNA 特异性片段进行杂交反应使目标微生物特异性地带有荧光标记，利用显微观察和计数技术，快速、直观、准确地检测目标微生物在水样中的存在、数量和分布。利用多种特异性探针来解析环境样品中微生物的群落结构和生物多样性，了解环境中优势微生物的种类、数量和分布，从而可以根据对优势微生物种群的作用来促进、抑制和调控环境中微生物群落，达到指导生产的目的。FISH 方法的这些优势使其成为了微生物生态学和环境微生物学中的重要技术手段，在海水沉积物、海水、河水、高山湖雪水、土壤和根系表面等自然环境，以及反应体系中的微生物群落方面得到了广泛的运用。前人利用 FISH 法检测铁细菌的工作都是利用单一探针对水样中某些单个或者少数种群的铁细菌来进行的，而很少进行油田外排水铁细菌群落结构分析。

3.3.5 腐生菌的危害

在油田系统中，腐生菌多是一种好氧异养型细菌，也称黏液形成菌，常见的有气杆菌、黄杆菌、巨大芽孢菌、荧光假单孢菌和枯草芽孢杆菌等。

同铁细菌一样，异养菌也能形成类似的氧浓差电池腐蚀，如在冷却器、热交换器管束中，腐生菌容易在管壁粗糙的表面上或由于自发微电池腐蚀而形成的凹面上定居下来。细菌所需要的有机物随着水流得到源源不断的供应，尤其是开放循环系统中带入的有机污染物如藻类死尸等，使细菌营养物更加丰富，使其在管壁表面大量繁殖。这些异养菌一方面通过呼吸代谢作用吸收周围的溶解氧，另一方面菌落形成处阻碍氧到达金属表面，使之同菌落周围形成氧浓差梯度，促使管壁表面形成氧浓差电池。

很多油田存在腐生菌生长所需的营养物质，故油田普遍存在腐生菌。腐生菌是中温异养型菌，最适宜生长温度为 25～30℃。它们能从有机物中获得能量，产生黏性物质，并与某些代谢产物累积形成沉淀，附在各种管道设备上，和铁细菌一样，在所占据的地方引起堵塞和腐蚀，同时又会形成氧浓差电池而腐蚀油田处理设备，有时还会形成适合 SRB 生长的局部厌氧环境而使腐蚀加剧。

3.4 不同温度油藏硫酸盐还原菌的分布特征

由于会引起油藏酸化及设备腐蚀，油藏环境中的硫酸盐还原菌的研究一直受到广泛关注。在油藏硫酸盐还原菌的菌群分析方面，目前广泛采用 16S rRNA 基因 PCR 通用引物作为分子标记进行研究，但是 16S rRNA 基因 PCR 通用引物对硫酸盐还原菌不具有选择性，当油藏环境样品中硫酸盐还原菌丰度较低时可能会发生漏检。不同温度的油藏，其中发育的硫酸盐还原菌类型不同、丰度也存在较大差异。针对油藏环境常见的 6 类硫酸盐还原菌，用 6 类硫酸盐还原菌［脱硫肠状菌属（*Desulfotomaculum*）、脱硫菌属（*Desulfobacter*）、脱硫杆菌属（*Desulfobacerium*）、脱硫弧菌属（*Desulfovibrio*）、脱硫叶菌属（*Desulfobulbus*）和脱硫微菌属（*Desulfomicrobium*）］16SrRNA 基因特异性探针作为分子标记，采用 16SrRNA 基因文库与异化亚硫酸盐还原酶功能基因（dsrAB）文库的方法系统研究了不同温度油藏产出液环境中的硫酸盐还原菌的组成，分析了其分布特征。利用 PCR-DGGE 比较分析不同油藏中 6 类常见的硫酸盐还原菌菌群结构，结合典型对应分析（CCA）方法讨论影响微生物类型分布的主要因素，在此基础上分析油藏环境中硫酸盐还原菌群落结构及多样性[260]。

试验样品为中国四个不同温度油藏的产出液，包括胜利油田样品（S1，63℃）、华北油田巴区块样品（S2，58℃）、华北油田蒙古林区块样品（S3，37℃）和新疆克拉玛依油田样品（S4，21℃）。油藏样品参数见表3-3。

表3-3 油藏样品参数

参数	S1	S2	S3	S4
深度/m	1300	1490	802	480
温度/℃	63	58	37	21
pH值	7.1	7.2	7.1	7
有效孔隙率/%	30	17.3	24.7	20.5
平均渗透率/$10^{-3}\mu m^2$	800	691	675.3	466
油黏度/mPa·s	1720	13.7	179.1	417
水驱运行/a	22	10	22	38
矿化度/(mg/L)	8425	2891	1121	15728
Cl^-/(mg/L)	3850	361	447	3864
SO_4^{2-}/(mg/L)	2244	12.1	6.8	124.8
PO_4^{3-}/(mg/L)	0.1	ND	0.08	ND
NO_3^-/(mg/L)	ND	ND	ND	34.14
Na^+/(mg/L)	3313	1629	618.3	4196
K^+/(mg/L)	94.2	28.1	4.2	35.1
Ca^{2+}/(mg/L)	195.6	3.6	19.2	103.3
Mg^{2+}/(mg/L)	46.1	1.4	0.15	44.7
Mn^{2+}/(mg/L)	0.3	ND	ND	0.3
醋酸盐/(mg/L)	32	856	5.3	344
丙酸盐/(mg/L)	1.2	8	ND	ND
异丁酸根/(mg/L)	ND	13.8	9.8	32.7
丁酸盐/(mg/L)	0.2	2.3	2.3	ND
CH_4/%	1.8	0.2	0.2	2
CO_2/%	16.7	5.9	3	22.5

注：ND表示未检测到。

3.4.1 总DNA提取

将采集的油藏产出液样品混匀后取20mL装于50mL无菌离心管中，分别标记并置于高速冷冻离心机中12000r/min室温离心20min，缓缓倒掉上清液，再装入样品进行下一次离心，离心的次数根据样品中的菌体浓度而定。将收集到的沉淀与剩余的少量液体混合，移至2mL的无菌离心管中，12000r/min下离心20min，用微量移液器缓缓地吸取并丢弃上清液，留下的细胞沉淀直接进行总DNA的提取。对于非常清透的样品使用0.22μm的微孔滤膜过滤，保留滤膜。按照AxyPrep^{TM}细菌基因组DNA提取试剂盒说明进行总基因组DNA的提取，并将提取到的DNA立刻冷藏于−20℃备用。

3.4.2 PCR扩增

总细菌16S rRNA基因用细菌通用引物27F和1492R进行PCR扩增，PCR扩增反应步骤设置为：95℃预变性反应5min，94℃变性反应1min，）52℃退火反应1min，72℃延伸反应1min，进行30个循环后在72℃下最终延伸反应10min。PCR扩增反应总体系25μL，组成如下：9.5μL无菌超纯水、12.5μL 2×Taq PCR Master Mix（Tiangen Biotech Co.，Ltd.，北京）、12.5μmol/L的正向和反向引物各0.5μL（GenScript Co.，Ltd.，南京），最

后加入 2μL 浓度为 20～100ng/μL 的待测样品 DNA。

油藏常见的6类 SRB 16S rRNA 基因的扩增使用三步嵌套式 PCR 的方法进行。首先，用细菌通用引物 27F 和 1492R 进行 PCR 扩增得到总细菌 16S rRNA 基因，然后，以第一步反应的 PCR 产物为模板，用6对不同类群 SRB 16S rRNA 基因的特异性引物分别进行 PCR 扩增，PCR 扩增反应步骤设置为：95℃预变性反应 5min，94℃变性反应 1min，在引物最适退火温度下反应 1min（6对引物的最适退火温度见表 3-4），72℃延伸反应 1min，进行 30 个循环后在 72℃下最终延伸反应 10min。第三步反应 PCR 扩增步骤同第一步，以第二步反应的 PCR 产物为模板，用通用引物 341F 和 907R 进行扩增，产物用于构建克隆文库；以第二步反应的 PCR 产物为模板，用引物 341F-GC 和 907R 扩增，产物用于 DGGE 试验。PCR 扩增反应步骤同第一步反应。

表 3-4 PCR 扩增所用的引物

引物设计	目标生物	序列(5′-3′)	退火温度/℃
DFM140	*Desulfotomaculum*	TAGMCYGGGATAACRSYKG	58
DFM842		ATACCCSCWWCWCCTAGCAC	
DSB127	*Desulfobacter*	GATAATCTGCCTTCAAGCCTGG	60
DSB1273		CYYYYYGCRRAGTCGSTGCCCT	
DSV230	*Desulfovibrio-Desulfomicrobium*	GRGYCYGCGTYYCATTAGC	61
DSV838		SYCCGRCAYCTAGYRTYCATC	
DBM169	*Desulfobacterium*	CTAATRCCGGATRAAGTCAG	64
DBM106		ATTCTCARGATGTCAAGTCTG	
DCC305	*Desulfonema-Desulfosarcina-Desulfococcus*	GATCAGCCACACTGGRACTGACA	65
DCCII65		GGGGCAGTATCTTYAGAGTYC	
DBB121	*Desulfobulbus*	CGCGTAGATAACCTGTCYTCATG	66
DBB1237		GTAGKACGTGTGTAGCCCTGGTC	
27F	Bacteria	AGAGTTTGATCMTGGCTCAG	51
1492R		TACGGYTACCTTGTTACGAC	
341F	Bacteria	CCTACGGGAGGCAGCAG	52
907R		CCGTCAATTCCTTTRAGTTT	
RV-M	—	GAGCGGATAACAATTTCACACAGG	52
M13-47	—	CGCCAGGGTTTTCCCAGTCACGAC	

功能基因 dsrAB 用引物 dsr-1F（5′-ACSCAYTGGAARCACG-3′）和 dsr-4R（5′-GTG-TARCAGTTDCCRCA-3′）进行扩增。PCR 反应程序设置为：94℃预变性反应 3min，94℃变性反应 1min，在引物最适退火温度（54℃）下反应 40s，72℃延伸反应 2min，进行 30 个循环后在 72℃下延伸反应 10min。

上述扩增产物均用 1.0%的琼脂糖凝胶电泳鉴定。

3.4.3 变性梯度凝胶电泳

变性梯度凝胶电泳（DGGE）选用 30%～60%的浓度梯度，电压为 160V，运行时间为 4.5h。

（1）试剂

① 40%的丙烯酰胺/甲叉双丙烯酰胺（37.5∶1，4℃保存）：38.93g 丙烯酰胺，1.07g 甲叉双丙烯酰胺溶解定容于 100mL 超纯水中。

② 0.5mol/L EDTA 溶液：称取 18.7g EDTA 加超纯水溶解并调节 pH 值到 8.0，总体

积定容到 50mL。

③ 50×TAE Buffer（室温保存）：121g Tris 碱、28.55mL 冰醋酸溶解于上述 EDTA 溶液中，加超纯水溶解至总体积 500mL。

④ 0%变性剂（4℃保存，1 个月内用完）：取 15mL 40%的丙烯酰胺/甲叉双丙烯酰胺溶液和 2mL 的 50×TAE Buffer 加超纯水定容至 100mL。

⑤ 100%变性剂（4℃保存，1 个月内用完）：取 15mL 40%的丙烯酰胺/甲叉双丙烯酰胺溶液、2mL 的 50×TAE Buffer、40mL 甲酰胺、42g 尿素溶解于超纯水中至总体积 100mL。

⑥ 10%过硫酸铰（−20℃）：0.1g 过硫酸铵溶解于 1mL 超纯水中。

（2）胶板

① 预先准备清洗晾干的原配玻璃板。用洗洁精和纱布洗去表面可能残存的胶与油污，用自来水反复冲洗后再用去离子水冲洗干净，自然晾干，必要时用酒精擦洗玻璃板彻底去除油脂（油脂对电泳质量有较大影响）。打开电泳控制装置，预热电泳缓冲液到 60℃。配制 7L 的 1×TAE 缓冲液，建议电泳 2 次更换缓冲液。

② 制胶板的安装。取两块洁净的玻璃板（一大一小），将剩余的水珠用滤纸吸去，在大板与小板中间垫上两片 SPACER，两边对齐，两个 SPACER 正面上方的凹槽正好形成“八”字状在玻璃板的两侧。让玻璃板边上稍微露出一点 SPACER，然后在两边装上塑料玻板夹，双手拍紧，使 SPACER 正好夹在两玻璃板缝隙间，适当夹紧。

③ 检查三明治结构，确定玻璃板底部 SPACER 能触到底，与玻璃板切面平齐，这样不容易漏胶。

④ 调节制胶架水平不摇晃，否则会影响条带会聚。将海绵垫固定在制胶架上，把类似“三明治”结构的制胶板系统垂直放在海绵上方，用分布在制胶架两侧的偏心轮固定好制胶板系统。

⑤ 取少量琼脂糖胶融化，用来封住架好的玻璃板下沿缝隙，防止漏胶。

（3）灌胶

① 装配好自动灌胶装置，加入去离子水清洗并检查连通器中间是否有阻塞物，用滤纸将灌胶装置内部擦干。开启恒流泵，调节转速为 15r/min，按“清零”使泵反向转动。

② 配制变性剂，关闭连通器的阀门，在左边低浓度槽内加入 8.75mL 的 0%变性剂，缓缓打开连通器中间的阀门，使液体恰好充满中间的连接处，然后关闭阀门，打开搅拌器调节转速和转子位置至混合力度最大。在右边高浓度槽内加入 5mL 的 0%变性剂，然后在左右两边的槽内分别加入 3.75mL 和 7.5mL 的 100%变性剂。这时两边液面应该大致平齐。

③ 在两个槽内各加入 60μL 的 APS 和 30μL 的 TEMED，随即打开连通器阀门和“清零”按钮，使液体流向针头。将针头固定于长玻璃板的上端中央位置，对准两块玻璃板的缝隙不要移动。每块胶板总体积是 25mL，待连通器中的胶全部进入胶管中一会，加去离子水，保持流速，待胶灌好后，轻轻地左右匀速移动加入干净的去离子水至液面与短板相平齐。

④ 移开灌胶针头到瓶，给连通器中加满去离子水清洗，按“排气”按钮使最大速度排水，洗净后倒扣放置。

⑤ 下层胶常温下半个多小时就可凝固。倾去上层的水，用滤纸吸干残液，但是不要碰到胶。把梳子垂直地插入胶板中央摆正。

⑥ 配制上层胶。一块胶的胶液：3mL 的 0% 变性剂、15μL 的 TEMED 和 30μL 的 APS，迅速搅拌均匀并用 200μL 的移液枪转移到已凝固的胶上方，直到与短板平齐，防止在梳子下产生气泡。上层胶凝固时间略长。待上层胶凝固后，小心拔出梳子，用洗瓶冲去可能留在点样孔附近的残胶，确保每个点样孔都是竖直平行的，没有残余东西在里面。

(4) 胶板装配

① 把制好的胶板推入电泳槽架，注意将短玻璃板与电泳夹子上白色垫片压紧以防止电泳液从缝隙漏出。

② 每次可以同时跑两块胶，如果只有一块胶，则需要另一套板配合构成上槽，使缓冲液浸没过短玻璃板和电极丝。如果只跑一块胶，另一套板中间不要垫 SPACER，两块玻璃板合并即可。

③ 缓冲液加热到 60℃后先关掉电源，把电泳架放置入电泳槽，盖上电泳槽顶盖，重新开启加热器和水泵。5min 后，电泳液被泵到长玻璃板上端，没过电泳夹子上的电极丝，待重新加热到 60℃后即开始点样。

(5) 点样

上样液是 30μL 以内的 DNA 样品溶液，两者混合后按序依次加到上样孔，一般一块胶两边的各两个孔不上样，建议中间的上样孔留一个给 marker，这样 marker 比较直，分离效果好，适合用来比对条带。

(6) 电泳

插上电极，打开电泳控制器，先把电压调到 160V，再将时间调到 4.5 h，按“开始”按钮。

(7) 剥胶与染色

① 小心取下三明治玻璃板夹子，迅速把两块玻璃板带胶放入已经盛有冷的蒸馏水的染色盘中，短玻璃板朝上放置。待玻璃板温度降下来后，扳动 SPACER，把短玻璃板撬起来，小心晃动染色盒，使胶从长玻璃板上脱离下来。

② 让浮起的胶全部漂到长玻璃板上端，轻轻按住胶，把盘中的水倒净。

③ 按 1∶10000 将染料稀释到 3μL～30mL 的 1×TAE 缓冲液中，混匀后用 5mL 移液枪吸取均匀喷洒到胶表面，确保所有表面都覆盖到。每次用量 10mL，间隔 15min，共分 3 次将染色液均匀涂布在胶表面。

④ 染色完后，倒去染色液，倒入清水，使胶再次悬浮起来。小心托起长玻璃板，使少量胶在板外，大部分胶在板内，迅速使胶滑到照胶平台上。事先把照胶平台用酒精清洗，并保持一定湿度，附上一层保鲜膜，排除气泡，拍照。

(8) 照相与割胶

小心调整胶位置，使胶在照胶软件中的图像摆正，然后调整照胶软件的曝光度，使所有条带都可见，且背景不至于太重。割胶在外置紫外照胶平台上操作，需要注意的是割胶的刀片需要用酒精清洁后再使用，防止外在污染。

(9) PCR 扩增及测序

将所割胶带捣碎加 30～60μL 无菌水于 4℃保存过夜后用不带 GC 夹子的引物（341F 和 907R）进行 PCR 扩增。PCR 产物用 1% 琼脂糖凝胶电泳鉴定，之后将 PCR 产物送至公司进行测序，测得的序列在 BLAST)（生物核酸数据库）上进行序列的比对。

3.4.4 16S rRNA基因克隆文库的构建

共有4个不同温度的油藏产出液样品，每个样品用于构建克隆文库的嵌套式PCR所得的6个类群的SRB的扩增产物混合后，用1.8%琼脂糖凝胶跑电泳（160V下电泳50min），采用Axygen胶回收纯化试剂盒（Axyge Biosciences，Inc.，美国），按说明书描述的方法提取扩增所得目的基因。然后按照Takara公司的pMD® 19-T Simple载体试剂盒和DH5α感受态细胞的说明进行连接转化，具体步骤如下。

（1）连接

在200μL无菌PCR管中加入4.5μL插入片段（已纯化好的DNA）、5μL Solution Ⅰ和0.5μL载体，反应总体系不超过10μL。连接试验需在冰浴中操作。共4个连接反应体系。4℃静置过夜，反应时间约为16h。

（2）转化

① 取6支DH5α感受态细胞（100μL/支，−80℃保存）在冰上溶解，将充分反应的连接体系分别加入感受态细胞中，在冰浴中静置30min。

② 放入42℃水浴热激60s后，迅速移至冰浴中静置3min。

③ 加入800μL灭菌的SOC培养基（37℃预热10min），37℃振荡培养1h。

④ 按照表3-5所列浓度及含量将Amp、IPTG和X-Gal加入灭菌的LB固体培养基中，混匀后倒平板。待培养基凝固后，在37℃培养箱中倒置1h左右。将振荡培养后的菌液均匀地涂布在LB固体培养基上，在37℃培养箱中倒置培养过夜。

表3-5　Amp、IPTG和X-Gal的浓度及含量

项目	Amp	IPTG	X-Gal
浓度/(mg/mL)	100	24	20
含量/(μL/100mL培养基)	100	100	200

⑤ 在1.5mL的无菌EP管中加入800μL含有Amp的LB液体培养基，挑取白色单菌落放入其中，37℃摇床上振荡培养12～16h。

⑥ 使用PCR法进行阳性克隆鉴定。

（3）阳性克隆鉴定

鉴定引物为M13-47和RV-M，见表3-4。PCR体系同上所述。

PCR反应条件为：

1=94℃，5min；

2=94℃，45s；

3=51℃，1min；

4=72℃，1min；

5=从第2步开始循环反应，20个循环；

6=72℃，10min；

7=16℃，永久；

8=结束。

扩增产物用1.0%的琼脂糖凝胶电泳鉴定。

（4）测序及构建系统发育进化树

用Applied Biosystems ABI 3730自动测序仪和正向引物M13F（-47）测序。测序之后，用

Bellerophon 3.0 和 Pintail 为切除载体和引物后的序列排除嵌合体。通过 FastGroup Ⅱ在 97%的相似水平将序列分成若干个操作分类单元（OTU），并分别选择相应 OTU 的代表，用于构建系统发育进化树。再通过 NCBI BLAST（http：//www. ncbi. nlm. nih. gov/blast/）来比对分析。用 MEGA5 软件通过 Poisson correction 法将氨基酸序列进行比对，并通过 Kimura 2 参数模型和 Neighbor-joining 算法，构建系统发育进化树，Bootstrap 值设为 1000。

3.4.5　dsrAB 功能基因克隆文库的构建

4 个不同温度的油藏产出液样品分别经上述所述方法得到的 dsrAB 功能基因的扩增产物用 1.8%琼脂糖凝胶跑电泳（160V 下电泳 50min），采用 Axygen 胶回收纯化试剂盒（Axygen Biosciences，Inc.，美国），按说明书描述的方法提取扩增所得目的基因。然后按照 Takara 公司的 pMD® 19-T Simple 载体试剂盒和 DH5α 感受态细胞的说明进行连接转化，具体步骤同上。

3.4.6　典型对应分析

采用 Canoco for Windows4.5 软件对微生物类型数据和环境数据进行典型对应分析（canonical correspondence analysis，CCA）。利用 Canoco for Windows 软件包中的 Wcano-Imp 将其分别生成名为 spe. dta 和 env. dta 的文件。应用 Canoco for Windows4.5 进行运算，将生成的数据文件 spe-env. cdw 在 Canoco for Windows 中作图，排序结果用物种-环境因子关系的双序图表示。

3.4.7　SRB 组成及 16S rRNA 系统发育学分析

图 3-2 为胜利油田 PCR-DGGE 变性梯度凝胶电泳图谱。3 个样品从左至右依次为：中心井 Z-24 产出液、Z-26 产出液和与之对应的注入水。由图可见，注入水中都有检测到这 6 个类群的硫酸盐还原菌；中心井 Z-24 中脱硫弧菌属（*Desulfovibrio*）、脱硫微菌属（*Desulfomicrobium*）及脱硫叶菌属（*Desulfobulbus*）的丰度较低，未见到明显的特征条带：中心

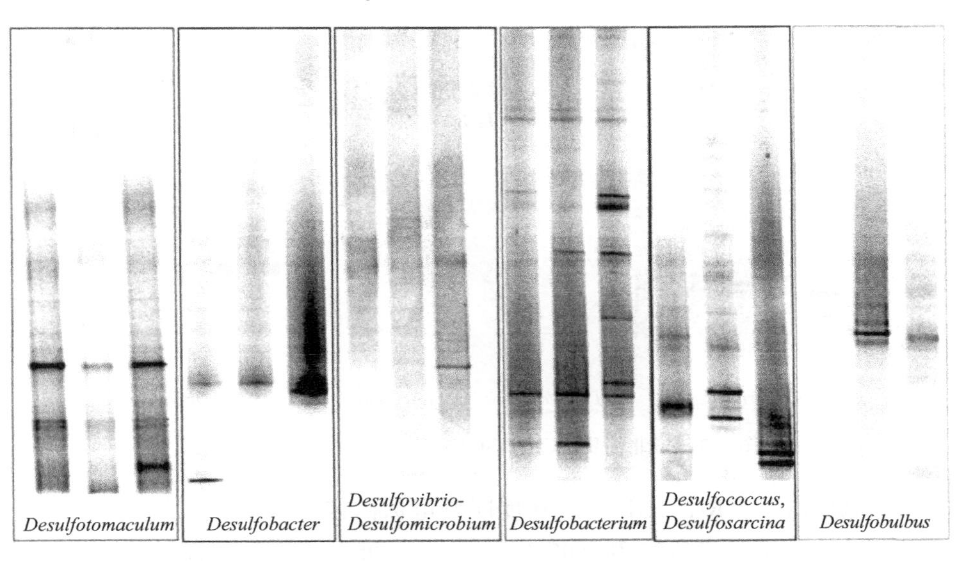

图 3-2　胜利油田 PCR-DGGE 变性梯度凝胶电泳图谱

井 Z-26 中 *Desulfovibrio* 和 *Desulfomicrobium* 的丰度较低。脱硫肠状菌属（*Desulfotomaculum*）在胜利油田注入水和两个中心井产出液中的分布较相似。脱硫杆菌（*Desulfobacterium*）在两个中心井产出液和注入水中存在较丰富的种类多样性，脱硫叶菌属在中心井产出液 Z-26 中丰度较高。

图 3-3 为华北油田 PCR-DGGE 变性梯度凝胶电泳图谱。7 个样品从左至右依次为中心井 M17-10 和 18-9、注入水 M，中心井 M16-10、B18-43、B18-45 和注入水 B。由图 3-3 可见，各个样品中都有检测到这 6 个类群的硫酸盐还原菌；*Desulfotomaculum*、*Desulfovibrio* 和 *Desulfomicrobium* 在各个样品中的丰度较高，且多样性较大，种类丰富；其余 3 类硫酸盐还原菌在各个样品中的丰度较低，条带类型比较单一：除了 *Desulfobulbus* 在 M17-10 中的丰度偏低外，样品 M17-10 和 B18-43 中 6 个类群的硫酸盐还原菌多样性都比较大。

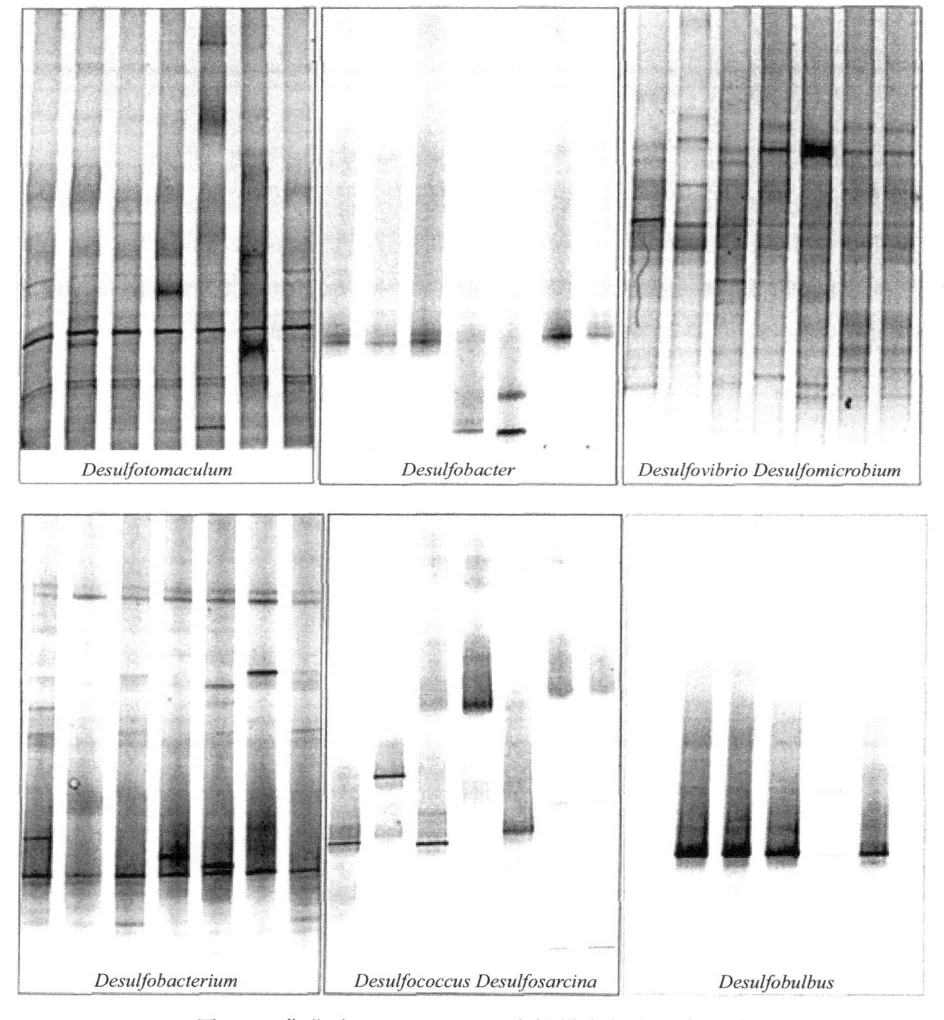

图 3-3 华北油田 PCR-DGGE 变性梯度凝胶电泳图谱

图 3-4 为新疆油田 PCR-DGGE 变性梯度凝胶电泳图谱，4 个样品从左至右依次为中心井 7222 和 7291A、中心井 T6190 和 T6073。由图 3-4 可见，各个样品中都有检测到这 6 个类群的硫酸盐还原菌；*Desulfobulbus* 在 4 个样品中的丰度都较高。

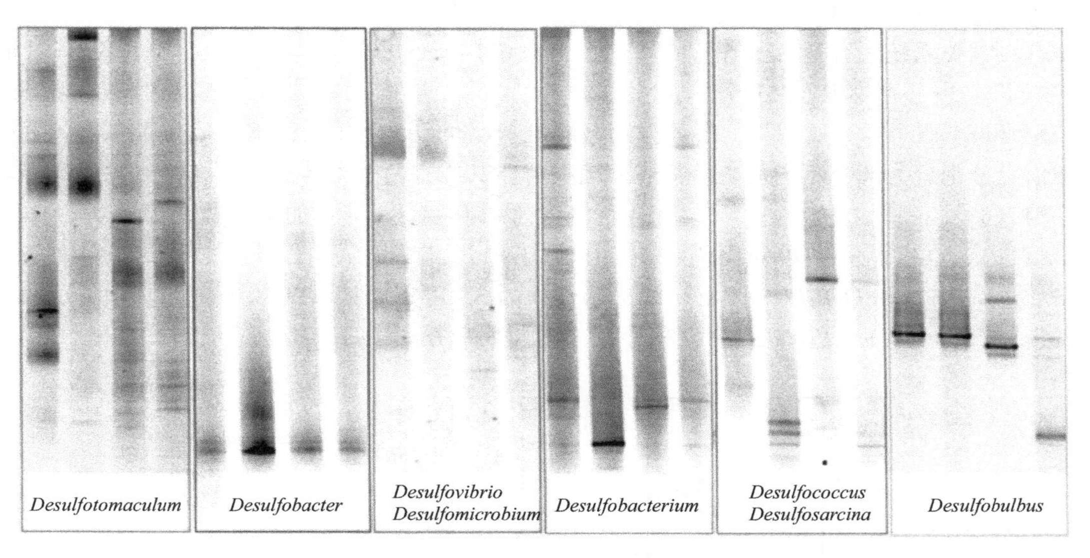

图 3-4　新疆油田 PCR-DGGE 变性梯度凝胶电泳图谱

基于 16S rRNA 基因文库分析方法对 4 个不同温度油藏产出液中的硫酸盐还原菌序列进行分析。用 16S 细菌通用引物构建不同油藏产出液细菌 16S rRNA 基因文库，分析表明：油藏产出液中存在 *α-Proteobacteria*、*β-Proteobacteria*、*δ-Proteobacteria*、*ε-Proteobacteria*、*Firmicutes*、*Bacteriodetes*、*Actinobacteria*、*Chloroflexi*、*Thermodesulfobacteria* 和 *Deinococcus* 10 种类型（门水平），各菌克隆数在不同样品总克隆数中所占的比例如图 3-5 所示（另见书后彩图）。其中仅有样品 S4 中检测到一种硫酸盐还原菌，它与 *Syntrophus* sp.（AJ133794）相似度较高，属于 *δ-Proteobacteria*。用 16S 细菌通用引物构建不同油藏产出液细菌 16S rRNA 基因文库的方法只检测到一种硫酸盐还原菌，结果单一，所揭示的硫酸盐还原菌菌群信息不够丰富。

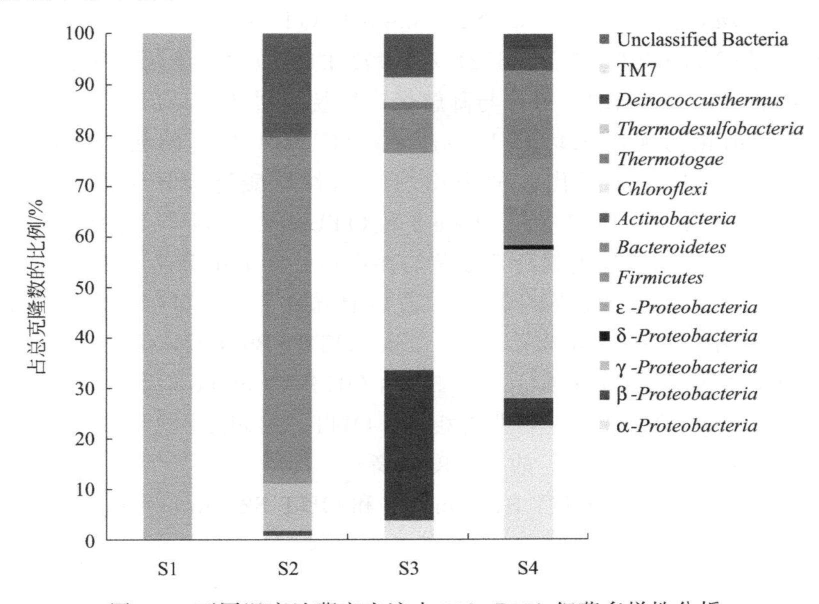

图 3-5　不同温度油藏产出液中 16S rRNA 细菌多样性分析

因此，针对6类油藏环境常见的硫酸盐还原菌采用特异性引物嵌套式PCR的方法构建了16S rRNA系统发育树，如图3-6所示（另见书后彩图）。对产出液样品S1、S2、S3和S4的克隆文库分别挑取了61个、56个、38个和45个克隆。用Fast Group Ⅱ软件将S1、S2、S3和S4四个样品所测得的序列分别分成4、3、3和5个分类操作单元（OTUs），并由序列信息分别分为6个不同的硫酸盐还原菌类群。其中有两个油田产出液样品来源于高温环境：S1（63℃）和S2（58℃）。样品S1可分为4个OTUs，存在的硫酸盐还原菌有*Desulfotomaculum*（占总克隆数的比例是70.5%，下同）、*Desulfobacter*（23%）、*Desulfobacterium*（4.9%）和*Desulfobulbus*（1.6%）。样品S2共分3个OTUs，存在*Desulfotomaculum*（80.5%）、*Desulfobacter*（12.5%）以及*Desulfobacterium*（7.0%）。

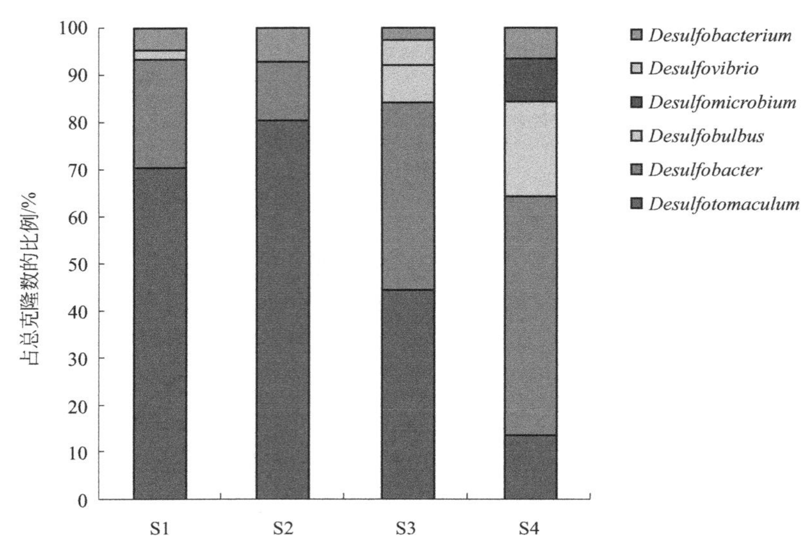

图3-6 不同温度油藏产出液中硫酸盐还原菌多样性分析

*Desulfotomaculum*类群中，OTUs S1 clone 5和OTUs S2 clone 17所代表的类型与未培养*Clostridium*的Nap2-2B（EU522652）有100%的相似度，该菌是从加拿大阿尔伯塔省北部油砂残渣沉降池中分离到的，可参与降解烃产甲烷的过程。OTUs S1 clone 7所代表的类型与来自于厌氧消化污泥的未培养*Firmicutes*（CU918117）的相似度很高。OTUs S1 clone 16和OTUs S2 clone 2所代表的类型与嗜热谷氨酸降解厌氧微生物*Gelria* TGO（AF321086）的相似度很高。OTUs S1 clone 8和OTUs S2 clone 74与*Pelotomaculum propionicium*（AB154390）的相似度很高，该菌与在产甲烷环境中普遍存在的*Desulfotomaculum*相似。OTU S2 clone 23代表的类型与嗜热真菌ST12（AJ131537）相似。OTU S2 clone 24所代表的类型与*Desulfotomaculum* clone HTB1-B9（AB434891）相似度很高。

*Desulfobacter*类群中，OUT S1 clone 54和OUT S2 clone 6所代表的类型与*Desulfobacter postgatei* 2ac9（NR028830）非常相似。OUTs S2 clone 21所代表的类型与*Desulfobacter vibrioformis*（NR029177）的相似度很高。

*Desulfobacerium*类群中，OUT S1 clone 28和OUT S2 clone 5代表的类型与从废水中获得的未培养细菌克隆APS45（FJ375507）的相似度很高。OUT S1 clone 33所代表的类型与从含有金属的废水中分离到的*Desulfobulbus propionicus*（AY548789）的相似度很高。

S3（37℃）和S4（21℃）两个油田产出液样品来源于中低温环境。样品S3可分为5个

OTUs，其中 1 个 OTU 为 *Desulfotomaculum*（44.7%），其余 4 个分别为 *Desulfobacter*（39.5%）、*Desulfobulbus*（7.9%）、*Desulfobacerium*（2.6%）和 *Desulfovibrio*（5.3%）。而对于 S4，共分为 5 个 OTUs，其中 1 个是 *Desulfotomaculum*（13.3%），一个是 *Desulfobacter*（51.1%），其他的类别分别是 *Desulfobacerium*（6.7%）、*Desulfobulbus*（20%）以及 *Desulfomicrobium*（8.9%）。

Desulfotomaculum 类群中，OTUs S3 clone 27 所代表的类型与未培养细菌克隆 KCLunmb35-43（FJ638600）的相似度极高，该克隆来源于中国台湾省西南部的一个热泉污泥。OUT S3 clone 19 所代表的类型与来自于大庆油田的克隆 DQ311-48（EU050692）的相似度很高。OTU S3 clone 8 所代表的类型与嗜热真菌 ST12（AJ131537）相似。OUT S3 clone 16 代表的类型与未培养 *Clostridium* Nap2-2B（EU522652）有 100%的相似度。OUT S3 clone 5 代表的类型与 *Pelotomaculum propionicicum*（AB154390）相似度很高，该菌与在产甲烷环境中普遍存在的 *Desulfotomaculum* 相似。OUT S4 clone 9 代表的类型与 *Desulfotomaculum geothermic* B2T（AJ621886）的相似度较高。

Desulfobacter 类群中，OT S3 clone 26 所代表的类型与 *Desulfobacter postgatei* 2ac9（NR028830）非常相似。OTUs S3 clone 10 和 S4 clone 14 所代表的类型与 *Desulfobacter vibrioformis* B54（NR029177）的相似度很高。*Desulfotibacillum* 类群中，OTUs S3 clone 70 和 S4 clone 8 代表的类型与 *Desulfobacteraceae* B31294（HQ133034）的相似度很高。

Desulfobulbus 类群中，OTUs S3 clone 61a 和 S4 clone 11 所代表的类型与从含有金属的废水中分离到的 *Desulfobulbus propionicus*（AY548789）的相似度很高。OTUs S3 clone3 代表的类型与 *Desulfobulbus elongates* FP（NR029305）的相似度很高。OTUs S4 clone 12 所代表的类型与从油田油水分离器中分离得到的 *Desulfobulbus rhabdoformis* sp. strain M16（NR029176）的相似度很高。*Desulfomicrobium* 类群中，OTUs S4 clone 7 和 clone18 所代表的类型与 *Desulfomicrobium norvegicum* strain DSM1741 的相似度很高。

Desulfovibrio 类群中，OUT S3 clone 44 所代表的类型与降解甲苯产甲烷均系中的 Eub 5（AF423185）的相似度很高。OUT S3 clone 51 所代表的类型与深地下含水层的 *Desulfocurvus vexinensis* VNs36（DQ841177）的相似度很高。OUT S4 clone 28 代表的类型属于 *Desulfobacterium* 类群，与来源于废水样品的未分类细菌克隆 APS45（FJ375507）的相似度很高。

3.4.8 dsrAB 功能基因系统发育学分析

用 dsrAB 特异性探针扩增的方法构建硫酸盐还原菌功能基因克隆文库，共挑取了 65 个阳性克隆，获得 4 个 OUT。系统发育学分析表明和 *Desulfotomaculum* 和 *Desulfovibrio* 为优势菌群。

OUT S4 clone 13 与未培养硫酸盐还原菌 WSMC6（GU288614）的相似度很高，后者与硫酸盐还原菌 *Desulfovibrio fructosovorans*（AB061538.1）的相似度极高。OTUs S1 clone 3、OTUs S2 clone 11、OTUs S3 clone 8 和 OTUs S4 clone 3 分别代表的类型均与硫酸盐原菌 *Desulfovibrio termitidis*（AB061542）的相似度极高。OTU S3 clone 9 所代表的类型与 *Desulfotomaculum geothermicum* 异化亚硫酸盐还原酶 *dsrAB* 基因（AF273029.1）的相似度很高。

相较于 16S rRNA 特异性引物分析的方法，基于功能基因 dsrAB 的系统发育学分析揭示的油藏产出液硫酸盐还原菌多样性非常单一。推测 *dsrAB* 功能基因引物扩增的片段较长（1.9kb），不易扩增，且长片段基因对下游构建克隆文库的试验也有一定的难度。因此，对硫酸盐还原菌功能基因的研究方法需要更进一步研究。

3.4.9 典型对应分析

根据各类硫酸盐还原菌所占的克隆数百分比进行典型对应分析（CCA），得到硫酸盐还原菌类型与环境因子关系的二维排序图（图 3-7）。从图 3-7 明显可见 6 类硫酸盐还原菌对环境条件具有不同的适应特点。*Desulfotomaculum* 与温度、深度、SO_4^{2-}、乙酸和丙酸正相关，这与 Plugge 等在 2002 年的研究结果一致；*Desulfomicrobium*、*Desulfobacter* 和 *Desulfobulbus* 与盐度和单质硫相关，其中 *Desulfobacter* 和 *Desulfobulbus* 与单质硫相关性更大；*Desulfobacter* 与盐度和乙酸盐正相关，受它们的影响更大。但是 *Desulfovibrio* 未见与以上环境因子相关。不同温度油田产出液样品与环境因子之间的关系显示：样品 S1 和 S2 与温度、深度和硫酸盐浓度正相关，而样品 S4 与盐度正相关。

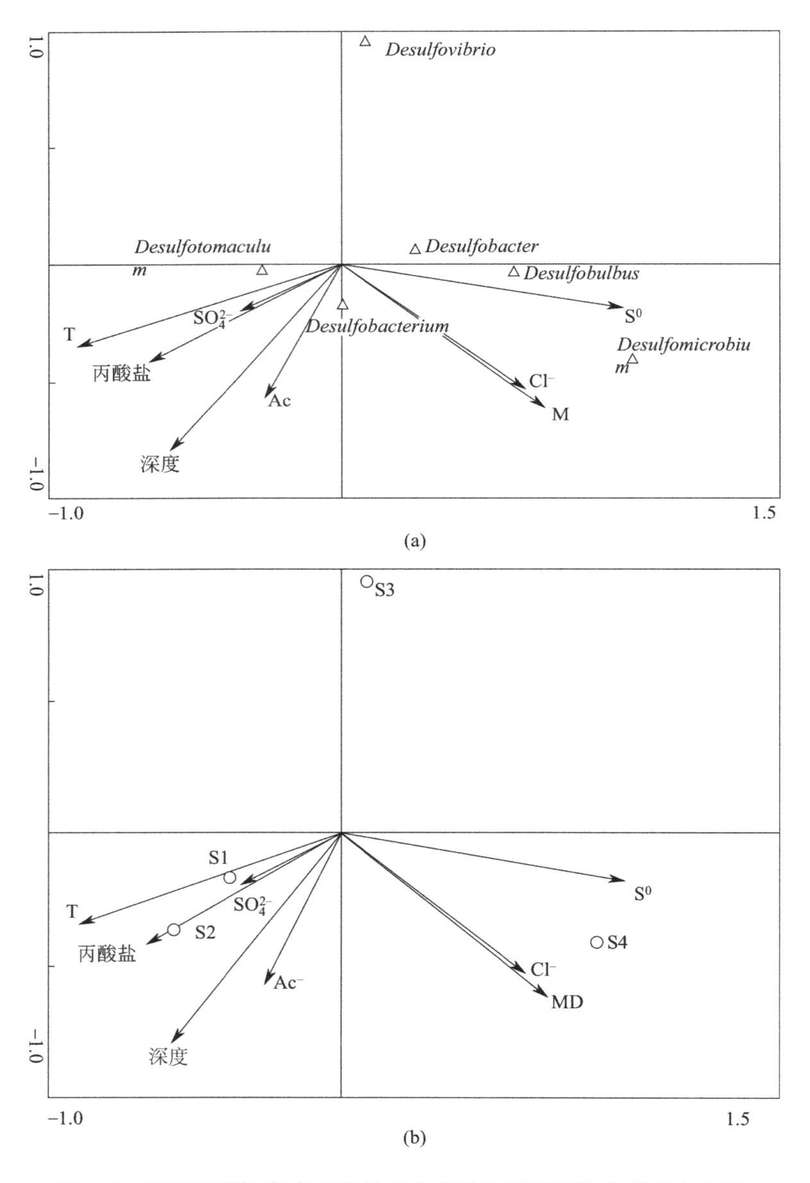

图 3-7 不同温度油藏产出液样品中硫酸盐还原菌的典型对应分析

3.5 葡萄花油田地面系统硫酸盐还原菌的分布特征

第二代高通量测序技术（尤其是 Roche 454 高通量测序技术）可以灵敏地探测出环境微生物群落结构随外界环境的改变而发生的极其微弱的变化，对于研究微生物与环境的关系、环境治理和微生物资源的利用有着重要的理论和现实意义。

油田地面系统中的微生物来源于地下油藏，也有部分微生物在地面系统中产生。硫酸盐还原菌来源于井口地下的油藏系统，部分的硫酸盐还原菌在地面系统中得到滋生。

运用高通量测序技术全面分析了大庆油田采油七厂葡三联和葡四联污水处理系统以及井口等的硫酸盐还原菌群的种类、分布特征以及动态变化规律。

3.5.1 葡三联井口和地面系统硫酸盐还原菌的分布特征

测序结果发现在葡三联井口和地面系统中，存在传统意义上的硫酸盐还原菌的模式菌株，见表 3-6。

表 3-6 葡三联地面系统模式硫酸盐还原菌属在油田系统中的分布规律 单位：%

属	葡 191-85 井口	油岗来水	一沉出口	二沉出口	悬浮污泥出口	一滤出口	二滤出口	污水岗出口(去注)
Dechloromonas	0.410	0.136	0.114	0.114	0.231	0.069	0.031	0.022
Dehalobacterium	0.042	0.002	0.009	0.000	0.045	0.031	0.020	0.124
Delftia	0.112	0.000	0.000	0.000	0.000	0.000	0.000	0.003
Defluviicoccus	0.000	0.002	0.000	0.000	0.000	0.000	0.000	0.000
Desulfarculus	0.019	0.000	0.000	0.011	0.000	0.000	0.000	0.003
Desulfitibacter	0.014	0.005	0.031	0.020	0.000	0.021	0.014	0.090
Dehalobacter	0.000	0.000	0.000	0.000	0.006	0.000	0.000	0.003
Desulfitobacterium	0.014	0.007	0.000	0.014	0.000	0.000	0.003	0.022
Desulfobulbus	2.970	0.017	0.101	0.704	0.006	0.010	0.014	0.275
Desulfobacca	0.000	0.005	0.004	0.009	0.000	0.003	0.000	0.006
Desulfomicrobium	0.603	0.074	0.158	0.074	0.003	0.232	0.009	0.233
Desulfobacter	0.005	0.002	0.096	0.003	0.000	0.000	0.000	0.003
Desulforhabdus	0.066	0.364	0.700	1.138	0.042	0.003	0.054	1.349
Desulfosporosinus	0.000	0.000	0.000	0.000	0.000	0.000	0.011	0.000
Desulfovibrio	1.223	0.000	0.026	0.270	0.074	0.007	0.006	0.051
Desulfomonile	0.099	0.000	0.000	0.014	0.000	0.003	0.000	0.008
Desulfobotulus	0.036	0.000	0.000	0.000	0.000	0.000	0.000	0.000
Desulfocurvus	0.033	0.000	0.000	0.003	0.000	0.000	0.000	0.000
Dethiobacter	—	0.012	0.009	—	0.003	0.007	—	0.006
Desulfuromonas	0.203	0.010	0.022	0.054	—	0.045	0.020	0.230
Desulfosarcina	0.005	—	0.004	—	—	—	—	—
Desulfofustis	—	—	—	0.014	—	—	—	—
Dictyoglomus	0.099	0.307	0.188	0.131	0.038	0.021	0.026	0.242
Dietzia	—	0.002	0.004	—	0.019	0.003	0.003	0.006
Desulfotomaculum	—	0.007	—	—	—	—	—	—
Desulfonatronum	—	—	—	—	—	—	—	0.003
Desulfurivibrio	0.009	—	—	—	—	—	—	—
Dethiosulfatibacter	0.007	—	—	0.020	—	—	—	0.003
Devosia	—	—	—	—	—	—	—	0.006
合计百分比	5.969	0.952	1.466	2.593	0.467	0.455	0.211	2.688

油田井口和地面污水处理系统中，一共发现了 29 种模式硫酸盐还原菌属，其中葡 191-85 井口发现了 19 种，油岗来水发现了 15 种，一沉出口发现了 14 种，二沉出口发现了 16 种，

悬浮污泥出口发现了 10 种，一滤出口发现了 13 种，二滤出口发现了 13 种，污水岗出口（去注）发现了 21 种。不同优势的属在整个系统中变化很大，如脱硫叶菌属（*Desulfobulbus*）在系统井口的微生物中占 2.970%，在二沉出口的微生物中占 0.704%，在污水岗出口（去注）的微生物中占 0.275%。

模式的硫酸盐还原菌属于对氧气条件要求极为苛刻的一种大类微生物，这类微生物受环境影响较小，从数量分布上也可以看到，井口属于油藏环境，厌氧程度高，硫酸盐还原菌的相对的数量也较高。地面系统中的微生物受地面工艺的影响，厌氧的环境发生了改变，同时还有营养物质以及其他菌群的生长数量的变化，导致其数量减少。

3.5.2 葡三联地面污水处理系统硫酸盐还原菌的来源与组成分析

如图 3-8 所示（另见书后彩图），葡三联从井口到整个地面处理系统中的微生物的群落

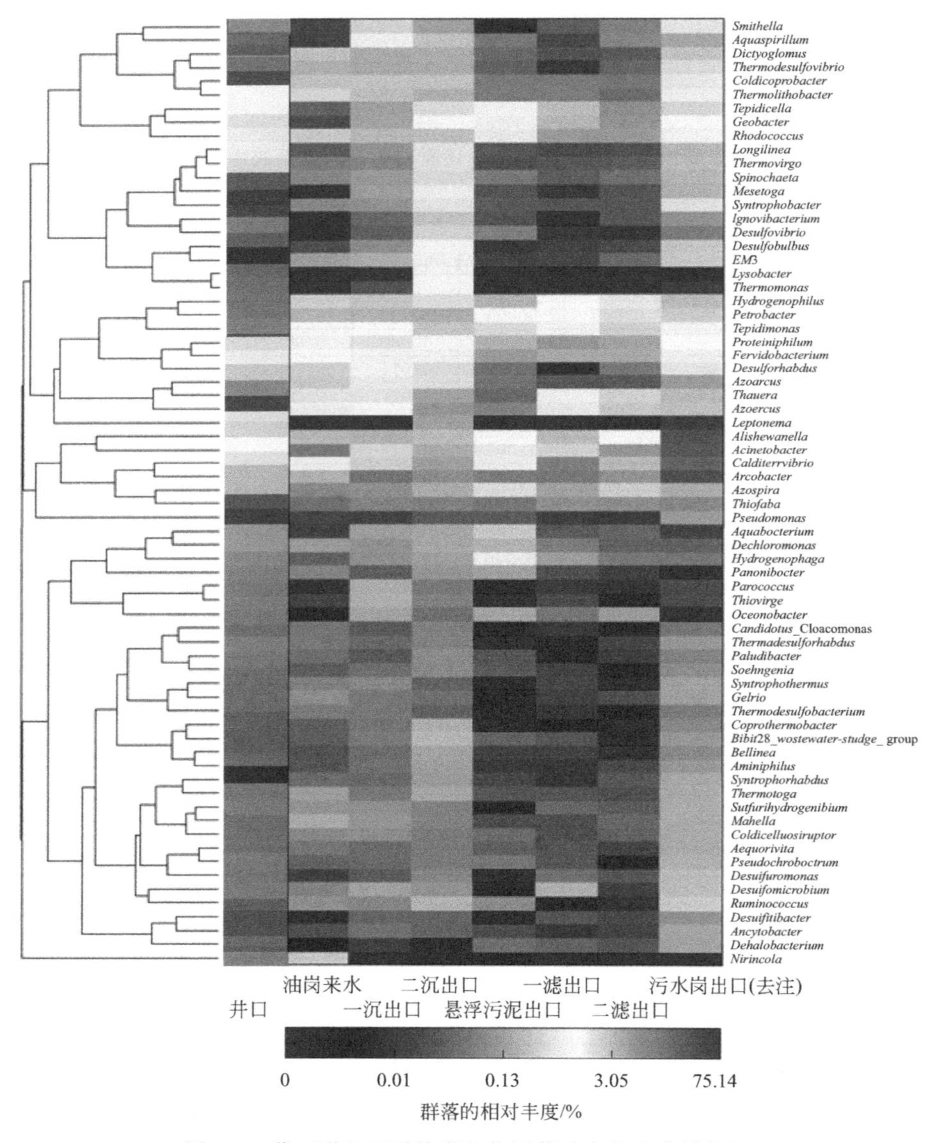

图 3-8 葡三联地面系统微生物群落动态演替分析热图

组成存在一定的差异，最明显的是井口与整个地面工艺的差异，其中硝化细菌在井口中出现，同时在油岗来水中出现，但是在后续的污水处理过程中数量减少，甚至消失。模式的硫酸盐还原菌属在整个系统中基本都存在，只是数量上有一定的差异。分析表明硫酸盐还原菌来源于井口，在地面系统中滋生。

3.5.3 葡四联地面污水处理系统硫酸盐还原菌的分布特征

测序结果发现在葡四联的地面污水处理系统中，存在传统意义上的硫酸盐还原菌的模式菌株，见表3-7。

表3-7 葡四联地面系统模式硫酸盐还原菌属在油田系统中的分布规律 单位：%

属	三联来水	横向流进口	横向流出口	一滤出口	二滤出口
Dechloromonas	0.175	0.059	0.022	0.019	0.026
Defluviicoccus	0.005	—	—	—	—
Dehalobacterium	0.009	0.006	0.002	—	0.003
Desulfobulbus	0.057	0.040	0.028	0.007	—
Delftia	—	0.003	0.002	—	0.006
Desulfomicrobium	0.028	0.118	0.122	0.048	0.029
Desulfitibacter	0.005	0.006	0.011	—	0.003
Desulfarculus	—	—	0.011	—	—
Desulfomonile	—	0.003	0.013	0.002	0.006
Desulfitobacterium	0.005	0.012	—	—	0.003
Desulfovibrio	—	0.043	0.037	0.010	0.019
Desulfobacca	—	0.003	0.004	—	—
Desulfuromonas	—	0.025	0.007	0.002	—
Desulfocurvus	—	0.006	—	—	0.003
Desulfobacter	—	0.006	—	—	—
Desulforhabdus	0.365	0.286	0.142	—	0.019
Desulfobotulus	—	0.006	—	—	—
Desulfocapsa	—	—	0.002	—	—
Dethiobacter	0.014	0.009	0.009	—	—
Dictyoglomus	0.175	0.158	0.155	—	0.061
Dietzia	0.005	—	—	—	—
Dorea	0.005	—	—	—	—
Desulfurivibrio	—	0.006	0.004	—	0.003
Desulfonatronum	—	—	0.002	—	—
Desulfosporosinus	—	—	0.002	—	—
Desulfotignum	—	—	0.002	—	—
Desulfotomaculum	—	—	0.004	—	—
总计	0.848	0.795	0.581	0.088	0.181

如表3-7所列，地面污水处理系统中，三联来水发现了12种模式硫酸盐还原菌属，横向流进口发现了18种，横向流出口发现了20种，一滤出口发现了6种，二滤出口发现了12种。不同优势的属在整个系统中变化很大，如互营杆菌属（*Desulforhabdus*）在来水的微生物中占0.365%，在一滤出口的微生物中占0，在二滤出口的微生物中占0.019%。

3.5.4 葡四联地面污水处理系统中的微生物群落组成分析

如图 3-9 所示（另见书后彩图），来水中的微生物群落相对变化较大，其中发现了部分的产氢细菌，同时也在工艺段中出现了硫酸盐还原菌消失的问题，同时也有增加的现象，也就是说现场的工艺给硫酸盐还原菌提供了滋生的环境，其中假单胞杆菌属一直处于优势的地位，具有硫酸盐还原功能。分析表明从来水到地面系统中，无论是模式菌株还是非模式的硫酸盐功能菌株都是大量存在的，给地面系统造成了严重的影响。

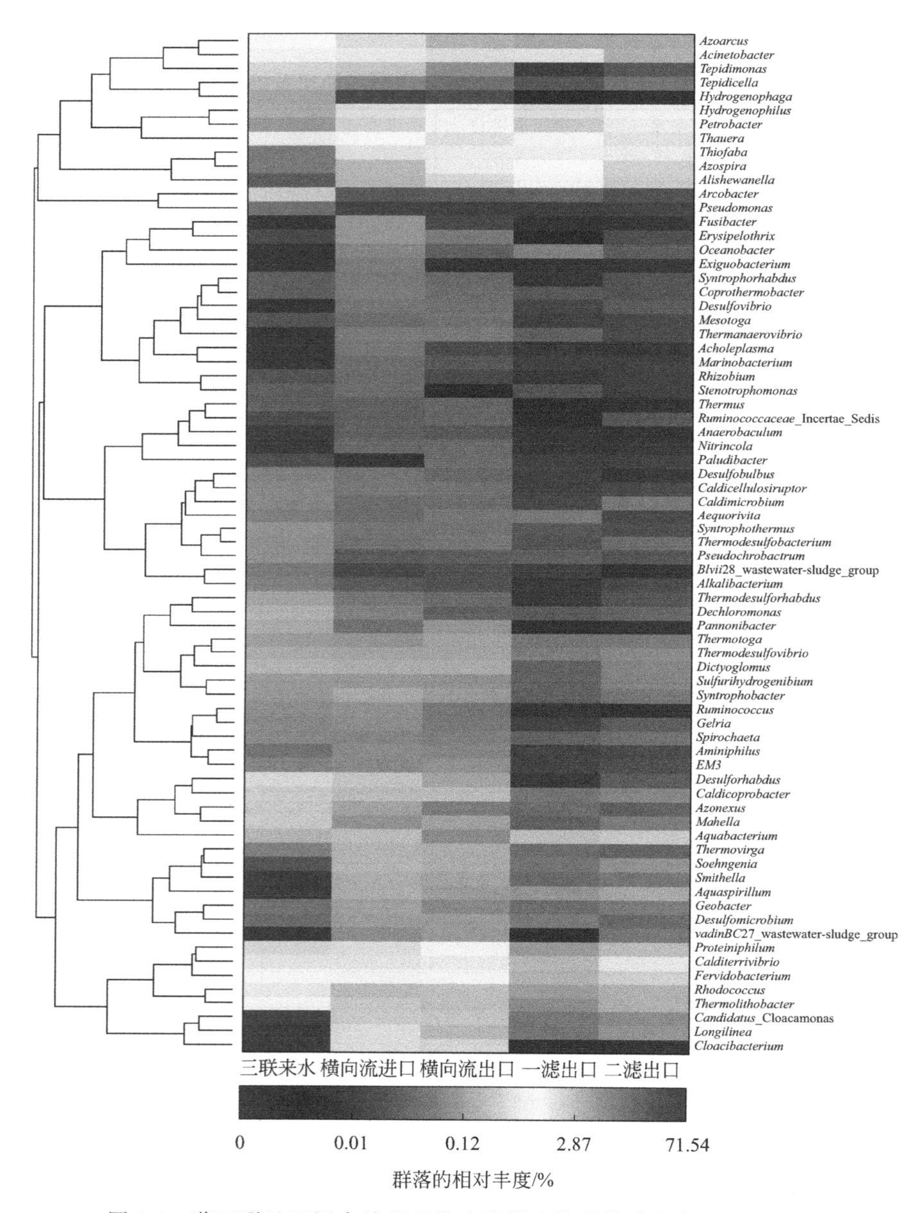

图 3-9 葡四联地面污水处理系统中的微生物群落动态演替分析热图

如图 3-10 所示（另见书后彩图），OTU 的丰度分布主要是表明不同的属在样品中数量的变化规律，同时反映出微生物相对的优势菌属，横向流出口的微生物种类更为丰富。

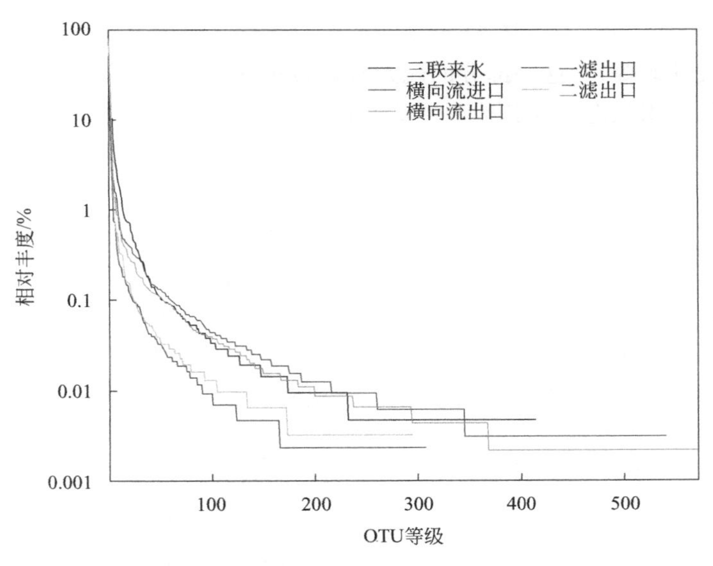

图 3-10　葡四联地面污水处理系统 OTU 的丰度分布曲线

如图 3-11 所示（另见书后彩图），文氏图表明不同样品之间公共的包含的属，以及之间不同的属，以及两两样品、多个样品之间的相互包容的关系，其中 5 个样品中公共包含 129 个相似的属，表明这 5 个样品之间的相似性比较高。

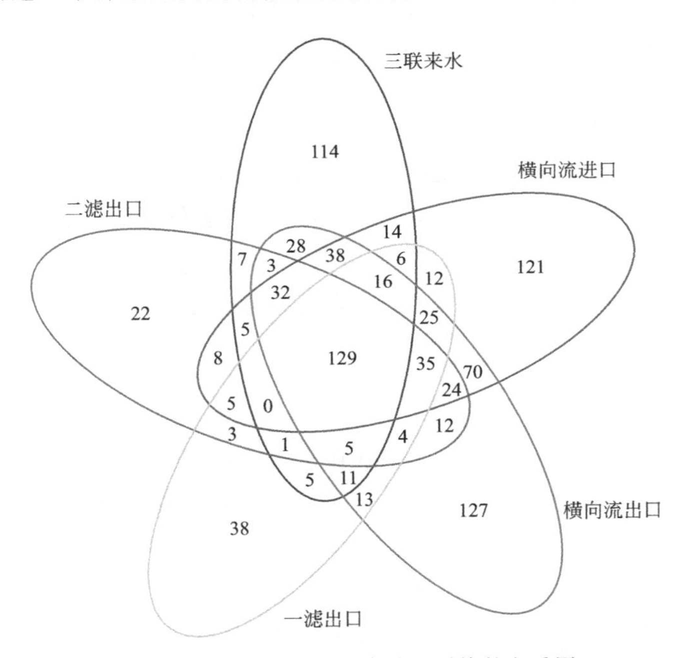

图 3-11　葡四联地面污水处理系统的文氏图

3.6　硫酸盐还原菌在自然界硫循环中的作用

硫元素的循环是地球化学循环中极其重要的一个组成部分。在自然界中，硫元素的存在形式有以下两大类。

① 沉积态的含硫矿物。包括有机矿物中的硫（如煤、石油等化石矿物）和无机矿物中的硫（如石膏、黄铁矿等）。这一部分的硫元素通过风化、分解（如石膏矿）或燃烧（如化石燃料）等作用从沉积状态变为其他可迁移的状态。

② 可以进行迁移的状态。包括硫化氢、硫单质、二氧化硫、硫酸盐和有机硫化合物。

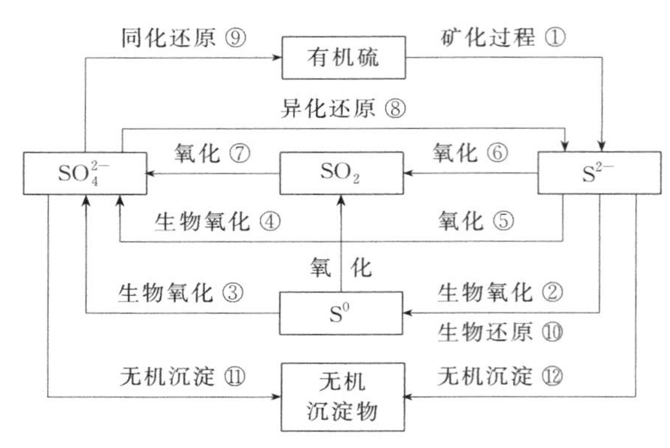

图 3-12 自然界的硫循环过程

硫循环的主要过程如图 3-12 所示。硫元素的循环和流动主要是在各类可迁移的状态间进行转化，主要包括以下过程：

① 生物体内（包括尸体、残骸、粪便等）的有机硫化合物通过矿化作用转化成硫化氢或 S^{2-}（即图中的过程①）；

② 硫化氢或 S^{2-} 被氧化为硫单质、SO_2（包括 SO_3^{2-}）或 SO_4^{2-}（即过程②、⑥、⑤）；

③ 硫单质、SO_2、硫代硫酸盐等中间价态的硫被氧化成 SO_4^{2-}（即过程③、⑦、④）；

④ 硫单质、SO_2、硫代硫酸盐等中间价态的硫被还原成 S^{2-}（即过程⑩）；

⑤ SO_4^{2-} 被异化地还原成 S^{2-}（即过程⑧）；

⑥ SO_4^{2-} 被同化地还原为有机硫化合物（即过程⑨）。

此外，SO_4^{2-} 和 S^{2-} 会与环境中的某些物质反应产生不溶的硫化合物，从而将可迁移的硫转化为沉积态的硫。

而在以上过程中，生物（尤其是微生物）的作用是：

① 硫酸盐还原菌在厌氧、低氧化还原电位的条件下，将 SO_4^{2-} 还原成 S^{2-}；

② 硫氧化细菌（sulfur-oxidizing bacteria，SOB）将各价态的硫氧化成 SO_4^{2-}；

③ 各类微生物和植物将 SO_4^{2-} 同化还原成有机的硫化合物。此外，还有一部分细菌可以将亚硫酸盐、硫代硫酸盐等中间价态的硫元素还原为硫化物。

3.7 本章小结

油田是一个复杂的微生物生态系统，硫酸盐还原菌种群在油田整个微生物的群落组成和功能上占有重要的位置，对其进行深入的了解和分析，对于微生物采油、油田污水处理、油藏二氧化碳驱油、聚合物驱油等具有重要的意义。

硫酸盐还原菌的生态分布研究，尤其是影响因子的研究，为原油的脱硫和控制地面系统的微生物腐蚀等提供了重要的依据。随着高通量测序技术的发展，硫酸盐还原菌菌群与其他微生物种群的相互作用等都有待进一步的深入研究。

第4章 油田硫酸盐还原菌的基因组学和蛋白组学研究

4.1 基因组学的研究

硫酸盐还原菌（SRB）是广泛存在于土壤中的革兰氏阴性δ-变形菌，能够通过硫酸盐的异化还原来获取能量。这些细菌被认为是厌氧菌，尽管它们的基因组序列已经揭示了多个关于还原氧气或解毒其产物的基因编码酶。

1997年，Klenk等[261] 完成了*Archaeoglobus fulgidus*的基因组测序，这是第一个关于SRB的基因组测序，之后在2004年又进行了模式菌种*Desulfovibrio vulgaris*以及嗜冷*Desulfotalea psychrophila*的基因组测序[262,263]。通过后面不断深入的研究，尤其是通过分析比较前期的基因组测序结果与*Desulfovibrio alaskensis* G20（早期的*Desulfovibrio desulfuricans* G20）的测序结果，发现它们之间能量代谢基因差异显著，最为显著的是调控周质细胞色素c和相关膜复合物的基因，在*Desulfovibrio*物种中存在这些基因，而在*Archaeoglobus fulgidus*和*Desulfotalea psycrophila*中并不存在[264,265]。为了更进一步证实SRB基因组差异，越来越多的研究者进行了基因组测序，到2014年已完成了近100个SRB生物体的基因组测序。通过比较分析25组SRB的基因组，发现与硫酸盐还原相关的关键基因是保守的，它们调控硫酸盐转运蛋白、ATP硫酰化酶（*sat*）、焦磷酸酶、APS还原酶（*aprBA*，图4-1，另见书后彩图）、异化亚硫酸盐还原酶（DsrABCD），还发现了与膜相关的Qmo和Dsr复合物和铁氧还蛋白，长期以来对SRB的进化研究主要集中在异化亚硫酸盐还原途径中某些关键基因（如*sat*、*aprBA*和*dsrAB*基因）[55]。根据周质细胞色素的含量，SRB大体可以分为两组，即富含细胞色素组和缺乏细胞色素组，这两组在周质电子传递途径与其能量代谢的相关性方面存在差异。在大多数细菌中，周质氢化酶和甲酸脱氢酶主要在底物氧化中起作用，并通过亚基（通常是b型细胞色素）与膜结合，负责将电子转移至醌池。富含细胞色素的SRB缺乏

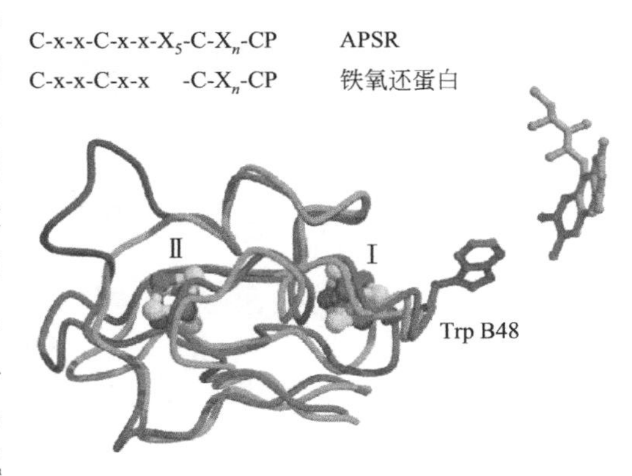

图4-1 *Archaeoglobus fulgidus*菌株Fe—S键主导的APS还原酶的三维结构

整合膜亚基的氢化酶和甲酸脱氢酶，它们使用多血红细胞色素 c（通常是 TpⅠc3）作为电子受体，然后将电子转移到具有相关的细胞色素 c 亚基的膜复合物上，而缺乏细胞色素的 SRB 通常具有膜结合的氢化酶或甲酸脱氢酶，其直接还原甲基萘醌。

4.1.1 硫酸盐的新陈代谢

脱硫弧菌属（*Desulfovibrio vulgaris*）在 SRB 中最容易和最迅速培养，因此成为最深入的生化和分子研究的对象。在许多厌氧菌的代谢过程中，氢代谢起着突出的作用，SRB 也不例外。氢在发酵生长过程中产生，可以支持硫酸盐呼吸作用，还参与了许多有机酸的新陈代谢。Odom 和 Peck 于 1981 年提出了一种专性的用于补充能量的化学渗透矢量电子传递，即产生和消耗氢，称为氢循环。在这个模型中，有机底物发生氧化生成质子和电子，它们是细胞质定位的氢化酶（s）的底物。细胞质中产生的氢扩散到细胞质膜上，细胞质周围的氢化酶氧化氢，氢重新获得电子转移回细胞质中进行硫酸盐还原，并释放质子来贡献质子动力。对于氢的激活已经提出了其他解释，如通过氧化还原调整传递的电子是必要的，或需要通过 ATP 硫酰化酶发酵产生 ATP 来活化硫酸盐。

脱硫弧菌菌株还原硫酸盐的酶学研究已相当成熟，参与的酶在硫酸盐呼吸细胞中存在。四种细胞质酶在八电子还原途径中足以将硫酸盐转化为硫化物。在 *Desulfovibrio vulgaris* 基因组中注释的 ATP 硫酰化酶（DVU1295，*sat*）激活产生硫酸盐的腺苷 5′-磷酸硫酸盐（APS，图 4-2，另见书后彩图），为第一次的两次电子还原做准备。无机焦磷酸酶（DVU1636，*ppaC*）裂解释放出能量来拉动反应。然后 APS 被 APS 还原酶还原，这是一种双亚基酶（DVU0846，*apsB*；DVU0847，*aspA*）。亚硫酸盐是亚硫酸盐还原酶还原六电子的底物，在脱硫弧菌菌株中称为脱硫绿胺霉素（DVU0402，*dsrA*；DVU0403，*dsrB*；DVU0404，*dsrD*；DVU2776，*dsrC*）。

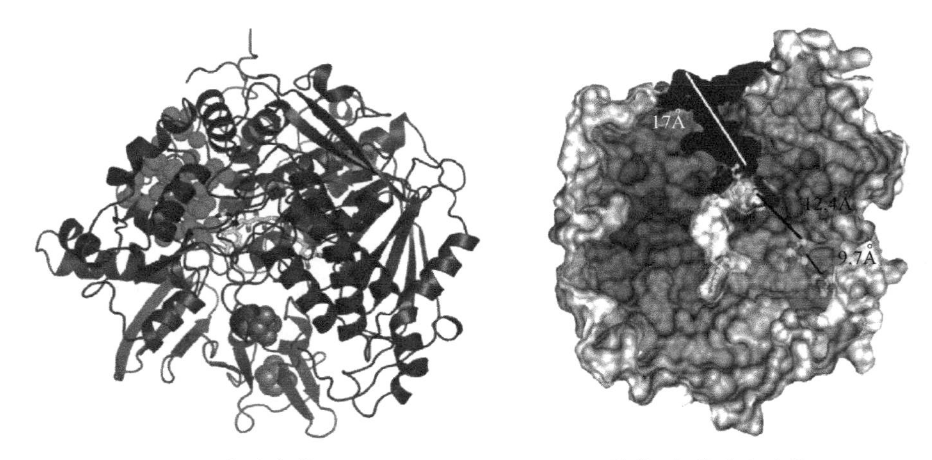

图 4-2　黄球古菌（*Archaeoglobus fulgidus*）腺苷 5′-磷酸硫酸盐还原酶（APSR）的 αβ 异质二聚体（1Å=0.1nm）

表 4-1　*D. vulgaris* 硫酸盐还原酶的可能基因编码的表达水平

蛋白质功能	DVU 编码	假定的基因名称	平均 lg exp② 值±标准差
硫酸腺苷酰转移酶	DVU1295	*sat*	−9.2 ± 0.8
腺苷 5′-磷酰硫酸还原酶	DVU0846	*apsB*	−8.8±0.7
	DVU0847	*apsA*	−8.9±0.8

续表

蛋白质功能	DVU 编码	假定的基因名称	平均 lg exp②值±标准差
亚硫酸盐还原酶	DVU0402	*dsrA*	−9.3±0.9
	DVU0403	*dsrB*	−9.5±0.7
	DVU0404	*dsrD*	−8.8±1.0
	DVU2776	*dsrC*	−10.3±1.1①
无机焦磷酸酶	DVU1636	*ppaC*	−11.1±1.0

① 在173个可用的数据点中，有50个点的信噪比低于临界值。

② 平均lgexp是整个基因组转录本微阵列中RNA到基因组DNA信号的平均lg2。在计算平均表达时，每个基因的173个数据点中，只有不到10%的数据点因为低信噪比而被删除，除非另有说明。

由表4-1可见，硫酸盐呼吸相关基因的表达水平明显高于核糖体蛋白基因。在假定的硫酸盐全量的候选ORFs（DVU0053、0279、0746、0747、1999）中，没有发现这些高水平表达的ORFs，也没有发现一种ORFs比其他ORFs有更高的表达。因此，这些数据并没有指向负责运输这种底物的基因，这一功能还有待具体确定。

多年来，硫代硫酸盐或三硫酸盐等其他可能的中间体在亚硫酸盐还原过程中的作用受到了极大的关注。最近在*Desulfovibrio vulgaris*中进行的缺失分析表明，这些多硫化物是亚硫酸盐还原过程中的中间产物。虽然预测编码硫代硫酸盐还原酶的基因已经在可用的基因组中得到了注释，但是用于处理其他多硫化物的酶还未研究清楚。

4.1.2 氢化酶

要使氢循环起作用，必须使氢化酶位于细胞质膜的两侧。早期的生物化学分析在确定各种脱硫弧菌菌株已知的氢化酶的确切位置上是不明确的，因为很难实现干净的细胞分馏。然而，随着编码基因序列的获得，清楚地发现，*Desulfovibrio vulgaris*的Fe、NiFe和NiFeSe氢化酶进行了胞周定位。只有完成了*Desulfovibrio vulgaris*的基因组序列测定，才有可能获得细胞质定位的氢化酶。对一氧化碳脱氢酶（CODH）生物合成的操纵子和类似于乙酰胆碱酯酶的酶［一种膜结合的NiFe氢化酶，与NADH：泛醌氧化还原酶（复合物Ⅰ）有相似性］的操纵子进行了注释。表4-2显示了这两个操纵子的表达水平。显然，在选择的培养条件下，CODH操纵子（DVU2286～2293）的表达高于CODH催化亚基（DVU2098、2099）或NiFe氢化酶的操纵子（DVU0429～0434）。奇怪的是，这些操纵子并没有保存在其他SRB的基因组中。因此，硫酸盐呼吸作用中细胞质氢化酶的关键性质尚未确定。

表4-2 推测的*D. vulgaris*细胞质氢化酶复合物的表达水平

操纵子	DVU 编码	假定的基因名称	平均 lg exp 值±标准差
CODH 操纵子	DVU2286	*cooM*	−12.4±0.7
	DVU2287	*cooK*	−12.1±0.5
	DVU2288	*cooL*	−12.0±0.5
	DVU2289	*cooX*	−11.9±0.5
	DVU2290	*cooU*	−11.6±0.7
	DVU2291	*cooH*	−11.8±0.6
	DVU2292	*hypA*	−10.8±0.6
	DVU2293	*cooF*	−11.0±0.8
	DVU2098	*cooS*	−13.1±1.2
	DVU2099	*cooC*-2	−15.2±0.8①

续表

操纵子	DVU 编码	假定的基因名称	平均 lg exp 值±标准差
NiFe 氢化酶操纵子	DVU0429	*echF*	−15.0±1.1
	DVU0430	*echE*	ND
	DVU0431	*echD*	−14.8±0.9
	DVU0432	*echC*	−14.5±0.8
	DVU0433	*echB*	−15.0±1.0
	DVU0434	*echA*	−14.0±0.8

① 173 个数据点中有 54 个不显著。

注：ND 表示可供计算的数据不足。

有趣的是，基因组序列也表明，细胞质周质氢化酶比之前认为的要多。通过序列分析至少鉴定出了四个同工酶，在生化鉴定的数量上又增加了一个。当 *Desulfovibrio vulgaris* 在乳酸盐和硫酸盐上培养时，所有的表达均达到合理水平：Fe 氢化酶（DVU1769、1770），13.8±1.4；NiFe 同工酶-1（DVU1921、1922），13.1±1.7；NiFe 同工酶-2（DVU2525、2526），14.4±1.0；NiFeSe 氢化酶（DVU1917、1918），11.5±1.5。NiFeSe 氢化酶的转录最丰富的观察结果是出乎意料的，因为生化和突变数据表明，细胞质周质中氢化酶的活性大部分由 Fe 的氢化酶体现。

4.1.3 跨膜电子导电复合物

在氢循环模型中，要完成电子的循环，必须有将电子穿过细胞质膜把胞浆周围的氢氧化成氢离子的机制。此外，在氢或甲酸盐上的生长也需要一个跨膜导管来容纳这些基质的周质氧化所产生的电子。高分子量细胞色素 c 复合物（表 4-3）是第一个被描述的跨膜复合物（TMC），该复合物的细胞质表面有一个十六碳位的细胞色素。有人提出，无论氢的来源如何，电子从胞浆周围氧化的氢转移到细胞质中进行硫酸盐还原。然而，该操纵子的缺失表明该 TMC 对该活动并不是必需的，并且该基因的表达水平出乎意料的低（表 4-3）。

表 4-3 *D. vulgaris* 参比基因在以乳酸盐为电子供体的硫酸盐呼吸细胞指数生长阶段的表达水平

操纵子	DVU 编码①	假定的基因名称	平均 lg exp 值±标准差
糖体保护蛋白	DVU1302	*rpsJ*	−10.1±0.8
	DVU1303	*rplC*	−10.8±0.8
	DVU1304	*rplD*	−10.4±0.8
	DVU1305	*rplW*	−11.5±0.8
	DVU1306	*rplB*	−11.1±0.8
	DVU1307	*rpsS*	−11.0±0.8
	DVU1308	*rplV*	−11.2±0.7
生物合成色氨酸	DVU0465	*trpE*	−14.6±0.9
	DVU0466	*trpG*	−15.0±0.9
	DVU0467	*trpD*	−14.2±0.9
	DVU0468	*trpC*	−14.4±1.0
	DVU0469	*trpF-1*	−14.3±1.1
	DVU0470	*trpB-2*	−13.7±1.1
	DVU0471	*trpA*	−13.7±0.9

续表

操纵子	DVU 编码[①]	假定的基因名称	平均 lg exp 值±标准差
高分子量细胞色素 c	DVU0529	*rrf2*	−15.1±1.4
	DVU0530	*rrf1*	−15.0±1.4
	DVU0531	*hmcF*	−15.6±1.5
	DVU0532	*hmcE*	−15.2±1.4
	DVU0533	*hmcD*	−15.6±1.4
	DVU0534	*hmcC*	−14.7±1.2
	DVU0535	*hmcB*	−14.9±1.5[②]
	DVU0536	*hmcA*	−15.1±1.8

① 来自 TIGR 批注的 DVU 编号。

② 对于 DVU0535，有 27 个数据点低于截至标准。

SRB 和硫氧化细菌的附加 TMCs 的分子分析已经取得了很大进展（表 4-4）。一个三亚基保守复合物 Qmo（DVU0848～0850），编码启动子远端与 APS 还原酶基因相同。这些基因的位置表明其可能发挥了为 APS 还原提供电子的作用。另一个 TMC 的六基因操纵子（DVU1286～1291）被认为可以为亚硫酸盐还原酶 dsrAB 提供电子。该操纵子包括Ⅱ型四血红素细胞色素 c3——dsrJ。最近，对 Tmc 复合物（DVU0263～0266）的分离和表征进行了报道。尽管在这种复合物中，从胞浆周围氧化或从还原甲基萘醌类到硫酸盐的电子转移中似乎有作用，但没有试验证据支持这种可能性。有复合物的成分与异二硫还原酶（DVU2399～2405）序列相似，另有复合物与钠转运 NADH 相似：醌氧化还原酶复合物（DVU2791～2798，rnf）已经被标注，但尚未分配功能。

表 4-4　*Desulfovibrio vulgaris* 假定跨膜复合体基因编码的表达水平

跨膜复合体	排列和转录方向	DVU 编码	假定的基因名称	平均 lg exp 值±标准差
Ⅱ型 c3 跨膜复合体	↑	DVU0258	*COG-BaeS*	−14.1±1.0
		DVU0259	*divK*	−9.7±1.0
		DVU0260	*mtrA*	−11.2±1.0
		DVU0261	*COG-UspA*	−11.6±1.0
		DVU0262	NA	−12.2±0.9
		DVU0263	*tmcA*	−12.0±0.9
		DVU0264	*tmcB*	−11.4±1.0
		DVU0265	*tmcC*	−12.2±1.0
		DVU0266	*tmcD*	−11.8±1.0
Qmo 跨膜复合体		DVU0848	*qmoA*	−11.0±0.7
		DVU0849	*qmoB*	−12.0±0.7
		DVU0850	*qmoC*	−12.8±0.7
	↓	DVU0851	NA	−12.1±0.7
Dsr 跨膜复合体	↑	DVU1286	*dsrP*	−11.6±0.9
		DVU1287	*dsrO*	−12.2 ± 0.9
		DVU1288	*dsrJ*	−12.2±0.9
		DVU1289	*dsrK*	−12.6±0.9
		DVU1290	*dsrM*	−12.3±0.9
		DVU1291	NA	−13.2±0.7
异二硫还原酶	↑	DVU2399	NA	−11.8±1.0
		DVU2400	NA	−11.5±1.0
		DVU2401	NA	−12.1 ± 0.7
		DVU2402	*hdrA*	−12.0±0.9
		DVU2403	*hdrB*	−11.5±0.9
		DVU2404	*hdrC*	−11.2±1.0
		DVU2405	*eutG*	−9.1±1.4

续表

跨膜复合体	排列和转录方向	DVU 编码	假定的基因名称	平均 lg exp 值±标准差
Rnf 跨膜复合体		DVU2791	*dhcA*	−12.6±1.0
		DVU2792	*rnfC*	−13.4±1.0
		DVU2793	*rnfD*	−14.1±1.0
		DVU2794	*rnfG*	−13.7±1.1
		DVU2795	*rnfE*	−14.7±0.9
		DVU2796	*rnfA*	−14.4±1.0
		DVU2797	*rnfB*	−13.6±0.9
	↓	DVU2798	*apbE*	−13.3±1.0

注：1. 箭头指示基因的操纵子排列和转录方向。
2. NA 表示没有标注基因名。

表 4-4 显示，每一个假定的 TMCs 的表达水平似乎与核糖体蛋白基因相似。Rnf 跨膜复合体基因转录量略少，但仍比 Hmc 基因多。许多年前就有人提出需要不同的方式来为 APS 还原酶和亚硫酸盐还原酶提供电子。因此，预计会出现两种方式。

到目前为止，细胞代谢发生变化使得氧化底物改变的机制并不是很清楚，但可以确定的是当以硝酸盐作为唯一电子受体时，参与硝酸盐异化还原成铵（DNRA）的两种酶，即周质硝酸盐还原酶（NapA）和亚硝酸盐还原酶（NrfA）都会上调表达。在此过程中，DNRA 被认为是两步呼吸过程，其中硝酸盐是末端电子受体，最初转化为亚硝酸盐，然后还原为氨。尽管在硫酸盐可利用时，硝酸盐还原途径并未完全表达，但编码 NrfA 的 *nrf* 基因似乎仍然在 SRB 中表达了[266]。除了在硝酸盐呼吸中的作用外，NrfA 被认为与亚硝酸盐和一氧化氮解毒过程有关。已有关于肠道细菌中 NrfA 减少 NO 的报道[267,268]。已经证明亚硝酸盐可以抑制 SRB 生长，因此 NrfA 的存在可以在毫摩尔浓度的亚硝酸盐环境中维持细胞生存（如通过硝酸盐还原和硫化物氧化细菌共存）[269,270]。除了催化亚硝酸盐还原为氨之外，一些 NrfAs 还能将亚硫酸盐还原成硫化物，从而形成氮和硫生物地球化学循环之间唯一已知的联系。这些酶中的亚硫酸盐还原酶活性明显低于其亚硝酸盐还原酶活性[271]。周质硝酸盐还原酶（NapA）可以将硝酸盐还原为亚硝酸盐，该酶参与多种过程，如氧化还原反应、硝酸盐清除过程、好氧或厌氧反硝化过程[272,273]。Sousa 等[274] 基于二维凝胶电泳（2DE）和质谱（MS）技术研究 *Desulfovibrio desulfuricans* 在不同电子受体诱导下的差异表达蛋白，分析呼吸链中涉及的关键基因的表达，在细胞生长到达稳定期过程中，监测细胞外培养基中存在的亚硝酸盐水平以及细菌生长过程中的 NrfA 和 NapA 活性。该研究结果与其他人的研究结果一致，*Desulfovibrio desulfuricans* 能够在含硝酸盐的培养基中生长，并且其生长速率和细胞数量高于在天然电子受体硫酸盐存在下的生长情况。为了激活可选择性进行的异化硝酸盐还原途径，编码末端还原酶 NapA 和 NrfA 的基因在细胞生长的关键时期上调。根据转录物水平的比较测量，硝酸盐还原酶基因 *napA* 自滞后期以来在富含硝酸盐的环境中过表达，而在生长曲线上没有显著变化。当产生大量亚硝酸盐时（3h），会诱导亚硝酸盐还原酶（NrfA）基因表达，并且该酶在之后的生长阶段具有足够的稳定性和催化活性，因此该基因在此后被沉默。分析在 pH 值为 4～7 范围内硝酸盐和硫酸盐电子受体诱导下的差异蛋白质，提出细菌对替代电子受体（硝酸盐）的适应，即意味着在这种情况下大量相关蛋白质（约 80 种）上调表达，表明这些蛋白在 SRB 利用硝酸盐过程中扮演着极其重要的角色，但对于用硫酸盐作为末端电子受体的 *Desulfovibrio desulfuricans* 的生长，它们显然不太重要。总体而言，这些上调表达的蛋白质（尤其是与铵同化相关的蛋白质）参与非能量代谢，如参与氨基酸生物合成，这不仅仅有助于提高细菌生长速度，还有助于降低因硝酸盐还原导致的较高浓度的铵水平。由此表明为了适应硝酸盐培养基，*Desulfovibrio desulfuricans* 激活涉及氨基酸和/或蛋白质生物合成的其他途径，而在硫酸盐存在下，细菌主要表达能量代谢所需的蛋白质。这种蛋白质表达的强烈变化说明，当存在两种电子受体底物时，从硫酸盐到硝酸盐呼吸的代谢转变具有高的生物合成成本，这可能证明该 SRB 对硫酸盐的偏好是合理的。

4.2　硫酸盐还原菌蛋白质组学研究

运用蛋白质组学和转录组学技术可以更深入地分析 SRB 在氧胁迫下的应激反应。Fournier 等[275] 发现在氧胁迫下 *Desulfovibrio vulgaris* Hildenborough 细胞中有 57 种蛋白质是差异表达的，35 种蛋白质下调表达，19 种上调表达。下调蛋白涉及的功能多样，如参与核酸和蛋白质的生物合成过程、解毒机制或细胞分裂过程。有趣的是，实时定量 PCR 的结果显示编码解毒酶（rubrerythrins，超氧化物还原酶）的基因下调表达，这类蛋白质可能与菌体在氧胁迫下活性降低直接相关。几种巯基特异性过氧化物酶（巯基过氧化物酶、类 BCP 蛋白和假定的谷氧还蛋白）上调表达。这项研究首次提出了 *Desulfovibrio vulgaris* 抗氧化应激防御机制相关的蛋白质。

SRB 还原硫酸盐过程中，主要是含有细胞色素 c 亚基的膜相关氧化还原复合物负责醌还原或跨膜电子转移，近年来，又有研究者在 SRB 中发现了一种新的呼吸膜复合物，并命名为 Qrc。Qrc 可以将电子从四聚体Ⅰ型细胞色素 c3（TpⅠc3）转移到甲基萘醌池，其中周质氢化酶（Hases）和/或甲酸脱氢酶（Fdhs）作为主要电子供体。目前为止，Qrc 是 SRB 中唯一发现的具有醌还原酶功能的呼吸复合物，它对 SRB 在 H_2 或甲酸盐培养基上的生长至关重要。Qrc 包含一个膜锚定的多血红素细胞色素 c（QrcA）和三个与 Mo/W-bis-PGD 酶家族亚基相关的亚基 QrcBCD［包括钼喋呤氧化还原酶家族蛋白（QrcB）以及周质铁-硫四簇蛋白（QrcC）］和一个整体 NrfD 家族的膜亚基（QrcD）[276]。

4.3　SRB 的氢化酶

氢化酶是一类存在于微生物体内的重要生物酶，是催化伴有氢分子吸收与释放的氧化还原反应酶，它通过控制微生物体内氢气的代谢来调节细菌的其他生理活动。

在硫代谢过程中，SRB 的氢化酶扮演着至关重要的角色，在 SRB 氢化酶的催化下，氢气可特异性地将硫酸盐还原成 H_2S，再通过硫氧化细菌将 H_2S 氧化为单质硫而除去。氢化酶最早是由 Stephenson 和 Stickland 发现的。已从脱硫弧菌属的 SRB 中分离出氢化酶，依据金属中心的组成可分为三种类型的氢化酶，即：只含 Fe 不含其他金属的 Fe-S 簇氢化酶（铁-氢化酶，［Fe］氢化酶）；含 Ni 和 Fe 的氢化酶（［NiFe］氢化酶）；含 Fe-S 簇、Ni、Se 的氢化酶（［NiFe-Se］氢化酶）。它们的亚基和金属组成、物理化学特征、氨基酸序列、免疫反应性、基因结构及催化性质不同。

［Fe］氢化酶含有两个铁氧还蛋白（4Fe-4S）簇和非典型含 Fe 中心，并不是所有的脱硫弧菌中都存在［Fe］氢化酶。该酶对 CO 和 NO_2^- 最敏感，并且在氢的转化和消耗以及质子-氘交换反应中具有最高的比活性。脱硫弧菌的［Fe］氢化酶一般是由 42ku 和 10ku 两个亚基组成的 αβ 二聚体，除金属 Fe 外不含其他金属。脱硫弧菌的［Fe］氢化酶在空气中以其

氧化形式存在是极其稳定的，但它的还原形式非常不稳定，因此提出纯化该酶要保持严格的厌氧条件或者在空气中纯化该酶。

[NiFe] 氢化酶除了镍之外还具有两个（4Fe-4S）中心和一个（3Fe-xS）簇，并且在目前所发现的几乎所有脱硫弧菌物种中都有发现。氧化还原活性镍通过至少两个半胱氨酸硫醇盐残基连接，[NiFe] 氢化酶特别耐受 CO 和 NO_2^- 等抑制剂。编码周质氢化酶的大小亚基和 [NiFe] 氢化酶的膜结合物的基因已经在大肠杆菌中克隆并测序。它们衍生的氨基酸序列表现出高度的同源性（70%），然而，它们没有显示出与 [Fe] 氢化酶的衍生氨基酸序列明显的金属结合位点或同源性。

[NiFe-Se] 氢化酶仅存在于少数脱硫弧菌中，巨大脱硫弧菌的 [NiFe] 氢化酶和 *Desulfovibrio baculatus* 的 [NiFe-Se] 氢化酶之间有很大的序列同源性。来自 *Desulfovibrio baculatus*（DSM 1743）的周质氢化酶的大小亚基的基因已经在大肠杆菌中克隆并测序，衍生的氨基酸序列与 [NiFe] 氢化酶的序列具有同源性（40%），大亚基基因的羧基末端含有硒代半胱氨酸的密码子（TGA），其位置与 [NiFe] 氢化酶的大亚基中半胱氨酸的密码子（TGC）同源。使用富含 ^{77}Se 的 *Desulfovibrio baculatus* 氢化酶的 EXAFS 和 EPR 研究表明，硒是镍的配体，氧化还原活性镍通过至少两个半胱氨酸硫醇盐和一个硒代半胱氨酸硒酸盐残基连接。活性位点镍的化学行为通过硒的存在而被改变，使得 [NiFe-Se] 氢化酶在质子-氘交换反应中表现出大于 1 的 H_2/HD 比值，并且对抑制剂 CO 和 NO_2^- 具有特定的介于 [Fe] 氢化酶和 [NiFe] 氢化酶之间的敏感性。

4.4 SRB 的电子传递蛋白

SRB 的电子传递体系与其他生物的类似组分有很大的区别，但其执行的功能都是相近的：传递在有机底物氧化过程中所产生的质子和电子，从而形成跨膜质子梯度，通过化学渗透作用合成 ATP。SRB 的电子传递体有整合在细胞质膜上的，也有游离在细胞质中（也有存在于周质空间的）的。TpⅠc3 能够接收氢化酶在分子氢氧化过程中产生的电子和质子，并进行能量转导，激活可驱动 ATP 合成的质子。除了核磁共振外，还有几种技术用于研究这些蛋白质中的电子转移过程，包括穆斯堡尔谱、电子顺磁共振、循环伏安法、脉冲辐解和共振拉曼。由于对血红素之间的相互作用认识不深，且它们之间的还原电位非常接近，通常很难区分血红素中心的还原电位。这些方法也不能很好地区分血红素中心的还原电位。但是，NMR 光谱法可用于跟踪多血红素蛋白结构中的个体，特别是通过甲基取代基的共振。细胞色素 c3 中的 4 个血红素铁是低自旋的，并且甲基共振的方式很好分辨。

4.4.1 细胞色素类

细胞色素 c3 是一组小的（分子量为 15000）和非常稳定的球状四联体蛋白。多肽链包含 102～118 个氨基酸残基，并且四个 c-型具有双-组氨酸配位。

Tetrahaem Ⅰ型细胞色素 c3（TpⅠc3）是一种周质蛋白，在所有属于 *Desulfovibrionaceae* 科的生物体中都能大量产生。它是一种小的（分子量为 13500～15000）可溶性蛋白质，含有 4 个 c 型，通过硫醚键与多肽链共价结合，具有双-组氨酸轴向配位。TpⅠc3 被认为是周质氢化酶的生理学伙伴，是电子传递链的重要组成部分，将分子氢的氧化与细胞质中发生的硫酸盐呼吸相结合。通过 X 射线晶体学和核磁共振（NMR）确定了从各种 SRB 中分离的细胞色素c3的结构。虽然氨基酸序列缺乏同源性，但血红素核心的结构在这些细胞色素中是保守的，并且在其他膜相关的细胞色素如Ⅱ型细胞色素c3（TpⅡc3）中也观察到类似情况。

在*Desulfovibrio vulgaris* Hildenborough细胞内共分离出了17种细胞色素c蛋白，其中一些可以进一步确定属于细胞色素c3。只有一种血红蛋白，即含有四分子血红素的细胞色素c3存在于所有的脱硫弧菌中。除了脱硫弧菌外，在*Desulfomicrobiu norwegicum*和*Desulfobulbus elongatus*以及两个*Thermodesulfobacterium*种中也发现了这种细胞色素。这种含有四分子血红素的细胞色素c3只含有一个亚基，含有106～118个氨基酸残基，主要存在于细胞的周质空间内。在异化型的亚硫酸盐还原过程中，这种细胞色素c3起到了至关重要的作用。该蛋白介导了电子从周质的氢化酶上转移到跨膜电子传递复合物上的过程，而这一过程是与质子的定向传递紧密联系在一起的。SRB的细胞色素c3分为TypeⅠc3和TypeⅡc3两种类型。前者的分子量约为13000，分子内含有四个低氧化还原电位的血红素残基。TypeⅠc3可以同时结合质子和电子。已有五种脱硫弧菌和*Desulfomicrobiu norwegicum*的TypeⅠc3的三维结构已经通过X射线衍射得以确认。在*Desulfomicrobiu norwegicum*和*Desulfovibrio gigas*中还发现了一种二聚体细胞色素c3（也被称为cc3），这种cc3由两个类似于TypeⅠc3的亚基构成，分子量约为26000。对TypeⅡc3的遗传学、结构和催化特征的研究显示，TypeⅡc3与TypeⅠc3有显著的不同。TypeⅡc3是一种结合在膜上的血红蛋白。在*Desulfovibrio vulgaris* Hildenborough细胞中还发现了另外五种血红蛋白。而从*Desulfovibrio desulfuricans* str. ATCC27774中还纯化得到了两种血红蛋白，一种是由含两个血红素残基的亚基所组成的同二聚体；而另一种是分子内含有九个血红素亚基的单体细胞色素c蛋白。后者的三维结构已经被Matias等测定。

4.4.2　黄素蛋白类

SRB内已被证实存在的黄素蛋白分为flavodoxin和flavoredoxin两类。flavodoxin是一类分子较小的单体电子传递体蛋白的总称。flavodoxin以非共价的形式结合一分子的FMN（黄素单核苷酸）。flavodoxin的作用与铁氧还蛋白（ferredoxin）类似，在分解和形成分子氢的反应中，铁氧还蛋白可以被flavodoxin所代替。*Desulfovibrio gigas*体内的铁氧还蛋白与flavodoxin有相似的氧化还原电位，一个位于－440mV，另一个位于－150mV。在同一株菌中，还分离到了flavoredoxin，分子量大约为40000的flavoredoxin是同二聚体分子，每个亚基有一个FMN。对*Desulfovibrio gigas*中flavoredoxin基因的敲除显示，该分子作为电子载体参与硫代硫酸盐的还原，而与亚硫酸盐的还原无关。

4.4.3　铁硫蛋白类

SRB的铁硫蛋白有红素氧还蛋白（rubredoxin）、脱硫氧还蛋白（desulforedoxin）、脱硫铁氧还蛋白（desulfoferredoxin）、赤藓素蛋白（rubrerythrin）、铁氧还蛋白（ferredoxin）和褐氧还蛋白（fuscoredoxin）几种。rubredoxin是其中最小的铁硫蛋白，分子量约为6000。该蛋白只含有一个亚基，分子内也只含有一个铁原子。目前为止在所有的*Desulfovibrio*的细胞质内都发现了rubredoxin。rubredoxin的铁原子与四个半胱氨酸残基共同起作用，且可以在两个氧化还原状态下保持稳定，因此该蛋白可能起到了保护细胞不受氧损伤的作用。*Desulfovibrio*的rubredoxin的氧化还原电位较高，在0～50mV之间。最初从*Desulfovibrio gigas*分离得到的desulforedoxin是一种不含血红素的铁蛋白，该蛋白的分子量约为8000，由两个亚基组成，每个亚基都含有一个铁原子和四个半胱氨酸残基。

desulfoferredoxin是从*Desulfovibrio desulfuricans* str. ATCC27774中分离出的一种融合蛋白。其N端结构域类似于desulforedoxin，而C端结构域类似于neelaredoxin。desulfoferredoxin是一种单体蛋白，分子量约为16000，每个分子含有两个铁原子。desulfoferredoxin有三个稳定的氧化还原状态，并在两个状态下得到纯化（完全氧化的褐色状态和部分被还原的粉色状态）。rubrerythrin也是一种融合蛋白，其N端是一个可以结合两个铁原子的结构域，而C端类似于红素氧还蛋白。赤藓素蛋白是同二聚体蛋白，其氧化还原电位约为+230mV，*Desulfovibrio vulgaris* Hildenborough和*Desulfovibrio desulfuricans* str. ATCC27774的该蛋白已经得到纯化。rubrerythrin的功能可能是保护细胞不受氧分子的毒害作用。ferredoxin是一类氧化还原电位较低的小分子铁硫蛋白，其分子量约为6000。在SRB中ferredoxin的分布十分广泛，其铁硫簇的排布可以分为[3Fe-4S]、[4Fe-4S]、[3Fe-4S]+[4Fe-4S]、[4Fe-4S]+[4Fe-4S]四类。*Desulfovibrio gigas*有三类铁氧还蛋白，分别是ferredoxin Ⅰ、ferredoxin Ⅱ和ferredoxin Ⅲ。ferredoxin Ⅰ是一个三聚体蛋白，含有一个[4Fe-4S]活性中心，其氧化还原电位为−440mV；ferredoxin Ⅱ是一个四聚体蛋白，含有一个[3Fe-4S]活性中心，其氧化还原电位为−130mV；ferredoxin Ⅲ含有一个[3Fe-4S]活性中心和一个[4Fe-4S]活性中心，但却只含有7个半胱氨酸残基，而按照活性中心的巯基数量，该蛋白应当至少有8个半胱氨酸残基。这几种蛋白的生物化学性质区别很大：ferredoxin Ⅰ参与丙酮酸氧化中的磷酸解反应（phosphoroclastic），该反应可以产生分子氢；ferredoxin Ⅱ参与亚硫酸氢根还原生成硫化物的反应，而该反应是消耗分子氢的；而ferredoxin Ⅲ的功能可能兼而有之。fuscoredoxin是一种从*Desulfovibrio vulgaris* Hildenborough和*Desulfovibrio desulfuricans* str. ATCC27774中分离出的棕色铁硫蛋白。该蛋白有两个[4Fe-4S]活性中心，目前其功能还不清楚。

4.4.4 其他可溶的氧化还原蛋白和电子载体

*Desulfovibrio gigas*有一种称为ROO（rubredoxin：oxygen oxidoreductase，红素氧还蛋白：氧氧化还原酶）的黄素血红蛋白，ROO是一个分子量为86000的同二聚体蛋白，分子内含有两个FAD分子和四个血红素分子（其中两个是血红素Ⅸ，两个是铁-尿卟啉Ⅰ）。

*Desulfovibrio gigas*和*Desulfovibrio desulfuricans* str. ATCC27774的腺苷酸激酶已经得到分离提纯。这是迄今为止发现的第一种能结合钴离子或锌离子的腺苷酸激酶。而其电子吸收谱也符合钴离子以四面体形式定位时所对应的特征谱。脱硫弧菌属的SRB含有数种带有修饰过的卟啉环的蛋白质。如*Desulfovibrio desulfuricans* str. ATCC27774的细菌铁蛋白含有铁-粪卟啉Ⅲ辅基，*Desulfovibrio gigas*的ROO也含有一个铁-尿卟啉Ⅰ。*Desulfovibrio gigas*和*Desulfobacterium norwegicum*还含有带有钴卟啉辅基的蛋白质。脱硫弧菌属的SRB还含有几种含钼元素的蛋白质。在以硝酸盐为最终电子受体生长时，*Desulfovibrio desulfuricans* str. ATCC27774可以产生一套由三种含钼蛋白组成的酶复合体：①一种是能将甲酸盐氧化为二氧化碳的甲酸氧化酶；②一种是能将醛氧化为羧酸的醛氧化还原酶；③一种是能将硝酸盐还原为氨的硝酸盐还原酶。从*Desulfovibrio gigas*中还提纯出了一种含钨的甲酸脱氢酶，该酶是一个异二聚体，两个亚基的分子量分别为92000和29000，其活性中心是钨原子和两个[4Fe-4S]的铁硫簇。目前所检测过的所有SRB都含有甲基萘醌，这表示该成分可能是SRB电子传递体系中的必要组成部分。在SRB中最常见的甲基萘醌属于MK-6或MK-7类。

4.4.5 整合在膜上的电子传递体

尽管对硫酸盐还原菌进行了多年的研究，但尚未清楚地确定电子传递链如何与质子动力的产生相关联，末端还原酶（包括APS还原酶和亚硫酸盐还原酶）存在于细胞质内，因此不直接参与质子转运。尚未鉴定出电子传递链中的几种重要干扰物，如APS和亚硫酸盐还原酶的电子供体、乳酸脱氢酶的电子受体，对重要的电子载体如NAD(P)H和甲基萘醌的作用是什么也不清楚。已经提出了几种生物能量机制来解释SRB中的能量守恒。

Odom和Peck提出了在乳酸/硫酸盐中生长的 *Desulfovibrio vulgaris* 的氢循环机制。在这种机制中，细胞质氢化酶扮演重要的角色。然而这种机制似乎不适用于所有SRB，因为基因组分析显示在几种生物体中不存在细胞质氢化酶。此外，由乳酸盐氧化成丙酮酸产生 H_2 在能量上是非常不利的，表明在SRB中还存在其他机制。已经提出CO或甲酸盐的循环也可能在脱硫弧菌中起作用[262]。基因组分析指出不同SRB之间存在能量代谢的差异。无论电子传递、能量代谢机制如何，膜相关电子传输都是必需的，这些膜过程很可能涉及甲基萘醌，并且可能通过氧化还原回路等标准机制促进节能。近年来，通过遗传、基因组和生物化学研究，人们对SRB中膜结合氧化还原蛋白的理解取得了相当大的进展，这些研究揭示了几种跨膜氧化还原复合物的存在，这些复合物是硫代谢生物体所独有的，含有几种新颖有趣的蛋白质，可能参与电子传递链，但需要进一步研究以确定其精确的生理功能。

早期分析了四种SRB（*Desulfovibrio vulgaris* Hildenborough、*Desulfovibrio desulfuricans* G20、*Desulfotalea Psychrophila*、*Archaeoglobus fulgidus*）完整基因组中存在的膜电子传递复合物，发现这四种生物中只有两种复合物（QmoABC和DsrMKJOP）是保守的，这表明它们可能是唯一对硫酸盐还原必不可少的复合物。通过不断地研究，发现在所有SRB中只有Dsr和Qmo两种跨膜氧化还原复合体是高度保守的，这表示这两种成分可能在异化型硫酸盐还原过程中起到重要的作用，并且已经发现QmoABC参与电子转移到APS还原酶的过程，DsrMKJOP参与电子转移到亚硫酸盐还原酶的过程。据推测，这两种跨膜氧化还原复合体的功能可能是分别作为亚硫酸盐还原酶和APS还原酶的电子供体。

Qmo复合物从 *D. desulfuricans* ATCC 27774的膜中分离。它由三个亚基组成，含有两个血红素b、两个黄素腺嘌呤二核苷酸基团和几个铁硫中心。编码这些蛋白质的基因形成一个推定的操纵子，并被命名为qmoABC，即"与醌相互作用的膜结合氧化还原酶"。在 *Desulfovibrio vulgaris* Hildenborough、*Desulfovibrio desulfuricans* G20、*Desulfotalea Psychrophila*、*Desulfotomaculum reducens* MI-1以及 *Archaeoglobus fulgidus* 中发现了同源基因。有趣的是，*qmo* 基因也存在于硫氧化细菌中，如光养型的 *Chlorobium tepidum* 和 *Chlorobium chlorochromatii* 以及化能营养型的 *Thiobacillus denitrificans*。在其中一些基因组中，*qmo* 基因与APS还原酶基因（*apsAB*）相邻，这提供了这些蛋白质之间生理关系的证据。在一些情况下，ATP硫酰化酶基因（*sat*）也存在于相同的基因座中。

QmoA和QmoB可能是与HdrA相关的细胞质flavo-FeS蛋白，但QmoA较小，仅显示与HdrA和QmoB的N末端区段的序列相似性。QmoB蛋白可能由基因融合产生，因为其N末端区域与HdrA相似，并且C末端区域类似于 F_{420}-非还原性氢化酶（MvhD）的 δ-亚基。QmoC蛋白很可能也是基因融合的结果，因为其N末端区域是亲水的且显示出与HdrC的相似性，包含两个［4Fe-4S］簇的结合位点，而C末端是疏水的且包含六个跨膜螺旋。这种膜结合结构域类似于HdrE，并且QmoABC复合物的UV-vis光谱表明确实存在两个血红素 b。因此，QmoC 属于呼吸复合物的膜亚基家族，其在双层的相对侧结合两个血红素 b，并且在可能与质子梯度产生相关的过程中负责膜醌的电子转移。QmoC 是该家族中的一个独特案例，因为据已有的研究所知，它是第一个含有铁-硫中心这种其他亲水域的蛋白质。QmoC 的序列分析表明甲基萘醌是 QmoABC 复合物的电子供体，并且 QmoC 的两个血红素被甲萘醌类似物甲萘氢醌还原。

QmoABC 复合体的确切功能仍有待确定，目前的证据表明其参与硫酸盐呼吸链，更具体地说是 APS 还原酶的可能电子供体。试验问题或其他的氧化还原伴侣存在，导致在分离的 QmoABC 复合物和 APS 还原酶之间没有观察到体外电子转移。Qmo 复合物中两个血红素 b 的氧化还原电位为－20mV 和＋75mV。这些氧化还原电位在甲基萘醌到 APS 的电子转移过程中的范围内，进一步说明了 QmoABC 复合物提供了甲基萘醌池与硫酸盐细胞质还原之间的联系。QmoC 的甲基萘醌氧化发生在最靠近膜正侧的血红素处，质子可以释放到周质，电子转移到膜的负侧到 QmoAB，随后还原 APS。

DsrMKJOP 复合物分离自 *Archaeoglobus fulgidus* 和 *Desulfovibrio desulfuricans* ATCC 27774。DsrM 含有六个跨膜螺旋并具有四个保守的组氨酸，它们可能是结合两个血红素 b 的候选物。DsrK 是与催化亚基 HdrD 相关的细胞质铁硫蛋白，仅含有 HdrD 的五个半胱氨酸基序中的一个，其可能参与结合［4Fe-4S］催化中心以还原二硫化物。DsrJ 蛋白含有三个血红素 c 结合位点和一个 N 末端信号肽，用于输出到周质，在 *Archaeoglobus fulgidus* 的相应蛋白质中，不能切除该肽，其可能用作周质细胞色素的膜锚。DsrJ 序列与数据库中的其他细胞色素没有同源性，因此属于一个新的细胞色素 c 家族。通常在多血红素细胞色素中发现 DsrJ 中没有足够的组氨酸用于所有血红素的双组氨酸连接。Dsr O 蛋白是一种周质性 FeS 蛋白，属于在几种呼吸酶中发现的铁氧化还原蛋白亚基家族。DsrO 包括用于易位至周质的典型信号肽。DsrP 是含有十个跨膜螺旋的完整膜蛋白。它与大肠杆菌氢化酶-2（HybB）的膜亚基相关，其作为甲基萘醌还原酶，并且与呼吸酶的膜亚基的整个家族有关。

有大量证据表明 Dsr 复合物参与的部分代谢途径与亚硫酸盐还原酶相同，所有含有 DsrAB 异化亚硫酸盐还原酶的原核基因组也含有 DsrMKJOP 复合物。在 *Allochromatium vinosum* 中，DsrKJO 蛋白与 DsrABC 蛋白结合，亚硫酸盐还原酶和 Dsr 复合物的基因由硫化物协调调节。

SRB 中只有脱硫弧菌内发现了另外三种跨膜电子传递体，分别是 Hmc、9Hc 和 Tmc 复合物。

(1) Hmc 和 9Hc 复合物

在 *Desulfovibrio vulgaris* 发现的 Hmc 复合物是第一个在脱硫弧菌属中被识别的跨膜复合物。序列分析表明该复合物在亚基组成类型方面与 Dsr 复合物惊人的相似：与 HdrD 相关的细胞质 FeS 蛋白、两种完整的膜蛋白、周质铁氧还蛋白和周质细胞色素 c。这表明这两种复合物都具有相关功能，但其亚基之间的实际序列同一性非常低。多聚体细胞色素 c 亚基是最不相似的，因为在 Hmc 中它是一种分子量为 65000 的十六血红素细胞色素，而在 Dsr 中是分子量为 15000 的三血红素细胞色素。目前从脱硫弧菌内分离出的最大的细胞色素 c 是一种从 *Desulfovibrio vulgaris* Hildenborough 中分离得到的，被称为 HmcA，其含有多个血红素分子的单体细胞色素。脱硫弧菌属的特征在于高含量的周质或膜相关细胞色素 c，其中，四血红素 TpⅠc3 含量非常丰富，其在能量代谢中起重要作用。HmcA 细胞色素是周质氢化酶的不良电子受体，但在 TpⅠc3 存在下其还原率显著增加。Hmc 复合物可以接受来自周质氢氧化的电子，并且在氢和硫酸盐环境中，相较于野生型的菌体，缺失 hmc 操纵子的突变体生长速度较慢。在含氢条件下，缺乏 hmc 操纵子不会阻止菌体生长，这表明可能存在其他可以发挥相同作用的蛋白质，推测最有可能的是 Tmc 复合物。

在 *Desulfovibrio desulfuricans* 中没有检测到 HmcA，但存在结构上非常类似于 HmcA 的 C 末端结构域的九血红素细胞色素（9HcA）。这种细胞色素是跨膜氧化还原复合物（9Hc）的一部分，它缺乏 Hmc 的血红素 b 和细胞质 FeS 亚基，但包含两个膜亚基（9HcC 和 9HcD）和一个周质 FeS 亚基（9HcB）。对于氢化酶，9HcA 细胞色素是一种比 HmcA 更好的电子受体，其还原很可能也是由 TpⅠc3 介导的。

令人惊讶的是，*Desulfotalea psychrophila* 和 *Archaeoglobus fulgidus* 都含有 TpⅠc3（实际上很少有细胞色素 c），这表明 TpⅠc3 对于硫酸盐还原不是必需的。在脱硫弧菌属中，周质细胞色素 c 作为周质氢化酶和甲酸脱氢酶的电子受体。在脱硫弧菌生物体中，由周质氢和甲酸盐氧化产生的电子很可能从细胞色素 c3 池转移到仅在脱硫弧菌中发现的几种跨膜复合物中的一种中，其中包括也属于细胞色素 c3 家族的细胞色素 c 亚基。

HmcA 的分子内含有 16 个血红素，该分子所参与构成的 Hmc 复合体执行的生理作用可能是从周质空间获取氢的氧化反应中的电子，将其传递到细胞质内硫酸盐的还原反应中。从 *Desulfovibrio desulfuricans* str. ATCC27774 中分离的跨膜氧化还原复合体 9Hc 中含有一个有九分子血红素的细胞色素 c 和一个位于周质的、带有铁硫中心的亚基。Tmc 复合体含有四个亚基，包括一分子 TpⅡc3、一分子整合在膜上的细胞色素 b 和两分子位于细胞质一侧的蛋白质。TpⅡc3 是一种结合在膜上的细胞色素，并已经在三种脱硫弧菌中发现。Tmc 复合体的功能可能是为周质内氢的氧化提供跨膜电子通道。

（2）Tmc 复合物

该家族中第一个被分离出来的复合物是 TmcABCD，其细胞色素 c 亚基（TmcA）先前已在几种 *Desulfovibrio* spp. 中进行了表征，它具有几种与 TpⅠc3 不同的特征，因此被命名为Ⅱ型细胞色素 c3（TpⅡc3）。Tmc 复合物由 *Desulfovibrio vulgaris* Hildenborough 和 *Desulfovibrio desulfuricans* G20 的十基因操纵子编码，其中四个基因编码调节蛋白，一个基因编码，一个假设蛋白，其他四个基因 *tmcABCD* 编码复合物的功能蛋白。*tmcB* 基因编码细胞质 FeS 蛋白，其与 HmcF 同源，与 DsrK 和 HrdD 属于同一家族，并包括推定催化[4Fe-4S] 中心的结合位点。*tmcC* 基因编码与 HmcE 同源的膜细胞色素 b，与 DsrM 和 HdrE 属于同一家族。*tmcD* 基因编码富含色氨酸的蛋白质，该蛋白质与数据库中的任何蛋白质没有相似性。氧化复合物的电子顺磁共振光谱证实存在 TmcB FeS 中心，其具有与 *Desulfovibrio desulfuricans* DsrK 相似的特征并且被分配到 $[4Fe\text{-}4S]^{3+}$ 中心。氢化酶/TpⅠc3 有效还原 TpⅡc3（TmcA），用 H_2 和氢化酶/TpⅠc3 还原 Tmc 复合物导致所有氧化还原中心几乎完全还原。这很好地说明 Tmc 复合物是由周质氢氧化产生的电子的跨膜导管。用甲基萘醌类似物 DMNH2 不能还原 Tmc 复合物的血红素，而还原型 Tmc 复合物可以将电子转移到 DMN，但还原速率与仅仅使用 TpⅡc3 相似，这意味着该过程可能是非生理性的，这类研究结果并不能很好地说明甲基萘醌池通过 Tmc 参与电子转移。

4.5 本章小结

脱硫弧菌以 H_2 为能源生长时需要吸收氢化酶，而且以乳糖或丙酮酸为底物生长时，它

能产生 H_2。这说明 H_2 的产生参与了内部电子载体的氧化还原，也可能参与了质子动力产生的循环机制和 ATP 的产生。

从 SRB 中分离出的电子传递蛋白含量丰富、分子量小、性质稳定、易于提纯，这些性质在几种修饰作用如金属或黄素置换反应中已体现出来，所以这些电子传递蛋白经常用于模型分析和分子工具来置换和取代金属。

在 SRB 中发现了其他与能量储存有关的膜复合物，但不是保守的，这表明它们对于硫酸盐还原不是必需的。

随着科学技术的进步，对蛋白质的结构与功能、蛋白质之间的相互作用等的研究会更加深入。

第5章

硫酸盐还原菌的硫循环及代谢途径研究

在厌氧条件下，硫酸盐还原菌能使有机物矿化，同时将硫酸盐还原成硫化物，并经硫化作用而氧化成单质硫。研究硫酸盐还原菌及其代谢途径，将有利于硫酸盐还原菌的开发和应用。

5.1 硫酸盐还原途径

硫酸盐可以促进 SRB 生长，但并非为 SRB 所必需。在缺乏硫酸盐的环境中，SRB 营发酵生长；在富含硫酸盐的环境中，SRB 营硫酸盐呼吸，即以 SO_4^{2-} 为电子受体氧化有机物，并从中获得能量，维持生命活动。

硫酸盐至硫化氢的还原过程由一系列酶促反应组成。在这个序列酶促反应中，硫得到 8 个电子，产生多个中间产物。硫既能与氢、碳、氧等元素键合，也能形成硫硫键。低于六价时，高价态含硫化合物十分活泼，室温下即可自然氧化。因此分析这些中间产物非常困难。一些 SRB 可将中间产物排出体外，也有一些 SRB 将中间产物积累于体内。虽然脱硫弧菌可以分泌少量亚硫酸盐或硫代硫酸盐，但并不能证明它就是硫代谢过程中的直接中间产物。根据现有的文献资料，硫酸盐还原的主要过程分为硫酸盐运输、硫酸盐激活、APS 还原以及亚硫酸盐还原四步。

整个硫酸盐还原过程如图 5-1 所示，反应式如下：

$$SO_4^{2-}(\text{out}) \xrightleftharpoons{1} [SO_4^{2-}(\text{in}) \xrightleftharpoons{ATP\downarrow 2} APS \xrightleftharpoons{e^-\downarrow 3} SO_3^{2-}] \xrightleftharpoons{e^-\downarrow 4} H_2S$$

在这个反应网络中，硫酸根与钠离子或质子一起被细胞主动吸收以保持电荷平衡（步骤 1）。这是通过膜结合转运蛋白发生的，并且是可逆的，允许硫酸根在细胞内外交换。一旦硫酸根进入细胞，即被 ATP 硫酰化酶激活，形成 APS（步骤 2），APS 还原酶将其还原为亚硫酸盐（步骤 3）。步骤 2 和 3 都被认为是可逆的。亚硫酸盐被还原为硫化氢（步骤 4）是通过亚硫酸盐还原酶进

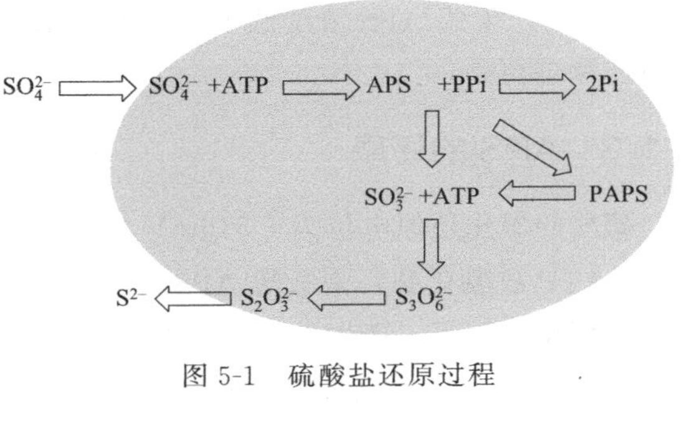

SO_4^{2-} ⟹ SO_4^{2-} +ATP ⟹ APS +PPi ⟹ 2Pi
PAPS
SO_3^{2-} +ATP
$S_3O_6^{2-}$
$S_2O_3^{2-}$
S^{2-}

图 5-1 硫酸盐还原过程

行的。虽然亚硫酸盐还原酶在氧化代谢过程中催化硫化物氧化为亚硫酸盐，但是亚硫酸盐在体内的还原（步骤 4）的可逆性从未被证实。

5.1.1 硫酸盐的运输

催化硫酸盐还原的酶位于细胞质内或位于细胞膜上，硫酸盐只有进入细胞才能被还原。对脱硫弧菌（*Desulfovibrio*）、脱硫叶菌（*Desulfobulbus propionicus*）及脱硫球菌（*Desulfococcus multivorans*）所做的研究发现，硫酸盐的摄取与质子梯度的驱动有关。在细胞悬浮液中添加硫酸盐，会瞬间引起 pH 值变化，表明硫酸盐运输与质子运输同步进行。在中度嗜盐菌（如脱硫弧菌、脱硫球菌）中，硫酸盐的运输则与钠离子梯度的驱动有关。在硫酸盐浓度限制的恒化器中，硫酸盐的运输一般与三个质子或钠离子的运输同时进行，蓄积系数高达 $10^3 \sim 10^4$。若提高培养基中的硫酸盐浓度，这种硫酸盐蓄积高的运输系统不再发挥作用，由硫酸盐蓄积低的运输系统取而代之，蓄积系数也降至 10^2 以下，这可避免细胞蓄积大量硫酸盐而造成毒害。在硫酸盐蓄积低的运输系统中，硫酸盐的运输与两个质子或钠离子的运输同时进行。若处于硫酸盐浓度较高的环境（如海水）中，细胞会自动调节，进一步削弱硫酸盐蓄积低的运输系统的功能，以防硫酸盐过量蓄积。

5.1.2 硫酸盐的激活

硫酸盐的化学性质稳定，不易被还原。SO_4^{2-}/SO_3^{2-} 的氧化还原电位为 $-0.516V$，低于大部分分解代谢产物的氧化还原电位，硫酸盐不能直接从代谢产物接受电子。在硫酸盐还原前，需在硫酸腺苷转移酶的作用下，以消耗 ATP 为代价激活硫酸盐，使之生成腺嘌呤磷酰硫酸盐（adenosine phosphosulphate，APS）。APS 是一种较强的氧化剂，$APS^{2-}/(AMP^{2-}+SO_3^{2-})$ 氧化还原电位比 SO_4^{2-}/SO_3^{2-} 高 420mV。无论是同化作用还是异化作用，APS 都是必要的中间产物。硫酸盐激活反应不易进行（K_{eq} 约为 10^{-8}），但反应生成的焦磷酸可被继续水解，并由此拉动这个激活反应，反应如下：

$$SO_4^{2-} + ATP + 2H^+ \longrightarrow APS + PPi$$

$$PPi + H_2O \longrightarrow 2Pi$$

总反应 $$SO_4^{2-} + ATP + 2H^+ + H_2O \longrightarrow APS + 2Pi$$

然而，焦磷酸酶需由环境中的还原剂活化，一旦环境转变为好氧环境，焦磷酸酶就会失活。各种 SRB 的焦磷酸酶活性各不相同，脱硫弧菌、脱硫叶菌、*Desulfosporosinus orientis* 的焦磷酸酶活性较高，脱硫肠状菌属（*Desulfotomaculum*）的焦磷酸酶活性则较低。早期有人认为，脱硫肠状菌的焦磷酸盐可以参与 ADP 的间接磷酸化。假定硫酸盐、ATP 浓度为 10^{-3}mol，产生的 APS 浓度低于 $0.1\mu mol/L$。这表明只有清除还原产生的 APS，才能保证反应持续进行。

5.1.3 APS 的还原

硫酸的氧化还原电位为 $-516mV$，不能氧化 H_2 或有机酸。因此，它必须以牺牲 ATP（通过 ATP 硫酰化酶）来激活 APS，从而将标准氧化还原电位提高到 $-60mV$。在 APS 还原酶的催化作用下，产生的 APS 继续转化成亚硫酸盐和磷酸腺苷（AMP）（图 5-2）。值得注意的是，APS 的形成是由内部提供能量的，可能是由随后的焦磷酸盐裂解所驱动的。由

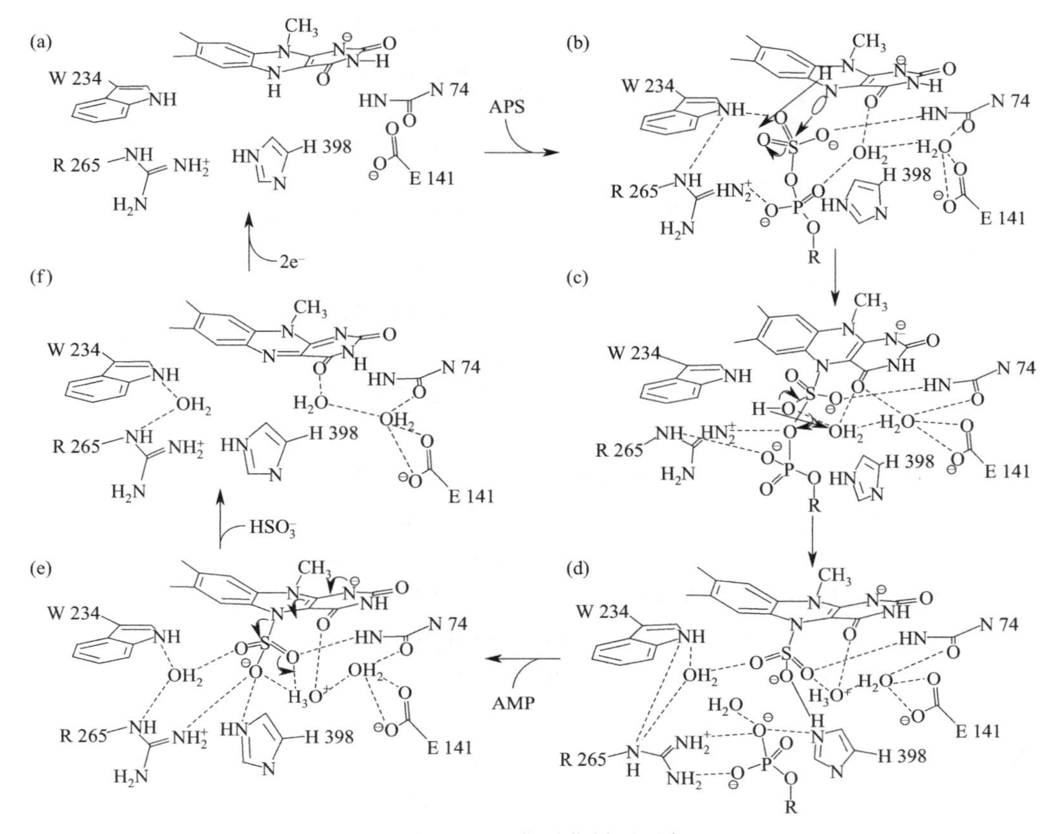

图 5-2　APS 的异化循环反应

于 APS 浓度较低，实际氧化还原电位低于－60mV。

$$APS + 2e^- \rightleftharpoons SO_3^{2-} + AMP$$

$$E_0'[APS/(SO_3^{2-} + AMP)] = -60mV$$

$$APS + e^- \rightleftharpoons HSO_3^- + AMP$$

$$E_0'[APS/(AMP + HSO_3^-)] = -60mV$$

APS 中 S—O—P 部分的水解裂解的能量约为 80kJ/mol，这是迄今为止报道的生物分子中 X—O—P 键的最高值之一。APS 还原酶利用这种能量将 APS 还原为亚硫酸盐和 AMP。

所有 APS 还原酶皆为寡聚铁硫黄素蛋白（分子量为 220000），含有一分子黄素腺嘌呤二核苷酸（FAD）和 12 个铁硫簇，呈异二聚体结构（αβ），总分子量为 95000。α 亚基携带一个 FAD，β 亚基容纳两个［4Fe-4S］中心。

对于 APS 异化还原为亚硫酸盐的过程，目前有两种假设：①α 亚基中的 FAD 是活性中心。通过 N 原子的亲核攻击，APS 与还原态 $FADH_2$ 反应，释放出 AMP 和 $FADH_2$-亚硫酸盐加合物（图 5-3）。在此过程中，$FAOH_2$-亚硫酸盐加合物是必要的中间产物。②活性中心的硫醇基团 R—S 亲核攻击 APS 的硫原子，导致 S—O—P 键的断裂，释放出磷酸腺苷（AMP），形成硫代磺酸盐（R—SSO_3^-），接着硫代磺酸盐释放亚硫酸盐，重新恢复活性中心的硫醇基团。在 APS 同化还原为亚硫酸盐的过程中，APS 会再被加上一个磷酸而形成 3′-磷酸腺苷-5′-磷酰硫酸（PAPS）。PAPS 被 $NADPH_2$ 还原而分解成亚硫酸盐和 3′-磷酸-AMP。

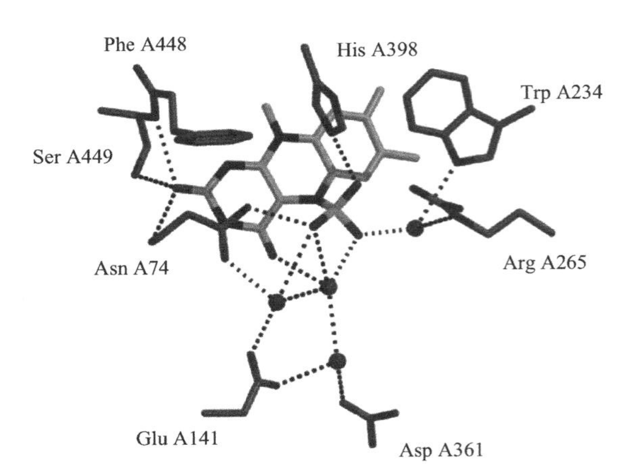

图 5-3 *Archaeoglobus fulgidus* 菌株 APS 还原酶的 $FADH_2$-亚硫酸盐加合物

目前，对细胞内用于还原 APS 的电子供体还不太清楚。已分离的黄素单核苷酸蛋白不能用 O_2 氧化 NADH 并产生 H_2O_2，但可用 NADH 作为电子受体还原 APS。

5.1.4 亚硫酸盐的还原

亚硫酸盐或酸性亚硫酸盐（互变异构体 $[:SO_2O—H]^-$ 和 $[H—SO_2O:]^-$）的分子结构呈金字塔型，其中硫原子有自由电子对，化学性质比硫酸盐活泼。在 pH 值约为 7.0 的条件下，解离平衡以亚硫酸盐为主（$pK_{a2}=6.99$）。亚硫酸盐还原无须 ATP 进一步活化。早期文献报道，酸性亚硫酸盐是还原为硫化氢的真正前体。因此，亚硫酸盐还原酶是酸性亚硫酸盐还原酶。亚硫酸盐至硫化氢的还原反应涉及 6 个电子转移。

$$SO_3^{2-}+6e^-+8H^+ \longrightarrow H_2S+3H_2O$$

在异化或同化型亚硫酸盐还原酶的活性中心，存在两个金属辅基、还原卟啉、siroheme（一种修饰过的原血红素）、铁硫簇（[FeS]）。金属辅基可将电子传递给基质。siroheme 为独特的血红素，多为褐色，能催化亚硫酸盐生成硫化氢。异化型亚硫酸盐还原酶一般呈 $\alpha_2\beta_2$ 四聚体结构，但在脱硫弧菌的亚硫酸盐还原酶-脱磺基绿胶霉素（desulfoviridin）中，已观察到第三种类型的亚基（γ），暗示这种亚硫酸盐还原酶的结构可能为六聚体（$\alpha_2\beta_2\gamma_2$）。异化型亚硫酸盐还原酶的分子量在 145～225 之间。

亚硫酸盐至硫化氢的还原途径可能为：a. 三个连续的双电子传递，形成连三硫酸盐和硫代硫酸盐（$3SO_3^{2-} \rightarrow S_3O_6{}^{2-} \rightarrow S_2O_3^{2-} \rightarrow S^{2-}$）；b. 直接失去 6 个电子，并不形成上述中间产物，称为协同 6 电子反应，即

$$SO_3^{2-}+6e^-+6H^+ \longrightarrow S^{2-}+3H_2O$$

在体外进行亚硫酸盐还原试验中，以甲基或苯甲基作为人工电子供体，能够检测出连三硫酸盐和硫代硫酸盐，以及亚硫酸盐的还原产物硫化氢。所形成的连三硫酸盐和硫代硫酸盐浓度与硫化氢相近。已检测出连三硫酸盐还原酶，纯化的脱磺基绿胶霉素可以利用联二-*N*-甲基吡啶（methylviologen），将亚硫酸盐还原为连三硫酸盐。^{35}S 示踪试验证明，形成硫代硫酸盐的硫来自酸性亚硫酸盐和连三硫酸盐。化学反应如下：

$$H^{35}SO_3^- + [O_3S^{35}S—SO_3]^{2-} + 2e^- \longrightarrow [O_3^{35}S^{35}S]^{2-} + HSO_3^- + SO_3^{2-}$$

从脱硫弧菌中分离纯化的连三硫酸盐还原系统，可以以黄素氧还蛋白作为电子供体，将连三硫酸盐和亚硫酸盐转化为硫代硫酸盐。但这个途径仍有争议，即上述反应可能是副反应，或只是在体外占主导地位。若这是由相对较高的酸性亚硫酸盐浓度造成的，并且在室温下酸性亚硫酸盐可直接生成硫化氢，则在低 pH 值条件下，酸性亚硫酸盐和硫化氢可以经化学反应生成硫代硫酸盐。假使在体外条件下，某种特定蛋白可以推动上述反应，那么生成的硫化氢就不会积累，而会生成上述含硫氧化物（连三硫酸盐和硫代硫酸盐）。连三硫酸盐还原酶和硫代硫酸盐还原酶可以利用环境中的基质或是直接利用酸性亚硫酸盐还原产生的副产物。在外加亚硫酸盐基质的情况下，环境中可以检测出低浓度的硫代硫酸盐，这可解释为硫

代硫酸盐还原的逆反应副产物。

在同化代谢中，亚硫酸盐还原酶产生的硫化氢被合成含硫氨基酸半胱氨酸。蛋氨酸和一些辅酶则从半胱氨酸中获取硫元素。与异化型亚硫酸盐还原酶不同，同化型亚硫酸盐还原酶不会在体外形成连三硫酸盐或硫代硫酸盐，它极有可能直接通过得到 6 个电子而直接生成硫化氢。从脱硫弧菌中分离的同化型亚硫酸盐还原酶仅有一个多肽，不形成多聚体蛋白，每个分子仅有一个 siroheme 和［FeS］簇。在协同 6 电子反应中，假设亚硫酸盐的硫原子与 siroheme 的二价铁结合，提供两个电子为 S—O 键中氧原子的质子化做准备。通过多次提供两个电子和随后的质子化作用，氧原子逐步从硫原子上脱离下来，硫原子被还原成硫化氢。在还原过程中，电子通过 siroheme 从［FeS］簇转移到亚硫酸盐。

在异化反应中，SIRs 是生物合成硫同化和氧化阴离子（如硫酸盐）异化的关键酶。在三个主要的生物中都发现了这些酶，其中许多酶使用了一种 siroheme 血红素，这种 siroheme 血红素可与铁硫簇结合。SIRs 催化亚硫酸盐六电子还原为硫化物：

$$HSO_3^- + 6e^- + 6H^+ \longrightarrow HS^- + 3H_2O$$

$$E_0'(HSO_3^-/HS^-) = -116mV$$

5.2　能量储存与膜复合物

长期以来人们认为通过 SRB 还原硫酸盐与通过氧化磷酸化产生 ATP 有关，这意味着在此过程中是与膜相关的电子传递链产生质子动力。早在 20 世纪末期这种化学渗透耦合就已经被提出，并且已经证明在几种脱硫弧菌属中存在电子传递驱动的质子易位的机制。尽管在 SRB 中广泛存在甲基萘醌类物质，但由于甲基萘醌的氧化还原电位（$E_0'=-75mV$）不够低，不足以使 APS 还原为亚硫酸盐（$E_0'=-60mV$）或使亚硫酸盐还原为硫化物（$E_0'=-116mV$），因此前期研究者忽略了醌在硫酸盐呼吸中的作用。由于 APS 和亚硫酸盐的还原是两个强烈的释放能量的过程，因此它们与储能相结合似乎是合乎逻辑的，但 AprBA 和 DsrAB 都是细胞质可溶性还原酶，因此不直接参与质子转运。鉴于这两种末端还原酶的电子供体已成为 SRB 领域中一个长期存在的问题，深入研究这两种酶的作用是进行 SRB 生物能学研究必不可少的环节。QmoABC 复合物和 DsrMKJOP 复合物在 SRB 中是保守的，并且已经有证据表明它们分别参与了向 AprBA 和 DsrAB/DsrC 进行的电子转移。在 SRB 中发现了其他储能膜复合物，但不是保守的，表明它们对于硫酸盐还原不是必需的。

5.2.1　QmoABC 和 DsrMKJOP 膜复合物

5.2.1.1　QmoABC

QmoABC 复合物作为 APS 还原酶的电子供体起作用，该复合物具有 3 个亚基，QmoA 和 QmoB 是细胞质可溶性蛋白质，QmoC 是与膜结合的。*qmo* 基因在 SRB 中是保守的，通常在 *sat-aprBA-qmoABC* 基因簇中被发现。在 *Desulfovibrio vulgaris* 中，ΔqmoABC 突变体在生长过程中不能以硫酸盐作为末端电子受体，但是在亚硫酸盐或硫代硫酸盐环境中可以正常生长，这提供了确凿的证据表明 Qmo 复合物对于 APS 还原是必需的。在许多梭菌属 SRB 中，*qmoC* 基因缺失，表明在这些生物中 QmoAB 蛋白是可溶的。在这些生物中，发现了两个 *hdrBC* 基因，可能表明 QmoAB 能从可溶性途径接受电子。QmoA 和 QmoB 都是含有 FAD 的黄素蛋白，并且它们与存在于氢营养型产甲烷菌中的可溶性 HdrABC 的 HdrA 亚基同源。QmoB是比QmoA更大的蛋白质，含有两个FAD结合位点、两个［4Fe-4S］$^{2+/1+}$中心和一个与产甲烷MvhADG氢化酶的MvhD亚基（其与HdrABC形成复合物）相关的结构域。MvhD含有［2Fe-2S］$^{2+/1+}$簇，其可能参与向HdrA的电子转移过程。QmoC的跨膜结构域中结合两个血红蛋白，可溶结构域中有两个［4Fe-4S］$^{2+/1+}$中心。最近研究表明QmoABC和可溶性AprBA之间存在直接相互作用，但这些蛋白之间的电子转移无法检测，这更进一步说明其他蛋白质有参与的可能性。

5.2.1.2 DsrMKJOP

DsrMKJOP复合物是SRB的第二个保守膜复合物，在许多革兰氏阳性SRB中，仅存在胞质基因*dsrMK*，例外的是脱硫芽孢弯曲菌属（*Desulfosporosinus*），其成员具有完整的*dsrMKJOP*基因组，与其他SRB相比，还有几个拷贝的*dsrJ*基因。

Dsr复合物包含两个周质亚基、两种膜蛋白和一种细胞质蛋白。其中周质亚基是指DsrJ（膜锚定的三体细胞色素c）和DsrO（Fe-S蛋白），膜蛋白包括DsrM和DsrP（均为细胞色素b），细胞质蛋白是DsrK（一种Fe-S蛋白）。DsrM蛋白因与NarI1（Nar硝酸还原酶的细胞色素b亚基）相似，通常被错误注释为硝酸还原酶亚基。

Dsr复合体的亚基组成表明它由两个模块组成：在所有SRB中严格保守的DsrMK模块，以及缺失DsrMK仅存在DsrJOP的模块（主要出现在厚壁菌门中）。

DsrMK模块与甲基营养型产甲烷菌的膜结合蛋白HdrED同源，并且它是从金黄色葡萄球菌中分离出来的。DsrK与HdrD的催化亚基同源，该亚基结合特殊的［4Fe-4S］$^{3+}$中心，该中心负责异二硫化物还原，在*Archaeoglobus fulgidus*和*Desulfovibrio desulfuricans* DsrK中也检测到这种特征性的FeS中心。DsrM蛋白是与HdrE同源的dihaem细胞色素b，其电子供体是醌类辅因子亚甲基吩嗪。在*Archaeoglobus vinosum*和*Desulfovibrio desulfuricans*中观察到DsrC和DsrK之间的直接相互作用。

DsrJOP模块的作用更令人费解，可能涉及周质和醌池之间的电子转移。特别是DsrJ细胞色素的功能是最神秘的。据报道，DsrJ不能作为周质氢化酶、甲酸氢化酶以及这些酶的氧化还原蛋白配偶体TpⅠc3的电子受体。DsrJ的Cys血红素配体对于*Archaeoglobus vinosum*中的硫氧化是至关重要的，来自*Desulfovibrio vulgaris*的DsrJ细胞色素可成功弥补*Archaeoglobus vinosum*ΔdsrJ突变株进行硫氧化的过程。膜结合DsrP属于醌相互作用蛋白家族，因此在两个DsrJOP和DsrMK模块之间可能发生甲基萘醌类/甲基酚循环，导致质子易位。当仅存在DsrMK模块时，甲基萘醌还原DsrC可能需要具有低氧化还原电位的第二电子供体。DsrC中二硫化物/二硫醇对的氧化还原电位尚未报道，但二硫化物的氧化还原电位通常介于$-200\sim-150$mV之间（例如CoM-S-S-CoB的$E_0'=-143$mV），这意味着甲基萘醌可能没有足够低的氧化还原电位来还原DsrC。具有显著的低氧化还原电位的是铁氧还蛋白，在几种SRB中的dsrAB或dsrMK基因附近发现了铁氧化还原蛋白编码基因，显然，需要进一步研究以阐明DsrC和铁氧还蛋白在亚硫酸盐还原中的作用以及在该步骤中如何保存能量。

5.2.2 其他储能复合物

在SRB中可以发现几种能够离子易位的其他电子转移复合物，见表5-1。这类复合物包括质子泵焦磷酸酶（HppA）、Rnf复合物（离子易位铁氧还蛋白：NAD$^+$氧化还原酶）、复合物Ⅰ（Nuo，NADH：醌氧化还原酶复合物）或复合物Ⅰ类似物以及复合物Ⅰ族的其他复合物，如钠转位NADH：醌氧化还原酶（Nqr）、储能氢化酶（Ech或Coo）或能量转换氢化酶相关复合物（Ehr），大多数SRB含有一种或多种这些复合物。

表 5-1 基因组测序 SRB 中跨膜复合物和其他重要蛋白质的分布

有机体[①]	Qmo[a]	Qmo*[a]	Dsr[b]	Dsr*[b]	HppA	$TpIc_3$	Qrc[c]	Nhc[d]	Tmc[e]	Hmc[f]	Ohc[g]	Rnf[h]	Nuo[i]	Nuo*[i]	Nqr[j]	Ech[k]	Coo[l]	Flx[m]	Flx*[m]
δ-变形菌纲(Deltaproteobacteria)																			
脱硫杆菌科(Desulfobacteraceae)																			
Desulfatibacillum alkenivorans AK-01	+		+		+	+	+	+			+	+							+
Desulfatibacillum aliphaticivorans DSM 15576	+		+		+	+	+	+			+	+							+
Desulfatirhabdium butyrativorans DSM 18734	+		+		+	+	+	+	+	+	+	+	+						+
Desulfobacter curvatus DSM 3379	+		+			+	+	+	+		+	+			+	+			+
Desulfobacter vibrioformis DSM 8776	+		+			+	+	+	+		+	+			+				
Desulfobacterium anilini DSM 4660		+	+		+	+	+				+	+							+
Desulfobacterium autotrophicum HRM2	+		+			+	+		+			+			+				+
Desulfobacula toluolica Tol2	+		+			+	+		+	+	+	+			+				+
Desulfococcus oleovorans Hxd3	+		+		+	+	+		+	+	+	+			+				
Desulfococcus biacutus KMRActS	+		+		+	+	+		+	+	+	+		+					
Desulfonema limicola Jadebusen DSM 2076	+		+		+	+	+		+	+	+	+		+					
Desulfosarcina sp. BuS5	+		+		+	+	+					+							+
Desulfosarcina variabilis Montpellier	+		+		+	+	+		+			+			+				+
Desulfotignum phosphitoxidans FiPS-3,DSM 13687	+		+			+	+	+	+	+	+	+			+				+
互营菌科(Syntrophaceae)																			
Desulfobacca acetoxidans ASRB2[T],DSM 11109	+		+		+	+							+						
脱硫盒菌科(Desulfarculaceae)																			
Desulfoarculus baarsii 2st14[T],DSM 2075		+	+		+	+	+					+							+
互营杆菌科(Syntrophobacteraceae)																			
Syntrophobacter fumaroxidans MPOB[T]	+		+		+	+	+			+	+	+	+						+
脱硫球菌科(Desulfobulbaceae)																			
Desulfobulbus elongatus DSM 2908	+		+			+				+			+	+					
Desulfobulbus japonicus DSM 18378	+		+			+				+			+	+	+				
Desulfobulbus mediterraneus DSM 13871	+		+			+				+			+	+	+				
Desulfotalea psychrophila LSv54	+		+									+	+	+	+				
Desulfurivibrio alkaliphilus AHT2	+		+											+	+				

续表

有机体①	Qmo[a]	Qmo*[a]	Dsr[b]	Dsr*[b]	HppA	$TpIc_3$	Qrc[c]	Nhc[d]	Tmc[e]	Hmc[f]	Ohc[g]	Rnf[h]	Nuo[i]	Nuo*[i]	Nqr[j]	Ech[k]	Coo[l]	Flx[m]	Flx*[m]
脱硫弧菌科(Desulfovibrionacae)																			
Desulfovibrio aespoeensis Aspo-2,DSM 10631	+		+			+	+	+	+	+		+	+			+			
Desulfovibrio africanus DSM 2603	+		+			+	+		+			+	+			+		+	
Desulfovibrio alaskensis G20	+		+			+	+		+	+		+						+	
Desulfovibrio alaskensis DSM 16109	+		+			+	+		+	+		+				+		+	
Desulfovibrio alcoholivorans DSM 5433	+		+	+		+	+		+	+	+		+	+				+	
Desulfovibrio aminophilus DSM 12254	+		+			+	+		+	+	+	+	+						
Desulfovibrio bastinii DSM 16055	+		+			+	+		+	+	+	+	+		+	+		+	
Desulfovibrio cuneatus DSM 11391	+		+			+	+		+	+		+				+	+	+	
Desulfovibrio desulfuricans ATCC 27774	+		+	+		+		+	+			+	+					+	
Desulfovibrio desulfuricans DSM 642	+		+	+		+		+					+			+	+	+	
Desulfovibrio fructosovorans JJ	+		+			+	+		+	+			+	+		+		+	
Desulfovibrio gigas DSM 1382	+		+			+	+		+	+	+	+	+			+		+	
Desulfovibrio hydrothermalis DSM 14728	+		+			+	+		+	+	+	+	+			+		+	
Desulfovibrio inopinatus DSM 10711	+		+			+	+		+			+	+	+	+	+		+	
Desulfovibrio longus DSM 6739	+		+			+	+		+	+	+	+	+			+			
Desulfovibrio magneticus RS-1	+		+			+	+		+	+	+		+	+		+		+	
Desulfovibrio oxyclinae DSM 11498	+					+	+		+			+	+			+		+	
Desulfovibrio piezophilus C1TLV30T,DSM 21447	+		+			+	+		+	+		+	+			+	+	+	
Desulfovibrio piger ATCC 29098	+		+			+		+				+						+	
Desulfovibrio putealis DSM 16056	+		+			+	+	+	+				+	+		+	+	+	
Desulfovibrio salexigens DSM 2638	+		+			+	+		+	+	+	+	+		+	+		+	
Desulfovibrio sp. A2	+		+			+	+						+					+	
Desulfovibrio sp. FW1012B	+		+			+	+		+	+			+	+		+		+	
Desulfovibrio sp. U5L	+		+	+		+	+		+	+		+	+	+		+		+	
Desulfovibrio vulgaris Hildenborough	+		+			+	+		+	+	+	+				+	+	+	
Desulfovibrio vulgaris Miyazaki F	+		+			+	+		+	+	+		+			+	+	+	
Desulfovibrio vulgaris DP4	+		+			+	+		+	+	+	+				+	+	+	
Desulfovibrio zosterae DSM 11974	+		+			+	+		+	+	+	+	+		+	+		+	

续表

有机体①	Qmo[a]	Qmo*[a]	Dsr[b]	Dsr*[b]	HppA	TpIc$_3$	Qrc[c]	Nhc[d]	Tmc[e]	Hmc[f]	Ohc[g]	Rnf[h]	Nuo[i]	Nuo*[i]	Nqr[j]	Ech[k]	Coo[l]	Flx[m]	Flx*[m]
脱硫弯曲杆菌科(Desulfonatronumaceae)																			
Desulfonatronum lacustre Z-7951,DSM 10312	+		+			+	+		+	+			+			+		+	
脱硫微杆菌科(Desulfohalobiaceae)																			
Desulfohalobium retbaense DSM 5692	+		+			+	+		+	+	+	+						+	
Desulfonatronospira thiodismutans ASO3-1	+		+			+		+	+	+				+				+	
Desulfonatronovibrio hydrogenovorans DSM 9292	+		+			+	+		+						+	+			
脱硫微菌科(Desulfomicrobiaceae)																			
Desulfomicrobium baculatum X^{T},DSM 4028	+		+			+	+		+	+	+	+						+	
Desulfomicrobium escambiense DSM 1070	+		+			+	+		+	+		+	+			+		+	
热脱硫菌门(Thermodesulfobacteria)																			
热脱硫菌科(Thermodesulfobacteriaceae)																			
Thermodesulfatator indicus CIR29812^{T},DSM 15286	+		+			+							+						+
Thermodesulfobacterium geofontis OPF15T^{T}	+		+			+				+			+						
梭菌纲(Clostridia)																			
消化球菌科(Peptococcaceae)																			
Desulfosporosinus acidiphilus SJ4,DSM 22704^{T}		+	+	+									+						+
Desulfosporosinus orientis Singapore I,DSM 765^{T}		+	+	+									+						+
Desulfosporosinus sp. OT		+	+	+									+						+
Desulfotomaculum acetoxidans 5575^{T},DSM 771		+		+	+								+					+	+
Desulfotomaculum alcoholivorax DSM 16058		+		+	+								+						+
Desulfotomaculum alkaliphilum DSM 12257		+		+	+								+						+
Desulfotomaculum carboxydivorans DSM 14880		+		+	+								+				+		+
Desulfotomaculum gibsoniae Groll^{T},DSM 7213		+		+	+								+						+
Desulfotomaculum kuznetsovii 17,DSM 6115		+		+	+								+					+	+
Desulfotomaculum nigrificans DSM 574		+		+									+						+

续表

有机体①	Qmo^{a}	Qmo^{*a}	Dsr^{b}	Dsr^{*b}	HppA	TpIc$_3$	Qrc^{c}	Nhc^{d}	Tmc^{e}	Hmc^{f}	Ohc^{g}	Rnf^{h}	Nuo^{i}	Nuo^{*i}	Nqr^{j}	Ech^{k}	Coo^{l}	Flx^{m}	Flx^{*m}
Desulfotomaculum reducens MI-1		+		+	+								+						+
Desulfotomaculum ruminis DL^{T},DSM 2154		+		+	+								+						+
Desulfotomaculum thermocisternum DSM 10259		+		+	+								+					+	+
Desulfurispora thermophila DSM 16022		+		+	+								+					+	+
Candidatus Desulforudis audaxviator MP104C		+		+	+											+		+	
嗜热厌氧杆菌科(Thermoanaerobacteraceae)																			
Ammonifex degensii KC4	+		+															+	
Desulfovirgula thermocuniculi DSM 16036	+			+									+						
Thermodesulfobium narugense Na82,DSM 14796		+		+	+								+					+	+
硝化螺旋菌属(*Nitrospira*)																			
硝化螺旋菌科(Nitrospiraceae)																			
Thermodesulfovibrio yellowstonii DSM 11347^{T}	+		+	+		+				+									
泉古菌门(Crenarchaeota)																			
热变形菌纲(Thermoproteaceae)																			
Caldivirga maquilingensis IC-167*				+	+														
Thermoproteus tenax Kra1*				+	+								+						
广古菌门(Euryarchaeota)																			
古球状菌科(Archaeoglobaceae)																			
Archaeoglobus fulgidus VC-16	+		+										+						
Archaeoglobus fulgidus 7324,DSM 8774	+		+	+									+						
Archaeoglobus profundus Av18^{T},DSM 5631	+		+										+						
Archaeoglobus sulfaticallidus PM70-1^{T}	+		+	+									+					+	
Archaeoglobus veneficus SNP6,DSM 11195	+		+	+									+						

① SRB 生物（主要是原核生物）。

注：* 指可能不是真正 SRB。Qmo^{a}：qmoABC。Qmo^{*a}：qmoAB 加 hdrCB。Dsr^{b}：dsrMKJOP。Dsr^{*b}：dsrMK。Qrc^{c}：qrcABCD。Hmc^{f}：hmcABCDEF。Nhc^{d}：nhcABCD。Tmc^{e}：tmcABCD。Ohc^{g}：ohcABC。Rnf^{h}：rnfABCDEG。Nuo^{i}：nuoABCDHIJKLMN（无 nuoEFG 基因）。Nuo^{*i}：nuoABCDEFGHIJKLMN。Nqr^{j}：nqrABCDEF。Ech^{k}：echABCDEF。Coo^{l}：cooMKLXUFH。Flx^{m}：flx ABCD-hdrABC，Flx^{*m}：flx ABCD-hydrA 或 flxABCD-hdrL。

5.2.2.1 HppA

在几种SRB中存在膜相关的离子转运焦磷酸酶（HppA），可以通过焦磷酸盐的水解来节约能量。这种蛋白质对梭菌生物的生物能量学尤其重要，因为梭菌生物体具有简化版本的Dsr和Qmo复合物，并且缺乏SRB中发现的大多数其他呼吸复合物。

5.2.2.2 Nuo

Nuo复合物是最大的储能的膜复合物之一，其在细菌中通常由14个亚基组成。类似Nuo的复合物大量存在于SRB中，在古生球菌属（*Archaeoglobus*）中，相应的复合物是$F_{420}H_2$：醌氧化还原酶，并且在大多数其他SRB中，类似的Nuo复合物缺少NuoEFG亚基，负责氧化NADH，正如在蓝藻和叶绿体中发现的过程。该复合物可以氧化不同的电子供体，可能还原铁氧还蛋白。

5.2.2.3 Nqr和Rnf

与复合物Ⅰ相关的其他复合物也存在于一些SRB中，包括钠转位NADH：醌氧化还原酶（Na^+-Nqr）。Rnf是离子易位铁氧还蛋白：NAD^+氧化还原酶，它可以氧化NADH并还原铁氧还蛋白，这是一种由跨膜电位驱动的过程，或氧化铁氧还蛋白并还原NAD^+，在细胞质膜上产生Na^+或H^+梯度，用于产生ATP。Rnf复合物存在于几种厌氧菌中，它在能量代谢或固氮中起重要作用。在SRB中，Rnf复合物存在于大多数δ-变形菌生物中。在某些情况下，可以发现在*rnf*基因旁边有一个编码多血细胞色素（DhcA，4～10个haems）的基因，这种现象之前在*Methanosarcina acetivorans*也见到过，表明这种细胞色素可能将Rnf与周质的细胞色素c组成的网络连接起来。在*Desulfovibrio vulgaris*中，缺乏Rnf复合物的突变体在乳酸/硫酸盐上没有显示出不一样的表型，但丧失了固氮能力，可能是由于缺乏还原的铁氧还蛋白作为固氮酶的电子供体。最近的研究发现在*Desulfovibrio alaskensis* G20中，若使用的是不会导致底物水平磷酸化的电子供体（如乙醇、氢和甲酸盐），在进行酸盐还原的过程中，Rnf复合物（但不是DhcA细胞色素）是必须参与的蛋白质。在这些条件下，由Rnf的离子泵功能驱动的ATP产生显然是必不可少的。*Desulfovibrio alaskensis* G20的Rnf缺失突变体与野生型菌株相比，在丙酮酸环境下表现出营养不良或发酵生长，其生长速率略有降低，产生较少的H_2和甲酸盐以及更多的琥珀酸盐。Rnf复合物在连接细胞中的NADH和铁氧还蛋白库中起重要作用，并且在脱硫弧菌科（Desulfovibrionaceae）中，预测它是Rex调节子的一部分，并且其部分基因参与硫酸盐还原过程。Rex是一种转录调节因子，可以感知细胞内$NADH/NAD^+$比例。*sat*基因是第一个参与硫酸盐还原途径的基因，近期有研究发现在*Desulfovibrio vulgaris*中，Rex可作为*sat*基因的抑制剂。

5.2.2.4 Ech和Coo

Ech和Coo可以将铁氧还蛋白的氧化/还原与化学溶解相结合，是Rnf的替代物。这些密切相关的氢化酶属于［NiFe］氢化酶的亚组，具有与复合物Ⅰ的亚基相关的亚基，但不与醌类相互作用。它们通过铁氧还蛋白偶联化学能量守恒来催化H^+的还原，或由反向电子传递驱动的H_2还原铁氧还蛋白。在SRB中，这些氢化酶主要存在于脱硫弧菌科（Desulfovibrionaceae）中。在红螺菌（*Rhodospirillum rubrum*）中Coo氢化酶受CO的调节，在*Desulfovibrio vulgaris*中亦如此，并且*Desulfovibrio vulgaris*在乳酸/硫酸盐环境中生长，相较于Ech，Coo氢化酶大量表达。相反，在氢/硫酸盐条件下，*ech*基因上调表达，而*coo*基因下调表达。在乳酸盐存在下，Coo氢化酶对*Desulfovibrio vulgaris*与产甲烷菌的互生生长是必需的，但在乳酸/硫酸盐下生长则不然。仅含有Ech和HynAB周质［NiFe］氢化

酶的 *Desulfovibrio gigas* 中，ΔechBC 菌株在生长中不受乳酸盐、H_2 的影响。

5.2.2.5 Ehr

能量转换氢化酶相关复合物（Ehr）是与多聚体复合物Ⅰ相关的膜复合物，其存在于几种 SRB、*Deltaproteobacteria*、*Clostridia* 和 *Nitrospira* spp. 中。Ehr 复合物的亚基与复合物Ⅰ和 Ech 的亚基有关，但在大多数情况下，不存在结合［NiFe］簇的半胱氨酸，因此这些复合物不是氢化酶，而在其他情况下如在 *Desulfotomaculum ruminis* 中，这些半胱氨酸存在，所以 Ehr 可能是真正的氢化酶。目前还没有关于这类复合物作用的试验证据。

5.2.3 可溶性途径和电子分岔

基于黄素的电子分岔（FBEB）机制是最近发现的厌氧菌中广泛存在的一种新的能量耦合机制。如果存在单电子供体和两个不同的电子受体或存在两个不同的电子供体和单个电子受体耦合的氧化还原反应称为电子分岔。

FBEB 机制的特征在于将吸能和放能的氧化还原反应偶联，该过程仅仅涉及可溶性蛋白质。该机制已经在产乙酸菌（如 *Moorella thermoacetica*、*Acetobacterium woodii*）、产甲烷菌（如 *Methanococcus maripaludis*、*Methanothermobacter marburgensis*）、发酵生物（如 *Clostridium* spp.、*Acidaminococcus fermentans*、*Thermotoga maritima*）中得到了证实。实际上这是一种古老的能量生成和保护形式机制，存在于地球的早期生命形式中，参与 FBEB 的复合物是细胞质中含有黄素辅因子的蛋白质。例如，涉及上述产甲烷的 HdrABC-MvhADG 复合物的电子分岔蛋白是 HdrA 的 FAD 中心，可以氧化 H_2、还原铁氧还蛋白（吸能反应）和 CoM-S-S-CoB 异二硫化物（放能反应）。

在几组 SRB 的基因组分析数据中，大量细胞质蛋白被鉴定为参与分叉/分岔反应的可能候选者，这表明这些过程也与这些生物的生物能量学相关。值得注意的是，几种蛋白质与 HdrA 有关，而 HdrA 是产甲烷菌的分叉蛋白质之一。这类蛋白质包括 Qmo 复合物的 QmoAB 亚基，以及可能使用 H_2、甲酸盐、NADH 或其他碳基电子供体的其他几种细胞质酶。有趣的是，在几种不同类别的 SRB（不包括古细菌）中，都发现了编码 MvhADG-HdrABC 或 MvhADG-HdrA 复合物的基因。

5.2.3.1 Hdr - Flx 复合物

大多数已经研究过的 SRB 基因组中，存在一组新的基因，为 *floxABCD*（黄素氧化还原酶，现已更名为 *flxABCD*），这组基因紧邻 *hdrABC*、*hdrA* 或 *hdrL* 基因。

flxA 基因编码具有一个 FAD 和一个 NAD(P) 结合位点并结合一个［2Fe-2S］$^{2+/1+}$ 中心的蛋白质；*flxB* 和 *flxC* 基因编码两个相似的电子转移蛋白，结合两个［4Fe-4S］$^{2+/1+}$ 中心；*flxD* 编码一个类似于 MvhD 的小电子转移蛋白。序列分析表明 FlxABCD 是一种新型的 NAD(P)H 脱氢酶，表明 FlxABCD-HdrABC 复合物类似于产甲烷菌的 MvhDGA-HdrABC 复合物，其中 Mvh 和 Flx 蛋白可能构成 HdrA 还原的平行途径。除 SRB 外，*hdrCBA-flxDCBA* 基因簇广泛存在于厌氧细菌中，表明厌氧能量代谢过程中具有一般功能。

在 *Desulfovibrio vulgaris* 中，*hdr-flx* 基因簇的侧翼是两个醇脱氢酶基因：位于上游的 *adh1* 和位于下游的 *adh2*。*adh1* 基因是 *Desulfovibrio vulgaris* 中表达最高的基因之一，是负责乙醇氧化的主要酶。*hdr-flx* 基因通常涉及该生物能量代谢的表达和蛋白质组学研究。近期的研究阐明了在 *Desulfovibrio vulgaris* 中 FlxABCD-HdrABC 复合物（包括单拷贝基因）的功能，得出的结论是这类基因是 *Desulfovibrio vulgaris* 在乙醇/硫酸盐生长条件下必不可少的，并且在丙酮酸发酵过程中参与乙醇的生产。在用乙醇生长期间，Adh1 和

Flx-Hdr 蛋白参与的途径可能开始于 Adh1 氧化乙醇，同时 NAD^+ 还原为 NADH，该过程如图 5-4 所示（彩图见书后），FlxA 氧化 NADH 并通过 FlxB 和 FlxCD 将电子转移至 HdrABC，然后 HdrABC 分叉电子还原铁氧还蛋白和含半胱氨酸的蛋白质 DsrC。在 *Desulfovibrio autotrophicum*、*Desulfosarcina* sp. BUS5 和 *Desulfatirhabdium butyrativorans* 中的 *hdrA/L-flxACBD* 基因簇旁边发现了 *dsrC* 基因，这很好地支持了上述假设。丙酮酸发酵过程中，提出 FlxABCD-HdrABC 复合物可以还原由 Adh1 将乙醛还原成乙醇时形成的 NAD^+，从而使还原的铁氧还蛋白和 DsrC 氧化[277]。*Desulfovibrio vulgaris* 在乳酸/硫酸盐或丙酮酸/硫酸盐的体系中生长时，Flx-Hdr 复合物并不重要，这支持了吡啶核苷酸不直接参与乳酸盐或丙酮酸盐氧化的观点。一些 SRB 有两份 *hdr-flx* 操纵子，如 *Desulfovibrio alaskensis* G20 具有 *hdr-flx1* 和 *adh-hdr-flx2* 基因。在该生物体中，*hdr-flx1* 基因被认为参与氧化 NADH 的新途径，使富马酸盐还原为琥珀酸，但试验发现与野生型菌株相比，*Desulfovibrio alaskensis* G20 的 *hdrA*、*hdrB*、*flxA* 和 *flxC* 缺失突变体却在进行丙酮酸发酵时产生更多的琥珀酸和极少量的 H_2，并不支持这一推测。由于 Rnf 复合物和 Hdr-Flx1 似乎都是甲酸盐、H_2 或乙醇条件下生长所必需的，因此有人提出两者在循环途径中共同作用，其中 Rnf 通过还原的铁氧还蛋白产生 NADH，而 Hdr-Flx1 使用该 NADH 还原铁氧还蛋白，DsrC 通过将还原的铁氧还原蛋白再次转化为 NADH，使电子进入亚硫酸盐还原并允许第二轮 Rnf 离子泵输送[278]。但在有些 SRB 中 Rnf 和 Hdr-Flx 复合物不一定一起工作。

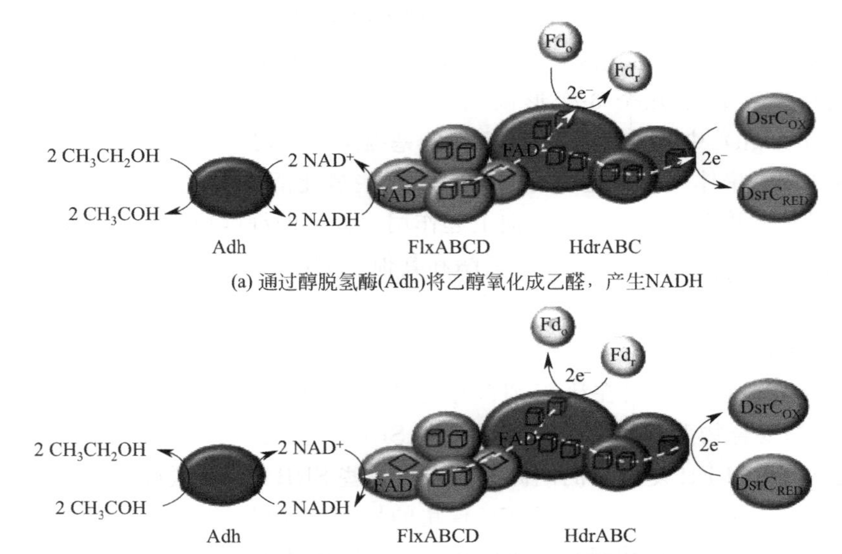

(a) 通过醇脱氢酶(Adh)将乙醇氧化成乙醛，产生NADH

(b) 在丙酮酸发酵中，反向电子转移起作用，其中来自还原的Fd和DsrC的电子被HdrABC与FlxABCD共同还原NAD^+

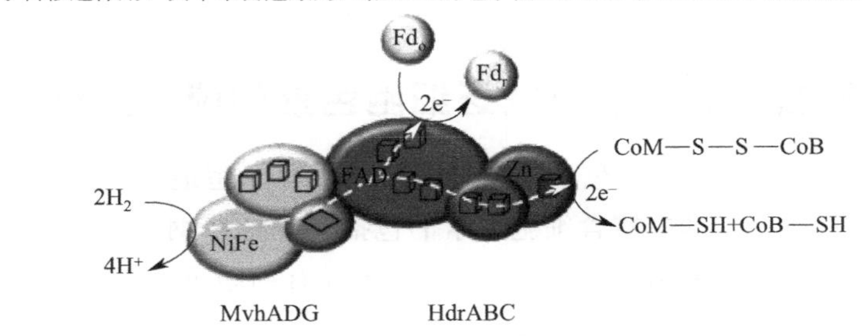

(c) 产甲烷菌的FBEB机制，利用MvhADG-HdrABC复合物氧化H_2以还原异二硫化物和Fd

图 5-4　*Desulfovibrio vulgaris* 中参与的乙醇氧化和丙酮酸盐发酵的 Flx-Hdr 系统

5.2.3.2 NfnAB

NfnA 含有 [2Fe-2S]$^{2+/1+}$ 簇和 FAD 辅因子，很可能与铁氧还蛋白相互作用；NfnB 与两个 [4Fe-4S]$^{2+/1+}$ 簇和 FAD 结合。*nfnAB* 基因存在于许多革兰氏阳性和革兰氏阴性细菌中，并且在一些物种中，它们也可以作为单个融合基因，如在梭菌（*Clostridium ljungdahlii*）中。基因组分析显示，除了古菌和硝化螺菌属（*Nitrospira*）中的 SRB 外，几乎所有 SRB 都具有 *nfnAB* 基因或融合基因。*Desulfovibrio alaskensis* G20 还编码两个 NfnAB 的旁系同源物，在适应性和个体突变体研究中，只有一个相应的突变体在用苹果酸盐或富马酸盐作为电子供体的生长中受到轻微影响，但使用乳酸并没有影响。由于苹果酸和富马酸产生 NADPH，有人提出 NfnAB 氧化 NADPH 并还原 NAD^+ 和铁氧还蛋白，这可以通过 Rnf 维持能量守恒[278]。

5.2.3.3 氢化酶和甲酸脱氢酶

其他能参与电子分岔的酶包括与 NADH 脱氢酶或 HdrA 蛋白偶联的细胞质氢化酶和甲酸脱氢酶。如一种 MvhADG 氢化酶，类似于产甲烷菌的氢化酶，在所有类别的 SRB 中都有发现，并且紧邻 *hdrABC* 或 *hdrA* 蛋白基因。三聚体或四聚体 NAD（P）依赖性 [FeFe] 氢化酶 [HydABC(D)]，其包括负责与 $NAD(P)^+$ 结合的黄素蛋白亚基 HydB。在 *Thermoanaerobacter tengcongensis* 中，这类酶仅利用 NAD（H）在两个方向上进行反应。在超嗜热 *Thermoanaerobacter maritima* 中，三聚 [FeFe] HydABC 氢化酶可以分岔来自铁氧还蛋白和 NADH 的电子以产生 H_2。在产乙酸细菌 *Archaeoglobus woodii* 和 *Moorella thernti-acetica* 中，四聚体 HydABCD 氢化酶在 FBEB 反应中氧化 H_2 以还原铁氧还蛋白和 NAD^+。分叉 [FeFe] 氢化酶存在于几个 δ-变形菌纲（Deltaproteobacteria）（包括 *Desulfovibrio vulgaris* Hildenborough）中，并且在梭菌 SRB 的基因组中发现了多个拷贝，它可能是作为四聚体、三聚体甚至二聚体。目前还没有证据表明这些氢化酶在 SRB 中的方向性，也未能明确表明它们可以根据代谢条件在两个方向上起作用。分叉的细胞质甲酸脱氢酶也存在于许多 SRB 中，包括 NAD(P)H 连接的甲酸脱氢酶和其他与 HdrA 或 HdrL 蛋白一起工作的酶。

5.2.3.4 EtfAB

电子传递黄素蛋白（EtfAB）是一种在生命的三个领域（细菌、古细菌和真核生物）中发现的普遍存在的蛋白质，它们在厌氧细菌中也参与电子分叉，与丁酰辅酶 A 脱氢酶、caffeoyl-CoA 还原酶复合物偶联。在梭菌属的一些 SRB 中发现了编码与 Etf 相邻的 Ldh 的基因簇，其中还含有 Bcd-Etf 复合物的同源物。在另一些 SRB（包括脱硫杆菌科、脱硫球茎菌科和梭菌纲的 SRB）的基因组中发现了 Etf 模块的另一种排列。在这些生物中，*etfAB* 基因紧邻 *hdrF* 基因，该基因可以编码与 HdrD 相关的多结构域蛋白。

5.3 富含细胞色素与缺乏细胞色素的硫酸盐还原菌

基于其周质 c 型细胞色素的含量，SRB 可以清楚地分为两个生理组：富含细胞色素组和缺乏细胞色素组，其中富含细胞色素的包括 δ-变形菌纲（Deltaproteobacteria）和 *Nitrospira* spp.，而细菌和梭菌 SRB 则含少量甚至没有细胞色素，这两类细胞进行硫酸盐呼吸与乳酸氧化的模型如图 5-5 所示（另见书后彩图）。

该分组不仅与是否存在可溶性或膜结合的周质氢化酶和甲酸脱氢酶相关，而且与是否存在作为周质细胞色素 c 的电子受体的膜复合物有关。在大多数细菌中，周质氢化酶和甲酸脱

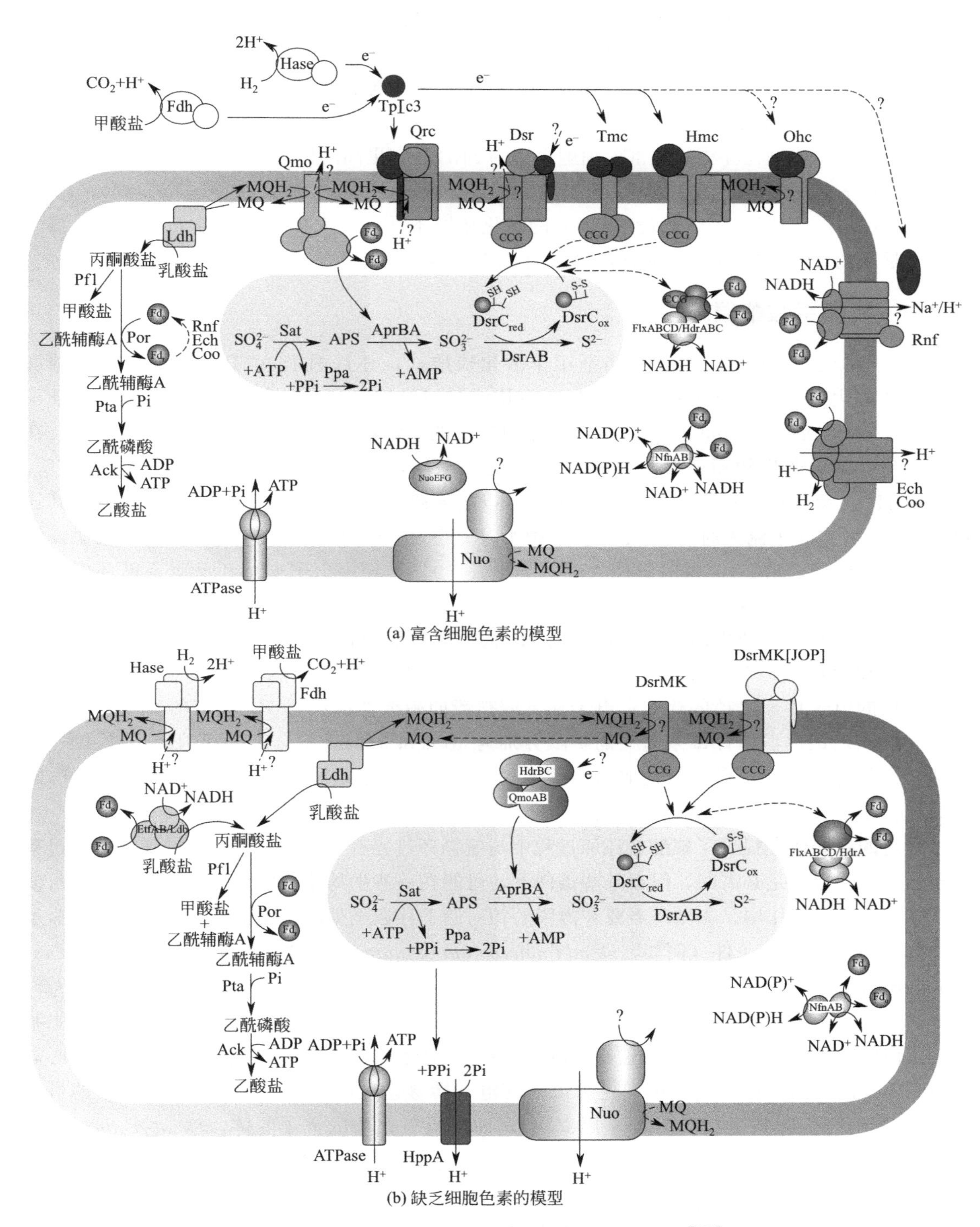

图 5-5　SRB 进行硫酸盐呼吸与乳酸氧化的模型[277]

氢酶主要在底物氧化中起作用，并通过亚基（通常是 b 型细胞色素）与膜结合，负责将电子转移到醌池。富含细胞色素的 SRB 通常不具有可以整合膜亚基的氢化酶和甲酸脱氢酶，因此它们一般是可溶的。相反，它们使用多血细胞色素 c 作为电子受体（通常是 TpⅠc3），然后将电子转移到几个膜复合物中的一个，这些膜复合物也具有相关的多血细胞色素 c 亚基。缺乏细胞色素的 SRB 通常具有直接还原甲基萘醌池的膜结合氢化酶或甲酸脱氢酶。两组 SRB 均含有膜相关的细胞色素 b 和醌，但这两组在周质电子传递途径与其能量代谢的相关性方面存在差异。有人认为，使用可溶性脱氢酶和 TpⅠc3，而不是直接使醌还原，这样电子可通过几种替代途径穿梭，使富含细胞色素的 SRB 具有更高的代谢灵活性[276]。高含量的多血细胞色素 c 是一些土壤和沉积物变形菌（如 *Geobacter*、*Shewanella*、*Anaeromyxobacter* 和 *Desulfovibrio*）的特征，其可以经受多变的氧化还原条件。有人提出，这种大量的多血细胞色素 c 是多功能代谢厌氧菌的标志，可以使其适应多变的氧化还原环境[279]。

5.3.1 氢和甲酸酯循环

在硫酸盐还原中，两个 ATP 当量用于活化硫酸盐，并且两个 ATP 由乳酸盐氧化的底物水平磷酸化产生，这意味着必须存在一些其他节能机制。Odom 和 Peck 提出的氢循环模型是用来解释 *Desulfovibrio* spp. 在乳酸盐中生长的能量耦合的想法之一。该模型预测，在乳酸氧化过程中产生的质子和电子被细胞质氢化酶用于产生 H_2，H_2 通过膜扩散到周质。由周质 H_2 再氧化产生的电子被转移回细胞质以还原硫酸盐，从而产生跨膜质子梯度，其通过 ATP 合酶在质子流入时合成 ATP。该模型还用于解释在生长开始时用乳酸/硫酸盐或丙酮酸/硫酸盐观察到的 H_2 瞬时形成（“氢气爆发”）。已经报道了支持和反对氢循环模型的相互矛盾的结果。其他模型表明，乳酸氧化过程中 H_2 是由细胞内调节铁氧还蛋白等电子载体的氧化还原状态而产生的，并且产生的 H_2 被周质氢酶消耗，从而防止能量损失。或者在细胞产生和消耗的功率降低之间发生的 H_2 的形成。乳酸/硫酸盐能量代谢模型提出了两个平行工作的电子传递途径的存在：电子从乳酸盐流向硫酸盐而没有 H_2 参与的直接途径以及氢循环途径。该模型估计每条途径的贡献分别为 48%和 52%。整合该模型的最新提议表明，这两个贡献分别对应于乳酸氧化成丙酮酸过程中直接还原甲基醌池和与 H_2 产生相关的丙酮酸氧化。也有人反对这种模型解释结果。

最近的一些研究提供了硫酸盐还原过程中与氢循环过程有关的重要信息，揭示氢还原过程对于还原硫酸盐不是必需的，但在某些条件下，可能在一些生物体（如脱硫弧菌）中作为可能的电子转移途径起作用。氢循环需要在内膜的相对侧上存在至少两种氢化酶。基因组分析显示某些 SRB 不满足这种条件（例如，*Desulfomicrobium baculatum* 不含有细胞质氢化酶，而 *Desulfonatronospira thiodismutans* 不含有周质氢化酶），而一些 SRB 完全缺乏氢化酶在 *Desulfovibrio gigas* 中，仅存在一种周质氢化酶和一种细胞质氢化酶，与野生型菌株相比缺失其中某一个蛋白的突变体，在乳酸/硫酸盐或丙酮酸/硫酸盐体系中生长速率略低，表明 H_2 不是必需的中间体，即氢循环在 *D. gigas* 中作为可能的电子转移途径起着次要作用。氢循环中的另一个重要参与者是 TpⅠc3（由 *cycA* 基因编码），即周质氢化酶的电子受体。*Desulfovibrio vulgaris* 和 *Desulfovibrio alaskensis* G20 中的 Δ*cycA* 突变体不能通过 H_2 氧化生长，但仍然能够在乳酸/硫酸盐中生长。*Desulfovibrio alaskensis* G20 中，Δ*cycA* 突变体不能通过丙酮酸/硫酸盐呼吸生长，但能够通过丙酮酸发酵或丙酮酸/亚硫酸盐呼吸正常生长。这表明来自丙酮酸的电子只能通过涉及 TpⅠc3 的周质途径到达 QmoABC/AprBA 还原 APS 所需的甲基萘醌库。如果电子以 H_2 的形式穿过膜到周质，这个结果可能与在丙酮酸氧化中进行的 H_2 循环一致，但这还需要证明。涉及一种复合物（如 Hmc）进行直接的跨膜电子转移也是一种可能。

跨膜甲酸盐循环途径也已被提议作为 *Desulfovibrio* spp. 中的另一种可能的能量途径。

Deltaproteobacteria SRB含有大量的周质甲酸脱氢酶，其负责甲酸盐氧化，并在电子被引导至硫酸盐还原时提供质子动力。一些SRB还具有推定的可溶性甲酸盐，位于细胞质中的甲酸氢裂解酶（FHL）复合物可以使CO_2+H_2和甲酸盐相互转化。在*Desulfovibrio vulgaris*中观察到甲酸盐循环的一些证据，其中两种周质甲酸脱氢酶突变体在乳酸/硫酸盐和甲酸/硫酸盐的生长中受到显著影响。另外，由于TpⅠc3也是周质甲酸脱氢酶的电子受体，可观察到*Desulfovibrio alaskensis* G20 Δ*cycA*突变体在乳酸/硫酸盐上的生长期间有甲酸盐积累。但需要注意的是许多菌体缺乏*pfl*基因，因此甲酸盐循环也不是SRB的一般机制。

5.3.2　周质、细胞质氢化酶和甲酸脱氢酶

5.3.2.1　氢化酶

SRB含有［FeFe］和［NiFe］族的氢化酶（包括［NiFeSe］亚家族），具体基因结构信息在第4章已做讨论。

大多数关于SRB中氢化酶功能的研究都集中在*Desulfovibrio* spp.，但由于酶的种类繁多，确定每种酶的确切作用是一项艰巨的任务。这种多样性允许细胞应对变化和波动的条件。例如，在具有四种周质氢化酶的*Desulfovibrio vulgaris* Hildenborough中，这些酶的相对合成取决于氢浓度和金属可用性。如果生存体系中有硒可用，则高活性［NiFeSe］氢化酶是在几种生长条件下形成的主要酶，但H_2浓度也调节不同氢化酶的产生[280,281]。在*Desulfovibrio vulgaris*中，*hyd*和*hyn1*基因缺失菌体在乳酸/硫酸盐上的生长没有受到影响，但hyd基因缺失突变体在H_2/硫酸盐上的生长情况较差[282, 283]。

在对*hyd*基因突变体、*hyn2*基因突变体以及双*hyd* / *hyn1*基因突变体进行研究时发现，只有缺少［Fe］氢化酶的菌株在乳酸或50%氢作为唯一电子供体的生长过程中受到显著影响[284]。当细胞在低氢浓度（5%）下生长时，那些缺失［NiFeSe］氢化酶的细胞受损最严重。在包含周质Hyd和Hyn氢化酶和细胞质Hnd酶的*Desulfovibrio fructosovorans*中，使用单突变体和双突变体的研究给出了相互矛盾的结果，表明存在第四个氢化酶[285]。

*Desulfovibrio gigas*含有单个周质HynAB氢化酶和一个细胞质Ech膜结合氢化酶，两种氢化酶的单个缺失突变体显示，在该生物体中，用乳酸/硫酸盐或丙酮酸/硫酸盐生长都不需要这两种酶，但HynAB酶是用氢/硫酸盐和丙酮酸发酵生长所必需的。ΔechBC缺失突变体并没有显示出明显的生长表型，但在丙酮酸发酵中产生比野生型更多的H_2[286]。这些结果表明，周质HynAB[NiFe］是双功能的，在H_2生长期间作为摄取酶起作用，而在丙酮酸发酵期间作为生产酶，其中Ech似乎消耗H_2。

5.3.2.2　甲酸脱氢酶

大多数SRB含有至少一种周质甲酸脱氢酶，但有些没有。与氢化酶一样，周质甲酸脱氢酶有些缺乏膜亚基并且可溶，或者它们也可以是典型的膜相关形式，其中存在用于醌还原的亚基。可溶性酶的电子受体也是TpⅠc3，这些酶含有具有催化性能的小亚基（FdhAB）或另外一种专用细胞色素c3（FdhABC3)。*Deltaproteobacteria*含有大量可溶性周质酶，其中FdhAB是最普遍的。在*Desulfovibrio vulgaris* Hildenborough和*Desulfovibrio alaskensis* NCIMB 13491中，甲酸脱氢酶的相对表达受金属Mo和W的调节。对于*Desulfovibrio vulgaris*，相对于乳酸/硫酸盐，在甲酸/硫酸盐和H_2/CO_2/硫酸盐的生长期间观察到周质FdhAB和FdhABC3的合成增加。这两种酶的单突变体在甲酸/硫酸盐以及乳酸/硫酸盐体系中有生长缺陷，这意味着这两种酶在甲酸盐循环中起到一定的作用。

细胞质 FDH 存在于许多（但不是全部）SRB 中，并且可以在几种不同的遗传背景中发现。NAD(P)H 连接的 FDH 在几种生物中是存在于 *nuoEF* 类基因旁边的。在一些 *Desulfovibrionaceae* 中，*fdhA* 基因位于［FeFe］氢化酶的基因旁边，可能形成甲酸氢解酶。在一些 SRB 中，存在可以编码 Fd 依赖性的 FDH 的 *fdhA* 基因，并且在其他情况下，*fdhA* 基因是更复杂的基因簇的一部分。

5.3.3 细胞色素 c 和相关的膜复合物

5.3.3.1 细胞色素 c

富含细胞色素的 SRB 的特征在于含有大量可溶性多血细胞色素 c，其中最丰富的是四联细胞色素 c3（称为Ⅰ型细胞色素 c3 或 TpⅠc3，以区别于Ⅱ型细胞色素 c3），这也是 *Desulfovibrio* spp. 中最丰富的蛋白质之一。具体信息见第 4 章的 4.4.1 部分。

TpⅠc3 是氢化酶和甲酸脱氢酶的周质电子受体，编码 SRB 基因组中 TpⅠc3 的 *cycA* 基因（通常是多拷贝）的存在与缺乏与用于直接醌还原的膜亚基的周质氢化酶和甲酸脱氢酶的存在相关。

除了 TpⅠc3 家族之外，δ-变形菌中的 SRB 还含有其他类型的多血细胞色素 c，如 DsrMKJOP 复合体一部分的 trihaem DsrJ 细胞色素，另外两种广泛存在的细胞色素是形成亚硝酸还原酶复合物的 NrfA 和 NrfH。单核细胞色素 c553 仅存在于 δ-变形菌中，其基因通常与细胞色素 c 氧化酶的基因共定位。c554 家族的四甲基色素也存在于几种生物中。已经在 *Desulfovibrio* spp. 中鉴定了血红素 b 生物合成的替代途径，其涉及作为代谢中间体的 sirohaem。这种途径也存在于反硝化细菌和古细菌中，与尿卟啉原Ⅲ水平上的经典途径不同，并且使用不同的分支，其中 sirohaem 通过一组新的酶转化为血红素 b。

5.3.3.2 膜复合物

含细胞色素的 SRB 含有 TpⅠc3，还含有一组膜氧化还原复合物，它们作为这种细胞色素的生理伴侣，可以减少甲基萘醌池（Qrc、Nhc 和 Ohc）或参与跨膜电子转移（Tmc 和 Hmc）。所有这些复合物共有一些相似的亚基，即细胞色素 c 亚基、周质 Fe-S 电子转移亚基和一个或两个与醌池相互作用的膜亚基。在 Tmc 和 Hmc 中，存在另外的细胞质亚基，其属于 CCG 家族，如 DsrK 和 HdrD，并且可能参与硫醇-二硫化物的化学反应。Tmc 和 Hmc 的细胞色素 c 亚基属于 TpⅠc3 家族，而 Qrc 和 Ohc 复合物的细胞色素 c 亚基不属于 TpⅠc3 家族。

（1）QrcABCD

QrcABCD 复合物由四个亚基组成，即三个周质亚基（QrcABC）和一个整合膜亚基（QrcD）。QrcA 是一个膜锚定的多血红素细胞色素 c；QrcB 是钼喋呤氧化还原酶家族的膜锚定蛋白，但不含钼喋呤辅助因子；QrcC 是电子转移 Fe-S 蛋白；QrcD 是一个完整的膜蛋白，属于与醌类相互作用的 NrfD/PsrC 家族。*qrcABCD* 基因存在于 δ-变形杆菌的 SRB 中，其具有 TpⅠc3 和缺乏用于直接醌还原的膜亚基的氢化酶或甲酸脱氢酶。在这些生物中，当 Qrc 缺失时，存在诸如 Nhc 或 Ohc 的替代复合物，其可以执行相同的功能。Qrc 复合物从 *Desulfovibrio vulgaris* Hildenborough 中分离，并且显示其作为 TpIc3：甲基萘醌氧化还原酶起作用。QrcABCD 复合物含有 6 个 haems 和几个 Fe-S 簇，并与 TpⅠc3 和周质氢化酶形成超分子复合物。

在 *Desulfovibrio alaskensis* G20 中，缺乏 *qrcB* 基因的突变体不能以 H_2 或甲酸盐作为

电子供体，通过富马酸盐歧化，或与产甲烷菌合成的乳酸盐进行硫酸盐还原反应。这表明Qrc复合物是该生物体中TpⅠc3的主要生理电子受体，并且不能被存在的其他复合物如Tmc和Hmc取代。*qrcD*基因中的突变体也不能在乳酸中生长。Qrc和Qmo复合物参与氧化还原，使跨膜的电子转移与在H_2或甲酸盐还原硫酸盐期间产生的质子动力相结合以用于APS在细胞质中的还原。

（2）HmcABCDEF

Hmc复合物是第一个在SRB中被识别的膜氧化还原复合物。Hmc复合物的亚基组成非常类似于Dsr复合物，但两者细胞色素c亚基非常不同，这表明其在周质中的不同功能或作为不同的生理伴侣蛋白。HmcA是一种在其四个类似TpⅠc3的结构域中含16种血红素的大细胞色素，并且它可以被这种细胞色素还原。DsrJ亚基属于另一个不同的家族，不会被TpⅠc3还原。在*Desulfovibrio vulgaris*中，Hmc在H_2生长条件下下调表达，并且相对于其他膜复合物，其在乳酸/硫酸盐生长期间表达量低。有人提出其在H_2/硫酸盐生长过程中有一定作用。Price等[278]使用*Desulfovibrio alaskensis* G20突变体进行试验，发现Hmc复合物对于H_2氧化不重要，且*hmc*缺失突变体在氢/硫酸盐的体系中具有生长优势。*hmc*缺失突变体在硫酸盐缺乏时，相对于野生型*Desulfovibrio vulgaris*，其能在利用乳酸、丙酮酸或甲酸时产生更多H_2。在乳酸条件下，野生型菌体的*hmc*基因表达上调，表明其不能与乳酸共生。上述表明Hmc复合物参与从细胞质到周质的电子转移，并且它还参与建立低硫氧化还原电位环境过程，这是形成*Desulfovibrio*菌落所必需的条件。

（3）Tmc

大多数含有Hmc的生物体也含有Tmc复合物，其似乎是Hmc的简体，仅具有一个完整的膜亚基。在*Desulfovibrio vulgaris* Hildenborough中，尽管*tmc*基因簇包括其他基因，但Tmc复合物仅具有四种结构蛋白TmcABCD（$\alpha_2\beta\gamma\delta$排列）。TmcA是四联体细胞色素，也称为Ⅱ型细胞色素c3（TpⅡc3，以前也称为酸性细胞色素c3）。TmcB是一种细胞质蛋白，其CCG结构域与HmcF非常相似并且与DsrK/HdrD相关。Pereira等[287]通过特征[4Fe-4S]$^{3+}$ EPR信号证实了Tmc复合物中硫醇-二硫化物催化的典型催化辅助因子的存在。TmcC是完整的膜细胞色素b，与HmcE和DsrM/NarI/HdrE家族同源。TmcD是富含色氨酸的亚基，与目前数据库中的任何蛋白质没有同源性。在用乳酸/硫酸盐生长的*Desulfovibrio vulgaris*中，*tmc*基因表达与*dsrMKJOP*基因大致相同，并且*tmcA*基因在与H_2生长期间上调表达。Tmc复合物的所有氧化还原中心都能被H_2还原，而TmcA细胞色素是氢化酶/TpⅠc3对的有效电子受体，表明Tmc的生理作用是从周质H_2氧化转化为细胞质硫酸盐还原的跨膜电子转移。与此一致，Price等[278]的适应性研究表明，Tmc对于*Desulfovibrio alaskensis* G20在氢/硫酸盐中的生长是重要的，并且*tmc*缺失突变体在这种条件下生长较慢。与相关的Dsr复合物一样，Tmc的电子受体被认为是DsrC蛋白。缺失*tmc*基因的*Desulfovibrio vulgaris*突变体没有明显的表型，这是因为其他复合物有可能替代其功能。

（4）Nhc和Ohc

Nhc和Ohc复合物在SRB中的分布更为有限。Nhc复合物（9-haem细胞色素复合物）与Hmc密切相关，但是缺少一个膜亚基。Nhc复合物将电子从周质转移到醌池。细胞色素亚基NhcA具有9个血红素c，并且与HmcA的C末端结构域非常相似。Ohc复合物（八聚体细胞色素复合物）功能未知，在*Desulfovibrio vulgaris*中含量低。

5.4 其他硫循环过程

5.4.1 硫代硫酸盐的还原

大多数 SRB 也可以使用硫代硫酸盐和亚硫酸盐作为替代电子受体或歧化作用的底物。硫代硫酸盐是海洋和淡水沉积物硫循环中的重要中间体，在硫代硫酸盐存在下硫酸盐还原受到抑制。硫代硫酸盐的还原是常见的，例如，在肠道细菌中存在与膜相关的硫代硫酸盐还原酶（PhsABC）。该酶属于钼喋呤氧化还原酶家族，与多硫化物还原酶（PsrABC）密切相关。硫代硫酸盐/亚硫酸盐对的氧化还原电位低（$E'_0=-402\text{mV}$），用甲基萘醌作为电子供体的硫代硫酸盐的还原过程是吸能的，在肠沙门氏菌中，已经表明硫代硫酸盐的还原是由质子动力驱动的。据此，酶的催化亚基存在于周质中，电子从膜的负侧流向正侧。类似的酶存在于几种 SRB 中，而在 *Archaeoglobus fulgidus* 中，它是在用硫代硫酸盐生长时诱导的[288]。在其他 SRB 中，该酶缺乏膜亚基，在 *Desulfovibrio vulgaris* Hildenborough 中，编码这种可溶性酶（DVU0173/2）的基因在硫代硫酸盐生长期间实际上被下调[289]。这可能表明这些基因编码的是 PsrAB 多硫化物还原酶，而不是 PhsAB。这两种酶具有高序列同一性，因此仅基于序列分析很难区分。*Desulfovibrio vulgaris* 在乳酸/硫代硫酸盐上的生长量低于乳酸/硫酸盐，并且参与硫酸盐还原途径的几种蛋白质实际上被下调，这可能是细胞内产生高浓度亚硫酸盐引起的，这与在亚硝酸盐条件下观察到的反应类似，抑制异化的亚硫酸盐还原酶并导致亚硫酸盐的积累[290,291]。甚至缺乏 PhsAB（C）酶的 SRB 也可以使用 DsrAB 亚硫酸盐还原酶来还原硫代硫酸盐，因为来自 *Archaeoglobus fulgidus* 的酶显示出还原硫代硫酸盐的速率与亚硫酸盐还原相当，由硫代硫酸盐还原产生的亚硫酸盐也会被 DsrAB 酶还原[292]。在 *Desulfovibrio gigas* 中，flavoredoxin 属于黄素氧化酶的家族，也与硫代硫酸盐还原有关，表现为含有相应基因缺失的突变体在硫代硫酸盐条件下生长减缓，但在硫酸盐条件下正常生长[293]。

5.4.2 硫化合物的歧化

有几种 SRB 也能够歧化中间氧化态的硫化合物，即硫代硫酸盐、亚硫酸盐或元素硫[294]。该过程使用单一化合物作为电子供体和电子受体产生能量，称为无机发酵。在标准条件下，硫代硫酸盐［式(5-1)］和亚硫酸盐［式(5-2)］的歧化反应均为放能过程，而元素硫歧化反应是吸能的过程［式(5-3)］，产生的硫化物被铁和锰氧化物清除，在热力学上是有利的。

$$S_2O_3^{2-}+H_2O \rightleftharpoons SO_4^{2-}+HS^-+H^+ \qquad \Delta G'_0=-22\text{kJ/mol} \tag{5-1}$$

$$4SO_3^{2-}+H^+ \rightleftharpoons 3SO_4^{2-}+HS^- \qquad \Delta G'_0=-59\text{kJ/mol} \tag{5-2}$$

$$4S^0+4H_2O \rightleftharpoons SO_4^{2-}+3HS^-+5H^+ \qquad \Delta G'_0=+10\text{kJ/mol} \tag{5-3}$$

许多 SRB 能够歧化硫代硫酸盐和亚硫酸盐，只有一些可以将其与生长相结合，其中大部分属于脱硫弧菌属[294]。与元素硫歧化相关的生长受到更多限制，主要存在于脱硫杆菌科，通常与自养作用相关。元素硫的歧化也是海洋沉积物中的相关过程，并且被认为是地球上最早的新陈代谢过程之一，已经存在 35 亿年[295]。对亚硫酸盐和硫代硫酸盐歧化的生物化学研究表明，该过程涉及能量驱动，并且 ATP 可以通过底物水平磷酸化产生，歧化对解偶联剂羰基氰化物间氯苯腙（CCCP）敏感，但对 ATP 酶抑制剂二环己基碳二亚胺（DCCD）不敏感[296]。通常认为反向电子传递是还原硫代硫酸盐或亚硫酸盐所必需的，通过

APS 还原酶和 ATP 硫酸化酶将亚硫酸盐氧化成硫酸盐，反向工作，产生 ATP[297]。

5.4.3 其他电子受体

除硫酸盐外，许多 SRB 还可以使用其他电子受体或在没有电子受体的情况下发酵生长[298,299]。几种 SRB（包括 *Desulfovibrio*、*Desulfobulbus*、*Desulfotomaculum*、*Desulfobacterium* 和 *Thermodesulfovibrio* 属的成员）可以在硝酸盐氨化过程利用硝酸盐[300,301]，将硝酸盐转化为亚硝酸盐，进而转化为氨[302]。尽管硝酸盐是热力学上更有利的电子受体，但 SRB 通常优先还原硫酸盐。这是由硫化物抑制硝酸盐还原引起的，也涉及基因调控，如 *Desulfovibrio desulfuricans* 27774，其中 nap 操纵子（编码硝酸盐还原酶系统）由硝酸盐诱导，但被硫酸盐抑制[266]。大多数 SRB 不能还原硝酸盐，实际上是受到高浓度硝酸盐的抑制。硝酸盐用于石油工业以控制 SRB 的过度生长。在不能还原硝酸盐的 *Desulfovibrio vulgaris* 中，暴露于高浓度的硝酸盐会导致应激反应[303]。然而，持续暴露也会诱发自发突变，产生对硝酸盐有抗性的菌株，但不能抵抗亚硝酸盐，包括 Rex 转录调节因子的缺失以及可能参与硝酸盐转运的基因簇的缺失[304]。在具有这种能力的 SRB 中，硝酸盐通过周质硝酸盐还原酶（NapA）被还原成亚硝酸盐[272,305,306]，这是一种在 *Desulfovibrio desulfuricans* 27774 中作为单体蛋白分离的钼酶[307]，其晶体结构首先报道为硝酸还原酶[308]。NapA 含有一种钼嘌呤辅助因子和一种［4Fe-4S］簇[309]，在 *Desulfovibrio desulfuricans* 中，nap 操纵子包括 *napCMADGH* 基因[310]，其中 NapGH 是膜相关的铁硫蛋白，形成喹啉脱氢酶模块[311]；NapC 是 NapC/NrfH 家族的膜相关四联体细胞色素，起喹啉脱氢酶的作用[312,313]；NapD 是一种细胞质成熟蛋白，可能参与将钼辅助因子插入 NapA[314]；NapM 是一种四联体 c 型细胞色素，可能是 NapA 的直接电子供体，如同其他细菌中的 NapB 扮演的角色[310]。尚未确定甲基萘醌和硝酸盐之间的电子转移链的确切顺序，也不确定 NapC 和 NapGH 是否必需。在大肠杆菌中，NapGH 复合物在泛醇和 NapC 之间的电子转移中起作用，而甲基萘醌氧化仅由 NapC 进行而不涉及 NapGH[315]。在脱硫弧菌属中，仅存在甲基萘醌，并且 NapC 与 NapGH 的确切作用尚未阐明[316]。

在 SRB 中普遍存在编码亚硝酸还原酶复合物的 nrfHA 基因，由两种色素形成的亚硝酸还原酶复合物是 SRB 中更为广泛的细胞色素[317]。在 *Desulfovibrio vulgaris* Hildenborough 生长过程中，当亚硝酸盐浓度较低时，NrfHA 酶允许以亚硝酸盐作为电子受体生长[318]。暴露于亚硝酸盐会导致应激反应，包括 *nrfHA* 基因的上调和涉及硫酸盐还原和 ATP 合成的基因的下调，表明在亚硝酸盐存在下质子梯度发生崩塌[290,291]。缺乏 *nrfA* 基因的突变体显示出对亚硝酸盐非常高的敏感性[319,320]。NrfA 是周质性五联体细胞色素 c 亚硝酸还原酶，可将亚硝酸盐六电子还原为氨[301,313,321,322]。催化位点是一种亚硝酸盐与赖氨酸结合的高旋血红素[323]。NrfH 是膜相关的四联体细胞色素，其属于喹啉脱氢酶的 NrfH/NapC 家族，介导了甲基萘醌和 NrfA 之间的电子转移。NrfH 具有不寻常的血红素协调作用，其中与甲基喹啉相互作用的 hame 1 是五配位的，由甲硫氨酸而不是来自 CXXCHXM 序列的常见组氨酸结合，而将电子转移到最接近 NrfA 的血红素即血红素 4，将赖氨酸残基作为远端配体[323,324]。NrfA 还表现出亚硫酸盐还原酶活性[271]，尽管催化效率较低。这种活性不太可能干扰硫酸盐呼吸（硫酸盐呼吸是一种细胞内过程），但可能对细胞外亚硫酸盐的解毒有用（亚硫酸盐是一种有毒的还原剂）[325]。

在甲酸盐或氢气存在下，几种 SRB（如 *Desulfovibrio gigas* 和 *Desulfovibrio desulfuricans*）也可以以富马酸盐作为末端电子受体生长[326-328]。富马酸盐还原成琥珀酸盐是通过喹啉的膜结合醌氧化还原酶和醌醇：富马酸还原酶进行的[329]。有研究已经表明存在以富马酸盐歧化反应生长的SRB，可以将富马酸盐转化为琥珀酸盐和乙酸盐，以苹果酸盐作为中间体[328]。*Desulfomicrobium* 菌株 Ben-RB 能够使用砷酸盐作为末端电子受体（电子转移涉及细胞色素 c551），而 *Desulfovibrio* 菌株 Ben-RA 只能在硫酸盐存在下还原砷酸盐（涉及 *asrC-like* 基因）[330]。随后，用 *Desulfovibrio alaskensis* G20 进行的分子遗传学和生物化学研究表明，ArsC 作为有效的砷酸还原酶起作用，其中电子由硫氧还蛋白传递[331,332]。Newman 等发现培养 *Desulfotomaculum auripigmentum* 的培养基中可以沉淀出三硫化二砷（As_2S_3），表明其可以将 As(Ⅴ) 还原为 As(Ⅲ)[333]。

Zehr 和 Oremland 的研究表明，*D. desulfuricans* subsp. *aestuarii* 可以将硒酸盐（SeO_4^{2-}）还原为硒化物（Se^{2-}），并且增加硫酸盐浓度会抑制该还原反应[334]。通过乳酸盐或 H_2 驱动的硫酸盐还原生物反应器可实现硒酸盐污染的生物修复[335,336]。

5.4.4 发酵和间质代谢

SRB 还可以发酵一些有机酸，最常见的是丙酮酸。在这种情况下，部分丙酮酸发生歧化反应转化为富马酸盐。部分形成的富马酸盐用作电子受体并还原为琥珀酸盐，另一部分被氧化成乙酸盐和二氧化碳，通过乙酰磷酸转化为乙酸盐，经底物水平磷酸化产生 ATP[337,338]。比较丙酮酸发酵生长与乳酸/硫酸盐呼吸或丙酮酸/硫酸盐呼吸的两个转录研究发现，结果与预期相反，直接参与硫酸盐呼吸的蛋白质，如 AprBA、Qmo 和 Dsr 复合物以及间接参与的其他蛋白质如周质 TpⅠc3、周质氢化酶（[NiFe] 或 [NiFeSe]）和 Qrc 复合物都上调表达[289,338]。

这种反应可能与细胞的氧化还原状态有关，因为发酵产生的胞内还原环境可能会促使细胞还原硫酸盐。另外，这些蛋白质中有些属于氧化还原响应调节剂 Rex 的调节子，可以感知细胞内 $NADH/NAD^+$ 比率。Rex 是 *sat* 基因的一种抑制剂，可能参与了这种反应[339-342]。对丙酮酸发酵缺陷的突变体的筛选显示，苹果酸酶、富马酸还原酶、二羧酸转运蛋白和 NfnAB 反式氢化酶的基因缺失导致强烈的生长抑制，而缺失 Rnf 和 Hdr-Flx 蛋白的突变体生长比野生型稍慢[343]。Rnf、Hmc、Hdr-Flx 和 NfnAB 编码基因中的突变体比野生型菌株产生更少的 H_2 和更多的琥珀酸，表明它们参与 H_2 产生途径。

仅仅发酵乳酸或乙醇生成 H_2、CO_2 和乙酸盐，不会促进生长，除非体系中有氢/甲酸盐清除生物如产甲烷菌，这是因为将乳酸氧化成丙酮酸是一种必须由能量驱动的吸能反应[344, 345]。通过产甲烷菌消耗产物氢/甲酸盐和乙酸盐将乳酸盐的发酵转变为有利的过程。SRB 在与其他生物体的共生中发酵生长的能力反映了它们的代谢多样性，并有利于它们在低浓度硫酸盐环境中生长[344, 346]。因此，SRB 可以在呼吸性硫化物生成模式和产乙酸、产氢的不良生长之间切换。

有趣的是，SRB 和专性互营菌属之间存在密切的系统发育关系，在 δ-变形菌和梭菌属中，其中几种互营菌似乎与 SRB 不同，有些生物保留了硫酸盐还原的能力，而另一些则失去了这种能力[344,347]。

Desulfovibrio spp. 是常用的模型生物，研究与 SRB 的营养生长相关的蛋白质和电子传递链，常用的底物是乳酸和丙酮酸[348-352]。这些研究比较了在相互作用条件下生长的细胞的转录谱与通过乳酸/硫酸盐呼吸生长的细胞的转录谱，并且通常通过对个体突变菌株的研究来补充。还报道了一项涉及 *S. fumaroxidans* 的研究，这是一种与产甲烷菌一起降解丙酸盐的同步细菌，也是一种硫酸盐还原剂[353]。

据报道，*D. vulgaris* Hildenborough 主要依赖于 H_2，而 *Desulfovibrio alaskensis* G20 更多地依赖于甲酸盐，这可能解释了 G20 在混合条件下的较高增长率是由于甲酸盐更快的转换率[354, 355]。在 *Desulfovibrio vulgaris* Hildenborough 中，Hmc 复合物对于乳酸或丙酮酸的互补生长是必需的，Coo 氢化酶仅对于乳酸盐生长必需[356]。缺乏周质 [NiFe] Hyn-1 或 [FeFe] Hyn 氢化酶也导致较慢的互补生长。Coo 氢化酶可能参与由还原的铁氧还蛋白产生 H_2，而 Hmc 复合物可能参与跨膜电子转移以产生周质氢和甲酸盐。Hmc 复合物的电子供体是未知的，但可能是还原的 DsrC 蛋白，因为细胞质 HmcF 蛋白与 DsrK 同源。在 *Desulfovibrio alaskensis* G20 中，与乳酸形成间充质互补生长的必需蛋白质是周质 [NiFeSe] Hys 氢化酶，包括 Qrc 复合物亚基、Hmc 复合物亚基以及一些参与乳酸转运和氧化的蛋白质[350, 351]。G20 不具有 Coo 氢化酶，因此铁氧还蛋白被 Rnf 复合物、Hdr-Flx 或最可能被上调的单体 [FeFe] 氢化酶氧化。细胞质中 H_2 的产生在能量上比在周质中更有利，细胞内质子的消耗有助于产生质子电动势。周质 FdhAB 甲酸脱氢酶很可能是参与甲酸生产的主要酶，因其在互养共栖环境中上调。最近发现周质甲酸脱氢酶和膜复合物对于 SRB 的营养不良生长具有未知功能[357]。

5.4.5　氧还原和氧化应激反应

尽管 SRB 通常被描述为严格的厌氧菌，但在自然栖息地中，如海洋和淡水沉积物中接近或甚至在有氧区域也能检测到 SRB 或微生物硫酸盐还原活性。SRB 和氧气的这种共定位是合理的，因为这些生物体需要有机化合物，而这些有机化合物在沉积物的上层氧化层中更为丰富。SRB 的耐氧性已经在纯培养的模式生物中进行了研究，并且这是一种物种依赖性特征，其中许多能够在氧气暴露下存活[358]。为了耐受氧气，SRB 的防御机制如图 5-6 所示（另见书后）。

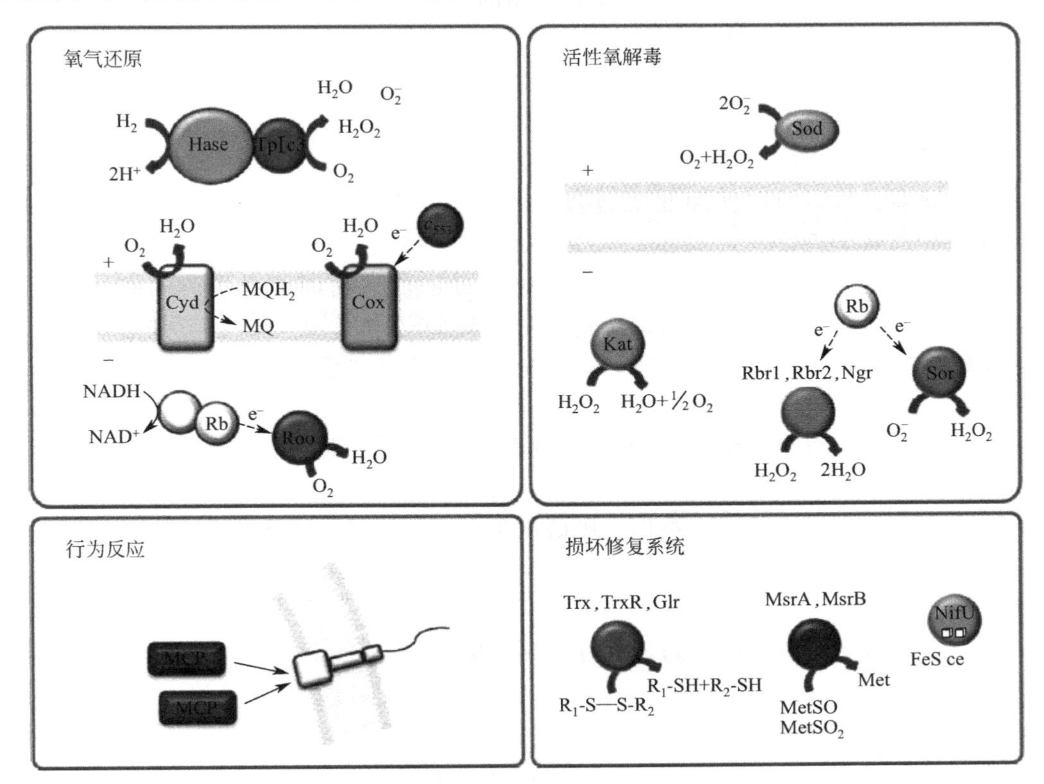

图 5-6　SRB 还原 O_2 和氧化应激机制

5.4.5.1 氧还原机制

应对氧气的机制之一是将其完全还原为水，SRB 有两种不同的系统来实现这一目标：膜结合氧还原酶和细胞质 Roo（rubredoxin：氧化氧还原酶）[359,360]。生化和基因组分析显示在 SRB 中存在两种膜结合氧还原酶，即喹啉氧化酶（Cyd）和含铜血红素氧化酶（Cox）。*cyd* 基因在 SRB 中的分布比 *cox* 基因更广泛[317]。在盐沼沉积物中存在的几种脱硫弧菌菌株中发现了两种末端氧化酶的基因[361]。在 *Desulfovibrio vulgaris* 中，在几种生长条件下细胞色素 c 氧化酶的存在不受氧气存在的影响。在加入还原的细胞色素 c553 后观察到 *Desulfovibrio vulgaris* 膜的耗氧[362]。此外，Δ*cox* 缺失突变体受到细胞色素 c553 氧化酶活性的影响，而 Δbd 菌株则不受影响，后者受到喹啉类底物的氧化酶活性的影响[363]。

氧还原的另一种机制发生在细胞质中，由 Roo 进行，Roo 是一种同型二聚体酶，属于黄酮类蛋白质，每个亚基含有一个黄素单核苷酸（FMN）和催化二铁中心。还原剂是 NADH，三种蛋白质参与电子传递链，NADH-红素氧还原氧化还原酶氧化 NADH 并将电子转化为 rubredoxin（Rb），从而还原 Roo[364]。当 Rb 用作电子供体时，该蛋白质将氧气还原为水而不形成过氧化氢。在某些 SRB 中，Roo 和 Rb 出现在相同的转录单元中[365]。*Desulfovibrio vulgaris* 基因组编码两个 *roo* 同系物：*roo1* 和 *roo2*。其中 *roo1* 与杂交簇蛋白-1（Hcp1）一起存在于同一个基因组岛中[366]。对缺失菌株的分析表明，*roo* 基因以及 *hcp1* 基因都有助于微需氧存活[367,368]。Hcp 蛋白具有过氧化物酶活性，并且还参与氧化和亚硝化应激保护[369,370]。参与氧还原的第三个系统涉及周质氢化酶和细胞色素，使用氢作为电子供体，在 *Desulfovibrio vulgaris* 的周质中发现氧还原酶活性[371]。Fournier 等提出氢化酶-细胞色素还原酶可以还原氧气[372]。涉及该机制的特定蛋白质尚不清楚。一些研究者报道了暴露于 O_2 后 [FeFe] 氢化酶和细胞色素 c 含量增加，[NiFeSe] 氢化酶上调[372, 373]。另外，由于 [NiFeSe] 氢化酶是最耐氧的周质氢化酶，这使得其在氧化应激反应中更具有类似的作用。

5.4.5.2 氧化应激机制

上述氧还原系统，氧与还原靶如过渡金属、自由基物种（包括半醌或黄嘌呤核苷）以及硫化氢的非特异性反应，将导致 ROS（即超氧化物、过氧化氢和羟基自由基）的形成[374]。ROS 过高会引起细胞损伤，包括蛋白质硫醇的氧化和重要蛋白质中金属中心的释放，导致游离金属的细胞溶质增加，这也将导致 DNA 损伤。另外，亚铁还通过芬顿反应促进 ROS 的形成。因此，除去 ROS 的系统以及防止这些系统形成的机制，铁的储存是必不可少的。已经鉴定了两种主要的去除超氧化物的蛋白质，即超氧化物还原酶（Sor）和超氧化物歧化酶（Sod）。Sor 是一种细胞质酶，可将超氧化物还原为过氧化氢，而周质 Sod 则催化超氧化物歧化为过氧化氢和氧气。根据金属中心的数量，有两种类型的 Sor，含有两个非血红素铁中心的酶也被称为脱硫铁蛋白或红皮素氧化还原酶[375]，具有单个铁簇的酶被称为 neelaredoxins，并且在 *Desulfovibrio gigas* 和 *Archaeoglobus fulgidus* 中进行了研究[376,377]。

Desulfovibrio vulgaris 中编码 Sor 的基因是编码 rubredoxin（Rb）和 Roo 的操纵子的一部分[378,379]。Sor 是与消除 H_2O_2 的过氧化物酶如烷基氢过氧化物还原酶（AhpC）和正赤鲜素蛋白（Rbr）联合使用起作用的，*sor* 缺失突变体对空气和超氧化物暴露更敏感，ROS 对细胞质蛋白和 DNA 更有害，这表明 Sor 系统在氧化防御中比 Sod 系统更重要[380]。

在 SRB 中还报道了两种过氧化氢解毒的系统：一种是基于过氧化氢酶（Cat）的系

统，其广泛分布于好氧生物中但仅存在于少数 SRB 中（如 *Desulfovibrio alaskensis* 或 *Archaeoglobus fulgidus*）；另一种是厌氧菌特异性系统，包括 NAD(P)H 依赖性过氧化物酶 rubrerythrin 和 nigerythrin[381,382]。Rb 也被证明可用作电子转移供体，传递电子至 rubrerythrin[378]。缺失 rubrerythrin 的 *Desulfovibrio vulgaris* 菌株对氧化应激敏感性未改变，该生物体具有其他可以补偿这种缺失的功能性替代品[380]。有趣的是，在 *Desulfovibrio desulfuricans* ATCC 27774 中，rubredoxin-2 的基因在与细菌铁蛋白（Bfr）相同的转录单元中被发现，其与铁蛋白一起负责细胞内铁储存。最近研究发现高浓度的氧诱导 *Desulfovibrio vulgaris* 的 *bfr* 基因表达，此外，*bfr* 缺失突变体在氧化条件下表现出较低的存活率，并且比野生型菌株具有更高的细胞内 ROS 含量，这表明 Bfr 通过清除游离铁和减少 ROS 的产生来进行氧化应激保护[383]。

在 *Desulfovibrio* spp. 的氧化应激反应过程中有两个主要的调节因子：a. 铁吸收反应调节剂（Fur），其调节参与铁稳态的基因；b. 过氧化物感应抑制剂（PerR），其似乎调节了 *ahpC*、*rbr*、*rbr2*、*bfr* 基因，以及编码 rubredoxin 类蛋白的基因[383-385]。PerR 控制下的基因似乎以氧浓度依赖性方式进行调节：对于低 O_2 浓度，这些基因的表达被上调，而对于高 O_2 浓度，则被下调[386]。

涉及 SRB 应对氧化应激的另一种机制是负责损伤修复的蛋白质。当氧化条件更严重时，该系统比解毒系统更重要[275]。这可能是因为在严重的氧化条件下存在更多需要修复的损伤，并且还因为该系统基于非金属蛋白质，不像解毒系统那样，当损坏时，其有助于增加铁硫簇的修复。损伤修复系统通过硫氧还蛋白、硫氧还蛋白还原酶和谷氧还蛋白作用于蛋白质中的二硫键及其他细胞内的硫醇；通过蛋氨酸亚砜还原酶（MsrA 和 MsrB）还原氧化的蛋氨酸；通过 NifU 同系物生物合成或修复 Fe-S 簇。

最终机制是避免或保护细胞不接触氧气。在 SRB 中已经报道了聚集体形成和远离（或有时朝向）氧迁移的现象，并通过鞭毛和趋化蛋白的上调表达来实现[372]。在 *Desulfovibrio vulgaris* 中，甲基接受趋化蛋白（MCP）家族的蛋白质（如 *DcrA*），已被提议用作氧传感器或氧化还原电位传感器[387]。然而，有报道发现 *dcrA* 缺失突变体的气动反应没有太大变化，并且 *dcrA* 基因表达也不受氧暴露的影响，但发现另一个 MCP 同源物被上调，其可能在氧接触时在信号转导机制中起主要作用[388]。

5.5　硫酸盐还原菌代谢过程的影响因素

影响 SRB 还原硫酸盐产 H_2S 的因素很多，为明确 SRB 产 H_2S 的最佳条件，王辉等[389] 对不同初始 pH 值、Fe^{2+} 投加量、COD/SO_4^{2-} 及 NO_3^-/SO_4^{2-} 比值等因素对 SRB 还原硫酸盐的影响进行了研究。

采用间歇试验，在 250mL 医用瓶中进行。反应瓶中加入一定浓度驯化后的厌氧污泥、无机盐培养液、硫酸盐等，采用 1mol/L 的 NaOH 和 1mol/L 的 HCl 调节 pH 值，用氮气吹脱后橡胶塞密封，置于（35±0.1)℃的恒温振荡器中培养。用注射器定时取样分析测定 pH 值、SO_4^{2-} 浓度以及 COD。后续试验均以此为基础，考察不同因素对 SRB 还原硫酸盐的影响。SO_4^{2-} 浓度采用《水质　硫酸盐的测定　铬酸钡分光光度法（试行）》（HJ/T 342—2007）测定；pH 值采用 520A pluspH/ISE 测定计测定；COD 值采用重铬酸钾法测定；TSS 与 VSS 采用重量法测定。

5.5.1 不同初始 pH 值对硫酸盐还原的影响

不同初始 pH 值对硫酸盐还原的影响如图 5-7 所示。其中初始 pH 值分别为 3、4、5、6、7、8 和 9，污泥投加量为 1764.5mg/L，硫酸盐浓度为 1550mg/L。图 5-7 显示，初始 pH 值在 4～9 的范围内，硫酸盐还原均能进行。在初始 pH 值为 3 时，硫酸盐的还原明显受到抑制，去除率仅为 14.82%；初始 pH 值为 4～7 时，硫酸盐的去除率随着 pH 值的升高而增加，pH＝7 时，硫酸盐去除率为 84.66%；初始 pH 值为 8 和 9 时，硫酸盐的去除率下降，但变化不大，分别为 82.11%和 82.71%。因此，可认为 SRB 去除硫酸盐的最佳初始 pH 值为 7。这可能是因为初始 pH＝3 的强酸条件已不适于 SRB 的生长，其活性受到明显的抑制。有研究报道，SRB 在 pH 值为 4 的酸性条件下能够生长，其可容忍的最大 pH 值为 9.5。此试验初始 pH 值在 4～9 的范围内，SRB 仍具有较好的活性，与报道内容相符。

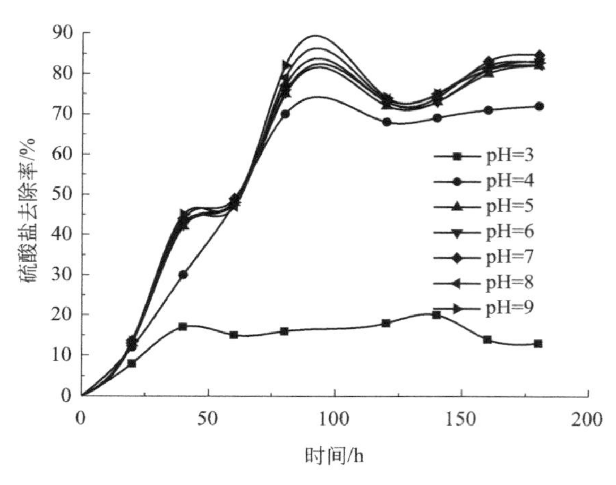

图 5-7 不同初始 pH 对硫酸盐还原的影响

由于生物和化学作用，在硫酸盐还原过程中，废水的 pH 值会随着反应的进行而变化。图 5-8 为不同初始 pH 条件下体系反应过程中 pH 值的变化。随着反应的进行，初始 pH 值在 4～9 的范围内，溶液的 pH 值维持在 7.05～7.5 之间，而初始 pH＝3 时，随着反应的进行体系的 pH 值维持在 5.2～5.8 的较低水平。这可能是因为在厌氧消化过程中，产酸菌降解有机物产酸，使溶液的 pH 值下降，而 SRB 每还原 1g 硫酸根生成 1.042g 碱度，能够有效平衡厌氧发酵产生的有机酸，增强体系的缓冲能力。结合图 5-8 可知，初始 pH＝3 时，硫酸盐的还原受到抑制，体系的缓冲能力减弱。

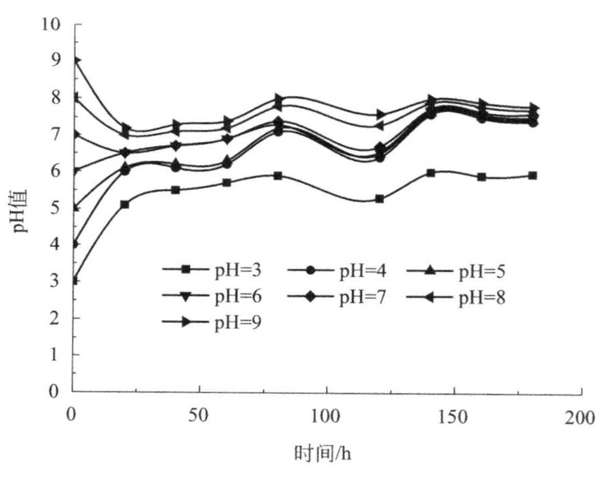

图 5-8 不同初始 pH 值条件下体系反应过程中 pH 值的变化

初始 pH 值对硫酸盐还原速率的影响如图 5-9 所示。由图 5-9 可知，初始 pH 值在 3～7 范围内，硫酸盐还原速率随着 pH 值的升高而增大，并且在初始 pH 值为 7 的环境中体系表现出最大活性，该 pH 值即为反应的最适 pH 值。试验中，pH 值从 3 升至 7 时，反应速率由 6.74mg/(L·h) 增至 15.07mg/(L·h)，增大了 1.24 倍。而初始 pH 值继续升高时，反应速率随之减小。pH 值对游离 H_2S 在总硫化物（HS^-+H_2S）中的比例有很大影响。当 pH 值在 7 以下时，游离 H_2S 含量较大，对 SRB 产生抑制作用，所以硫酸盐还原速率较慢；在中性条件下，随着 pH 值的升高，游离 H_2S 含量下降，SRB 具有较强的活性；当 pH 值大于 7 时，硫化物主要以 HS^- 状态存在，从而使溶液中硫化物的浓度增加，间接影响了 SRB 的活性，可能是硫化物与细胞内色素中的铁和含铁物质结合，导致电子传递系统失活。

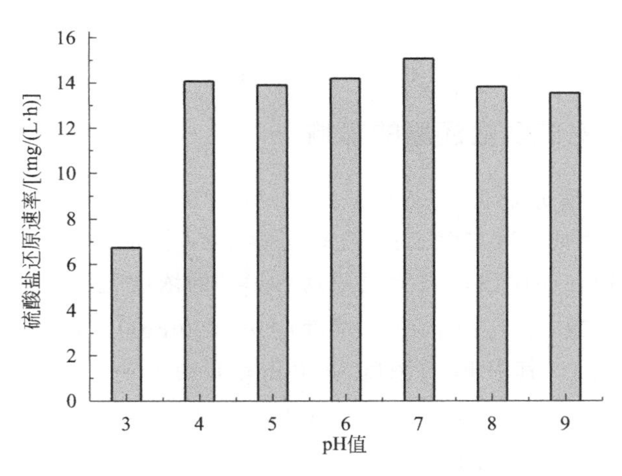

图 5-9　不同初始 pH 值条件下体系的硫酸盐还原速率

5.5.2　不同 COD/SO_4^{2-} 值对硫酸盐还原的影响

初始 COD/SO_4^{2-} 值分别为 0.5、1.0、1.5、2.0、2.5 和 3.0，污泥投加量为 1789.5mg/L，初始 pH 值为 7。不同 COD/SO_4^{2-} 值对硫酸盐去除率的影响如图 5-10 所示。

如图 5-10 所示，硫酸盐的去除率随着 COD/SO_4^{2-} 值的增大而增大，COD/SO_4^{2-} 值为 0.5、1.0、1.5、2.0、2.5 和 3.0 时硫酸盐的去除率分别为 43.55%、65.44%、70.52%、76.85%、81.27%和 85.33%。其原因可能是 SRB 对 SO_4^{2-} 的还原是在其体内进行的，COD 和 SO_4^{2-} 要渗透到细菌体内才能进行硫酸盐的还原，然而 COD 和 SO_4^{2-} 的渗透能力不同，使得 COD/SO_4^{2-} 值在体内要比体外低，因此随着 COD/SO_4^{2-} 值的增大，硫酸盐的去除率也相应增加。

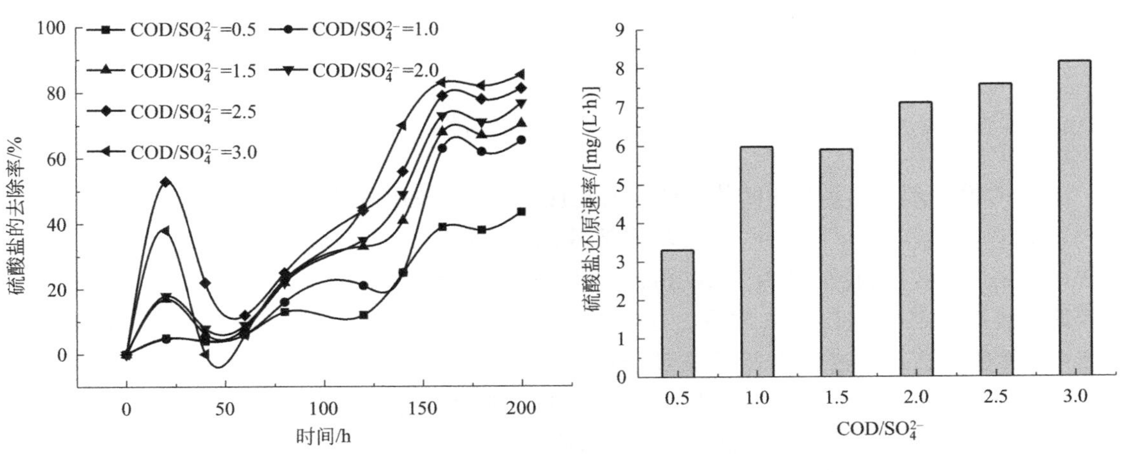

图 5-10　不同 COD/SO_4^{2-} 值对硫酸盐还原的影响

图 5-11　不同 COD/SO_4^{2-} 值对硫酸盐还原速率的影响

不同 COD/SO_4^{2-} 值对硫酸盐还原速率的影响如图 5-11 所示。硫酸盐还原速率随着 COD/SO_4^{2-} 值的增加而增大，比值由 0.5 升至 3 时，反应速率由 3.3mg/(L·h) 增至 8.16mg/(L·h)，增大了 1.47 倍。在 COD/SO_4^{2-} 值较小时，有机物浓度很低不足以还原所有的硫酸盐，有剩余的硫酸盐。当有机物浓度增加时，中间产物的量增加，反应速率也随之增加。

5.5.3 Fe^{2+} 投加量对硫酸盐还原的影响

试验选择 Fe^{2+} 投加量分别为 0、50mg/L、100mg/L、200mg/L、400mg/L 和 600mg/L，初始 pH 值为 7，污泥投加量为 1122.5mg/L，考察 Fe^{2+} 投加量对 SRB 还原硫酸盐的影响，如图 5-12 所示，在反应初始阶段，试验观测到 SO_4^{2-} 的浓度先下降后上升，推测可能存在吸附和解吸作用。反应 50h 后，初始 Fe^{2+} 浓度在 0～200mg/L 范围内，随着 Fe^{2+} 浓度的增加，硫酸盐的去除率增加，其中 Fe^{2+} 浓度为 200mg/L 时 SO_4^{2-} 的去除率达到 80.24%。但随着 Fe^{2+} 浓度继续增加 SO_4^{2-} 的去除率反而减小，当初始 Fe^{2+} 浓度为 400mg/L、600mg/L 时，SO_4^{2-} 的去除率均降为 60.97%。这说明 Fe^{2+} 浓度在低浓度范围内可以促进 SRB 的生长，并且 Fe^{2+} 能够与硫化物结合生成 FeS 沉淀，从而减轻了硫化物对 SRB 的毒害作用，提高了 SRB 对 SO_4^{2-} 的去除率。但 Fe^{2+} 浓度在 200～600mg/L 范围内会使 SRB 细胞的渗透失去平衡，抑制 SRB 的生长与代谢过程。

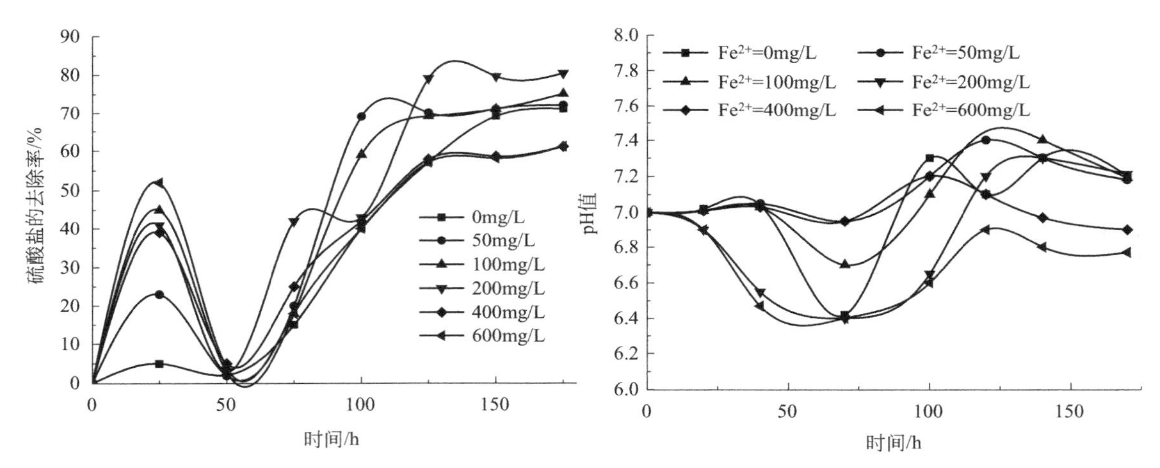

图 5-12 不同 Fe^{2+} 浓度对硫酸盐还原的影响

图 5-13 不同 Fe^{2+} 浓度条件下 pH 值的变化

Fe^{2+} 的投加量对体系的 pH 值变化也有相应的影响。如图 5-13 所示，当 Fe^{2+} 投加量在 0～200mg/L 范围内时，随着 Fe^{2+} 的增多溶液的 pH 值会升高，最终基本稳定在 pH=7.2 左右；但是当 Fe^{2+} 的投加量大于 200mg/L 时，随着 Fe^{2+} 的继续增多培养液的 pH 值会有所降低，最终稳定在 pH=6.6 左右。这可能是因为 Fe^{2+} 促进了 SRB 对硫酸盐的还原，使得体系 pH 值升高。但过多的 Fe^{2+} 在反应过程中结合了 OH^- 生成 $Fe(OH)_2$ 胶体，OH^- 的减少使溶液的 pH 值下降，另外，生成的 $Fe(OH)_2$ 胶体可能包裹住了一部分微生物，使微生物不能够充分地发挥作用，从而导致 pH 值降低。

Fe^{2+} 的投加量对硫酸盐还原速率的影响如图 5-14 所示。初始 Fe^{2+} 浓度在 0～200mg/L 范围内，随着 Fe^{2+} 浓度的增加，硫酸盐还原速率增加，Fe^{2+} 浓度为 200mg/L 时硫酸盐的还原速率达到 15.17mg/(L·h)。但随着 Fe^{2+} 浓度继续增加硫酸盐的还原速率反而减小。

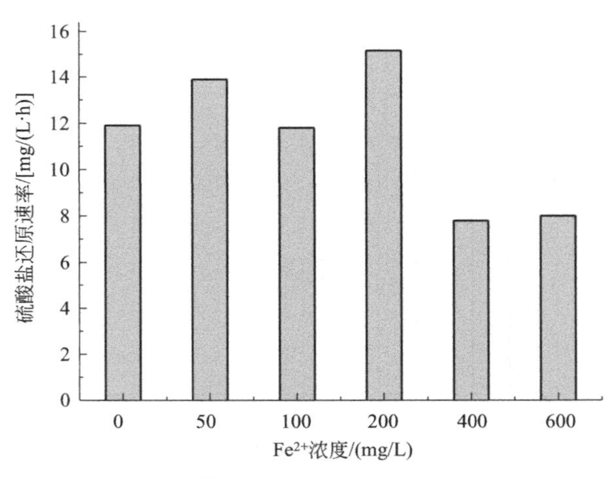

图 5-14　不同 Fe^{2+} 浓度条件下体系的硫酸盐还原速率

5.5.4　不同 NO_3^-/SO_4^{2-} 值对硫酸盐还原的影响

不同 NO_3^-/SO_4^{2-} 值对硫酸盐还原的影响如图 5-15 所示。NO_3^- 的存在明显抑制了硫酸盐的还原。NO_3^-/SO_4^{2-} 值在 0.2～1 的范围内，抑制作用随着比值的增加而愈加明显。反应时间为 187.5h 时，对照组硫酸盐的去除率达到 83.69%，而 NO_3^-/SO_4^{2-} 值分别为 0.6、0.8 和 1 时，几乎不发生硫酸盐的还原，其去除率分别为 15.88%、3.13%和 3.75%。不同 NO_3^-/SO_4^{2-} 值条件下体系的硫酸盐还原速率的影响如图 5-16 所示。在未加 NO_3^- 的体系中硫酸盐反应速率为 12.93mg/(L・h)，而相应的在 NO_3^-/SO_4^{2-} 值分别为 0.6、0.8 和 1 的体系中，反应速率均为 0mg/(L・h)。本试验利用的是混合 SRB 菌群，有可能存在可以利用硝酸盐的 SRB，而且据文献报道，SRB 在利用硝酸盐为电子受体时得到的能量是以硫酸盐作为电子受体时的 4 倍多，因此，试验中 SRB 以代谢硝酸盐代替硫酸盐获取生长能量。

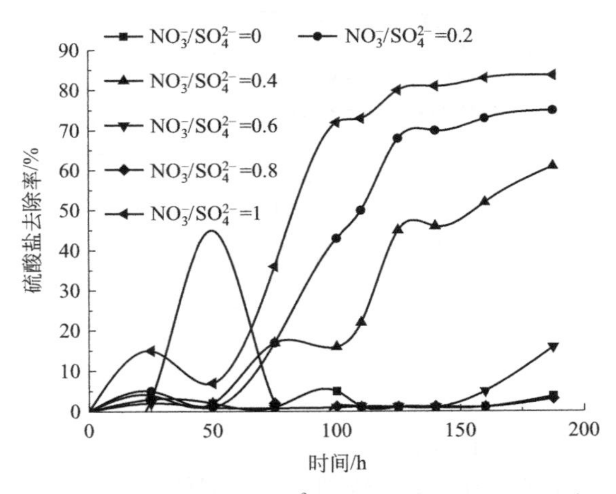

图 5-15　不同 NO_3^-/SO_4^{2-} 值对硫酸盐还原的影响

不同 NO_3^-/SO_4^{2-} 值条件下体系 pH 值随时间的变化如图 5-17 所示。加入 NO_3^- 后体系

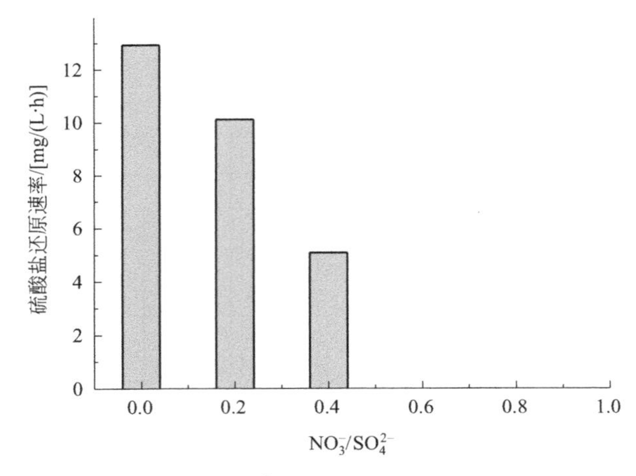

图 5-16　不同 NO_3^-/SO_4^{2-} 值条件下体系的硫酸盐还原速率

pH 值先快速上升，之后逐渐趋于稳定，未加 NO_3^- 的体系 pH 值变化比较平缓。NO_3^-/SO_4^{2-} 值为 1 的体系 pH 值最高，反应过程中 pH 值维持在 8.8～9.0 之间；NO_3^-/SO_4^{2-} 值为 0.2～0.8 的体系反应过程 pH 值维持在 7.7～8.5 之间；未加 NO_3^- 的体系 pH 值维持在 7.4 左右，即体系 pH 值随着加入 NO_3^- 的浓度增加而提高，并且加入 NO_3^- 后体系的 pH 值均高于未加 NO_3^- 的体系。由此可见，投加了硝酸盐的体系，其 pH 值升高，改变了 SRB 生长的酸性条件，抑制了其活性，可进一步解释硝酸盐对硫酸盐还原的抑制作用。

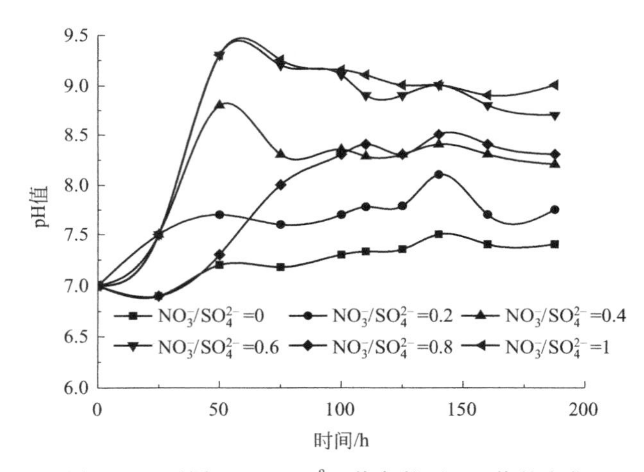

图 5-17　不同 NO_3^-/SO_4^{2-} 值条件下 pH 值的变化

5.6　本章小结

SRB 的代谢途径研究才刚刚起步，SRB 的代谢与系统微生物之间的协调和调控、微生物群落的整体代谢途径的研究更为复杂。特别是以不同的“硫”作为电子载体的代谢途径和模式需要进一步开展研究。我们关于这方面的研究才刚刚起步，但是我们正一点点地接近真理。

第6章

硫酸盐还原菌的检测技术

6.1 硫酸盐还原菌检测技术分类

6.1.1 传统检测技术

目前油田应用较多的是传统培养检测技术，其原理是在培养基激活 SRB，使其代谢产物与 Fe^{2+} 反应生成 FeS 沉淀。将逐级梯度稀释过的 SRB 培养液加入选择性培养基中恒温培养，通过培养液变黑数目以及稀释倍数来确定 SRB 含量。培养法包括最大可能数（MPN）法、琼脂深层培养法、溶化琼脂管法。

（1）MPN 法

该方法是目前国内外油田中常用的 SRB 检测方法，也是一种国标方法。MPN 法中的选择性培养基含有乳酸钠、酵母粉、SO_4^{2-} 等营养物质，以 $FeSO_4$ 作为一种指示剂。这种方法简单易行且成本很低，是目前通用的 SRB 检测方法，市场上已有成熟产品，称为硫酸盐还原菌测试瓶。国标法规定在 30℃下恒温培养 28d 鉴定 SRB。该方法操作步骤如下。

① 取样：用无菌注射器取 1mL 样品于干净的试管中，加入 9mL SRB 培养液，充分混匀，试管编号为 1#。

② 稀释：用无菌注射器取 1mL 1# 试管中的样品于干净的试管中，加入 9mL SRB 培养液，充分混匀，试管编号为 2#。

③ 再稀释：重复上述稀释步骤，最终的稀释倍数根据样品中可能含有的 SRB 数量确定。

④ 培养：将最终稀释的样品放入 30℃培养箱中，恒温培养 28d。

⑤ 鉴定：根据试管变黑的数目和 SRB 样品的稀释倍数，查询数目表得到初始样品中 SRB 的浓度。

MPN 法检测准确度高、检测限低，但操作烦琐、检测时间长、非实时检测，会影响施工的进展和杀菌措施的调整。

（2）琼脂深层培养法

该方法与 MPN 法原理相同，不同的是，琼脂深层培养法在培养基中加入了 Na_2SO_3，用来除去培养基中残留的 O_2，并且是以培养基的变黑时间对 SRB 种群数量进行预测，而

MPN 法则是根据培养基试管变黑的数目确定 SRB 种群的数量，一般来说 SRB 种群的数量越高，培养基变黑所需要经历的时间越短。琼脂深层培养法的操作步骤如下。

① 取样：用清管器取 SRB 原样品到含有半固体培养基的培养瓶中，并迅速加入矿物油和能够产生二氧化碳的药片。

② 培养：拧紧瓶盖，置于 35℃的培养箱中培养 5d。

③ 记录：定时记录培养基的变黑情况。

④ 检测：根据记录情况查阅标准曲线获得 SRB 种群数量。

该方法不能检测到低浓度的 SRB，还会产生假阴性结果。

(3) 熔化琼脂管法

熔化琼脂管法、MPN 法和琼脂深层培养法三种方法的检测原理相同，都是利用 SRB 代谢的硫化物与 Fe^{2+} 形成 FeS 黑色沉淀的性质来检测 SRB。熔化琼脂管法用的培养基比较简单，以胰蛋白胨作为唯一的营养来源，并加入 Na_2SO_3 除去培养基中残留的 O_2。操作步骤如下。

① 混匀：将培养基加热，使琼脂熔化并与培养基充分混匀，冷却至 40℃待用。

② 加样：将梯度稀释后的 SRB 样品加入琼脂管底部。

③ 培养：拧紧琼脂管，置于 35℃培养箱中培养 3d。

④ 计数：数菌落个数，并根据菌落个数和稀释倍数确定 SRB 数量。

该方法检测时间较短，但准确度低。

6.1.2 基于 SRB 特征物质的检测方法

(1) 三磷酸腺苷 (ATP) 法

该法是通过测定样品中 ATP 的含量来检测 SRB 的。但实际上该方法没有选择性，因为每种具有生命特征的微生物细胞内都有 ATP，准确来说，该方法检测的是样品中所有的微生物数量。具体步骤如下。

① 过滤：过滤去除水样中的小分子有机物和其他溶解性物质。

② 释放：加入三羟甲基氨基甲烷裂解细胞，释放细胞内的 ATP。

③ 光学作用：加入荧光素酶，荧光素酶能与 ATP 酶发生光化学作用，发射光的强度与 ATP 的数量呈线性相关关系。

④ 检测：通过 SRB 浓度与发光强度的标准曲线确定 SRB 数量。

该方法检测时间较短，可以在 1 h 内获得，但准确度低，不具有选择性。

(2) 硫离子选择性电极测定法

SRB 在生长代谢过程中能产生硫化物，硫化物是一种特征代谢产物，因此可以通过硫离子选择性电极测定 SRB，即利用膜电势测量溶液中硫离子活度。当溶液中存在硫离子时，在它的敏感膜（常用 Ag_2S）和溶液界面上产生与硫离子浓度相关的膜电势。选择性电极对硫离子具有选择性响应，测量得到的膜电势与硫离子活度之间符合能斯特方程，因此可以根据测得的电势计算溶液中硫离子的浓度，进而对水样中 SRB 种群数量进行推测。使用硫离子选择性电极测定法对 SRB 种群数量进行测量具有快捷、简便、易自动化的优点，但是当这种检测方法应用于开放体系下 SRB 的检测时会出现结果偏小甚至假阴性的检测结果。

(3) 特异性还原酶测定法

SRB 种群有一种独特的 APS 还原酶，它参与 SO_4^{2-} 的还原过程。SO_4^{2-} 与 ATP 结合产生 APS，APS 在 APS 还原酶的作用下生成磷酸腺苷（AMP）和 SO_3^{2-}。使用特异性还原酶测定法对 SRB 种群进行定量分析具有很好的选择性。常用的操作步骤如下。

① 过滤：过滤去除水样中的小分子有机物和其他溶解性物质。

② 释放：通过超声或者加入细胞裂解液裂解细胞，释放细胞内的 APS 还原酶。

③显色：加入显色剂，使之与 APS 还原酶结合并产生蓝色响应。响应蓝色的程度与水样中 APS 还原酶的数量有关，APS 还原酶的含量越高，产生的蓝色响应越深。

④ 检测：水样中 SRB 的检测结果可以通过标准卡读出。

该方法选择性好。

(4) 放射性物质测定法

该方法主要是依据 SRB 代谢活性进行测定的，其原理是用同位素 ^{35}S 标记的硫酸盐配制 SRB 选择性培养基，^{35}S 标记的硫酸根离子在 SRB 的代谢作用下被还原为 ^{35}S 标记的硫离子，进而生成 ^{35}S 标记的 FeS 沉淀，通过硫酸根离子的还原率推算 SRB 种群的数量。Ingvorson 等将放射性物质测定法引入 MPN 法中，使用 ^{35}S 标记的硫酸盐配制培养基，并通过其代谢速率检测 SRB 的数量。研究发现将放射性物质测定法与 MPN 法相结合可以提高检测的灵敏度。

6.1.3 基于 SRB 细胞的检测方法

(1) 酶联免疫吸附反应 (ELISA)

ELISA 是一种以免疫学反应为基础，将抗体与抗原的特异性反应与酶的高催化活性相结合的一种高灵敏度、高特异性的试验技术。ELISA 方法的基本原理是将高活性的酶分子与特异性的抗体结合形成酶标抗体，这种修饰过程并不会改变酶的高催化活性和抗体的特异选择性。在酶标抗体与吸附在酶标板表面的抗原相结合后，通过清洗将未结合或者结合不牢固的酶标抗体去除。在酶标板中加入显色液，显色液可以在酶的催化作用下产生颜色反应。产生的颜色变化与待检测抗原的浓度有关，抗原浓度越高，吸附结合的酶标抗体量就越多，在一定时间内催化的底物分子越多，表现为颜色越深。因此可以使用 ELISA 对目标抗原进行定量分析。ELISA 检测方法的基础是抗原或抗体的固相化及抗体的酶标修饰，检测的基本原理是：抗原或抗体能够物理吸附在固相载体表面并保持免疫学活性，能够与抗体或抗原特异性结合；抗原或抗体能够通过共价修饰与酶连接形成酶结合物，将抗体或抗原的免疫学活性和酶的高催化性整合为一体；当酶标抗体与响应抗原结合后，加入显色液并根据产生的颜色反应变化判断免疫反应的发生，并将颜色反应的强弱程度与样品中待测抗原的量进行对应的定量分析。

(2) 凝集反应

凝集反应是一种具有悠久历史的经典的血清学反应。它是指细菌、细胞等颗粒性抗原在与抗体结合后能够在适合的电解质条件下凝集成凝聚物颗粒，该颗粒能够用肉眼观察到。能够参与反应的细菌或者细胞称为凝集原，而相应的抗体称为凝集素。凝集反应根据检测的过程可以分为直接凝集反应和间接凝集反应。直接凝集反应是指将细菌或者细胞等抗原直接与抗体相结合产生的凝集反应。其检测的具体步骤为：将待测的细菌液或者细胞液用适合的溶液梯度稀释，然后向不同稀释倍数的溶液中加入抗体，观察是否出现凝集现象。以出现凝集现象的最高稀释倍数推测待测溶液中细菌或者细胞的数量。该方法常用于协助临床诊断或者流行病调查。间接凝集反应是指将可溶性的抗体或者抗原吸附在一种稳定的固相颗粒载体表面，然后再与相应的抗原或抗体作用，并在适宜的电解质条件下发生凝集反应。抗体或抗原修饰在固相颗粒载体上发生的凝集反应足以用肉眼观察到，灵敏度要比直接凝集反应高得多，常用的固相颗粒载体为天然颗粒性物质或活性炭或硅酸铝的颗粒，这些颗粒具有很高的比表面积，能够吸附大量的抗体或抗原分子。使用凝集反应检测 SRB 首先是由 Cook 等提出并使用的，该研究组首先将 SRB 特异性抗体固定到微孔板表面，然后加入一定量的 SRB 待测液，在 4℃的冰箱中孵育过夜，并在适宜的条件下发生凝集反应。最后通过显微镜观察凝集颗粒的数量并推测待测样品中 SRB 的数量。

(3) 荧光抗体技术

荧光抗体技术是免疫标记技术中发展最早的一种，它将抗体和抗原的特异性结合与荧光技术结合用于特异性分子的定位和检测。荧光抗体技术的主要优点包括特异性强、响应灵敏和检测迅速。根据检测操作的不同，荧光抗体技术可以分为直接法和间接法。直接法是将荧光标记的特异性抗体直接作用于抗原表面。经过一段时间的培育和结合后，将未结合或结合不牢固的荧光标记抗体洗去，室温干燥后制样，用荧光显微镜观察并计算样品中目标物的浓度。间接法是使用未经荧光标记的特异性抗体（一抗）与抗原结合后，经过一段时间的培育与结合，使用合适的缓冲液将未结合的一抗分子洗去。加入荧光标记的抗体（二抗）与一抗分子进行特异性结合，形成目标抗原-一抗-二抗的复合物，在用缓冲液清洗后，于室温干燥制样，使用荧光显微镜观察并计算目标物在样品中的浓度。荧光抗体技术检测 SRB 使用的是多价的抗血清，具有较好的选择性，对其他对照细菌并无明显响应。

6.1.4 基于 SRB 遗传标志的检测方法

(1) PCR 技术

PCR 是一种能够在细胞外迅速扩增 DNA 片段的方法，其整个合成过程由高温变性、低温退火以及适温延伸三个步骤循环组成。高温变性阶段（95℃）是将待扩增的目标 DNA 序列热解分为两条 DNA 单链，并以两条单链为模板扩增。低温退火的过程（37～55℃）是将人工合成的引物与互补的 DNA 模板结合，形成双链。最后的适温延伸过程（72℃）是指在 Taq 酶的最适宜温度下从引物的 3′端开始向 5′延伸合成，逐渐形成 DNA 双链。经过一个高温、低温和适温的过程可以将 1 条 DNA 双链扩增为 2 条 DNA 双链，即每次扩增循环都能将目标 DNA 链的数量扩增 1 倍，PCR 产物以指数函数 2^n 迅速增加，达到目标 DNA 双链迅速扩增的目的。

PCR 技术应用于 SRB 的检测与鉴定过程中，主要是根据 SRB 细胞中的 16S rRNA 基于特征序列设计检测方法。

(2) 核酸分子杂交技术

核酸分子杂交技术是一种分子生物学中常用的标准手段，常用于 DNA 分子或 RNA 分子特定基因序列的检测。荧光原位杂交技术是核酸分子杂交技术中研究最多的一种技术，以荧光标记的特异寡聚核苷酸片段作为探针，无须经过 PCR 试验（可以维持微生物的细胞形态），将荧光探针和微生物 16S rRNA 特异性序列严密结合，从而将荧光标记带入微生物细胞中，通过观察检测带荧光标记的微生物来分析目标微生物的种类和数量，检测结果需要用计算机相应软件处理。该方法操作步骤如下。

① 涂片：处理菌体，清洗离心，涂布玻片。

② 固定：样品加固定液（多聚甲醛等溶液）固定在玻片上，并干燥。

③ 脱水：将固定后的样品加乙醇脱水，晾干。

④ 杂交：加入杂交液，并放入杂交炉反应 2～2.5h。

⑤ 清洗：将杂交后的样品清洗，避光晾干。

⑥ 染色：加入染色剂染色。

⑦ 镜检：样品处理完成后在共聚焦显微镜下观察。

该方法检测时间短，不超过 20h，荧光试剂较稳定、安全，可用的荧光试剂范围广泛，能检测出多种 SRB，灵敏度高、特异性好，最大程度上避免了人工误差，但操作复杂，对技术人员操作水平要求高、仪器配置高、成本高。

(3) 限制性片段长度多态性（RFLP）技术

RFLP 技术根据不同物种基因组之间限制性内切酶的酶切位点的不同或酶切位点之间发生了碱基的突变、插入、缺失等变化导致限制性内切酶酶切片段发生的变化对物种进行鉴定分析。不同物种的个体存在不同的 DNA 序列差别，如果这种差别刚好存在于限制性内切酶的酶切位点，两物种的 DNA 酶切片段就会在该处产生区别，限制性内切酶作用于该位点时就会多产生或者少产生一个酶切片段，导致产生的酶切片段在长度、数量上产生区别。限制性内切酶酶切片段可以通过分子探针的杂交技术进行检测。通过筛选同种或不同种物种的 DNA 序列，可以构建分子图谱进而比较不同物种在分子水平的差异，通过与标准菌株对比确定生物的分类以及进化来源。使用 RFLP 技术对 SRB 进行鉴定和多态性分析常采用 SRB385 序列片段或者 dsrAB 序列片段。其中 SRB385 序列片段属于 δ-变形杆菌纲微生物的 16S rDNA 基因中 385～402bp 保守核酸序列，大多数 SRB 基因组中都含有该片段，因此可以依据 SRB385 基因片段检测所有的 SRB 种群。dsrAB 序列片段属于 SRB 特有的亚硫酸盐的异化酶的基因序列，该序列在同一种 SRB 中的序列相对保守，但不同种群之间的序列差异却很大，因此可以使用 dsrAB 序列片段对 SRB 进行分类研究。

6.2 硫酸盐还原菌快速定量检测方法

硫酸盐还原菌的快速定量检测一直是油田生产中的一大难题，对于油田水质检测、回注水系统中合理杀菌浓度的确定、有效地指导油田生产具有重要的意义。SRB 的检测方法主要集中在三个层面：一是传统的检测方法层面，包括培养法以及显微镜直接计数法，培养法是通过选择性培养基，在适宜的培养条件下对样品中的细菌进行培养从而进行活细菌的计数，主要包括平板菌落计数法、最大可能数法（most probable number，MPN 法，亦称为倍比稀释法）等；而直接计数法，是适时、快速、准确地测定细菌总量，主要包括光学显微镜、荧光显微镜等技术，浑浊度（比浊）计数法、电阻抗法以及流式细胞仪测定法等。二是基因层面，基于 SRB 种属的 16S rDNA 序列的定性检测，如基因芯片以及 FISH 技术对 SRB 的定量和定性检测，APS 还原酶基因和异化型亚硫酸盐还原酶基因进行定性检测。三是蛋白层面，主要是通过免疫吸附的原理得以实现，如已经申请专利的基于 APS 还原酶的 SRB 的快速检测试剂盒。

目前，我国油田系统内 SRB 的计数主要执行中国石油天然气行业标准《油田注入水细菌分析方法　绝迹稀释法》(SY/T 0532—2012)。上述的这种方法存在的问题是：检测需要 14d，由于检测周期较长，不能有效和即时地指导生产实践，在实际操作过程中有些严格的厌氧 SRB 无法生存，导致 SRB 的计数结果不准确，检测结果偏低，不能真实地反映生产实际情况，同时检测费用较高。

反硝化细菌（denitrifying bacteria，DNB）是一类进行硝酸盐还原反应的细菌总称，通过诱导产生硝酸还原酶和亚硝酸还原酶对硝酸盐和亚硝酸盐进行还原。在废水生物处理中如生物脱氮除磷、脱氮除硫，以及各种与反硝化生物作用相关的工艺研究中，反硝化细菌的数量是反映生物量及其活性的一项重要指标。反硝化细菌个体小，生长缓慢，以往检测反硝化细菌主要依据杜氏小管中是否有 N_2 生成，利用格利斯试剂、浓硫酸是否检测到有 NO_2^- 生成和 NH_3 的存在，以及采用气相色谱检测法检测。目前多采用的常规检测的最大可能数(most probable number，MPN)-Griess 法计数效率低，检测周期长，需要 14d。而污水在生物反硝化生物反应器中只滞留 1d 左右，因而不能使用该法对生物硝化池中反硝化细菌进行及时的监测。该检测方法存在的问题是操作烦琐、培养周期过长、检测结果偏低、检测费用高、检测结果意义有限。在油田油藏和地面工艺中，本源的和外来的反硝化细菌是大量存在的，特别是在油田生产中反硝化细菌的检测是一个亟待解决的难题。反硝化细菌的检测，对于应用生物方法进行生态抑制起到了一个关键性的作用，对于指导菌剂的投加具有很重要的作用，同时也是油田检测的一个重要的指标。

随着微生物分子生态学技术的不断发展，出现了一些新的技术，目前常规 PCR 应用于基因诊断和检测仍有许多局限性，主要有两点：一是不能准确定量，二是由于太灵敏，容易交叉污染，易产生假阳性。尽管为了克服上述不足，人们采取了许多方法，如杂交法、竞争法、酶联法及尿苷酶降解法等，但均不很成功。Satoshi、Hovanec 等根据硝化细菌的 16S rRNA 序列设计荧光探针对变形菌纲的 α、β 类通用探针进行检测，国内谢冰等采用荧光原位杂交法对活性污泥中的硝化细菌进行检测，开发了用于检测特定种属反硝化细菌的寡核苷酸探针，以上的研究在原有的检测方法上有了一定的改进，为以后的研究提供了一些思路和借鉴。直到最近实时荧光定量 PCR 技术的出现才使上述问题得到较好的解决。近年来的文献报道实时荧光定量 PCR 技术是目前最准确、重现性最好并得到国际公认的核酸分子定量和定性检测标准方法。TaqMan-MGB、TaqMan-LNA 探针为近期出现的新一代 TaqMan 探针，其在试验结果的精确性、重复性、杂交特异性等方面均优于常规 TaqMan 探针。

本章深入地对硫酸盐还原菌按照不同的方法进行了一个相对比较全面的研究，力争建立一个比较完整的快速检测方法，按照生产的实际需要和目前的生产力的实际水平，开发出相关的检测装置和检测方法。试验试图从改良培养基和培养条件、MPN-PCR 方法以及 real time-PCR 方法对硫酸盐还原菌和反硝化细菌的定量检测进行研究。试验具有计数准确、缩短计数时间、真实地反映生产实际情况、降低检测费用的特点。研究紧紧地围绕能够解决生产实际的问题，旨在开发和改良不同方法，有望在实际生产中得到应用和创造出更多的价值。

6.2.1 管壁和罐壁附着型 SRB 定量检测

油田细菌在管线内壁附着生长，一定时间后管壁会形成一层固着菌（主要由微生物体与水体中的盐等形成的一层有机质膜）。固着菌黏附在管线内壁参与和加速了管道的腐蚀，由于老化、水流速度改变等原因造成菌体脱落，恶化水质[390]。固着菌中的微生物取样困难，且其胞外聚合物阻碍了化学杀菌剂对膜内细菌的作用，难以达到杀灭膜内细菌的作用。

固着菌生长状况与水质息息相关，因此通过检测固着菌来考察水体环境情况是很有必要的。王田丽等[391] 研制了固着菌原位取样器，为在胜利油田胜利采油厂宁海站现场检测固着菌提供了方便。固着菌取样器取样数据分析表明，在试验周期内材料表面附着生长了大量的固着菌，固着菌中细菌含量高，疏松多孔，扫描电镜可观察到细菌的存在，元素分析证实固着菌中有大量的硫元素和铁元素，且膜下材料腐蚀严重。针对附着型硫酸盐还原菌（A-SRB）对管壁和罐壁的腐蚀问题，魏利等[392] 做过大量的研究，应用 Hungate 厌氧技术分离大庆油田地面系统中的 A-SRB，通过 16S rDNA 序列鉴定分析菌群分布，并在管壁和罐壁安装检测装置定量检测 A-SRB。研究结果表明，在地面系统中的 SRB 中，A-SRB 占多数，主要分布在厚壁菌门梭菌纲（Clostridia）、变形菌门的 γ-变形菌纲（Gammaproteo bacteria）和 δ-变形菌纲（Deltaproteo bacteria），其中梭菌属（*Clostridium*）为优势菌属。纯培养分离表明 A-SRB 种类比较新颖。通过安装在管壁上的检测装置和最大可能数法（MPN）联用实现 A-SRB 的定量检测，该技术已在油田实际生产中得到了应用。

6.2.1.1 附着型 SRB 检测装置

附着型硫酸盐还原菌是造成油田腐蚀的重要的原因，同时也是导致油田硫酸盐还原菌杀菌和抑菌效果不理想的一个重要的原因。因此，油田硫酸盐还原菌检测中仅仅检测水中的非附着型 SRB 是远远不够的，还必须对附着型 SRB 进行检测。附着型 SRB 的定量检测技术，对于油田防腐和回注水系统中合理杀菌浓度的确定具有重要的意义。

国外采用罗宾装置进行附着型 SRB 生物膜的提取。将改良的生物膜取样装置和非附着型 SRB 检测方法相结合，实现附着型 SRB 的定量检测，从而指导生产并制订出科学的控制指标。

如图 6-1 所示，附着型 SRB 测试组件的安装方法是：先在管壁上打孔，安装一个带螺旋扣的水闸，然后将测试组件安装在管壁上，使测试组件上的探头与管道内壁平齐。

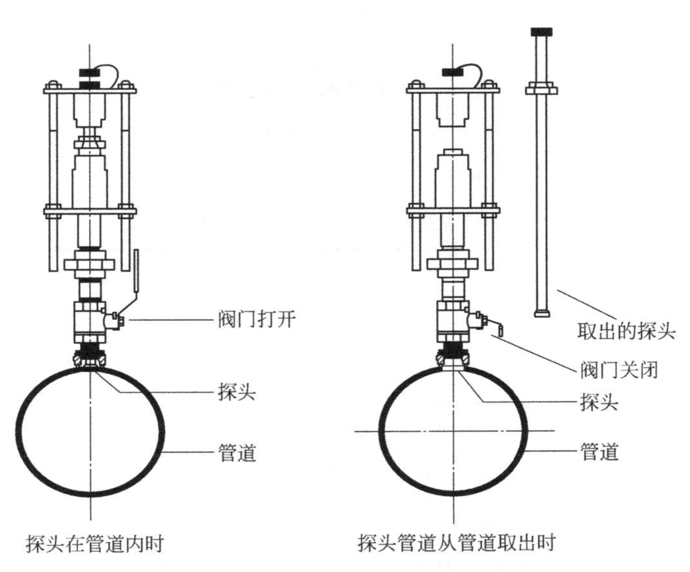

图 6-1 附着型 SRB 测试组件示意

6.2.1.2 采油三厂管壁和罐壁附着 SRB 定量检测

试验以采油三厂北三三脱水站地面处理系统为测试点，开展了管壁和罐壁附着型 SRB

含量测定研究。现场将测试组件分别安装在北三三脱水站沉降罐出口和入口、北三一三沉出口和入口、北三一外输水汇管出口和入口上，现场工艺流程如图 6-2 所示，测试结果见表 6-1。采用附着型 SRB 测试组件，在线安装 15d，使系统内 SRB 能够在测试组件的探头上充分成膜，将测试组件上的探头取下，把探头上的菌膜剥离至配制的溶液中，振荡后，采用改良后的 SRB 培养基进行计数。

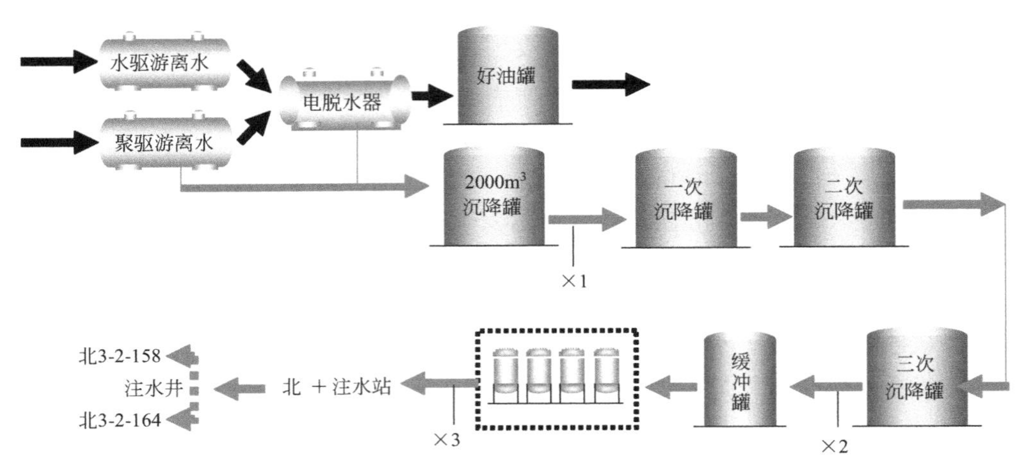

图 6-2　北三三脱水站现场工艺流程图

根据生长结果计算菌膜中的 SRB 含量，现场附着型 SRB 含量测定结果见表 6-1。由表 6-1 可知，管壁上有大量的 SRB 附着生长，在一定程度上表明，同一管道中管壁 SRB 的数量相对大于污水中的数量，通过安装在管壁上的检测装置与最大可能数法（MPN）联用，实现了管壁和罐壁上的附着型 SRB 的定量检测，该技术在生产中已经得到应用。目前细菌计数中只监测污水中、流动相中的附着型 SRB，并没有监测附着型 SRB，现场附着型 SRB 含量测定结果显示，系统的管壁上有大量的 SRB 附着生长，这一研究结果也证实了室内 SRB 菌群种类及生长特性研究的结论，即油田回注水系统中存在附着生长的 SRB 和非附着生长的 SRB。这对于制订硫酸盐还原菌的系统控制方法，具有非常重要的意义，改变了以往的“杀菌方案”治标不治本的问题。

表 6-1　采油三厂附着型 SRB 含量测试结果

测试部位	管壁/(个/cm^2)	污水/(个/mL)	测试部位	管壁/(个/cm^2)	污水/(个/mL)
脱水站罐入口	1.0×10^6	1.5×10^3	脱水站罐出口	2.5×10^6	2.0×10^3
沉降罐入口	4.8×10^6	4.5×10^3	沉降罐出口	6.0×10^6	7.5×10^3
外输水汇管入口	1.0×10^6	1.25×10^3	外输水汇管出口	1.3×10^6	1.5×10^3

6.2.2　厌氧全过程的倍比稀释纯培养计数工艺

应用纯培养技术进行 SRB 检测的理论依据是：倍比稀释法计数适用于测定在一个混杂的微生物种群中数量上虽不占优势，但却具有特殊生理功能的类群。

研究思路是基于纯培养技术，旨在开发出一种从取样到倍比稀释纯培养计数工艺，它是一整套“厌氧全过程的倍比稀释纯培养计数工艺”，保证厌氧条件的 SRB 定量检测方法。“厌氧全过程的倍比稀释纯培养计数工艺”表示整个计数过程都在严格的厌氧条件下操作，减少 SRB 在操作过程中的死亡，提高检测的准确性，同时缩短检测的周期。其整个厌氧操作过程包括从取样到倍比稀释，以及在培养基中进行培养的全过程。该检测方法主要突出的是从现场取样到厌氧条件下的倍比稀释直至培养的全过程的厌氧操作工艺。以往的用于SRB 的计数工艺，只有培养基是厌氧的，而其余的操作过程基本上都是在有氧的条件下进行的，这样的操作不可能实现真正的厌氧培养，导致计数的结果偏低，甚至有些种属的硫酸盐还原菌无法培养。研究的一个创新点有效解决了该问题：从取样的厌氧操作，到用于倍比稀释时的厌氧去离子水，都是在厌氧管中操作的，避免了传统稀释过程中氧气的进入，采用摇床进行快速培养。最终实现 3d 就可以初步计数，4d 可以稳定计数。

其中主要的改进和创新包括以下几个主要的环节：a. 厌氧培养基配制装置的改进；b. 用于倍比稀释的厌氧无菌水的配制；c. 厌氧硫酸盐还原菌培养基的改良和加药方法的改进；d. SRB 最适合的生长温度的确定；e. 采用摇床培养缩短培养时间；f. 实现 3d 可以初步计数，4d 可以稳定计数。

6.2.2.1 厌氧培养基配制装置的改进

厌氧培养基配制装置如图 6-3 所示，该套装置是基于 Hungate 厌氧操作技术原理改进的，基本原则是在培养基配制过程中驱除培养基中的氧气，采用的方法是在电磁炉煮沸培养基的过程中通入高纯氮气以驱除氧气；向培养基中加入还原剂（L-半胱氨酸盐），利用其还原作用去除氧，降低氧化还原电位；通过电磁炉高温加热有利于驱除溶解氧；厌氧试剂瓶密闭性强，更利于细菌的培养，改进后的整套厌氧装置的氧化还原电位（ORP）低于-100mV，所用的气体为高纯氮气，其中氧气浓度$\leqslant 2\text{mL/m}^3$，可以达到 SRB 的厌氧条件要求。

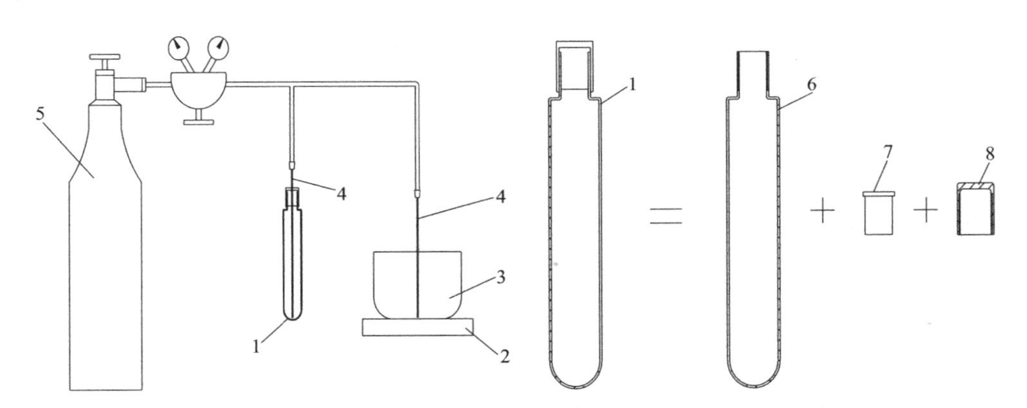

图 6-3 厌氧培养基配制装置和检测试剂瓶横剖面构造图

1—厌氧管；2—电磁炉；3—电磁炉专用锅；4—医用针头；5—高纯氮气瓶；
6—厌氧玻璃管（带螺旋扣）；7—橡胶塞；8—塑料盖

6.2.2.2 用于倍比稀释的厌氧无菌水的配制

整套改良的工艺，突出全流程的厌氧条件的控制，特别是用于倍比稀释的溶液含有较高的溶解氧，将其注入到培养基的试剂瓶中，试剂瓶的厌氧程度下降，氧化还原电位（ORP）升高，导致计数的准确程度降低。基于上述的问题，试验做了一个重要的改进，配制厌氧的无菌水用于倍比稀释的溶液，能有效地防止溶解氧的进入。厌氧无菌水的配置：将蒸馏水1700mL 放入电磁炉中高温煮沸，同时通入高纯氮气，煮沸和同时通入氮气 15～20min，然后按照 9mL/个厌氧管进行分装备用。

6.2.2.3 厌氧 SRB 培养基的改良和加药方法的改进

培养基的成分在原有的标准《油田注入水细菌分析方法　绝迹稀释法》(SY/T 0532)基础上进行了改良，增加了葡萄糖（作为碳源）和维生素 C，研发了一种两步加药的方法，即加速了细菌的生长。在培养基中加入 L-半胱氨酸盐的目的是更加有效地去除培养基中的氧气，提高厌氧程度；其中 3%的硫酸亚铁氨 [$FeSO_4(NH_4)_2SO_4$] 溶液用厌氧的去离子水配制，然后单独加入到试剂瓶中，目的是防止发生化学反应而生成沉淀。

培养基的改进主要采用了单因子和正交旋转试验。首先做了 Na_2SO_4 和 $FeSO_4(NH_4)_2SO_4$ 两个单因子试验，初步确定药品的加药量区间，应用 Mintab14 软件设计做正交回归旋转试验。Na_2SO_4 的浓度在 0.2%～0.5%时细菌的数量大于 10^3 个/mL，浓度为 0.3%时 SRB 的数量为 4.75×10^4 个/mL，细菌的数量最高，培养基中 Na_2SO_4 的加药区间设在 0.2%～0.5%较好。$FeSO_4(NH_4)_2SO_4$ 的单因子试验，加药区间为 0～0.6%，$FeSO_4(NH_4)_2SO_4$ 对 SRB 总体上有促进作用，浓度为 0.3%时 SRB 的数量达到 10^4 个/mL。培养基中 $FeSO_4(NH_4)_2SO_4$ 的加药区间设在 0.1%～0.5%之间较为适宜。

为优化培养基配方，确定其组成、含量及各组成成分间的相互作用对 SRB 生长的影响，应用 Mintab14 软件进行六因子正交回归旋转试验，分析结果见表 6-2。

表 6-2　六种组成成分及其交互作用显著性分析

成分	交互作用显著性(P)	成分	交互作用显著性(P)
组分一(A)	0.379	组分一*组分二(A*B)	0.816
组分二(B)	0.532	组分一*组分三(A*C)	0.645
组分三(C)	0.116	组分一*组分四(A*D)	0.770
组分四(D)	0.449	组分一*组分五(A*E)	0.606
组分五(E)	0.564	组分一*组分六(A*F)	0.339
组分六(F)	0.007	组分二*组分三(B*C)	0.900
组分一*组分一(A^2)	0.332	组分二*组分四(B*D)	0.182
组分二*组分二(B^2)	0.331	组分二*组分五(B*E)	0.631
组分三*组分三(C^2)	0.093	组分二*组分六(B*F)	0.598
组分四*组分四(D^2)	0.432	组分三*组分四(C*D)	0.403
组分五*组分五(E^2)	0.388	组分三*组分五(C*E)	0.416
组分六*组分六(F^2)	0.008	组分三*组分六(C*F)	0.006
组分四*组分五(D*E)	0.880	组分四*组分六(D*F)	0.180
组分五*组分六(E*F)	0.123		

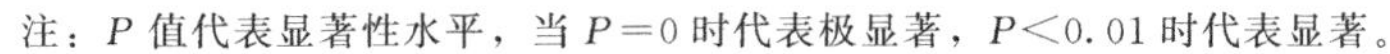

注：P 值代表显著性水平，当 $P=0$ 时代表极显著，$P<0.01$ 时代表显著。

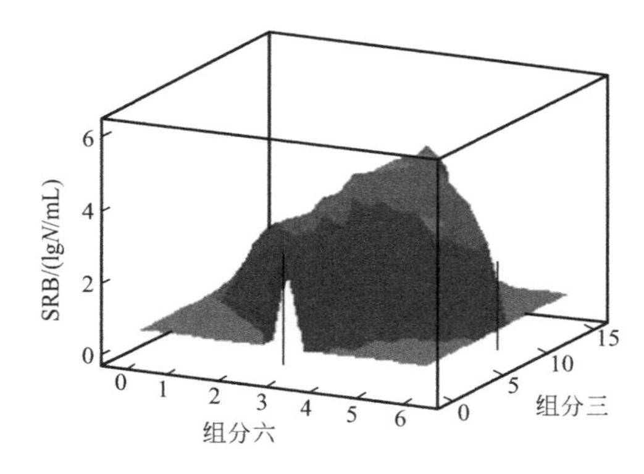

图 6-4　组分三和组分六最佳浓度示意

由表 6-2 可知，组分三和组分六的交互作用显著，组分三和组分六的最佳配比浓度三维如图 6-4 所示（另见书后彩图），表明组分三最合理的浓度为 5.67g/L，组分六最合理的浓度 2.98g/L。

通过上述的分析能够建立回归方程，它的建立有利于推导不同组分对 SRB 生长的影响，六种组分建立的回归方程的系数见表 6-3。软件根据回归方程系数建立的回归方程为：

Y(SRB 数量) $=0.0686510A^2-0.297837B^2-0.00220155C^2-7.99740D^2-0.0777340E^2+$

$0.0947523D^*E + 0.0476354E^*F - 0.0484368A^*B + 0.0467162A^*C - 6.32861A^*D + 0.0123037A^*E + 0.0819065A^*E - 0.0128929B^*C - 0.147785B^*D - 0.0729027B^*E + 0.0684126B^*F + 0.0564743C^*D - 0.000971093C^*E + 0.00748748C^*F + 0.752126D^*F + 2.00364A + 0.612446B - 0.0402645C + 2.80036D + 0.350401E - 0.0338248F$

根据试验确定的最佳浓度，改良后的培养基成分为 K_2HPO_4：0.54g/L，NH_4Cl：1.23g/L，Na_2SO_4：2.98g/L，$CaCl_2 \cdot 2H_2O$：0.04g/L，$MgSO_4 \cdot 7H_2O$：1.24g/L，酵母膏：4.84g/L，质量百分浓度比为60%的乳酸钠溶液：5.43mL，葡萄糖：1.42g/L，维生素C：0.1g/L，蒸馏水：17500mL。硫酸盐还原菌培养基的制备方法如下：将上述成分混合均匀，然后调节pH值使pH=7.8，制成培养基，再加入培养基总重量0.2%的指示剂刃天青溶液；将上述培养基用电磁炉煮沸后，根据电磁炉锅内培养基总量，加入0.4g/L的L-半胱氨酸盐，盖上锅盖，从锅盖的中间孔中插入医用针头，通入高纯氮气驱氧20～30min，指示剂的颜色由紫色逐渐消失后，将另一个医用针头插入厌氧管中，通入高纯氮气，将厌氧管中的含氧空气吹走，用10mL的医用注射器从灭菌锅中吸8mL培养基注入到厌氧管中，将密封后的厌氧管在121℃条件下灭菌30min即可。

表6-3 六种组分建立的回归方程的系数

因素	系数	因素	系数
成分一(A)	2.00364	成分一*成分二(A*B)	−0.0484368
成分二(B)	0.612446	成分一*成分三(A*C)	0.0467162
成分三(C)	−0.0402645	成分一*成分四(A*D)	−6.32861
成分四(D)	2.80036	成分一*成分五(A*E)	0.0123037
成分五(E)	0.350401	成分一*成分六(A*F)	0.0819065
成分六(F)	−0.0338248	成分二*成分三(B*C)	−0.0128929
成分一*成分一(A^2)	0.0686510	成分二*成分四(B*D)	−0.147785
成分二*成分二(B^2)	−0.297837	成分二*成分五(B*E)	−0.0729027
成分三*成分三(C^2)	−0.00220155	成分二*成分六(B*F)	0.0684126
成分四*成分四(D^2)	−7.99740	成分三*成分四(C*D)	0.0564743
成分五*成分五(E^2)	−0.0777340	成分三*成分五(C*E)	−0.00097
成分六*成分六(F^2)	−0.0513152	成分三*成分六(C*F)	0.00748748
成分四*成分五(D*E)	0.0947523	成分四*成分六(D*F)	0.752126
成分五*成分六(E*F)	0.0476354		

6.2.2.4 采用摇床培养缩短培养时间

通过对大庆油田的SRB的生态因子的研究，确定大多数菌株的最适宜的温度为36℃。通常厂家生产的试剂瓶规定只是放到恒温箱中培养，这样生长会很慢，因此提出了采用摇床培养的策略，在摇床的转动中，微生物能够充分地利用营养物质，加速了硫酸盐还原菌的生长，缩短了检测的周期。

6.2.2.5 计数

厌氧全过程的倍比稀释纯培养计数工艺主要的操作：a. 取样，将油田的水样注入到经灭菌的含有高纯氮气的厌氧管中；b. 超净工作台需要提前紫外线灭菌30min，然后向灭菌的SRB培养基中加入0.1mL的质量百分浓度为5.67%的 $FeSO_4(NH_4)_2SO_4$ 溶液备用；c. 选择水样的稀释倍数，通常大于经验值2～3个数量级，用倍比稀释法稀释，取水样1mL

注入用于倍比稀释的厌氧管中，最终水样被稀释 10 倍，依次从该管中用一次性注射器取样 1mL 注入下一个用于倍比稀释的厌氧管中，直到选择稀释的倍数；d. 选用三管至五管平行法，在同一个稀释梯度下选择做 3～5 个平行样，吸取 1mL 注入备用的培养基中；e. 将 MPN 的培养基放置到摇床上，然后在 36℃、180r/min 条件下摇动；f. 结果观察，第 3 天可以初步计数，第 4 天准确计数。

6.2.2.6 标准培养基与改良的培养基的比较分析

（1）纯菌生长周期的模拟

对从油田中分离得到的 SRB 菌株，分别用改良后的培养基进行培养，考察菌株生长的差异性以及生长周期的长短，在接种后的第 2 天，近 2/3 的 SRB 菌株大量生长，在接种后的第 3 天，分离的 80 支菌株中只有一管没有生长（A5 菌株）。可以说绝大分硫酸盐还原菌可以在 3d 内通过培养基反映生长情况，3d 时间计数是可行的。

（2）两种培养基的比较分析

如图 6-5 所示，在高浓度的情况下，检测结果稳定在一个数量级。而五管平行法记录的结果置信度大于 95%。五管平行法 4d 记录的结果通常与 7d 记录的结果只在系数上有差别，而在数量级上无差别。在第 4 天已经稳定生长，以后无变化。可以明显看出，研发的整套厌氧工艺具有快速性和稳定性。

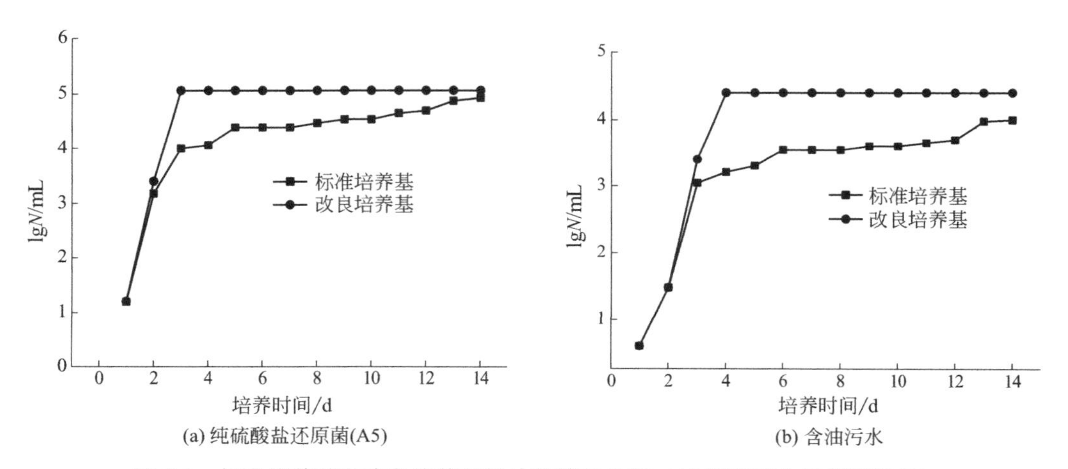

图 6-5 标准培养基和改良培养基的计数结果比较（N 指硫酸盐还原菌数量）

（3）两种培养基的微生物种群的比较

试验通过 PCR-DGGE 图谱分析（图 6-6），考察标准培养基和改良后的培养基的微生物种群的变化规律，分析两种培养基对种群的培养能力。试验取四厂杏九联污水，进行硫酸盐还原菌的检测，分别接种到标准培养基和改良后的培养基中，采用五管平行法，分别在 3d、7d、14d 取样，分别提取 DNA，进行 PCR-DGGE 试验，引物为 338F/534R。

如图 6-6 所示，比较两种培养基发现，标准培养基的种群随着培养时间的延长变得丰富起来，而改良后的培养基，总体上微生物种群要比标准培养基丰富，种群变化很小，在培养的最初 3d 内种群基本上达到稳定，改良后的培养基能够有利于硫酸盐还原菌的快速生长。基本上最主要的微生物都能被培养出来，只是改良后的培养基能使微生物种群很快达到稳定，种群也相对更加丰富一些。

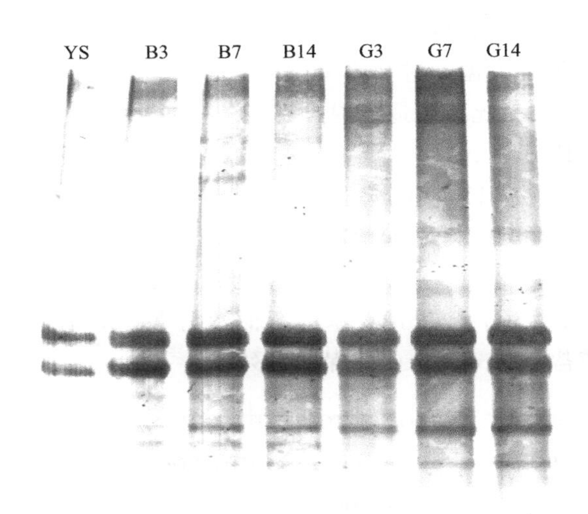

图 6-6 标准培养基和改良后的培养基的 PCR-DGGE 图谱

YS—原水样；B3—标准培养基培养 3d；B7—标准培养基培养 7d；B14—标准培养基培养 14d；
G3—改良培养基培养 3d；G7—改良培养基培养 7d；G14—改良培养基培养 14d

6.2.3 MPN-PCR 定量检测方法

6.2.3.1 菌液制备

目前，基于环境样本中如生物反应器、土壤中的 DNA 的制备的方法多数采用溶菌酶、CTAB 或 SDS 法提取样本中微生物的 DNA，DNA 得率低，多为弥散的条带，或者无法进行 PCR 扩增。更深层的意义在于当环境样本 DNA 用于微生物分子生态学和特定菌种的定量检测研究时，其 DNA 的损失率较大，对于数量少的微生物根本无法提取，这样的 DNA 用于微生物分子生态学的研究不能够全面地反映种群的结构和动态演替情况，用于环境样本中微生物的定量检测则更加不准确。

“菌液制备”的思路是将菌体以外的杂质尽量去除，在缓冲液中只含有微生物菌体，直接作为 PCR 扩增的模板 DNA。菌液制备方法如下（以下步骤在超净工作台下完成，先紫外线灭菌 20～40min）：a. 含有高纯氮气的厌氧管中的油田污水水样，取 1mL 注入经灭菌的 1.5mL 的离心管中；b. 超声仪裂解 40s，13000r/min 离心 1min，从管中轻轻地弃上清液 0.9mL；c. 在剩余的 0.1mL 中加入“菌液制备前处理缓冲液”0.9mL，在振荡器上充分振荡 5min；d. 13000 r/min 离心 2min，弃上清液 0.98mL，充分振荡 2min，制备完毕。短时间内使用 4℃保存即可，长时间使用需要−20℃保存。“菌液制备”是定量检测的关键步骤，对于含油污水的细胞具有较高的回收率。同时适用于污泥和土壤等环境样本，细胞的回收率的主要影响因素是振荡的充分程度，以及能否有效地将污泥、土壤颗粒中的细菌释放出来。

6.2.3.2 DSR-MPN-PCR 法对硫酸盐还原菌的定量检测

(1) PCR 体系和反应条件的优化

通用引物是根据 Joulian 等针对硫酸盐还原菌的异化型亚硫酸盐还原酶 α 亚基设计的，α 亚基中包含典型的硫酸盐-亚硝酸盐还原酶的保守框架（C-X_5-C)-X_n-(C-X_3-C）和 CP-X_n-C-X_2-C-X_2-C 框架，能与［Fe_4S_4］-唏咯铁卟啉（siroheme）结合，引物分别为 DSR1F(5′-AC[C/G]CACTGGAAGCACG-3′）和 DSR5R（5′-TGCCGAGGAGAACGATGTC-3′）。首先进

行 PCR 体系和反应条件的优化，以及目的片段的克隆，主要针对复性温度和 PCR 扩增体系进行优化，梯度 PCR 表明复性温度过低容易产生杂带，复性温度过高会造成扩增条带过弱或不能扩增出条带，58.0℃是比较合适的退火温度。同样，确定了适宜的反应体系为 20μL：Buffer(10×)2μL，dNTP(0.3mmol/L)2μL，引物 DSR1F 和 DSR5R (0.1μmol/L)，rTaq DNA 聚合酶 0.3U，去离子水 11.7μL，菌液 2μL。在此扩增条件下，扩增条带的特异性强，无杂带产生。将扩增的片段连接到载体 pGEM-T (promega) 后，随机挑取单菌落进行测序的结果表明，该扩增片段为 243bp（图 6-7），序列在 GenBank 进行 BLAST，与 *Desulfovibrio desulfuricans*（AF273034）的 α 亚基的相似性为 98%，属于硫酸盐还原菌（*Desulfovibrionaceae*）亚硫酸盐还原酶基因中的保守序列。

```
1    CCCACTGGAA  GCACGGCGGC  ATCGTGGGTG  TGTTCGGTTA  CGGCGGCGGC  GTTATCGGCC   60
61   GTTACTGCGA  CCAGCCCGAA  ATGCTCCCCG  GCGTGGCGCA  CTTCCACACC  ATGCGTGTGG  120
121  CCCAGCCTTC  CGGCAAGTAC  TACCACAGCA  AGTTCCTGCG  CGACCTGTGC  GACATTTGGG  180
181  ATCTGCGTGG  TTCTGGTCTG  ACCAACATGC  ACGGCTCCAC  CGGCGACATC  GTTCTCCTCG  240
241  GCA         243
```

图 6-7 引物 DSR1F 和 DSR5R 扩增的序列

(2) DSR-MPN-PCR 法对污水中 SRB 的定量分析

采用五管平行法进行冰上 PCR 操作，根据扩增产物的电泳结果来记录各样品的阳性条带数，具体查表计算方法是：选择后三个连续稀释梯度（10^x、10^{x+1}、10^{x+2}），根据阳性条带确定近似值（abc），然后查阅文献得出对应数值，计算出 1mL 检测水样中 SRB 的总数。计算公式如下：1mL 检测样中 SRB 的总数（个/mL）＝条带近似值(abc) 表中对应数值×三个稀释梯度中第一个稀释梯度的稀释倍数（abc)×10^x×10×1.02%。如图 6-8 所示，共稀释 7 个梯度，条带近似值为 540，查表得对应数值为 13.0，代入公式得 1mL 检测样中 SRB 的总数为 1.326×10^7 个。采用三管平行法记录的结果在数量级上与五管平行法无差别，五管平行法精确度更高，更加准确，置信度＞99%。

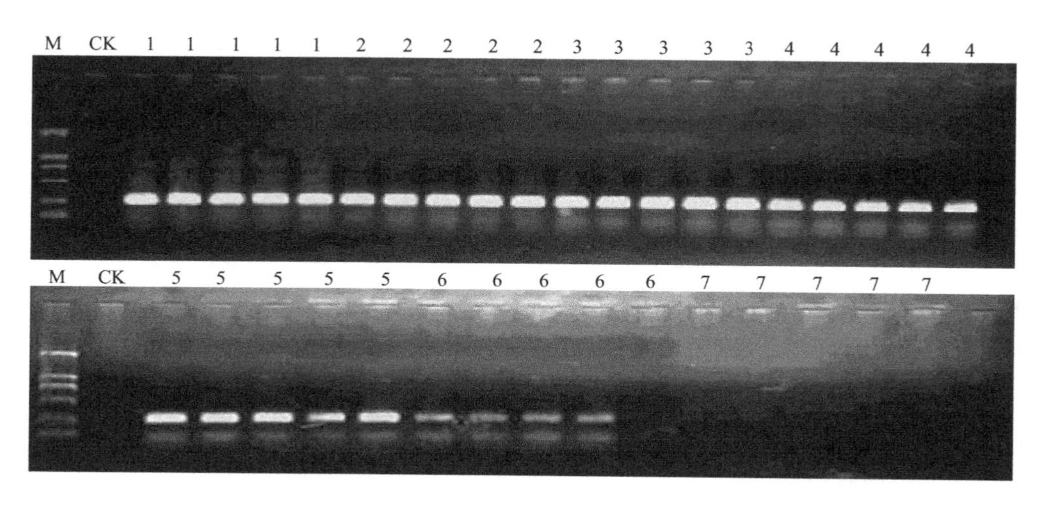

图 6-8 DSR-MPN-PCR 法 1～7 梯度 1.2%的琼脂糖电泳图谱

(3) DSR-MPN-PCR 法和液体稀释培养法的比较

选择 5 个污水厂出水和进水进行硫酸盐还原菌的检测，结果见表 6-4。

表 6-4　DSR-MPN-PCR 法和液体稀释培养（MPN）法的检测结果比较

样品	DSR-MPN-PCR 法/(个/mL)	液体稀释培养(MPN)法/(个/mL)	DSR-MPN-PCR/MPN 法/(个/mL)
一厂聚北一污水站(进水)	3.57×10^5	3.5×10^3	1.02×10^2
一厂聚北一污水站(出水)	3.06×10^5	3.0×10^3	1.02×10^2
一厂北 1-2(进水)	3.06×10^4	3.0×10^2	1.02×10^2
一厂北 1-2(出水)	2.55×10^3	7.5×10^1	0.34×10^2
四厂新杏九联(进水)	2.55×10^4	3.0×10^2	0.85×10^2
四厂新杏九联(出水)	1.326×10^5	1.3×10^3	1.02×10^2
六厂喇 400 联合站(进水)	5.1×10^2	5.0×10^0	1.02×10^2
六厂喇 400 联合站(出水)	6.12×10^2	6.0×10^0	1.02×10^2
七厂葡二联合污水站(进水)	2.55×10^3	2.5×10^1	1.02×10^2
七厂葡二联合污水站(出水)	3.06×10^3	5.0×10^1	0.612×10^2

由表 6-4 可知，DSR-MPN-PCR 法检测结果明显比液体稀释培养法高，且两个结果在数量上具有一定的相关性，前者检测结果大约平均是后者的 100 倍，而液体稀释培养法的结果一般认为与实际值相比偏低，难以真实地表征水样中实际的 SRB 数量；SRB 检测试剂瓶需要 14d，而 DSR-MPN-PCR 法整个操作过程需要 3～4h，有效地缩短了检测的周期，准确地反映了当时生产的实际情况，可以直接有效地指导生产。采用硫酸盐还原菌检测试剂瓶检测单个样品成本大约为 60 元，考虑到仪器损耗等，DSR-MPN-PCR 法检测成本大约为 30 元，大大地降低了检测费用。检测结果非常稳定，同时具有可重复性。

6.2.3.3　APS-MPN-PCR 法对硫酸盐还原菌的快速定量检测研究

(1) PCR 体系和反应条件的优化及目的基因片段的克隆

通用引物是 Friedrich 针对硫酸盐还原菌的腺苷酰硫酸还原酶基因设计的，蛋白结构中包含有典型的硫酸盐-亚硝酸盐还原酶的保守框架 CP-X_n-C-X_2-C-X_2-C 框架，能与 [4Fe4S] 结合，引物分别为 APS7F (5′-GGGYCTKTCCGCYATCAAYAC-3′) 和 APS8R (5′-GCACATGTCGAGGAAGTCTTC-3′)。试验主要针对复性温度和 PCR 扩增体系进行优化，如图 6-9 所示，复性温度梯度 PCR 扩增结果表明，引物的特异性较好，温度梯度无杂带产生，56.3℃是比较合适的退火温度。

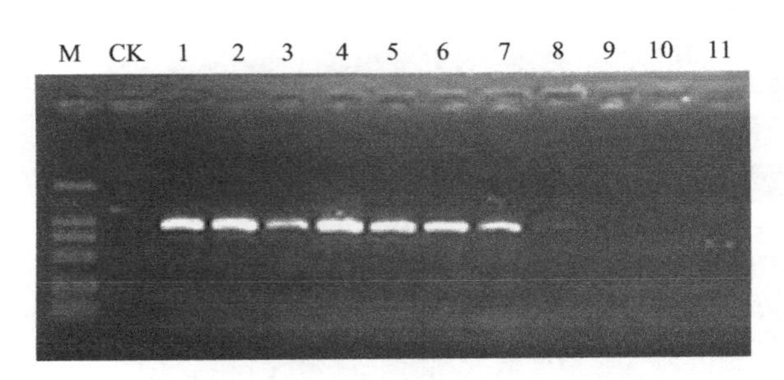

图 6-9　APS-MPN-PCR 法复性温度梯度 1.2%琼脂糖凝胶电泳图谱

M—Marker DL2000；CK—对照；1-11 分别为：54℃、54.4℃、55.2℃、56.3℃、57.9℃、60.0℃、62.4℃、64.3℃、65.9℃、67.0℃、68.0℃的样品

优化后的反应体系为 20μL：Buffer (10×) 2μL，dNTP (0.3mmol/L) 2μL，引物

APS7F 和 APS8R（0.1μmol/L），rTaq DNA 聚合酶 0.3 U，去离子水 11.7μL，菌液 2μL。在此扩增条件下，扩增条带的特异性强，无杂带产生。将扩增的片段连接到载体 pGEM-T（promega）后，随机挑取单菌落进行测序的结果表明，该扩增片段长度为 943bp（图 6-10）。序列在 GenBank 进行 BLAST，与脱硫弧菌 *Desulfovibrio desulfuricans* subsp.（AF226708）的相似性为 99%，属于硫酸盐还原菌（*Desulfovibrio*）腺苷酰硫酸还原酶基因中的保守序列。

GGGTCTGTCC GCCATCAACA CCTACCTGGG TGAAAACGAC GCCGACGACT ACGTCCGCAT 60
GGTCCGCACC GACCTTATGG GCCTGGTTCG CGAAGACCTT ATCTTCGACG TAGGCCGTCA 120
CGTTGACGAC TCCGTGCATC TATTTGAAGA TTGGGGCCTT CCCTGCTGGA TCAAGGGCGA 180
AGACGGCCAC AACCTGAACG GCGCTGCCGC CAAGGCTGCT GGCAAGAGCC TGCGCAAGGG 240
CGATGCCCCT GTGCGTTCCG GCCGCTGGCA GATCATGATC AACGGTGAAT CCTACAAGTG 300
CATCGTGGCC GAAGCTGCCA AGAATGCCCT GGGTGAAGAC CGCATCATGG AACGTATCTT 360
CATCGTGAAG CTGCTTCTCG ATAAGAACAC CCCCAACCGC ATCGCCGGCG CCGTGGGCTT 420
CAACCTGCGC GCCAACGAAG TGCACATCTT CAAAGCCAAC ACCATCATGG TGGCCGCTGG 480
CGGTGCCGTT AACGTGTACC GTCCCCGCTC CACCGGTGAA GGCATGGGCC GTGCATGGTA 540
TCCTGTGTGG AACGCTGGTT CTACCTACAC CATGTGCGCT CAGGTTGGCG CTGAAATGAC 600
CATGATGGAA AACCGCTTCG TGCCCGCCCG CTTCAAGGAC GGTTACGGCC CCGTGGGTGC 660
GTGGTTCCTC CTGTTCAAGG CCAAAGCCAC TAACTCCAAG GGTGAAGATT ATTGCGCCAC 720
CAACCGCGCC ATGCTGAAGC CTTACGAAGA TCGCGGCTAC GCCAAGGGCC ATGTCATTCC 780
GACCTGCCTG CGTAACCACA TGATGCTTCG TGAAATGCGC GAAGGCCGCG GCCCCATCTA 840
CATGGACACC AAGAGCGCCC TGCAGAACAC CTTCGC&ACC CTGAACGAAG AACAGCAGAA 900
GGATCTTGAA TCCGAAGCTT GGGAAGACTT CCTCGACATG TGC 943

图 6-10 引物 APS7F 和 APS8R 扩增的序列

（2）APS-MPN-PCR 法对污水中 SRB 的定量结果分析

采用五管平行法进行冰上 PCR 操作，根据扩增产物的电泳结果来记录各样品的阳性条带数，具体查表计算方法是：选择后三个连续稀释梯度（10^x、10^{x+1}、10^{x+2}），根据阳性条带确定近似值（abc）。然后查阅《污染控制微生物学实验》“每毫升稀释液的细菌近似值表”得出对应数值，计算出 1mL 检测水样中 SRB 的总数。

采用五管平行法进行冰上 PCR 操作（图 6-11），具体操作方法同上，计算公式如下：1mL

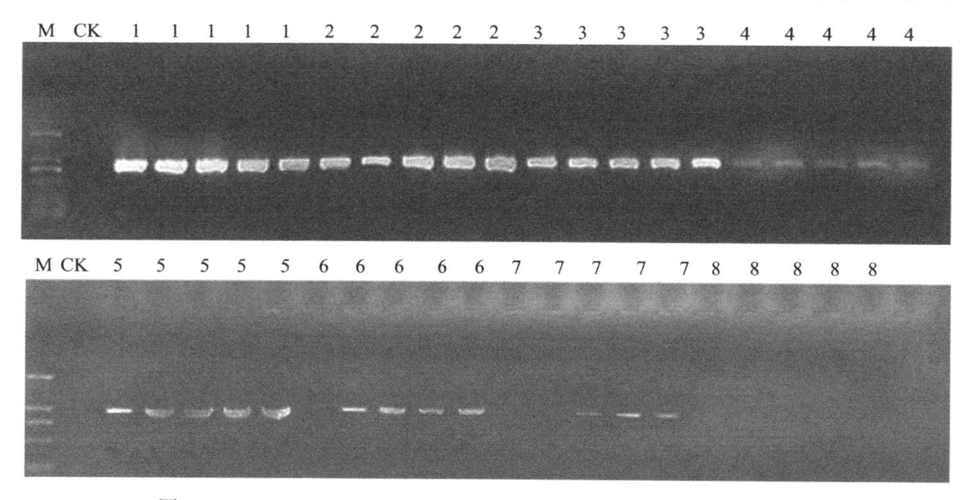

图 6-11 APS-MPN-PCR 法 1～8 梯度 1.2%的琼脂糖电泳图谱

检测样中 SRB 的总数(个/mL)＝条带近似值(abc)表中对应数值×三个稀释梯度中第一个稀释梯度的稀释倍数 (abc)×10^x×10×1.02%。如图 6-11 所示，共稀释 8 个梯度，条带近似值为 543，查表得对应数值为 30.0，代入公式得 1mL 检测样中 SRB 的总数为 3.06×10^7 个。

(3) APS-MPN-PCR 法和液体稀释培养法的比较

选择 5 个污水厂出水和来水进行硫酸盐还原菌的检测，结果见表 6-5。APS-MPN-PCR 法检测结果明显比液体稀释培养法高，且两个结果在数量上具有一定的相关性。前者检测结果大约平均是后者的 100 倍，整个操作过程需要 3～4h，有效地缩短了检测的周期，准确地反映了当时生产的实际情况，可以直接有效地指导生产，降低了检测费用。对以上 5 个污水厂出水和来水检测的结果非常稳定。

表 6-5　APS-MPN-PCR 法和液体稀释培养 (MPN) 法的检测结果比较

样品	APS-MPN-PCR 法 /(个 mL)	液体稀释培养(MPN)法 /(个/mL)	APS-MPN-PCR/MPN 法 /(个/mL)
一厂聚北一污水站(来水)	2.65×10^7	3.0×10^5	0.88×10^2
一厂聚北一污水站(出水)	3.06×10^7	3.0×10^5	1.02×10^2
一厂北 1-2(来水)	3.57×10^4	3.0×10^2	1.19×10^2
一厂北 1-2(出水)	3.06×10^5	7.5×10^3	0.41×10^2
四厂新杏九联(来水)	2.55×10^5	3.0×10^3	0.85×10^2
四厂新杏九联(出水)	1.326×10^6	1.3×10^4	1.02×10^2
六厂喇 400 联合站(来水)	5.1×10^3	4.0×10^1	1.28×10^2
六厂喇 400 联合站(出水)	6.12×10^3	6.0×10^1	1.17×10^2
七厂葡二联合污水站(来水)	3.06×10^4	3.5×10^2	0.87×10^2
七厂葡二联合污水站(出水)	4.08×10^4	3.5×10^2	1.17×10^2

6.2.3.4　16S rDNA-MPN-PCR 法对 SRB 的快速定量检测研究

(1) PCR 扩增体系和反应条件的优化

试验选择 16S rDNA 基因序列为目标序列，正向的引物 S385：5′-CCTGACG-CAGCGACGCCG-3′位于 16S rDNA 基因的序列的 385～402 处，共 18bp；反向的引物 926R：5′-CTACCAGGGTATCTAATCC-3′位于 16S rDNA 基因的序列的 909～928 处，共 19bp，引物由生工生物工程（上海）股份有限公司合成。研究主要对复性温度和 PCR 扩增体系进行优化。如图 6-12 所示，复性温度梯度 PCR 扩增结果表明，引物的特异性较好，复性温度过低容易产生杂带，复性温度过高会造成扩增条带过弱或不能扩增出条带，57.9℃是比较合适的退火温度。同样，确定了适宜的反应体系为 20μL：Buffer(10×)2μL，dNTP (0.3mmol/L)2μL，引物 S385 和 926R (0.1μmol/L)，rTaq DNA 聚合酶 0.3U，去离子水

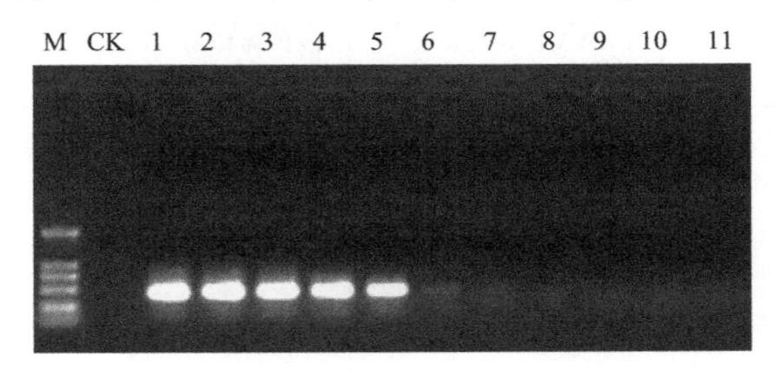

图 6-12　SRB-MPN-PCR 法复性温度梯度 1.2%琼脂糖凝胶电泳图谱

M—Marker DL2000；CK—对照；1-11 分别为：54℃、54.4℃、55.2℃、56.3℃、57.9℃、60.0℃、62.4℃、64.3℃、65.9℃、67.0℃、68.0℃的样品

11.7μL，菌液 2μL。在此扩增条件下，扩增条带的特异性强，无杂带产生。将扩增的片段连接到载体 pGEM-T（promega）后进行测序，结果表明，该扩增片段为 543bp，属于 δ-*Proteobacteria* 中的硫酸盐还原菌（*Desulfovibrionaceae*）16S rRNA 基因中的保守序列。

（2）SRB-MPN-PCR 法对污水中 SRB 的定量结果分析

采用五管平行法进行冰上 PCR 操作，查表计算方法同上，计算公式如下：1mL 检测样中 SRB 的总数（个/mL）＝条带近似值（abc）表中对应数值×三个稀释梯度中第一个稀释梯度的稀释倍数（abc）$\times 10^x \times 10 \times 1.02\%$。

如图 6-13 所示，共稀释 6 个梯度，条带近似值为 551，查表得对应数值为 35.0，代入公式得 1mL 检测样中 SRB 的总数为 3.57×10^6 个。采用三管平行法记录的结果在数量级上与五管平行法无差别，五管平行法精确度更高，更加准确，置信度大于 99%。

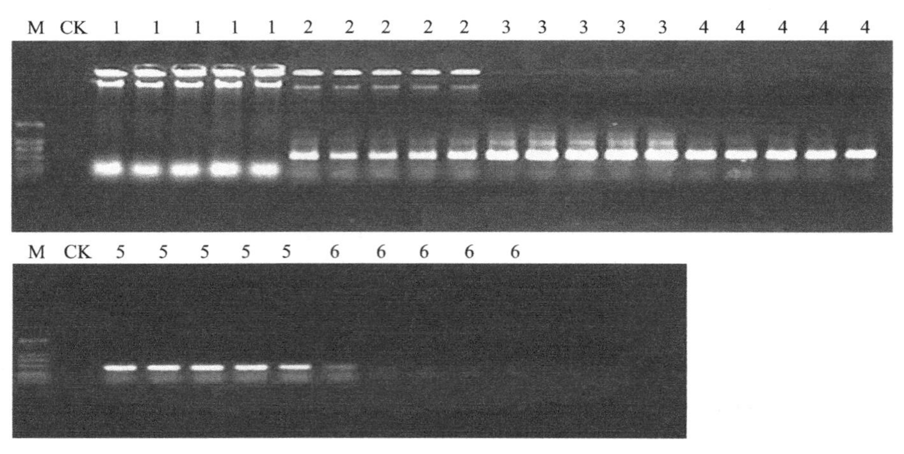

图 6-13　SRB-MPN-PCR 法 1～6 梯度电泳图谱

（3）SRB-MPN-PCR 法和液体稀释培养法的比较

选择 5 个污水厂出水和来水进行硫酸盐还原菌的检测，结果见表 6-6。SRB-MPN-PCR 法检测结果明显比液体稀释培养法高，且两个结果在数量上具有一定的相关性，前者检测结果大约平均是后者的 100 倍，整个操作过程需要 3～4h，有效地缩短了检测的周期，准确地反映了当时生产的实际情况，可以直接有效地指导生产，降低了检测费用。对以上 5 个污水厂出水和来水检测的结果非常稳定。

表 6-6　SRB-MPN-PCR 法和液体稀释培养（MPN）法的检测结果比较

样品	SRB-MPN-PCR 法/(个/mL)	液体稀释培养(MPN)法/(个/mL)	SRB-MPN-PCR/MPN 法/(个/mL)
一厂聚北一污水站(来水)	3.06×10^6	2.5×10^4	1.224×10^2
一厂聚北一污水站(出水)	3.57×10^6	2.5×10^4	1.428×10^2
一厂北 1-2(来水)	2.5×10^5	2.5×10^3	1.0×10^2
一厂北 1-2(出水)	9.18×10^4	6.0×10^2	1.53×10^2
四厂新杏九联(来水)	3.06×10^5	2.5×10^3	1.244×10^2
四厂新杏九联(出水)	1.36×10^6	1.3×10^4	1.04×10^2
六厂喇 400 联合站(来水)	5.1×10^3	6.0×10^1	0.85×10^2
六厂喇 400 联合站(出水)	6.12×10^3	6.0×10^1	1.02×10^2
七厂葡二联合污水站(来水)	2.04×10^4	2.5×10^2	0.85×10^2
七厂葡二联合污水站(出水)	6.12×10^4	6.0×10^2	1.02×10^2

6.2.3.5　16S rDNA-MPN-PCR法对反硝化细菌的快速定量检测研究

(1) PCR扩增体系和反应条件的优化

从GenBank中调出反硝化细菌的相关种属的16S rDNA基因的序列，通过Primer Premier 5.0设计引物，并在NCBI中进行特异性系列比对，获得反硝化细菌通用引物，正向的引物DNB341：5′-GC[T/C][C/T]ACCAAG[G/C]CGACGATC-3′位于16S rDNA基因的序列的341～359处，共19bp；反向的引物DNB870：5′-ACCAGGGTATCTAATC-CTG-3′位于16S rDNA基因的序列的870～888处，共19bp，扩增片段为548bp。研究主要对复性温度和PCR扩增体系进行优化。如图6-14所示，引物的特异性较好，复性温度过低容易产生杂带，复性温度过高会造成扩增条带过弱或不能扩增出条带，55.9℃是比较合适的复性温度。同样，确定了适宜的反应体系为20μL：Buffer(10×)2μL，dNTP(0.3mmol/L) 2μL，引物DNB341和DNB870（0.1μmol/L)，rTaq DNA聚合酶0.3U，其余加去离子水11.7μL，菌液2μL。在此扩增条件下，扩增条带的特异性强，无杂带产生。

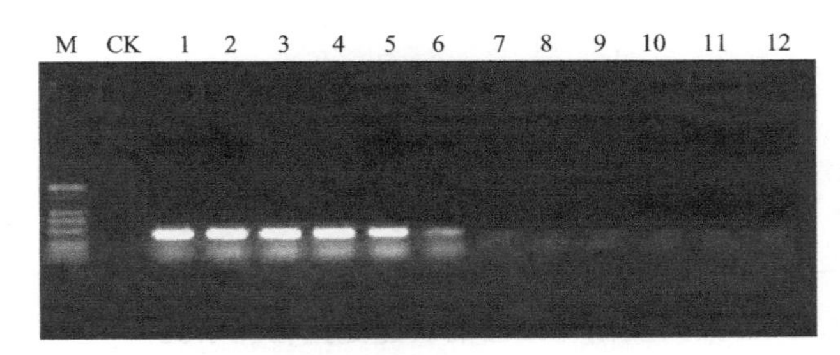

图6-14　退火温度梯度1.2%琼脂糖凝胶电泳图谱

(2) DNB-MPN-PCR法对反硝化细菌的定量结果分析

采用五管平行法进行冰上PCR操作，查表计算方法同上。计算公式如下：1mL检测样中反硝化细菌的总数（个/mL)＝条带近似值(abc)表中对应数值×三个稀释梯度中第一个稀释梯度的稀释倍数(abc)$\times 10^{x}\times 10\times 1.02\%$。

如图6-15所示，共稀释6个梯度，条带近似值为540，查表得对应数值为13.0，代入公式得1mL检测样中反硝化细菌的总数为1.326×10^{6}个。

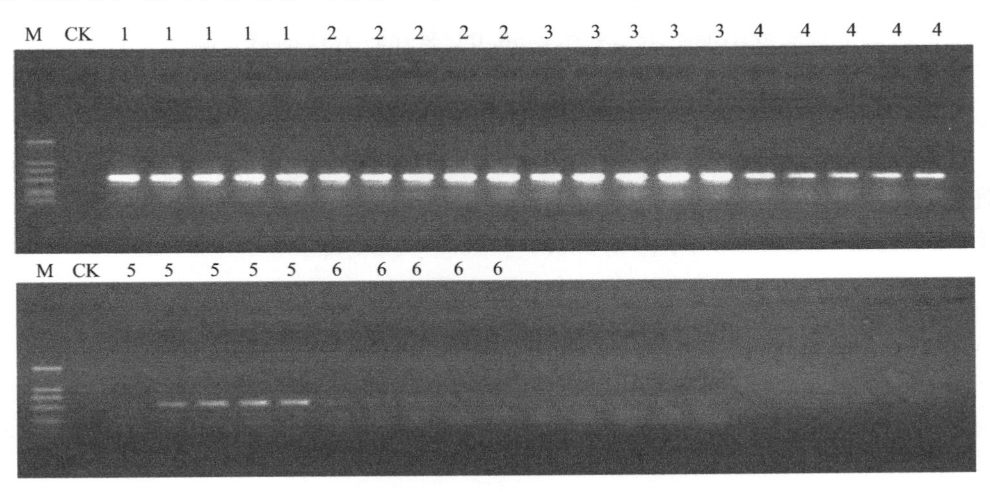

图6-15　DNB-MPN-PCR法1～6梯度电泳图谱

(3) DNB-MPN-PCR 法和 MPN-Gries 法的比较

选择 5 个污水厂出水和来水进行反硝化细菌的检测，结果见表 6-7。DNB-MPN-PCR 法检测结果明显比 MPN-Gries 法高，且两个结果在数量上具有一定的相关性，前者检测结果大约是后者的 100 倍。而 MPN-Gries 法的结果一般认为与实际值相比偏低，操作过程需要 14d，DNB-MPN-PCR 法整个操作过程需要 3～4h，真实地表征了水样中实际反硝化细菌的数量，有效地缩短了检测的周期，准确地反映了当时工艺的实际情况，可以直接有效地指导生产，降低了检测费用。对以上 5 个污水场出水和来水检测的结果非常稳定。

表 6-7 DNB-MPN-PCR 法和 MPN-Gries 法的检测结果比较

样品	DNB-MPN-PCR 法/(个/mL)	MPN-Gries 法/(个/mL)	DNB-MPN-PCR/MPN-Gries 法/(个/mL)
一厂聚北一污水站(来水)	3.57×10^6	2.5×10^4	1.428×10^2
一厂聚北一污水站(出水)	3.06×10^6	2.0×10^4	1.53×10^2
一厂北 1-2(来水)	9.18×10^5	9.0×10^3	1.02×10^2
一厂北 1-2(出水)	2.04×10^5	2.0×10^3	1.02×10^2
四厂新杏九联(来水)	3.57×10^5	4.0×10^3	0.893×10^2
四厂新杏九联(出水)	3.06×10^5	3.0×10^3	1.02×10^2
六厂喇 400 联合站(来水)	8.63×10^5	9.5×10^3	0.908×10^2
六厂喇 400 联合站(出水)	4.65×10^5	4.0×10^3	1.63×10^2
七厂葡二联合污水站(来水)	1.53×10^4	2.5×10^2	0.612×10^2
七厂葡二联合污水站(出水)	1.428×10^4	1.7×10^2	0.84×10^2

6.2.3.6 *nir S*-MPN-PCR 法对反硝化细菌的快速定量检测研究

(1) PCR 体系和反应条件的优化以及目的片段的克隆

目前，Hovanec 等根据硝化细菌的 16S rRNA 序列设计荧光探针进行定量检测。其中，*nir S* 基因是一种含有细胞色素 cd1 的亚硝酸还原酶，是反硝化细菌反硝化过程中一个极其重要的基因，同样是反硝化细菌检测的一个重要的靶基因。通用引物是 Braker 等针对反硝化细菌中含有细胞色素 cd1 的亚硝酸还原酶设计的，该基因有较高的重现性和遗传多样性。通用引物分别为 832F (5′-TCACACCCCGAGCCGCGCGT-3′) 和 1606R (5′-AGKCG TTG AAC TTK CC GGTCGG-3′)，由生工生物工程（上海）股份有限公司合成。主要针对复性温度和 PCR 扩增体系进行优化，梯度 PCR 表明，复性温度过低容易产生杂带，复性温度过高会造成扩增条带过弱或不能扩增出条带，58.0℃是比较合适的退火温度。同样，确定了适宜的反应体系为 20μL：Buffer（10×）2μL，dNTP（0.3mmol/L）2μL，引物 832F 和 1606R（0.1μmol/L），rTaq DNA 聚合酶 0.3U，去离子水 11.7μL，菌液 2μL。在此扩增条件下，扩增条带的特异性强，无杂带产生。将扩增的片段连接到载体 pGEM-T（promega）后，随机挑取单菌落进行测序的结果表明，该扩增片段为 893bp，如图 6-16 所示，GenBank 登录号（DQ450442），序列在 GenBank 进行 BLAST，与 *nir S*（AF549053）基因的相似性

```
  1 CACACCCCGA GCCGCGCGTG GCCGCCATCG TGGCCTCGCA CGAGCACCCG GAGTTCATCG TCAACGTCAA GGAAACCGGC AAGATCATGC TGGTGAACTA 100
101 CGAGGACATC GAGAACCTCA AGACCACCAC GATCAATGCC GCACGCTTCC TGCACGACGG CG6CTGGGAT TCGACCAA6C GCTATTTCCT GACCGCGGCC 200
201 AACCAGAGCG ACAAGATCGC GGTGGTGGAC TCGCGCGACC AGAAGCTGGC CGCGCTGATC GATGTCGACA AGATCCCGCA CCCGGGCCGC GGCGCCAACT 300
301 TCATGCATCC CAAGTGCGGG CCGGTGTGGG CGACCTCGGC GCTGGGCAAC GAGAAGATCA CCCTGATCGC CACCGATCCG GTCAACCACA AGGACTATGC 400
401 CTGGAAGGTC TGCGAAGTGC TGAAGGGCCA GGGCGGCGGC TCGCTGTTCG TGAAGACCCA CCCGAAGTCG CGGAACCTGT GGGTCGACAC CACCCTCAAC 500
501 CCCGACCCGA AGATCAGCCA GTCGATCGCG GTGTTCGACA CCACCGACCT CGCCAAGGGG TACCAGGTGC TGCCGATCGC GGAATGGGCG AACCTGGGCG 600
601 AAGGCCCCAA GCGCGTGGTG CAGCCGGAAT ACAACGCCAA GGGCGACGAG GTCTGGTTCT CGGTGTGGAC GGCAGACCAG CGCTCGGCGA TCGTGGTGGT 700
701 GGACGACAGG ACCCGCAGCT CAAGCCGTCT GGACGACAGC GCTGGTCACC CGACGGCAGT CACGCTATCA CTAGTGCGCG CTGCAGTCGA CATATGGAAG 800
801 TCCACGGTGA GAACTGGATC AATGCCCAAA GTGCGACTGC TACGTCTGTG ATGTCGTCAT CCCAAACACA GACGGAGGAC TATGTCTCTA TCG        893
```

图 6-16 引物 832F 和 1606R 扩增的序列

为 97%，为亚硝酸盐还原酶基因中的保守序列。

（2）*nir S*-MPN-PCR 法对水样反硝化细菌的定量结果分析

采用五管平行法进行冰上 PCR 操作，具体查表计算方法同上，计算公式如下：1mL 检测样中反硝化细菌的总数（个/mL）＝条带近似值(abc)表中对应数值×三个稀释梯度中第一个稀释梯度的稀释倍数(abc)$\times 10^x \times 10 \times 1.02\%$；如图 6-17 所示，共稀释 5 个梯度，条带近似值为 540，查表得对应数值为 13.0，代入公式得 1mL 检测样中反硝化细菌的总数为 1.326×10^4 个。

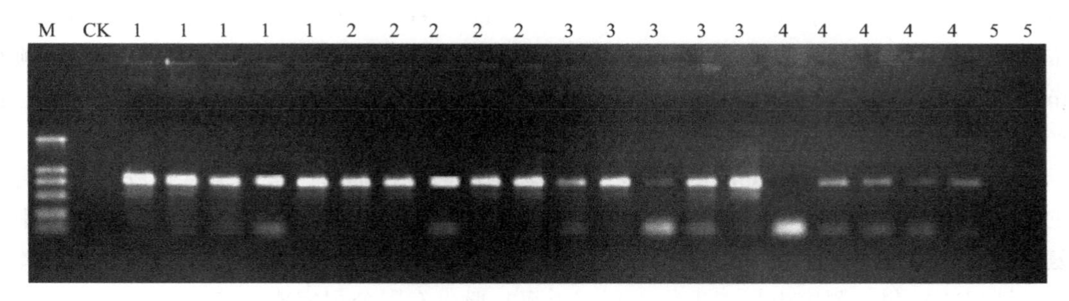

图 6-17　*nir S*-MPN-PCR 法 1～5 梯度电泳图谱

（3）*nir S*-MPN-PCR 法和 MPN-Gries 法的比较

选择 4 个污水厂出水和进水进行反硝化细菌的检测，由表 6-8 可见，*nir S*-MPN-PCR 法检测结果明显比 MPN-Gries 法灵敏，而 MPN-Gries 法的结果一般认为与实际值相比偏低，难以真实地表征水样中实际的反硝化细菌数量；考虑到仪器损耗等，*nir S*-MPN-PCR 法检测成本大约为 30 元，与 MPN-Gries 法相比成本相当。反硝化细菌检测需要 14d，而 *nir S*-MPN-PCR 法整个操作过程需要 3～4h，有效地缩短了检测的周期，及时地反映了当时生产的实际情况，可以直接有效地指导生产。以上 4 个污水厂出水和来水的检测结果非常稳定，同时具有可重复性。

表 6-8　*nir S*-MPN-PCR 法和 MPN-Gries 法的检测结果比较

样品	*nir S* -MPN-PCR 法/(个/mL)	MPN-Gries 法/(个/mL)
一厂北 1-2(进水)	1.4×10^4	2.5×10^2
一厂北 1-2(出水)	1.2×10^4	2.0×10^2
四厂新杏九联(进水)	5.0×10^4	7.0×10^2
四厂新杏九联(出水)	2.5×10^4	2.0×10^2
一厂聚北一污水站(进水)	4.5×10^5	3.5×10^3
一厂聚北一污水站(出水)	3.0×10^5	3.0×10^3
六厂(进水)	2.5×10^3	6.0×10^1
六厂(出水)	0.9×10^3	4.5×10^1

6.2.4　基于 real time-PCR 定量检测研究

实时荧光定量 PCR 技术是目前最准确、重现性最好并得到国际公认的核酸分子定量和定性检测标准方法。目前 TaqMan-MGB、TaqMan-LNA 型探针为近期出现的新一代的 TaqMan 探针，在试验结果的精确性、重复性、杂交特异性等方面均优于常规 TaqMan 探针。试验运用 TaqMan-MGB、TaqMan-LNA 型探针，进行了建立新型硫酸盐还原菌、反硝化细菌 DNA 荧光定量 PCR 检测系统的探讨。

6.2.4.1 基于 16S rDNA 基因序列硫酸盐功能菌的荧光定量检测方法

(1) 实时荧光定量 PCR 分析系统的建立

1）标准品的制备

① 用于制备标准品引物序列：首先在 GenBank 下载模式菌株的 16S rDNA 序列，选择具有代表性的中间序列，同时对有可能设计探针的序列设计两端的引物。提取模式菌株的 DNA 选择模式菌株的 16S rDNA 序列为参比模板，Forward Primer（FP）：5′-TCAGCTCGTGTCGTGAGATGTT-3′；Reverse Primer（RP）：5′-ACGTCATCCCCACCTTCCTC-3′。20μL 的 PCR 反应体系：模板 20ng 左右，TagDNA 聚合酶（大连宝生物）终浓度为 0.3U，4 种 dNTP 各 0.3mmol/L，引物各 0.1μmol/L。扩增程序为：94℃预热 5min，94℃变性 30s，58℃复性 45s，72℃延伸 90s，循环 30 次，最后 72℃延伸 10min。扩增产物用 1.0%的琼脂糖电泳检测。

② 连接、转化、菌落 PCR 检测：PCR 产物用胶回收试剂盒（宝泰克）切胶回收，后与 pGEM-T 载体连接，转化到大肠杆菌 TOP10 感受态细胞（天为时代）。LB 固体培养基中加入氨苄青霉素 Amp（5μg/mL）和 X-gal，蓝白斑筛选转化子。提取质粒（华舜），用载体引物 T7 和 SP6 检测，测序由生工生物工程（上海）股份有限公司完成，获得的序列的长度为 130bp。获得的序列在 GenBank 进行 BLAST，与 *Desulfovibrio desulfuricans*（AF273034）的相似性为 100%，属于 *Desulfovibrionaceae* 属的 16S rDNA 基因中的保守序列。

2）实时荧光 PCR 引物和 MGB 探针设计

采用 Primer express 2.0 先设计探针，再设计引物，除遵循引物设计的基本原则外，PCR 引物和 MGB 探针的设计还应遵循以下几个基本原则：第一，扩增片段尽量短；第二，引物与探针之间的距离尽可能近，但引物不能与探针重叠；第三，探针的 5′端第一个碱基不能是 G；第四，引物的退火温度为 58～60℃，探针的退火温度为 68～70℃。定量检测用的引物和探针均位于参比模板内。最终根据具体情况设计的正向和反向引物序列分为 FP：5′-TCAGCTCGTGTCGTGAGATGTT-3′；RP：5′-ACGTCATC CCCACCTTCCTC-3′，这对引物所扩增片段的大小为 130bp，如图 6-18 所示。

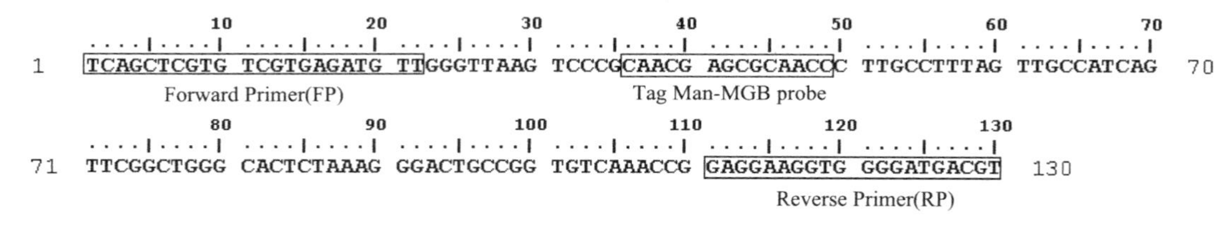

图 6-18 引物和探针在模板内的位置和方向（一）

荧光探针为 FAM：5′-CAACGAGCGCAACC-3′MGB；TagMan-MGB 探针的 5′端标记的报告荧光基团 FAM，3′端标记的淬灭荧光基团 TAMRA-MGB。TaqMan-MGB 探针的工作原理如图 6-19 所示。

3）实时荧光 PCR 反应系统相关参数确定

关于实时荧光 PCR 循环参数及反应中引物和探针的比例等问题，文献报道各异，在总结文献报道的基础上，以标准曲线的相关系数及检测灵敏度为准绳，反复试验以建立最佳实时荧光 PCR 反应系统。PCR 反应的前 3～15 个循环的荧光信号作为荧光本底信号。扩增和检测均在全自动荧光定量仪 DNA Engine OpticonTM 上进行。

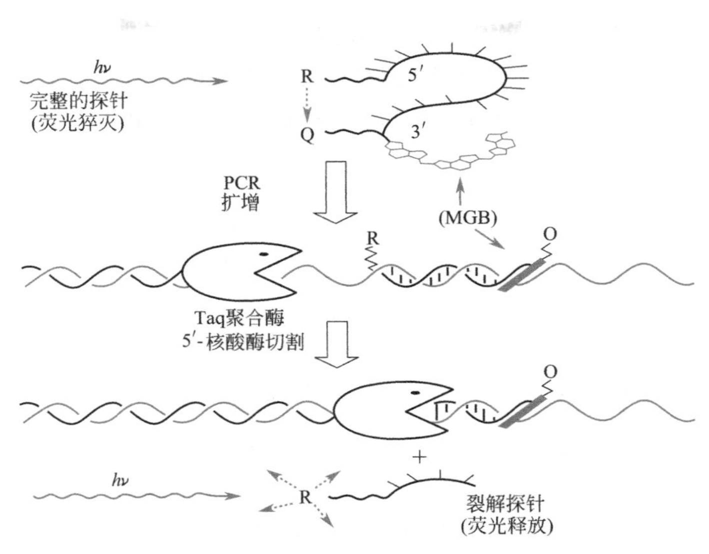

图 6-19 实时荧光定量 PCR TaqMan-MGB 探针的工作原理

① real time PCR 反应体系：反应体系为 25μL，5×real time buffer 5.0μL，dNTP (10mmol/L) 0.75μL，Mg^{2+} (250mmol/L) 0.5μL，特异性上游和下游引物 (F/R primer) (10mmol/L) 各 0.5μL，探针 (5mmol/L) 0.6μL，Taq DNA 酶 (5 U/μL) 0.3μL，DNA 模板 2μL，去离子水 15.4μL。试验设置水为阴性对照。

② real time PCR 反应参数：95℃预变性 5min，94℃变性 5s，60℃退火 30s，72℃延伸 45s，40 个循环，72℃延伸 2min。温度转换率为 20℃/s，在每个循环的 60℃时进行荧光信号检测。

4）实时荧光 PCR 反应系统敏感性测试及线性标准曲线绘制

参比模板重组质粒纯化后，于紫外分光光度计上进行定量，根据重组质粒的碱基长度计算其分子质量，根据其分子质量计算其浓度，进而计算出每毫升所含的拷贝数。

pGEM-T-SRB 的浓度测定：提取大肠杆菌转化子质粒（含目的片段的质粒），测定其浓度并换算为拷贝数，换算公式为：拷贝数 (copies/μL)$=\frac{c(\mu g/\mu L)\times 10^{6}\times 6.02\times 10^{23}}{660\times(\text{载体}+\text{目的片段})\text{bp}}$，然后做 10 倍梯度倍比稀释。分别以稀释后的质粒溶液为模板，以 FP、RP 为引物，进行实时荧光定量 RT-PCR 检测。

载体模版拷贝数计算结果为 1.496×10^{7} copies/μL，分级稀释 10 倍至 1.496×10^{2} copies/mL，分别取 2μL 用作荧光定量 PCR 参比模板，进行实时荧光定量扩增，在荧光定量检测灵敏度检测的同时获得标准曲线。如图 6-20 所示，以 pGEM-T-SRB 为底物的扩增曲线，从左到右的 7 条曲线依次为 1.496×10^{7} copies/μL、1.496×10^{6} copies/μL、1.496×10^{5} copies/μL、1.496×10^{4} copies/μL、1.496×10^{3} copies/μL、1.496×10^{2} copies/μL、水对照。在 PCR 的过程中由实时荧光定量 PCR 仪 DNA Engine OpticonTM 自动绘制线性标准曲线。计算机利用分析软件 Opticon Monitor 2.02 根据输入的模板量和产生的荧光信号，自动生成标准曲线：$y=-0.32x+10.67$，相关系数为 $r^{2}=1.000$。结果表明，至少在 $1.496\times 10^{0}\sim 1.496\times 10^{7}$ copies/μL 范围之内，样品拷贝数与其相应的 CT 值具有良好的相关性。线性检测范围：在 $10^{0}\sim 10^{9}$ DNA 拷贝每个反应范围内，CT 值 (threshold cycle，每个反应管内的荧光信号达到设定的域值时所经历的循环数）和 DNA 拷贝数呈线性关系（$r^2>0.990$）。所建立的实时荧光 PCR 反应系统的检测最低限度为 1 DNA copy/反应。因此，试验对 $1.496\times10^0\sim1.496\times10^7$ copies/μL 拷贝范围之内的模板能够进行准确定量。

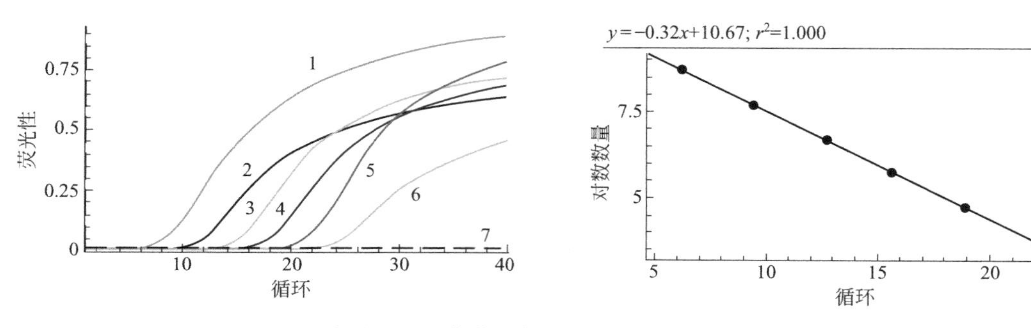

图 6-20 硫酸盐还原菌荧光定量检测灵敏度和标准曲线（一）

1—1.496×10^7 copies/μL；2—1.496×10^6 copies/μL；3—1.496×10^5 copies/μL；4—1.496×10^4 copies/μL；5—1.496×10^3 copies/μL；6—1.496×10^2 copies/μL；7—水对照

(2) 实时荧光 PCR 反应系统的污水样本验证

检测的水样为大庆油田采油厂的不同工艺的污水，主要包括采油一厂联合站的注聚回注水系统污水处理工艺的污水和采油四厂常规水驱污水回注工艺的污水。

对试验收集的 15 个待测样本进行荧光 RT-PCR 检测，各样品的初始拷贝数由分析软件 Opticon Monitor 2.02 根据扩增曲线和样本的 CT 值自动计算得出。检测的样本数为 15 个，其中设置水对照和纯菌（大肠杆菌），同时用绝迹稀释法进行验证。检测的结果见表 6-9，14 个待测样本中检测到硫酸盐功能细菌，扩增曲线如图 6-21 所示（书后另见彩图），检测的样本中曲线扩增。检测结果同常规检测方法 MPN-Griess 法的检测结果吻合。从检测的精度上看，该方法要比常规的方法提高两个数量级。与标准样比较，阳性对照中 CT 值应当小于 28，阳性样品中扩增曲线明显；阴性对照中 CT 值应该大于 35，纯菌（大肠杆菌）和水对照中无扩增曲线。不同模板具有不同数量的目标片段，在荧光定量检测曲线上，就会有相应的 CT 值，通过系统生成的标准曲线，系统会根据 CT 值最后给出模板中目标片段的数量，即硫酸盐还原功能菌的数量，检测结果同常规检测方法分析结果的吻合率为 100%。

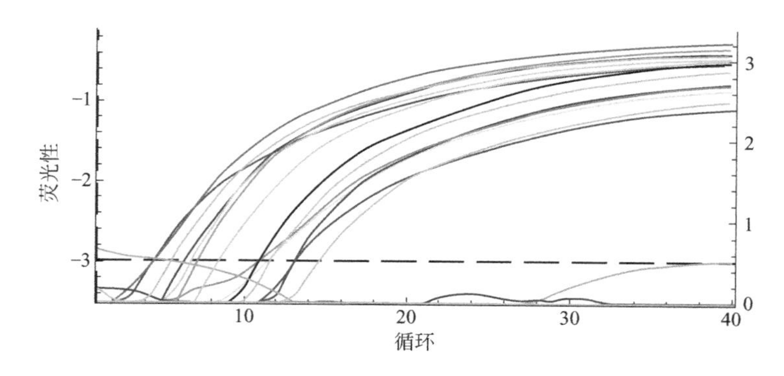

图 6-21 检测样品实时荧光定量 RT-PCR 扩增曲线（一）

表6-9　检测样品的CT值、拷贝数（细菌数）和绝迹稀释法的检测结果（一）

样品号	CT值	荧光定量细菌数/(个/mL)	MPN计数细菌数/(个/mL)
水对照	0	0	0
大肠杆菌	0	0	0
1	10.895	13588	135
2	4.408	5389440	60000
3	5.534	1907940	20000
4	11.376	8724.92	90
5	37.399	3293630	35000
6	6.419	843278	8500
7	11.719	6354.62	70
8	7.199	410945	4000
9	13.091	1792.82	18
10	8.499	123911	1500
11	11.009	12236.5	150
12	6.776	606908	6500
13	14.633	432.515	10
14	13.096	1785.13	18

通过收集具有硫酸盐还原功能菌株的16S rDNA基因序列，设计一对保守的特异性引物和一条特异的MGB探针，能够进行准确诊断，计数结果准确，有效缩短了计数时间，从样本DNA提取到荧光定量PCR到最后获得检测结果仅仅需要6h，能真实地反映生产的实际情况，减少检测成本。

6.2.4.2　基于腺苷酸还原酶（APS）基因的SRB的定量检测方法

（1）实时荧光定量PCR分析系统的建立

1）real time PCR标准品的制备

① 用于制备标准品引物序列：提取模式菌株的DNA，选择模式菌株的腺苷酸还原酶（APS）基因为参比模板，用于制备标准品引物序列（APS7F：5′-GGGYCTKTCCGCYATCAAYAC-3′；APS8R：5′-GCACATGTCGAGGAAGTCTTC-3′）。20μL的PCR反应体系：模板20ng左右，TagDNA聚合酶（大连宝生物）终浓度为0.3U，4种dNTP各0.3mmol/L，引物各0.1μmol/L。扩增程序为：94℃预热5min，94℃变性30s，58℃复性45s，72℃延伸120s，循环30次，最后72℃延伸10min。扩增产物用1.0%的琼脂糖电泳检测。

② 连接、转化、菌落PCR检测：克隆测序的方法同上，获得的序列的长度为921bp。获得的序列在GenBank进行BLAST，与*Desulfovibrio desulfuricans*（AF273034）的相似性为100%，属于脱硫弧菌科的腺苷酸还原酶（APS）基因中的保守序列。

2）实时荧光PCR引物和LNA探针设计

通过克隆模式SRB的APS序列，以及GenBank收集相关的硫酸盐还原菌菌株的APS序列，采用Primer express 2.0设计一对保守的特异性引物和一条特异的LNA探针。定量检测用的引物和探针均位于参比模板内。正向和反向引物序列分为FP：5′-CGCTGAAATGACCATGATGG-3′；RP：5′-CGCGCATTTCACGAAGC-3′，这对引物所扩增片段的大小为233bp，如图6-22所示。荧光探针为FAM：5′-FCTGAAGCCTTACGAAGATCGP-3′ LNA；Tag Man-LNA探针的5′端标记的报告荧光基团FAM，3′端标记的淬灭荧光基团TAMR。

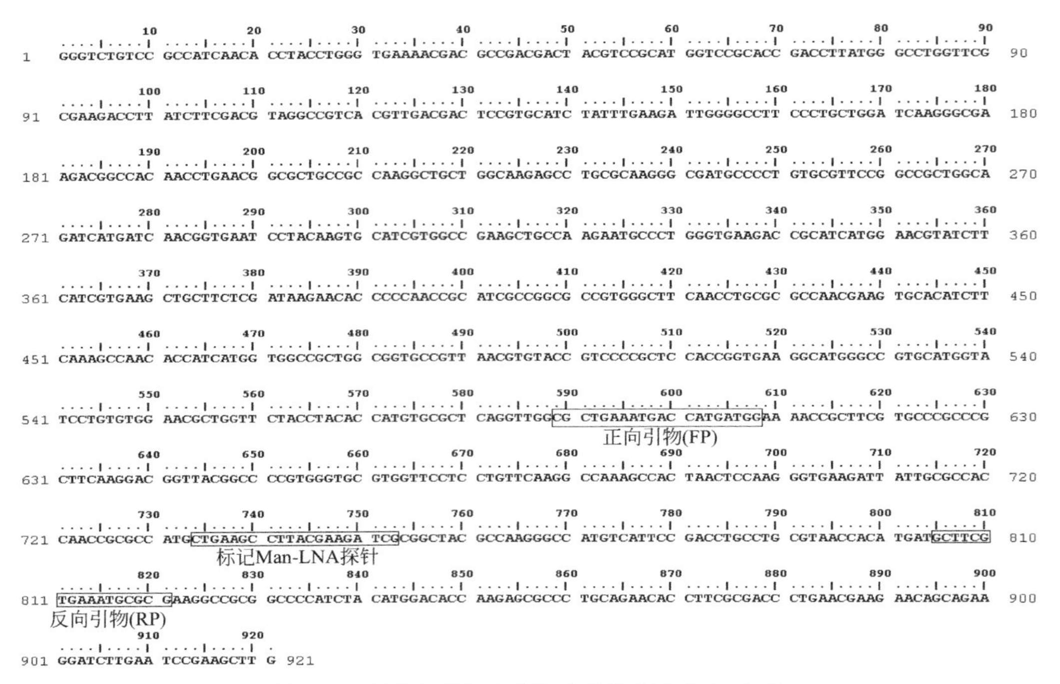

图 6-22　引物和探针在模板内的位置和方向（二）

3）实时荧光 PCR 反应系统相关参数确定

通过文献收集，以标准曲线的相关系数及检测灵敏度为准绳，反复试验以建立最佳实时荧光 PCR 反应系统。PCR 反应的前 3～15 个循环的荧光信号作为荧光本底信号。扩增和检测均在全自动荧光定量仪 DNA Engine Opticon TM 上进行。

real time PCR 反应体系：反应体系为 25μL，5 × real time buffer 5.0μL，dNTP（10mmol/L）0.75μL，Mg^{2+}（250mmol/L）0.5μL，特异性上游和下游引物（F/R primer）（10mmol/L）各 0.5μL，探针（probe）（5mmol/L）0.6μL，Taq DNA 酶（5U/μL）0.3μL，DNA 模板（template）2μL，去离子水 15.4μL。试验设置水为阴性对照。

real time PCR 反应参数：95℃预变性 5min，94℃变性 5s，60℃退火 30s，72℃延伸 45s，40 个循环，72℃延伸 2min。温度转换率为 20℃/s，在每个循环的 60℃时进行荧光信号检测。

4）实时荧光 PCR 反应系统敏感性测试及线性标准曲线绘制

参比模板重组质粒纯化后，于紫外分光光度计上进行定量，根据重组质粒的碱基长度计算其分子质量，根据其分子质量计算其浓度，进而计算出每毫升所含的拷贝数。

pGEM-T-APS 的浓度测定：提取大肠杆菌转化子质粒（含目的片段的质粒），测定其浓度并换算为拷贝数，拷贝数换算公式为：$拷贝数(copies/\mu L)=\dfrac{c(\mu g/\mu L)\times 10^{6}\times 6.02\times 10^{23}}{660\times(载体+目的片段)bp}$，然后做 10 倍梯度倍比稀释。分别以稀释后的质粒溶液为模板，以 FP、RP 为引物，进行实时荧光定量 RT-PCR 检测。载体模版的拷贝数为 5.65×10^{7} copies/μL，然后做 10 倍梯度倍比稀释。pGEM-T-APS 为底物的扩增曲线，如图 6-23 所示，从左到右的 7 条曲线依次为 5.65×10^{7} copies/μL、5.65×10^{6} copies/μL、5.65×10^{5} copies/μL、5.65×10^{4} copies/μL、5.65×10^{3} copies/μL、5.65×10^{2} copies/μL、水对照。在实时荧光定量 RT-PCR 的 40 个循环结束后，计算机利用分析软件 Opticon Monitor2.02 根据输入的模板量和产生的荧光信

号，计算出一条标准曲线：$y=-0.30x+11.21$，相关系数为 $r^2=0.999$。线性检测范围：在 $10^0\sim10^7$ DNA 拷贝每反应范围内，CT 值和 DNA 拷贝数呈线性关系（$r^2>0.990$）。所建立的实时荧光 PCR 反应系统的检测最低限度为 1 DNA 拷贝每反应。

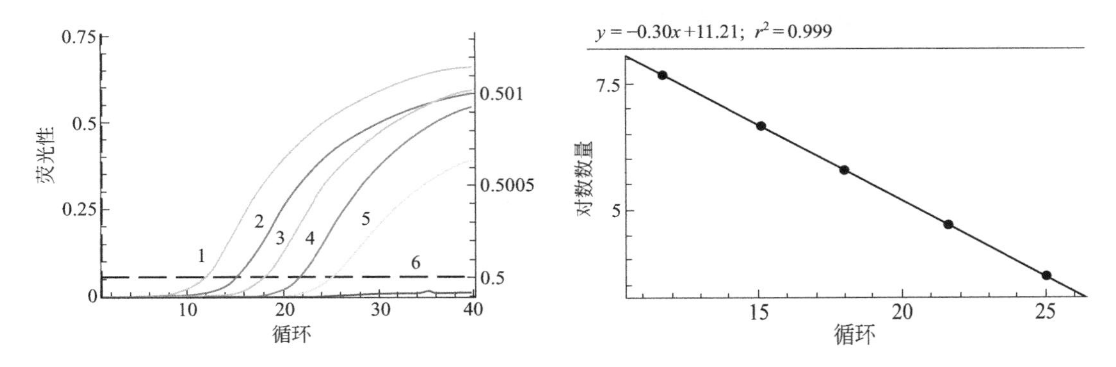

图 6-23 硫酸盐还原菌荧光定量检测灵敏度和标准曲线（二）

1—5.65×10^7 copies/μL；2—5.65×10^6 copies/μL；3—5.65×10^5 copies/μL；4—5.65×10^4 copies/μL；5—5.65×10^3 copies/μL；6—5.65×10^2 copies/μL；7—水对照

结果表明，在 $5.65\times10^0\sim5.65\times10^7$ copies/μL 拷贝范围之内，样品拷贝数与其相应的 CT 值具有良好的相关性。因此，试验可对 $5.65\times10^0\sim5.65\times10^7$ copies/μL 范围之内的模板进行准确定量。在 PCR 的过程中由实时荧光定量 PCR 仪 DNA Engine OpticonTM 自动绘制线性标准曲线。

(2) 实时荧光 PCR 反应系统的污水样本验证

检测的水样为大庆油田采油厂的不同工艺的污水，主要包括采油二厂联合站的注聚回注水系统污水处理工艺的污水和采油四厂常规水驱污水回注工艺的污水。

对试验收集的 17 个待测样本进行荧光 RT-PCR 检测，分别以稀释后的质粒溶液为模板，以 FP、RP 为引物，与被检测样品同时进行实时荧光定量 RT-PCR 检测。各样品的初始拷贝数由分析软件 Opticon Monitor 2.02 根据标准曲线和样本的 CT 值自动计算得出。检测的 17 个样本的结果见表 6-10，其中设置水对照和纯菌（大肠杆菌），同时用绝迹稀释法进行验证。实时荧光定量 RT-PCR 扩增曲线如图 6-24 所示（另见书后彩图），在 15 个待测样本中检测到 SRB。检测结果同常规检测方法 MPN-Griess 法的检测结果完全吻合。

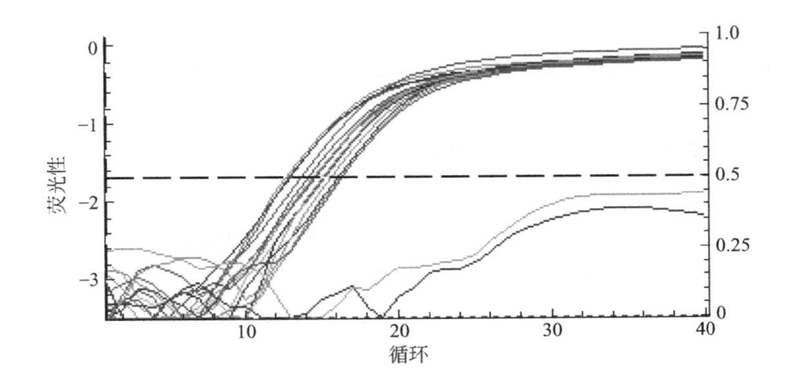

图 6-24 检测样品实时荧光定量 RT-PCR 扩增曲线（二）

从检测的精度上看，该方法要比常规的方法提高两个数量级。与标准样比较，阳性对照中CT值应当小于28，阳性样品中扩增曲线明显；阴性对照中CT值应该大于35，阴性对照中无扩增曲线。

表6-10　检测样品的CT值、拷贝数（细菌数）和绝迹稀释法的检测结果（二）

样品号	CT值	荧光定量细菌数/(个/mL)	MPN计数细菌数/(个/mL)
水对照	0	0	0
大肠杆菌	0	0	0
1	14.491	2133880	25000
2	15.233	1278740	14000
3	14.182	2640540	25000
4	15.182	1324430	14000
5	12.955	6159010	60000
6	15.106	1396320	14000
7	12.750	7093780	75000
8	16.301	612176	7000
9	15.608	987361	9500
10	12.960	6137450	60000
11	16.131	688248	7000
12	14.533	2072780	25000
13	16.322	603275	6000
14	14.621	1950720	20000
15	13.759	3535840	35000

不同模板具有不同数量的目标片段，在荧光定量检测曲线上，就会有相应的CT值，通过系统生成的标准曲线，系统会根据CT值最后给出模板中目标片段的数量，即SRB的数量，检测结果同绝迹稀释法分析结果的吻合率为100%。根据荧光定量PCR仪测出的数据和SRB荧光定量检测标准曲线可以定量地计算出样品中SRB的数量。其检测计数更加准确，假阳性大幅降低。整个试验从DNA提取到获得检测结果仅需要6h，大大节省了检测时间，在油田实际生产中更具有实际指导意义。

6.2.4.3　基于异化型亚硫酸盐还原酶（DSR）基因的SRB的荧光定量检测方法

异化型亚硫酸盐还原酶（DSR）基因是硫酸盐还原菌进行硫酸盐还原的一个重要的基因，也是硫酸盐还原菌检测的重要的靶基因。传统分子生物学检测方法存在非特异性高、易出现假阳性的缺陷。研究采用Tag Man-LNA探针，通过克隆硫酸盐还原菌的异化型亚硫酸盐还原酶（DSR）序列和收集相关的硫酸盐还原菌菌株的异化型亚硫酸盐还原酶（DSR）序列，设计一对保守的特异性引物和一条特异的LNA探针。利用荧光信号的有无来检测和定量环境样本中的SRB的数量。

(1) 实时荧光定量PCR分析系统的建立

1) real time PCR标准品的制备

① 用于制备标准品引物序列：提取模式菌株的DNA，通过克隆硫酸盐还原菌的异化型亚硫酸盐还原酶（DSR）序列设计了一对引物。FP：5′-GTTCCCTGCTCGTGCCCT-3′；RP：5′-TTCCTTGAAGAAGATGTACGGGTT-3′。以特异引物进行特定片段的克隆，20μL的PCR反应体系：模板20 ng左右，Tag DNA聚合酶（大连宝生物）终浓度为0.3U，4种dNTP各0.3mmol/L，引物各0.1μmol/L。扩增程序为：94℃预热5min，94℃变性30s，58℃复性45s，72℃延伸120s，循环30次，最后72℃延伸10min。扩增产物用

1.0%的琼脂糖电泳检测。

② 连接、转化、菌落PCR检测：克隆测序的方法同上，测序后获得的序列的长度为227bp。序列在GenBank进行BLAST，与*Desulfovibrio desulfuricans*（AF273034）的相似性为100%，属于脱硫弧菌科的异化型亚硫酸盐还原酶（DSR）中的保守序列。

2）实时荧光PCR引物和LNA探针设计

如图6-25所示，通过克隆模式硫酸盐还原菌的异化型亚硫酸盐还原酶（DSR）序列，以及GenBank收集相关的硫酸盐还原菌菌株的异化型亚硫酸盐还原酶（DSR）序列，采用Primer express 2.0设计一对保守的特异性引物和一条特异的LNA探针。定量检测用的引物和探针均位于参比模板内。正向和反向引物序列分为FP：5′-GTTCCCTGCTCGTGCCCT-3′；RP：5′-TTCCTTGAAGAAGATGTACGGGTT-3′，这对引物所扩增片段的大小为233bp。荧光探针为FAM：5′-FAATGGTGGATGGAAGAAGGCP-3′LNA；Tag Man-LNA探针的5′端标记的报告荧光基团FAM，3′端标记的淬灭荧光基团TAMR。

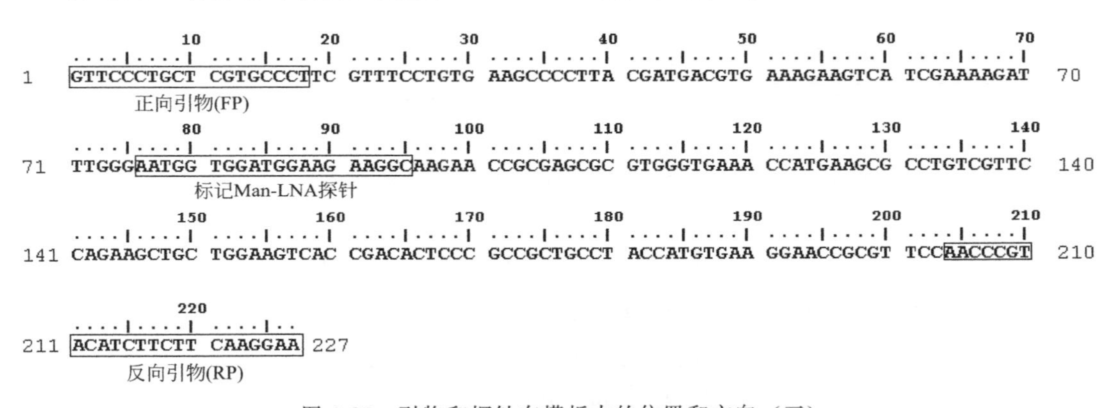

图6-25 引物和探针在模板内的位置和方向（三）

3）实时荧光PCR反应系统相关参数确定

real time PCR反应体系：反应体系为25μL，5×real time buffer 5.0μL，dNTP（10mmol/L）0.75μL，Mg^{2+}（250mmol/L）0.5μL，特异性上游和下游引物（F/R primer）（10mmol/L）各0.5μL，探针（probe）（5mmol/L）0.6μL，Taq DNA酶（5 U/μL）0.3μL，DNA模板（template）2μL，去离子水15.4μL。试验设置水为阴性对照。

real time PCR反应参数：95℃预变性5min，94℃变性5s，60℃退火30s，72℃延伸45s，40个循环，72℃延伸2min。温度转换率为20℃/s，在每个循环的60℃时进行荧光信号检测。

4）实时荧光PCR反应系统敏感性测试及线性标准曲线绘制

参比模板重组质粒纯化后，于紫外分光光度计上进行定量，根据重组质粒的碱基长度计算其分子质量，根据其分子质量计算其浓度，进而计算出每毫升所含的拷贝数。

pGEM-T - DSR的浓度测定：提取大肠杆菌转化子质粒（含目的片段的质粒），测定其浓度并换算为拷贝数，拷贝数换算公式为：拷贝数（copies/μL）$=\dfrac{c(\mu g/\mu L)\times 10^6\times 6.02\times 10^{23}}{660\times(\text{载体}+\text{目的片段})\text{bp}}$，进行10倍梯度倍比稀释。分别以稀释后的质粒溶液为模板，以FP、RP为引物，进行实时荧光定量RT-PCR检测。载体模版的拷贝数为2.31×10^7copies/μL，然后做10倍梯度倍比稀释。如图6-26所示，以pGEM-T-DSR为底物的扩增曲线，从左到右的7条曲线依次为

2.31×10^7 copies/μL、2.31×10^6 copies/μL、2.31×10^5 copies/μL、2.31×10^4 copies/μL、2.31×10^3 copies/μL、2.31×10^2 copies/μL、水对照。在实时荧光定量 RT-PCR 的 40 个循环结束后，计算机利用分析软件 Opticon Monitor 2.02 根据输入的模板量和产生的荧光信号，计算出一条标准曲线：$y=-0.31x+11.13$，相关系数为 $r^2=0.999$。线性检测范围：在 $10^0\sim10^7$ DNA 拷贝每反应范围内，CT 值和 DNA 拷贝数呈线性关系（$r^2>0.990$）。所建立的实时荧光 PCR 反应系统的检测最低限度为 1 DNA 拷贝每反应。结果表明，在 $2.31\times10^0\sim2.31\times10^7$ copies/μL 范围之内，样品拷贝数与其相应的 CT 值具有良好的相关性。因此，本试验可对 $2.31\times10^0\sim2.31\times10^7$ copies/μL 范围之内的模板进行准确定量。

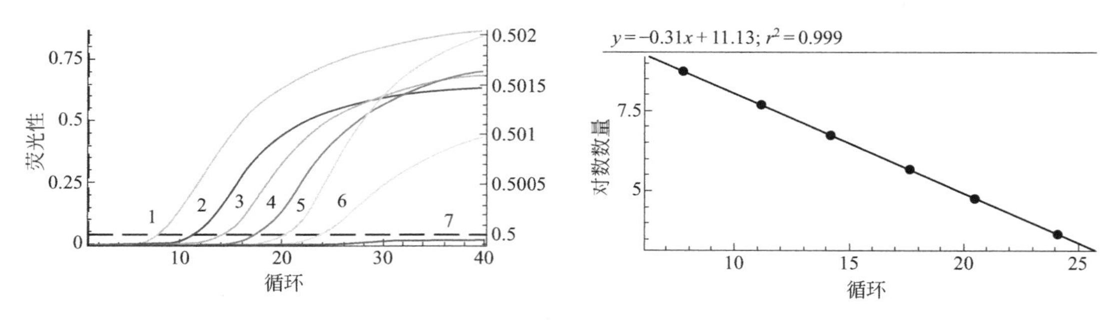

图 6-26　硫酸盐还原菌荧光定量检测灵敏度和标准曲线（三）

1—2.31×10^7 copies/μL；2—2.31×10^6 copies/μL；3—2.31×10^5 copies/μL；4—2.31×10^4 copies/μL；5—2.31×10^3 copies/μL；6—2.31×10^2 copies/μL；7—水对照

（2）实时荧光 PCR 反应系统的污水样本验证

检测的水样为大庆油田采油厂的不同工艺的污水，主要包括采油五厂联合站的注聚回注水系统污水处理工艺的污水和采油四厂常规水驱污水回注工艺的污水。

对试验收集的 17 个待测样本进行荧光 RT-PCR 检测，设置水和纯菌（大肠杆菌）为阴性对照，与被检测样品同时进行实时荧光定量 RT-PCR 检测。各样品的初始拷贝数由分析软件 Opticon Monitor 2.02 根据标准曲线和样本的 CT 值自动计算得出。检测的 17 个样本的实时荧光定量 RT-PCR 扩增曲线如图 6-27 所示（另见书后彩图），阳性的样本全部被扩增出来，同时用绝迹稀释法进行验证。检测结果见表 6-11，在 15 个待测样本中检测到 SRB。检测结果同常规检测方法绝迹稀释法的检测结果完全吻合。从检测的精度上看，该方法要比常规的方法提高两个数量级。

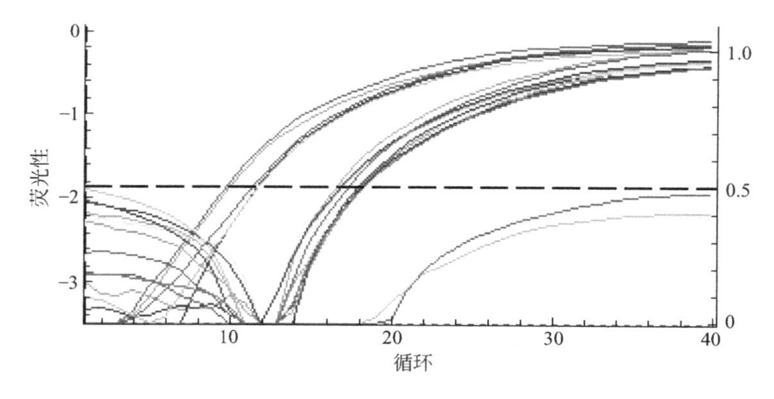

图 6-27　检测样品实时荧光定量 RT-PCR 扩增曲线（三）

表 6-11　检测样品的CT值、拷贝数（细菌数）和绝迹稀释法的检测结果（三）

样品号	CT值	荧光定量细菌数/(个/mL)	MPN计数细菌数/(个/mL)
水对照	0	0	0
大肠杆菌	0	0	0
1	9.750	3452630	35000
2	17.979	11159	1200
3	18.233	9350.11	90
4	9.979	2943650	30000
5	17.785	12778.6	135
6	18.093	10311.9	100
7	11.736	864862	9000
8	17.850	12208	125
9	11.792	831698	8000
10	16.848	24542.4	250
11	11.404	1090150	12500
12	16.466	32030	350
13	16.728	26687.2	300
14	18.221	9427.75	90
15	17.221	18924.3	190

根据荧光定量PCR仪测出的数据和硫酸盐还原菌荧光定量检测标准曲线可以定量地计算出样品中硫酸盐还原菌的数量。检测计数更加准确，假阳性大幅降低，有效地缩短了计数时间，从样本的DNA提取（3h）到荧光定量PCR（2.5h）到最后获得检测结果仅需要6h，在油田实际生产中更具有实际指导意义。

6.2.4.4　基于16S rDNA基因的反硝化细菌的荧光定量检测方法

研究采用TagMan-MGB探针，通过收集相关的反硝化功能菌株的16S rDNA序列和克隆反硝化功能菌株的16S rDNA序列，设计一对保守的特异性引物和一条特异的MGB探针。利用荧光信号的有无来检测和定量环境样本中的反硝化细菌的数量。

(1) 实时荧光定量PCR分析系统的建立

1) real time PCR标准品的制备

① 用于制备标准品引物序列：首先从GenBank下载具有反硝化功能模式菌株的16S rDNA序列，选择具有代表性的中间序列同时对有可能设计探针的序列，设计两端的引物。提取模式菌株的DNA，选择模式菌株的16S rDNA序列为参比模板，FP：5′-ATGCGTAGCCGACCT-GAGA-3′；RP：5′-CGTCAGACTTTCGTCCATTGC-3′。20μL的PCR反应体系：模板20ng左右，Tag DNA聚合酶（大连宝生物）终浓度为0.3U，4种dNTP各0.3mmol/L，引物各0.1μmol/L。扩增程序为：94℃预热5min，94℃变性30s，58℃复性45s，72℃延伸60s，循环30次，最后72℃延伸10min。扩增产物用1.0%的琼脂糖电泳检测。

② 连接、转化、菌落PCR检测：克隆的方法通上，获得的序列在GenBank进行BLAST，与反硝化细菌（DFU51101）的相似性为99%，属于反硝化细菌的16S rDNA基因中的保守序列。

2) 实时荧光PCR引物和MGB探针设计

首先从GenBank下载具有反硝化功能模式菌株的16S rDNA序列，采用Primer express 2.0选择具有代表性的中间序列设计荧光探针，然后设计两端的引物。从分离得到的纯菌进行DNA的提取，获得克隆的序列，定量检测用的引物和探针均位于参比模板内。正向和反向引物序列分为 FP：5′-ATGCGTAGCCGACCTGAGA-3′；RP：5′-CGTCAGACTTTCGTCCATTGC-3′，这对引物所扩增片段的大小为 130bp，如图 6-28 所示。荧光探针为 FAM：5′-CGGGAGGCAGCAGT-3′MGB；Tag Man-MGB 探针的 5′端标记的报告荧光基团 FAM，3′端标记的淬灭荧光基团 TAMRA-MGB。

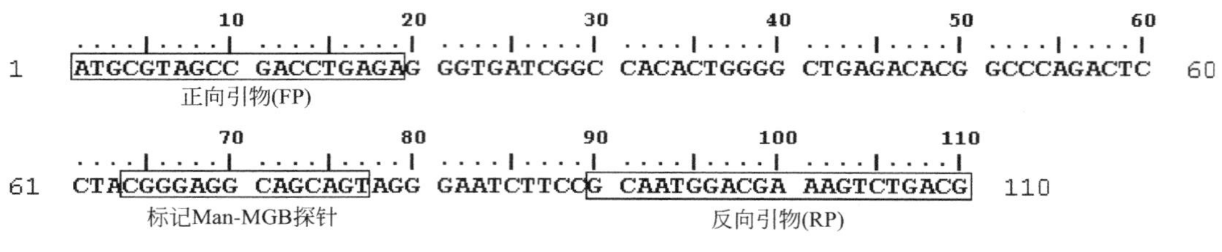

图 6-28 引物和探针在模板内的位置和方向（四）

3）实时荧光 PCR 反应系统相关参数确定

① real time PCR 反应体系：反应体系为 25μL，5×real time buffer 5.0μL，dNTP（10mmol/L）0.75μL，Mg^{2+}（250mmol/L）0.5μL，特异性上游和下游引物（F/R primer）（10mmol/L）各 0.5μL，探针（probe）（5mmol/L）0.6μL，Taq DNA 酶（5 U/μL）0.3μL，DNA 模板（template）2μL，去离子水 15.4μL。试验设置水为阴性对照。

② real time PCR 反应参数：95℃预变性 5min，94℃变性 5s，60℃退火 30s，72℃延伸 45s，40 个循环，72℃延伸 2min。温度转换率为 20℃/s，在每个循环的 60℃时进行荧光信号检测。

4）实时荧光 PCR 反应系统敏感性测试及线性标准曲线绘制

参比模板重组质粒纯化后，于紫外分光光度计上进行定量，根据重组质粒的碱基长度计算其分子质量，根据其分子质量计算其浓度，进而计算出每毫升所含的拷贝数。

pGEM-T-DNB 的浓度测定：提取大肠杆菌转化子质粒（含目的片段的质粒）pGEM-T-DNB，测定其浓度并换算为拷贝数，拷贝数换算公式为：$拷贝数(copies/\mu L)=\frac{c(\mu g/\mu L)\times 10^6\times 6.02\times 10^{23}}{660\times(载体+目的片段)bp}$，然后做 10 倍梯度倍比稀释。分别以稀释后的质粒溶液为模板，以 FP、RP 为引物，进行实时荧光定量 RT-PCR 检测。

反硝化细菌荧光定量检测灵敏度检测和标准曲线如图 6-29 所示。

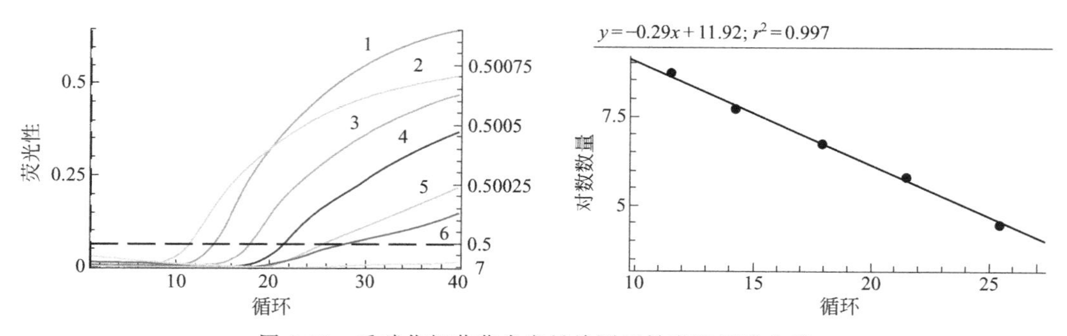

图 6-29 反硝化细菌荧光定量检测灵敏度和标准曲线

1—1.302×10^7 copies/μL；2—1.302×10^6 copies/μL；3—1.302×10^5 copies/μL；4—1.302×10^4 copies/μL；5—1.302×10^3 copies/μL；6—1.302×10^2 copies/μL；7—水对照

载体模版的拷贝数为 1.302×10^{8} copies/μL，进行 10 倍梯度倍比稀释。如图 6-29 所示，以 pGEM-T-ADNB 为底物的扩增曲线，从左到右的 7 条曲线依次为 1.302×10^{7} copies/μL、1.302×10^{6} copies/μL、1.302×10^{5} copies/μL、1.302×10^{4} copies/μL、1.302×10^{3} copies/μL、1.302×10^{2} copies/μL、水对照。在实时荧光定量 RT-PCR 的 40 个循环结束后，计算机利用分析软件 Opticon Monitor 2.02 根据输入的模板量和产生的荧光信号，计算出一条标准曲线：$y=-0.29x+11.92$，相关系数为 0.997。结果表明，至少在 $1.302\times10^{0}\sim1.302\times10^{7}$ copies/μL 范围内，样品拷贝数与其相应的 CT 值具有良好的相关性。线性检测范围：在 $10^{0}\sim10^{7}$ DNA 拷贝每反应范围内，CT 值和 DNA 拷贝数呈线性关系（$r^{2}>0.990$），所建立的实时荧光 PCR 反应系统的检测最低限度为 1 DNA 拷贝每反应。因此，试验可对 $1.302\times10^{0}\sim1.302\times10^{7}$ copies/μL 范围之内的模板进行准确定量。在 PCR 的过程中由实时荧光定量 PCR 仪 DNA Engine Opticon TM 自动绘制线性标准曲线。

（2）实时荧光 PCR 反应系统的污水样本验证

对试验收集的 14 个待测样本进行荧光 RT-PCR 检测，提取大肠杆菌转化子质粒（含目的片段的质粒）pGEM-T-ADNB，与被检测样品同时进行实时荧光定量 RT-PCR 检测。各样品的初始拷贝数由分析软件 Opticon Monitor 2.02 根据标准曲线和样本的 CT 值自动计算得出。实时荧光定量 RT-PCR 扩增曲线如图 6-30 所示（另见书后彩图），阳性样本均有曲线扩增，水对照和纯菌（大肠杆菌）无曲线扩增，同时用绝迹稀释法进行验证。检测结果见表 6-12，在 14 个待测样本中检测到厌氧反硝化细菌。与标准样比较，阳性对照中 CT 值小于 28，阳性样品中扩增曲线明显；阴性对照中 CT 值应该大于 35，阴性对照中无扩增曲线。检测结果同常规检测方法 MPN-Griess 法的检测结果的吻合率为 100%。从检测的精度上看，要比常规的方法提高两个数量级。

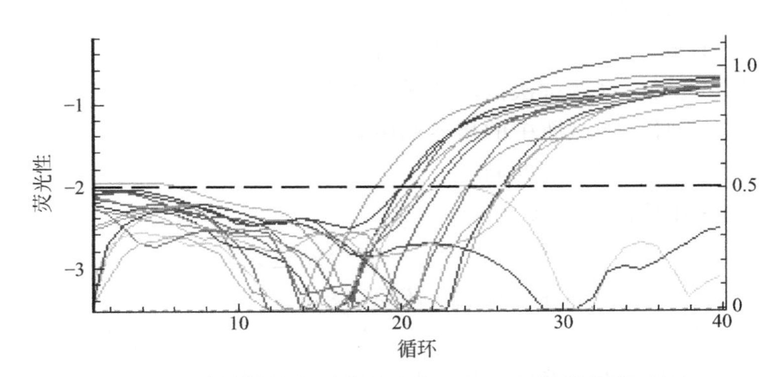

图 6-30　检测样品实时荧光定量 RT-PCR 扩增曲线（四）

表 6-12　检测样品的 CT 值、拷贝数（细菌数）和绝迹稀释法的检测结果（四）

样品号	CT 值	荧光定量细菌数/(个/mL)	MPN 计数细菌数/(个/mL)
水对照	0	0	0
大肠杆菌	0	0	0
1	20.851	259345	2500
2	27.749	2792.99	25
3	24.381	25520.7	250
4	18.512	1205730	12500
5	26.622	5856.81	50
6	20.128	417061	4000
7	26.350	7004.15	80
8	21.823	137027	1500

续表

样品号	CT 值	荧光定量细菌数/(个/mL)	MPN 计数细菌数/(个/mL)
9	26.520	6263.11	70
10	22.530	86087.8	800
11	24.196	28826.1	300
12	20.734	280139	3000
13	20.060	436093	4500
14	21.410	179717	1700

通过收集具有反硝化细菌的 16S rDNA 基因序列，设计一对保守的特异性引物和一条特异的 MGB 探针，能够进行准确诊断，计数结果准确，有效地缩短了计数时间，从样本 DNA 提取到荧光定量 PCR 到最后获得检测结果仅仅需要 6h，能够简化操作、降低费用、缩短检测周期，在生产中具有实际意义。

6.3 SRB-HX-7 新型快速硫酸盐还原菌测试瓶现场试验

油田硫酸盐还原菌的检测时间长（检测时间为 14d，而腐生菌、铁细菌的检测时间为 7d），一旦检测结果不合格，采取措施不及时，就会影响生产决策。在油田公司开发部的组织下，设计院水化室、采油一厂、采油二厂和采油九厂与北京华油科隆开发公司相结合，试制了 SRB-HX-7 新型快速硫酸盐还原菌测试瓶，通过不断调整培养基配方，使硫酸盐还原菌测试瓶检测时间缩短为 7d，达到预期的试验目的。

6.3.1 先期硫酸盐还原菌检测试验情况

6.3.1.1 初期现场对比检测试验情况

2004 年 5 月 11 日和 9 月 10 日，分别取杏十三-1、杏十六联合站的含油污水进行硫酸盐还原菌的检测，结果表明，这两批次试验所采用的硫酸盐还原菌测试瓶（SRB-HX-7）在培养期间观察及终点计数时，测试瓶中的培养基生长指示不明显，造成终点判断困难，后与厂家结合对培养基的配方进行了较大的调整。

6.3.1.2 调整后的对比检测试验情况

① 2004 年 11 月 15 日，分别取六厂喇 400 联合站进紫外线前、五厂杏 V-1 过滤后、中十四联合站注水井中的含油污水进行硫酸盐还原菌检测的对比试验。结果表明，经调整后这种硫酸盐还原菌测试瓶（SRB-HX-7）内培养基第 2 天就有黑色沉淀出现，说明硫酸盐还原菌在这种培养基中适应速度快、繁殖迅速，且在培养期间观察及终点计数时硫酸盐还原菌生长指示明显。从检测结果上看，这种硫酸盐还原菌测试瓶（SRB-HX-7）在检测喇 400 联合站进紫外线前水、五厂杏 V-1 过滤后水及中十四联合站注水井水中硫酸盐还原菌菌数时，结果略低于参比硫酸盐还原菌测试瓶（SRB-HX-14）。

② 根据检测情况与厂家结合对培养基做了进一步微调后，提供了新样品。2005 年 1 月 24 日，分别取六厂喇 400 联合站过滤前、南八联合站紫外装置前的含油污水进行硫酸盐还原菌检测的对比试验。结果表明，这批硫酸盐还原菌测试瓶（SRB-HX-7）同样表现出细菌生长指示明显的特点，阳性反应迅速；但从检测结果上看，南八联合站过滤后水和喇 400 联合站过滤前水中硫酸盐还原菌菌数均略高于参比硫酸盐还原菌测试瓶（SRB-HX-14）的检测结果。

③ 再次对培养基进行微调后，2005年3月20日，分别取六厂喇400联合站过滤前（聚丙烯酰胺浓度：368mg/L）、杏十九联合站过滤前的含油污水进行硫酸盐还原菌检测的对比试验。

结果表明，此批次快速硫酸盐还原菌测试瓶（SRB-HX-7）在检测杏十九联合站过滤前水和六厂喇400联合站过滤前水中硫酸盐还原菌的菌数时，都与参比硫酸盐还原菌测试瓶（SRB-HX-14）检测的结果相同。并且该批次硫酸盐还原菌测试瓶（SRB-HX-7）内的培养基第2天就有阳性反应，出现了黑色沉淀，说明硫酸盐还原菌在这种培养基中适应速度快，繁殖迅速，细菌生长指示明显，且检测结果稳定性好。

采用大庆油田含油污水处理站的含油污水，对北京华油科隆开发公司试制的新型快速硫酸盐还原菌测试瓶（SRB-HX-7）进行了上述五个批次对比检测后得出：第五批次快速硫酸盐还原菌测试瓶（SRB-HX-7）内的培养基能使得硫酸盐还原菌生长速度增加，细菌生长指示明显，在水样接种后的第7天就能得出结果，且检测结果的稳定性好。

6.3.2 全面硫酸盐还原菌检测试验情况

6.3.2.1 取样

通过以上多次反复检测、调整改进和再次检测的过程，认为新型快速硫酸盐还原菌测试瓶（SRB-HX-7）已基本达到了现场应用要求。在此基础上，油田公司开发部组织了采油一厂、二厂、九厂和设计院水化室，对第五批次的快速硫酸盐还原菌测试瓶（SRB-HX-7）与参比硫酸盐还原菌测试瓶（SRB-HX-14）进行了对比检测。

结合油田目前生产实际，选用6座水处理站进行试验，其中含聚水处理站3座，水驱水处理站3座。3座含聚水处理站含聚浓度分别为400mg/L、200mg/L和20～50mg/L。每座站按选择取样位置不同，使水样中硫酸盐还原菌数量级分别为10^4、10^3和10^2以下，而且每座站要用原方法（14d）和新方法（7d）同时检测。具体分工为：

采油一厂选取含聚水处理站两座，含聚浓度分别为200mg/L和20～50mg/L，每种水中硫酸盐还原菌数量级分别为10^4、10^3和10^2以下。

采油二厂选取含聚水处理站一座和不含聚水处理站一座，其中含聚水处理站的含聚浓度为400mg/L，每种水中硫酸盐还原菌数量级分别为10^4、10^3和10^2以下。

采油九厂选取不含聚水处理站两座，每种水中硫酸盐还原菌数量级分别为10^3和10^2以下。

设计院水化室负责对所有采油厂（包括采油一厂、采油二厂和采油九厂）中心化验室所选择的水处理站水中硫酸盐还原菌的全面检测试验。

6.3.2.2 原材料和方法的确定

根据油田公司开发部的要求，设计院水化室负责购入按第五批次新型快速硫酸盐还原菌测试瓶（SRB-HX-7）配方工业化生产的快速硫酸盐还原菌测试瓶（SRB-HX-7），并相应购进近期新生产的硫酸盐还原菌测试瓶（SRB-HX-14）作为参比。同时，编制出联合试验计划，对试验方法、方式、读数方法、结果上报格式等进行统一，以充分的准备工作来确保联合试验的顺利开展。

6.3.2.3 检测情况

设计院水化室与采油一厂、采油二厂、采油九厂中心化验室在都使用同批次测试瓶、统一检测方法和操作步骤的基础上，每天以两单位同时取样、同时接种、同时计数的方式，开展了对新型快速硫酸盐还原菌测试瓶（SRB-HX-7）与硫酸盐还原菌测试瓶（SRB-HX-14）的对比检测试验。试验介质为分别取自第一采油厂、第二采油厂、第九采油厂、第六采油厂含油污水处理站的含油污水，对比检测结果如下。

（1）与采油一厂的对比检测情况

通过对设计院水化室与采油一厂的对比检测情况可以看出，设计院水化室与采油一厂所采用的快速硫酸盐还原菌（7d）的检测结果与原 14d 检测结果均保持在相同的数量级以内，根据行业标准 SY/T 0532—2012 规定要求，采用绝迹稀释法的细菌试验结果的数量级相同时，即认为数据是相同的。另外，对比相对误差百分比，快速硫酸盐还原菌测试瓶（SRB-HX-7）与硫酸盐还原菌测试瓶（SRB-HX-14）的检测结果均在 30%以内。

（2）与采油二厂的对比检测情况

通过对设计院水化室与采油二厂的对比检测情况可以看出，设计院水化室与采油二厂所采用的快速硫酸盐还原菌（7d）的检测结果与原 14d 检测结果均保持在相同的数量级以内，相对误差在 25%以内。

（3）与采油九厂的对比检测情况

设计院水化室与采油九厂所采用的快速硫酸盐还原菌的检测结果（7d）与原 14d 检测结果均保持在相同的数量级以内，相对误差在 24%以内。

（4）采油六厂喇 600 污水站的检测情况

采油六厂喇 600 污水站进行的快速硫酸盐还原菌（7d）的检测结果与原 14d 检测结果均保持在相同的数量级以内，相对误差为 20%。

6.3.3 试验结果分析

采用新型快速硫酸盐还原菌测试瓶检测，对以上四个采油厂的 15 种含油污水样品进行对比检测，分析得出如下结论。

① 此次快速硫酸盐还原菌测试瓶（SRB-HX-7）在检测采油一厂、采油二厂、采油九厂、采油六厂含油污水水样时，在接种后最终所得到的检测结果与参比硫酸盐还原菌测试瓶（SRB-HX-14）检测的结果进行对比，均在标准规定误差范围内。

② 对中十四联滤前水、龙一联滤后水采用快速硫酸盐还原菌测试瓶（SRB-HX-7）测试，测试中发现第 8 天的检测结果的数值的指数略有增加。因此，建议在采用快速硫酸盐还原菌测试瓶（SRB-HX-7）测试水中硫酸盐还原菌含量时，可延长到第 8 天计数。

③ 在经过了不同取样地点、不同硫酸盐还原菌菌量、不同聚合物浓度水样条件下的快速硫酸盐还原菌测试瓶（SRB-HX-7）对比检测试验，试验结果都表现出较好的重复性和一致性，说明快速硫酸盐还原菌测试瓶（SRB-HX-7）和硫酸盐还原菌测试瓶（SRB-HX-14）的适应性和结果稳定性基本相同。

④ 因为快速硫酸盐还原菌测试瓶（SRB-HX-7）采用了优化的培养基配方和生产工艺，满足了硫酸盐还原菌生长繁殖对营养物质的需求，为硫酸盐还原菌创造出适宜的生长环境，所以硫酸盐还原菌在新测试瓶中的生长规律性好，极少出现跳跃、间隔生长等异常现象。可以认为新型快速 SRB 测试瓶（SRB-HX-7）在提高测定速度的基础上，试验结果与原 SRB 测试瓶（SRB-HX-14）的结果基本相同。

⑤ 大多数快速 SRB 测试瓶（SRB-HX-7）在接种后的第 1 天或第 2 天就出现了阳性反应，说明硫酸盐还原菌在这种快速 SRB 测试瓶（SRB-HX-7）的培养基中适应速度快、繁殖

迅速。同时，在每日的观察记录中发现快速 SRB 测试瓶（SRB-HX-7）的硫酸盐还原菌生长指示明显，硫酸盐还原菌生长趋势的规律性较强，且检测结果稳定性较好。其生长速度及结果的稳定性、一致性，与参比的原 SRB 测试瓶（SRB-HX-14）相同。

6.4　本章小结

迄今为止，国内外对 SRB 的检测仍然没有一种公认的比较完善的方法。通过比较分析各种 SRB 检测技术的优缺点，为选择更为有效的检测方法提供了依据，也为完善检测技术指明了方向。随着 SRB 研究的深入，传统的分析方法已不能满足需要。分子生物学技术具有高敏感性和特异性，已逐步被引入该领域的研究中，但该类方法往往需要传统方法的验证。因此对 SRB 的研究既要注重新技术、新方法的应用，又要结合传统方法才能取得更好的效果。

① 在国内首次对附着型硫酸盐还原菌进行检测研究，通过在管壁和罐壁上安装改良的罗氏检测装置，与开发出的非附着型 SRB 检测方法相结合，实现附着型 SRB 的定量检测，同时证明附着型 SRB 大量存在。

② 基于纯培养技术开发出一整套"厌氧全过程的倍比稀释纯培养计数工艺"，主要的改进和创新包括以下几个主要的环节：a. 厌氧培养基配制装置的改进；b. 用于倍比稀释的厌氧无菌水的配制；c. 厌氧硫酸盐还原菌培养基的改良和加药方法的改进；d. 硫酸盐还原菌最适合的生长温度的确定；e. 采用摇床培养缩短培养时间；f. 实现 3d 可以初步计数，4d 可以稳定计数。对标准培养基和改良培养基进行种群动态演替和多样性分析，前者种群达到稳定的周期短，多样性较高。

③ 开发出基于特定基因的 MPN 法对硫酸盐还原菌和反硝化细菌进行定量检测的方法，该方法适合于应用常规的 PCR 仪进行细菌的检测，直接通过琼脂糖电泳实现细菌的定量检测。该方法一个重要的前提是开发出一种直接用于 PCR 扩增的"菌液制备"的方法，不用提取 DNA 可以直接进行 PCR 扩增，该方法对于微生物种群的研究具有重要的参考价值。

④ 针对 SRB 目标基因开发出 DSR-MPN-PCR 法、APS-MPN-PCR 法以及 16S rDNA-MPN-PCR 法对 SRB 进行定量检测，检测周期需要 3～4h，降低了检测费用，提高检测精度大约 100 倍。

⑤ 针对反硝化细菌开发出 16S rDNA-MPN-PCR 法和 *nir S*-MPN-PCR 法，对反硝化细菌进行快速定量检测，检测周期需要 3～4h，降低了检测费用，提高检测精度大约 100 倍。

⑥ 采用 TaqMan-MGB、TaqMan-LNA 型探针，建立新型硫酸盐还原菌 DNA 荧光定量 PCR 检测系统。根据硫酸盐还原菌的 16S r DNA 序列设计的特异性的探针为 FAM：5′-CAACGAGCGCAACC-3′MGB。最低检测限度为 1 DNA 拷贝每反应；在 10^0～10^7 DNA 拷贝每反应范围内，CT 值和 DNA 拷贝数呈线性关系（$r^2=1.000$），对现场水样的检测结果同绝迹稀释法的检测结果吻合。

基于腺苷酸还原酶（APS）基因的硫酸盐还原菌的定量检测方法，设计的荧光探针为 FAM：5′-FCTGAAGCCTTACGAAGATCGP-3′LNA。

基于异化型亚硫酸盐还原酶（DSR）基因的 SRB 的荧光定量检测方法，设计的荧光探针为 FAM：5′-FAATGGTGGATGGAAGAAGGCP-3′LNA。在 10^0～10^7DNA 拷贝每反应范围内，CT 值和 DNA 拷贝数呈线性关系（$r^2=0.999$）。以上的检测结果同常规检测方法绝迹稀释法的检测结果吻合。从检测的精度上看，提高了两个数量级。从样本的DNA提取到荧光定量PCR到最后获得检测结果仅需要6h。该方法能够提高检测的计数准确率、简化操作、降低费用、缩短检测周期，在油田实际生产中更具有实际指导意义。

⑦ 应用TaqMan-MGB型探针，建立了新型反硝化细菌的DNA荧光定量PCR检测系统。基于16S rDNA基因序列的反硝化细菌的荧光定量检测方法，设计的荧光探针为FAM：5′-CGGGAGGCAGCAGT-3′MGB。在10^0～10^7 DNA拷贝每反应范围内，CT值和DNA拷贝数呈线性关系（$r^2=0.997$），对现场水样的检测结果同绝迹稀释法的检测结果吻合。检测精度要比常规的方法提高两个数量级。建立的检测系统能够进行准确诊断，从样本DNA提取到荧光定量PCR到最后获得检测结果仅仅需要6h，能真实地反映生产实际情况，减少检测成本，能够提高检测的计数准确率、简化操作、降低费用、缩短检测周期，在生产中具有实际意义。

⑧ 新型快速硫酸盐还原菌测试瓶（SRB-HX-7）经过专家鉴定，确定为定型产品代替硫酸盐还原菌测试瓶（SRB-HX-14），目前已经按此批次的硫酸盐还原菌测试瓶的配方进行工业化生产，已经在大庆油田推广应用。

⑨ 以上的研究还存在很多问题和不足，样品的处理是一个问题，操作方法还需要进一步研发和完善。

第7章 硫酸盐还原菌在微生物采油中的应用研究

7.1 微生物采油技术的特点

7.1.1 微生物采油的作用机理

微生物采油（microbial enhanced oil recovery，MEOR）技术是指利用微生物（主要是细菌）或其代谢产物提高原油产量和采收率的技术，具有多种应用工艺，目前采用的工艺技术有微生物清防蜡、微生物单井吞吐、微生物驱油、内源微生物驱油和微生物封堵等，这些工艺技术既可单独应用也可与其他工艺技术结合应用。

微生物提高原油采收率作用涉及复杂的生物、化学和物理过程，除了具有化学驱提高原油采收率的机理外，微生物生命活动本身也具有提高采收率的机理。据分析，微生物采油的原理主要包括以下几个方面。

(1) 原油乳化机理

微生物的代谢产物表面活性剂、有机酸及其他有机溶剂，能降低岩石-油-水系统的界面张力，形成油-水乳状液（水包油），并可以改变岩石表面润湿性、降低原油相对渗透率和黏度，使不可动原油随注入水一起流动。有机酸能溶解岩石基质，提高孔隙度和渗透率，增加原油的流动性，并与钙质岩石反应产生 CO_2，提高渗透率。其他溶剂能溶解孔隙中的原油，降低原油黏度。

(2) 微生物调剖增油机理

微生物代谢生成的生物聚合物与菌体一起形成微生物堵塞，堵塞高渗透层，调整吸水剖面，增大水驱扫油效率，降低水油比，起到宏观和微观的调剖作用，可以有选择地进行封堵，改变水的流向，达到提高采收率的效果。在较大的孔隙中微生物易增殖，生长繁殖的菌体和代谢物与重金属形成沉淀物，具有高效堵塞作用。

(3) 生物气增油机理

代谢产生的 CO、CO_2、N_2、H_2、CH_4 和 C_3H_8 等气体，可以提高地层压力，并有效地融入原油中，形成气泡膜，降低原油黏度，并使原油膨胀，带动原油流动，还可以溶解岩石、挤出原油、提高渗透率。

(4) 中间代谢产物的作用

微生物及中间代谢产物如酶等，可以将石油中长链饱和烃分解为短链烃，降低原油的黏度，并可裂解石蜡，减少石蜡沉积，增加原油的流动性。脱硫脱氮细菌使原油中的硫、氮脱出，降低油水界面张力，改善原油的流动性。

(5) 界面效应

微生物黏附到岩石表面上而生成沉积膜，改善岩石孔隙壁面的表面性质，使岩石表面附着的油膜更容易脱落，并有利于细菌在孔隙中的成活与延伸，扩大驱油面积，提高采收率。

7.1.2 微生物采油技术的优缺点

① 微生物采油技术的优点主要有：a. 微生物采油技术对环境的破坏较小，无毒无害；b. 安全性高，不会损害工作人员的健康，也不会损害地层；c. 原料来源广，经济投入少，应用成本低，经济环保，可以实现资源的优化配置；d. 适用面广，效果持续时间长，能够到达许多技术到达不了的死角；e. 技术要求低，便于操作，降低劳动量，有助于人力资源的有效节约。

总之，微生物采油技术的应用不仅能够提高采收率，还有利于提高工作效率。

② 微生物采油技术的缺点主要有：a. 微生物采油技术容易受到气候及季节影响；b. 代谢产物的长期积累在一定程度上也会降低原油的开采效率；c. 微生物对生存环境具有一定要求。

7.2 微生物采油应用现状

(1) 研究水平较低

我国在微生物采油技术上研究和应用起步较晚，目前仍然处于发展的初级阶段。虽然已经在小范围引用并进行推广试验，但是总体而言，在许多配套技术方面的研究水平还是较低，甚至还存在部分空白。微生物采油技术的应用推广，没有捷径可走，需要扎扎实实地研究和试验，将理论与实际相结合，充分吸收国内外研究成果，举一反三，寻求微生物采油技术的应用进步。

(2) 用于油田防蜡、防垢、防腐蚀

微生物的应用可以防止油田结蜡，其产生的化学剂可以直接作用于结蜡部位，有效解决油田中诸如管道堵塞、沉积等各种各样的问题。同样，微生物生成物能够控制油田结垢，也可以通过与相关化合物的相互作用减缓腐蚀。目前，可用于石油工业的微生物生成物的数量不断增加，微生物防蜡、防垢、防腐蚀得到了较为广泛的应用。

(3) 处理水驱中出现的问题

微生物也可以成功地应用于水驱中。结垢和有机物沉积都限制了水驱作业，可以用控制结垢和腐蚀的微生物生成物克服这种限制，提高水驱的效率。实际应用已经证明，用微生物生成物处理注水系统，不仅可以增加注水量，而且能够有效降低注水压力和能源成本。

(4) 微生物应用于增产措施

微生物用于防蜡、防垢、防腐蚀等都可在一定程度上有利于采油量的增加。增产措施在设计上也可以利用微生物在这些方面的应用原理，例如清除井壁堵塞和地层损害、打开孔隙通道、改变原油流动性质等。除此之外，微生物采油技术持续时间较长，其在油藏中不断新陈代谢的生成物会使原油性质发生变化，提高相对渗透率。

(5) 应用于压裂损害补救作业中

油气开采者常常在开采油田过程中对其实施压裂措施，以便增加产油量，从现有井中获得最大产量。但是，压裂液的使用会对地层造成损害，阻止油气从产层中流出，有时反而达不到增产效果，甚至完全采不出油气。微生物生成物起到聚合物破乳的催化作用，促使特殊代谢反应的发生以缓解压裂带来的损害，完成补救作业。

(6) 用于单井注入和渗透率调剖

微生物采油技术不仅能够通过解决油田开采中出现的问题来提高采油率，在单井中注入微生物也可以提高采油量。同时，通过微生物渗透率调剖水驱过程，也可以提高石油采收率，并且延长采油量和油田的开采期限。

7.3 本源微生物采油技术

7.3.1 基本原理

本源微生物是油田注水开发过程中随注入水注入油藏，并在一定时间内在数量和种类上保持稳定的微生物菌落，其种类和数量取决于注入水的含菌情况和油层的地质条件。MEOR技术的未来前景似乎是基于注入和刺激土著微生物，而不是外源微生物，因为本源微生物更适应油田系统的生长条件。

目前国内外对本源微生物的分类主要是从其在油藏中起的作用的角度考虑的，按其作用的不同主要分为五类，即好氧微生物（好氧腐生菌）、烃氧化菌、厌氧微生物（硫酸盐还原菌）、产甲烷菌、厌氧发酵菌。

本源微生物采油技术是指通过向油藏地层中注入合适的激活剂，激活地层中已有的微生物，利用其代谢产物的综合作用来提高采收率的方法。该技术通过调整油层中固有微生物群落的生物活性来增加原油采收率。

本源微生物驱油是一个复杂的生物、生化过程，主要作用机理如下。

(1) 生物表面活性剂对驱油的作用

微生物在代谢过程中产生的生物表面活性剂可以降低油水界面张力以及毛细管压力，使原油更容易被采出地面。同时，生物表面活性剂可以通过吸附使岩石颗粒表面由亲油变为亲水，从而使吸附在岩石表面的油膜脱落。

(2) 甲烷和二氧化碳对驱油的作用

微生物在代谢过程中产生的二氧化碳、甲烷等气体，会溶解于原油从而降低原油的黏度，同时气体会增加油层压力，有助于原油流向生产井，提高驱油效率。

(3) 有机酸对驱油的作用

微生物在油层中代谢会产生一些有机酸，对底层有一定的酸化作用，从而提高油层的孔隙度和渗透率。

(4) 有机溶剂对驱油的作用

微生物代谢会产生一些醇、酮等有机溶剂，这些有机溶剂可以通过溶解和乳化原油来降低原油黏度，从而达到提高驱油效率的效果。

(5) 聚合物对驱油的作用

微生物在油藏高渗透区的生长繁殖会产生聚合物，能够有选择地堵塞油层中的大孔道，提高水驱波及系数，提高采收率。

(6) 细菌体对驱油的作用

油层在注水开发过程中，随着细菌的繁殖，菌体会堵塞高渗透层中的大孔道，起到调剖注水的效果，提高采收率。

总的来说，本源微生物采油技术包括如下两个阶段。

① 第一阶段：好氧发酵阶段。注水井近井地带好氧和兼性厌氧微生物，主要是烃氧化菌被激活，烃部分氧化产生醇、脂肪酸、表面活性剂、CO_2、多糖等物质。这些物质既可以作为原油释放剂，又可以作为厌氧微生物的营养源。

② 第二阶段：厌氧发酵阶段。产甲烷菌和 SRB 在缺氧层被激活，降解石油产生 CH_4 和 CO_2 等气体，这些物质溶于油后，会增加油的流动性，进而提高采收率。该过程中生物产生的同位素轻甲烷与总甲烷的比例增加。

7.3.2 本源微生物采油技术的特点

① 油藏本源微生物由于是油藏中固有的，因此比外源微生物更适应油藏的极端环境，代谢活性也更高，也不会因菌种传代数量增加而导致菌种性能以及活性降低的负面效果，而且本源微生物不存在微生物与地层环境的配伍性问题，更加适合现场应用。

② 本源微生物采油技术与外源微生物采油技术相比，减少了菌种筛选、保藏以及微生物地面发酵、注入等工序，工艺简单且节约成本。

③ 本源微生物采用的就是地层中长期已有的细菌，所以适用范围更广且不会污染地层。

④ 由于本源微生物以地下原油中的烃类为碳源，因此不需要投入大量营养物，有效节约成本。

⑤ 微生物能够有效降低原油中蜡质含量，降解石油中的重质烃，提高原油中轻质烃的比例，达到降低石油黏度的效果的同时也提高了原油质量。

7.3.3 本源微生物采油技术的发展趋势

① 本源微生物采油技术有一定的适用范围，在地层温度较低、储层物性较好、矿化度和硫酸根离子含量较低的砂岩储层应用效果较好。因此，该技术以后的发展方向是地层温度、矿化度较高的储层。

② 目前我国很大一部分油田进入注水开发的后期，地层中已经形成了稳定的微生物群落，本源微生物驱油技术在油田注水开发后期将有更广阔的前景。

③ 随着本源微生物采油技术的不断深入研究，将会建立更加有效的激活体系，使得微生物在采油中的作用更加稳定，其有害性也能得到更进一步的控制，生物、物理、化学方法的复配也是该技术的发展方向。

④ 在传统的微生物研究方法的基础上引进分子生物学方法，从分子生物的角度对本源微生物展开研究。

7.3.4　本源微生物驱矿场试验

克拉玛依油田七中区克上组油藏含油面积 6.6km^2，地质储量 1089.82 万吨，剩余可采储量 654.7 万吨，油藏类型为断层遮挡的岩性-构造油藏。油藏温度为 39℃，油藏深度为 1088m，有效渗透率为 0.123μm^2，孔隙度为 18.2%，地层原油黏度为 5.6mPa·s，地层水矿化度为 15726mg/L，油藏条件适于微生物生长，利于开展微生物驱油试验。通过对微生物矿场试验区 4 口注入井和 11 口采油井（4 注 11 采）的生化指标进行跟踪监测，评价油井产出液中各项生化指标的变化规律与增产效果之间的关系，为激活油藏内源微生物、提高原油采收率提供技术支持。

(1) 试验方法

实施微生物驱油现场试验过程，需要跟踪监测油藏生化指标变化情况，及时了解生化指标是否朝着预期方向发展变化，适时调整激活剂的注入浓度和频次，最大限度发挥微生物的驱油潜力。克拉玛依油田七中区克上组微生物驱油矿场试验生化指标监测项目为烃氧化菌、硫酸盐还原菌、总活菌数、乙酸根、总糖、总氮、水质和水相表面张力，4 口注入井和 11 口采油井试验前的监测频率为每年 2 次，试验过程中水质和水相表面张力的监测频率为每 3 个月 1 次，其余项目为每月 1 次。按照监测方案，定期取各试验井井口油水样测定产出液各项生化指标。

① 用 LB 营养平板培养法测定产出液总活菌数：过滤样品，将多个 10mL 试管及 1mL 无菌注射器在 121℃下加压灭菌 30min 待用；根据现场经验，准备 2 组（每组 6～8 个）试管，加入 9mL 蒸馏水，标出试管序列号，并留出空白（10mL 蒸馏水）作对照；用无菌注射器把 1mL 试样注入 1 号试管，充分振荡；另取一支无菌注射器从 1 号试管取出 1mL 注入 2 号试管（稀释 10 倍），充分振荡；重复以上操作过程，直到最后一个试管；用自动菌落分析仪/显微镜检测活菌总数。

② 用 HOB 和 SRB 测试瓶测定各内源菌菌数：过滤样品，准备 2 组（每组 8 瓶）试剂瓶，标出试剂瓶序列号，并留出空白做对照；用小刀去除试剂瓶铝盖中心部分，用 75%酒精溶液消毒；用无菌注射器把 1mL 试样注入 1 号试剂瓶，充分振荡；另取一支无菌注射器从 1 号试剂瓶取出 1mL 注入 2 号试剂瓶，充分振荡；重复上述操作过程，直到最后一个试剂瓶；培养观察 2 周，记录试验结果。

③ 用苯酚-硫酸法测定产出液中总糖含量：过滤样品杂质，配制苯酚溶液；移取 1mL 过滤试样和 1mL 蒸馏水加入 10mL 无菌试管中，空白用 2mL 蒸馏水作参照；向加入试样的试管中加入 1mL 苯酚溶液，再加入 5mL 硫酸溶液，常温反应 30min 后，用酶标仪检测总糖含量，记录试验结果。

④ 测定产出液中总氮含量：参照标准《水质　总氮的测定　碱性过硫酸钾消解紫外分光光度法》（HJ 636—2012），用碱性过硫酸钾消解紫外分光光度法测定总氮含量。用 0.2μm 滤纸过滤样品杂质；量取 10mL 试样，并与 5mL 质量分数为 0.05%的碱性过硫酸钾溶液一同加入磨口试管，塞紧瓶口，用自动蒸汽消毒器在 121℃下加压灭菌 30min 后取出，冷却至室温，加入 1mL 质量分数为 4%的盐酸溶液，再用氨水溶液稀释至 25mL，混匀；用酶标仪检测总氮含量，记录试验结果。

⑤ 用 Krüss 张力仪（吊环法）测定水相表面张力。

⑥ 用离子色谱仪测定产出液中乙酸根离子的质量分数。

(2) 结果与讨论

微生物驱试验区为4注11采，措施前共有正常生产井9口井，井均日产液14.5t，井均日产油1.6t，综合含水率为87.9%。试验区4口注水井为两级三层分注，措施前注入压力平均为5.6MPa，平均日注入水量为29.5m^3。试验设计注入微生物激活剂（以C源为主、其他营养成分为辅的配方体系）浓度为1.4%，总注入剂量为0.1PV，注入速度为155m^3/d，注入周期为1.5a。试验于2013年11月27日开始，截至2015年2月28日，试验区累积注入激活剂4.65×10^4 m^3，完成方案总设计的54.15%。跟踪现场效果统计显示（表7-1）：试验区4注11采有10口井见效，油井见效率91%，截至2015年2月，试验区已经累积增油6535t。

表7-1 克拉玛依油田七中区微生物驱矿场试验增油效果

井号	措施前			措施后			前后变化			累计增产量/t
	日产液/t	日产油/t	含水率/%	日产液/t	日产油/t	含水率/%	液量上升/t	油量上升/t	含水率下降/%	
7203	4.8	2.6	45.8	14.32	3.3	76.98	9.52	0.7	−31.18	311
7220	5.7	1.7	70.2	6.3	2.78	55.9	0.6	1.08	14.3	64
7222	24.9	2.3	90.8	27	5.22	80.65	2.1	2.92	10.15	674
7227	11.1	0.6	94.6	8.61	2.69	68.8	−2.49	2.09	25.8	597
7253	15.9	1.2	92.5	16.71	2.97	82.24	0.81	1.77	10.26	606
T72602	14.9	1.2	91.9	27.71	2.23	91.96	12.81	1.03	−0.06	684
T72649	9.4	0.9	90.4	19.29	8.19	57.53	9.89	7.29	32.87	933
T72659	10.7	0.6	94.4	19.95	6.85	66.67	9.25	6.25	27.73	1381
TD72601	9.1	3.4	62.6	11.52	5.25	54.39	2.42	1.85	8.21	227
TD72604	15	0.6	96	18.37	2.2	88.04	3.37	1.6	7.96	411
TD72648	26	1.8	93.2	31.48	4	87.3	5.48	2.2	5.9	647
合计	147.5	16.9	83.85①	201.26	45.68	73.68①	53.16	28.78	10.18①	6535

① 为平均值而非合计值。

① 总活菌数：内源菌总活菌数的变化程度是激活剂是否在油藏产生作用的微观体现，是评价激活剂现场激活内源菌效果的重要指标之一。七中区试验井内源菌总活菌数监测结果见表7-2。由表可见，措施后七中区产出水总活菌数均有上升，平均可提高1～2个数量级，表明注入激活剂后油藏内源微生物被有效激活。对比表7-1各井增油效果可见，增油效果明显的井总活菌数数量增幅也较高。

表7-2 克拉玛依油田七中区微生物驱试验井总活菌数监测结果 单位：个/L

取样井号	措施前	措施后						
	2013-06	2013-12	2014-02	2014-04	2014-06	2014-08	2014-10	2014-12	平均值
TD72604	5.63×10^5	6.37×10^6	1.04×10^5	5.50×10^5	3.63×10^6	9.25×10^7	9.25×10^6	1.87×10^7	1.87×10^7
TD72649	2.92×10^6	8.17×10^6	3.45×10^5	2.75×10^5	1.55×10^7	1.53×10^8	4.45×10^7	3.70×10^7	3.70×10^7
T72659	4.09×10^5	8.07×10^6	2.90×10^5	6.50×10^5	1.46×10^6	4.60×10^7	3.48×10^7	1.52×10^7	1.52×10^7
TD72648	5.50×10^5	8.50×10^7	6.29×10^6	1.75×10^7	1.90×10^7	1.03×10^7	1.10×10^7	2.48×10^7	2.48×10^7
7222	9.81×10^5	6.45×10^6	6.00×10^5	6.00×10^5	2.48×10^7	5.75×10^7	6.15×10^7	2.52×10^7	2.52×10^7
7253	3.97×10^5	1.34×10^7	2.78×10^5	1.60×10^6	5.50×10^5	7.75×10^7	1.50×10^7	6.43×10^6	6.43×10^6
T72602	7.33×10^5	5.82×10^6	2.63×10^5	1.40×10^6	1.90×10^8	8.00×10^7	2.28×10^7	5.00×10^7	5.00×10^7

② 内源菌（HOB和SRB）：有效激活油藏有益内源菌（HOB）的数量，同时能抑制或

降低油藏有害的 SRB 数量，是衡量内源微生物驱激活配方优劣的重要指标之一。七中区试验井内源菌监测结果见表 7-3。由表可见，措施后 HOB 均被激活，HOB 菌浓最多可提高 2 个数量级；SRB 大多被抑制，SRB 菌浓最多可降低 2 个数量级。说明内源微生物驱现场激活剂基本达到了定向激活的目标，利于提高油藏最终原油采收率。各试验井增油效果可见，增油效果明显的井 HOB 菌数增幅也较高（如 T72649 井）。

表 7-3 克拉玛依油田七中区微生物驱试验井 HOB 和 SRB 菌数监测结果 单位：个/L

取样井号	菌种	措施前	措施后							
		2013-06	2013-12	2014-01	2014-02	2014-04	2014-06	2014-08	2014-10	平均值
7222	SRB	1.27×10^{9}	1.64×10^{5}	1.64×10^{5}	1.01×10^{5}	1.10×10^{6}	1.30×10^{8}	6.37×10^{5}	2.24×10^{6}	1.92×10^{7}
	HOB	2.61×10^{8}	8.90×10^{9}	8.90×10^{9}	1.23×10^{8}	8.85×10^{8}	1.73×10^{10}	6.80×10^{8}	5.77×10^{7}	5.26×10^{9}
7253	SRB	2.20×10^{6}	4.19×10^{5}	1.09×10^{6}	2.48×10^{7}	1.04×10^{7}	8.33×10^{6}	1.23×10^{6}	2.50×10^{6}	6.97×10^{6}
	HOB	7.65×10^{7}	8.74×10^{8}	8.79×10^{9}	2.04×10^{9}	2.09×10^{10}	4.34×10^{7}	3.08×10^{9}	3.84×10^{9}	5.65×10^{9}
TD72601	SRB	9.44×10^{7}	3.97×10^{6}	2.56×10^{3}	8.30×10^{4}	1.19×10^{5}	1.55×10^{6}	5.15×10^{5}	1.63×10^{6}	1.12×10^{6}
	HOB	3.09×10^{7}	6.04×10^{9}	5.07×10^{8}	4.21×10^{7}	1.28×10^{7}	1.03×10^{7}	6.14×10^{5}	2.51×10^{6}	9.45×10^{8}
T72602	SRB	1.59×10^{6}	2.54×10^{7}	9.22×10^{7}	3.03×10^{5}	6.30×10^{8}	2.12×10^{6}	1.02×10^{6}	4.77×10^{6}	1.08×10^{8}
	HOB	4.53×10^{7}	2.47×10^{10}	1.44×10^{10}	3.97×10^{9}	2.41×10^{9}	1.76×10^{8}	4.91×10^{8}	1.78×10^{8}	6.62×10^{9}
TD72604	SRB	3.54×10^{6}	4.52×10^{5}	1.87×10^{5}	6.15×10^{4}	4.89×10^{6}	1.20×10^{7}	3.73×10^{6}	1.20×10^{6}	3.22×10^{6}
	HOB	1.99×10^{9}	2.10×10^{10}	3.74×10^{9}	7.28×10^{8}	1.33×10^{8}	5.20×10^{7}	2.97×10^{9}	2.58×10^{9}	4.46×10^{9}
TD72648	SRB	6.14×10^{7}	7.15×10^{7}	4.92×10^{7}	2.56×10^{5}	3.37×10^{7}	1.63×10^{6}	1.57×10^{7}	9.59×10^{4}	1.76×10^{7}
	HOB	2.33×10^{7}	3.77×10^{9}	3.18×10^{9}	1.02×10^{9}	6.52×10^{9}	1.39×10^{10}	5.62×10^{7}	3.70×10^{6}	4.06×10^{9}
T72649	SRB	9.35×10^{6}	2.64×10^{5}	4.78×10^{7}	1.75×10^{4}	2.64×10^{5}	8.68×10^{7}	2.45×10^{6}	4.78×10^{7}	2.65×10^{7}
	HOB	1.58×10^{8}	1.54×10^{10}	7.86×10^{9}	1.70×10^{8}	1.54×10^{10}	5.55×10^{9}	6.73×10^{9}	7.86×10^{9}	8.42×10^{9}
T72659	SRB	8.62×10^{8}	1.66×10^{6}	1.07×10^{7}	1.15×10^{5}	5.12×10^{7}	1.75×10^{6}	2.28×10^{6}	1.07×10^{7}	4.62×10^{6}
	HOB	1.84×10^{8}	8.12×10^{8}	1.47×10^{10}	8.12×10^{8}	1.33×10^{9}	5.88×10^{9}	3.46×10^{9}	8.26×10^{8}	3.97×10^{9}

③ 营养物：激活剂中糖组分和氮元素可为油藏内源微生物激活提供良好的碳源和能源物质，维持细胞的正常繁殖，反映微生物生命活动的整体环境。七中区试验井营养物质监测结果见表 7-4。由表可见，试验过程中，产出液中总糖、总氮的含量不高，变化也不明显，整体数据都小于注入营养剂的含糖量和含氮量的 10%（营养剂的总糖含量为 1050mg/L，总氮含量为 274.2mg/L），平均含量较低。说明七中区油藏内源微生物生命活动稳定，对注入激活剂的利用率较高。同时，也表明注入方案合理，没有发生激活剂的突破流失现象。

表 7-4 克拉玛依油田七中区微生物驱试验井营养物监测结果 单位：mg/L

取样井号	项目	措施前	措施后					
		2013-06	2013-12	2014-03	2014-06	2014-09	2014-12	平均值
7222	总糖	8	4.79	11.13	8.5	8.5	7.25	8.03
	总氮	4.63	7.06	8.69	5.97	7.11	5.53	6.87
7253	总糖	6.72	4.79	12.35	4	8.45	4.5	6.81
	总氮	4.52	6.32	7.19	5.41	7.89	5.73	6.51
TD72601	总糖	6	5.48	11.57	6.25	8.09	5.5	7.38
	总氮	3.48	7.15	7.41	6.39	7.86	5.38	6.83
T72649	总糖	7	6	20.23	7.75	4.5	7.75	9.25
	总氮	5.69	6.41	8.87	7.23	8.71	6.36	7.52

续表

取样井号	项目	措施前	措施后					
		2013-06	2013-12	2014-03	2014-06	2014-09	2014-12	平均值
T72659	总糖	6.01	5.6	17.96	7.75	8.45	14.25	10.80
	总氮	3.52	7.06	5.85	4.41	5.2	6.04	5.71
TD72601	总糖	1.5	2.96	11.62	7.75	1.75	5.25	5.86
	总氮	5.78	8.25	7	18.13	8.16	6.86	9.68
TD72604	总糖	8.33	5.72	10.65	8.33	7.84	5.5	7.61
	总氮	5.49	8.53	6.83	4.86	6.81	5.14	6.43
TD72648	总糖	5.89	6.94	21.7	7.25	8.45	8.25	10.51
	总氮	3.76	3.53	6.49	5.02	6.73	5.08	5.37

④ 乙酸根离子：乙酸根是在油藏环境中多种微生物代谢产生与消耗的综合结果，是反映内源微生物从好氧环境到厌氧环境生长代谢的一项重要指标。七中区试验井乙酸根离子监测结果见表 7-5。由表可见，措施后试验井乙酸根离子浓度均有升高的趋势，最高可达 16.56mg/L，平均每口井可达 8.0mg/L 左右。说明油藏内源微生物在好氧环境中被大量激活，产生乙酸根离子。

表 7-5 克拉玛依油田七中区微生物驱试验井乙酸根离子监测结果 单位：mg/L

取样井号	措施前	措施后						
	2013-06	2013-12	2014-01	2014-02	2014-04	2014-06	2014-08	2014-10	平均值
7253	2.52	9.45	14.52	3.82	2.58	14.52	15.56	15.72	10.88
T72602	7.08	2.98	2.61	9.68	1.45	14.35	12.98	12.61	8.09
TD72601	7.04	10.82	9.09	9.09	0.96	14.55	2.33	9.59	8.06
TD72604	4.17	3.37	4.24	14.17	1.53	10.37	11.24	8.2	7.59
TD72648	3.22	7.32	12.73	5.22	1.85	9.51	6.55	9.59	7.54
T72649	6.56	4.1	6.59	16.56	4.1	6.59	8.39	9.62	7.99
7222	9.93	10.1	9	10.93	9.29	12.07	7.02	12.74	10.16

⑤ 水相表面张力：理论上，激活油藏内源微生物代谢产生生物表面活性剂、有机醇等物质，有利于降低水相的表面张力。七中区试验井水相表面张力监测结果见表 7-6。由表可见，水相的表面张力在整个试验过程中没有明显变化。这是由于内源微生物产生的表面活性物质多为鼠李糖脂等，表面活性不是很高，代谢的数量又较少，而且具有不确定性，使得试验井水相的表面张力变化情况不明显，有待进一步研究。

表 7-6 克拉玛依油田七中区微生物驱试验井水相表面张力监测结果 单位：mN/m

取样井号	措施前	措施后					
	2013-06	2013-12	2014-03	2014-06	2014-09	2014-12	平均值
7222	71.82	71.97	71.52	70.88	70.4	71.69	71.29
7253	70.72	70.08	70.56	70.96	71.62	71.1	70.86
T72602	72.01	69.79	70.34	70.9	71.03	71.22	70.66
T72649	70.5	71.74	71.01	71.07	70.73	71.44	71.20
T72659	69.62	71.81	70.4	70.59	71.22	71.54	71.11
TD72601	70.99	71.46	70.67	69.89	71.25	71.39	70.93
TD72604	71.9	71.68	71.84	71.08	71.62	71.6	71.56
TD72648	72.24	70.82	71.13	70.61	70.62	71.37	70.91
注入水	70.06	71.5	72.42	71.65	71.83	72.24	71.93

⑥ 常规水质：地层水矿化度较大（含盐量＞10％）的地层通常不利于微生物驱油。七中区试验中心井（T72602）水质跟踪监测结果见表7-7，地层水矿化度基本维持在11000mg/L（含盐量1.1％）左右，pH值在7.7左右，在试验过程中没有发生明显变化。试验区油藏矿化度适合内源微生物的生长。理论上，油藏内源微生物被激活后，代谢产生酸类物质，pH值有降低趋势。但在现场试验过程中，由于微生物所产有机酸量有限，尚不足以引起油藏中水相pH值的变化。

表7-7 克拉玛依油田七中区微生物驱试验中心井（T72602）水质跟踪监测结果

取样时间/年月	质量浓度/(mg/L)								pH值
	$Na^{+}+K^{+}$	Mg^{2+}	Ca^{2+}	Cl^{-}	SO_4^{2-}	CO_3^{2-}	HCO_3^{-}	矿化度	
2013-07	3853.17	76.13	66.82	4387.79	78.3	0	3156.17	11618.37	7.82
2013-11	3795.33	72.04	49.5	4344.36	76.3	0	3006.75	11344.28	7.7
2014-03	3778.63	69.81	83.36	4430.36	30.5	0	2964.49	11357.15	7.76
2014-06	3786.68	74.64	59.96	4522.59	35.2	0	2765.01	11241.08	7.84
2014-12	3855.65	98.89	128.49	4478.29	16.4	0	3387.69	11965.42	7.55

(3) 结论

克拉玛依油田内源微生物驱过程中，试验井总活菌数、HOB菌数及内源微生物代谢产物乙酸根离子浓度均有一定程度的上升，SRB得到抑制，总活菌数和HOB菌数越高增产效果越明显；对激活剂的利用率较高，总糖、总氮的含量不高，变化较小，与增产效果关系不明显；水质矿化度、pH值及水相表面张力变化不明显，油藏情况稳定，对增产效果的影响较小。油井产出液中各项生化指标的变化规律与增产效果之间的关系对于深入研究内源微生物驱油机理具有重要的意义。

7.4 外源微生物采油技术

菌种筛选是外源微生物采油技术的关键。筛选出的微生物要求不变异退化、适应地层的环境，且无环境污染问题。

针对油藏特点，采油微生物还需具备如下特点。

① 能够在油藏条件下旺盛地生长繁殖：所选微生物必须适应油藏的矿物岩性、油藏温度、地层压力、地层流体性质，包括原油性质和地层水性质，如矿化度、pH值等。

② 代谢产物有利于提高原油采收率：虽然微生物代谢产物十分复杂，但从提高采收率机理来看，代谢产物主要为气体、酸、有机溶剂、生物表面活性剂及生物聚合物等。

③ 能够与地层本源菌配伍：筛选出的菌注入地层后应成为优势菌，而不能受到地层本源菌的抑制。

除了从自然界中广泛筛选采油微生物外，还可以通过生物工程、遗传工程和基因工程来构建基因工程菌。将具有不同功能的菌的基因构建到一个易生长繁殖的生物载体上，得到采油用的超级菌。这种菌具有耐高温、耐盐的特性，还可以降解原油中的饱和烃、芳烃和胶质沥青质，代谢产物可以是生物表面活性剂、气体、酸等。

微生物采油的现场试验在国内外油田已取得明显效果。1995年左右，美国NPC微生物公司、派克微生物公司等生产的微生物产品进入我国油田市场，先后在大港、辽河、胜利、大庆、新疆、吉林、华北等十几个油田开展试验，并逐渐由单井吞吐、清防蜡处理转向微生物增效水驱。同时，各油田开始建立 MEOR 实验室，从油田水中分离培养适合本油田的 MEOR 菌种。

7.5 微生物强化采油及抑制 SRB 的研究

SRB 是油层中分布最广的菌种，也是人们最早研究和利用的微生物提高采收率的菌种。SRB 是一类可能有助于与原油形成稳定乳液系统的微生物，并可以通过产生代谢产物如脂族和芳族烃来降低表面和界面张力。试验证明，在以糖蜜或者原油等为营养物时，可使原油黏度降低。SRB 以硫酸盐和碳作为能源，生长要求相对简单，在 MEOR 过程中起着非常不利的作用。以往的研究指出，浅井中的 SRB 具有活性，但已经证实在酸化的地层，如在热压和高压储层中也存在 SRB 菌群。SRB 生命力顽强，在海水表面及水下可以长时间饥饿生存，在这个休眠状态下，饥饿的 SRB 往往比其正常生长的尺寸小，在水驱期间遍布的范围更广。研究表明在使用化学杀菌剂去除 SRB 时，与正常活跃的 SRB 相比，饥饿的 SRB 受杀菌剂的影响较小。

由于采油过程中岩层及生产设施不断出现生物硫化物污染，因此普遍认为微生物不能显著影响油藏的微环境。全球石油工业的主要问题包括硫化氢引起的腐蚀、硫化铁堵塞，由此造成了相当大的经济损失，这类问题亟待解决。SRB 代谢产生的 H_2S 和地层原有的 H_2S 通过阻止一氧化氮和二氧化氮的还原而影响某些反硝化细菌的反硝化作用，反硝化作用是本源微生物在油层内无氧条件下的一种代谢方式。

生物竞争排斥（BCX）技术主要利用反硝化细菌（DNB）操纵整个油藏微生物群落，抑制 SRB 的硫化物生成，提高采油率。

7.5.1 油田水驱过程中 SRB 的组成和群落动态变化

通常，油田 SRB 主要包括革兰氏阳性细菌、革兰氏阴性嗜温细菌（*Proteobacteria*）和古细菌域中的嗜热 SRB。在设计抑制 SRB 活性的有效策略时，有必要原位鉴定主要的 SRB 种群并揭示不同条件下 SRB 群落组成的空间和时间变化。然而，对这种细菌群落结构的理解研究主要集中在传统的培养方法上，而在某些环境中只有 0.3% 的细胞可以通过传统的微生物技术进行培养。相比之下，使用基于 16S rDNA 序列分析的不依赖于培养的方法可以在特定环境中特异性鉴定 SRB 系统发育和群落结构。此外，基于 PCR 的技术已被用于检测环境分离物或环境 DNA 中的功能基因，并通过对来自分离物或 PCR 克隆文库的基因进行测序来评估多样性。在硫酸盐还原原核生物中，APS（腺苷-5′-磷酸硫酸还原酶）基因编码的异化亚硫酸还原酶，是催化 APS 转化为亚硫酸盐和 AMP 的关键酶。APS 基因文库的克隆和测序是获得 SRB 群落功能多样性和动态信息常用的分子工具。了解油田开采过程中 SRB 群落和功能基因动态有助于更好地了解油田的硫化物生产。

目前，在大庆油田注水过程中发现了大量 SRB 种群，其严重影响了油田的生产。

7.5.1.1 水驱过程中测试点的选择

图 7-1 是大庆油田第四工厂的典型含油污水回注工艺流程图。测试点的选择主要涉及三个输油站。在每个输油站选择两个产量较大的计量室，共计 6 个，占计量室总数的 20%。对于 6 个计量室，选择了 17 个井口，占该系统井口总数的 5.15%。将从不同过程中取出的样品用干净无菌的医疗注射器立即注入灭菌的且充满高纯氮气的厌氧管中，在 −40℃ 条件下进行总 DNA 提取。

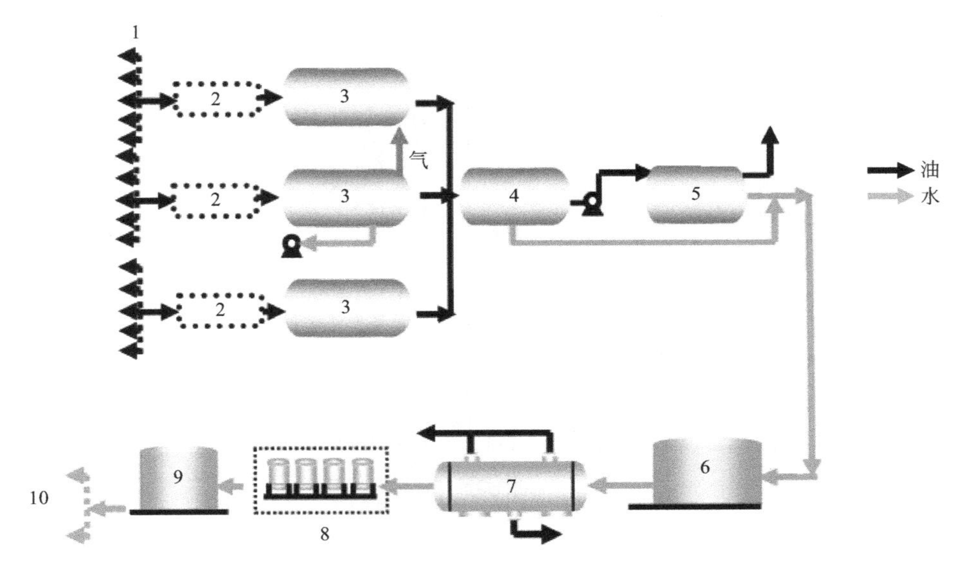

图 7-1　油田含油污水回注工艺流程图

1—井口（共330个）；2—计量设备（共30个）；3—三相分离器（共3个）；4—联合站（共2个）；5—电动脱水机（共3台）；6—沉淀池（体积$2000m^3$）；7—交叉流程部分；8—过滤过程；9—缓冲罐；10—注射井

7.5.1.2　SRB和硫化物的分布

如图7-2(a) 所示，在水驱过程中以及在计量室处，井口处的SRB浓度相对较低，约为1×10^2CFU/mL。SRB浓度在转运站略有增加，在联合站迅速增加。特别地，在交叉流动部分获得SRB的最大浓度（约3.0×10^4CFU/mL）。然而，水驱井口的SRB浓度下降，这可能是回填水的稀释造成的。根据SRB在整个过程中的分布情况，可以推测地表系统中的SRB在地面处理过程中成倍增加。油田中的大部分SRB是地表处理中存在的，而其中很少来自油井的液体生产。

地面系统中有两种硫化物来源。一个来源是生产井的入口端（一小部分），另一个来源是系统中硫化亚铁的连续循环和积累。在井口和计量室区域存在硫化物，浓度约为12mg/L［图7-2(b)］。

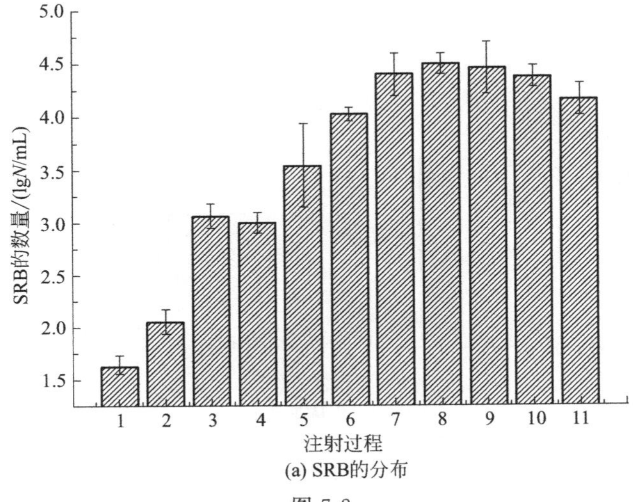

(a) SRB的分布

图 7-2

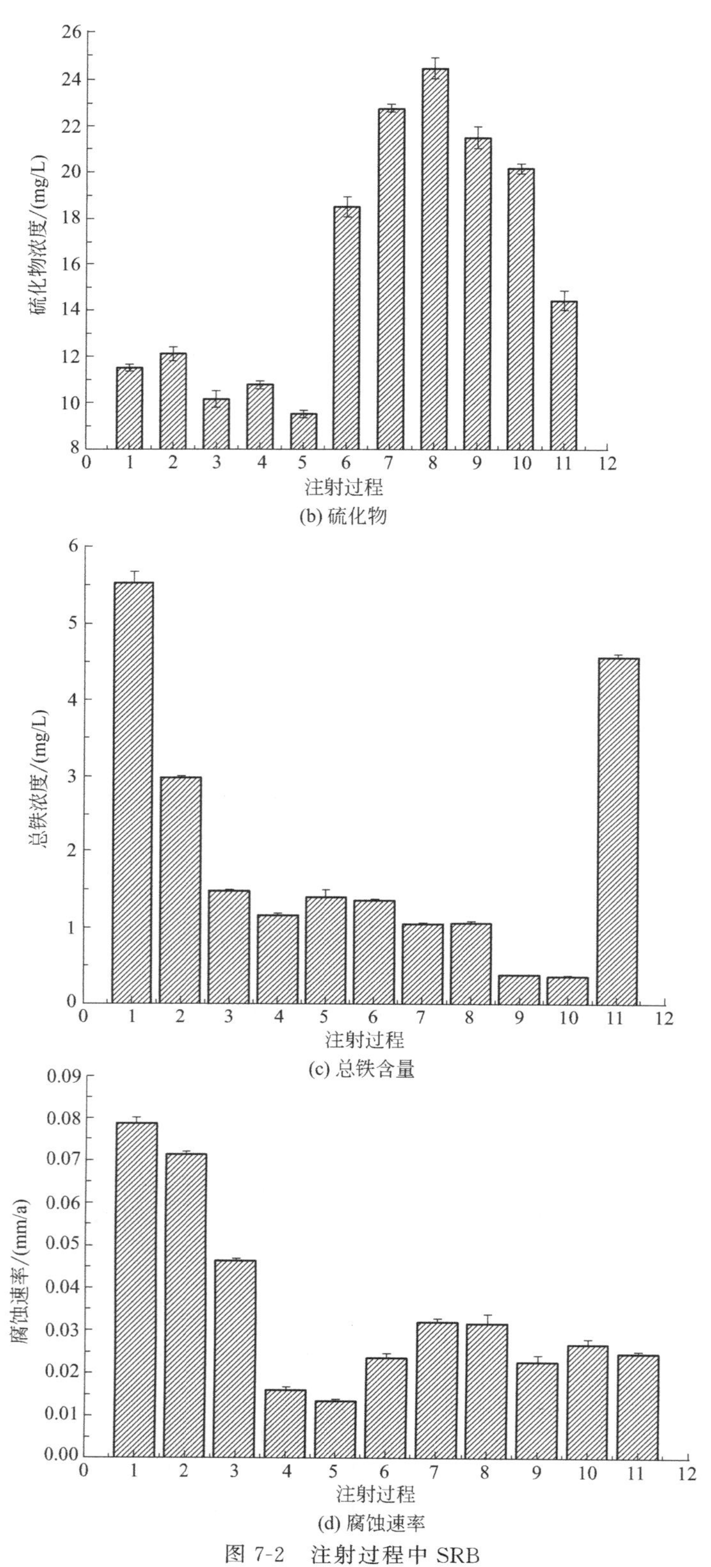

图 7-2 注射过程中 SRB

1—井口；2—计量设备；3—三相分离器；4—联合站；5—电动脱水机；6—沉淀池；7—交叉流程部分；8—过滤过程 1；9—过滤过程 4；10—缓冲罐；11—注射井

7.5.2　重组施氏假单胞菌抑制 SRB 的研究

鼠李糖脂具有显著的表面活性和乳化性能，是研究最广泛的生物表面活性剂，其作为一种有效的驱油剂已广泛应用于 MEOR 过程中。鼠李糖脂可以乳化原油、降低油-盐界面张力，从而提高原油驱替效率。与鼠李糖脂的非原位应用相比，在提高采油率方面，鼠李糖脂的原位生产被认为在现场应用中更有利。

在原位 MEOR 应用过程中，SRB 可与产生鼠李糖脂的细菌竞争营养。此外，其 H_2S 产物可以抑制产生鼠李糖脂的细菌的生长和代谢，这降低了产生鼠李糖脂的细菌用于 MEOR 应用的效率。因此，开发能够同时控制 SRB、去除 H_2S 并生产鼠李糖脂的技术对于 MEOR 是必不可少的。近年的研究主要集中在控制 SRB 和去除 H_2S 的技术上。通过反硝化微生物和/或硝酸盐来控制 SRB 的生物竞争排斥技术被认为是经济和环境友好的，反硝化微生物可以通过竞争可利用的碳营养素来抑制 SRB，从而防止 SRB 产生 H_2S。

Zhao 等[393] 分离出能够有效控制 SRB 并去除 H_2S 的厌氧反硝化和硫化物去除菌株 DQ1，使用菌株 DQ1 作为供体菌株，构建了在厌氧条件下可以产生鼠李糖脂的工程菌菌株 Rh1。之后，继续研究了 Rh1 在 S^{2-} 应激下产生的鼠李糖脂，并评估 Rh1 对 SRB 的生物竞争性抑制[394]。

野生菌株施氏假单胞菌（*Pseudomonas stutzeri*）DQ1 是一种厌氧反硝化和硫化物去除细菌菌株，铜绿假单胞菌（*Pseudomonas aeruginosa*）SG 在厌氧条件下可以产生鼠李糖脂。

7.5.2.1　Rh1 在 S^{2-} 胁迫下产生鼠李糖脂

如图 7-3 所示，S^{2-} 浓度低于 33.3mg/L，Rh1 培养体系的表面张力低于 35mN/m；S^{2-} 浓度高于 33.3mg/L，Rh1 培养体系的表面张力高于 50mN/m。鼠李糖脂浓度的变化证明 S^{2-} 抑制菌株 Rh1 产生鼠李糖脂。

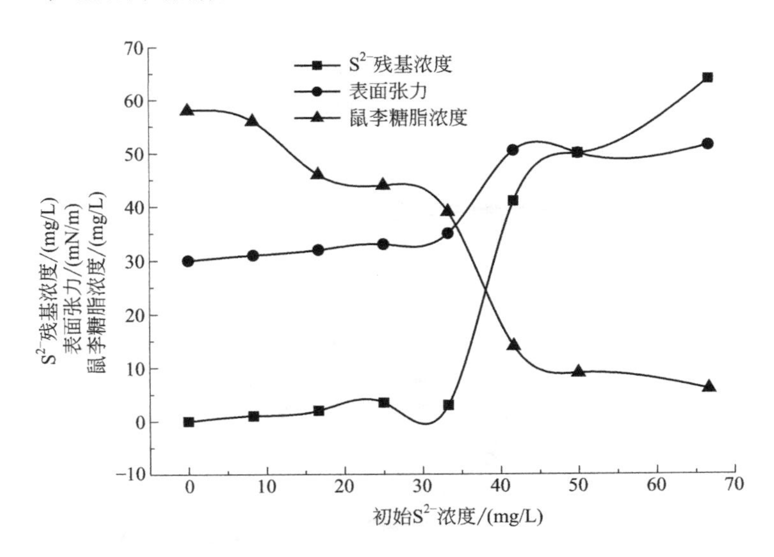

图 7-3　在不同初始浓度的 S^{2-} 胁迫下，通过菌株 Rh1 产生鼠李糖脂并去除 S^{2-}

S^{2-} 浓度低于 33.3mg/L，菌株 Rh1 可以产生超过 136mg/L 的鼠李糖脂。此外，在 S^{2-} 浓度低于 33.3mg/L 的体系中，检测到最终的 S^{2-} 残基浓度低于 2.6mg/L，这表明菌株 Rh1 可以去除培养系统中超过 92%的 S^{2-}；但是当体系中初始 S^{2-} 浓度高于 33.3mg/L 时，Rh1

菌株只能去除少量的 S^{2-}。没有菌株 Rh1 和 0.0mg/L S^{2-} 的试验作为对照。对照试验的表面张力为 63.1mN/m，在对照试验中未检测到鼠李糖脂和 S^{2-}。

结果表明，在 S^{2-} 浓度低于 33.3mg/L 的体系中，菌株 Rh1 可以很好地去除 S^{2-}，并产生鼠李糖脂；高浓度的 S^{2-} 可以抑制菌株 Rh1 的生长和代谢。因此，在 S^{2-} 浓度高于 33.3mg/L 的体系中，表面张力和 S^{2-} 残基浓度相对较高，并且在培养物中只能检测到很少量的鼠李糖脂。后续试验中，选择 S^{2-} 浓度为 33.3mg/L 的体系研究 Rh1 同时去除 S^{2-} 和产生鼠李糖脂的动力学。

7.5.2.2 Rh1 同时去除硫化物和产生鼠李糖脂

如图 7-4(a) 所示，在仅仅存在 Rh1 菌株的试验组中测得培养体系的表面张力从 62.7mN/m 降低到 31.8mN/m。表面张力降低是鼠李糖脂产生的间接指标。在 S^{2-} 应激下，在第 8 天的 Rh1 培养体系中检测到 128mg/L 的鼠李糖脂。产生鼠李糖脂的菌株也可以在没有 S^{2-} 胁迫的情况下使培养体系的表面张力从 63.4mN/m 降低到 30.7mN/m。第 8 天的菌株 SG 在没有 S^{2-} 胁迫的情况下产生 232mg/L 的鼠李糖脂。然而，在初始 S^{2-} 浓度为

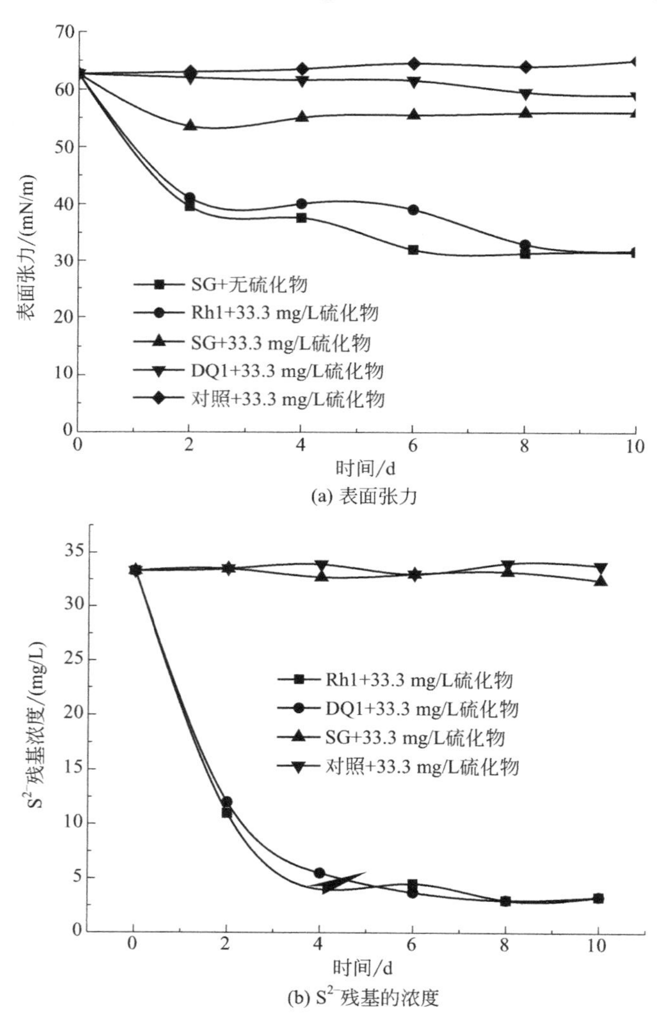

图 7-4 在 33.3mg/L 的 S^{2-} 的胁迫下，Rh1 同时去除 S^{2-} 和产生鼠李糖脂

33.3mg/L 时，菌株 SG 的表面张力高于 52mN/m。这与之前的报道结果[395] 相符合，即 S^{2-} 浓度高于 10.0mg/L，铜绿假单胞菌 SG 的鼠李糖脂产生受到抑制。供体菌株 *P. stutzeri* DQ1 不能产生鼠李糖脂，因此培养体系的表面张力与对照组相似。如图 7-4(b) 所示，供体菌株和工程菌株 Rh1 的 S^{2-} 残基浓度均低于 2.0mg/L，但对照组和菌株 SG 培养物的 S^{2-} 残基浓度均保持在接近 31.0mg/L。

试验结果显示仅供体菌株和工程菌株 Rh1 可以有效地去除 S^{2-}。在 33.3mg/L 的 S^{2-} 的胁迫下，工程菌株 Rh1 同时产生鼠李糖脂并可去除 S^{2-}，导致培养系统中表面张力降低和残留 S^{2-} 浓度降低。

7.5.2.3　菌株 Rh1 对 SRB 的生物竞争性抑制

A：1.0g/L $NaNO_3$；B：1.0g/L $NaNO_3$＋菌株 DQ1；C：1.0g/L $NaNO_3$＋菌株 Rh1；D：没有添加任何物质。

菌株 Rh1 对 SRB 的生物竞争性抑制的试验结果见表 7-8。与处理 D（10^9 细胞/mL）相比，处理 A 将 SRB 数量控制为 10^7 细胞/mL。在处理 B 和 C（10^5～10^6 细胞/mL）中，SRB 数量减少 3～4 个数量级。结果显示，处理 A、B 和 C 均抑制培养系统中的 SRB。添加 $NaNO_3$（处理 A）增加培养系统的 pH 值（弱碱性）和氧化还原电位（ORP），从而抑制 SRB 的生长。然而，随着 SRB 的生长和硝酸盐的消耗，pH 值降低（至弱酸）且 ORP 降低，这减轻了对 SRB 生长的抑制。在处理 B 和 C 中，菌株 DQ1 和工程菌株 Rh1 可以与 SRB 竞争可用的碳营养物。DQ1、Rh1 两种菌株和 NO_3^- 均抑制 SRB 的生长。因此，处理 B 和 C 对 SRB 的生长表现出更大的抑制作用。

与对照试验（处理 D）相比，培养系统中的 H_2S 在处理 A 中延迟 2d 产生，处理 B 和 C 延迟并减少了 H_2S 的产生，如图 7-5 所示。菌株 DQ1 和 Rh1 抑制 H_2S 的产生。因此，工程菌株 Rh1 可以通过抑制 SRB 有效地削弱其活性。

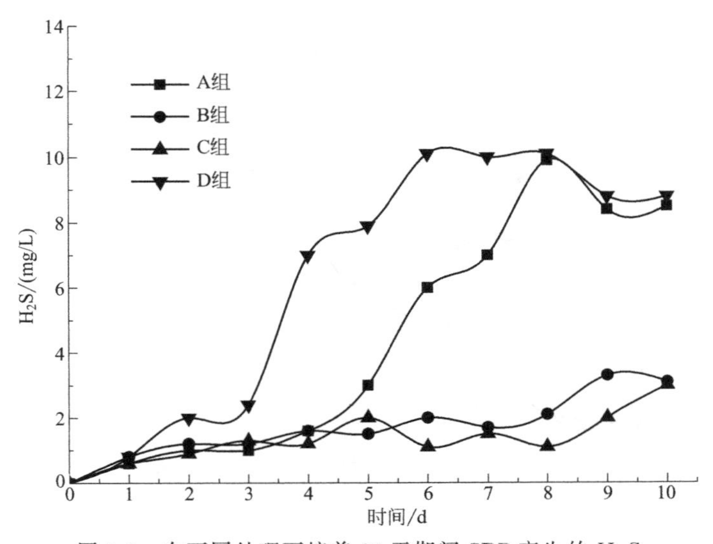

图 7-5　在不同处理下培养 10 天期间 SRB 产生的 H_2S

7.5.2.4　在模拟条件下去除鼠李糖脂和 H_2S

A 组：仅添加油田生产用水；B 组：以油田生产用水为溶剂制备的 GN 培养基；C 组：加入菌株 Rh1 和 GN 培养基。

表 7-8　通过 MPN 方法计数不同处理下孵育 10 天期间 SRB 的数量

时间/d	A 组/(细胞/mL)	B 组/(细胞/mL)	C 组/(细胞/mL)	D 组/(细胞/mL)
0	1.15×10^{3}	1.5×10^{3}	2.0×10^{3}	2.0×10^{3}
2	4.5×10^{5}	4.5×10^{4}	9.5×10^{4}	9.5×10^{6}
4	3.0×10^{6}	3.0×10^{5}	1.5×10^{5}	2.5×10^{8}
6	4.5×10^{6}	1.15×10^{6}	2.0×10^{5}	1.15×10^{9}
8	2.0×10^{7}	9.5×10^{5}	1.15×10^{6}	4.5×10^{9}
10	9.5×10^{7}	4.5×10^{6}	2.5×10^{6}	2.0×10^{9}

甘油-硝酸盐（GN）培养基（pH＝6.8）：46.5g/L 甘油，3.0g/L $NaNO_3$，5.2g/L$K_2HPO_4\cdot3H_2O$，4.0g/L KH_2PO_4，0.40g/L $MgSO_4\cdot7H_2O$，0.13g/L $CaCl_2$，1.0g/L KCl，1.0g/L NaCl，1.5g/L 酵母提取物。将培养基 pH 值调节至 6.8。

如图 7-6(a) 所示，与对照试验（A 组）相比，B 组的表面张力从 67.6mN/m 降至

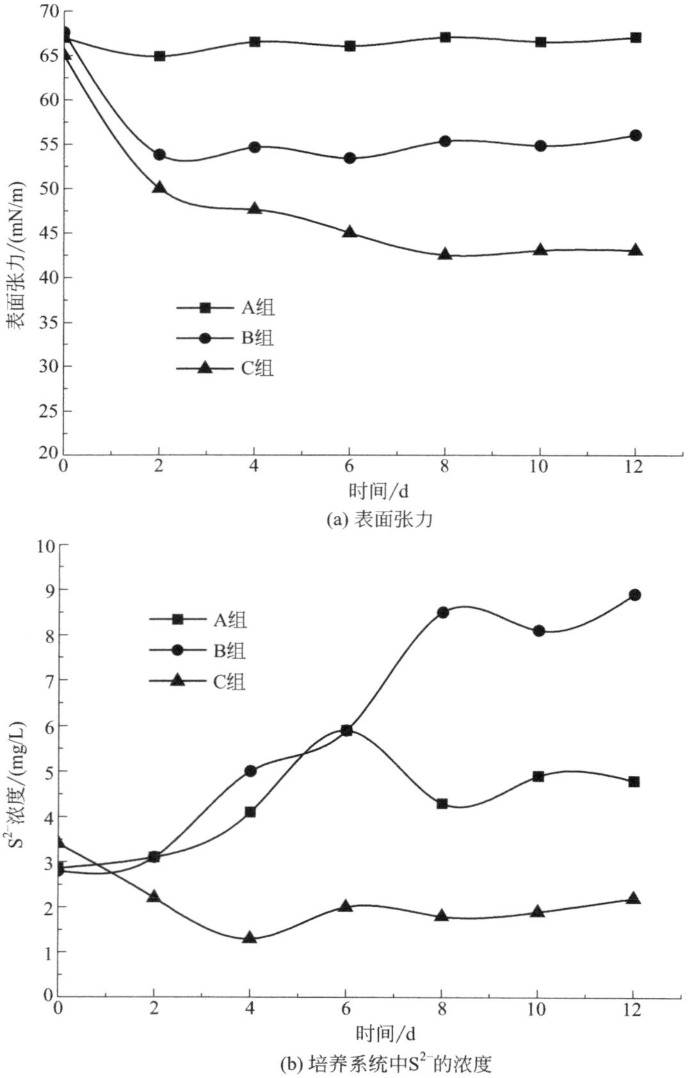

(a) 表面张力

(b) 培养系统中S^{2-}的浓度

图 7-6　在实验室模拟的储层条件下通过菌株 Rh1 去除鼠李糖脂和 H_2S

53.4mN/m。将 GN 培养基添加到油田生产用水中可能会刺激天然微生物群的生长和代谢，从而导致培养系统表面张力降低。将菌株 Rh1 和 GN 培养基加入油田生产用水中，使 Rh1 在培养系统中生长并产生鼠李糖脂。因此，C 组的表面张力降低至 43.7mN/m。如图 7-6 (b) 所示，A 组中 S^{2-} 浓度先增加（0～6d），然后保持在 5mg/L（6～12d）。SRB 首先生长并产生 H_2S，之后，营养物质耗尽影响 SRB 的生长及 H_2S 的产生。添加 GN 介质可以为 SRB 提供养分进而产生 H_2S。B 组中 S^{2-} 浓度持续增加，但是工程菌株 Rh1 作为一个反硝化细菌可以与 SRB 竞争营养，从而抑制 SRB 产生 H_2S，此外，菌株 Rh1 还可以去除已经在培养系统中产生的 S^{2-}。C 组中 S^{2-} 的浓度保持在 2.0mg/L。以上结果表明菌株 Rh1 可以在实验室模拟油藏条件下同时产生鼠李糖脂并去除 S^{2-}。

7.5.2.5　微生物群落分析

如图 7-7 所示（另见书后彩图），A 组（仅添加油田生产用水）、B 组（添加使用油田生产用水作为溶剂制备的 GN 培养基）和 C 组（添加菌株 Rh1 和 GN 培养基）的微生物群落不同。添加 GN 培养基和/或菌株 Rh1 改变了油田生产用水的原始微生物群落。C 组的物种丰富度最高，A 组的物种丰富度最低。基于 Shannon 指数，A 组微生物多样性高于 B 组和 C 组（图 7-8）。

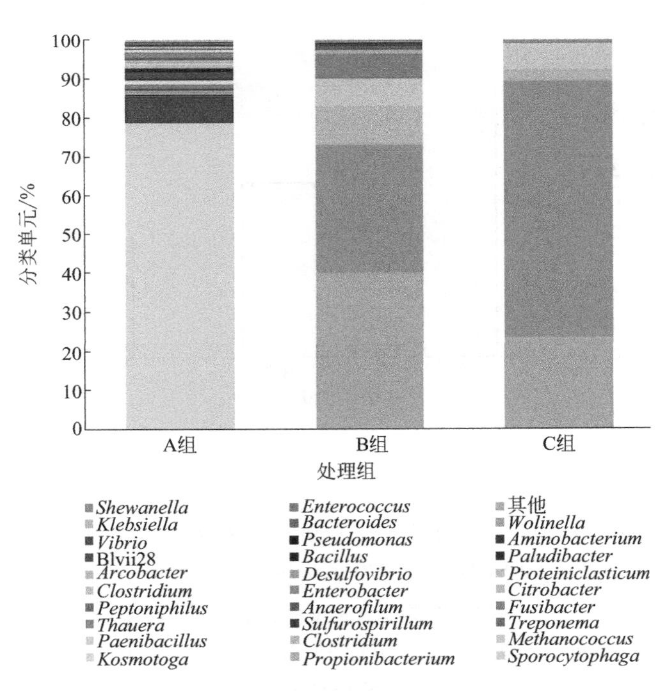

图 7-7　优势微生物属的相对丰度

高通量测序数据还表明，添加菌株 Rh1 及 GN 培养基（含硝酸盐）显著改变了油田生产用水的 SRB 群落。与 A 组相比，B 组和 C 组的 SRB 物种和丰度也有所下降。在油田采出水（A 组）中，检测到的潜在 SRB 包括 *Clostridium*（0.125%）、*Desulfovibrio*（0.061%）、*Desulfomicrobium*（0.342%）、*Sulfurospirillum*（0.552%）、*Desulfotignum*（1.051%）、*Desulfobulbus*（0.022%）、*Desulfobotulus*（0.204%）、*Desulfitobacter*（0.006%）、*Dethiosulfatibacter*（0.028%）和 *Desulfarculus*（0.003%）；在 B 组中检测

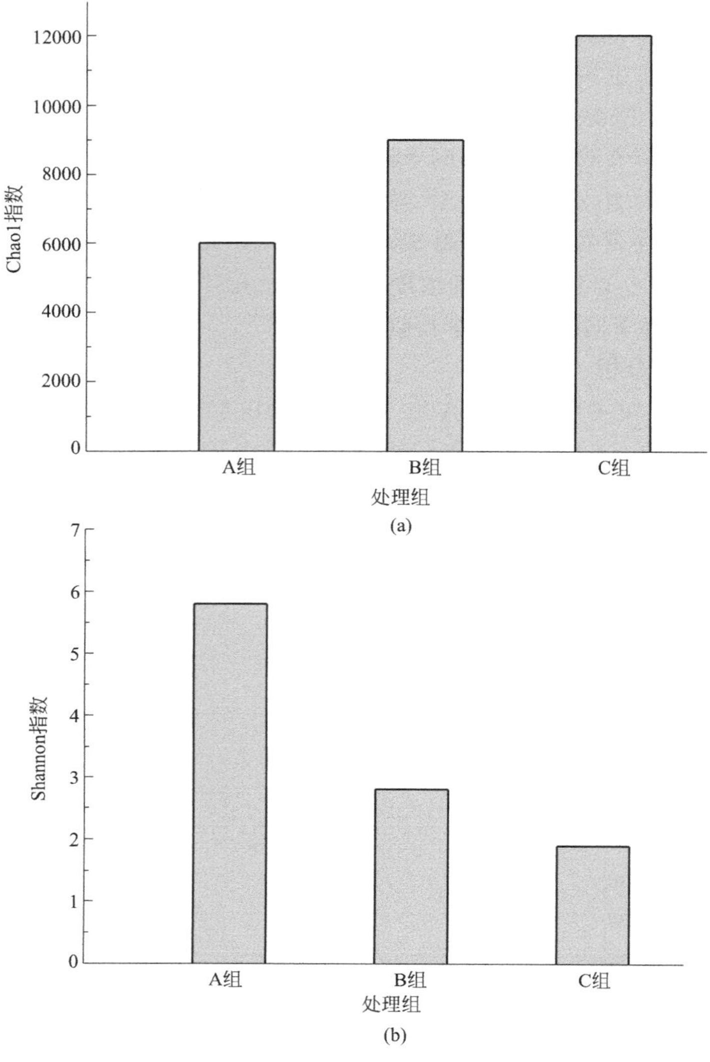

图 7-8 α多样性比较

到的 SRB 包括 *Clostridium*（0.045%）、*Desulfovibrio*（0.059%）和 *Sulfurospirillum*（0.009%）；在C组中检测到的SRB包括 *Clostridium*（0.014%）、*Desulfotignum*（0.005%）和 *Sulfurospirillum*（0.005%）。GN培养基含有硝酸盐，因此，添加硝酸盐可以激活反硝化细菌并抑制SRB的生长，此外，反硝化细菌可以与SRB竞争可降解的有机物质。Rh1（反硝化细菌）和GN培养基（含硝酸盐）的添加有效地降低了C组中SRB的丰富度。

7.5.3 地衣芽孢杆菌抑制SRB的研究

从油藏中分离出地衣芽孢杆菌（*Bacillus licheniformis*），检测到该细菌具有产生生物表面活性剂的能力。从培养基上清液中提取原油生物表面活性剂，产量约1g/L。使用FTIR分析确认了该生物表面活性剂是脂肽，并且在孵化72h后，乳化能力提高到96%，水体表面张力从72mN/m降低到36mN/m。在应用砂柱提高原油采收率时，添加该微生物能够回收约16.6%的截留在砂柱中的原油。其次添加该微生物进行采油还能很好地抑制SRB的活性。使用1.0%粗提取液（表面活性剂）在3h后能完全抑制SRB生长。

7.5.3.1 表面属性

表面活性剂最重要的性质之一是它们能在水中自发聚集以及形成诸如球形胶束、圆柱体的结构。表面张力随着表面活性剂浓度的增加而逐渐降低，在达到一定浓度（临界胶束浓度，CMC）后，就不会再降低了，浓度高于CMC，表面张力几乎保持不变。如图7-9所示，在10^{-3}的浓度下获得最低的CMC值，最小表面张力值为32mN/m。

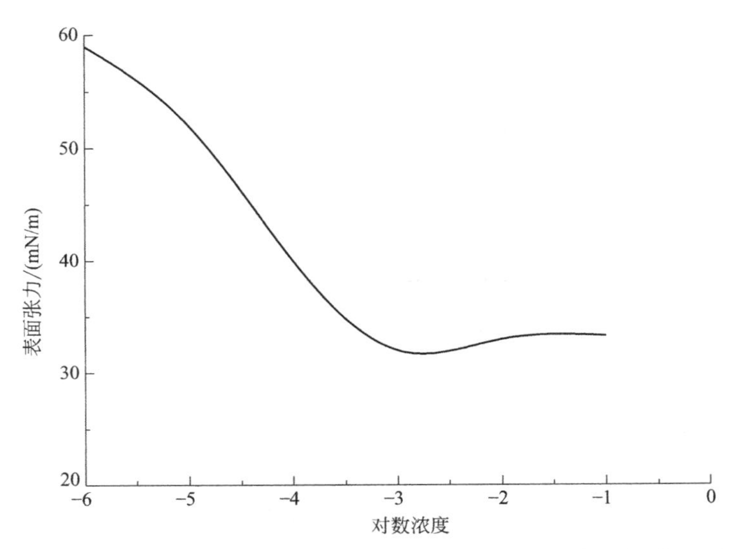

图7-9 CMC和由地衣芽孢杆菌产生的生物表面活性剂粗提取液降低的最低表面张力

随着表面活性剂浓度增加，表面活性剂溶液的表面张力降低至一定值，然后由于与表面活性剂分子的界面饱和而变得几乎恒定。在实际生产应用中，区分有效的生物表面活性剂和高效的生物表面活性剂是很重要的。有效性通过表面张力可以降低的最小值来测量，而高效性则通过显著降低表面张力所需的生物表面活性剂的浓度来测量，后者可以由生物表面活性剂的CMC确定。

7.5.3.2 界面张力

不同温度的海水在不同生物表面活性剂浓度下的界面张力见表7-9。

表7-9 不同温度的海水在不同生物表面活性剂浓度下的界面张力

项目	温度/℃	对照组	生物表面活性剂浓度/(mg/L)					
			1000	500	400	300	200	100
海水界面张力/(mN/m)	25	13	5	8	9	8	10	12
	45	10	4	8	7	7	10	11

在25℃和45℃时，生物表面活性剂浓度为1000mg/L时获得界面张力的最小值，表明生物表面活性剂非常有效。因此，生物表面活性剂在降低海水和疏水物质之间的界面张力方面的效率，使其具有适用于MEOR技术的巨大潜力。

7.5.3.3 使用砂柱进行采油

Bacillus licheniformis 用于使用砂柱进行原油采油的技术中。该微生物的表面张力值可降低至36mN/m，对烃的乳化能力可达到96%，在MEOR中具有理想的应用性能。如表7-10所示，在砂柱采油中应用 *Bacillus licheniformis* 可以提高采收率。柱的孔体积（PV）约

为 43mL，柱的 OOIP（原位油）为 37mL。在水驱过程之后，仍残留 32.4%的油未采出。当将 *Bacillus licheniformis* 的生物表面活性剂引入柱中并在 35℃下温育 24h 后，在生物表面活性剂溢流后回收的油量为 2mL，这意味着添加该来自 *Bacillus licheniformis* 的生物表面活性剂后，额外回收了 16.6%的原油。

表 7-10 *Bacillus licheniformis* 用于使用砂柱进行原油采油技术的优势

参　数	*Bacillus licheniformis*	对　照
PV/mL	43	45
OOIP/mL	37	38
S_{oi}/%	86	84.4
S_{wi}/%	14	15.6
S_{orwf}/mL	25	20
OOIP$-S_{orwf}$/mL	12	18
S_{or}/%	32.4	47.4
S_{orbf}/mL	2	1
AOR/%	16.6	5.6

注：OOIP 为原位油；S_{oi} 为初始含油饱和度；S_{wi} 为初始含水饱和度；S_{or} 为剩余油饱和度；S_{orwf} 为添加生物表面活性剂后回收油量；S_{orbf} 为水驱后回收油量；AOR 为其他油回收。S_{oi}=OOIP/PV×100%；S_{wi}=(PV−OOIP)/PV×100%；S_{or}=(OOIP−S_{orwf})/OOIP ×100%；AOR=S_{orbf}/(OOIP−S_{orwf})×100%。

7.5.3.4 表面活性剂对 SRB 的抗菌活性

由 *Bacillus. licheniformis* 产生的不同浓度的生物表面活性剂粗提取液作为抗微生物剂对 SRB 生长的影响，见表 7-11。不同浓度的生物表面活性剂可逐渐抑制 SRB 的生长，直至活性剂浓度达到 1%时，SRB 的生长完全被抑制。

表 7-11 的结果表明，能产生表面活性物质并能乳化烃类的微生物的代谢物可以有效地回收原油，并且可以用作针对 SRB 的生物防治剂，可以控制 H_2S 的产生，从而抑制其导致的原油“酸化”作用。

表 7-11 生物表面活性剂粗提取液对 SRB 生长的影响

项目	对照	不同浓度/%				
		0.10	0.30	0.50	0.75	1.00
生长细胞/mL	10^8	10^5	10^5	10^3	10	0

7.5.4 土著铜绿假单胞菌的生物强化采油及微生物群落分析

高通量测序数据显示，假单胞菌是大庆油藏的优势属之一。曾有人提出假单胞菌是中国陆上油藏的主要属之一。铜绿假单胞菌（*Pseudomonas aeruginosa*）DQ3 是在 42℃厌氧条件下分离出来的可以产生表面活性剂的微生物。在厌氧生物反应器中模拟 DQ3 的生物强化作用，近似模拟 MEOR 过程。通过测序分析发现在生物强化过程中，虽然逐渐形成了新的细菌群落，但假单胞菌仍然是优势属之一，并且烃类化合物降解细菌和产生生物表面活性剂的细菌被激活，而 SRB 的生长被抑制。

7.5.4.1 目标油藏中的细菌群落组成

测序分析了大庆油田 5 个生产井的细菌群落组成，如图 7-10 所示（另见书后彩图）。其中微生物有产生生物表面活性剂的功能，优势菌属是 *Hyphomonas*、*Flexistipes*、*Parvibaculum*、*Arcobacter*、*Pseudomonas*、*Wolinella*、*Syntrophus* 和 *Treponema*。分析油藏中

细菌群落组成有助于分离本土功能性细菌，如产生生物表面活性剂的微生物。铜绿假单胞菌在厌氧条件下可以产生鼠李糖脂生物表面活性剂，从而提高采收率。

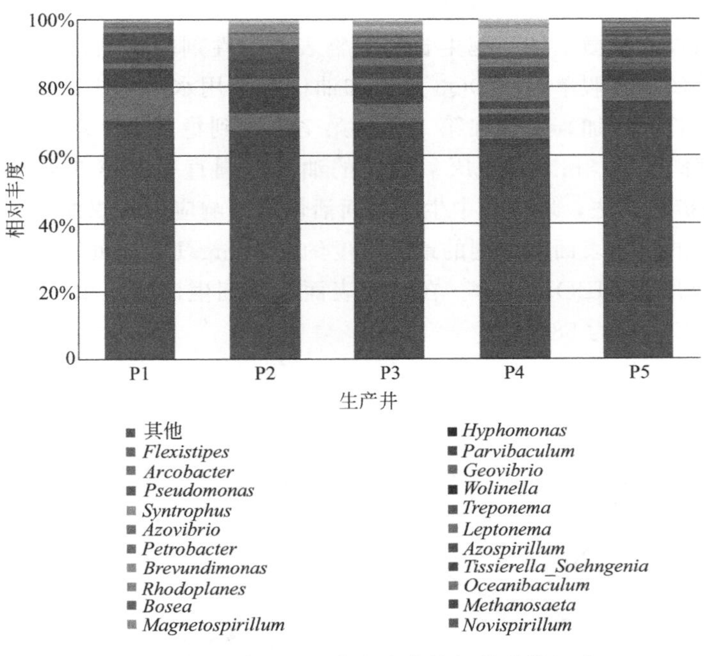

图 7-10 大庆油田 5 个生产井的细菌群落组成

7.5.4.2 厌氧条件下产生生物表面活性剂的土著菌株 DQ3

从样品中分离出 6 株菌株，DQ1～DQ6，其可以使厌氧培养基的表面张力从 64.5mN/m 降低至 40mN/m。其系统发育树如图 7-11 所示，鉴定 DQ2 和 DQ4 分别是施氏假单胞菌（*Pseudomonas stutzeri*）和地衣芽孢杆菌（*Bacillus licheniformis*），其他 4 个菌株被鉴定为铜绿假单胞菌。根据油扩散方法测定产表面活性剂的能力，在 6 个菌株中，只有菌株 DQ3 在厌氧条件下表现出良好的生物表面活性剂生产能力，其排油圈直径最大，为（18.3±0.6）mm。尽管以前也有报道芽孢杆菌在厌氧条件下可以生产生物表面活性剂，但芽孢杆菌并不

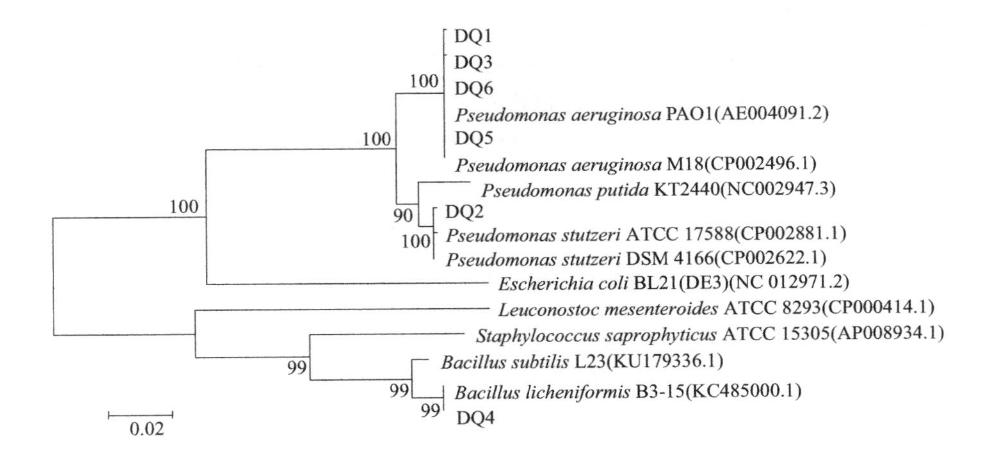

图 7-11 系统发育树

是大庆油田的优势菌群，故选择铜绿假单胞菌 DQ3 菌株作为生物强化过程的候选菌株，研究其通过原位产生生物表面活性剂来提高油回收率更有意义。

7.5.4.3 DQ3 产生生物表面活性剂的研究

在模拟油藏条件下，微生物细胞生长和生物表面活性剂的产生情况如图 7-12 所示。添加培养基刺激接种的铜绿假单胞菌 DQ3 菌株和油田生产用水中的土著微生物，其细胞密度随着培养时间的延长而增加，生长在第 5 天～第 7 天达到稳定期。培养基的表面张力在 4d 内从 62.9mN/m 降至 33.8mN/m。厌氧培养的油扩散圆直径在第 5 天～第 7 天达到最大(20mm)。根据油扩散方法，培养物中生物表面活性剂的响应最大浓度约为 228mg/L，而从砂岩岩心采油所需的生物表面活性剂的最低浓度约为 10mg/L，因此，DQ3 原位生产的生物表面活性剂可以应用于 MEOR 技术。在生物表面活性剂生产过程中，在第 5 天至第 7 天，原油的乳化指数（EI_{24}）为 58%。

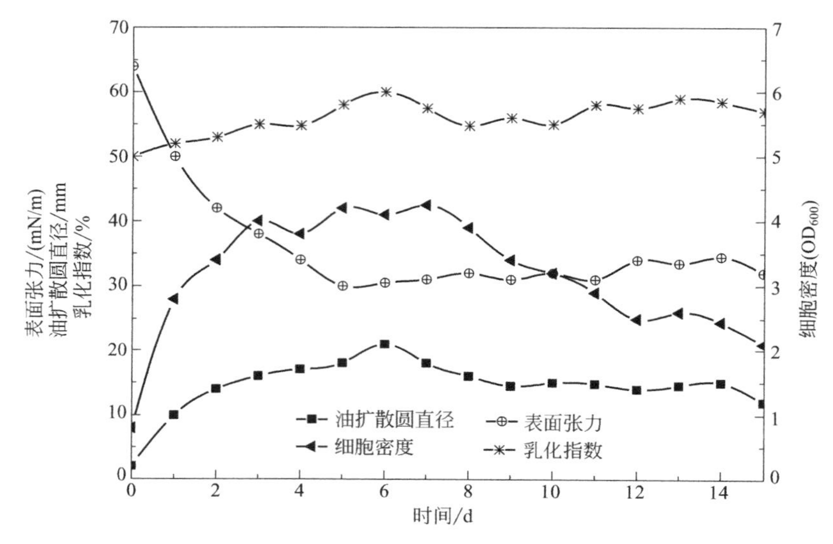

图 7-12 在模拟油藏条件下，微生物细胞生长和生物表面活性剂的产生情况

7.5.4.4 功能细菌的变化

在生物强化采油过程中，功能细菌种群的变化如表 7-12 所列。有害细菌控制在较低的数量水平，如铁细菌和 SRB。在生物强化采油过程结束后，使用 MPN 方法几乎检测不到 SRB。该过程中的培养基中含有硝酸盐，再次证明添加硝酸盐可以激活微生物反硝化作用，抑制 SRB。见表 7-12，在生物强化过程中，烃类降解菌和产生生物表面活性剂的细菌被激活并保持在相对稳定的水平。这说明原位生成的生物表面活性剂可以提高原油的生物利用率，从而增加烃降解菌的丰度。

表 7-12 生物强化采油过程中功能细菌种群的变化

功能细菌	功能细菌种群/(细胞/mL)		
	0d	7d	15d
铁细菌	1.15×10^4	7.83×10^6	1.80×10^5
硫酸盐还原菌	3.37×10^1	1.32×10^1	0
烃类化合物降解细菌	2.27×10^4	2.38×10^7	8.78×10^6
产生生物表面活性剂的细菌	2.60×10^7	1.96×10^9	9.69×10^7

7.5.4.5 细菌群落动态分析

序列数据由 QIIME 处理，每个样品选择 15000 个序列。生物强化过程中的测序信息和 α 多样性指数见表 7-13。在生物强化过程中，细菌丰度先增加后减少，然后保持相对稳定的水平。细菌多样性变化程度与此一致。如图 7-13 所示（另见书后彩图），生物强化过程中细菌群落结构在种属水平上变化。优势属是假单胞菌（*Pseudomonas*）、弓形杆菌（*Arcobacter*）、希瓦氏菌（*Shewanella*）、不动杆菌（*Acinetobacter*）、黄杆菌（*Flavobacterium*）和肠球菌（*Enterococcus*）。假单胞菌属的相对丰度高于 2.00%（初始约为 1.00%）。高丰度的产生物表面活性剂生物，如假单胞菌和弓形杆菌，对提高采收率有益。

表 7-13 生物强化过程中的测序信息和 α 多样性指数

时间/d	OTU 数量	Chao1 指数	Shannon 指数	覆盖率/%
0	1389	32902	3.66	92.17
1	1420	38466	2.96	92.00
3	1513	13314	3.58	92.23
5	1733	17389	4.10	90.99
7	1390	17557	3.39	92.37
10	1472	16917	3.17	91.97
15	1595	16897	3.26	91.60

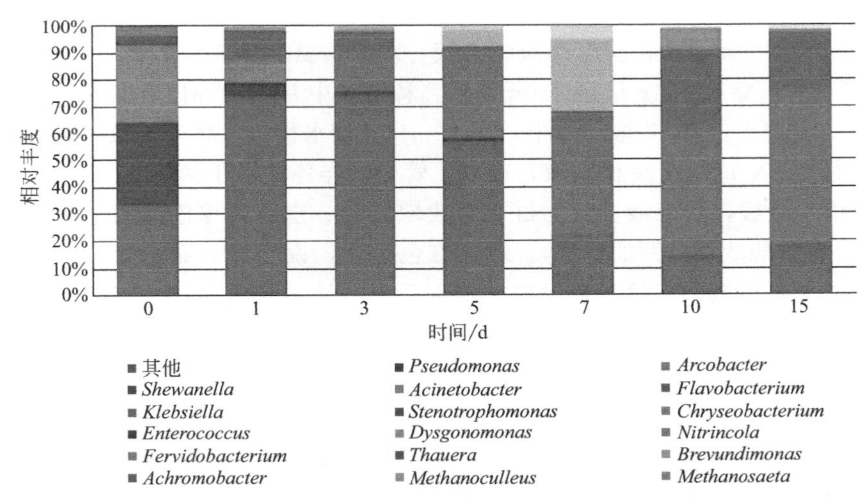

图 7-13 在模拟油藏条件下铜绿假单胞菌 DQ3 强化采油期间细菌群落结构的变化

综上表明 DQ3 在生物强化过程中改变了油藏生产用水中的原始细菌群落。但是当孵育时间延长时，细菌群落结构逐渐恢复稳定。新的稳定的细菌群落将确保有效的微生物生长和新陈代谢，这有助于提高石油采收率。在生物强化过程中，假单胞菌一直是优势属之一，其通过反硝化作用与 SRB 竞争营养成分，从而抑制 SRB 的生长繁殖。与 0d 时的细菌群落相比，SRB 的种类和丰度在生物强化过程中逐渐减少。

7.6 SRB 和 NRB 竞争排斥试验研究

硝酸盐基微生物处理技术基于生物竞争排斥作用机理，即利用添加硝酸盐还原菌（NRB）来抑制 SRB 的生长繁殖，这为 SRB 数量高的油田进行本源微生物驱油提供了重要条件。

7.6.1 试验部分

(1) 试验仪器和材料

① 试验仪器：恒温培养箱、UV-2550 型分光光度计、PIC-10 型离子色谱仪、加热板、高压蒸汽灭菌锅、试管等。

② 试验材料：SRB 培养基配方：K_2HPO_4 0.5g＋酵母膏 1.0g＋Na_2SO_4 1.0g＋乳酸钠（60%）6mL＋$CaCl_2$ 0.1g ＋ $Fe(NH_4)_2(SO_4)_2$ 1.0g（灭菌后加）＋NaCl 5.0g ＋ L-半胱氨酸 0.1g＋NH_4Cl 1.0g＋微量元素溶液 10mL＋$MgSO_4$ 2.0g＋蒸馏水 1000mL。NRB 培养基配方：NH_4Cl 5.0g＋KH_2PO_4 0.3g ＋ KCl 0.5g＋$MgCl_2 \cdot 6H_2O$ 0.4g＋$NaNO_3$ 0.85g＋$CaCl_2 \cdot 2H_2O$ 0.1g＋酵母膏 0.1g＋0.1125g/mL $NaHCO_3$（灭菌后）＋蒸馏水 1000mL。

(2) 试验方法

1) SRB 和 NRB 的检测

① SRB 的检测。将计数培养基分装到试管中，灭菌 20min，取 1mL 菌液接种到 9mL 计数培养基中，进行梯度稀释后在 40℃下培养 7d。若培养瓶中出现黑色沉淀即说明 SRB 产生的 H_2S 与培养液中的 Fe^{2+} 生成 FeS 沉淀，由此检测出 SRB。

② NRB 的检测。用不另外添加碳源（碳源不足）的硝酸盐-肉膏培养基作为硝酸盐还原菌的计数培养基。接种方法与 SRB 相似，在 40℃下培养 7d。检测试剂由二苯胺试剂和格里斯氏试剂组成。格里斯氏试剂包括 A 液和 B 液。A 液：氨基苯磺酸 0.5g，溶于 150mL 10%稀醋酸中；B 液：α-萘胺 0.1g 溶于 150mL 10%稀醋酸中并用 20mL 蒸馏水稀释。二苯胺试剂：二苯胺 0.5g 溶于 100mL 浓硫酸中，用 20mL 蒸馏水稀释。将培养液在比色瓷盘小窝中吸入少许，再各加入 1 滴 A 液和 B 液，在对照管中同样各加入 1 滴 A 液和 B 液。当培养液中滴入 A 液和 B 液后，若溶液变为粉红色、玫瑰红色、橙色、棕色等颜色时，表示亚硝酸盐存在（证明有硝酸盐还原菌的生长）。若无红色出现，说明没有亚硝酸盐的存在，可继续添加 1～2 滴二苯胺试剂，若呈蓝色反应，则表示培养液中仍有硝酸盐（证明没有硝酸盐还原菌的生长）；若无蓝色出现，表示既无亚硝酸盐也无硝酸盐，说明其中有硝酸盐还原菌生长。

2) 试验步骤

从大庆油田水中富集 SRB 和 NRB，活化后备用。配制 1000mL SRB 培养基，灭菌后按每瓶 250mL 分装（共 4 瓶），每瓶按 5%比例加入已经活化的 SRB 和 NRB 培养液，马上接种 SRB 和 NRB 计数培养基。其中一瓶加入 2.5mL 的 1mol/L 的 $NaNO_2$，一瓶加入 2.5mL 的 1mol/L 的 $NaNO_3$，另一瓶加入 2.5mL 的 1mol/L 的 $NaNO_2$ 和 $NaNO_3$（比例为 1∶1），剩下一瓶作为空白对照，分别测 pH 值。每瓶分别取出 5mL 培养液用来检测硫化物含量。每瓶按 1%比例加入已经灭菌的原油，充氮气并封口，在 40℃下培养。在 1d、2d、3d、5d、7d、15d、20d 时按以上操作接种 SRB 和 NRB 计数培养基、测 pH 值，同时取 5mL 培养液用来检测硫化物含量。

7.6.2 结果及分析

NRB 和 SRB 计数结果见表 7-14。培养基中硝酸盐和亚硝酸盐的存在可以很好地激活 NRB 的生长，同时抑制 SRB 的生长；培养基中添加亚硝酸盐比添加硝酸盐的抑制效果要好，且混合添加硝酸盐和亚硝酸盐比单独添加的抑制效果要好，这和硫化物含量检测结果相符合（图 7-14）。

表 7-14　NRB 和 SRB 计数结果

培养时间/d	NRB 数量/(个/mL)			
	空白	$NaNO_3$	$NaNO_2$	$NaNO_3+NaNO_2$
0	2.0×10^6	2.0×10^6	2.0×10^6	2.0×10^6
1	7.5×10^7	1.6×10^8	1.15×10^7	2.0×10^8
2	1.6×10^9	2.0×10^9	1.5×10^8	2.5×10^9
3	1.40×10^{10}	1.40×10^{10}	4.5×10^9	1.40×10^{10}
5	1.10×10^{10}	4.5×10^9	2.5×10^9	1.10×10^{10}
7	9.5×10^8	1.5×10^8	1.10×10^9	3.0×10^9
15	2.0×10^9	7.5×10^8	3.0×10^8	1.40×10^{10}
20	6.5×10^8	4.5×10^9	6.5×10^7	3.0×10^9
培养时间/d	SRB 数量/(个/mL)			
	空白	$NaNO_3$	$NaNO_2$	$NaNO_3+NaNO_2$
0	7.5×10^4	7.5×10^4	7.5×10^4	7.5×10^4
1	9.5×10^4	9.5×103	3.0×10^3	2.0×10^3
2	1.5×10^5	4.5×10^4	9.5×10^3	2.0×10^4
3	2.0×10^5	6.5×10^4	1.15×10^4	1.15×10^3
5	4.5×10^5	1.5×10^5	7.5×10^2	1.9×10
7	3.0×10^4	1.15×10^4	0	0
15	3.0×10^3	1.6×10^3	0	0
20	2.0×10^3	9.5×10^2	0	0

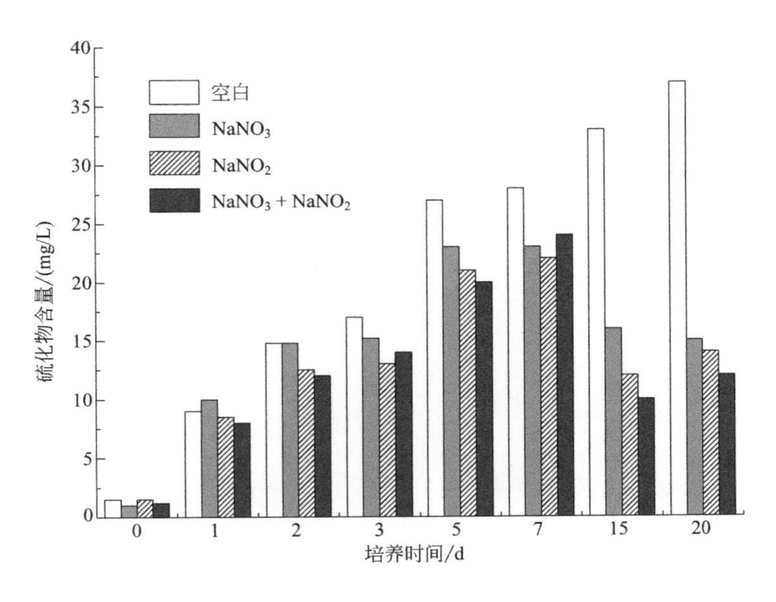

图 7-14　硫化物含量检测结果

7.7 本章小结

油田硫酸盐还原菌是把“双刃剑”，导致油藏酸化、采油设备腐蚀以及影响采油，硫酸盐还原菌中的有些种类微生物却有着良好的采油功能，如何“趋利避害”是我们要解决的问题。

油藏是一个复杂的微生物生态系统，硫酸盐还原菌在里面扮演了众多的角色，参与了很多代谢和代谢产物的中间转化，如油藏产生的甲烷气体、二氧化碳以及小分子物质。通过研究油藏群落之间的相互作用，分析和调控微生物的代谢产物，提高微生物采油能力是未来一个重要的研究方向。

第8章 油田硫酸盐还原菌的控制技术

8.1 油田硫酸盐还原菌的控制方法

油田开采过程中，注水系统及各种设备受微生物腐蚀，会严重影响油田开采，控制设备腐蚀情况刻不容缓。

8.1.1 物理法控制

物理法腐蚀防护技术属于常规控制技术之一。一般包括紫外线、γ射线和X射线等电离射线及超声波杀菌、高压脉冲电场杀菌技术、改变微生物生存环境、实施阴极保护措施、使用防腐材料等方式。

(1) 紫外线、γ射线和X射线等电离射线及超声波杀菌

利用紫外线、γ射线和X射线等电离射线及超声波杀菌。紫外线在260nm处有强辐射作用，这个波长可以被菌体核酸吸收，持续照射，核酸被分解，菌体死亡，但如果水中存在大量悬浮颗粒，会阻碍紫外照射；而γ射线和X射线能破坏菌体DNA，致使细菌死亡；超声波在9～20kHz/s以上能破坏菌体结构，使之死亡，但超声波杀菌的成本高昂，运行耗能大，所以实际生产作业不使用超声波。

电离辐射具有很强的穿透力，可引起原子和分子的电离化，破坏其结构，使细菌发生病变，从而达到杀菌的目的[186]。目前工业上把产生电离辐射的辐射源归为两大类：一类是通过自身核衰变而发生电离辐射的核素物质，如^{60}Co、^{137}Cs、^{238}U等；另一类是将电能转化为电离辐射能的装置，如电子加速器、中子加速器、重离子加速器等，利用它们产生的射线进行杀菌处理。紫外线杀菌是人们所熟知的，用波长为254～257nm的紫外线对回注水进行辐射杀菌，可减缓细菌对设备和管线的腐蚀，与未经处理的回注水相比，经紫外线照射过的回注水对碳素钢材的腐蚀率下降了25%～50%。40～80krad（1krad=10Gy）辐射剂量的γ射线可有效地杀除水中的细菌，细菌生长阶段不同，辐射剂量也不同。考虑成本、防护、灭菌效果以及可操作性，目前国外油田用的产生射线的辐射源主要是电子加速器和钴源。前者能产生高能电子，后者在衰变过程中释放γ射线，从而有效杀死各种细菌。由于投资达到一千多万元，国内油田未见采用的报道。

(2) 高压脉冲电场杀菌技术

Sale等在1967年发现的高压脉冲电场杀菌技术（high voltage pulsed electric fields）已经成为近年来研究最多的冷杀菌技术之一。该方法的原理是利用高压脉冲电场下，负向脉冲波峰的出现对微生物细胞膜形成快速变化的压力，使其结构松散，从而与正向脉冲峰协同作用，迅速破坏细胞膜的通透性，抑制其生长繁殖。高压脉冲电场杀菌技术的处理时间一般在微秒到毫秒级，具有不使用额外杀菌剂、无副产品、不产生二次污染等众多优异的应用特性，是一种工业化的冷杀菌技术。

高频电子水处理器的作用原理是当水体吸收高频电磁能量后，使水体产生紊流，破坏了细胞膜的离子通道。同时对溶解氧产生极化作用，使氧的电子云形成屏蔽效应，共价键增强，不易再得到电子，成为对外微显负电性的分子团，导致其氧化作用减弱，从而使水中的细菌很难生长、繁殖，从而起到杀菌作用。由于硫酸盐还原菌的菌体多带有大量负电荷，经高压电场处理后，其表面大量地吸附略带正电性的水分子，由于在细菌表面形成了高浓度的离子团，改变了细胞适应的内控电流和生存所需的环境条件，直接破坏了抑制和刺激酶的活性的物质，而使蛋白质变性，从而使细菌死亡，达到杀菌的目的。此设备在国内广泛用在循环水工业和中央空调中，由于有防垢、除垢的作用，能减少细菌附在管壁上形成生物膜，用在油田回注水的处理系统中，具有独特的效果。射频脉冲水处理技术是利用高频脉冲叠加法组合峰值转化能量的方法，起到了软化水的作用，特别在现场试验中与其他防垢方法相比，效果更加理想。

(3) 改变微生物生存环境

调整开采过程中注水温度、pH值等，抑制微生物生长繁殖。

通过NaCl调节注入水的盐度，引起的渗透压的变化可改变微生物细胞内的含水量，使细胞发生溶胀或脱水来杀死细胞；调节水体pH值，当pH值低于4时SRB几乎停止生长；降低底物（主要是有机营养物质和SO_4^{2-}）浓度，抑制SRB活性[69]。

调控水质pH值的方法并不能大规模使用。使用该方法会产生大量的污泥，增加后续污泥处理的难度和成本，因此调控水质pH值的方法只能小规模应用；油田污水量大，所以也难以通过改变温度、矿化度来控制硫酸盐还原菌；紫外线与超声波的应用效果也不理想；控制溶解氧的曝气法已有应用。

(4) 实施阴极保护措施

通过外加电流或者降低金属电位来防止微生物腐蚀设备。在海洋石油工业应用中，钢铁等设备材料在海洋中的腐蚀已经越来越引起人们的关注。SRB是引起钢铁等材料腐蚀的主要原因之一。阴极保护是维护海底管道、延长其使用寿命的重要措施。但如果阴极保护电位设置不正确或测试方法不当，会导致其保护效果不良。目前阴极保护已成为埋地管道和储罐罐底板外壁保护不可缺少的措施。

通过外加电流和使用比铁更活泼的金属来做牺牲阳极，从而保护阴极的方法是目前国外油田广泛采用的措施。阴极保护被认为是比较有效的金属腐蚀的防治方法，特别是对有涂层保护的碳钢管道。Horvarth和Novak在1964年发明了由SRB引起的管道腐蚀的阴极保护方法，而这个实际的应用是由Fischer完成的，现在已经被广泛用于埋在地下的金属管道的微生物腐蚀防治。英国一公司在处理矿场污水时用电化学法取代了化学药剂，电化学系统通过自动化控制室向安装在输水管线入口处的特制Al和Cu阳极上通弱电流，腐蚀阳极，使之形成相应的阳离子，可阻止细菌在管壁上的附生，在内壁上形成保护层，控制室中配置自动化阳极腐蚀显示器。该系统的特点是自动化程度高、安全可靠、安装方便。研究发现在存在SRB和氧气条件下，阴极保护可使金属的防腐效果提高35倍，即使在缺氧条件下仍可提高8倍。阴极自动清垢技术是为了解决重质高含硫原油的破乳脱水问题，近年来有关人员试图将该技术应用于油田注水工程时。油田回注污水矿化度比较高，其中氯盐含量占90%以上，满足了电解所需条件。若能实现直接电解回注污水完成杀菌任务，将是一种既经济又简便的工艺。但污水中除氯化钠外，还有较多的钙盐和镁盐，电解时在阴极板上结垢，结垢达一定厚度，电解将无法持续进行。因此该技术用于油田注水工程时，清垢就成了非解决不可的技术关键。油田污水电解杀菌装置合理地解决了阴极清垢问题，使回注污水电解杀菌技术达到实用阶段。该装置在中原油田采油五厂、华北油田采油一厂和采油五厂等安装应用。

(5) 使用防腐材料

选用合适的耐腐蚀材料，可以有效防止腐蚀危害。但耐腐蚀材料成本较高，限制了其应用。耐腐蚀材料包括各种有机、无机非金属材料，高分子材料、纳米材料、钛合金等合金材料、混凝土材料、玻璃钢材等。另外，在管材表面涂涂料、油脂、衬层、包裹层等也可以很好地防止微生物腐蚀。陈德胜等[396] 研究了胜利油田孤六联合站污水腐蚀与防护措施，经过一系列的试验数据比对，提出H06-4环氧富锌/H53-13环氧云铁中层/丙烯酸聚氨酯防腐蚀涂层体系耐蚀性较佳，因此被选为某些装备的防腐涂层。

东部老油田开发30多年来，在油田腐蚀控制领域开展并进行了大量的工作，根据油田开发各个时期的腐蚀特点，不断研究、开发和应用防腐新技术、新材料和新工艺，延长设备的使用寿命。经过30余年发展，形成了以下主要防腐技术系列[397]。

① 钢质管道的外防腐：包覆聚乙烯夹克和硬质聚氨酯泡沫夹克是胜利油田应用比较成熟的防腐技术，并在我国最先开发成功了聚氨酯泡沫夹克管“一步法”成型技术。包覆聚乙烯夹克随着底胶和聚乙烯材料的不断发展，其整体性能不断提高。包覆聚乙烯夹克主要用于小管径埋地管道外防腐层，目前浅海海底注水管道的外防腐就采用这种方式。环氧煤沥青涂料耐水性好，多年来一直用于海底输油管道外管的外防腐。

② 钢质管道、容器的内防腐：涂料因其防腐性能优良、施工简单、应用范围广等特点，近年来一直是油田钢质管道、容器设备内防腐主要材料。环氧型及聚氨酯型涂料的耐油、耐温、耐含油污水性能较好，辛一污水站至辛四污水站的3.5km *DN*500管线采用EP67环氧玻璃鳞片涂料4道，第一次采用机械喷涂工艺和补口机补口工艺，运行8年效果良好。目前，内防腐采用的基本上都是环氧类涂料。环氧树脂具有优良的耐酸、耐碱、耐盐、耐水、耐油性能，附着力突出，涂层有良好的力学性能。赛克-54涂料采用改进环氧树脂和超细陶瓷粉，具有优异的耐腐蚀、耐磨蚀、耐高温性能，配上先进、完善的生产作业线和补口技术，防腐质量可靠，使用寿命长，无污染，自1998年开始应用于海底注水管道的内防腐。钢管采用高温热清洗炉除油、中频电源加热、保温炉恒温、固化炉固化等工艺，确保预制的涂层质量达到最佳性能。产品内防腐寿命可由目前的10年提高到20年以上。

③ 玻璃钢及复合管：玻璃钢质量轻、强度高，具有优异的耐腐蚀性，绝热性好，流体阻力小，运输安装简便，使用寿命长。从20世纪90年代中期开始在部分污水站应用，目前油田采出水腐蚀较严重的地区、污水站大都采用玻璃钢管。近年来，各种形式的钢塑复合管(PP、PE、PVC、PTFE等内衬塑料管、钢骨架塑料管等）和中、高压玻璃钢管在油田的引进和应用也日趋扩大，2009年建成了中国第一座全玻璃钢污水处理站。

8.1.2 化学法控制

投加杀菌剂是常用的化学控制方法。该方法操作简单、效果好、使用广泛。常用的杀菌剂包括氧化型杀菌剂和非氧化型杀菌剂两大类：臭氧、氯气、二氧化氯、卤素化合物、双氧水、次氯酸钠、三氯异三聚氰酸［图 8-1(a)］、溴氯二甲基海因［图 8-1(b)］等属于氧化型杀菌剂，而季铵盐类、季鏻盐类、季锍盐类、醛类、酚类、杂环类化合物、有机锡化合物、有机硫化合物、硫酸铜及复配型杀菌剂等属于非氧化型杀菌剂，它们主要是作用于菌体特殊部位致其死亡。

臭氧的氧原子可以氧化细菌细胞壁，直至穿透 SRB 细胞膜，氧化细胞内的不饱和键而杀灭细菌。目前大庆油田、胜利油田、燕山石化等单位都有使用臭氧进行油田杀菌，但臭氧易分解，药效维持时间短，利用率低，对环境还有一定危害，这严重制约了臭氧的推广[94]。

氯气和次氯酸钠都能直接氧化细菌体内的活性基团，杀死大部分微生物，但杀菌效果受环境条件影响较大，不能长久抑菌。二氧化氯是一种高效强氧化性杀菌剂，性质相对稳定，可长时间维持抑菌作用[398-400]。

非氧化型杀菌剂包括非离子型杀菌剂和离子型杀菌剂两类。非离子型杀菌剂与微生物细胞内的蛋白质发生不可逆结合，破坏细胞呼吸，抑制微生物的生长和生物物质的合成。细胞内蛋白质不断被氧化，从而导致微生物的死亡。非离子型杀菌剂包括醛类、氯代酚类、有机锡类、异噻唑啉酮类、有机胺类[401,402]。这类杀菌剂杀菌效果好，但大部分有刺激性且毒性大，有致癌、致畸作用，且受温度、pH 值影响大，长期使用还会使菌体产生耐药性，大量投加会造成二次污染，因此无法大规模推广使用。离子型杀菌剂包括季铵盐类、季鏻盐类、高分子类物质。在水中带有正电荷的季铵盐阳离子头基，通过静电吸引力主动吸附在 SRB 细胞壁上，随后季铵盐的疏水尾链会插进疏水环境的细胞膜磷脂双分子层内，影响细胞膜的通透性，从而达到杀菌或抑菌目的[403]。

目前，我国大多数油田回注水使用的 SRB 抑制剂为非氧化型，非氧化型杀菌剂受水中还原物质硫化氢、胺等的影响较小，杀菌作用有一定的持久性，对沉积物或黏泥有渗透、剥离作用，但存在成本相对氧化型杀菌剂较高、易造成环境污染、微生物易产生抗药性等缺点[404]。根据其作用基团及作用机理，通常分为：氯代酚类、醛类、季铵盐类、季鏻盐类、有机硫化物类、杂环化合物、复配型杀菌剂七类。

(1) 氯代酚类

氯代酚类杀菌剂是应用最早的一类杀菌剂，包括邻氯苯酚［图 8-1(c)］、对氯苯酚［图 8-1(d)］、2,3-二氯苯酚［图 8-1(e)］、2,4-二氯苯酚［图 8-1(f)］和五氯苯酚［图 8-1(g)］等。氯代酚类杀菌剂主要吸附于细胞壁上，并渗入蛋白质内，使蛋白质发生沉淀而杀死细菌。氯代酚类杀菌剂对 SRB 有很好的杀灭作用，然而因其大多有毒、不易降解，对环境危害很大，逐渐被取代。

(2) 醛类

醛类杀菌剂通过抑制细菌细胞膜蛋白质合成的某一过程，使蛋白质的内部结构发生改变而凝固，使细菌死亡。醛类杀菌剂具有快速杀菌的特性，但是醛类杀菌剂大多有毒，且有较强刺激性气味，使其现场应用不易操作。常用醛类杀菌剂有甲醛［图 8-1(h)］、戊二醛［图 8-1(i)］和丙烯醛［图 8-1(j)］。醛类杀菌剂通常与其他药剂复配使用以达到最佳效果。

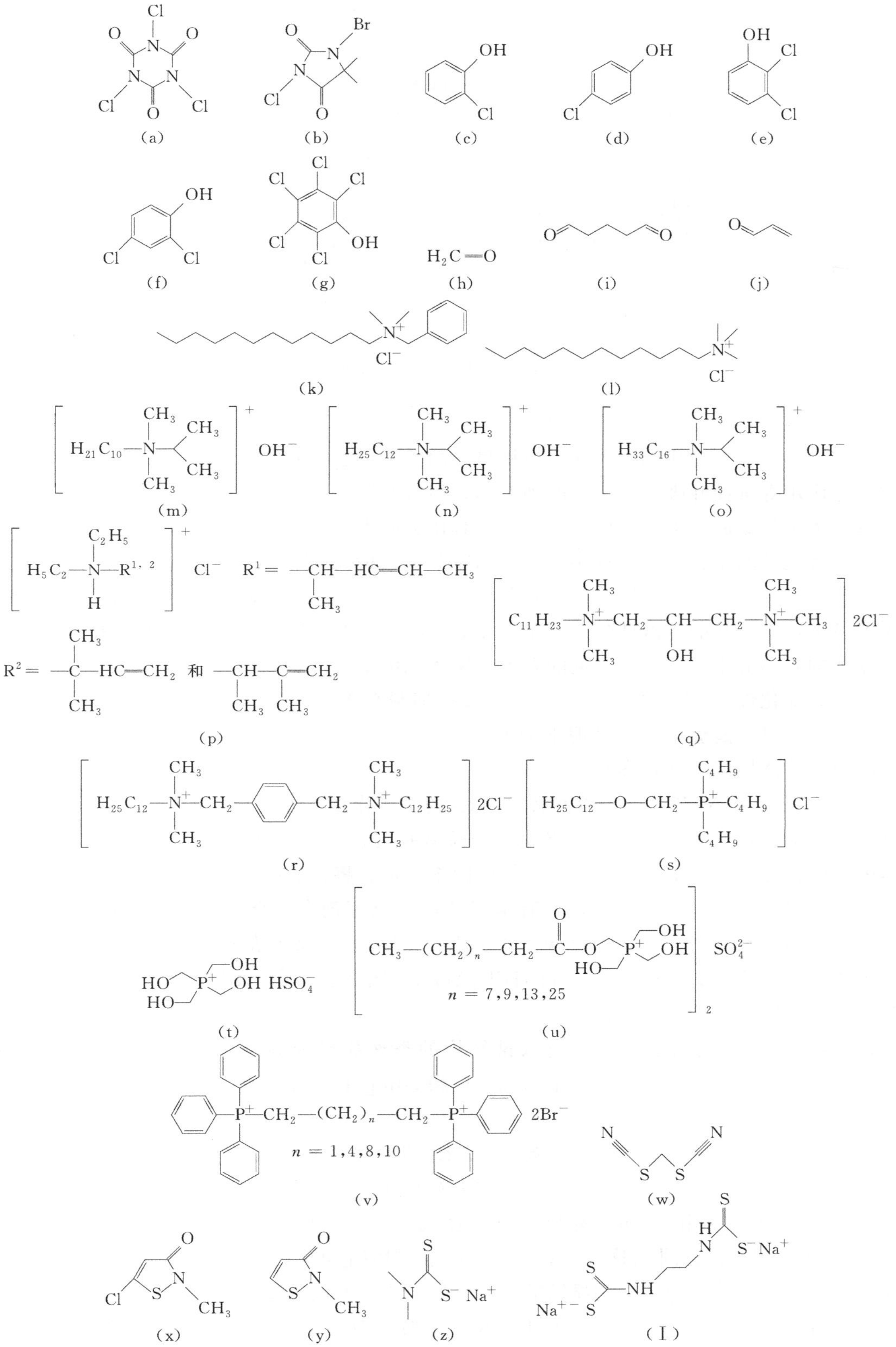

(a) (b) (c) (d) (e)

(f) (g) $H_2C{=}O$ (h) (i) (j)

(k) (l)

$[H_{21}C_{10}-N(CH_3)_2-CH(CH_3)_2]^+ OH^-$ (m)

$[H_{25}C_{12}-N(CH_3)_2-CH(CH_3)_2]^+ OH^-$ (n)

$[H_{33}C_{16}-N(CH_3)_2-CH(CH_3)_2]^+ OH^-$ (o)

$[H_5C_2-NH(C_2H_5)-R^{1,2}]^+ Cl^-$ $R^1 = -CH(CH_3)-HC{=}CH-CH_3$

$R^2 = -C(CH_3)_2-HC{=}CH_2$ 和 $-CH(CH_3)-C(CH_3){=}CH_2$

(p)

$[C_{11}H_{23}-N^+(CH_3)_2-CH_2-CH(OH)-CH_2-N^+(CH_3)_2-CH_3]\ 2Cl^-$

(q)

$[H_{25}C_{12}-N^+(CH_3)_2-CH_2-C_6H_4-CH_2-N^+(CH_3)_2-C_{12}H_{25}]\ 2Cl^-$ (r)

$[H_{25}C_{12}-O-CH_2-P^+(C_4H_9)_3]\ Cl^-$ (s)

HSO_4^- (t)

$[CH_3-(CH_2)_n-CH_2-C(=O)-O-CH_2-P^+(CH_2OH)_3]_2\ SO_4^{2-}$ $n = 7,9,13,25$ (u)

$Ph_3P^+-CH_2-(CH_2)_n-CH_2-P^+Ph_3\ 2Br^-$ $n = 1,4,8,10$ (v)

(w)

(x) (y) (z) (Ⅰ)

图 8-1

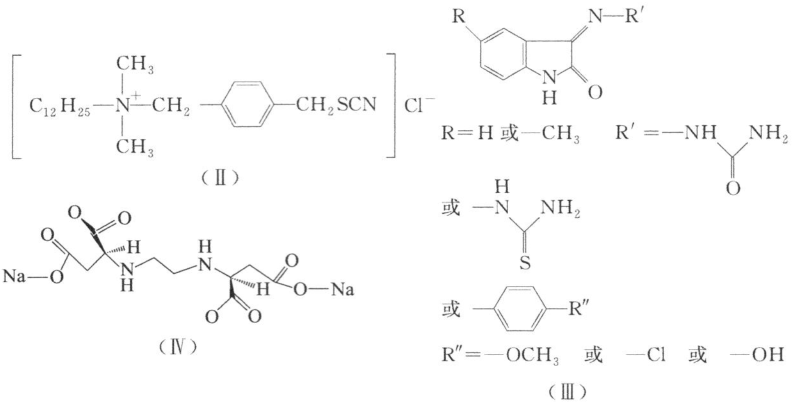

$[C_{12}H_{25}-N^{+}(CH_3)_2-CH_2-C_6H_4-CH_2SCN]Cl^-$

（Ⅱ）

（Ⅳ）

R=H 或—CH_3　R′=—NH—C(=O)—NH_2

或 —NH—C(=S)—NH_2

或 —C_6H_4—R″

R″=—OCH_3　或　—Cl　或　—OH

（Ⅲ）

图 8-1　常用的化学杀菌剂

(3) 季铵盐类

季铵盐类杀菌剂是我国各大油田应用最多的一类化学抑制剂。季铵盐阳离子通过静电作用和氢键作用等选择性吸附带负电的细菌体，损害控制细胞渗透性的原生质膜，从而杀死细菌。季铵离子的氮原子上 4 个取代基不同，其作为阳离子型杀菌剂的杀菌活性也会不同，对于具有长链烷基的季铵盐，其烷基为 C_6、C_8 和 C_{10} 时杀菌效果较差，烷基为 C_{12}、C_{14} 和 C_{16} 时杀菌性能增大，烷基为 C_{16} 时效果最好，烷基为 C_{18} 以上则杀菌效果降低。烷基的碳原子数越多，季铵盐的水溶性越差，主要以 C_{14} 烷基以下水溶性较好。长链烷基季铵盐作为季铵盐类抑制剂的主要种类，常见的有十二烷基二甲基苄基氯化铵 1227 [图 8-1(k)]、十二烷基三甲基氯化铵 1231 [图 8-1(l)]等。季铵盐抑制剂能够有效抑制 SRB 生长，对黏泥也有很强的剥离效果，能够杀死在黏泥下面的 SRB。季铵盐类杀菌剂在易起泡、水质矿化度较高的环境下杀菌性能降低，容易吸附损失。

1992 年，研究 *N*-苄基胺和烷基胺对 SRB 的杀菌作用，发现烷基胺杀菌效果比 *N*-苄基胺好，因为链长越长活性越大，*N*-苄基胺与烷基胺具有协同杀菌作用。1994 年，以辛基酚、壬基酚为原料合成出 8 个含苯氧基新型结构的杀菌剂。将合成的杀菌剂同 1227 [图 8-1(k)] 杀菌剂进行对比试验，结果表明，含有苄基结构的杀菌剂在较低浓度下杀菌效果明显优于 1227 [图 8-1(k)]。2010 年，Hegazy 等合成出季铵盐类阳离子表面活性剂 DEDIAOH [图 8-1(m)]、DODIAOH [图 8-1(n)]和 HEDIAOH [图 8-1(o)]，发现其对 SRB 有良好的杀菌能力，其中以 C_{12} 效果最好。

Levashova 等合成出一系列含有双键结构的季铵盐类抑制剂。其中有季铵盐 [图 8-1(p)]，发现带有 R^2 基团的季铵盐在 25mg/L 和 50mg/L 质量浓度下的杀菌率高于含有 R^1 基团的季铵盐。

然而，由于大量使用季铵盐类杀菌剂，SRB 菌类已对单纯的季铵盐抑制剂产生抗药性，许多研究者又研究出了双季铵盐杀菌剂，其中有对称型和非对称型，使其具有更为高效和广泛的抗菌性能。有人利用三甲胺盐酸盐、环氧氯丙烷和十二烷基二甲基叔胺（DMA12）等原料制备了 HPUDC [图 8-1(q)]非对称型双季铵盐杀菌剂，对海上某油田水样进行处理，结果显示：在 25mg/L 时，其杀菌率为 99%，明显优于 1227 [图 8-1(k)]和戊二醛 [图 8-1(i)]。

2014 年，荣华等以 *N*,*N*-二甲基十二烷基叔胺和对二氯苄为反应物，合成了 A-B-A 型双季铵盐杀菌剂 [图 8-1(r)]。将此杀菌剂配制成质量浓度为 45% 的水溶液，对胜利油田滨五污水站油水分离后的来水进行了现场杀菌试验，发现在相同试验条件下，杀菌率可保持在97%以上，高于1227［图8-1(k)］。

刘长松和张强德针对中原油田的油井套管内腐蚀问题，研制出了水溶油不溶的以季铵盐类为主剂的高效油井缓蚀剂（GHJ）及固体缓蚀剂，并且针对注水井套管内腐蚀，提出了高pH值注入水定期洗井技术与环空保护液XHK-1、XHK-2。现场试用应用证明，套管腐蚀控制技术能有效减缓油水井腐蚀速度，改善油水井井况，社会效益和经济效益明显[405]。

十二烷基二甲基苄基氯化铵俗称“1227”，广泛被各大油田使用。近年来，由于“1227”长时间使用，SRB对该药剂已经产生了耐药性，使用剂量已从30mg/L上升到100mg/L左右，成本日益增加。为此人们开始研究一种新型的季铵盐，其带有两个头基和两条疏水尾链，具有比单链季铵盐更高的电荷密度，能更有效地吸附细菌，抑制细菌的繁殖[406]。

(4) 季鏻盐类

季鏻盐类杀菌剂是近十年来杀菌剂研究的最新进展之一。对比季鏻盐和季铵盐的结构，磷原子比氮原子的原子半径大，极化作用强，使得季鏻盐更容易吸附带负离子的菌体。同时季鏻盐分子结构比较稳定，与一般氧化剂、还原剂、酸、碱都不发生反应，是一种高效、广谱的杀菌剂[407, 408]。季鏻盐类杀菌剂与季铵盐类杀菌剂有许多相似之处，都具有优良的杀菌性能和良好的黏泥剥离作用。除具有季铵盐的一些优点外，季鏻盐类杀菌剂还具有不发泡、能与常用的阻垢剂配合使用等优点，且具有比季铵盐杀菌剂更强的杀菌效能。

目前，季鏻盐的合成材料有限，合成条件较为苛刻，国内对季鏻盐的研究还仅处于起步阶段。高分子杀菌剂的分子量很大、电荷密度高，更加有利于杀菌剂吸附在细菌细胞表面，破坏细胞膜。刘宏芳等[409]研制的聚苯胺系列杀菌剂对SRB和铁细菌等具有比较好的抑制作用。黄玲等[410]以聚氯甲基苯乙烯为载体，通过分子亲核取代反应，制备出三烷基聚季鏻盐抗菌剂，对SRB和腐生菌（TGB）的抗菌性能好，可以抑制材料表面生物膜的形成。

2000年，王锦堂等发明了改性季鏻盐杀菌剂DMTPC［图8-1(s)］，用烷基氧取代季鏻盐上的长链烷基。由于氧具有更大的电负性，使得季鏻盐的正电性更强，由于菌藻表面带负电荷，因此季鏻盐更容易进攻细菌分子，从而具有更好的杀菌效果。此种季鏻盐杀菌剂采用SY 5329—88标准检测对SRB的杀菌率，都在99%以上。

2000年，杨巍对四羟甲基硫酸鏻（THPS）［图8-1(t)］进行了杀菌研究，结果表明：当有效质量分数为75%的THPS用量超过50mg/L时，能有效地将水体系中的SRB（菌数≤10^6个/mL）等细菌杀死。

2013年，Aiad等利用THPS分别和癸酸、月桂酸、棕榈酸和十八酸合成了4种季鏻盐缓蚀剂［图8-1(u)］，发现其杀菌效果与THPS相比得到了明显的增强。当结构式烷基链增加，活性增强，对应化合物的溶解度减小。当$n=7$时，加入质量浓度为100mg/L的杀菌剂，检测无SRB存在，表现出较高的杀菌率。

2013年，Yuan等合成出一系列新型双季鏻盐杀菌剂［图8-1(v)］。并对其SRB杀菌性进行了考察，发现质量浓度为20mg/L时，DoTDPB（$n=10$）对SRB的杀菌率为84%，明显高于同条件下的HTDPB（$n=4$）（62%）。

综上所述，季铵盐和季鏻盐类杀菌剂分子中正电荷越集中，杀菌效果越好，例如结构中连有电负性的氧原子；双季铵盐和季鏻盐类杀菌剂的分子具有不对称性，杀菌效果好。

(5) 有机硫化物类

有机硫化物类抑制剂主要有二硫氰基甲烷（MBT）［图8-1(w)］、异噻唑啉酮（MIT）

(5-氯-2-甲基-1-异噻唑啉-3-酮) [图 8-1(x)]和 2-甲基-1-异噻唑啉-3-酮 [图 8-1(y)]的混合物、二甲基二硫代氨基甲酸钠 [图 8-1(z)]、代森钠 [图 8-1(Ⅰ)]等。MBT 使用广泛，它的氰酸根主要通过在水中水解，生成硫氰基和甲醛，其中 SCN^- 可与 Fe^{3+} 生成稳定的络合物，使其受电子能力减弱而达到杀菌目的。MBT 单独使用效果并不理想，但与其他杀菌剂复配可起协同作用。MIT 是一种广谱型杀菌剂，通过使蛋白质的键断裂而杀死 SRB，在低浓度下能有效抑制 SRB 生长。

2014 年，张磊等以对二氯苄、十二烷基二甲基叔胺、硫氰酸钠为原料合成含硫季铵盐型 TBDA [图 8-1(Ⅱ)]杀菌剂，将其应用于油田回注水系统，发现当 TBDA 的投加量为 50mg/L 时，对 SRB 的杀菌率达 100%。

(6) 杂环化合物

杂环化合物类杀菌剂主要靠杂环上氮、氧等活性原子，破坏细菌体内蛋白质中的脱氧核糖核酸（DNA）碱基形成氢键，吸附在细菌的细胞上，破坏细菌的 DNA 结构，使之失去复制能力而死亡。常见的杂环类化合物主要有吡啶类及其衍生物、咪唑类及其衍生物。杂环类抑制剂具有杀菌效率高、与其他水处理剂配伍性能好等优点，但也存在溶解性较差、易吸附损失、合成复杂和成本高等缺点。2012 年，Hao 等合成出一系列新型靛红衍生物 [图 8-1(Ⅲ)]应用于油田回注水杀菌，对 SRB 有很好的抑制作用。

(7) 复配型杀菌剂

复配型杀菌剂主要通过将两种或两种以上的杀菌剂与表面活性剂、溶剂等复配，通过研究各组分之间的协同效应来提高杀菌率，降低使用成本。目前，国外有关复配型杀菌剂的研究报道很少，国内常见的是季铵盐类与醛类复配。随着人们对药剂复配规律的不断探索和研究，特别是随着近年来人们对阴阳离子与表面活性剂结合体的研究和开发，复配型杀菌剂将会扮演重要作用。

2009 年，Gu 等将（*S*,*S*)-乙二胺-*N*,*N*-二琥珀酸三钠盐（EDDS）[图 8-1(Ⅳ)]作为戊二醛 [图 8-1(i)]杀菌剂的加强剂，发现 EDDS 的加入大大减少了戊二醛的用量。

2014 年，王伟等将 1227 [图 8-1(k)]和 MIT 按照质量比 1∶3 复配可实现杀菌协同增效作用，且与聚合物溶液相配伍，油藏条件下热稳定性好。

国内多功能杀菌剂的研究始于 20 世纪 80 年代中期，由华南理工大学首先提出。他们从自行研制的改性天然高分子絮凝剂 CG-A 在油田含油注水的应用中发现，这种高分子絮凝剂不仅具有絮凝作用，还具有杀菌缓蚀的作用，从而开始了多功能水处理剂的研究。多年来，他们已经先后成功地研制了如絮凝-杀菌剂（XPF-C）、絮凝-杀菌-缓蚀剂（CX-C）等其他类型的多功能处理剂。并在机理研究方面取得了开拓性的进展，提出了渐减絮凝-渐增杀菌协同作用模型以及絮凝-杀菌-缓蚀协同作用模型，为多功能水处理剂的研究开发打下了基础。此外，江汉油田设计院也提出了阻垢-杀菌-缓蚀型多功能处理剂（WX-3），大大提高了处理效率并取得了显著效果。这类杀菌剂的主要特点为用量少、效率高，不易产生抗药性，综合处理性能受环境影响小，并能简化水处理施工步骤，是一类新型的杀菌剂。

投加的药剂一般都是液体药剂，但液体药剂容易受到油井生产参数的影响，投加周期短，效果不能保证。单纯投加杀菌剂并不能很好地控制油田 SRB 腐蚀，并且大量投加杀菌剂也会带来其他许多不良影响。

① 杀菌剂的选择：目前杀菌剂的选择比较单一，而 SRB 是指一大类群的细菌，能适应多种环境，因此针对不同性质的污水及 SRB 应该选择合适的杀菌剂。

② 杀菌剂的用量：杀菌剂的用量与污水的性质，包括 pH 值、矿化度、温度等息息相关，并且还与细菌浓度相关。因此在油田实际开采过程中，只能通过经验来确定杀菌剂的用量。

③ 杀菌剂投加位置：SRB 在油站就开始大量繁殖，理论上应该在油站加入杀菌剂，从开始阶段进行控制，但实际操作中不允许在油站加杀菌剂，一切控制工作只能在水站进行，而这时 SRB 已经大量繁殖，所以，应根据水站具体情况，在污水站流程中确定添加杀菌剂的最佳位置，才能以最少量的杀菌剂达到最好的 SRB 控制效果，但在水站优化的空间有限。

④ SRB 的抗药性：长时间使用杀菌剂，菌体会产生抗性，使杀菌效果降低。油田回注污水是不断循环的，连续加杀菌剂可以将 SRB 控制在一定水平，但长期使用同一种杀菌剂，会使 SRB 产生抗药性。更值得我们担忧的是杀菌剂只能杀灭游离型 SRB，不能杀灭附着型 SRB，因此，在实际生产过程中只要停止加杀菌剂，SRB 浓度就会迅速回升。

⑤ 增加成本：SRB 是油田污水的特征之一，现场实际工程应用已经表明投加杀菌剂只能暂时控制 SRB 污染，大量投加杀菌剂，会增加油田开采成本。

⑥ 非专一性杀菌剂：杀菌剂并不是专一性杀死有害菌，其对许多有益于油田开采的微生物也有毒害作用。

⑦ 杀菌剂污染环境：大量使用杀菌剂会造成环境污染。

8.1.3　生物法控制

微生物控制方法是从油田 SRB 自身角度出发，考虑到 SRB 与其他微生物之间的竞争、拮抗、共生的关系，通过调节控制其他有益微生物与 SRB 营养竞争，抑制 SRB 繁殖生长的一种方法。微生物防腐技术、反硝化抑制 SRB 技术是两种常见的生物控制法。

利用生物防治方法来抑制腐蚀微生物生长菌株的选择要求：一是所用细菌在生活习性上与 SRB 非常相似，只是它们不产生 H_2S，这些细菌注入地层和 SRB 生活在同一环境中，就可与 SRB 争夺生活空间和食物营养，从而抑制 SRB 的生长繁殖；二是某些细菌可以产生类似抗生素类的物质直接杀死 SRB，即利用微生物之间的共生、竞争以及拮抗的关系来防止微生物对金属的腐蚀。目前对 SRB 的防治措施单一，广泛使用的杀菌剂为季铵盐、醛类、杂环类以及它们的复配物，介质环境的差异以及生物膜的隐蔽造成杀菌剂使用量增加，增加了工业生产及环境的负担。特别是 21 世纪是绿色世纪，为此利用微生物竞争生长的规律，分离、提纯、实验室培养获得对 SRB 有较强抑制能力的菌株，且该菌株对环境及设备危害较小，进而研制开发仿生、环保型杀菌剂，将是今后本领域研究工作的重点。

(1) 微生物防腐技术

研究最多的微生物防腐技术有三种，即竞争性抑制 SRB 繁殖、消耗 SRB 代谢产物 H_2S 和分泌物毒害 SRB。

竞争性抑制 SRB 繁殖是指利用与 SRB 生长环境和生活习性相近但不引起腐蚀的特定细菌，并且在和 SRB 争夺食物和空间中占优势，通过添加这类微生物来抑制 SRB 的活性。SRB 以挥发性脂肪酸（VFA）作为主要碳源，向油田中注入合适的反硝化细菌和硝酸盐等物质，反硝化细菌就能够利用油层中的 VFA 迅速生长繁殖，成为油层中的优势菌群（占整个微生物种群的 90%以上），迅速降低油层中 VFA 的含量，消耗 SRB 赖以生长的有机营养源，从而抑制 SRB 的生长。

有一类细菌可以消耗或转化 SRB 的代谢产物 H_2S，减轻设备腐蚀情况。据报道，脱硫杆菌和硫化细菌能将 H_2S 转化为 SO_4^{2-}，从而抑制或减少硫化物的形成。

此外，还有一类细菌通过分泌物能抑制甚至杀死 SRB，如芽孢杆菌的分泌物就能杀死 SRB[411]。短芽孢杆菌可以形成生物膜，分泌短杆菌肽 S 抑制不锈钢上 SRB 腐蚀，它们还能分泌抗生素，抑制 SRB 在 304 不锈钢上的吸附，进而推迟 SRB 在 SAE1018 软钢上生长形成生物膜[61]。

生物表面活性剂的抑制作用。由不同微生物群产生的表面活性剂被称为生物表面活性剂。生物表面活性剂降低了水和烃类混合物中的表面张力。生物表面活性剂可以在具有不同极性的流体（如水和油）之间的界面处聚集，导致界面张力的降低。由于它们能有效降低界面张力，生物表面活性剂已被用于增加石油产量，特别是在三次采油中。低毒性、高生物降解性和生态可接受性是这些表面活性物质的主要特征。这些有利的特性使生物表面活性剂成为各种应用中化学合成表面活性剂的良好替代品之一。生物表面活性剂可分为四大类：脂肽和脂蛋白、糖脂、磷脂和聚合物表面活性剂。生物表面活性剂广泛用于不同的行业，如化妆品、特殊化学品、食品、制药、农业、清洁剂和微生物强化采油（MEOR）。尤其是在 MEOR 中的应用引起了人们广泛的关注。

储层中只有 30%的石油通常可以使用一次和二次采油技术回收，MEOR 被认为是一种三级回收技术，可以利用微生物或其产品（生物表面活性剂）回收残油。生物表面活性剂在微生物强化采油中的应用取决于它们在极端温度、盐度和 pH 值或表面活性条件下的稳定性。刺激微生物产生生物表面活性剂并在原位降解重油馏分，从而促进其流动，使石油产量增加。

生物表面活性剂的另一个有趣应用是用作抗微生物剂。其在采油过程中对 SRB 的控制尤其重要。

El-Sheshtawy 等[412] 从埃及 Badr El-din Petroleum Company 的 Niage 油田分离到了一种优势菌种——地衣芽孢杆菌。

在稳定生长期间，孵育到第 72 小时，才有最多的生物表面活性剂产生，因此生物表面活性剂被认为是次级代谢物。之前已有相关研究表明大多数生物表面活性剂是次级代谢产物，有些可能通过促进营养转运或微生物-宿主相互作用或作为生物杀灭剂在生产微生物的存活中发挥重要作用。生物表面活性剂的生产可以增强烃基质的乳化和溶解，因而促进微生物在烃上的生长。将生物表面活性剂分泌到生长培养基中，依赖非极性底物作为唯一碳源的微生物确保及时供应碳源以维持其生存和生长。生物表面活性剂最重要的特性之一是发泡能力。研究中观察到地衣芽孢杆菌上清液中获得的生物表面活性剂引起的发泡率为 51%。稳定的发泡加上表面张力的降低和介质乳化能力的提高被认为是生物表面活性剂生产的定性指标。

Zhao 等从大庆油田中分离到能够厌氧生产生物表面活性剂的菌株——铜绿假单胞菌 DQ3（*Pseudomonas aeruginosa* DQ3），并选择该菌株进行生物强化作用，通过原位生产生物表面活性剂而无须空气注入来提高采收率。在生物强化过程中，溶解氧浓度保持在 0mg/L，氧化还原电位（ORP）保持在 −100mV 以下。这些表明厌氧发酵罐中没有氧气。pH≈6.5（生物表面活性剂生产的最佳 pH 值范围为 6.0～7.0）。

如图 8-2 所示（另见书后彩图），通过序列测序分析，表明 DQ3 菌株的生物强化作用改变了油藏生产过程中的原始细菌群落。在生物强化过程中，优势属是假单胞菌、弓形杆菌、希瓦氏菌、不动杆菌、黄杆菌和肠球菌。生物强化过程中假单胞菌属的相对丰度高于

2.00%。但是当孵育时间延长时，细菌群落结构逐渐恢复稳定。新的稳定的细菌群落将保证有效微生物的生长和代谢，这有利于提高石油采收率。

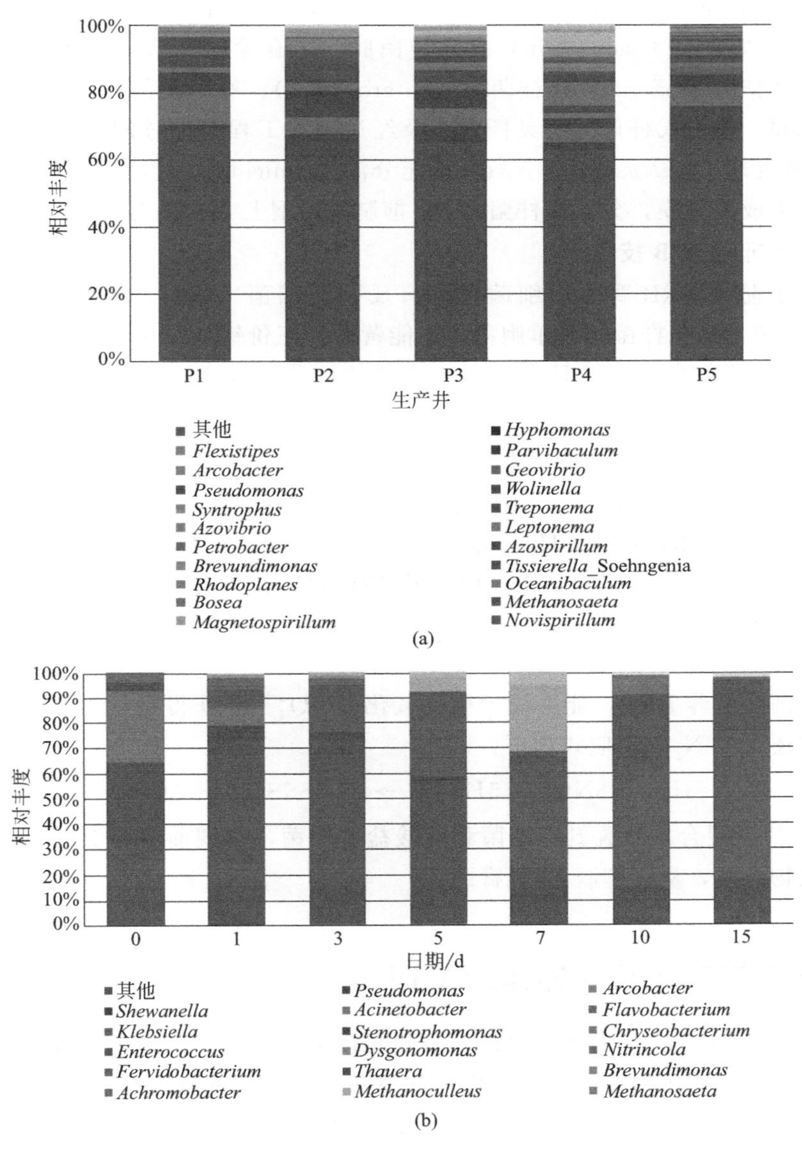

图 8-2　生物强化过程中油藏细菌群落测序分析

① 脱硫杆菌和硫化细菌：硫化细菌（sulfide-oxidizing bacteria，SOB）是好气性自养菌，以还原性硫化物如硫化氢、硫代硫酸钠等作为基质，其产生的代谢产物为硫酸盐。硫化细菌能将 SRB 产生的 H_2S 等还原性硫化物氧化成硫酸盐，从而降低环境中 H_2S 的浓度。研究表明土壤中 SRB 和 SOB 的消长呈相反的变化趋势，即在两种菌的生长曲线中，当 SOB 量处于峰值时，SRB 量处在较低值。但由于 SOB 在高 H_2S 浓度下生长会受到抑制，从而使其应用受到限制。因此，筛选耐高浓度硫化物的 SOB 成为利用这种细菌抑制 SRB 腐蚀的重点。硫化细菌防治 SRB 的原理类似于脱氮硫杆菌，都是将 H_2S 转化，降低腐蚀。这种利用微生物从生态上抑制硫化物的积累价廉、有效，可节省在油藏中累积了大量硫化物后再进行

处理的昂贵费用，在环保上也是非常好的方式。

② 分泌物质：有学者在专利中介绍了分泌一种或多种抑制 SRB 或其他造成腐蚀的微生物生长的抗微生物的物质，这些物质包括抗生素如短杆菌肽 S、indolicidin、多黏菌素（polymixin）、杀细菌素（bactenecin）或乳链菌肽，还有聚氨基酸如聚天冬氨酸或聚谷氨酸，以及铁载体如 parabactin 和肠杆菌素（enterobactin）。所用的菌种包括假单胞菌、芽孢杆菌、沙雷菌属、埃希氏杆菌属、灵杆菌以及经过基因工程改造过的大肠杆菌。早在 1992 年 Azuma 等就发现 *Bacillusbrevis Nagano* 能分泌 gramicidin S（短杆菌肽 S）；Jayaraman 等使用这种菌形成生物膜，分泌短杆菌肽 S，抑制不锈钢上 SRB 腐蚀。

(2) 反硝化抑制 SRB 技术

目前应用于防治 SRB 腐蚀的细菌主要有反硝化细菌（DNB，包括异养 DNB 和自养 DNB）、硫化细菌、芽孢杆菌、假单胞菌、化能营养型三价铁还原菌等，其中应用比较多的是 DNB，DNB 是近年来发现的具有竞争优势的拮抗菌，能还原硝酸盐和亚硝酸盐，产生 N_2O 和 N_2。

异养反硝化细菌能将 NO_3^-、NO_2^- 反硝化成 N_2、NO 等，异养反硝化细菌抑制硫酸盐还原菌的机理即为营养竞争，在与 SRB 竞争中占优势，优先利用基质营养，使 SRB 的活性受到抑制，从而抑制 SRB 腐蚀。Heylen 等[413] 研究发现，向水环境中投加硝酸盐或亚硝酸盐后，DNB、硫化细菌生长繁殖旺盛，抑制了 SRB 的生长繁殖。Kaster 等也发现了类似的研究结果[414]，在向油藏中投加硝酸盐后，DNB 大量增殖而 SRB 变化不明显，且硫化物含量降低 50%～60%。

脱氮硫杆菌是自养 DNB，能够将无机硫氧化成 SO_4^{2-} 并获得能量，该过程中硝酸盐作为电子受体被还原为 N_2。反应式如下：

$$3H^+ + 8NO_3^- + 5HS^- \longrightarrow 4N_2 + 5SO_4^{2-} + 4H_2O \tag{8-1}$$

汪梅芳等[415] 混合培养脱氮硫杆菌和硫酸盐还原菌，发现前者能够增加生物膜的致密性，降低硫化物含量，从而抑制 SRB 腐蚀。

8.2 生物法控制 SRB 的作用机理

生物技术控制 SRB 的方法可分为直接法和间接法。在直接法中，光自养或化能自养的硫化物氧化细菌利用硫化物作为电子供体，并将其转化为硫或硫酸盐，从而减缓由 SRB 厌氧还原产生 H_2S 而引起的酸化腐蚀等现象。光自养生物以 CO_2 为末端电子受体，而化能自养生物以氧（好氧物种）或硝酸盐和亚硝酸盐（厌氧物种）作为末端电子受体。间接法以三价铁为氧化剂，化学氧化还原硫化合物，用铁氧化菌再生三价铁，进一步利用。

8.2.1 光自养硫氧化作用机理

对硫化物的光自养氧化是一种厌氧过程，由绿硫细菌（如氯细菌）和紫硫细菌（如异色单体）进行。这些细菌利用 H_2S 作为光合作用中 CO_2 还原的电子供体，称为尼尔反应，反应式为：

$$2H_2S + CO_2 \xrightarrow{\text{光}} 2S^0 + CH_2O(\text{碳水化合物}) + H_2O, \Delta G^{\ominus} = 75.36\text{kJ/mol} \tag{8-2}$$

光自养生长：光能作为化学能被保存的光反应和利用储存的能量将 CO_2 转化为有机化

合物的暗反应。这种能量以三磷酸腺苷（ATP）的形式提供，而还原二氧化碳的电子由NADH 提供，NADH 是由硫化物、单质硫或硫代硫酸盐的电子还原 NAD^+ 产生的。

大多数紫色硫细菌将产生的单质硫以球状的形式储存在细胞内。硫的进一步氧化导致细胞产生和释放硫酸盐。紫色硫细菌包括许多属，如硫碱菌、硫球菌、硫氧球菌、硫胞菌、硫球藻属、硫吡菌属、硫狄菌属和硫原菌属。特别令人感兴趣的是外硫红螺菌属和硫螺菌属，因为与其他紫色硫细菌不同，这些细菌产生的硫驻留在细胞之外。虽然光似乎是光自养硫化物氧化剂的主要能量来源，但已有文献证明，某些紫色硫细菌，如异色单体（*Allochromatium vinosum*）和桃红荚硫菌（*Thiocapsa roseopersicina*）等，在没有光的情况下也能实现自养生长。

绿色硫细菌以硫化氢作为电子供体，先将其氧化成单质硫，再氧化成硫酸盐。然而，与大多数紫色硫细菌不同的是，绿色硫细菌产生的硫存在于细胞外。此外，由于氯小体这一有效的光收集结构的存在，绿色硫细菌能够在比任何其他光营养生物所需的低得多的光强度下生长和繁殖。

8.2.2 化能自养硫氧化作用机理

化能自养硫细菌（也称为无色硫细菌）有不同的形态、生理和生态特性，并能通过化能自养生长还原无机硫化合物（如硫化物、硫和硫代硫酸盐）和某些有机硫化合物（如甲硫醇、二甲基硫化物和二甲基二硫化物）。

硫氧化是将 6 个电子从硫化物转移到细胞电子传递系统，然后转移到终端电子受体，从而产生亚硫酸盐。终端电子受体主要是氧，因为许多硫化能自养生物是需氧的。然而，一些物种可以利用硝酸盐或亚硝酸盐作为最终的电子受体来厌氧生长。亚硫酸盐氧化成硫酸盐有两种不同的途径。在最广泛使用的途径中，亚硫酸盐氧化酶将亚硫酸盐中的电子直接转移到细胞色素 c 中，同时由于电子传递和质子动力而形成 ATP。在另一种途径中，亚硫酸盐氧化是通过逆转腺苷磷酸硫酸盐还原酶的活性发生的。该反应将磷酸腺苷（AMP）转化为二磷酸腺苷（ADP），从而产生一个高能磷酸键。硫代硫酸盐用作电子供体时，它被分解成单质硫和亚硫酸盐，然后两者都被氧化成硫酸盐。

无色硫细菌包括许多属，如硫杆菌属、酸性硫杆菌属、无色菌属、贝日阿托菌属、硫蓟马属、硫微螺旋体属、硫噬菌体属、热蓟马属等。硫杆菌属是研究最多的类群之一，由几个革兰氏阴性菌和杆状菌组成，它们利用硫化物、硫和硫代硫酸盐的氧化来产生能量和生长。氧化还原硫化合物产生显著的酸性，因此有几种硫杆菌是嗜酸的。氧化亚铁硫杆菌就是这样一种细菌，它也可以通过氧化亚铁来进行化学氧化。无色菌属是一种球状的硫酸盐氧化菌，常存在于含硫化物的淡水沉积物中。与着色菌属相似，无色菌属内部以颗粒形式储存单质硫，当硫被进一步氧化成硫酸盐时，颗粒最终消失。贝日阿托菌属的生物以长而滑动的大直径细丝的形式存在于富含硫化物的栖息地，如硫黄泉、腐烂的海藻床和污水污染的水域。丝状物通常含有硫黄颗粒。贝日阿托菌属和其他丝状细菌的生长可能会在污水处理厂和工业废水泻湖中造成严重的沉降问题，称为膨胀。

(1) 电子供体（能量及碳源）

在能量和碳源方面，硫化物-氧化菌可分为以下 4 类。

① 专性化能自养生物需要无机能源，并使用二氧化碳作为其碳源。尽管被归类为“专性”自养生物，许多物种已被证明补充少量的碳水化合物有益于其生长。许多种类的硫杆

菌，至少有一种硫螺属，以及所有已知的硫微螺旋菌属都属于这一类。

② 兼性化能自养硫化物氧化菌既可以利用二氧化碳和无机能源进行化能自养生长，也可以利用复杂的有机化合物作为碳和能源进行异养生长，或者同时利用两条途径进行混合营养生长。一些种类的硫杆菌、泛养硫球菌、脱氮副球菌和某些贝日阿托菌都是兼性化能自养硫化物氧化菌的典型例子。

③ 化能细菌异养生物的特征是能够通过氧化还原的硫化合物来产生能量，但却不能固定二氧化碳。一些种类的硫杆菌和一些贝日阿托菌属于这一类。

④ 化学有机异养生物，如硫细菌和丝硫细菌以及某些种类的贝日阿托菌，可以氧化还原硫化合物，而不从它们获得能量。这些微生物利用这个反应作为代谢产物过氧化氢的解毒的媒介。

(2) 电子受体

氧是无色硫细菌普遍使用的电子受体。然而，不同物种对需氧菌的耐受程度不同。硫化合物氧化过程中产生的电子被转移到溶解氧中，O_2 被还原为 H_2O。好氧条件下硫化物、硫和硫代硫酸盐的化能氧化的重要反应可概括为：

$$H_2S+\frac{1}{2}O_2 \longrightarrow S^0+H_2O,\Delta G^\ominus=-209.4\text{kJ} \tag{8-3}$$

$$S^0+\frac{3}{2}O_2+H_2O \longrightarrow SO_4^{2-}+2H^+,\Delta G^\ominus=-587.1\text{kJ} \tag{8-4}$$

$$H_2S+2O_2 \longrightarrow SO_4^{2-}+2H^+,\Delta G^\ominus=-798.2\text{kJ} \tag{8-5}$$

$$S_2O_3^{2-}+H_2O+2O_2 \longrightarrow 2SO_4^{2-}+2H^+,\Delta G^\ominus=-818.3\text{kJ} \tag{8-6}$$

各种无色硫细菌在厌氧条件下以不同的方式生长，其中最主要的途径之一是利用硝酸盐或亚硝酸盐作为终端电子受体。反硝化条件下硫化物的氧化可通过以下反应形成硫、硫酸盐和亚硝酸盐或氮：

$$S^{2-}+1.6NO_3^-+1.6H^+ \longrightarrow SO_4^{2-}+0.8N_2+0.8H_2O,\Delta G^\ominus=-743.9\text{kJ} \tag{8-7}$$

$$S^{2-}+0.4NO_3^-+2.4H^+ \longrightarrow S^0+0.2N_2+1.2H_2O,\Delta G^\ominus=-191.0\text{kJ} \tag{8-8}$$

$$S^{2-}+4NO_3^- \longrightarrow SO_4^{2-}+4NO_2^-,\Delta G^\ominus=-501.4\text{kJ} \tag{8-9}$$

$$S^{2-}+NO_3^-+2H^+ \longrightarrow S^0+NO_2^-+H_2O,\Delta G^\ominus=-130.4\text{kJ} \tag{8-10}$$

将硫化物转化为硫酸盐，同时完成反硝化［式(8-7)］，与转化为硫［式(8-8)］相比，要多消耗 4 倍的硝酸盐。在硫化物完全氧化为硫酸盐的情况下，对氮进行完全反硝化［式(8-7)］，与对亚硝酸根进行不完全反硝化［式(8-9)］相比，后者所需硝酸盐的量是前者的 2.5 倍。硫和硫代硫酸盐在反硝化作用下的氧化可以用以下反应来表示：

$$S^0+1.2NO_3^-+0.4H_2O \longrightarrow SO_4^{2-}+0.6N_2+0.8H^+,\Delta G^\ominus=-547.6\text{kJ} \tag{8-11}$$

$$S_2O_3^{2-}+1.6NO_3^-+0.2H_2O \longrightarrow 2SO_4^{2-}+0.8N_2+0.4H^+,\Delta G^\ominus=-765.7\text{kJ} \tag{8-12}$$

少数种类如硫杆菌只能将硝酸盐还原为亚硝酸盐，而其他种类则可以将硝酸盐完全还原为氮。反硝化硫杆菌和反硝化硫微螺旋菌是两种已知的专性化能营养硫细菌，具有将硝酸盐还原为氮的能力。在这两种细菌中，反硝化硫杆菌可以在好氧或完全厌氧条件下生长。反硝化硫微螺旋菌在厌氧条件下生长良好，但只有在极低的氧浓度下才能生长。与这些专性化能营养菌相比，兼性菌如硫细菌在厌氧生长方面效率较低。在厌氧条件下，一些兼性菌如多能硫杆菌和脱氮副球菌甚至失去了它们的硫化物氧化能力。在贝日阿托菌中，硝酸盐依赖于硫化物还原为氮。虽然有报道称在微氧条件下使用三价铁和钼酸盐作为电子受体，但在古细菌属的硫氧化菌中，硫属细菌对氧的依赖性更强。以氢为电子供体，硫为电子受体，对酸菌属进行厌氧生长，根据优势条件制取硫氧化菌或硫还原菌。

(3) 环境 pH 值和温度

就生长的 pH 值和温度而言，无色硫细菌是多种多样的。它们可以在 pH 值范围为 1～9 和温度范围为 4～90℃的环境中生长。嗜酸硫菌如氧化亚铁硫杆菌、嗜酸硫杆菌等在酸性地沟中大量存在，能在黄铁矿的铁、硫组分上混合营养生长。硫化叶菌和嗜酸两面菌是另外两种嗜酸硫菌，它们在硫化物矿物的生物浸出过程中起着重要的作用。值得注意的是，在不同种类的硫氧化细菌中，最适 pH 值各不相同，在混合培养中，竞争共同底物的结果主要由 pH 值决定。

大多数被广泛研究的硫氧化细菌都是嗜中性的，硫杆菌是唯一同时包含嗜中菌和嗜热菌的属。其他重要的嗜热属包括硫化叶菌、嗜酸两面菌和高温毛发菌属。表 8-1 给出了几种光能自养型和化能自养型硫化物氧化型细菌的生长条件。

表 8-1　几种光能自养型和化能自养型硫化物氧化型细菌的生长条件

微生物	pH 值		温度/℃		碳源
	范围	最佳状态	范围	最佳状态	
光能自养型					
泥生绿菌(*Chlorobium limicola*)	6.5～7.0	6.8	—	25～35	CO_2
绿硫菌(*Chlorobium tepidum*)	—	6.8～7.0	32～52	47～48	CO_2
色菌属(*Allochromatium vinosum*)	6.5～7.6	7.0～7.3	—	25～35	CO_2
化能自养型					
嗜酸氧化硫硫杆菌(*Acidithiobacillus thiooxidans*)	0.5～5.5	2.0～3.0	10～37	28～30	CO_2
嗜酸氧化亚铁硫杆菌(*Acidithiobacillus ferrooxidans*)	1.3～4.5	2.5	10～37	30～35	CO_2
排硫硫杆菌(*Thiobacillus thioparus*)	4.5～7.8	6.6～7.2	—	28	CO_2
脱氮硫杆菌(*Thiobacillus denitrificans*)	—	6.8～7.4	—	28～32	CO_2
脱氮硫微螺菌(*Thiomicrospira denitrificans*)	—	7.0	—	22	CO_2
反硝化硫微螺旋菌(*Thiomicrospira denitrificans* sp. CVO)	5.5～8.5	—	—	5～35	CO_2、醋酸
嗜酸两面菌(*Acidianus ambivalens*)	1.0～3.5	2.5	—	80	CO_2
布氏酸菌(*Acidianus brierleyi*)	1.0～6.0	1.5～2.0	45～75	70	CO_2、酵母提取物、蛋白胨、胰蛋白酶、酪氨酸
超嗜热古菌(*Solfolobus metallicus*)	1.0～4.5	—	50～75	65	CO_2
嗜酸嗜热古菌(*Solfolobus acidocaldarius*)	1.0～6.0	2.0～3.0	55～85	70～75	酵母提取物、胰蛋白酶、酪蛋白、糖
嗜热毛发菌(*Thermothrix thiopara*)	6.0～8.5	—	60～80	73	CO_2、有机化合物
嗜热铁还原细菌(*Thermothrix azorensis*)	6.0～8.5	7.0～7.5	60～87	76～78	CO_2

8.2.3　硫生物氧化动力学

(1) 光养型生物氧化动力学

最近关于用光养型硫化物氧化菌去除硫化物的研究综述见表 8-2。为了便于比较，在可能的情况下以 g/(L·h) 的一贯单位重新计算了比率。

表 8-2 光养型硫化物氧化菌去除各种生物反应器中硫化物的操作条件和生物动力学

细菌来源	生物反应器	生物膜附载基质	电子受体	光源	温度/℃	pH 值	进水	体积去除率/[g/(L·h)][①]	最终产物
绿硫细菌	序批式固定化微生物反应器	海藻酸	CO_2	白炽灯	30	6.8～6.9	H_2S气体：4.2%	0.055	硫黄
	硫沉降悬浮循环反应器	—						0.083	
绿硫细菌	连续流搅拌槽	—	碳酸氢盐	红外线灯	30	6.8～7.2	硫化物：0.55 g/L	0.003	硫黄
绿硫细菌	太阳能光学搅拌槽	—	CO_2	金卤灯（日夜）	30	6.9	H_2S气体：3.6%	0.73 (μmol/min)/(mg 蛋白质/L)	硫黄
				阳光（日）金卤灯（夜）				0.41 (μmol/min)/(mg 蛋白质/L)	
				阳光（日）				0.28 (μmol/min)/(mg 蛋白质/L)	
绿硫细菌	连续流固定膜	塑料管	碳酸氢盐	红外线灯	27	6.8～7.2	0.142 g/L	0.284	硫黄
绿硫细菌	连续流固定膜	塑料管	碳酸氢盐	红外线灯	27～29	6.8～7.0	0.164 g/L	1.451	硫黄
绿硫细菌	连续流固定膜	塑料管	碳酸氢盐	红外线灯	27～29	6.8～7.0	0.068 g/L	0.255	硫黄
用厌氧滤池在微弱的阳光下处理的生活废水	填充床	拉西环	碳酸盐	钨灯	—	7.0	硫化物：0.02 g/L	0.75×10^{-3}	硫酸盐
		埋管式	—					0.063	
湖泊沉积物、厌氧消化池废水	辐照生物膜	空心照明面板	CO_2	过滤白炽灯发出的光	21±1.5	—	0.011g/L	0.092g/(m^2h)	硫黄和硫酸盐
色菌属(*Allochromatium vinosum* 21D)	间歇式搅拌槽	—	苹果酸/醋酸	氖管	30	6.9	硫化物：0.02～0.04 g/L	0.002	硫黄

① 除另有规定外，所有去除率均以硫化物[g /(L·h)]表示。

(2) 化能自养型生物氧化动力学

表 8-3 总结了近年来化能自养型氧化细菌去除硫化物的文献资料。在可能的情况下，以 g/(L·h)的一贯单位重新计算去除率。

表 8-3　化能自养型氧化细菌去除各种生物反应器中硫化物的操作条件和生物动力学

细菌来源	生物反应器	生物膜附载基质	碳源	电子受体	温度/℃	pH值	进水	体积去除率/[g/(L·h)][①]	最终产物
共培养的反硝化硫杆菌和絮体形成异养菌	生物质能循环搅拌槽式反应器	—	CO_2	O_2（来自空气）	—	—	H_2S 气体：1%	0.11	硫酸盐
共培养的反硝化硫杆菌和絮体形成异养菌	生物质能循环上流式流化床	—	CO_2	O_2（来自空气）	30	—	硫化物：0.017 g/L	0.43～0.52	硫酸盐
活性污泥的混合产硫杆菌	流化床	—	碳酸氢盐	O_2（来自空气）	25～30	7.8	硫化物溶液：0.48 g S/L	0.06	硫黄及少量硫酸盐
猪粪	有三个模块的反应器	猪粪和锯末	猪粪和锯末	O_2（来自空气）	25	8.4～6.8（1～3d的模块）	H_2S 气体	0.045	硫黄
硫单胞菌属（*Thiomonas* sp.）	填充床过滤器	活性炭	—	O_2（来自空气）	—	—	H_2S 气体	0.01mg H_2S/min g负载细胞的活性炭	—
硫杆菌属	再循环反应器	—	碳酸氢盐	O_2（来自空气）	30	7.0～7.5	硫化物：2 g/L	0.15	硫黄和硫酸盐
脱氮硫微螺菌属、丝硫细菌属、硫化物氧化共生菌	流化床	砂子	废物中的有机物	NO_3^- 和 O_2	—	—	硫化物：0.02 g/L	0.24	—
脱氮硫杆菌	反向流化床	添加黏土的聚乙烯	碳酸氢盐	O_2（来自空气）	—	8.0	硫化物：0.25 g/L	1.11	硫黄和硫酸盐
活性污泥	水平生物滴滤池	活性炭	—	O_2（来自空气）	25～30	4.5	H_2S 气体：92×10^{-6}	0.11	硫酸盐
氧化硫硫杆菌	填充床过滤器	多孔陶瓷	CO_2	O_2（来自空气）	—	—	H_2S 气体：2200×10^{-6}	0.67	—
脱氮硫杆菌	填充床过滤器	活性炭	碳酸氢盐	O_2（来自空气）	30～35	6.8～7.4	H_2S 气体：$(110\sim120)\times10^{-6}$	0.02	硫黄
沉淀物和来自湖泊热池的水	生物滴滤池	NOVAINERT包装填料	葡萄糖和谷氨酸	O_2（来自空气）	70	4.0～5.0	H_2S 气体：3.5%	0.04	—
脱氮硫杆菌	间歇搅拌槽	—	CO_2	NO_3^-	30	7.0	H_2S 气体：0.5%～1%	0.18～0.26 g/h g生物膜	硫酸盐
硫微螺菌属	序批式	—	CO_2	NO_3^-	32	7.4	H_2S 气体：1%	0.05	硫酸盐和少量硫黄
硫微螺菌属	连续流搅拌槽	—	碳酸氢盐	NO_3^-	22	7.0	硫化物：0.57 g/L	0.1	硫黄

① 除另有规定外，所有去除率均以硫化物[g/(L·h)]表示。

对表 8-2 和表 8-3 中提供的数据进行评估，结果表明采用生物量循环或利用附着细菌的系统的硫化物去除率高于采用自由悬浮细菌的系统。光养型硫化物氧化菌的去除率与化能自养型氧化细菌的去除率相当。然而，光自养生物复杂的营养和能量需求使得和它们协同的化能微生物成为更有利的生物催化剂以氧化和去除硫化物。在废水厌氧消化过程中，利用光养型硫化物氧化菌去除硫化物是有利的。为此目的利用化能营养菌需要一个单独的阶段，以防止专性厌氧的醋酸菌和产甲烷菌的生长抑制氧或硝酸盐的利用，而光养生物可以直接在厌氧消化池中使用，而不影响其他微生物种群。

8.2.4 间接生物法抑制机理

间接生物法去除硫化物是一个两步的过程：在第一步中，三价铁用作氧化剂，将硫化物转化为单质硫；在第二步中，用铁氧化细菌（如氧化亚铁硫杆菌）将产出的亚铁氧化为铁。类似的方法也可用于从烟气中去除二氧化硫：

$$SO_2+Fe_2(SO_4)_3+2H_2O \longrightarrow 2FeSO_4+2H_2SO_4 \tag{8-13}$$

氧化亚铁硫杆菌是一种化学自养需氧菌，具有氧化亚铁的能力，并利用获得的能量支持二氧化碳的固定和生长。氧化亚铁硫杆菌酸化氧化亚铁的氧化动力学已被广泛研究，包括自由悬浮生长和固定化生长。其他能够生物氧化亚铁的细菌包括氧化亚铁钩端螺旋菌和嗜热菌 *Sulpholobus acidocaldarius*。

8.3 反硝化抑制 SRB 的研究现状

8.3.1 油田硫循环机理

世界上大部分的石油都是通过注水来维持地层压力的。这样就产生了油水混合物，需要将其分离成采出水和采出油。根据水的有效性，采出水被注入（采出水回注，PWRI）或排放。PWRI 在内陆水库中很常见，但在海水充足的近海地区则很少见。注水采油往往会导致硫化物水平升高（酸化），因为 SRB 将油藏（地层水）中存在的可降解油有机物的氧化作用与硫酸盐还原成硫化物的作用结合起来（图 8-3）。

SRB 将油有机物不完全氧化为醋酸盐和二氧化碳或油有机物完全氧化（图 8-3 中未显示）为二氧化碳，将硫酸盐还原为硫化物。硫酸盐氧化细菌（NR-SOB）将硫化物氧化成硫或硫酸盐，将硝酸盐还原为亚硝酸盐，然后还原为氮（中间产物是 NO 和 N_2O）或氨（中间产物是 NO 和 N_2O）。异养硝化还原菌（hNRB）对油有机物进行不完全（图 8-3）或完全氧化，将硝酸盐还原为亚硝酸盐，然后还原为氮或氨。值得注意的是，一些 NR-SOB/hNRB 不能将亚硝酸盐还原为硝酸盐。此外，亚硝酸盐是一种强大的 SRB 抑制剂。

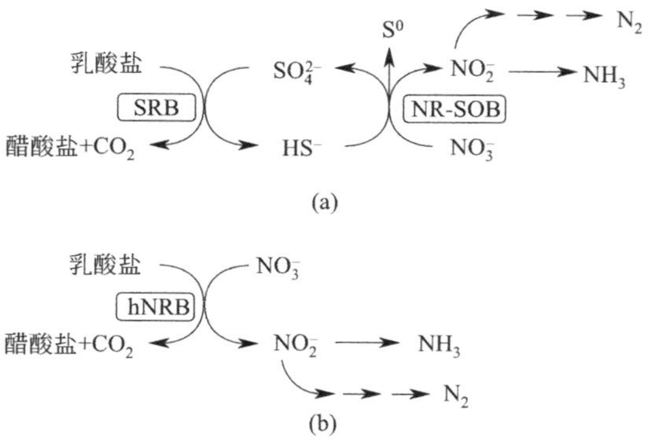

图 8-3　油田微生物硫循环电子传递示意

当注入海水的硫酸浓度高于 30 mmol/L 时，酸化问题会特别严重。北海丹麦区肖尔油田的海水驱油就是一个例子。在注入海水5年后，硫化物的总日产量从最初的100 kg/d增加到1100 kg/d。硫化物是由SRB产生的，产生位置大概是在含有硫化物的注入海水与含有石油有机物的地层水混合的区域。高浓度的硫化物具有毒性，而且有腐蚀石油管道和地面设备的相关风险，沉淀硫化物有堵塞油藏的可能性。

储层SRB要么是本地的，要么是随注入水一起引入的。根据储层的深度不同，它们是中温的或嗜温的。虽然有些是不完全的氧化，将油的有机物转化为二氧化碳和醋酸盐（图8-3)，但完全氧化产生二氧化碳也很常见。中温脱硫弧菌（*Desulfovibrio* spp.）是不能将油完全氧化的菌，这是众所周知的，该菌易于分离，可能代表了在中温油田环境中发现的SRB的一小部分。嗜热油田硫酸盐还原原核生物（SRP）包括可以将油完全氧化的热脱硫原核生物（*Thermodesulforhabdus*）和可以将油完全氧化的热脱硫原核生物（*Archaeoglobus* spp.）。

通过在注入水中加入适量的硝酸盐，可以防止或逆转酸化。硝酸盐注射刺激NR-SOB和hNRB对硝酸盐的还原作用。hNRB与SRB竞争氧化可降解油有机物。这种竞争性排斥最初被认为是防止变酸的主要机制。然而，在加拿大西部科尔维尔中温地区进行硝酸盐注射的早期研究表明，当注射硝酸盐时，硫微螺旋体菌株CVO在注射器和生产井中成为优势种群。菌株CVO是一种自养生物，以硫为中间体，在硫化物氧化为硫酸盐的过程中获得生长能量，以亚硝酸盐、一氧化氮和一氧化二氮为中间体，将硝酸盐还原为氮。硫化物的浓度平均可下降70%，这主要归功于CVO菌株的酸化控制机制[图8-3(a)]。对加拿大西部油田中存在的SRB、hNRB和NR-SOB的调查表明，许多油田中存在这三种微生物群。hNRB的数量经常超过NR-SOB。通过竞争排斥来控制酸化也可能是一种机制。

8.3.2　抑制机理

生物竞争排斥（bio-competitive exclusion，BCX）技术即利用DNB抑制SRB。BCX技术国内外研究、应用较多，并且提出了不同的抑制机理，主要包括：a. 基质竞争机理；b. 反硝化中间产物抑制机理；c. 系统内部厌氧硫循环机理；d. 同时具有硫酸盐还原和反硝化作用的细菌；e. 电位控制机理；f. 与SO_4^{2-}结构相似的盐类。

(1) 基质竞争机理

DNB和SRB生存环境类似，可以在同一环境中生存，当生存环境中营养基质有限时，DNB在基质亲和力、反应热力学及氧化还原电位等方面具有竞争优势，可以优先利用环境中的营养物质，从而抑制了SRB的生长。在分析投加硝酸盐后的油田采出水中的细菌发现，采出水中硝酸盐还原菌数量明显增加，而硫化物含量则呈下降趋势，证实了基质竞争机理[416,417]。Davidova等[418]通过试验发现，向两个油田区块采出水中分别投加5 mmol和10 mmol的硝酸盐，采出水系统几乎没有硫化物。Mutiti等[419]研究发现，向活性污泥微生物琼脂胶内投加适量硝酸盐和亚硝酸盐后，系统产生的硫化物量明显降低，而当硝酸盐和亚硝酸盐被消耗掉后，硫化物量又恢复正常，他们认为，DNB对SRB的抑制是通过基质竞争的方式进行的。Chidthaisong等[420]的研究表明，DNB在与SRB的竞争中占据优势。以乙酸为基质的研究中，DNB和SRB相比，具有3个明显的优势：a. DNB对乙酸的亲和力要比SRB高得多，K_m值较低；b. 反应热力学有利于硝酸盐还原的进行，硝酸盐还原所释放的能量比硫酸盐还原所释放的能量高，即硝酸盐还原反应比硫酸盐还原反应更容易进行；c. SRB所要求的氧化还原电位（－100mV）比DNB（＋100mV）低，硝酸盐还原反应一般总是优先发生。但是，SRB 的最大比基质降解速率 v_{max} 比 DNB 高，在较高基质浓度环境中，由于 SRB 有较大的 v_{max}，能有效地转换基质，保持物质代谢平衡，也能够生长。在基质充足时，DNB 对 SRB 的竞争抑制作用不十分明显[421]。

（2）反硝化中间产物抑制机理

经研究发现反硝化中间产物 NO_2^-、N_2O、NO 能抑制 SRB。NO_2^- 能抑制 SRB 中硫酸盐还原酶的活性，N_2O 阻碍 SRB 的代谢过程，NO 是高度活化状态，对许多细菌都有毒性[422-424] 在反硝化过程中，这三种中间代谢产物共同作用于 SRB，抑制其生长繁殖。当亚硝酸盐浓度为 150mg/L 以上时，NO_2^- 对 SRB 的抑制效果非常好。早在 1996 年，Reinsel 等[425] 的试验就证明了添加亚硝酸盐可以抑制砂岩柱中由 SRB 产 H_2S 引起的微生物酸化。Zumft[424] 的研究表明，NO_2^- 及反硝化中间产物（NO、N_2O）对细菌的抑制效果比硝酸盐更好一些。NO_2^- 对细菌的影响与 NO（反硝化过程中所产生的）或亚硝酰基与 NO^+ 复合物有关，它对 SRB 的抑制主要是 NO_2^- 抑制了亚硫酸盐向硫化物还原过程中酶的活性；而 NO 是对细菌最为有效的抑制剂，它含有一个活化态的未成对电子，处于高度活跃的状态，对许多细菌都有非专性的毒性抑制，即使由反硝化产生非常低浓度的 NO 也能够对某些细菌产生抑制作用；N_2O 对细菌的抑制作用是由于它与酶内的过渡金属形成了复合键，从而改变了酶的活性，抑制了细菌的代谢[426]。

（3）系统内部厌氧硫循环机理

Voordouw 等[427] 提出了系统内部厌氧硫循环机理，在该循环系统中需要两种很重要的菌参与，一种是硝酸盐还原硫离子氧化菌（一种 DNB），另一种是 SRB。前者可以利用系统内的硝酸盐将无机硫氧化为 SO_4^{2-}，后者以 SO_4^{2-} 作为电子受体，将 SO_4^{2-} 还原为硫化物等无机硫，以此完成一个硫循环过程。

Eckfor 等在加拿大西部某油田回注水实验室系统中发现了黄色的聚合硫化物，硫酸根和硫化物含量基本维持不变，表明系统内无机硫发生了转变，系统内部存在厌氧硫循环过程。刘宏芳等混合培养脱氮硫杆菌和 SRB，发现脱氮硫杆菌可以利用硝酸盐将无机硫氧化成硫酸盐供 SRB 利用，硫酸盐又转化为无机硫。尽管这两种菌不是竞争营养源，但可以维持硫化物和硫酸盐之间的平衡状态，抑制 H_2S 腐蚀[428]。

Telang 等[429] 从 Coleville 油田中分离出两株 NR-SOB，它们与 SRB 共同存在于含有硝酸盐的环境中时能够有效地控制硫化物的产生，认为在反应系统内形成了硫循环，需要系统内不含有高浓度的电子供体（乳酸、乙酸等）。

Yamamoto-Ikemoto 等[430] 将市政污水厂的厌氧好氧污泥在缺氧条件下进行试验，同时发生了硫酸盐还原和硫离子氧化，SRB 在系统内与丝状硫细菌（FSB）通过共生关系形成了硫循环来维持各自能量的需求。硫酸盐还原速率与硫离子氧化速率之间存在线性关系，随着硫酸盐还原速率的增大，硫离子氧化速率也增大，并发生丝状膨胀，SRB、SOB 和 FSB 共存于活性污泥中，形成了硫循环，并发现硫酸盐还原是丝状硫细菌生长的原因。

（4）同时具有硫酸盐还原和反硝化作用的细菌

极少数 SRB 同时具有硫酸盐还原和反硝化作用的能力，既能在进行硫酸盐还原时获得能量，也能利用硝酸盐进行反硝化作用。已经发现 *Desulfovibrio*、*Desulfobulbus* 和 *Desulfomonas* 能够代谢硝酸盐为自身的生长提供能量。Keith 等用 *Desulfovibriodesulfuricans* 菌株成功进行了异化硝酸盐的还原，进一步证实了 SRB 同样有还原硝酸盐的能力。Marietou 等[310] *Desulfovibrio desulfuricans* 菌株内硝酸盐还原酶进行分析，并探讨了硝酸盐的代谢过程。Iabel 等对 SRB 运用硝酸盐和亚硝酸盐进行代谢的现状进行了概述，分析了从 SRB 获得的硝酸盐和亚硝酸盐还原酶的结构，阐述了代谢的过程。Mori 等[431] 从温泉内分离出了一株嗜热自养 *Thermodesulfobium narugense*，gen. nov.，它能够以 H_2/CO_2 为基质进行硫酸盐还原，也能用硝酸盐或亚硝酸盐取代硫酸盐进行代谢。

反硝化作用有热力学优势，优先进行此反应，因此若维持系统有充足的硝酸盐，则会一直进行反硝化反应，从而抑制 SRB 腐蚀。目前关于这类菌的报道很少。

(5) 电位控制机理

Devai 等[432] 通过控制污泥废水系统的氧化还原电位发现，当系统电位升高至 +370mV 时，H_2S 等硫化物几乎不能产生，说明 SRB 活性完全被抑制。但也有人认为加入高浓度的硝酸盐可以导致 N_2O 的产生，它增加了电位，有利于长期控制硫化物的产生。比如硝酸盐还原的中间产物 NO 和 N_2O，增加了环境的氧化电位，可以较长时间地抑制硫化物的产生。通过连续向堆肥中加入硝酸盐可以明显地减少存储期内硫化氢的产生。明显不同的 ORP 代表不同浓度的硫化物，可以用 ORP 来监测硫化物的存在，并且通过控制加入硝酸盐的量改变系统电位，从而达到控制硫化物的目的。

电位控制机理认为当系统内氧化还原电位高于 −100mV 时，会抑制 SRB 活性，不能产生 H_2S 等引起腐蚀的产物。因此，可以通过控制系统内的氧化还原电位来控制 SRB 腐蚀[423]。

(6) 与 SO_4^{2-} 结构相似的盐类

Taylor 等[433] 研究表明，与 SO_4^{2-} 结构相似的盐类，如 CrO_4^{2-}、MoO_4^{2-}、WO_4^{2-}、SeO_4^{2-}，对 SRB 有抑制作用，CrO_4^{2-}、MoO_4^{2-} 对 SRB 的抑制作用非常强。这些盐类的抑制机理各不相同，MoO_4^{2-} 经过硫酸盐传递系统进入细胞，阻碍了腺苷酰硫酸还原酶（APS）的形成，剥夺了细菌还原含硫化合物进行生长的能力；CrO_4^{2-} 对大多数细菌都有毒性抑制，它是通过与硫酸盐竞争传递系统而抑制 SRB 活性；SeO_4^{2-} 是通过 SO_4^{2-} 传递系统进入细胞，形成磷硒酸盐腺苷，从而阻止硫酸盐还原。应用 MoO_4^{2-} 抑制 SRB 的研究较多，效果较好，但所用的剂量有所不同，分别为 0.2～200 mmol/L、2 mmol/L 和 10 mmol/L[434]。

在国内外，通过在注入水中加入一定浓度的硝酸盐/亚硝酸盐控制 SRB 对油田系统的影响已经有很多相关的研究，包括室内研究和现场试验，均有取得成功的案例。

国外很多油田应用注入 NO_3^-/NO_2^- 控制 SRB 的方法已经取得很好的效果，但不同的油田环境所用配方有所不同。1996 年，在 Coleville 储层注入硝酸盐，使得硫化物浓度降低 40%～100%，且微生物的主要种群由 SRB 变成硝酸盐还原菌。2005 年，在 Gullfaks 油田连续地加入 100mg/L 硝酸盐，通过硝酸盐还原菌和 NR-SOB，成功抑制了 SRB 的活性。Kuijvenhoven 等在尼日利亚 Bonga 油田回注水中溶解 NO_3^-，有效地控制了已经产生的硫化物[435]。通过向 Lillehammer 污水处理厂污泥处理过程中加入适量的硝酸盐，控制了期间所产生的臭味，用很低的成本改善了污泥操作的环境条件。Bentzen 等用硝酸盐有效地控制下水道中 H_2S 的含量。Sturman 等[436] 向油井和气井中注入 NO_2^- 来控制酸化的产生，向气井中连续 36h 注入亚硝酸盐，可以控制采出气中硫化氢达 7 个月之久；在油水分离器中加入

NO_2^-，可以使水相中 H_2S 的质量浓度从$(4.0\sim6.0)\times10^{-6}$ mg/m^3 降到 1.0×10^{-6} mg/m^3 以下，同时提高原油的产量。此外在 Skjold、Halfdan、Gulfaks、Veslefrikk、Foinaven 油田的应用中均取得了较好的效果[437]。

8.3.3 SRB 控制技术思路及策略

反硝化抑制硫酸盐还原菌活性机理研究目前主要集中在以上 6 种理论，然而在机理的研究中，特别是在环境基因组学方面的研究很少，多集中在几个关键基因的研究，如亚硫酸盐还原酶（DSR）、腺苷酸还原酶（APS）；蛋白组学方面的研究尚属空白，这两方面的研究更加有助于对机理的讨论和补充，特别是投加抑制物质如硝酸盐、钼酸盐、反硝化菌等对硫酸盐还原菌的基因和蛋白表达的差异，以及从基因和蛋白的角度对代谢途径抑制机理的研究更有意义。同时应用现代的微生物分子生态学的手段，如 PCR-DGGE 对微生物种群的组成、动态演替规律的剖析；荧光定量 PCR、生物芯片对种群中特定的微生物数量和功能的监测；分子示踪技术对代谢途径的研究等，在机理和应用研究中将是一个重要的研究方向。反硝化抑制硫酸盐还原菌活性的研究，也存在一些不足，特别是反硝化细菌的大量生长可能会对油田的腐蚀造成一定的影响[438]。关于该方面需要做进一步的调研，从国外的研究现状来看，投加硝酸盐的方法具有可行性，初步的研究也证实了这一点。对于中国的大庆油田而言，基础性研究工作的开展是十分必要的，包括地面系统中硫酸盐还原菌和反硝化细菌种群组成以及分布规律的调查、影响反硝化的重要生态因子的考查和优化、药品的投加位置的确定等。总之，反硝化抑制硫酸盐还原菌活性机理和工程应用的进一步研究，必将给我国的油田生产带来巨大的经济效益。

(1) 硝酸盐注射对 SRB 生理的影响

根据定义，SRB 可以降低硫酸盐水平，但也有一些菌株可以降低硝酸盐水平，如脱硫弧菌 ATCC 27774。特别的是，这类菌株在还原硝酸盐时，可能不会下调参与硫酸盐还原的酶的基因；因此，SRB 使用替代电子受体的目的与在大肠杆菌（*Escherichia coli*）中使用电子受体的目的截然不同。

在大肠杆菌中，用氧、硝酸盐或富马酸盐作为电子受体生长的细胞建立了不同的基因表达模式。在这些不同的基因表达状态中，为存在于培养基中的电子受体编码氧化还原酶的基因处于开启状态，而为不存在于培养基中的电子受体编码的基因处于关闭状态。

相比之下，在脱硫弧菌属（*Desulfovibrio*）中，硫酸盐还原基因一直处于开启状态，表明这是该生物体的主要生活方式。因此，脱硫弧菌中交替电子受体（硝酸盐、氧）还原的作用主要是阻止对硫酸盐还原的抑制作用。虽然大多数 SRB 的生理和基因表达模式不降低硝酸盐水平，不受添加毫摩尔浓度的硝酸盐的影响，但这些都强烈地受到亚硝酸盐的影响，亚硝酸盐是一种强的 SRB 抑制剂。

亚硝酸被异化亚硫酸盐还原酶（DsrAB）紧密结合，SRB 的末端还原酶缓慢地将亚硝酸还原为氨。这些特性使亚硝酸盐成为一种强竞争性抑制剂，防止亚硫酸盐还原成硫化物，这是异化亚硫酸盐还原酶的正常生理功能。将毫摩尔浓度的亚硝酸盐添加到 *Desulfovibrio vulgaris* 菌株的对数中期培养物中，可以停止硫酸盐还原和相关生长，并下调参与硫酸盐还原的酶（硫酸腺苷酸转移酶、焦磷酸酶、腺苷 5-磷酸硫酸盐还原酶）基因的表达，异化亚硫酸盐还原酶除外。ATP 合酶基因以及 QmoABC 和 DsrMKJOP 两种膜结合氧化还原蛋白复合物的基因也被下调。这说明在亚硝酸盐抑制的条件下，ADP 磷酸化形成 ATP 缺乏质子动力。这也表明 QmoABC 和 DsrMJKOP 参与了硫酸盐呼吸，APS 还原酶和异化亚硫酸盐还原酶催化反应的电子可能分别由 QmoABC 和 DsrMJKOP 提供。虽然 *Desulfovibrio vulgaris* 和其他 SRB 从硫酸盐呼吸作用中获取生长能量的详细生物能量机制还没有得到解决，但这些研究为膜结合复合物参与硫酸盐呼吸作用提供了强有力的证据。

因此，*Desulfovibrio vulgaris* 通过耦合乳酸氧化和硫酸盐还原来获得生长所需的能量时，通过 QmoABC 和 DsrMJKOP 将当量（H^+、e^-）从细胞质循环到周质再返回到细胞质。因此，这些复合物在所有 SRP 中都表现出很强的保守性，包括在嗜热的古细菌中。因此，亚硝酸盐对硫酸盐还原的抑制作用除了具有实际意义外，还使我们对 SRP 还原硫酸盐的机理有了进一步的认识。

为了防止亚硝酸盐对异化亚硫酸盐还原酶的抑制作用，SRB 有一个周质亚硝酸盐还原酶（NrfHA），将亚硝酸盐还原为氨。添加亚硝酸盐后，*Desulfovibrio vulgaris* 的周质亚硝酸盐还原酶基因上调；因此，当添加亚硝酸盐时，由乳酸氧化得到的还原当量通过胞浆周围的周质亚硝酸盐还原酶暂时从硫酸盐还原转移到亚硝酸盐还原，而胞浆内异化亚硫酸盐还原酶的还原速率较慢。

亚硝酸盐的致死率取决于 SRB 种群将所有亚硝酸盐还原为氨所需要的时间。这取决于生物量浓度和周质亚硝酸盐还原酶的存在与否。*Desulfovibrio vulgaris* 脱硫的对数中期培养物可以在添加 5～10 mmol/L 的亚硝酸盐条件下存活，而周质亚硝酸盐还原酶突变体仅能在添加 0.5 mmol/L 亚硝酸盐的条件下存活。对于平板上的单个细胞，可能的最低生物量浓度，即抑制性亚硝酸盐浓度仅为 0.04 mmol/L。

有趣的是，这种低抑制浓度对于自然型和周质亚硝酸盐还原酶突变型细胞是相同的，因为周质亚硝酸盐还原酶对亚硝酸盐的结合亲和力（K_m）相当高（毫摩尔）；因此，周质亚硝酸盐还原酶在 0.04 mmol/L 时不参与亚硝酸盐的解毒，而在这些条件下被目标异化亚硫酸盐还原酶还原。周质亚硝酸盐还原酶因此允许稠密的 SRB 种群在亚硝酸盐的毫摩尔浓度下通过快速还原成氨而存活。高温 SRP（tSRP，包括古细菌的成员）似乎缺乏亚硝酸盐还原酶，因此，对亚硝酸盐的抑制比中温 SRB 敏感得多。

(2) 硝酸盐注射的前景

硝酸盐注射是第一个可靠的以微生物为基础的过程，正在不断地应用，有助于整个油田提高石油产量。防止酸化所需的硝酸盐剂量需要通过反复试验来确定。在中温系统中，剂量由可氧化电子供体（硫化物、硫和可降解的油有机物）的浓度决定，而在嗜热系统中，亚硝酸盐对嗜热 SRB 的抑制也可能起作用，但所需的有效剂量降低。目前正在许多领域考虑采用这项成功的技术，包括那些受生产水回注管辖的领域。在生产水回注环境下成功应用该技术还需要大量的研究。此外，还需要考虑连续、长期、全油田的硝酸盐注射的影响。到目前为止，从长达 6 年的连续注入的经验获得了积极的和初步的报告，表明这一做法可以提高石油的采收率，进一步激起了人们对这项技术的兴趣。硝酸盐注射作为一门有助于提高石油生产效率的科学，将继续存在，并很可能被证明是进一步扩大石油微生物学的理想踏脚石。

(3) 油田污水控制 SRB 的策略

油田实际应用工程表明依靠杀菌剂控制 SRB 只能暂时解决问题，而且成本较高；其他方法也因技术、适应性或成本等原因难以推广。

在实际控制过程中优先使用物理法，尽可能减少向污水中加入化学剂，以减少污水中有机质，避免将污水成分复杂化。

汪卫东[50] 提出应系统地考虑，从 SRB 的生存条件和代谢活性等多方面入手，将其危害降至最低。根据污水特点和用途，重点从两方面考虑并研发控制技术：一方面改变 SRB 的生存环境因素，如污水中的油、悬浮物均与 SRB 的浓度存在正相关性，如果能有效地去除油和悬浮物，可在一定程度上抑制 SRB 滋生；另外，SRB 需要厌氧环境，人为提供有氧环境也能抑制其繁殖[439]；另一方面抑制 SRB 的活性，SRB 的危害很大程度是其产生的 H_2S 造成的，如果能抑制 SRB 的活性，使其少产生或不产生 H_2S，这样即使有大量 SRB 存在，也同样可大幅度降低其危害。如果水质情况较好，即使杀菌剂的浓度很低，也能很好地抑制 SRB 产生 H_2S。实际应用时可根据污水的不同用途，选择最合适的技术工艺。

① 普通回注污水：回注的地层只要不是低渗透油藏，要求回注水指标只需要达到 B 级或 C 级，这种污水不需要对 SRB 进行特殊处理，直接回注即可，如果有腐蚀问题，先考虑使用防腐材料，腐蚀特别严重的可选择合适的杀菌剂处理。

② 回注低渗透油藏的污水：回注低渗透油藏的污水要求达到 A 级。来水首先要经过空气气浮或多级气浮，以尽量去除其中的油和悬浮物，然后经过多级过滤，最后一级应为超滤。这样处理过的污水，由于有机质含量低，SRB 失去了生长的物质基础，在外输过程中 SRB 难以回升，可直接回注；如果仍有沿程恶化的问题，可在超滤后加入少量杀菌剂或生物抑制剂。

③ 注聚污水：注聚污水要求与聚合物母液混配后能较好地保持聚合物溶液的黏度。将来水经过空气气浮处理，可大幅度地降低含油量和悬浮物含量，并可提高污水的氧化还原电位，从而抑制 SRB 的生长繁殖。同时，气浮过程可吹脱污水中已有的 H_2S，而且由于污水一般温度较高，气浮后污水含氧量不会太高，不会引起氧腐蚀。气浮处理后的污水最好不要在污水罐中停留，立即外输与聚合物母液进行混配注入地下。为了防止地层中的 SRB 繁殖，可在气浮后加入少量杀菌剂或抑制 SRB 的生物抑制剂，以保持聚合物在地下的黏度，林军章等[440] 已成功应用过该工艺。

8.4 葡三联地面污水系统中 SRB 生态抑制研究

根据前期的室内优化研究，确定了生态抑制剂的主要组成：硝酸盐、亚硝酸盐、底物生长促进剂、微量催化剂、反硝化细菌促进剂。药剂组成比例为硝酸盐∶亚硝酸盐∶底物生长促进剂∶微量催化剂＝3∶6∶0.6∶0.4，反硝化细菌促进剂根据控制情况添加，主要是用于激发油田系统中的本源微生物。

8.4.1 SRB 生态抑制现场试验

(1) 现场加药从 2015 年 11 月 13 日开始至 11 月 28 日停止

生态抑制剂试验加药点为一沉和加药间取样口，生态抑菌剂母液加在加药罐中，与絮凝剂母液加药罐各自同时加药。絮凝剂药剂量按照污水处理站上固定的加药浓度加药，目的是对一沉工艺以后的流程进行控制。试验运行后，对主要的工艺段：来水、一沉、二沉、一滤、二滤、加药间取样口，阀组间（大罐）连续取样 16d（从加药第 1 天开始），对硫化物、悬浮物的处理效果如图 8-4、图 8-5 所示。监测了连续 6d（从加药第 1 天开始）的 SRB、TGB、FB 的数量变化情况，如表 8-4 所列。

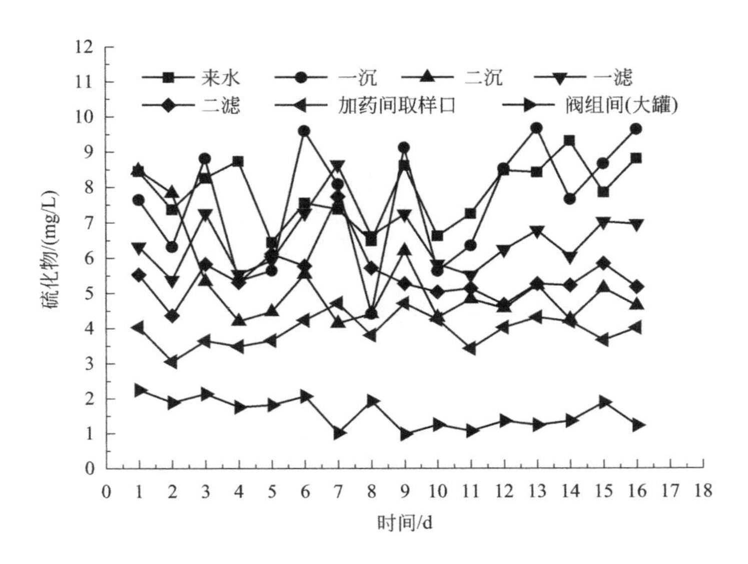

图 8-4 生态抑制剂加药后硫化物的变化情况

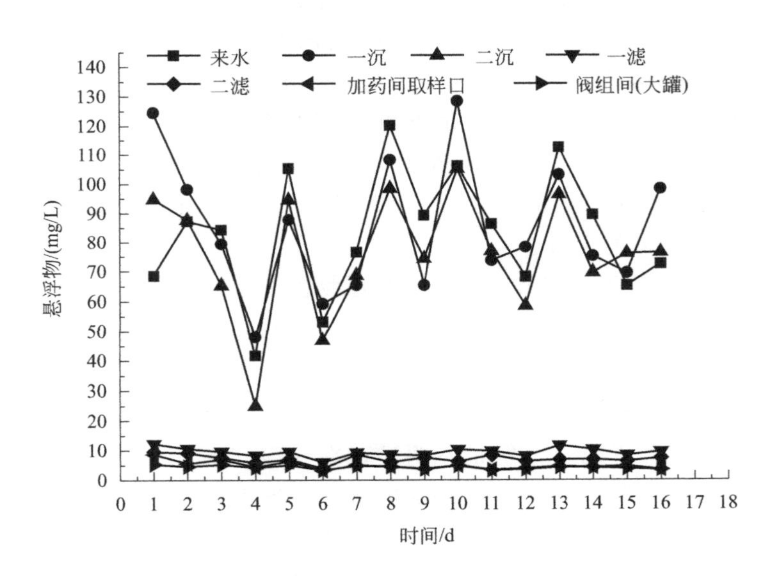

图 8-5 生态抑制剂加药后悬浮物的变化情况

表 8-4 生态抑制剂加药后的 SRB、TGB、FB 的数量变化情况 单位：个/mL

微生物	时间	取样点						
		油岗来水	一沉出口	二沉出口	一滤出口	二滤出口	加药间取样口	阀组间(大罐)
SRB	1	6.0×10^4	6.0×10^3	2.25×10^4	2.2×10^4	2.5×10^3	1.25×10^2	1.0×10^2
	2	5.0×10^4	2.5×10^4	2.2×10^4	1.5×10^3	2.0×10^3	1.5×10^2	1.25×10^2
	3	4.0×10^4	2.5×10^4	3.0×10^4	2.0×10^3	2.5×10^3	1.5×10^3	1.8×10^2
	4	5.0×10^4	3.0×10^4	3.0×10^4	2.25×10^3	3.0×10^3	1.5×10^2	0.5×10^2
	5	5.5×10^4	3.5×10^4	2.5×10^4	2.0×10^3	2.5×10^3	2.0×10^2	1.25×10^1
	6	5.0×10^4	3.5×10^4	3.0×10^4	2.0×10^3	3.2×10^3	2.0×10^2	1.0×10^2

续表

微生物	时间	取样点						
		油岗来水	一沉出口	二沉出口	一滤出口	二滤出口	加药间取样口	阀组间(大罐)
TGB	1	4.0×10^{4}	4.25×10^{3}	5.0×10^{3}	2.5×10^{3}	2.5×10^{3}	2.0×10^{3}	1.25×10^{3}
	2	5.0×10^{4}	3.5×10^{3}	6.0×10^{3}	2.5×10^{3}	3.0×10^{3}	2.5×10^{3}	2.5×10^{3}
	3	4.5×10^{4}	4.0×10^{3}	4.5×10^{3}	3.0×10^{3}	3.5×10^{3}	2.5×10^{3}	1.25×10^{3}
	4	4.0×10^{4}	4.2×10^{3}	5.0×10^{3}	3.0×10^{3}	3.0×10^{3}	2.4×10^{3}	2.25×10^{2}
	5	4.5×10^{4}	4.0×10^{3}	4.5×10^{3}	3.0×10^{3}	3.25×10^{3}	2.2×10^{3}	1.0×10^{3}
	6	3.5×10^{3}	4.35×10^{3}	3.0×10^{3}	2.0×10^{3}	3.0×10^{3}	2.0×10^{3}	2.0×10^{3}
FB	1	2.5×10^{1}	1.5×10^{2}	2.5×10^{2}	2.5×10^{2}	2.0×10^{2}	1.0×10^{2}	1.0×10^{2}
	2	2.0×10^{1}	1.2×10^{2}	1.5×10^{2}	2.5×10^{2}	1.5×10^{2}	1.0×10^{2}	1.0×10^{2}
	3	2.5×10^{1}	1.5×10^{2}	2.5×10^{2}	1.5×10^{2}	1.5×10^{2}	1.3×10^{2}	1.2×10^{2}
	4	2.5×10^{3}	2.0×10^{1}	1.5×10^{2}	2.5×10^{2}	2.0×10^{2}	1.5×10^{2}	1.0×10^{2}
	5	2.25×10^{2}	1.5×10^{2}	2.5×10^{2}	1.5×10^{2}	2.0×10^{2}	1.0×10^{2}	1.0×10^{2}
	6	2.5×10^{2}	1.5×10^{2}	1.5×10^{2}	1.0×10^{2}	1.0×10^{2}	1.0×10^{2}	1.0×10^{2}

如图 8-4 所示，生态抑制剂加药后，可以明显看出在加药间取样口和阀组间（大罐）硫化物的浓度明显降低，阀组间的硫化物的浓度低于 2.5mg/L，个别的点的浓度低于 1mg/L。取样时间（16d）较短，还不能完全说明问题，但是可以看出是有一定的效果的。一滤和二滤的变化规律不是很明显。由于水质的波动，硫化物存在一定的波动，参照以前的水质监测指标，总体上硫化物是有所下降的。现场调研发现，通常来水的沉降罐的水力停留时间为 6h 左右，一沉和二沉各为 4～6h，一滤和二滤各为 40min 左右，阀组间的清水罐为 40min～6h。本次加药虽然打开了两个点的加药，但是药剂量上存在不足，对于阀组间而言，药量相对充足，硫化物控制得很好，但是对一沉到二滤工艺段，药剂量相对而言较少，真正过去的药剂量更少，因此对系统的其他的工艺段的抑制效果一般，但是出水满足 80%的标准。

如图 8-5 所示，加药间取样口和阀组间的悬浮物含量相对于来水下降明显，一滤和二滤的悬浮物相对先前的水质监测指标有所变化，但是不是很明显。加药间和阀组间的悬浮物基本控制在 5mg/L 左右。

如表 8-4 所列，来水的 SRB 的数量都在 10^{4} 个/mL 以上，各别点在一沉和二沉有所增加，一滤和二滤数量有所减少，但是不明显，在阀组间 SRB 的数量明显降低，平均在 100 个/mL，有个别的点低于 25 个/mL。腐生菌是一类底物复杂的菌群，如果环境适合、底物丰富就会疯长，从得到的数据看，没有出现腐生菌大量生长的情况，参考之前的水质监测的细菌数量，在一沉到二滤出口的腐生菌的数量相对变化不大，但是有降低的趋势，在阀组间数量下降了一个数量级。铁细菌是一种以铁为电子受体进行利用和转化的功能菌群，从来水到二滤可以看出，铁细菌的数量维持在 10^{2} 个/mL 的数量级左右，在阀组间数量上有降低的趋势，但是不明显。上述的细菌数量的检测结果表明，硫酸盐还原菌在阀组间数量下降明显，腐生菌和铁细菌数量变化不大，药剂对细菌的数量组成影响不大。

（2）现场的加药从 2016 年 6 月 22 日开始到 7 月 19 日停止

从加药后第一天开始取样，测定现场污水处理联合站来水、加药间取样口和阀组间的 SRB、TGB 和 FB 的数量，以及含油量、硫化物浓度、悬浮物浓度，试验数据见表 8-5。

表 8-5 现场试验数据总结

时间/d	取样点	SRB /(个/mL)	TGB /(个/mL)	FB /(个/mL)	含油量 /(mg/L)	硫化物 /(mg/L)	悬浮物 /(mg/L)
1	来水	3.0×10^4	4.0×10^4	2.5×10^2	31.11	6.59	54.73
	加药间取样口	1.25×10^2	2.0×10^3	1.0×10^1	1.70	5.11	7.84
	阀组间	1.0×10^2	1.25×10^2	1.0×10^1	2.03	2.04	5.3
2	来水	4.2×10^4	5.0×10^4	2.0×10^1	19.53	8.04	38.78
	加药间取样口	1.5×10^2	2.5×10^3	1.0×10^1	1.29	5.55	5.82
	阀组间	1.25×10^2	3.0×10^2	1.0×10^1	2.15	2.07	4.64
3	来水	4.0×10^4	4.5×10^4	2.1×10^1	222.15	8.75	104.25
	加药间取样口	1.5×10^3	2.5×10^3	1.3×10^1	4.86	4.19	6.92
	阀组间	1.3×10^2	1.25×10^2	1.2×10^1	3.29	2.43	5.26
4	来水	—	—	—	—	—	—
	加药间取样口	—	—	—	—	—	—
	阀组间	—	—	—	—	—	—
5	来水	5.0×10^4	4.0×10^4	1.3×10^2	41.32	7.89	58.36
	加药间取样口	1.5×10^2	2.4×10^3	1.0×10^1	2.65	4.53	4.84
	阀组间	1.0×10^2	2.2×10^2	1.0×10^1	2.46	2.34	4.35
6	来水	5.5×10^4	4.5×10^4	2.0×10^2	25.57	7.24	48.86
	加药间取样口	2.0×10^2	2.2×10^3	3.0×10^1	3.02	4.67	4.73
	阀组间	1.3×10^1	1.5×10^2	1.0×10^1	2.23	2.07	4.23
7	来水	3.0×10^4	3.5×10^3	3.1×10^2	29.63	6.35	47.73
	加药间取样口	2.0×10^2	2.0×10^2	1.0×10^1	1.89	3.04	5.98
	阀组间	1.0×10^2	3.2×10^1	1.0×10^1	3.24	1.53	5.64
8	来水	4.2×10^4	4.0×10^3	1.5×10^2	23.83	5.92	46.25
	加药间取样口	2.0×10^2	2.0×10^3	1.5×10^1	1.98	3.25	4.64
	阀组间	1.0×10^2	1.2×10^2	1.0×10^1	3.11	1.66	5.02
9	来水	3.5×10^4	4.5×10^3	2.0×10^2	47.45	7.64	64.82
	加药间取样口	2.0×10^2	2.2×10^2	1.2×10^1	3.17	3.60	6.65
	阀组间	1.0×10^2	1.5×10^2	1.0×10^1	3.09	1.93	5.54
10	来水	4.2×10^3	4.5×10^3	1.5×10^2	39.10	6.52	58.63
	加药间取样口	2.0×10^2	2.0×10^3	1.0×10^1	1.22	4.54	4.82
	阀组间	1.0×10^2	1.2×10^2	3.0×10^0	2.20	1.33	4.47
11	来水	3.2×10^4	4.0×10^2	2.2×10^1	31.86	7.57	66.12
	加药间取样口	2.0×10^2	2.0×10^2	1.2×10^1	1.79	4.50	4.65
	阀组间	1.0×10^2	1.5×10^2	1.0×10^0	1.77	1.67	4.56
12	来水	—	—	—	—	—	—
	加药间取样口	—	—	—	—	—	—
	阀组间	—	—	—	—	—	—
13	来水	4.0×10^4	4.2×10^3	2.5×10^2	15.44	6.98	46.78
	加药间取样口	3.4×10^2	2.0×10^3	1.5×10^1	4.044	3.48	5.21
	阀组间	1.0×10^2	2.0×10^2	1.0×10^1	3.041	1.82	4.24
14	来水	5.3×10^3	4.0×10^3	2.5×10^2	32.17	7.20	64.43
	加药间取样口	2.2×10^2	2.0×10^3	1.2×10^1	3.97	3.89	4.92
	阀组间	1.2×10^2	1.5×10^2	1.0×10^1	2.47	1.23	4.63
15	来水	3.5×10^4	5.0×10^3	2.5×10^2	23.19	7.31	72.34
	加药间取样口	1.3×10^2	2.2×10^3	1.0×10^1	1.06	4.14	4.65
	阀组间	1.0×10^2	1.25×10^2	1.0×10^1	6.51	1.31	4.36
16	来水	2.0×10^4	3.5×10^3	2.5×10^2	44.74	6.92	73.24
	加药间取样口	2.3×10^2	2.4×10^3	1.0×10^1	3.48	5.34	4.35
	阀组间	1.2×10^2	2.0×10^2	2.0×10^0	3.83	1.95	4.28

续表

时间/d	取样点	SRB /(个/mL)	TGB /(个/mL)	FB /(个/mL)	含油量 /(mg/L)	硫化物 /(mg/L)	悬浮物 /(mg/L)
17	来水	4.5×10^{3}	4.35×10^{3}	2.4×10^{1}	16.70	6.06	68.72
	加药间取样口	2.2×10^{2}	3.0×10^{2}	1.2×10^{1}	12.37	4.15	4.82
	阀组间	1.5×10^{2}	1.2×10^{2}	1.0×10^{0}	2.42	1.77	3.82
18	来水	—	—	—	—	—	—
	加药间取样口	—	—	—		—	—
	阀组间	—	—	—	—	—	—
19	来水	4.0×10^{4}	4.5×10^{3}	2.0×10^{2}	51.69	8.24	72.58
	加药间取样口	2.0×10^{2}	2.0×10^{3}	1.3×10^{1}	2.15	3.82	4.83
	阀组间	1.0×10^{2}	1.5×10^{2}	1.0×10^{1}	2.04	2.35	4.25
20	来水	3.2×10^{4}	4.5×10^{3}	2.5×10^{1}	36.92	6.88	43.73
	加药间取样口	1.4×10^{2}	2.0×10^{3}	1.2×10^{1}	3.33	4.85	5.26
	阀组间	1.2×10^{2}	1.2×10^{2}	2.0×10^{0}	2.50	1.56	4.23
21	来水	5.2×10^{3}	2.5×10^{3}	1.5×10^{1}	50.10	8.82	79.57
	加药间取样口	1.5×10^{2}	1.25×10^{3}	1.0×10^{1}	1.83	5.46	4.85
	阀组间	1.3×10^{2}	1.0×10^{2}	1.0×10^{0}	2.03	1.11	5.04
22	来水	3.0×10^{4}	3.0×10^{3}	1.2×10^{1}	28.07	7.48	48.32
	加药间取样口	2.0×10^{2}	1.2×10^{3}	1.0×10^{1}	1.37	4.31	5.25
	阀组间	1.5×10^{2}	1.0×10^{2}	1.0×10^{0}	3.10	1.90	5.12
23	来水	2.5×10^{4}	2.5×10^{3}	1.2×10^{1}	25.01	6.68	40.35
	加药间取样口	1.3×10^{2}	1.0×10^{3}	1.1×10^{1}	1.60	4.23	4.24
	阀组间	1.2×10^{2}	1.0×10^{2}	1.0×10^{1}	5.60	1.49	5.24
24	来水	2.3×10^{4}	2.2×10^{3}	1.5×10^{1}	47.51	7.05	68.64
	加药间取样口	2.0×10^{2}	1.2×10^{3}	1.2×10^{1}	1.37	4.69	4.43
	阀组间	1.25×10^{2}	1.0×10^{2}	1.0×10^{0}	1.67	1.82	4.83
25	来水	2.0×10^{4}	2.4×10^{3}	3.0×10^{1}	34.73	7.25	53.74
	加药间取样口	1.5×10^{2}	1.2×10^{3}	1.3×10^{1}	1.46	4.33	4.24
	阀组间	1.2×10^{2}	1.0×10^{2}	1.0×10^{0}	2.11	1.32	4.56
26	来水	3.0×10^{4}	2.2×10^{3}	2.0×10^{1}	40.18	6.92	78.35
	加药间取样口	1.2×10^{2}	1.3×10^{3}	1.2×10^{1}	1.91	3.93	4.85
	阀组间	1.0×10^{2}	1.1×10^{2}	1.0×10^{0}	1.32	1.28	3.49
27	来水	5.0×10^{4}	2.5×10^{3}	2.5×10^{1}	65.66	9.26	86.41
	加药间取样口	2.0×10^{2}	1.5×10^{3}	1.5×10^{1}	2.77	2.57	4.38
	阀组间	1.5×10^{2}	1.0×10^{2}	1.0×10^{0}	1.49	1.56	3.36
28	来水	4.0×10^{4}	3.0×10^{3}	3.0×10^{1}	32.66	7.71	95.32
	加药间取样口	1.4×10^{2}	1.2×10^{3}	1.2×10^{1}	3.99	3.17	4.28
	阀组间	1.2×10^{2}	1.0×10^{2}	1.0×10^{0}	2.82	1.47	3.07

由表 8-5 可见，现场的试验表明加药后硫化物得到明显的控制，其中硫化物的去除率达到 80%以上，由于 2016 年的来水量较大，悬浮物开始有一定的波动，后期逐渐变好，而且越来越稳定。如图 8-6 所示，投加生态抑制剂对油的稳定去除有一定的促进作用。如图 8-7 所示，通过投加生态抑制剂，不同时间段下，相对于来水，硫化物在加药间取样口和阀组间明显具有减少的趋势，硫化物平均去除率为 80%，同时生态抑制剂能够对后续的注水管道中的硫化物的增加具有很好的延时控制效果，可以在一定的时段内控制硫酸盐还原菌和硫化物的产生。如图 8-8 所示，投加生态抑制剂对悬浮物的处理有促进的作用，有助于降低水中悬浮物的含量。如图 8-9 所示，来水的硫酸盐还原菌数量波动较大，生态抑制剂加入后数量显著降低，去除率在 95%以上。如图 8-10 所示，生态抑制后腐生菌的数量降低，去除率在 80%以上。如图 8-11 所示，生态抑制后，铁细菌的数量变化不明显。

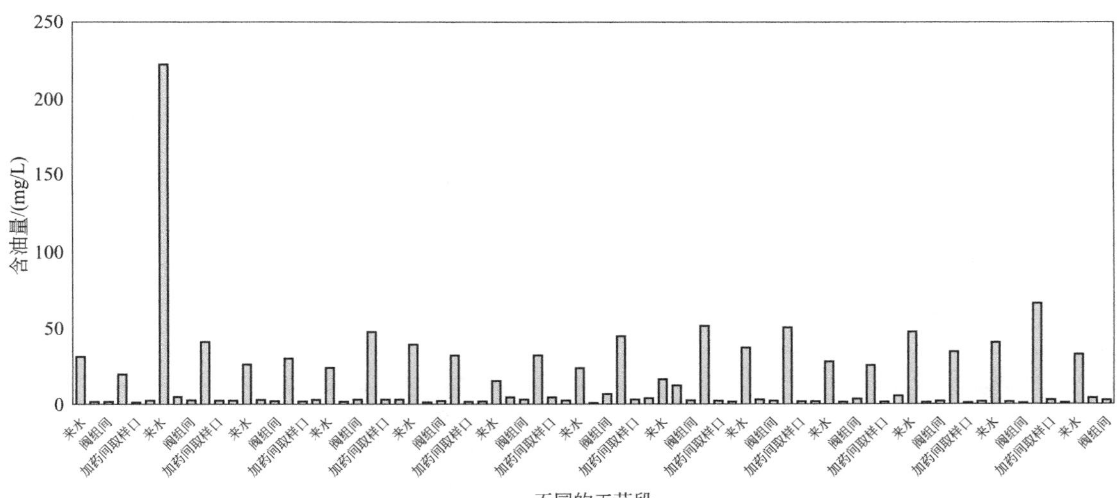

图 8-6　生态抑制前后含油量的变化

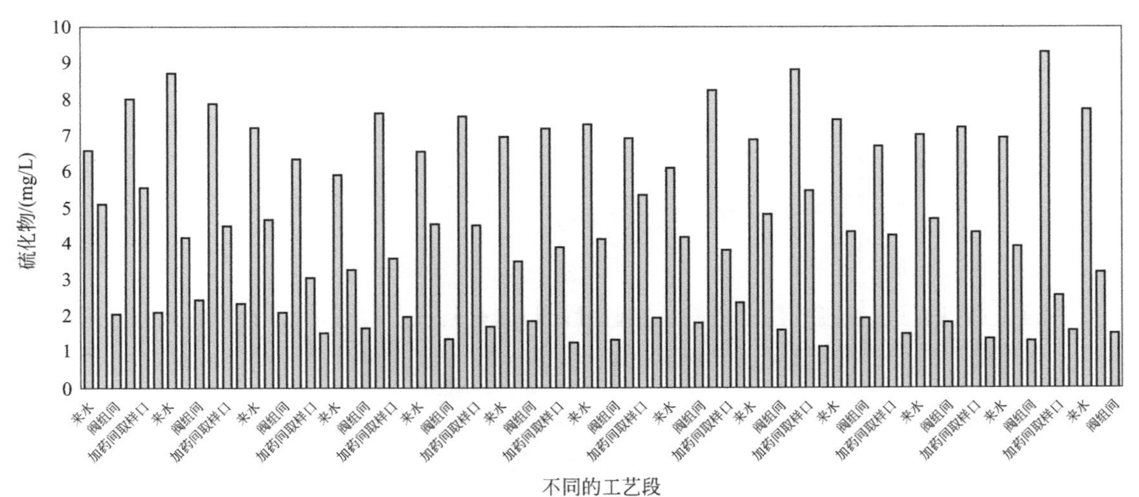

图 8-7　生态抑制前后硫化物的数量变化

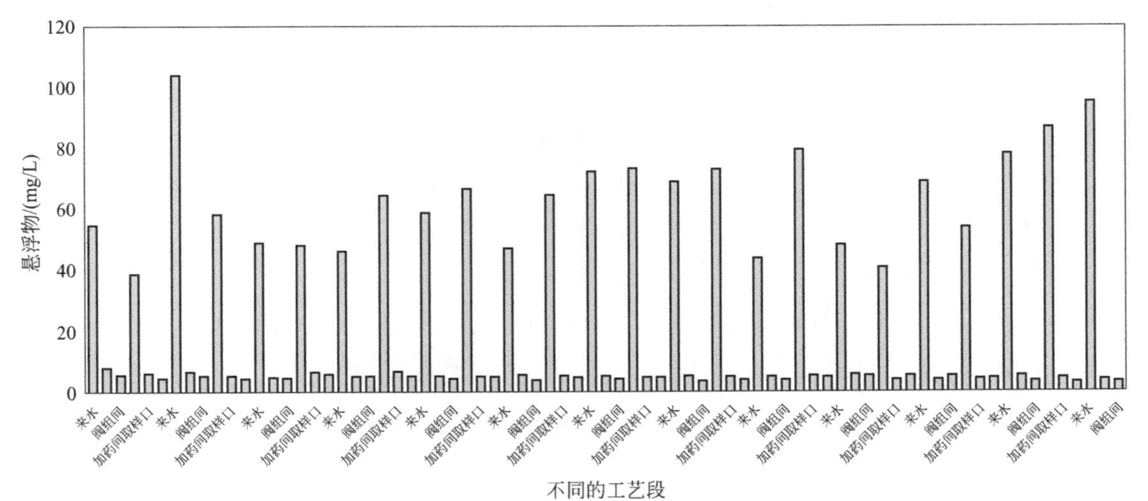

图 8-8　生态抑制前后悬浮物的数量变化

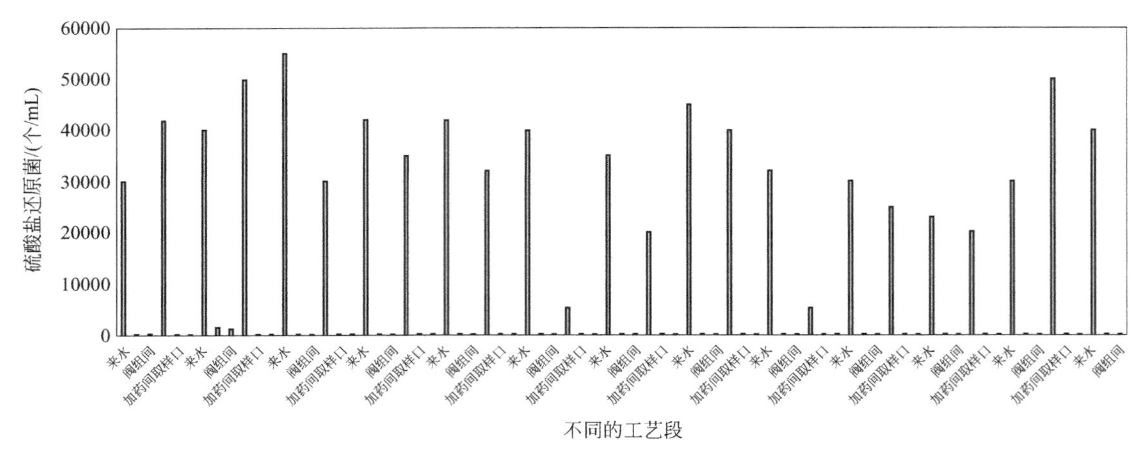

图 8-9 生态抑制前后硫酸盐还原菌的数量变化

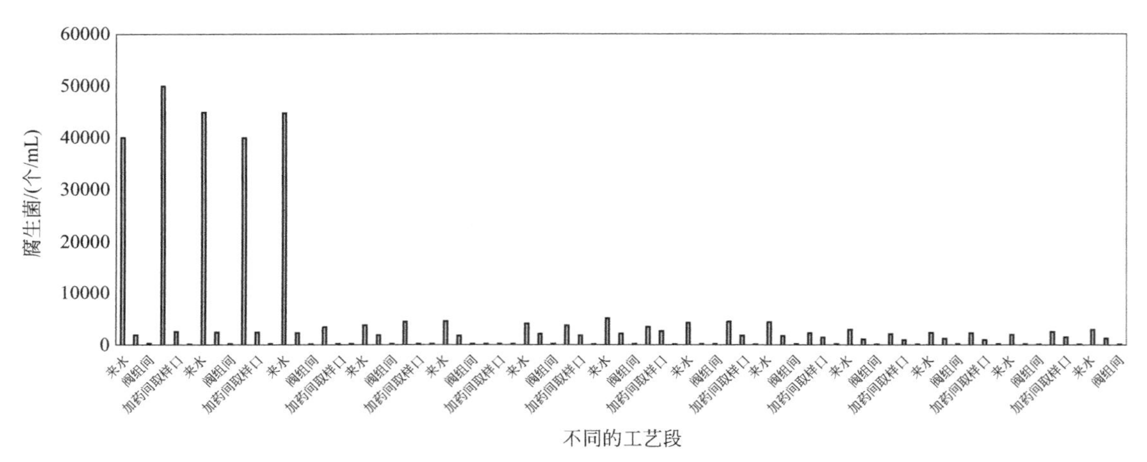

图 8-10 生态抑制前后腐生菌的数量变化

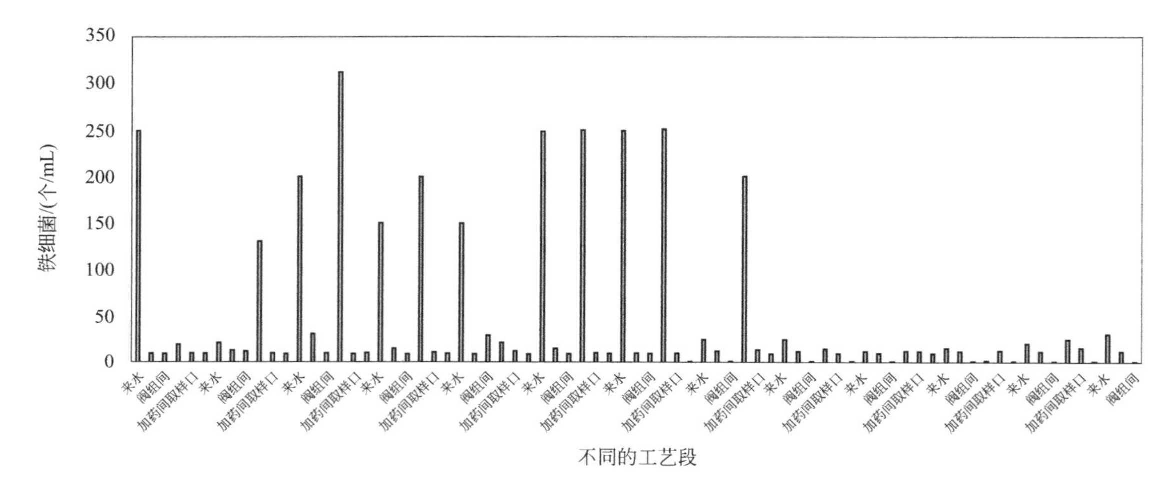

图 8-11 生态抑制前后铁细菌的数量变化

8.4.2 微生物群落组成分析

分析未加药、加厂家杀菌剂和生态抑制剂下微生物群落的变化，见表 8-6、图 8-12～图 8-15（另见书后彩图）。

表 8-6 各名称代表

LS	七厂来水	CJY2	阀组间-加药
WJY1	加药间-未加药	WJY3	加药间-未加药
STY1	加药间-生态药剂	STY3	加药间-生态药剂
CJY1	加药间-加药	WJY4	阀组间-未加药
WJY2	阀组间-未加药	STY4	阀组间-生态药剂
STY2	阀组间-生态药剂		

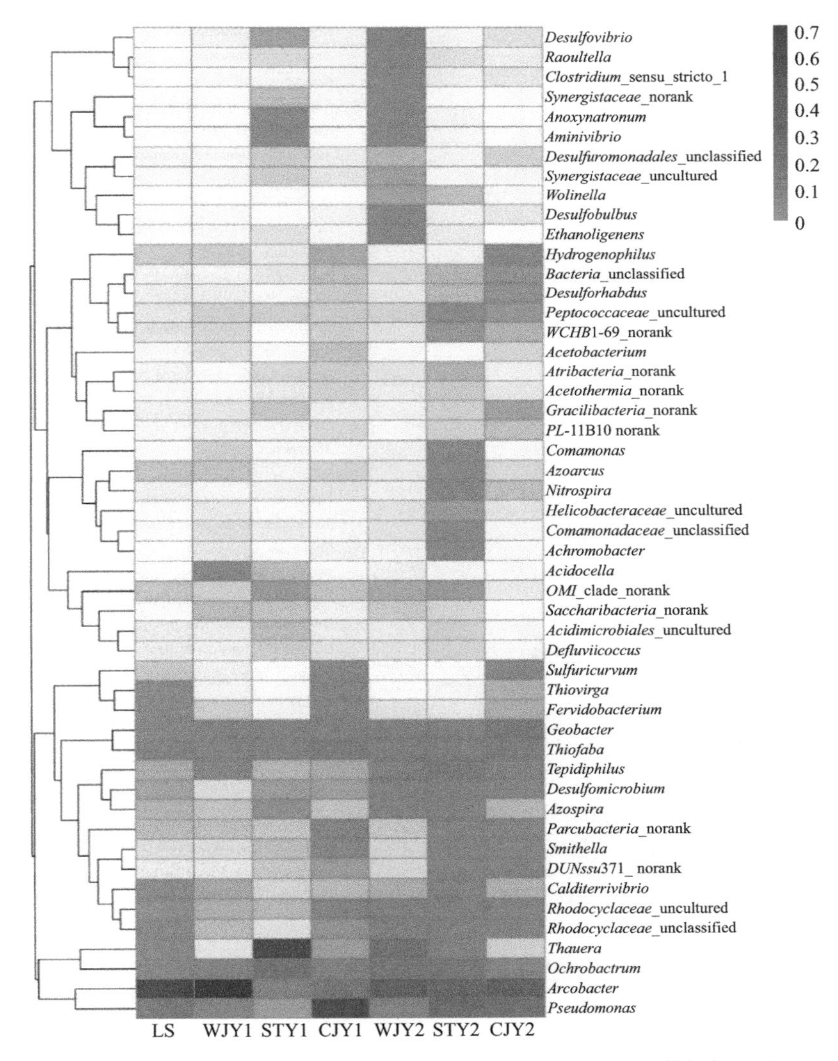

图 8-12 未加药、加厂家药剂和生态抑制剂下的微生物群落解析（属）

如图 8-12 所示，厂家的药剂实际上并没有有效地杀灭污水中的细菌，尤其是硫酸盐还原菌，生态抑制剂可以提高污水中原有的反硝化细菌的数量。

如图 8-13 所示，加药后反硝化细菌大量生长。

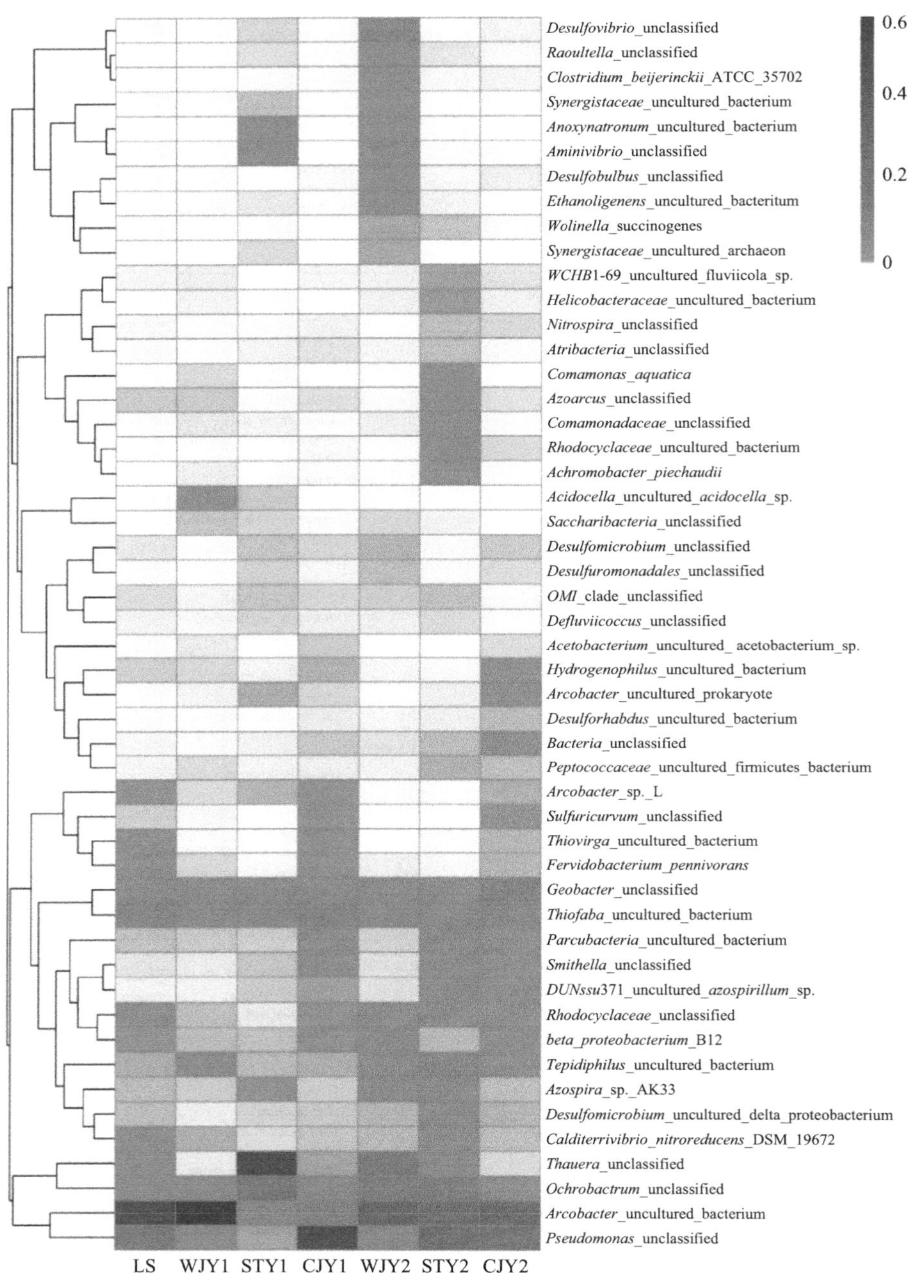

图 8-13 未加药、加厂家药剂和生态抑制剂下的微生物群落解析（种）

如图 8-14 所示，多数为具有硫酸盐还原功能的微生物，剩余的其他微生物中腐生菌的数量较多。

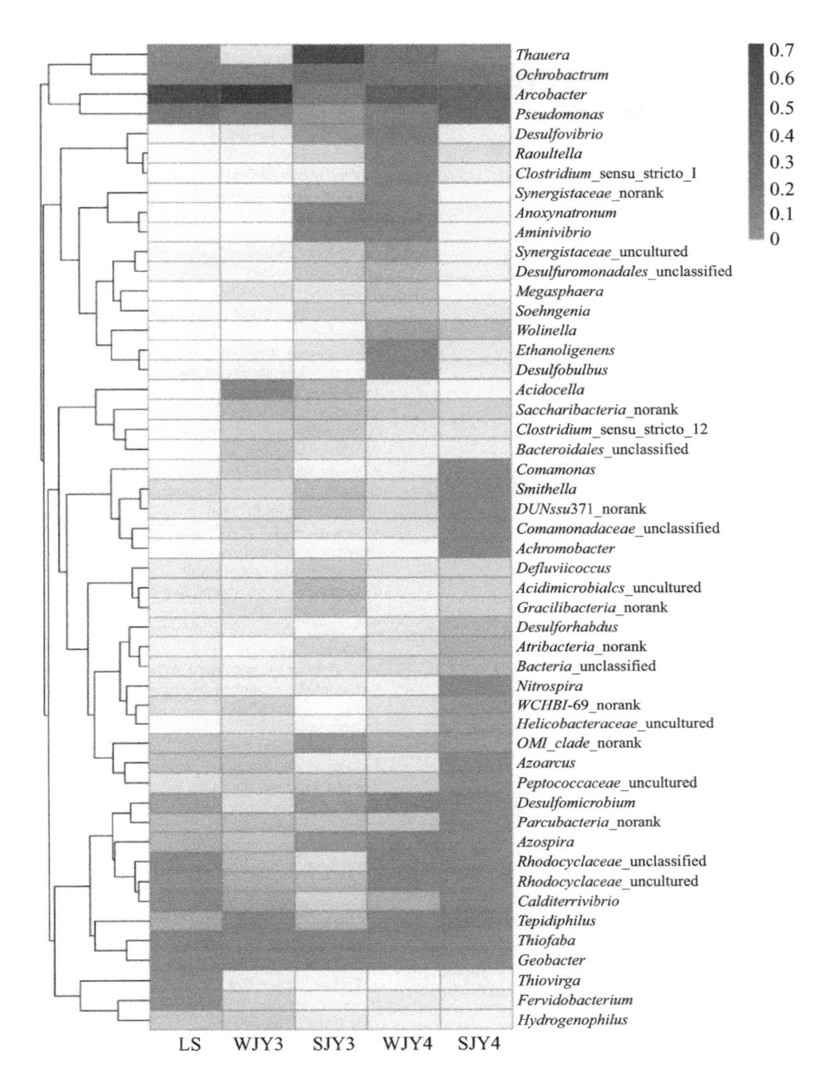

图 8-14 现场加药前后的微生物群落的解析（属）

如图 8-15 所示，生态抑菌剂加入后 *Nitrospira* 的数量增加，该菌具有反硝化的功能。

① 单独使用生态抑制剂的现场试验，一共运行了 16d，平均加药浓度为 25mg/L，每天加药取样，来水的硫化物浓度在 6～9mg/L 之间，在二沉有增加的趋势，通过一滤和二滤硫化物有所减少，生态抑制剂加药后，可以明显看出在加药间取样口和阀组间（大罐）硫化物的浓度明显降低，阀组间的硫化物的浓度低于 2.5mg/L，个别的点的浓度低于 1mg/L。取样时间较短，还不能完全说明问题，但是可以看出有一定效果，硫化物相对去除率达到 80%。

② 2015 年开展生态抑制剂加药，一滤和二滤的变化规律不是很明显，从最终的出水看，添加生态抑制剂后，悬浮物含量和含油量都少于加产家的杀菌剂，而且最终的出水的硫化物满足去除 80%的标准。

③ 2016 年开展了单点加药的方法，出水水质较好，最终的硫化物可去除 80%，效果较好。

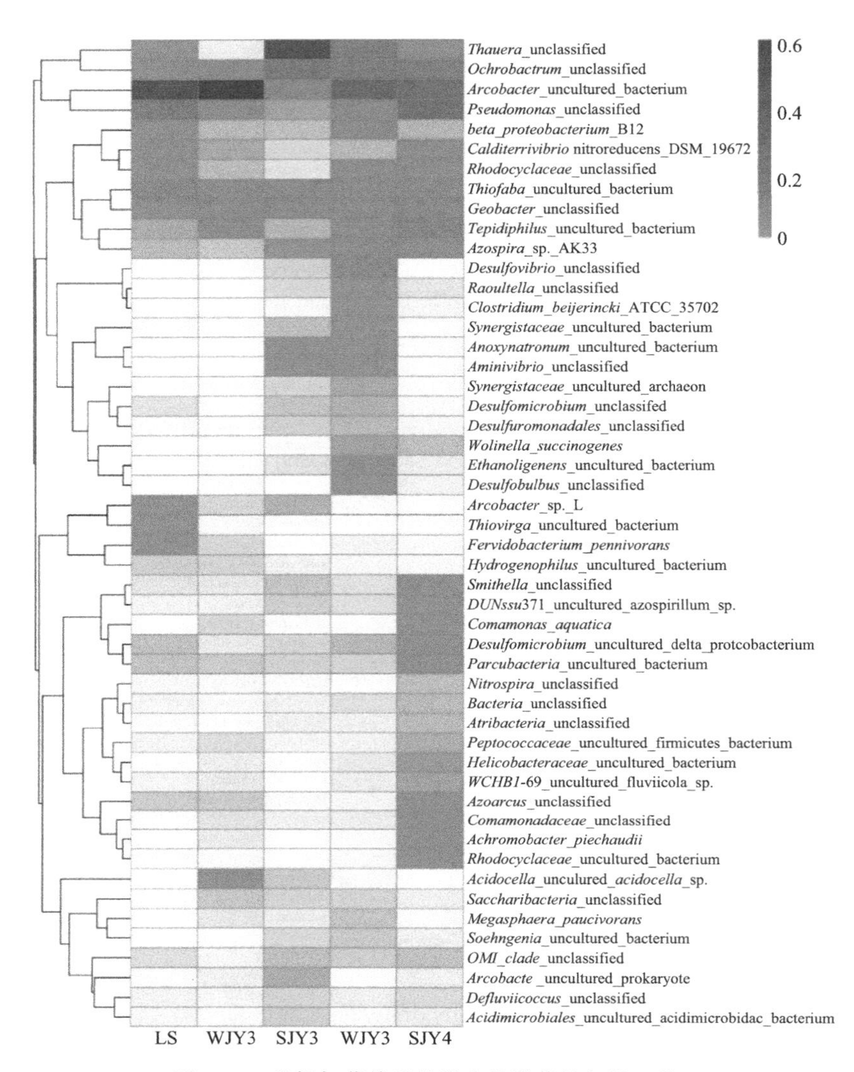

图 8-15　现场加药前后的微生物群落的解析（种）

④ 现场的生态抑制试验取得了显著的效果，生态抑菌剂可以有效地去除硫化物，控制硫酸盐还原菌的生长；通过对微生物群落的解析，证明了生态抑菌剂的加入，可以有效地促进本源微生物的生长，尤其是反硝化细菌的生长，同时减少了硫酸盐还原菌的数量。

综上，通过现场加药可以看到，对照（没有加生态抑制剂）的微生物群落里硫酸盐还原菌的数量较高，而加入生态抑制剂后，数量减少，同时具备反硝化功能的微生物增加，从微生物群落的角度可以看出，生态抑菌剂的加入可以促进反硝化细菌的生长，同时抑制硫酸盐还原菌的数量。也从微观的角度证实了生态抑制剂确实起到了抑制硫酸盐还原菌的活性的作用。

8.5　油田回注水系统 SRB 活性生态调控研究

大庆油田回注水系统中硫酸盐还原菌活性的生态调控存在着复杂性，首先需要开发出一种硫酸盐还原菌生态抑菌剂，前期的研究工作证实了投加硝酸盐和钼酸盐具有一定的抑制效果，同时通过静态试验确定了一些简单的调控因子，接下来的研究需要通过连续流试验考察反硝化抑制硫酸盐还原的运行效果，探讨各参数对抑制效果的影响并优化得出最佳抑制参数。然后开发以硝酸盐为主体的生态抑制剂，确定生态抑菌剂的具体的组成和抑菌效果，室内配水运行反应器，确定主要的调控因子；对抑菌陶粒的抑菌效果进行连续流试验的考察，根据油田生产的实际情况，增设一个试验，考查生态抑菌剂和抑菌陶粒单独使用的抑菌效果，探讨生态抑菌剂和陶粒联合抑制效果和系统生态因子的调控研究。取现场水进行室内抑菌试验研究，最终确定生态调控的因子。随着生态抑菌剂的开发和抑菌陶粒的研制，接下来一个重要的问题是如何对有硫酸盐还原菌危害的回注水系统进行有效控制，另一个重要的问题是制订系统的控制方法，需要结合油田的实际的情况和固有的工艺，进行全面的清洗；对清洗后的系统如何防止硫酸盐还原菌再次繁殖，主要的手段就是应用生态抑菌剂进行系统的调控。对硫酸盐生态抑菌剂进行技术经济效益分析，制订硫酸盐还原菌生态控制方案、生态抑菌剂的加药方法以及调控策略。

8.5.1 反硝化抑制 SRB 活性生态调控及种群动态演替研究

8.5.1.1 反应器启动

将静态培养 1 个月的接种污泥等量分装入 ABR 反应器各格室，用模拟配水连续运行，使反应器达到稳定状态。硫酸盐还原菌培养阶段周期的长短与反应前进行的微生物静态培养有关，反应器启动成功的标志是反应器内的 SRB 菌群处于优势地位。培养出 SRB 处于优势地位的微生物菌群是后期生态抑制的需要。

8.5.1.2 试验运行生态调控过程

反硝化抑制硫酸盐还原过程的研究可分为两个相反的过程，首先是硫酸盐还原过程，然后是反硝化抑制过程。在硫酸盐还原过程中，需要控制有利于 SRB 的环境条件，使 SRB 处于优势地位、成为优势菌群，SRB 活性处于较高水平；在反硝化抑制过程中，通过控制反硝化条件，使 SRB 的活性逐渐降低、对硫酸盐还原的程度逐渐下降，以使硫酸盐还原作用被完全抑制为目的。两个过程是相互连接的，当硫酸盐还原阶段趋于稳定后，向反应器内加入硝酸盐，通过外部生态因子 SO_4^{2-}/NO_3^- 值、pH 值、碱度、COD 的生态调控实现反应器内 SRB 活性的抑制。

SO_4^{2-}/NO_3^- 值的调控是通过稳定进水 SO_4^{2-} 浓度，改变抑制剂的投加量来实现的。pH 值和碱度通过投加碳酸钠和碳酸氢钠实现，碳源 COD 通过改变进水中蔗糖的量实现。连续流试验共分为 12 个阶段，试验条件变化情况见表 8-7，其中阶段 a 加入硫酸盐而不加抑制药剂，属于硫酸盐还原菌培养时期；阶段 b～l 加入反硝化药剂，属于反硝化抑制阶段。整个连续流运行过程出水各指标变化情况如图 8-16 所示。

表 8-7 连续流试验各个阶段试验条件变化情况

阶段	运行天数/d	配水浓度/(mg/L)			SO_4^{2-}/NO_3^- 值	抑制位置
		SO_4^{2-}	碱度	COD		
a	1～16	600	774	1800	6∶0	不抑制
b	17～26	600	774	1800	6∶1	进水
c	27～33	600	774	1800	6∶2	进水
d	34～42	600	774	1800	6∶3	进水

续表

阶段	运行天数/d	配水浓度/(mg/L)			SO_4^{2-}/NO_3^- 值	抑制位置
		SO_4^{2-}	碱度	COD		
e	43～54	600	774	1800	6：4	进水
f	55～68	600	774	1800	6：5	进水
g	69～72	600	774	1800	6：5	第 4 单元格
h	73～81	600	774	1800	6：5	第 2 单元格
i	82～87	600	774	1800	6：6	第 2 单元格
j	88～99	600	1569	1800	6：6	第 2 单元格
k	100～111	600	1569	1800	6：6	第 2、5 单元格
l	112～119	600	1569	600	6：6	第 2、5 单元格

注：抑制剂单独配制，由蠕动泵单独加入。

8.5.1.3 反硝化抑制效果影响因素

(1) 硫酸盐还原阶段反应器的启动

将静态培养了 1 个月的污泥等量接种到 ABR 反应器各格室，用模拟配水进行连续流启动运行。启动过程中各指标变化如图 8-16 的 a 段所示，其中硫酸盐去除率和 S^{2-} 浓度是衡

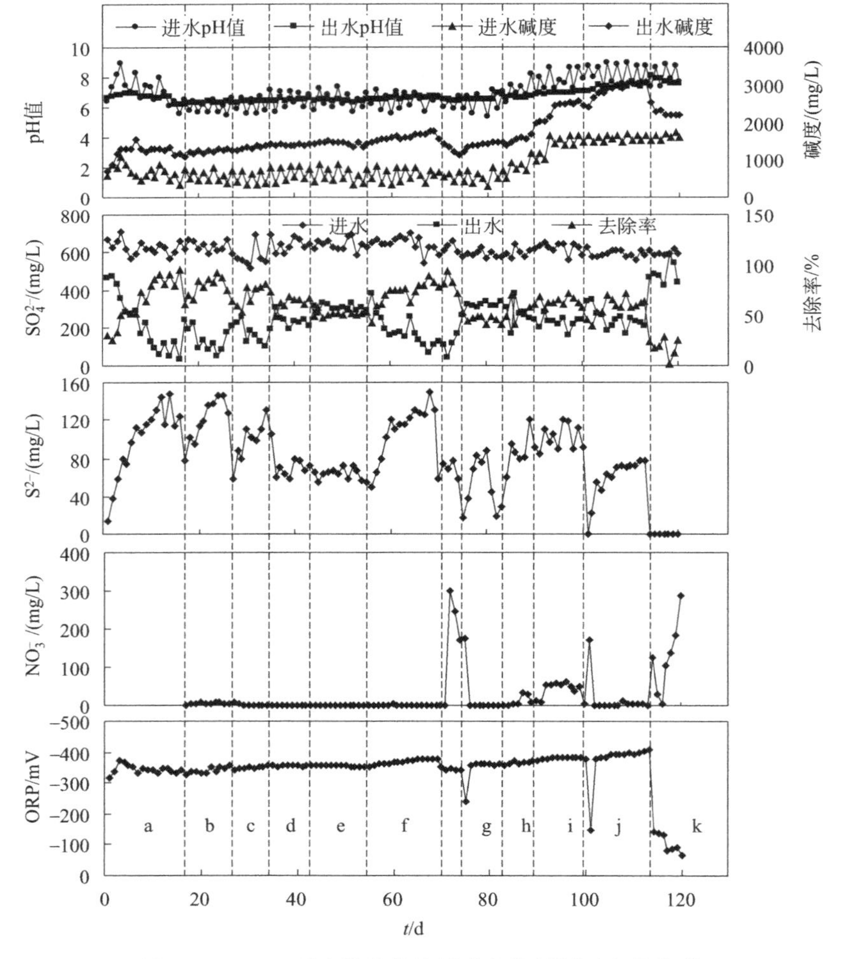

图 8-16 ABR 反应器连续流试验各指标历时变化情况

量硫酸盐还原阶段反应器运行状况的重要指标。在反应器硫酸盐还原启动阶段，进水pH值在6.15～8.93之间波动，出水pH值则稳定在6.21～6.99之间，进水碱度为465～880mg/L，出水碱度为1100～1400mg/L，12d以后出水硫酸盐的去除率达到80%以上，最高达到95%。S^{2-}浓度达110mg/L以上，氧化还原电位（ORP）由－268mV逐渐降低，稳定在－350～－330mV之间。此时，可以认定反应器硫酸盐还原阶段启动完成。硫酸盐还原阶段反应器的快速启动与运行前污泥的静态培养有关，1个月高浓度的硫酸盐环境使污泥中的SRB菌群处于优势地位，可迅速达到高效的硫酸盐还原能力。硫酸盐还原阶段快速启动为后期的反硝化抑制提供了平台。

(2) SO_4^{2-}/NO_3^- 值变化对抑制效果的影响

SO_4^{2-}和NO_3^-分别作为SRB和DNB还原过程的电子受体，其浓度之间相对数量关系直接影响微生物系统反应类型（硫酸盐还原反应或硝酸盐还原反应），因此SO_4^{2-}/NO_3^-值是实现反硝化抑制硫酸盐还原的关键因素。反应器进水SO_4^{2-}/NO_3^-值从6∶1变化到6∶5时各指标的变化情况见图8-16中的b～f段。当SO_4^{2-}/NO_3^-值由阶段a的6∶1变化到阶段e的6∶4时，S^{2-}整体上随着SO_4^{2-}/NO_3^-值的减小而减少，S^{2-}浓度由6∶1阶段的120mg/L左右减少到6∶4阶段的60mg/L左右，减少幅度达50%，表明硝酸根的加入对硫酸盐还原产生了一定的抑制效果。

在SO_4^{2-}/NO_3^-值由6∶1到6∶5调整变化的过程中，出水NO_3^-的含量始终低于10mg/L，最低甚至低于1mg/L，反应器后段反硝化作用受到硝酸根量的限制而变得微弱，反硝化没能有效作用于整个系统。

反应系统反硝化能力不足使得a～e各阶段都出现了S^{2-}浓度由低逐渐升高的现象，而f段中S^{2-}浓度迅速升高到100mg/L以上。出现这种现象的原因在于，随着NO_3^-的加入，前面单元格反硝化细菌活性和数量逐渐升高，加快了对NO_3^-的消耗，导致后面单元格NO_3^-浓度迅速减少，反硝化能力迅速下降，硫酸盐还原作用重新占据主导地位，使出水中S^{2-}浓度较高。

不同SO_4^{2-}/NO_3^-值下反应器各单元格中硫化物和硝酸盐氮变化情况如图8-17和图8-18所示。随着单元格序号的增加和反应时间的延长，各个SO_4^{2-}/NO_3^-值下硫化物含量均增加，但SO_4^{2-}/NO_3^-值高时[(6∶3)～(6∶6)]硫化物含量总体上低于SO_4^{2-}/NO_3^-值低时[(6∶0)～(6∶2)]的含量，说明反硝化可以抑制硫酸盐还原（产生的硫化物少）。图8-16中硫化物浓度均较高的原因可以从图8-18中反映出来。反应器各个单元格硝酸根含量迅速降低，第3单元格后硝酸盐氮已经很低，至后续单元格中硝酸盐氮降为零，说明反硝化抑制效果不佳受硝酸盐量相对不足影响。

(3) 抑制时间对抑制效果的影响

从进水口加入反硝化抑制药剂时，硝酸盐没能有效作用于整个系统，需要考虑硝酸根的有效作用时间。表8-7中，阶段f、g、h、k分别对应着SO_4^{2-}/NO_3^-值为6∶5阶段进水口加药抑制、第四单元格抑制、第2单元格抑制和SO_4^{2-}/NO_3^-值为6∶6阶段的第2、第5单元格2点同时抑制。

不同加药位置抑制对反应器各指标的影响情况如图8-16中的f、g、h和k段所示。如图8-16中的g段所示，第4单元格加入抑制剂后，反应器出水中S^{2-}浓度由进水口加抑制剂时的130mg/L降为60mg/L左右，而出水NO_3^-浓度由不到1mg/L突升高到298mg/L，出水NO_3^-浓度变化十分显著。随后几天S^{2-}浓度开始升高，NO_3^-浓度迅速降低。第2单元格加抑制剂后出水中硫化物变化情况（h段）与g段相近，S^{2-}浓度都比进水口加抑制剂时f段的少。在2点加药抑制的k段，抑制后反硝化作用时间为6.9h，出水S^{2-}浓度在抑制开始时迅速大幅度降低，其最低点接近零，随后逐渐升高，稳定在60～70mg/L之间。

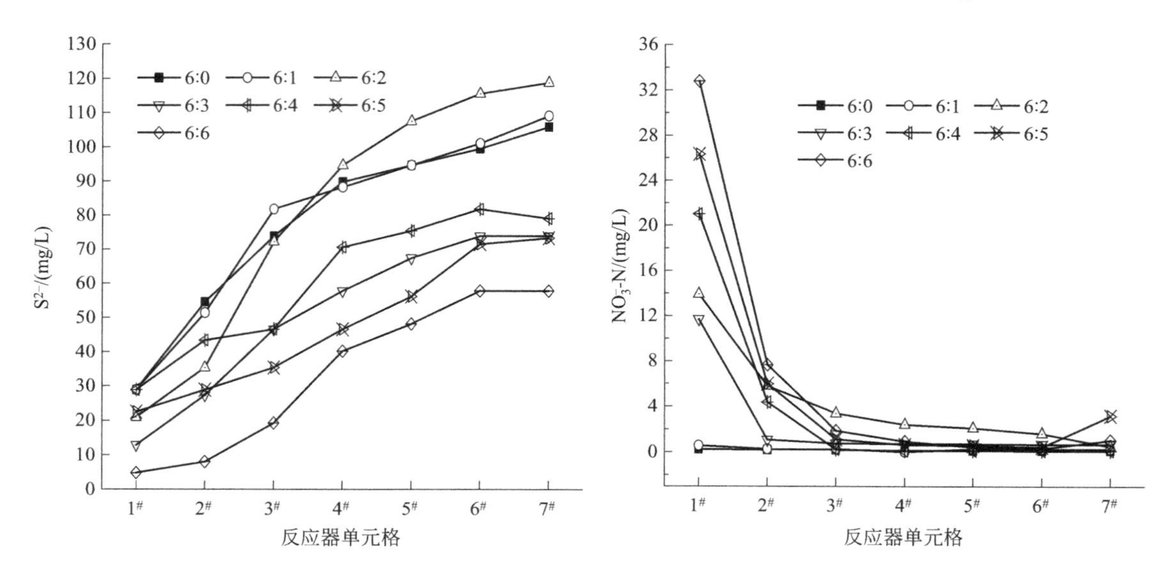

图8-17　不同SO_4^{2-}/NO_3^-值下反应器各单元格中硫化物变化情况

图8-18　不同SO_4^{2-}/NO_3^-值下反应器各单元格中硝酸盐氮变化情况

综合分析加药位置和抑制后硫离子浓度、硝酸根离子浓度变化趋势，可以看出，在SO_4^{2-}/NO_3^-值为6∶6条件下，反硝化有效作用时间应在3个单元格范围内，即反硝化有效作用时间最长为6.9h。反硝化超过6.9h后由于系统中硝酸盐含量的迅速减少而达不到抑制效果，硫化物浓度水平仍较高，如f、g、h段。反硝化抑制时间还与微生物数量有直接关系，在SO_4^{2-}/NO_3^-值为6∶6条件下，微生物数量越少，抑制时间越长。

（4）pH值及碱度对抑制效果的影响

pH值是影响细菌生长的重要生态因子之一，碱度能中和初期酸化过程中产生的酸，维持系统内的pH值。试验通过控制配水时$NaHCO_3$和Na_2CO_3的用量来改变系统的pH值和碱度，碱度调整情况如表8-7中阶段i、j所列，碱度调整后对反应系统各指标的影响情况见图8-16中的i、j段。如图8-16中的i、j段所示，在SO_4^{2-}/NO_3^-值为6∶6、第2单元格抑制条件下，进水pH值和碱度分别由i阶段的7.4和900mg/L左右增加到j阶段的8.6和1600mg/L左右时，出水pH值及碱度也相应增加，分别由i阶段的6.6和1600mg/L增加到j阶段的8.0和2500mg/L左右。在阶段i～j的pH值和碱度增加的过程中，出水S^{2-}由80～90mg/L增加到90～120mg/L，碱度增加一定程度上提高了硫酸盐还原能力。这是由于SRB在弱碱性条件下更适于生长，pH值的提高使得SRB的活性有所增强。

反硝化和硫酸盐还原作用可以在6.0～8.5的pH值范围内进行，但pH值不同，反硝化细菌和硫酸盐还原菌的活性也不同。图8-19和图8-20为在不同进水碱度和pH值条件下各单元格中硫化物变化情况，图8-19中的pH值条件与大庆油田回注水系统水环境中的相近。

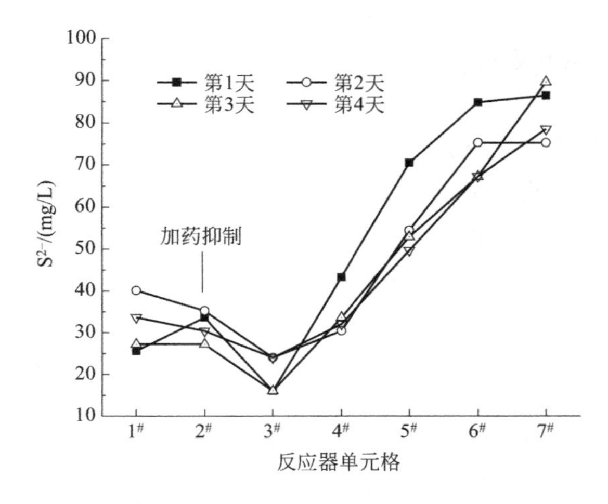

图 8-19　碱度 1 条件下各单元格中硫化物变化情况

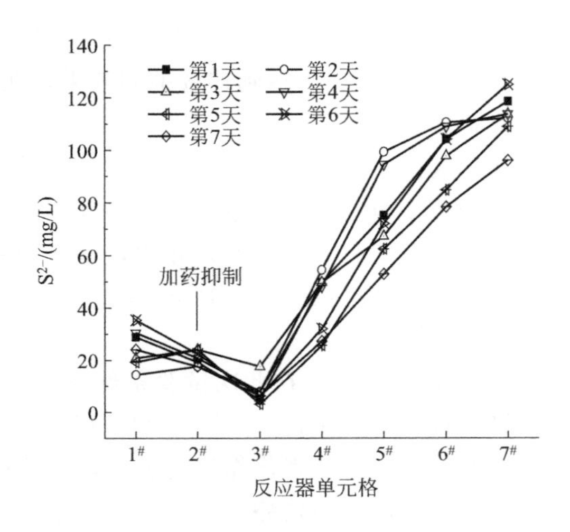

图 8-20　碱度 2 条件下各单元格中硫化物变化情况

对比图 8-19 和图 8-20 可见，在第 2 单元格加入抑制剂后，第 3 单元格中硫化物浓度由平均 20mg/L 左右（pH＝6.5 时）降低到平均 10mg/L 以下（pH＝7.0 时），抑制效果提高，表明 pH＝8.0 有利于反硝化作用进行。不同碱度条件下反硝化作用进行的相对强弱可以由各单元格中硝酸盐氮含量来表征。图 8-21 和图 8-22 分别为碱度 1 和碱度 2 条件下各单元格中硝酸盐氮浓度变化情况。在相应的单元格中碱度 1、pH＝6.5 时硝酸盐氮含量（图 8-21）高于碱度 2、pH＝8.0 时硝酸盐氮含量（图 8-22），即碱度 1 时反硝化消耗的硝酸盐氮低于碱度 2 时反硝化消耗的硝酸盐氮，可见，碱度 2、pH＝8.0 时反硝化作用能力强于碱度 1、pH＝6.5 时的反硝化能力，即反硝化作用最佳 pH 值为 8.0、碱度为 1500mg/L 左右。

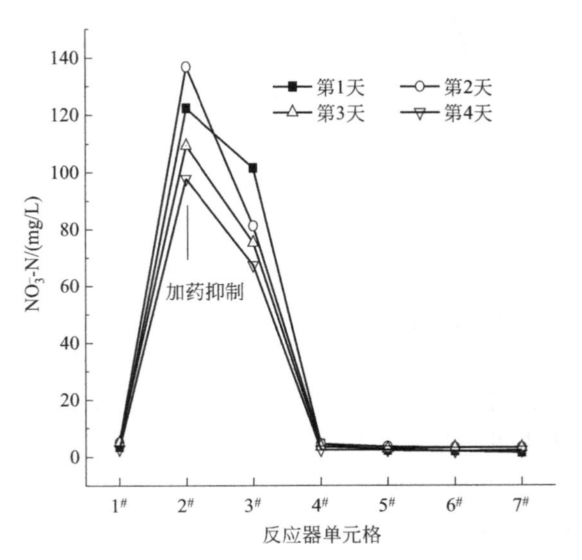

图 8-21　碱度 1 条件下各单元格中硝酸盐氮浓度变化情况

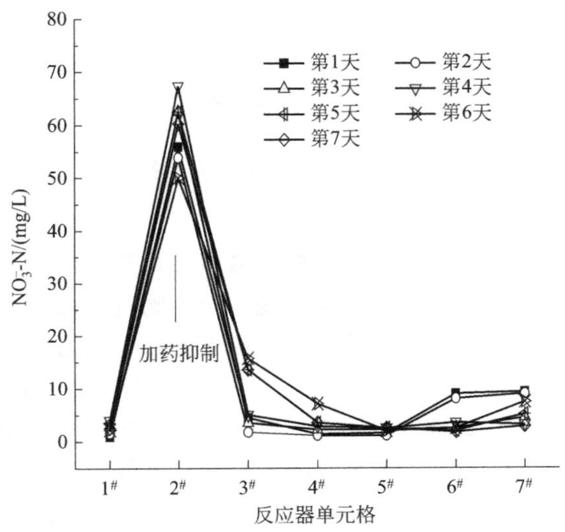

图 8-22　碱度 2 条件下各单元格中硝酸盐氮浓度变化情况

(5) 多点加药对抑制效果的影响

根据上述试验结果，在 SO_4^{2-}/NO_3^- 值为1∶1时，反硝化抑制作用有效范围可以达到3个单元格（6.9h），为达到连续抑制效果，在超出其有效范围后应该再次加药抑制，即多点加药抑制。

基于这方面的考虑，进行了第2个单元格和第五个单元格同时加药的多点抑制试验。如图8-23所示，第2、第5单元格加药抑制后，硫化物含量迅速减低，最低点在第3和第5单元格，与单点抑制（图8-20）相比，多点抑制后硫化物含量总体上降低较多，第7单元格硫化物由单点抑制时的100～120mg/L（图8-20）降低到多点抑制时的60～80mg/L（图8-23），平均降幅36.4%。

如图8-24所示，在此次试验条件下，多点抑制后各单元格硝酸盐含量变化剧烈，其变化趋势与硫化物变化趋势（图8-23）相反。在第6、第7单元格中硝酸盐氮含量已经降低到很低水平，限制了反硝化作用的进行，导致这两个单元格中硫酸盐还原作用活跃，表现在硫化物含量呈明显升高趋势。所以，应根据反硝化作用持续时间考虑进行多点加药抑制。

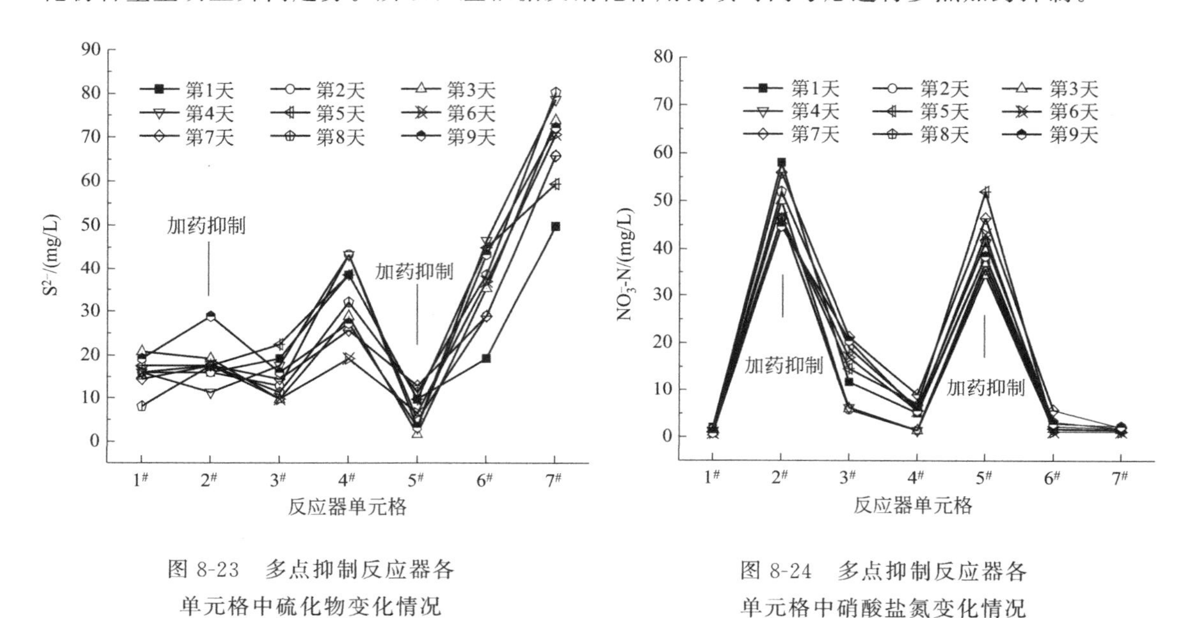

图8-23 多点抑制反应器各单元格中硫化物变化情况

图8-24 多点抑制反应器各单元格中硝酸盐氮变化情况

(6) 碳源浓度对抑制效果的影响

碳源基质为反应系统中微生物进行硫酸盐还原和反硝化过程提供电子供体，是实现反硝化抑制硫酸盐还原的关键因素之一，在通常情况下，碳源浓度以COD浓度表示。碳源调整情况如表8-7中阶段k、l所列，COD变化对系统中各指标的影响如图8-16中阶段k、l所示。在其他条件不变的情况下，系统进水COD浓度由1800mg/L降低到600mg/L后，出水中 S^{2-} 浓度由原来60mg/L左右降低为0（检出限以下），抑制效果十分明显。

试验内容按照碳源COD含量可分两个阶段：阶段a～k为较高碳源COD含量时期；阶段l为低COD含量期。在较高碳源COD含量阶段，系统COD为1800mg/L，COD/SO_4^{2-}（或 COD/NO_3^-）值为3∶1，尽管调节各种影响因素，如 SO_4^{2-}/NO_3^- 值、pH值及碱度、加药位置等，但出水 S^{2-} 浓度最低时也达60mg/L左右，抑制效果很差。降低进水中碳源COD浓度至600mg/L后，系统 COD/SO_4^{2-}（或 COD/NO_3^-）值为1：1，在条件改变的第

2 天，出水 S^{2-} 浓度降低为零，并且在以后时期的运行中反应器出水都没有检测出硫化物的存在。降低碳源 COD 浓度可以提高抑制效果的原因在于，较低浓度碳源时，COD/SO_4^{2-}（或 COD/NO_3^-）值下降，使电子供体处于短缺状态，而在厌氧生物处理过程中反硝化的发生优于硫酸盐的还原过程，当有硝酸盐存在时，DNB 与 SRB 竞争电子供体，DNB 争夺电子能力强于 SRB，从而影响了 SRB 对硫酸盐的还原并且抑制了 S^{2-} 的产生。缺乏电子供体，DNB 与 SRB 活性都受到限制，但对 SRB 的影响相对较大。

在厌氧生物系统中，若碳源量相对较高，电子供体相对过剩，则在进行完反硝化后，过剩的电子供体会为硫酸根提供电子，进行硫酸盐还原作用，产生硫化物。所以，碳源的相对量（与硝酸根的量相比、与硫酸根的量相比）是影响反硝化抑制效果的重要因素之一。

减少进水碳源量（降低 COD 浓度，进水流量保持不变）对各单元格反硝化作用抑制硫酸盐还原作用的试验结果如图 8-25、图 8-26 所示。由图 8-25 可见，在限制碳源量情况下，经过第 2、第 5 单元格多点抑制，硫化物浓度由第 4 单元格最高值的 30mg/L 左右降低到第 6、第 7 单元格的未检出，抑制率近 100%。硫化物在第 6 单元格降低到未检出后，在第 7 单元格仍未检出，抑制效果保持稳定。如图 8-26 所示，各单元格中硝酸盐氮浓度变化趋势与硫化物浓度变化趋势相反，在第 6、第 7 单元格中保持一定量的硝酸盐浓度使反硝化抑制作用得以持续。

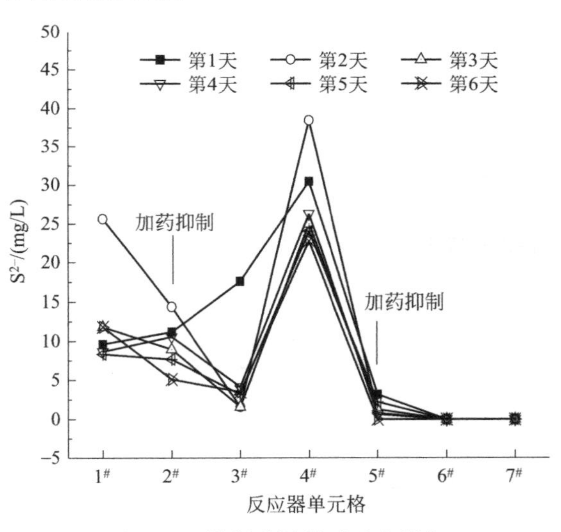

图 8-25 限制碳源量时反应器各单元格中硫化物变化情况

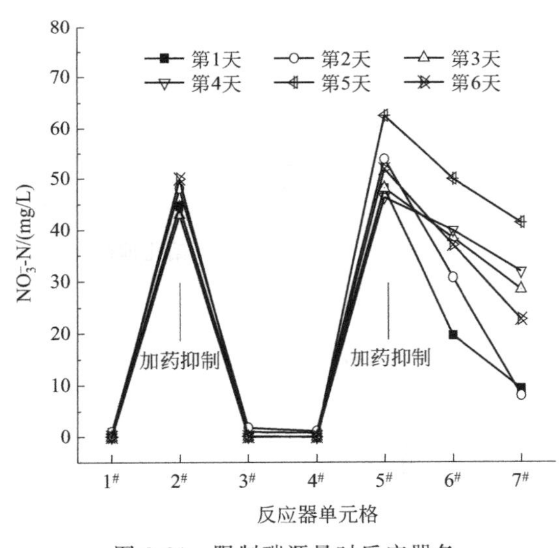

图 8-26 限制碳源量时反应器各单元格中硝酸盐氮变化情况

碳源量降低后抑制效果提高的原因在于，反硝化细菌在有机质底物利用的竞争中占据优势地位，反硝化优先进行过程中，碳源底物被反硝化细菌充分利用，剩余的可被硫酸盐还原菌利用的碳源底物极少，由于缺乏可被有效利用的碳源有机质，硫酸盐还原菌不能还原硫酸盐，所以不产生硫化物，如图 8-25 的第 6、第 7 单元格所示。所以，保持较低的碳源量，有利于提高反硝化作用抑制硫酸盐还原的效果。第 4 单元格中硫化物浓度为 20～40mg/L，第 5 单元格加入抑制剂后，硫化物浓度急剧降低，到第 6 单元格时硫化物浓度降低到检测限（0.3mg/L）以下，说明反硝化技术具有去除系统中原有硫化物的能力，且去除硫化物效果显著。

(7) 氧化还原电位与反硝化抑制效果的关系

在微生物反应系统中，存在多种电子供体（多种有机物）、多种电子受体（溶解氧、硝酸根、硫酸根、碳酸根、有时可以是三价铁离子），构成复杂的氧化还原反应体系，发生一系列氧化还原反应。氧化还原电位能够反映体系氧化还原能力，在好氧生物反应系统中，氧化还原电位大于零，为正值；在厌氧生物反应系统中，氧化还原电位为负值，厌氧程度越强，其绝对值越大。在厌氧生物反应系统中，氧化还原电位的大小可以表征体系生物化学反应的类型。反应器运行过程中，出水硫化物、氧化还原电位（ORP）和硝酸盐氮历时变化情况如图 8-27～图 8-29 所示。在硫酸盐还原及反硝化抑制条件优化时期，当出水硫化物具有较高含量时，其氧化还原电位在－400～－300mV 间变化，从氧化还原电位数值判断，这段时间内系统属于硫酸盐还原反应类型，发生硫酸盐还原反应，说明在这段时间内反硝化作用没有有效抑制住硫酸盐还原作用（或者说没有抑制住硫酸盐还原菌活性）。在整个反应后期阶段，氧化还原电位在－150～－50mV 间变化，是微生物反硝化作用的氧化还原电位区间，进行的是反硝化作用，硫酸盐还原被有效抑制，出水不产生硫化物，如图 8-27 后段，检测不到硫化物。

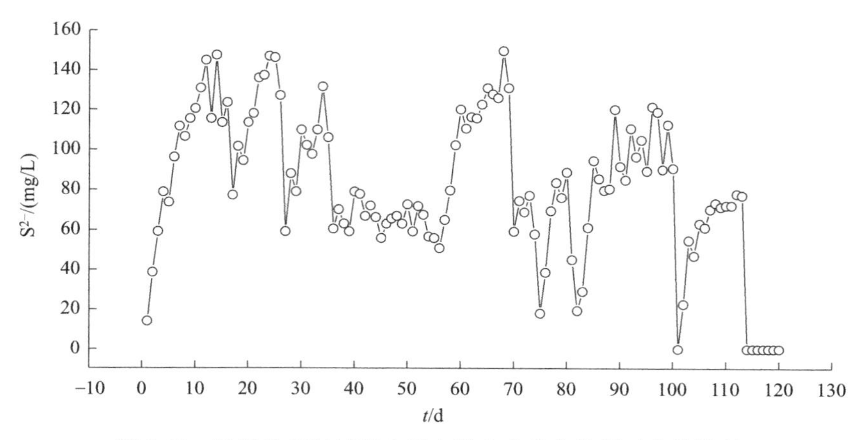

图 8-27　反硝化抑制过程中反应器出水硫化物历时变化情况

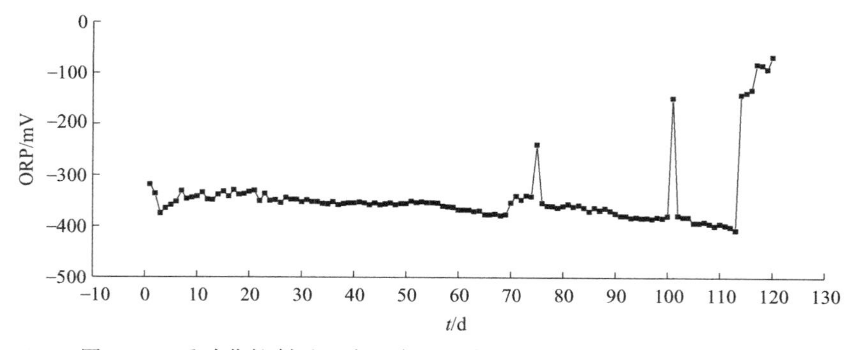

图 8-28　反硝化抑制过程中反应器出水氧化还原电位历时变化情况

如图 8-27 和图 8-29 所示，硝酸盐保持一定浓度并不总是能够抑制硫酸盐还原，有时存在硝酸盐可以抑制硫酸盐还原，有时存在硝酸盐却不能抑制硫酸盐还原（图 8-27 中第 70～110 天阶段），所以，硝酸盐浓度并不能真实反映出反硝化抑制硫酸盐还原作用的效果。但氧化还原电位能够表征生物反应类型，表征出反硝化抑制硫酸盐还原作用的效果。氧化还原电位在－150～－50mV 时，主要发生反硝化作用，反硝化作用占优地位。氧化还原电位在－400～－300mV 时，硫酸盐还原反应占优势地位，主要发生硫酸盐还原反应。所以，可以通过氧化还原电位判断微生物系统的主要生物反应类型（硫酸盐还原反应或反硝化反应）。

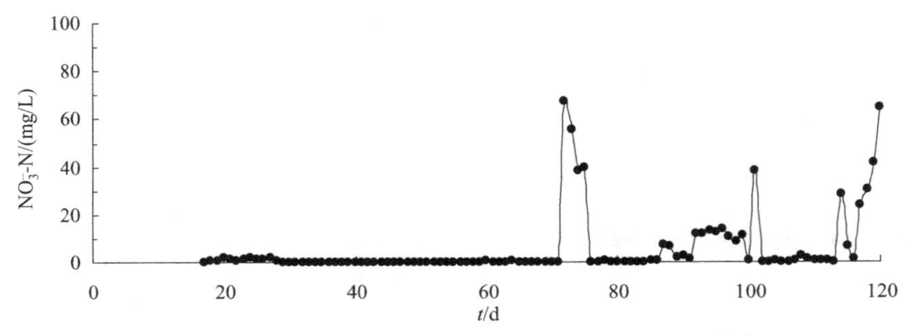

图 8-29　反硝化抑制过程中反应器出水硝酸盐氮历时变化情况

8.5.1.4　微生物群落动态演替和优势反硝化微生物种群

(1) 反应器内生物相观察

为初步了解反应器内微生物的形态特征以及不同微生物在反应器内部演替的规律，对反应器不同单元格内的微生物进行了扫描电镜分析。由图 8-30 可以看出，第 1 和第 5 单元格主要以弧菌为主，而在第 7 单元格出现了大量的链球菌。微生物的种属和动态演替的规律，需要借助于其他手段，如微生物分子生物学手段等来进一步研究。

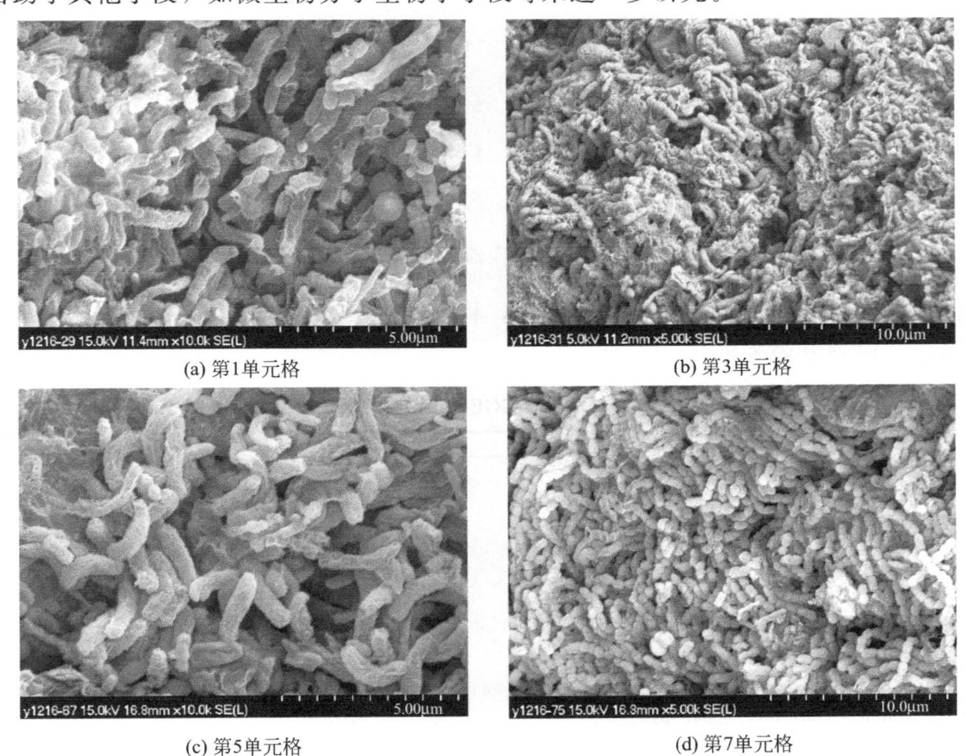

图 8-30　不同单元格内微生物的扫描电镜照片

(2) 进水 COD 降低时群落的动态演替

浓度为了模拟实际的废水，先前人工配水的 COD 比较高，实际废水中 COD 浓度为 200～600mg/L，因此试验设计了将 COD 进行抑制试验。提取反应器中污泥的总 DNA，通过 PCR-DGGE 的方法，对种群变化和微生物组成进行分析。获得的 DGGE 图谱如图 8-31 所示，进水的 COD 降低后，培养一周后微生物群落基本稳定；当向反应器第 2 和第 5 单元格同时加入硝酸盐，此时的S/N值=6：6，第2单元格加入药剂后种群基本上没有变化，只是在第5单元格加入药剂后，第6、第7单元格以及出水中的COD含量变化显著。与培养阶段相比，主要的优势条带基本上没有发生变化，但是种群的多样性增加了。

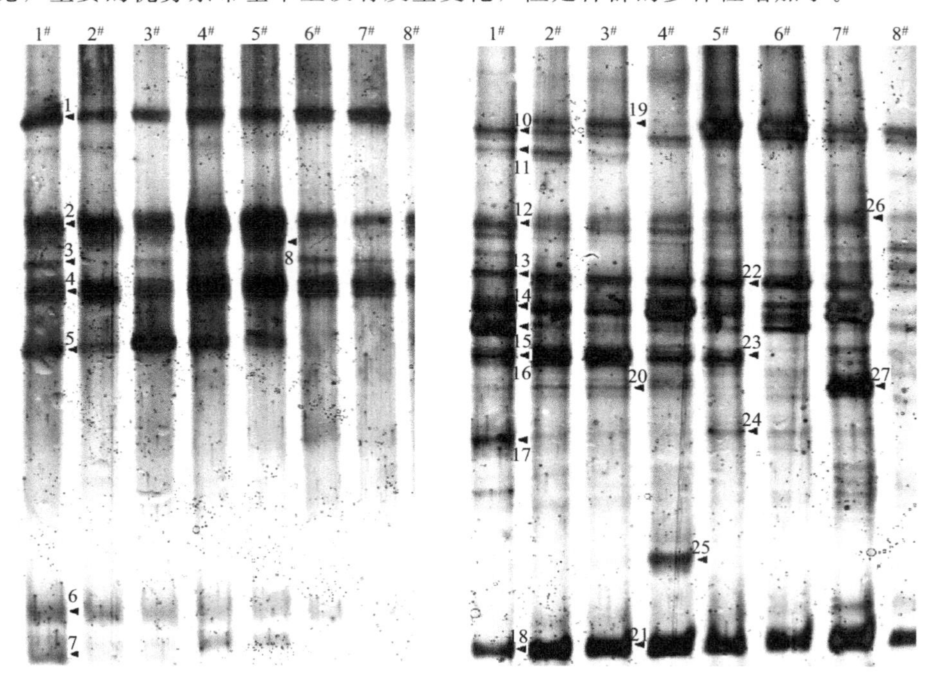

(a) 降COD污泥培养阶段　　(b) S/N=6:6

图 8-31　降 COD 时反应器各单元的 DGGE 图谱

对图谱中优势的条带进行回收克隆测序，将序列在GenBank中比对，对回收的克隆序列进行鉴定。序列见表8-8。

表 8-8　16S rRNA V3 区 DGGE 图谱的优势条带序列（一）

条带	最相近细菌 16S rRNA 序列	相似性/%	出处
1	*Desulfovibrio alcoholovorans* (AF053751)	98	非洲稻田
2	*Thauera* sp. (EF205258)	99	杂环胺降解
3	*Gordonia* sp. (EF538733)	99	—
4	*Clostridium* sp. (DQ839378)	99	—
5	*Pseudomonas* sp. (AF326380)	99	—
6	Unidentified bacterium(AB004762)	98	肠道细菌菌群
7	*Uncultured Arcobacter* sp. (AY762909)	99	乳制品废水
8	Uncultured bacterium(EF470967)	97	废水处理
9	*Paracoccus versutus*(EU434455)	98	抗生素生产废水
10	*Desulfovibrio* sp. (AB212874)	97	厌氧菌能力
11	Uncultured bacterium(DQ684596)	92	土壤根际群落
12	*Thauera selenatis*(Y17591)	98	渗滤液处理厂
13	*Clostridium diolis*(AJ458418)	99	—
14	*Alcaligenes* sp. (EF205260)	90	—
15	*Pseudomonas* sp. (EU545155)	98	材料厂的污水
16	*Uncultured Arcobacter* sp. (AY692046)	96	厌氧生物膜
17	*Paracoccus* sp. (EU594260)	98	污水处理池沉积物
18	*Arcobacter* sp. (AM084124)	99	—
19	*Bacillus coagulans*(AB362706)	99	—
20	Uncultured bacterium(DQ140062)	94	酸性硫酸盐水
21	*Uncultured Arcobacter* sp. (DQ234097)	96	—
22	Clostridium butyricum(EU621841)	99	牛粪堆肥

续表

条带	最相近细菌 16S rRNA 序列	相似性/%	出处
23	*Uncultured Arcobacter* sp. (AY692044)	99	—
24	*Paenibacillus* sp. (EU236729)	98	—
25	Uncultured bacterium(CR933136)	98	厌氧污泥硝化器
26	*Thauera* sp. (AB287434)	99	
27	Uncultured bacterium(DQ836747)	97	反硝化生物反应器
28	Uncultured bacterium(AB267067)	97	—
29	*Paenibacillus lautus*(DQ911347)	97	—
30	*Streptococcus dysgalactiae* (AY584478)	92	—

降 COD 后微生物的种群主要由 *Thauera* sp.、*Clostridium* sp.、*Pseudomonas* sp.、*Bacillus coagulans*、*Paenibacillus lautus* 等组成，将比对后的序列，采用 NJ 法构建系统发育树，如图 8-32 所示。

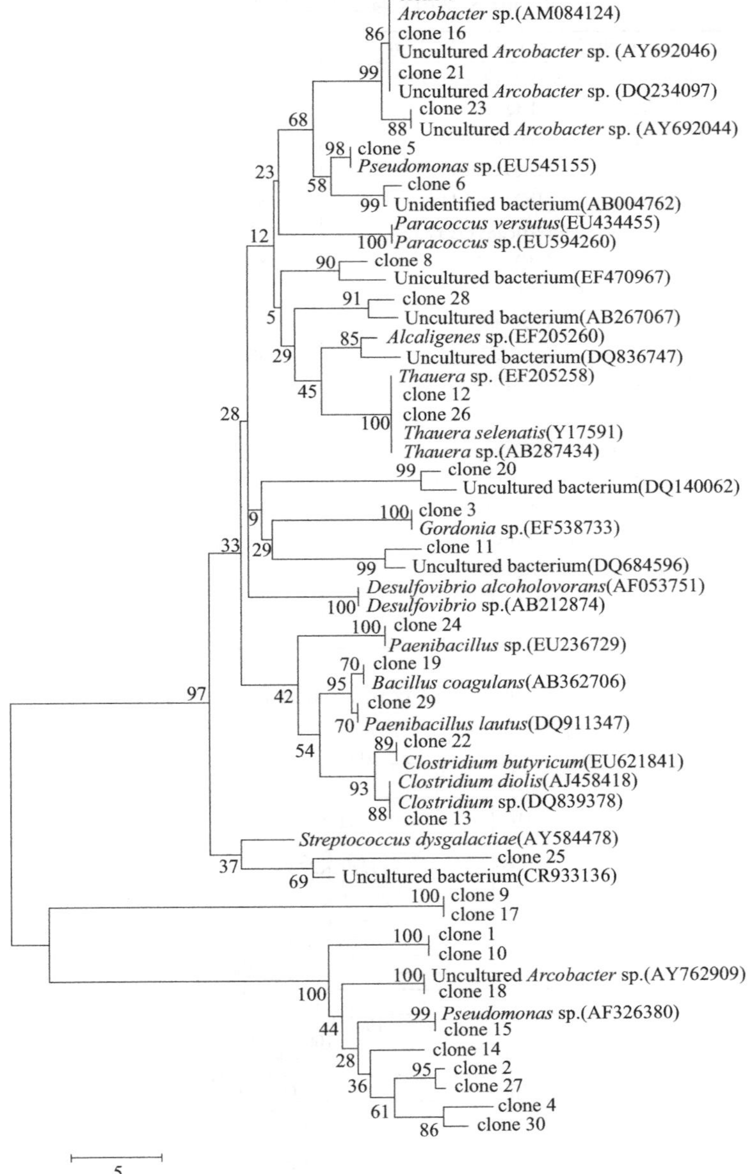

图 8-32　克隆文库的 16S rRNA 基因序列与 GenBank 中最相似的序列的系统发育树（一）

(3) 有效作用单元格反硝化功能菌种群群落组成

在本试验条件下，当进水 COD 为 600mg/L，SO_4^{2-} 浓度为 600mg/L，硝酸根从第 2 和第 5 单元格同时加入，SO_4^{2-}/NO_3^- 值为 1∶1 时，抑制效果最明显，抑制率达 100%，出水中未检测到硫离子。提取有效单元格（2#、5#）污水的总 DNA 构建 *nir S* 基因文库，随机挑取克隆子进行测序，获得基因片段，比对后的结果见表 8-9。主要的反硝化功能微生物主要分布在 α-变形菌纲（*Alphaproteobacteria*）布鲁氏菌属（*Brucella*）、β-变形菌纲（*Betaproteobacteria*）产碱菌属（*Alcaligenes*）、α-变形菌纲（*Alphaproteobacteria*）副球菌属（*Paracoccus*）、α-变形菌纲（*Alphaproteobacteria*）根瘤菌属（*Rhizobium*）、γ-变形菌纲（*Gammaproteobacteria*）*Shigella* 属。其中以 β-变形菌纲（*Betaproteobacteria*）产碱菌属（*Alcaligenes*）为主。

表 8-9　*nir S* 基因克隆文库的优势条带序列

条带	GenBank 登录号	最相近细菌 16S rRNA 序列	相似性/%	出处
K1	AS002345	*Brucella melitensis*(AE009732)	82	—
K2	AS002346	*Alcaligenes* sp.(DQ108984)	85	废水处理反应器
K4	AS002347	*Alcaligenes* sp. (DQ108984)	78	废水处理反应器
K5	AS002348	*Alcaligenes* sp. (DQ108984)	87	废水处理反应器
K8	AS002349	*Alcaligenes* sp. (DQ108984)	85	废水处理反应器
K10	AS002350	*Paracoccus denitrificans*(AY345243)	91	本特格拉斯和百慕大格拉斯高尔夫球场
K12	AS002351	*Alcaligenes* sp. (DQ108984)	85	废水处理反应器
K14	AS002352	*Alcaligenes* sp. (DQ108984)	80	废水处理反应器
K19	AS002353	*Rhizobium* sp. (DQ096645)	100	反硝化条件
K21	AS002354	*Brucella melitensis*(AE009732)	82	
K26	AS002355	*Alcaligenes* sp. (DQ108984)	85	废水处理反应器
K27	AS002356	*Alcaligenes* sp. (DQ108984)	85	废水处理反应器
K28	AS002357	*Alcaligenes* sp. (DQ108984)	85	废水处理反应器
K29	AS002358	*Brucella melitensis*(AE009732)	82	—
K31	AS002359	*Alcaligenes* sp. (DQ108984)	85	废水处理反应器
K32	AS002360	*Shigella flexneri*(AE005674)	82	—
K34	AS002361	*Alcaligenes* sp. (DQ108984)	85	废水处理反应器
K35	AS002362	*Brucella melitensis*(AE009732)	82	—
K36	AS002363	*Alcaligenes* sp. (DQ108984)	85	废水处理反应器

将获得的序列，采用 NJ 法构建系统发育树，如图 8-33 所示。

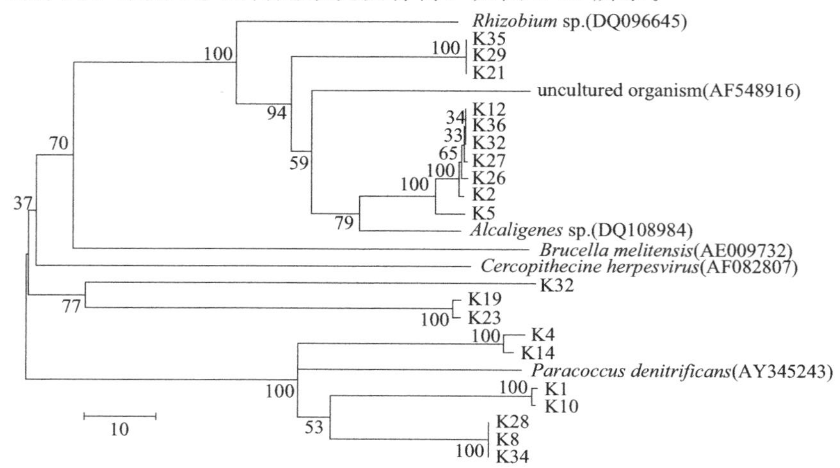

图 8-33　*nir S* 基因文库的系统发育树

同时对提取的有效单元格的 DNA，采用 *nir S* 基因序列进行扩增，构建基因文库，获得的基因序列见表 8-10，主要分布在厚壁菌门（*Firmicutes*）芽孢杆菌纲（*Bacilli*）苏芸金杆菌（*Bacillus thuringiensis*）、α-变形菌纲（*AlpHaproteobacteria*）副球菌属（*Paracoccus*）、放线菌门（*Acitinobacteria*）放线菌纲（*Actinobacteria*）*Kocuria* 属、β-变形菌纲（*Betaproteobacteria*）*Dechloromonas* 属、β-变形菌纲（*Betaproteobacteria*）*Alicycliphilus* 属、β-变形菌纲（*Betaproteobacteria*）固氮弓菌属（*Azoarcus*）。

表 8-10 *nir S* 基因克隆文库的优势条带序列

条带	GenBank 登录号	最相近细菌 16S rRNA 序列	相似性/%
S27	AS002364	*Bacillus thuringiensis*(AY083683)	100
S21	AS002365	*Dechloromonas* sp. (AM230913)	80
S30	AS002366	*Paracoccus denitrificans*(PDNIRSECF)	83
S20	AS002367	*Paracoccus denitrificans*(PDNIRSECF)	83
S23	AS002368	*Kocuria varians*(AY345246)	83
S14	AS002369	*Paracoccus denitrificans*(PDU75413)	88
S11	AS002370	*Dechloromonas aromatica*(CP000089)	89
S35	AS002371	*Paracoccus denitrificans*(PDNIRSECF)	84
S17	AS002372	*Paracoccus denitrificans*(PDU75413)	82
S5	AS002373	*Paracoccus denitrificans*(PDNIRSECF)	84
S9	AS002374	*Azoarcus tolulyticus*(AY078272)	86
S24	AS002375	*Dechloromonas aromatica* (CP000089)	89
S29	AS002376	*Magnetospirillum magneticum*(AP007255)	83
S13	AS002377	*Dechloromonas aromatica* (CP000089)	89
S32	AS002378	*AlicyclipHilus* sp. (AM230896)	90
S12	AS002379	*Azoarcus tolulyticus*(AY078272)	83

其中以 α-变形菌纲（Alphaproteobacteria）副球菌属（*Paracoccus*）为主。同时构建了系统发育树，如图 8-34 所示。通过两个基因构建的文库看，其差异很大，因此采用多种基因进行研究分析，才能比较全面地分析群落的组成，造成这样的结果的一个重要的原因是引物的特异性和通用性，以及存在的微生物种群的多样性。

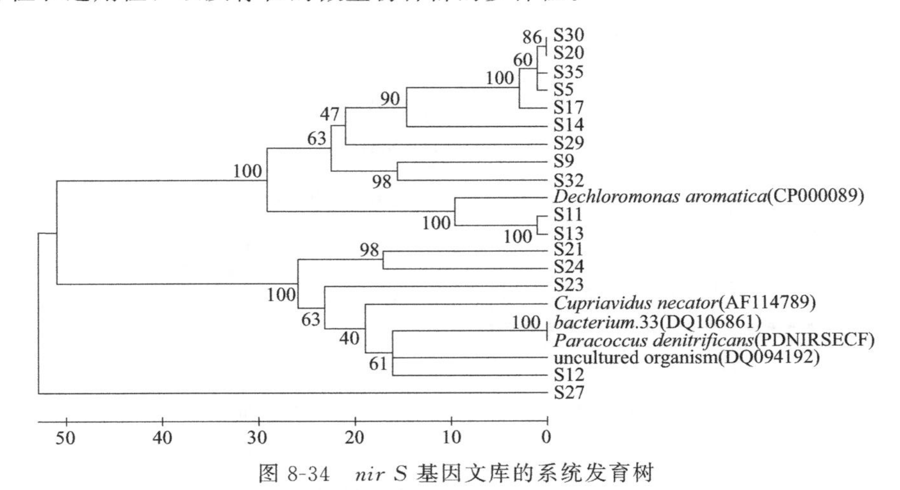

图 8-34 *nir S* 基因文库的系统发育树

8.5.2 原水反硝化抑制试验效果

在通过室内模拟水试验获得反硝化抑制条件后，进行采出水原水室内抑制试验研究。试验水样取自具有代表性的水处理站的一厂北 I-1 和四厂新杏九联。试验装置如图 8-35 所示，在反应器内部填充核桃壳滤料，模拟滤罐环境。滤料可以作为微生物附着的载体，所以从一定程度上还可表征对附着型硫酸盐还的原菌的抑制状况。采出水试验连续进行，进水取自水处理站来水，试验分两个阶段，第一阶段不进行抑制，第二阶段加入抑制剂抑制，抑制剂自反应器第 2 个单元格加入，第 4 个单元格的水为出水。

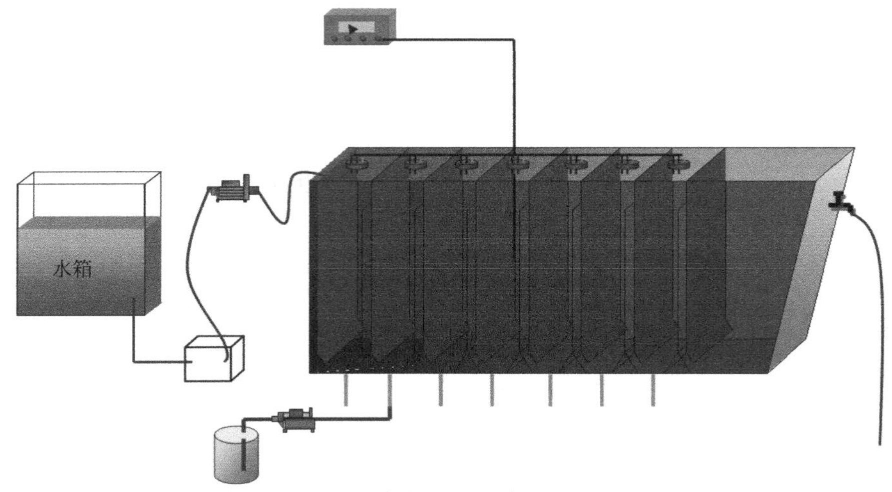

图 8-35　厌氧折流板反应器装置示意

8.5.2.1　常规水驱采出液抑制试验效果及群落动态演替研究

(1) 常规水驱采出液抑制试验效果

常规水驱采出液抑制试验水样取自四厂新杏九联水处理站，室内连续抑制效果如图 8-36、图 8-37 所示。

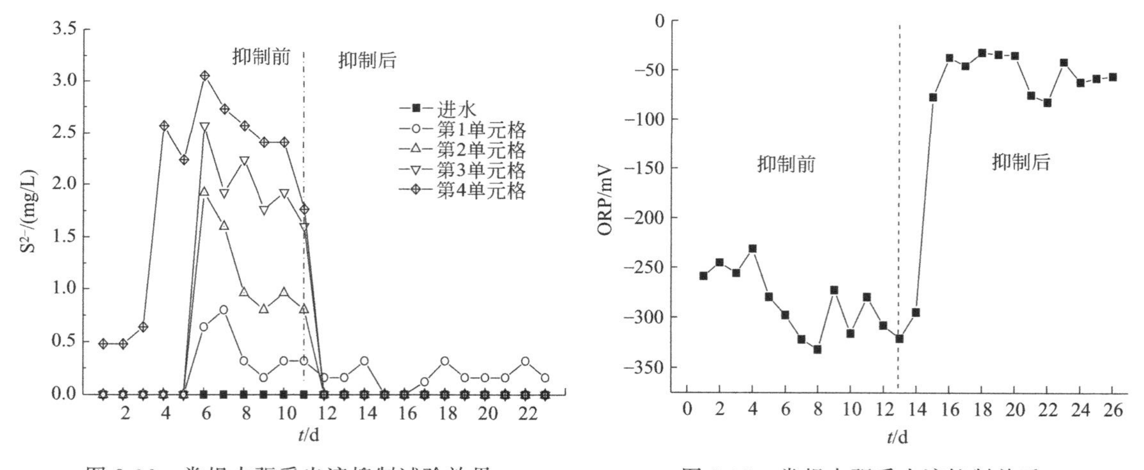

图 8-36　常规水驱采出液抑制试验效果

图 8-37　常规水驱采出液抑制前后第 4 单元格（出水）ORP 变化情况

如图 8-36 所示，抑制前系统中含有硫化物，硫化物含量随停留时间的延长，浓度逐渐增加，在第 4 单元格中硫化物浓度最高达到 2.5mg/L 以上。在第 2 单元格加入抑制剂抑制后，第 2～第 4 单元格中硫化物浓度急剧下降，最后降低至方法检测限（0.3mg/L）以下，而没有加入抑制剂的第 1 单元格中硫化物浓度没有减少。可见，常规水驱采出液加入反硝化抑制剂后，可明显抑制硫酸盐还原菌活性，极大减少硫化物的产生。

如图 8-37 所示，根据常规水驱采出液抑制前后第 4 单元格（出水）氧化还原电位变化情况可以判断，抑制前氧化还原电位为－300mV左右，属于硫酸盐还原反应体系，发生硫酸盐还原作用，产生硫化物；抑制后，氧化还原电位为－50mV左右，属于反硝化反应体系，发生反硝化作用，硫酸盐还原被抑制，不产生硫化物。

如图8-38所示，进水和出水的pH值在8.0～8.4之间波动，进水和出水的变化趋势基本相同，碱度在2200～2400mg/L的范围内波动，进水和出水变化趋势相同，只是碱度自抑制前偏高，而抑制后有所下降，幅度在200mg/L以内。这是反硝化细菌生长导致的，对系统没有影响。

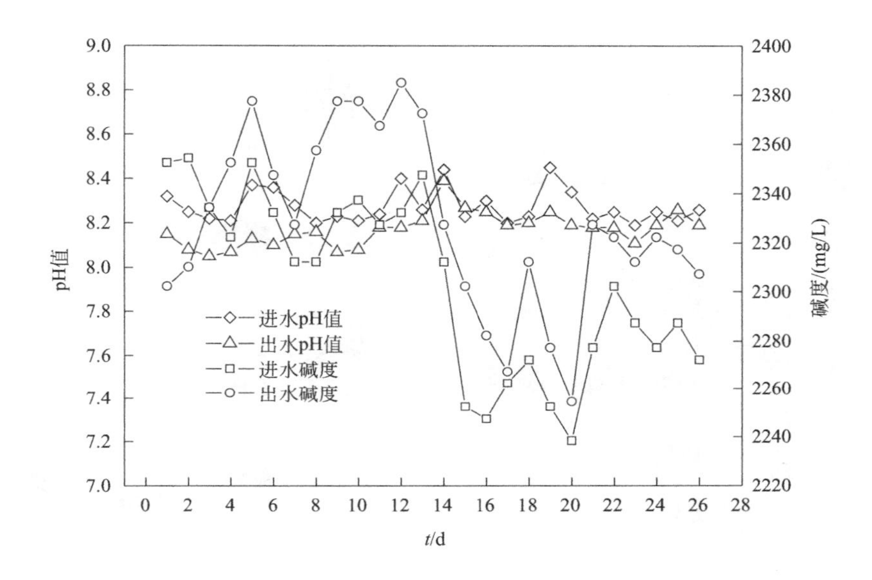

图8-38 常规水驱采出液抑制前后碱度及pH值变化情况

(2) 填料中生物相观察

如图8-39所示，相对于纯填料的核桃而言，填料表面附着大量的细菌，多以杆菌为主。

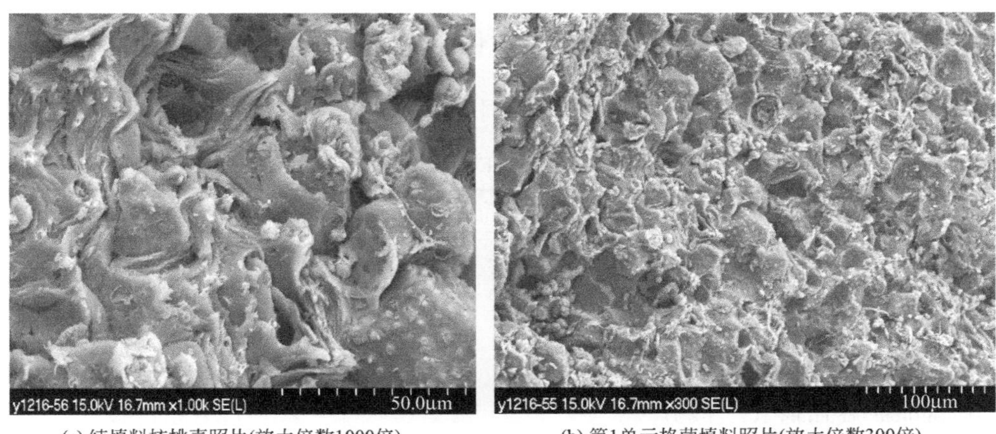

(a) 纯填料核桃壳照片(放大倍数1000倍)　(b) 第1单元格菌填料照片(放大倍数300倍)

图8-39 纯填料核桃壳和带菌填料扫描电镜照片

(3) 群落动态演替研究

如图 8-40 所示，采用的 16S rRNA 间隔区 338F/534R 的引物，扩增片段在 200bp 左右，系统恢复阶段，特别是第 1 单元格的种群相对原水变化较大，第 3、第 4 单元格基本达到稳定，然后从第 2 单元格加药。从整个图谱分析，加药后相对于第 1 单元格和第 2 单元格种群基本上变化不大，y24 和 y22 条带显著增强，而在第 3 单元格变化明显，y22 条带突然间减弱，y25 和 y27 条带突然增强，种群多样性增加。第 4 单元格群落开始恢复，与第 1 单元格相似性较高，y30 条带增强。

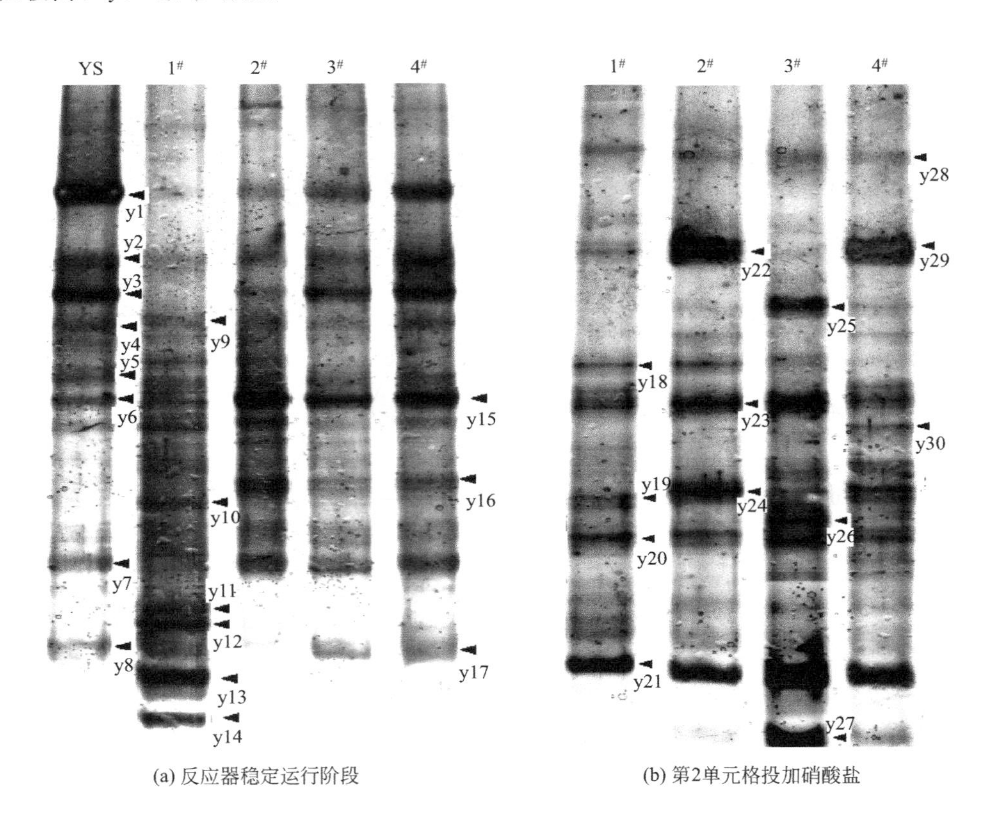

图 8-40 16S rRNA V3 区 DGGE 图谱（一）

对图谱中的优势条带进行回收克隆测序，同时进行比对，获得 30 个克隆，见表 8-11。

表 8-11 16S rRNA V3 区 DGGE 图谱的优势条带序列（二）

条带	最相近细菌 16S rRNA 序列	相似性/%	出处
y1	*Thauera selenatis*(Y17591)	99	渗滤液处理厂
y2	*Desulfovibrio* sp.(DQ839140)	99	燃料处理条件
y3	*Clostridium diolis*(AJ458418)	99	—
y4	*Pseudomonas mendocina* (EU395787)	98	—
y5	Uncultured bacterium(AY221073)	94	岩石国家公园
y6	*Hydrogenophaga* sp. (AM110076)	99	—
y7	*Thiovirga sulfuroxydans* (AB118236)	99	废水生物膜

续表

条带	最相近细菌 16S rRNA 序列	相似性/%	出处
y8	Uncultured bacterium(DQ129398)	92	高杆草草原土壤
y9	*Pseudomonas pseudoalcaligenes* (AB109888)	99	—
y10	*Uncultured Sphingomonas* sp. (EU632096)	95	水样
y11	Uncultured bacterium(AY768825)	99	深大断裂
y12	*Gordonia* sp. (EF538740)	99	—
y13	*Eubacterium brachy* (EBU13038)	100	—
y14	*Arcobacter cibarius*(AJ607391)	95	肉鸡尸体
y15	*Hydrogenophaga taeniospiralis*(AF078768)	98	食醋戴尔福特菌
y16	Uncultured bacterium(EU335223)	94	土壤
y17	Uncultured bacterium(EU134617)	92	土壤
y18	*Fusibacter* sp. (AF491333)	98	南非金矿
y19	*Uncultured Sphingomonas* sp. (EU632094)	94	水样
y20	*Clostridium diolis*(DQ831125)	98	活性污泥
y21	Uncultured firmicute(DQ125742)	96	缺氧的淡水池塘
y22	*Thauera* sp. (EU652481)	99	猪粪
y23	*Hydrogenophaga* sp. (EU130965)	99	水处理
y24	*Clostridium butyricum*(AY442812)	99	东部灰袋鼠
y25	*Paenibacillus lautus*(AB363733)	99	—
y26	*Bacillus coagulans*(AB362706)	99	—
y27	*Arcobacter cibarius*(AJ607391)	99	肉鸡尸体
y28	*Desulfovibrio alcoholovorans* (AF053751)	98	非洲稻田
y29	*Thauera* sp. (EF205255)	98	—
y30	Uncultured bacterium(AY661994)	95	含酸铀废料

对获得的序列，采用 NJ 法构建系统发育树，如图 8-41 所示。

8.5.2.2 含聚采出水抑制试验效果及群落动态演替研究

(1) 含聚采出水抑制试验效果

含聚采出水抑制试验水样取自一厂北 I-2 水处理站，室内连续抑制效果如图 8-42、图 8-43 所示。

如图 8-42 所示，含聚采出水抑制试验效果与图 8-36 的不含聚采出水抑制试验效果十分相近，加入抑制剂抑制后，含聚采出水中硫化物浓度由抑制前的约 2mg/L 降低到检测限 (0.3mg/L) 以下，硫酸盐还原菌活性得到充分抑制。

图 8-43 的氧化还原电位变化规律表明，抑制前氧化还原电位为−300～−250mV，属于硫酸盐还原反应体系；抑制后氧化还原电位为−100～−50mV，属于反硝化反应体系，硫酸盐还原被有效抑制。

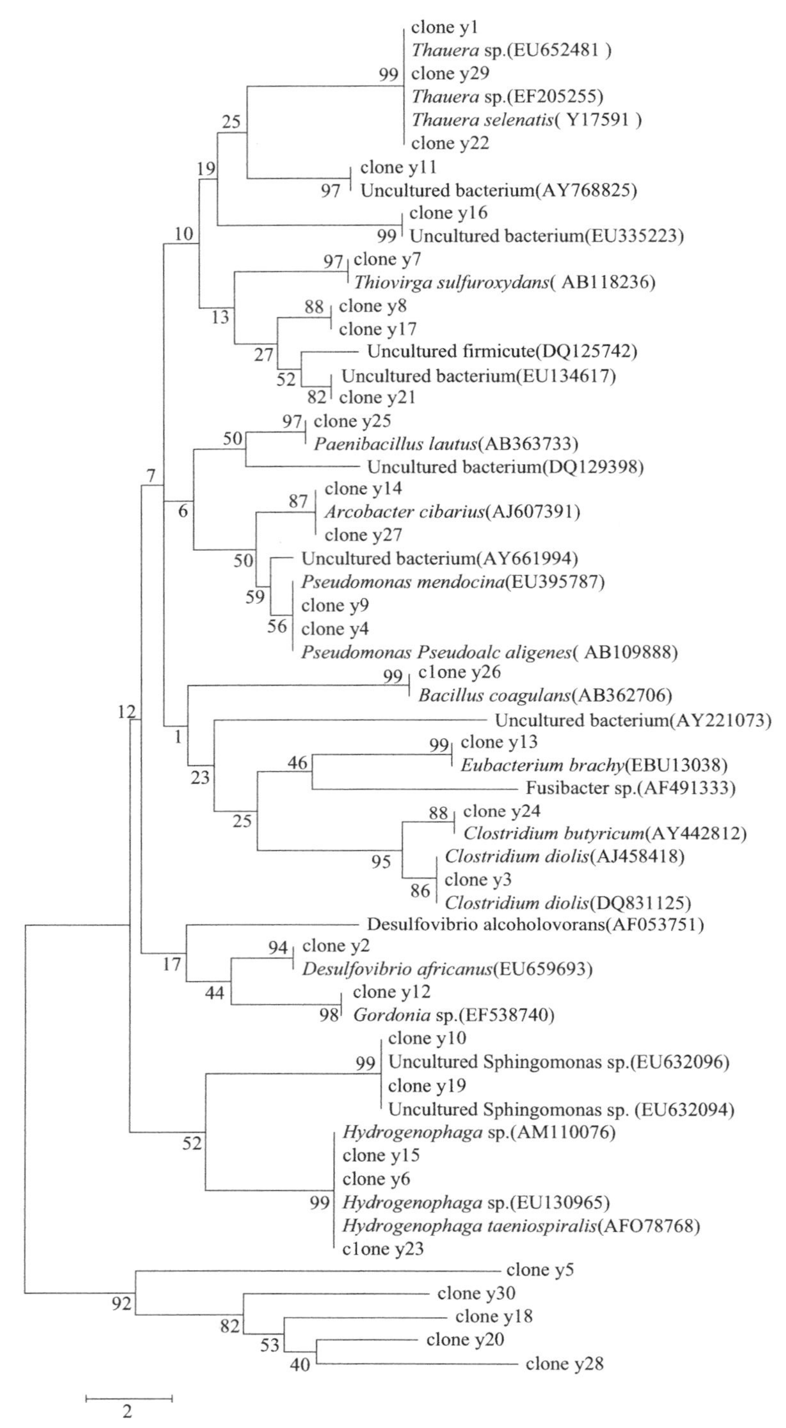

图 8-41 克隆文库的 16S rRNA 基因序列与 GenBank 中最相似的序列的系统发育树（二）

如图 8-44 所示，进水和出水的 pH 值在 7.9～8.2 之间波动，进水、中间加药和出水的变化趋势基本相同，碱度在 2370～2520mg/L 的范围内波动，进水和出水变化趋势相同，只是碱度自抑制前偏高，而抑制后有所下降，幅度在 200mg/L 以内。这是反硝化细菌生长导致的。两种污水的变化规律基本相同，药剂的投加对系统没有影响。所以，采出水抑制试验

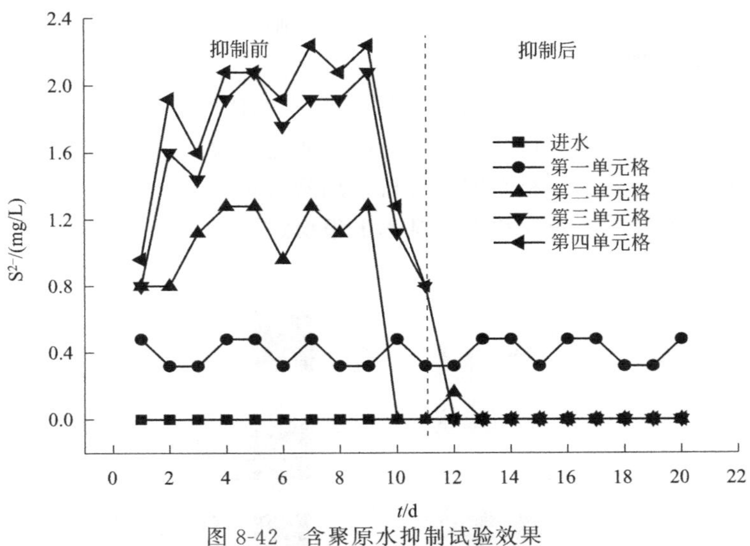

图 8-42　含聚原水抑制试验效果

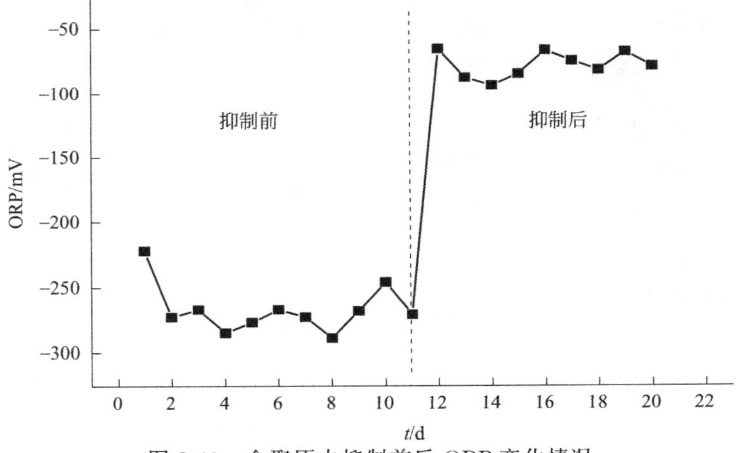

图 8-43　含聚原水抑制前后 ORP 变化情况

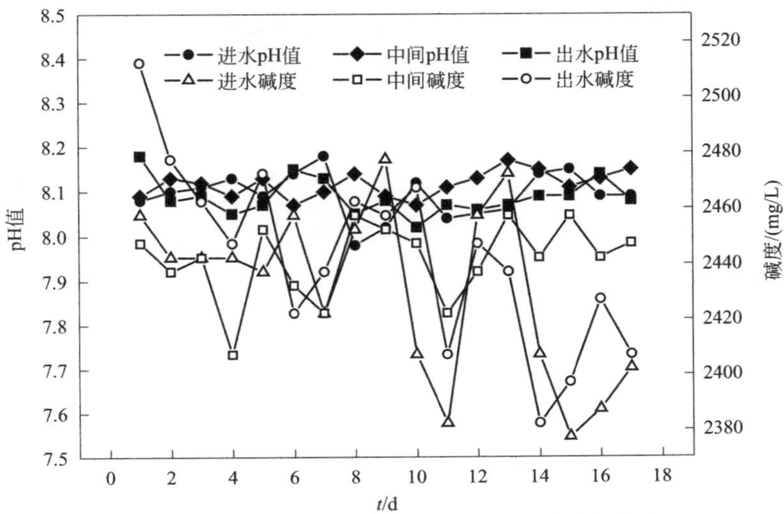

图 8-44　含聚原水抑制前后碱度及 pH 值变化情况

结果表明，含聚采出水与不含聚采出水都可以通过反硝化作用有效抑制硫酸盐还原作用。

（2）群落动态演替研究

如图8-45所示，采用的16S rRNA间隔区338F/534R的引物，扩增片段在200bp左右，系统恢复阶段，特别是第1单元格的种群相对原水变化较大，第2～第4单元格基本达到稳定，然后从第2单元格加药，从整个图谱分析，加药后相对于第1单元格和第2单元格种群基本上变化不大，第3和第4单元格群落基本上很稳定。

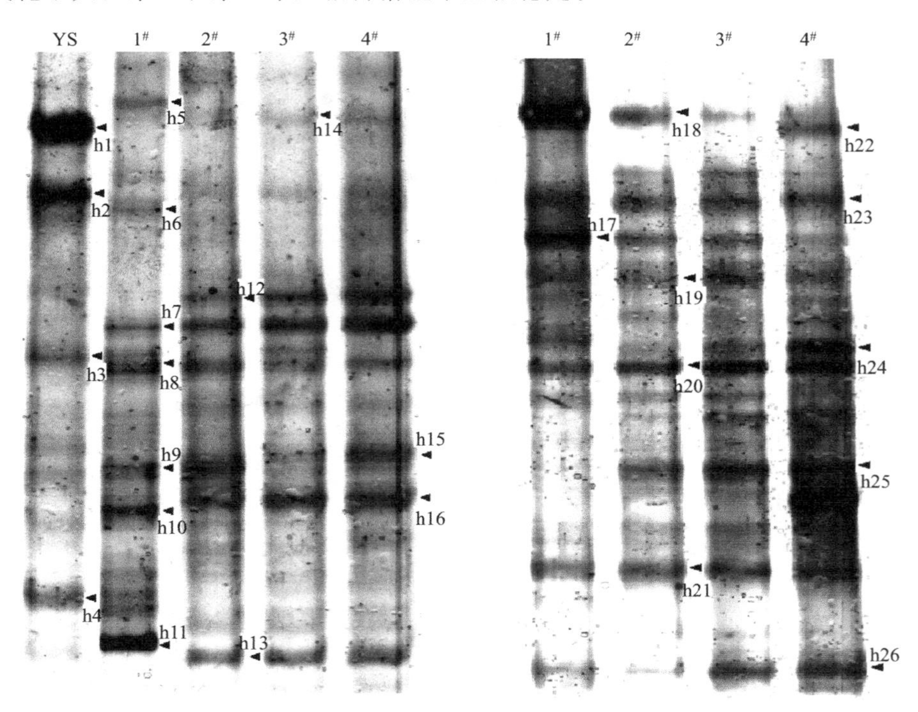

(a) 反应器稳定运行阶段　　(b) 第2单元格投加硝酸盐

图8-45　16S rRNA V3区DGGE图谱（二）

对条带进行切胶回收克隆测序，获得26条序列，比对结果如表8-12所列。

表8-12　16S rRNA V3区DGGE图谱的优势条带序列（三）

条带	最相近细菌16S rRNA序列	相似性/%	出处
1	*Desulfovibrio desulfuricans*(AF192153)	98	—
2	*Thauera* sp. (EU037291)	98	铬污染的废物
3	*Hydrogenophaga taeniospiralis* (AF078768)	98	—
4	Uncultured soil bacterium (EF101819)	97	生物反应器
5	Uncultured bacterium(CR933119)	96	厌氧污泥硝化器
6	*Clostridiaceae bacterium* (AY261814)	91	室温下的废水
7	*Eubacterium* sp. (AM884910)	99	水解罐
8	*Paenibacillus* sp. (AM162327)	95	各种栖息地
9	*Klebsiella pneumoniae*(EU661377)	99	工厂
10	Uncultured Petrobacter sp. (EU250931)	99	—
11	Uncultured Halanaerobium sp. (DQ242019)	97	水和油
12	Uncultured Sphingomonas sp. (EU632096)	95	淋浴头拭子和水
13	Uncultured Pelobacter sp. (EU616756)	95	—
14	*Thauera terpenica* (AJ005817)	98	—
15	*Klebsiella* sp. (EU596962)	98	有机酸分泌
16	*Paracoccus versutus*(EU434456)	98	接收河
17	Uncultured alpha proteobacterium (AM420114)	99	坏疽性口炎细菌学
18	*Thauera* sp. (AJ315677)	98	—
19	*Bacillus coagulans*(AB362706)	99	—
20	*Paenibacillus lautus*(AB073188)	99	—

续表

条带	最相近细菌 16S rRNA 序列	相似性/%	出处
21	*Alcaligenes defragrans* (AB195161)	99	—
22	Uncultured Neisseria sp. (EU341184)	100	—
23	*Clostridium* sp. (AB436741)	99	—
24	Uncultured Bacilli bacterium(EU551122)	99	—
25	*Klebsiella ornithinolytica* (Y17662)	99	—
26	Uncultured bacterium(AY345513)	96	—

图谱中的优势种群为 *Thauera* sp.、*Clostridiaceae bacterium*、*Eubacterium* sp.、*Paenibacillus* sp.、*Klebsiella pneumoniae*、*Bacillus coagulans*。通过 16S rRNA 基因扩增、NCBI 基因比对，构建系统发育树。构建的系统发育树如图 8-46 所示。

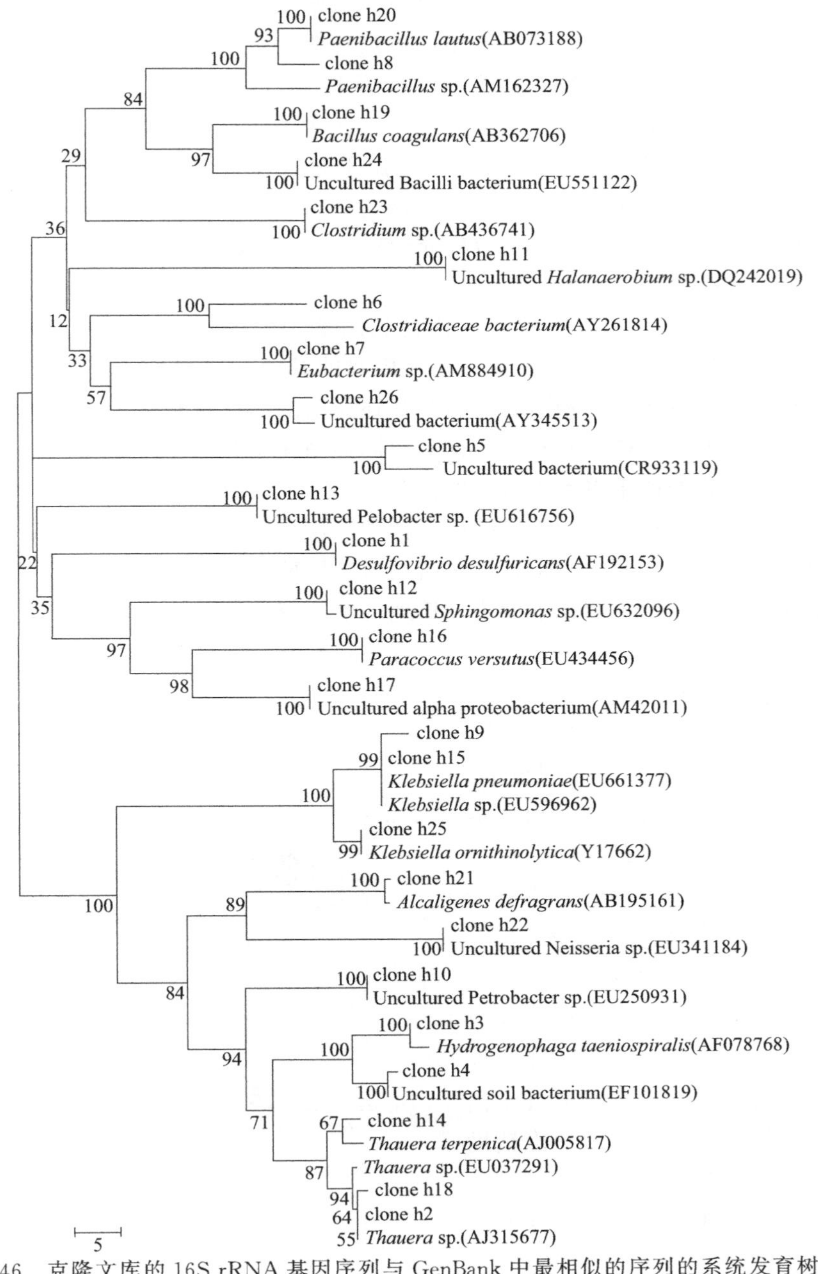

图 8-46　克隆文库的 16S rRNA 基因序列与 GenBank 中最相似的序列的系统发育树（三）

8.5.3 SRB 生态抑菌剂的研制

硫酸盐还原菌生态抑菌剂的基本思路是刺激本源反硝化微生物种群生长，通过投加刺激因子和硫酸盐还原菌抑制因子，合理配置、优化成生态抑菌剂。反硝化细菌在分类学上没有专门的类群，它们分散于原核生物的众多种属中。反硝化细菌的反硝化作用通过反硝化酶实现，反硝化细菌含有反硝化酶基因，具有反硝化潜力，但并不总是表现出反硝化能力。只有当反硝化细菌的反硝化酶基因表达成相应的反硝化酶时，它们才具有实在的反硝化能力。反硝化酶基因的表达受多种因素制约，其中反硝化刺激响应子和反硝化酶中所需活性元素是最重要的制约因素。催化各种氮氧化物的还原反应是反硝化细菌最为显著的生理特征，对氮氧化物的刺激做出响应是反硝化细菌最为基本的生理功能，所以，氮氧化物是反硝化细菌的刺激响应子。根据刺激物（氮氧化物）的不同，反硝化细菌的刺激响应子可分为硝酸盐刺激响应子、NO 刺激响应子、N_2O 刺激响应子，分别对应着不同的反硝化基因酶簇。

在反硝化刺激响应子中，NO 和 N_2O 在常温下是气体，而硝酸盐是水溶性的，所以，适合大庆油田油水系统的反硝化刺激响应子应该选择水溶性的硝酸盐。以硝酸盐为反应物进行反硝化作用的过程中会产生 NO 和 N_2O，产生的 NO 和 N_2O 作为刺激响应子会进一步促进反硝化细菌的反硝化能力。

DNB 在热力学和动力学上具有优势，优先利用基质，从而抑制了 SRB 的代谢。同时，向反应系统中加入的钼酸盐和硫酸盐因为具有相似的基团，使得 SRB 在反应时受到影响，不能有效利用硫酸盐进行还原。钼酸盐对硫酸盐还原菌的活性就有很好的抑制效果，对反硝化细菌基本上没有影响，在硝酸盐和钼酸盐的协同抑制作用和 DNB 和 SRB 之间的共生和拮抗作用影响下，硫化物的产生得到了有效的抑制。钼酸盐的成本较高，添加的含量较低。

所以，综合考虑反硝化细菌的刺激响应子性质、反硝化细菌生长繁殖所需基本营养、反硝化酶所需的活性元素等方面的因素，以及硫酸盐还原菌的抑制因子，结合大庆油田采出水中水质成分及其含量，开发出适合于大庆油田地面水系统的硫酸盐还菌生态抑菌剂。该抑菌剂包含 6 种有效成分，以硝酸盐为主，同时含有一定量其他辅助成分，它们均具有良好的水溶性，其水溶液 pH 为中性。

为确定抑制剂各组分含量比例关系，进行了不同组分不同浓度下的抑制试验。一厂北 I-1 和四厂新杏九联处理站出水混合后，加入静态培养一个月的污泥，经过预处理，在厌氧条件下进行培养，当有大量的硫酸盐还原菌产生时，硫化物大量存在。试验时首先进行主要成分对硫酸盐还原菌活性的抑制效果试验，优化出主要成分的最佳抑制浓度。然后，在此最佳浓度下，添加不同比例的辅助成分，进行不同辅助成分下的抑制效果试验，优化出辅助成分和主要成分的相对数量关系。通过检验硫化物浓度来反映抑制效果。主要成分抑制效果见图 8-47。

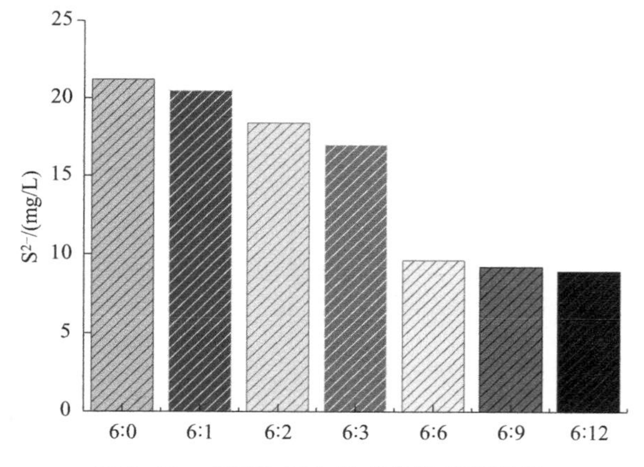

图 8-47 不同浓度主要成分的抑制效果

如图8-47所示，在SO_4^{2-}/NO_3^-质量比为6∶0，即不加入抑制剂主要成分时，反应结束后，硫化物浓度最高，达21.2mg/L。加入抑制剂主要成分后，硫化物浓度降低，在SO_4^{2-}/NO_3^-质量比在(6∶3)～(6∶1)之间时，硫化物浓度降低到17.1～20.5mg/L；当SO_4^{2-}/NO_3^-质量比为6∶6时，硫化物浓度急剧降低到9.6mg/L，下降幅度较大，抑制效果明显；当SO_4^{2-}/NO_3^-质量比为6∶9和6∶12时，硫化物浓度下降幅度也较大，分别为9.2mg/L和8.9mg/L，而与6∶6时相比，下降的幅度不明显。所以，综合考虑加药量和抑制效果的关系，确定抑制剂主要成分的加入量为SO_4^{2-}/NO_3^-质量比为6∶6。

以下辅助成分抑制效果试验都在SO_4^{2-}/NO_3^-质量比为6∶6的条件下进行。根据微生物反硝化作用的特点，加入具有不同作用的辅助成分，辅助成分1起到加快反硝化起始速率的作用，辅助成分2～4起到促进反硝化微生物生长的作用，辅助成分5对硫酸盐还原菌有抑制作用。

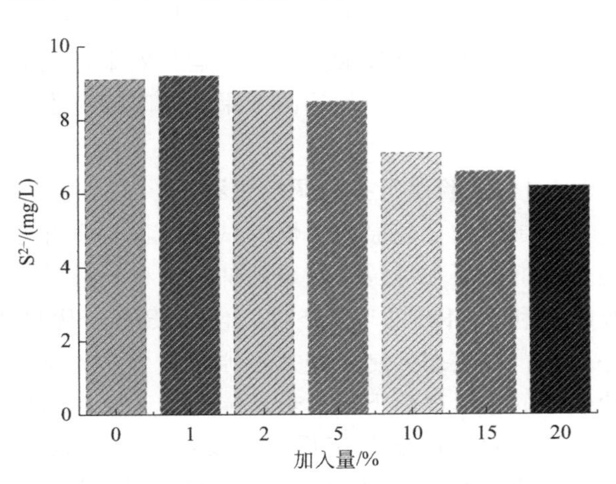

图8-48　辅助成分1对抑制效果的影响

如图8-48所示，在抑制剂主要成分最佳浓度SO_4^{2-}/NO_3^-质量比为6∶6的条件下，反应结束后硫化物的浓度为9.1mg/L，加入辅助成分1后硫化物含量进一步降低，并且硫化物含量随辅助成分1的增加而降低。综合考虑抑制效果和加药成本，选择抑制剂辅助成分1的加入量为主要成分浓度的10%。在确定了抑制剂的主要成分和辅助成分1的比例关系后，在此基础上进行辅助成分2～5的抑制效果试验。由于辅助成分2～4起促进反硝化微生物生长的作用，所以，它们的加入量很少。

由表8-13可见，在没有加入辅助成分2～5的空白试验中，硫化物浓度为7.5mg/L，在分别加入辅助成分2～5后，硫化物浓度有一定程度的降低。但是各辅助成分加入量在0.2%～0.6%之间时，反应完成后硫化物浓度变化不大。综合考虑抑制效果和加药成本，选择辅助成分2～4的加入量为主要成分的0.4%，辅助成分5的加入量为主要成分的0.2%。

表8-13　加入辅助成分2～5的抑制效果

辅助成分种类	辅助成分与主要成分的浓度比/%	S^{2-}/(mg/L)
空白	0	7.5
辅助成分2	0.2	6.2
	0.4	6.4
	0.6	5.9
辅助成分3	0.2	6.5
	0.4	6.1
	0.6	6.7
辅助成分4	0.2	6.1
	0.4	5.9
	0.6	6.4
辅助成分5	0.2	3.0
	0.4	2.8
	0.6	2.5

综上所述，开发出的硫酸盐还原菌生态抑菌剂各组分的构成（质量比）如下：主要成分∶辅助成分1∶辅助成分2∶辅助成分3∶辅助成分4∶辅助成分5＝100∶10∶0.4∶0.4∶0.4∶0.2。为表述方便，硫酸盐还原菌生态抑菌剂简称生态抑菌剂。对确定的生态抑菌剂进行了抑制效果试验。抑制剂加入前硫化物浓度为20.6mg/L，抑制剂加入后硫化物浓度降低到3.8mg/L，效果十分明显，效果优于单独加入抑制剂各种辅助成分时的抑制试验效果。

8.5.4 生态抑菌剂和抑菌陶粒联合抑制室内连续流试验

在生态抑菌剂开发后，试验根据回注水系统工艺的特点，试图将生态抑菌剂和抑菌陶粒联合运用考察抑制硫酸盐还原的运行效果，主要是通过室内人工配水，分别考察生态抑菌剂和抑菌陶粒单独使用的抑菌效果，同时探讨生态抑菌剂和抑菌陶粒联合抑制效果和系统生态因子的调控研究。

8.5.4.1 试验运行参数调控过程

抑制硫酸盐还原菌活性的试验过程实质可分为3个过程，首先是硫酸盐还原过程，其次是生态抑菌剂和抑菌陶粒单独抑制过程，最后是联合抑制过程。在硫酸盐还原过程中，需要控制有利于SRB的环境条件，使SRB处于优势地位，使SRB的活性处于较高水平，成为优势菌群；在生态抑制硫酸盐还原菌过程中，通过生态调控，使SRB的活性逐渐降低，硫酸盐还原的程度逐渐下降，最后硫酸盐还原作用被完全抑制。这两个过程是相互连接的，当硫酸盐还原阶段趋于稳定后，向反应器内加入生态抑菌剂和抑菌陶粒，通过外部生态因子NO_3^-、MoO_4^{2-}、pH值、碱度、COD的调控实现反应器内SRB活性的抑制。

NO_3^-、MoO_4^{2-}的调控通过稳定进水指标、改变生态抑菌剂的投加量实现，pH值和碱度通过投加碳酸氢钠实现，COD通过改变进水中葡萄糖的量实现。连续流试验共分为5个阶段，试验条件变化情况见表8-14。其中阶段a加入硫酸盐而不加抑制药剂，属于硫酸盐还原菌培养时期；阶段b加入生态抑菌剂，属于抑菌剂抑制阶段；阶段c加入抑菌陶粒，属于陶粒抑制阶段；阶段d同时加入生态抑菌剂和抑菌陶粒，属于联合抑制阶段；阶段e降低入水COD值，主要目的是模拟现场用水试验阶段。

表8-14 连续流各阶段试验条件变化情况

序号	时间/d	Na_2SO_4/g	$NaNO_3$/g	Na_2MoO_4/g	配水碱度：碳酸氢钠/g	配水COD：蔗糖/g	加药位置
培养阶段a	1～8	90	0	0	130	180	不加药
协同抑制阶段b	9～15	90	84	12.15	130	180	第3单元格生物抑制
陶粒抑制阶段c	16～24	90	0	0	130	180	第2单元格陶粒
联合抑制阶段d	25～31	90	84	12.15	130	180	第2单元格陶粒，第3单元格生物抑制
降COD阶段e	32～34	90	84	12.15	130	60	第2单元格陶粒，第3单元格生物抑制

注：表中是以每次配水100L时加入的量，生态抑菌剂单独配制，由蠕动泵加入。

8.5.4.2 硫酸盐还原菌反应器培养启动阶段

将静态培养1个月的备用的接种污泥等量分装入ABR反应器各格室，用模拟配水连续运行，使反应器达到稳定状态。硫酸盐还原阶段快速启动为后期的反硝化抑制提供了平台。硫酸盐还原菌培养过程中，各指标逐渐发生变化，如图8-49所示，出水硫酸盐的去除率达到80%以上，最高达到90%，此时可以认为硫酸盐还原菌培养成功。

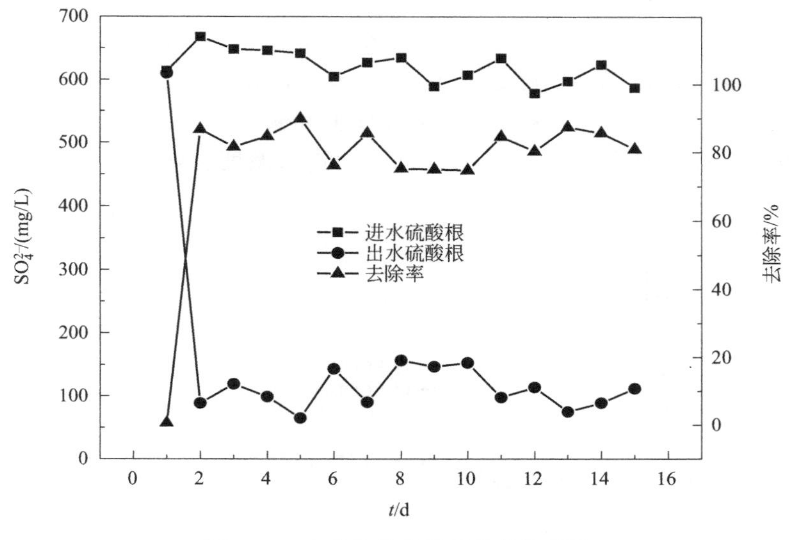

图 8-49 启动阶段硫酸根的变化情况

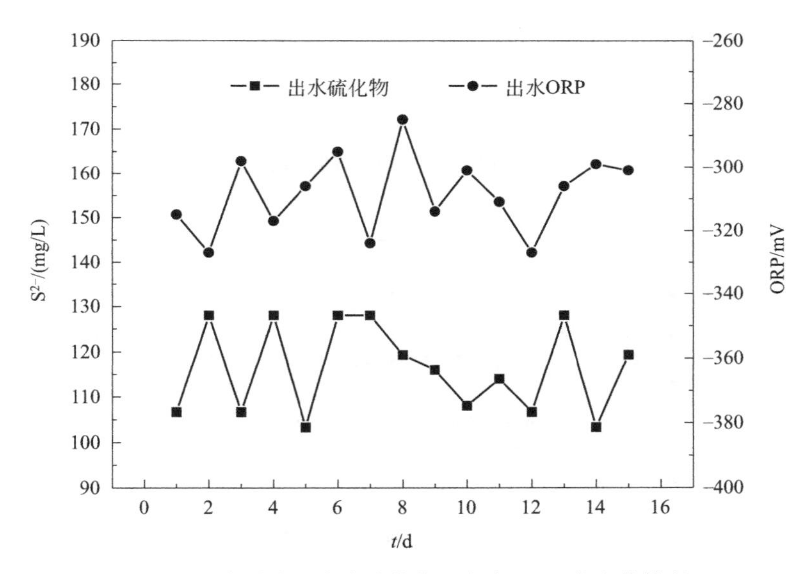

图 8-50 启动阶段出水硫化物和出水 ORP 的变化情况

如图 8-50 所示，出水 S^{2-} 浓度达 110mg/L 以上，波动小，变化稳定，而且保持在一个较高的范围内，SRB 均有较高的活性，启动培养阶段培养状态良好；氧化还原电位变化波动不大，在－330～－280mV 之间，这是硫酸盐还原菌较适宜的 ORP 范围，表明污泥经过长时间的培养后，能够很快达到稳定阶段，出水 ORP 值稳定，可以进行下一个阶段的抑制试验。

启动阶段 COD 的变化情况如图 8-51 所示，反应器进水 COD 在反应器运行阶段一直比较稳定，一直稳定在 1700～1800mg/L 之间，而出水 COD 在经过了前几天的调整之后也很快达到了稳定阶段，在 800～900mg/L 之间。反应器稳定后，正常状态下，COD 去除率都在 50%左右。同时说明，在 SO_4^{2-} 浓度下降到一定程度的时候，SRB 的量达到稳定，在没有稳定的硫酸根来源的条件下，不能更多地利用COD。

如图8-52所示，在启动阶段，除了最初几天波动比较大之外，从第4天开始，反应器进水、出水的pH值和碱度都趋于稳定，反应器启动状况良好，其中反应器内的微生物群落在反应器运行过程中产生一定量的挥发酸，使pH值和碱度都有所降低，进水pH值略高于出水pH值，出水pH值稳定在6.4～7.0之间，而进水碱度也略高于出水碱度，出水碱度稳定在600～800mg/L之间。

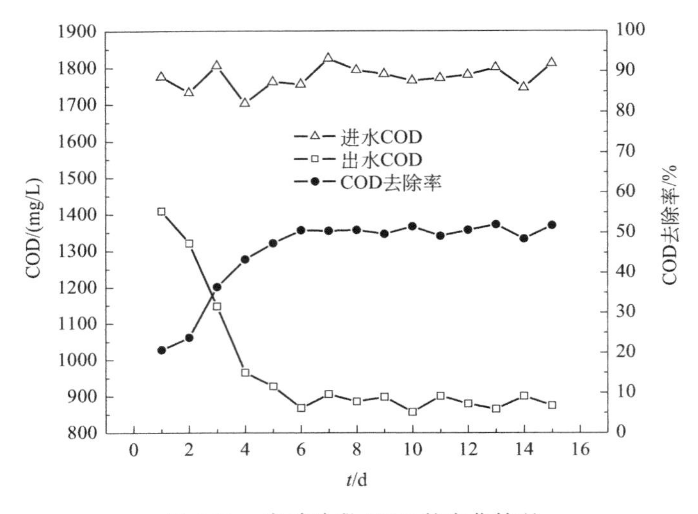

图8-51 启动阶段COD的变化情况

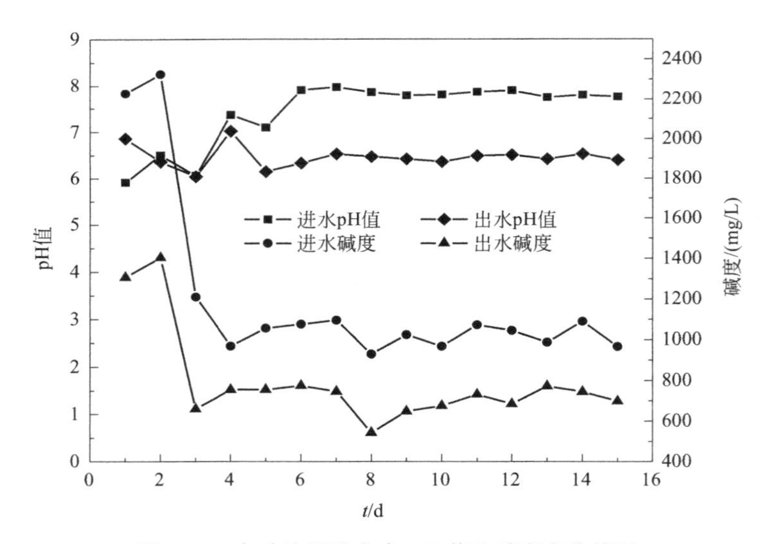

图8-52 启动阶段进出水pH值和碱度变化情况

8.5.4.3 生态抑菌剂抑制硫酸盐还原菌阶段SO_4^{2-}和NO_3^-的变化

SO_4^{2-}和NO_3^-分别作为SRB和DNB还原过程的电子受体，其浓度之间相对数量关系直接影响微生物系统反应类型（硫酸盐还原反应或硝酸盐还原反应），因此SO_4^{2-}/NO_3^-值是实现反硝化抑制硫酸盐还原的关键因素。抑菌剂的主要成分是硝酸盐，硝酸盐的加入给整个反应体系带来的重要变化是DNB的大量繁殖，DNB与SRB共同利用反应器内的COD等营养物质，其中DNB在这种生物竞争中占据优势，导致其大量繁殖，而SRB的活性就被大大抑制。

如图8-53所示，向反应器第3单元格投加生态抑菌剂后，硝酸根的含量达到400mg/L左右，这与实际投加的硝酸根配水浓度相接近，随着反应器的运行，硝酸根的含量迅速降低，反应器中具有反硝化功能的细菌大量繁殖，随着反应的进行，硝酸盐的含量逐渐减少，硝酸盐成为了限制DNB生长的主要因素，DNB因为缺少氮源而活性降低。

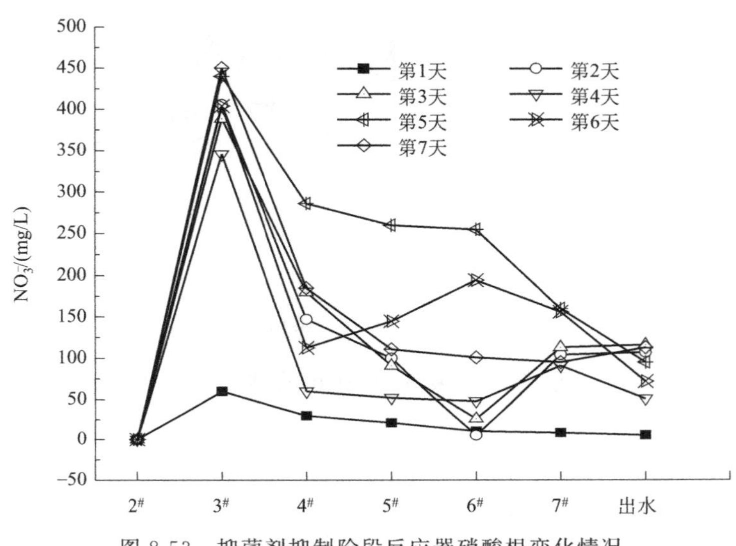

图8-53　抑菌剂抑制阶段反应器硝酸根变化情况

硫酸根和硫化物的变化是反映SRB活性的一个重要指标，如图8-54所示，进水硫酸根含量稳定，保持在600mg/L左右，这与实际配水的硫酸根含量接近。第3单元格加入抑菌剂之前，反应器中主要发生的是SRB的硫酸还原作用，硫酸根被利用，其含量降低。加入抑制剂之后，反应器内有一个水样稀释的过程，硫酸根浓度有较大幅度的降低，降低至300～350mg/L。随着DNB的繁殖，SRB活性被抑制，硫酸根浓度的降低变得缓慢，变化稳定。在反应器末端，因为硝酸根含量的降低，DNB活性降低，SRB逐渐恢复活性，硫酸根浓度进一步降低，降至200mg/L左右。与动态启动阶段反应器中出水硫酸根含量对比可以看出，加入抑菌剂之后，出水硫酸根与未投加抑菌剂相比有明显降低，抑菌剂对SRB在硫酸根的利用方面的影响非常明显。

另外，研究发现，添加了钼酸盐的生态抑菌剂与单独使用硝酸盐抑制对比，反应器内的硫酸根利用率明显比较低，钼酸盐与硫酸盐具有相似的基团，钼酸盐的存在影响了SRB对硫酸根的消耗，钼酸盐与硝酸盐的协同抑制效果优于单独使用钼酸盐的抑制效果。

如图8-55所示，在投加抑制剂之前，SRB活性比较强，硫化物浓度逐渐升高，达到30mg/L左右，反应器中以硫酸还原反应为主，在第3单元格随着抑制剂的加入，DNB逐渐成为优势菌，SRB的活性被有效抑制，硫化物浓度显著降低。在反应器末端，DNB的活性因为硝酸根的减少而明显受到影响，SRB逐渐恢复活性，硫化物浓度逐渐升高，再次升高至30mg/L左右。与第1天刚投加抑菌剂时反应器中SRB活性较强时硫化物变化情况对比可以看出，在投加抑制剂之后，反应器中硫化物含量显著降低，而硫化物的产生是SRB对环境产生最大影响的因素，硫化物的抑制直接反映SRB的抑制，生态抑菌剂的抑制效果

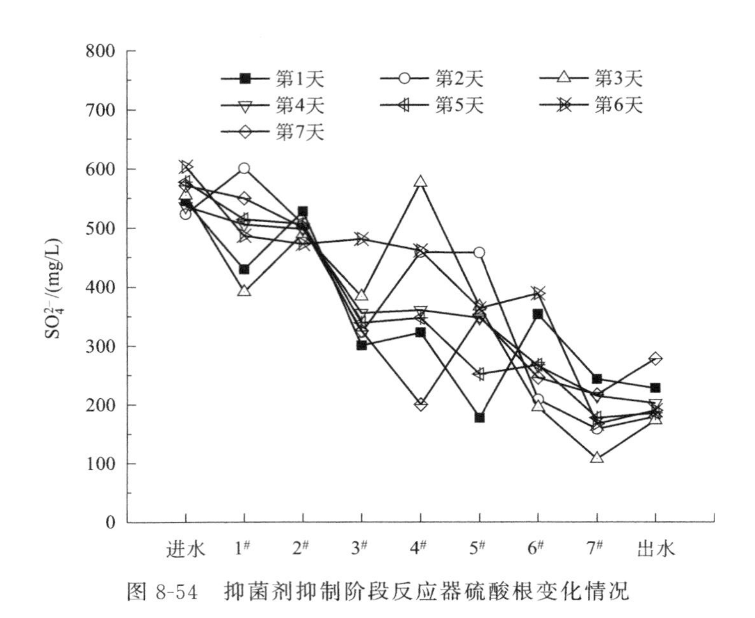

图 8-54　抑菌剂抑制阶段反应器硫酸根变化情况

非常明显。同时，变化规律也说明，抑菌剂对 SRB 的抑制效果不够持久，随着抑菌剂的消耗，SRB 的活性会再次恢复。

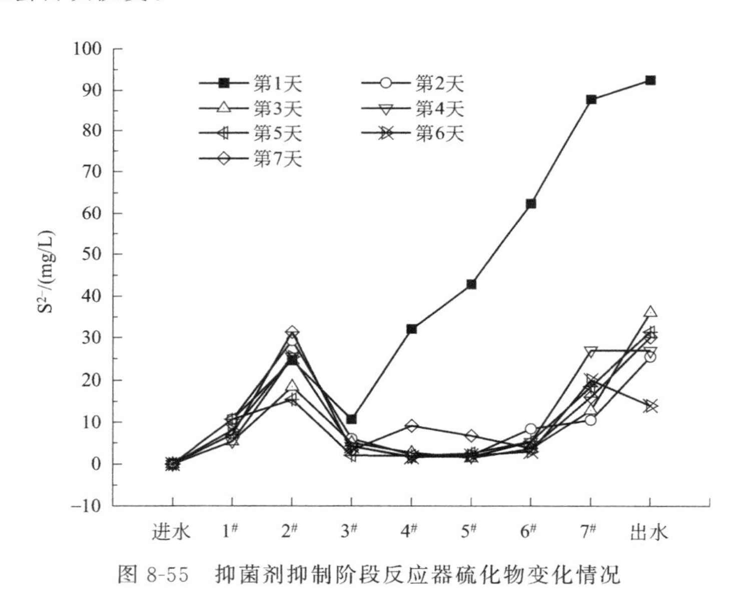

图 8-55　抑菌剂抑制阶段反应器硫化物变化情况

图 8-56 为单独使用硝酸盐作为抑制剂时反应器中硫化物的变化情况，其中试验投加的硝酸盐浓度略高于生态抑菌剂中硝酸盐的浓度，与使用了含钼酸盐的生态抑菌剂之后硫化物变化情况对比，发现协同抑制无论从抑制效果还是抑制的持久性上看都明显优于单独使用硝酸盐抑制剂，少量的钼酸盐的加入对整个抑制效果的影响非常大，协同抑制无论在经济上还是效果上都具备良好的可行性。

如图 8-57 所示，在投加抑菌剂之前，COD 变化平缓，加入抑菌剂之后，随着反硝化细菌等的大量繁殖，对 COD 的利用率明显升高，COD 显著下降。与第 1 天刚投加抑菌剂时 COD 变化以及启动阶段 COD 去除率情况对比可以看出，抑菌剂的投加对 COD 的变化影响

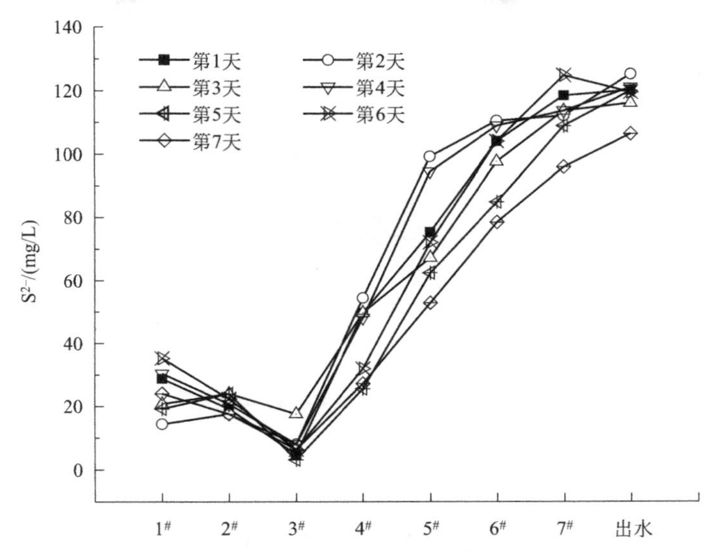

图 8-56　单独使用硝酸盐抑菌剂时反应器硫化物变化情况

是非常大的。一方面表明在投加了抑菌剂之后，反硝化细菌等细菌大量繁殖，对 COD 有明显的消耗；另一方面反硝化细菌等对 COD 的利用程度要优于 SRB，其 COD 去除率接近 100%。

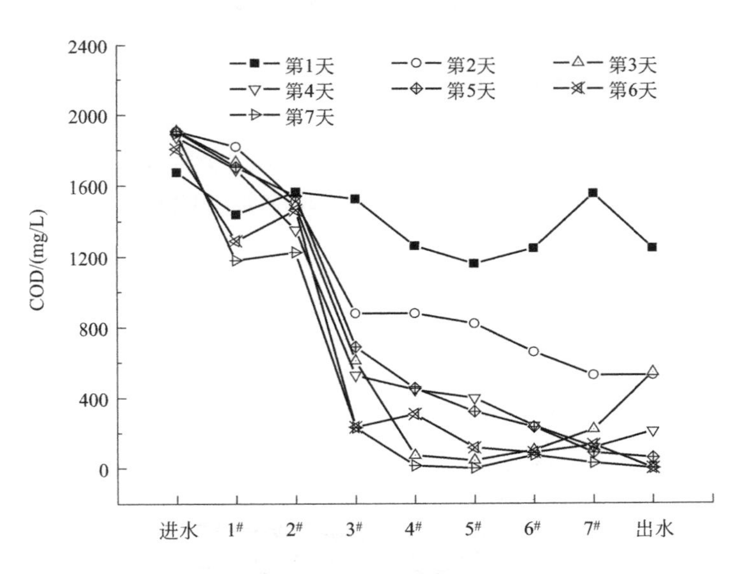

图 8-57　抑制剂抑制阶段反应器 COD 变化情况

如图 8-58 所示，在投加生态抑菌剂之前，反应器内 ORP 在－300mV 左右，这是适宜 SRB 生长的 ORP 范围，SRB 活性比较强，投加抑制剂之后，SRB 活性被抑制，DNB 活性增强，反应器中 ORP 升高到－150～－100mV，这是适宜 DNB 生长的 ORP 范围，随着生态抑菌剂的消耗，反应器内 SRB 活性再次增强，ORP 又有一定幅度的降低。与第 1 天相比可以明显看出，投加抑制剂之后 ORP 的变化相当明显，抑制剂的加入对 SRB 的抑制非常有效。

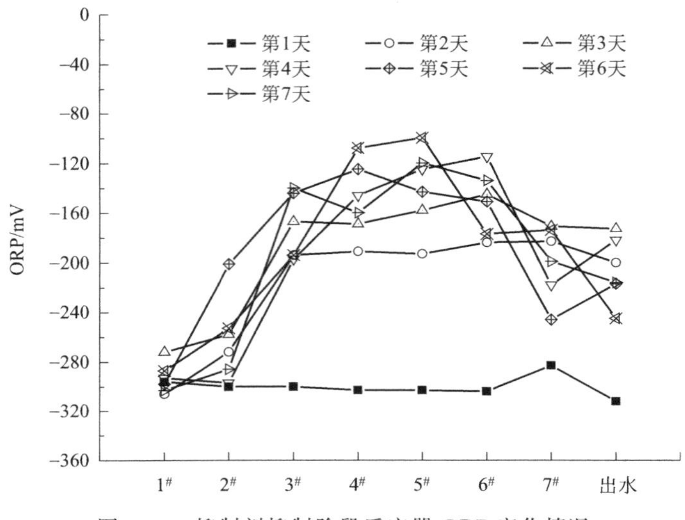

图 8-58 抑制剂抑制阶段反应器 ORP 变化情况

pH 值是影响细菌生长的重要生态因子之一，对系统内 SRB 及 DNB 都有一定程度的影响；而碱度能中和初期酸化过程中产生的酸，维持系统内的 pH 值。试验通过控制配水时 $NaHCO_3$ 的用量来改变系统的 pH 值和碱度。反硝化和硫酸盐还原作用可以在 6.0～7.5 的 pH 值范围内进行，但 pH 值不同，反硝化细菌和硫酸盐还原菌的活性也不同。SRB 在弱碱性条件下更适于生长，pH 值的提高能使得 SRB 的活性有所增强。这可能是由于较高碱度和 pH 值能够中和糖水解酸化过程中产生的酸，为硫酸盐还原菌创造了较好的生长环境。

如图 8-59 和图 8-60 所示，在反应过程中，pH 值和碱度都是随着反应器的运行而逐渐降低的，在反应器运行初期，降低非常快，一方面因为这个阶段 SRB 活性比较强，反应活跃，能产生大量的挥发酸；另一方面因为这个阶段反应器内 COD 高，给 SRB 提供了充足的能源。

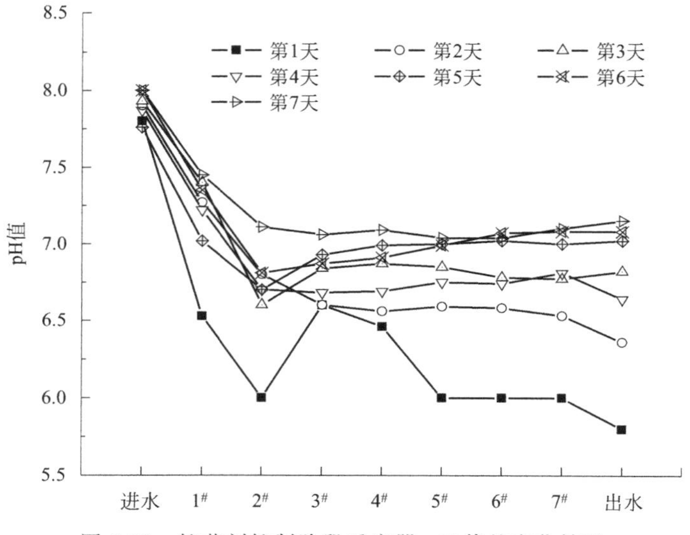

图 8-59 抑菌剂抑制阶段反应器 pH 值的变化情况

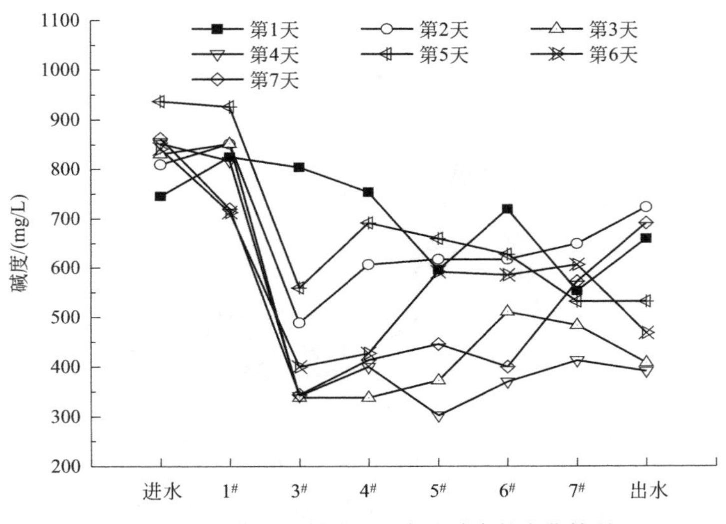

图 8-60 抑菌剂抑制阶段反应器碱度的变化情况

后期 SRB 活性不足，COD 也不充足，pH 值和碱度的变化开始逐渐稳定。整个反应器运行阶段的 pH 值和碱度都在 SRB 适宜生长的范围之内，没有因为 pH 值和碱度的影响使得细菌活性降低，也就是说，SRB 得到抑制主要原因是生态抑菌剂的投加。

从进水口加入生态抑制剂时，硝酸盐不能有效作用于整个系统，需要考虑药剂的有效作用时间。折流板反应器从进水口到出水口呈推流式，各个单元格之间相对独立，单独每个单元格的水力停留时间为 2.3h。对反应器出水口而言，不同加抑制剂位置代表不同抑制时间，进水口加入抑制剂时的抑制时间为 16.1h，第 2 单元格加入时抑制时间为 13.8h，第 3 单元格加入时抑制时间为 11.5h，第 4 单元格加入时抑制时间为 9.2h。

反应器从第 3 单元格开始，pH 值、碱度、COD 等指标开始稳定，这一方面与投加抑制剂有关；另一方面，经过前面几个格的培养，这个阶段是 SRB 活性最强的阶段，根据以往试验经验以及实际情况的考虑，在这个阶段投加抑制剂是比较合理的。综合分析加药位置和抑制后硫离子浓度、硝酸根离子浓度变化趋势，可以看出实际上反硝化有效作用时间应在 4 个单元格范围内，即反硝化有效作用时间最长 9.2h。反硝化超过 9.2h 后由于系统中硝酸盐含量的迅速减少而达不到抑制效果，硫化物浓度水平仍较高。

另外，在反硝化过程中都出现了亚硝酸盐氮的积累，如图 8-61 所示，在第 3 单元格内都出现了最大的亚硝酸盐浓度，而从第四单元格开始都迅速降低。

比较硫化物与亚硝酸盐的变化曲线，可以发现硫化物浓度与亚硝酸盐浓度之间存在着此消彼长的关系，在第 3 单元格硫化物浓度达到最低，而亚硝酸盐浓度达到最高，表明硫化物的产生可能受亚硝酸盐的制约。有人提出了反硝化中间产物的抑制理论，认为亚硝酸盐抑制硫化物的产生是通过破坏亚硫酸盐向硫化物还原过程中所需要的酶的活性而实现的。

8.5.4.4 抑菌陶粒抑制硫酸盐还原菌阶段

抑菌剂的抑制效果非常好，但是在实际使用过程中存在着一些问题：一方面，抑菌剂的作用受时间影响，抑制效果不够持久；另一方面，抑菌剂的投加不方便，会随着水流流失。陶粒是一种固定化载体填料，能够把抑菌剂附着在上面，抑菌陶粒投加到反应器之后，能够持久稳定地对反应器进行抑制，并且少去了反复投加药剂的麻烦。另外，资料表明，DNB

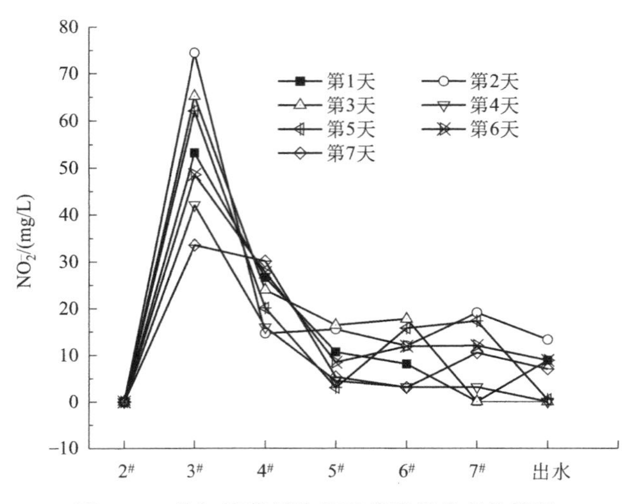

图 8-61 投加抑菌剂阶段亚硝酸根的变化情况

的大量繁殖对石油管道也存在很大的隐患，在投加抑菌剂之前，通过抑菌陶粒的作用使反应器中两种细菌的基数都大大降低，然后再用抑菌剂对 SRB 进行抑制，与单独使用抑菌剂相比，对整个管道系统的细菌种群和数量的变化，都是非常有益的。

如图 8-62 所示，抑菌陶粒加入第 2 单元格，与第 1 天反应器内硫酸根明显降低对比可以看出，在投加抑菌陶粒之前，硫酸根浓度降至 100mg/L，投加抑菌陶粒之后，整个反应器中硫酸根浓度波动变化不大，而且始终保持在 600mg/L 左右，反应器内除了第 1 单元格 SRB 有活性，硫酸根被利用浓度略有下降之外，其他各格硫酸根浓度基本保持稳定，说明在投加了抑菌陶粒之后，SRB 的活性被充分抑制，而且直到出水为止，硫酸根浓度都没有明显降低，说明抑菌陶粒对 SRB 的抑制效果非常持久。

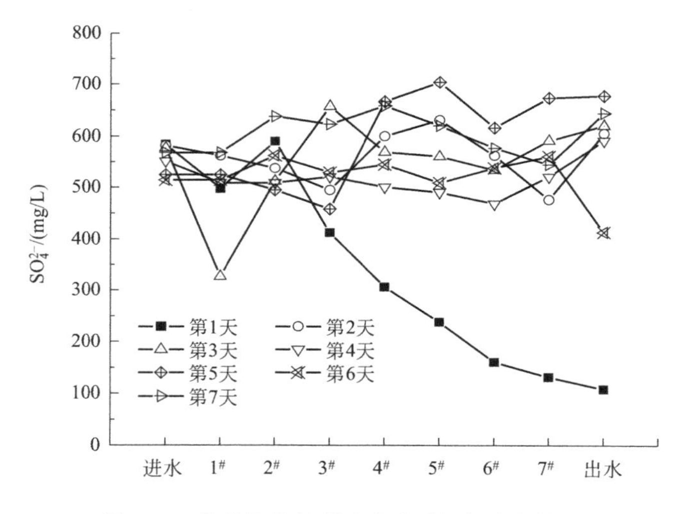

图 8-62 抑菌陶粒抑制阶段硫酸根的变化情况

如图 8-63 所示，由硫化物的变化情况可以看出，从第 2 单元格加入抑菌陶粒开始，硫化物的产生明显降低，硫化物的浓度从 15mg/L 左右降低至 5mg/L 以下，特别是跟第 1 天

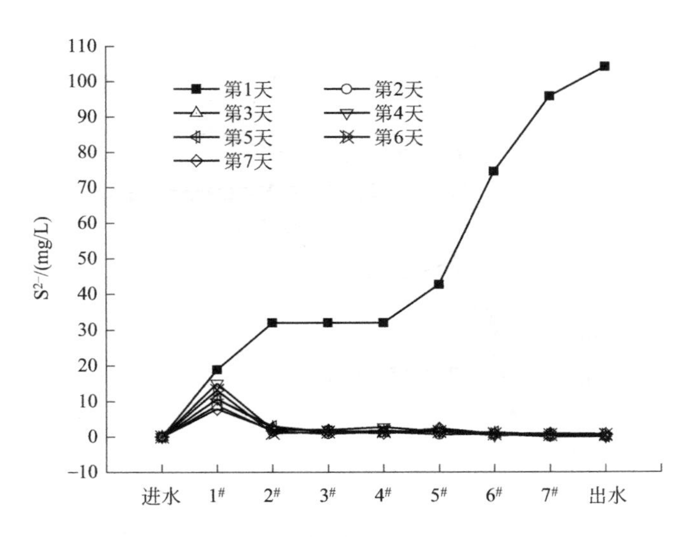

图 8-63　抑菌陶粒抑制阶段硫化物的变化情况

刚投加抑菌陶粒时硫化物的变化相比可以看出，加入了抑菌陶粒之后硫化物浓度降低程度相当显著，而且在反应器末端，硫化物含量仍然非常低，结合硫化物变化情况可以看出，SRB 被明显抑制，而且抑制效果非常持久。

如图 8-64 所示，由 COD 的变化情况可以看出，除了在第 1 单元格反应器内细菌活性比较强，反应器 COD 浓度有明显降低以外，投加了抑菌陶粒之后，COD 的浓度变化比较稳定，从第二格开始 COD 浓度保持在 1400～1600mg/L 之间，说明反应器内细菌活性大大降低，SRB 和 DNB 都明显得到抑制。与第 1 天刚投加抑菌陶粒尚未明显发生作用时 COD 的变化情况相比能明显看出，反应器内整体细菌水平都有所下降，这与试验初期想要实现的试验目标也是相一致的。

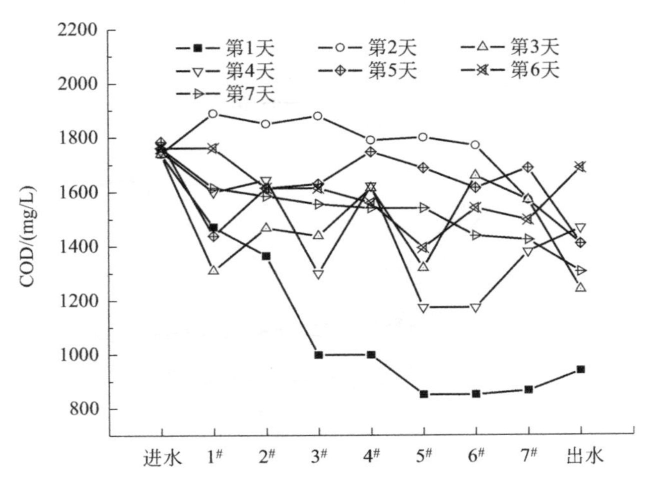

图 8-64　抑菌陶粒抑制阶段 COD 浓度的变化情况

抑菌陶粒的投加能够提升环境的氧化还原电位，如图 8-65 所示，从第 2 单元格开始，氧化还原电位有了大幅度的提高，较高的 ORP 值使得 SRB 难以适应生存需要，活性得到抑制，这是投加抑菌陶粒能够抑制 SRB 的原因。后期 ORP 变化稳定，水环境中细菌变化不

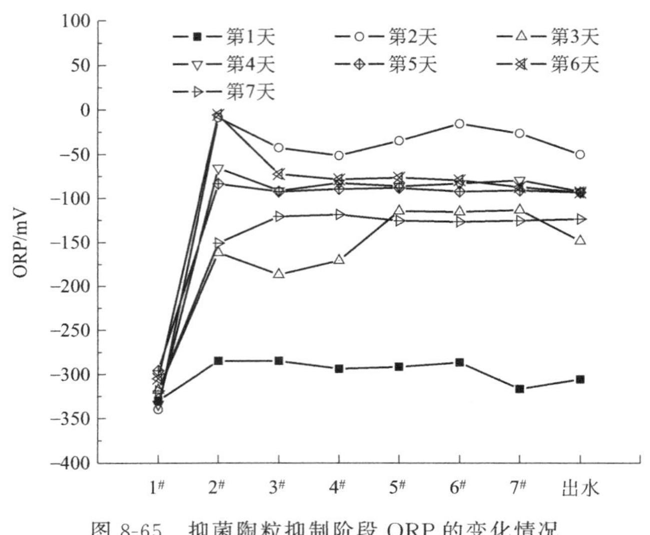

图 8-65 抑菌陶粒抑制阶段 ORP 的变化情况

明显。

如图 8-66 和图 8-67 所示，在反应初期，pH 值和碱度的降低比较明显，一方面，因为反应初期细菌没有受到抑制，产生大量的挥发酸；另一方面，抑菌陶粒的投加，对 pH 值和碱度的变化也有一定的影响。投加抑菌陶粒之后，细菌被明显抑制，细菌活性大大下降，pH 值和碱度变化趋于稳定，整个反应器运行阶段的 pH 值和碱度都在 SRB 适宜生长的范围之内，没有因为 pH 值和碱度的影响使得细菌活性降低，也就是说，SRB 得到抑制的主要原因是抑菌陶粒的投加。

由以上各指标的变化规律可以看出，投加了抑菌陶粒之后 SRB 得到了充分的抑制，同时，反应器中的 DNB 也没有大量的繁殖，抑制效果比使用生态抑菌剂的效果持久，而且反应器变化情况稳定。通过反应器的小试试验，可以得出，使用抑菌陶粒抑制 SRB 是可行的。

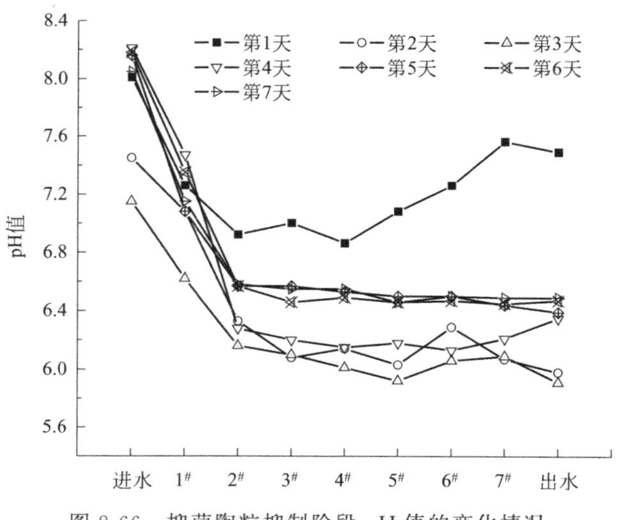

图 8-66 抑菌陶粒抑制阶段 pH 值的变化情况

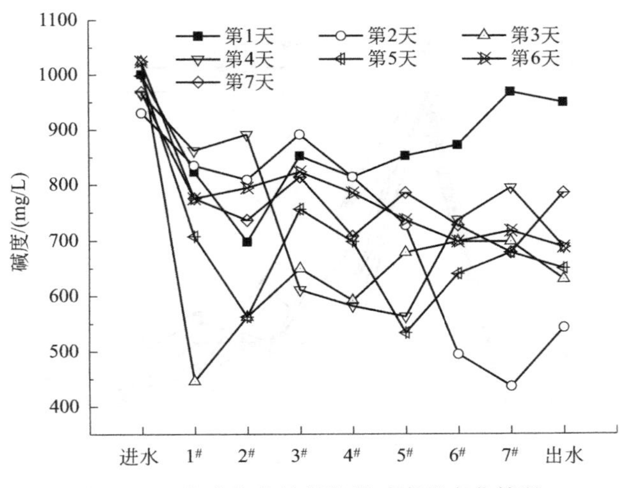

图 8-67 抑菌陶粒抑制阶段碱度的变化情况

8.5.4.5 生态抑菌剂和抑菌陶粒联合抑制硫酸盐还原菌阶段

通过前面阶段的试验，可以得到生态抑菌剂和抑菌陶粒都具备非常好的抑制效果，其中抑菌陶粒的效果比生态抑菌剂更好，但是抑菌陶粒在实际应用中会受到投加方式的限制，不可能将其直接投加在管道中，将生态抑菌剂和抑菌陶粒联合应用将是更加合理的方法，本阶段的试验是用实验室配水模拟的方式考察生态抑菌剂和抑菌陶粒联合抑制的抑制效果。

如图 8-68 所示，由联合抑制时硝酸根的变化情况可以看出，抑菌陶粒不含硝酸盐，从第 3 单元格投加生态抑制剂开始，硝酸根才开始变化，与单独使用生态抑菌剂时硝酸根的变化情况类似，投加了硝酸盐之后，硝酸根含量从 400mg/L 左右迅速降低，但是降低程度要比单独投加生态抑菌剂时略低。这一方面说明在抑菌陶粒的作用下，DNB 的整体水平与不加抑菌陶粒时相比有所下降；另一方面说明虽然 DNB 数量有所降低，但是随着硝酸盐的加入，DNB 仍能大量繁殖对 SRB 进行抑制。出水硝酸根含量与单独使用生态抑菌剂时相比也略高，表明抑菌陶粒的投加对 DNB 整体水平的降低虽然有一定的作用，但是最终影响 DNB 总体水平的主要因素还是硝酸根的浓度。

联合抑制阶段硫酸根的变化情况如图 8-69 所示，在协同抑制作用下除了第 1 单元格 SRB 活性比较强，硫酸根有所降低之外，在第 2 单元格投加抑菌陶粒之后，SRB 就得到了抑制，在加入生态抑菌剂之后，相当于水样被稀释，硫酸根又大幅度下降，随后硫酸根一直保持在比较稳定的状态。SRB 在抑菌陶粒和生态抑菌剂的联合作用下被充分抑制，并且抑制效果持久。

如图 8-70 所示，由联合抑制阶段硫化物的变化规律可以看出，在反应器第 1 单元格 SRB 活性较高的情况下，硫酸根被利用，产生硫化物，在第 2 单元格加入抑菌陶粒后，硫化物含量立即降低，并且在后面各格硫化物含量基本为 0mg/L，表明在抑菌陶粒和生态抑菌剂的联合抑制下，SRB 被有效抑制，特别是与单独使用生态抑菌剂时对比可以看出，联合抑制的抑制效果比较持久，联合抑制要优于生态抑菌剂的单独抑制。

由图 8-71 可以看出，联合抑制阶段 COD 的变化规律与单独投加生态抑菌剂时的变化规律类似，在第 3 单元格投加生态抑菌剂之后，COD 值开始显著降低，一方面由于生态抑菌剂的投加使得水被稀释；另一方面，硝酸盐的加入使反应器中 DNB 大量繁殖，由出水 COD 值降低水平可以看出，DNB 比 SRB 具有更强的消耗 COD 的能力，使得反应器中的 SRB 在竞争中处于劣势，活性被抑制。

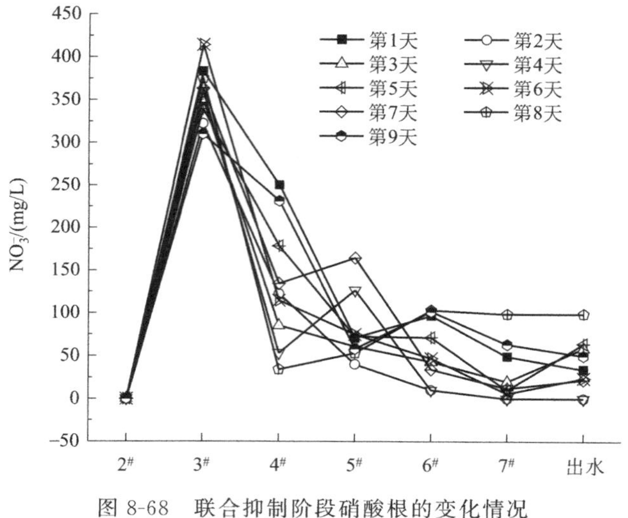

图 8-68 联合抑制阶段硝酸根的变化情况

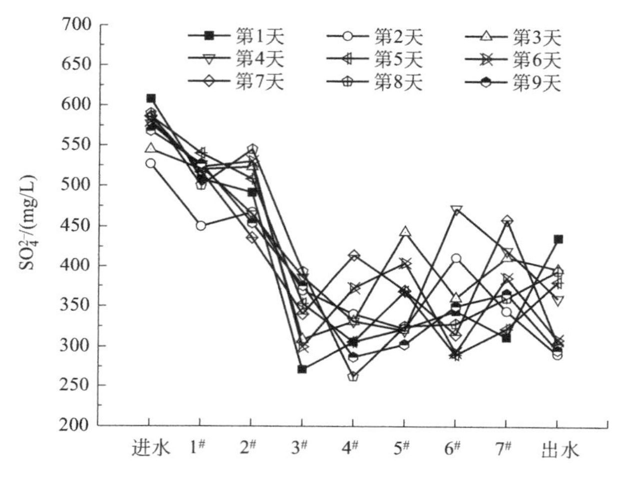

图 8-69 联合抑制阶段硫酸根的变化情况

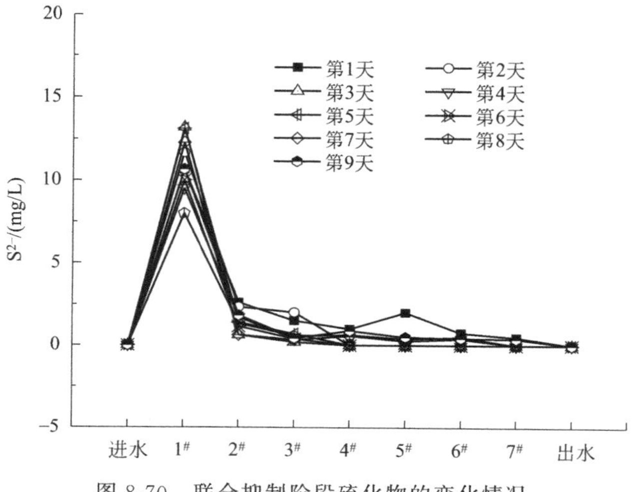

图 8-70 联合抑制阶段硫化物的变化情况

如图 8-72 所示，与单独使用抑菌陶粒阶段 ORP 变化情况类似，联合抑制阶段在投加抑菌陶粒之后，ORP 从－300mV 升高到－150～－50mV，较高的 ORP 环境不适合 SRB 的生长，导致 SRB 被抑制，而－150～－50mV 的 ORP 范围正是 DNB 适宜生长的范围，3# 单元格提供了充足的硝酸盐之后，也给 DNB 的大量繁殖创造了条件，为更好地抑制 SRB 提供了条件。抑菌陶粒和生态抑菌剂在这一点上发挥了不同的作用，达到了联合抑制的目的。

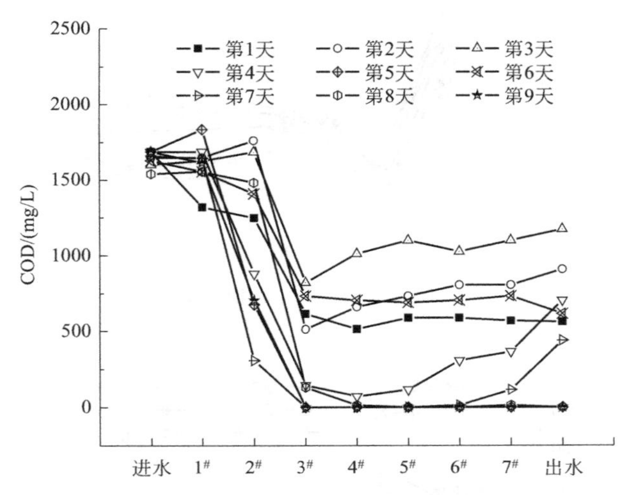

图 8-71 联合抑制阶段 COD 的变化情况

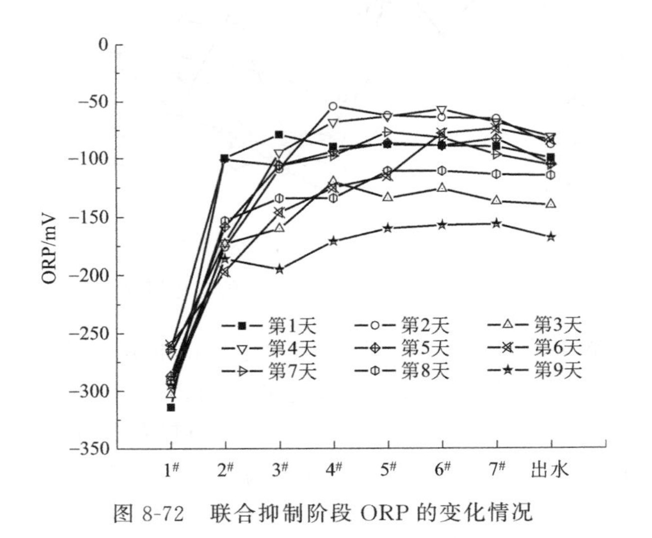

图 8-72 联合抑制阶段 ORP 的变化情况

如图 8-73 和图 8-74 所示，在反应初期，pH 值和碱度的降低比较明显，一方面，因为反应初期细菌没有受到抑制，产生大量的挥发酸；另一方面，抑菌陶粒的投加，对 pH 值和碱度的变化也有一定的影响。投加抑菌陶粒和生态抑菌剂之后，SRB 被明显抑制，活性大大下降，而 DNB 大量繁殖，但 pH 值和碱度变化趋于稳定，整个反应器运行阶段的 pH 值和碱度都在 SRB 适宜生长的范围之内，没有因为 pH 值和碱度的影响使得细菌活性降低，也就是说，SRB 得到抑制的主要原因是抑菌陶粒和生态抑菌剂的投加。

总之，抑菌陶粒和生态抑菌剂联合抑制阶段各指标的变化情况是单独使用生态抑菌剂或抑菌陶粒变化情况的综合，但是从各个指标表现出的结果来看，反应器内的 SRB 都明显得

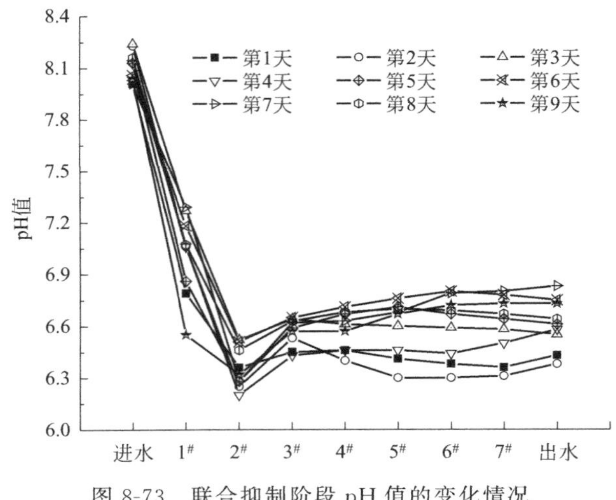

图 8-73　联合抑制阶段 pH 值的变化情况

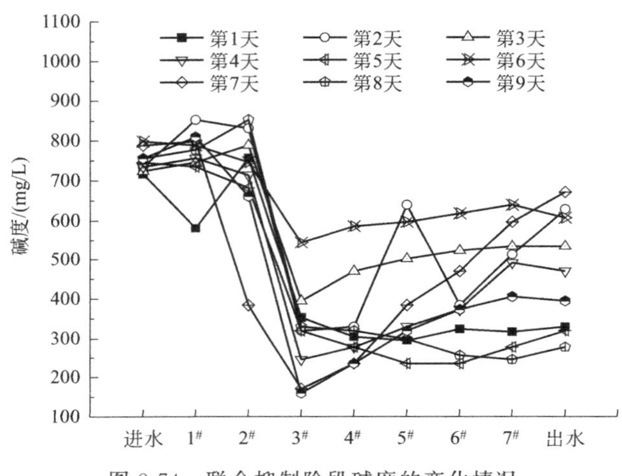

图 8-74　联合抑制阶段碱度的变化情况

到了抑制，联合抑制的效果非常好，抑菌陶粒和生态抑菌剂分别从不同的方面抑制了 SRB 的活性，而且互相配合，能够保证 SRB 持久稳定的抑制，特别是抑菌陶粒，因为不需要反复投加，而且投加之后对水环境不会造成影响，所以应用起来特别方便。生态抑菌剂可以在整个系统流动相中存在，作用的范围更广，是抑菌陶粒的所不及的。它们的联合不失为一种好的方法。

8.5.4.6　降 COD 抑制硫酸盐还原菌阶段

上面几个试验阶段，进水 COD 浓度都控制在 1800mg/L，由各阶段的出水 COD 指标可以看出，COD 是比较充足的，细菌的生长与竞争等也没有更多受到 COD 的影响。

实际上，大庆油田的现场水无论是常规污水还是含聚污水的 COD 浓度都没有那么高，只有 600mg/L 左右，前面几个阶段提高 COD 浓度主要是为细菌的生长提供更好的营养条件，以便试验的顺利进行。本阶段的试验是在降低 COD 浓度至 600mg/L 的条件下进行的，考察生态抑菌剂和抑菌陶粒联合抑制对 SRB 的抑制情况，在配水接近现场水水质的条件下，由检测指标的变化分析抑制效果。

如图 8-75 所示，降低进水中碳源 COD 浓度至 600mg/L 后，系统 COD/SO_4^{2-}（或 COD/NO_3^-）值为 1∶1，与降 COD 之前反应器硫化物变化情况对比可以看出，在条件改变的第 2 天，出水 S^{2-} 降低为零，并且在以后时期的运行中反应器出水都没有检测出硫化物的存在，而且反应器内从第 2 单元格开始就检测不到硫化物的存在，第 1 天的出水硫化物浓度也明显低于降 COD 前出水硫化物的浓度。

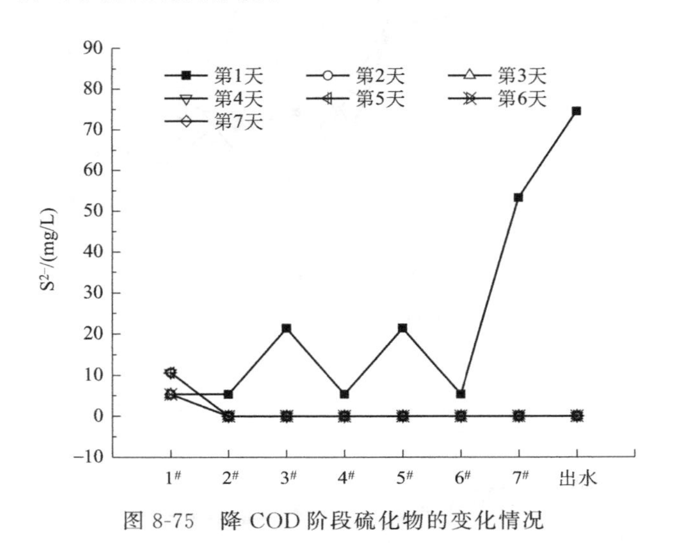

图 8-75　降 COD 阶段硫化物的变化情况

COD 浓度降低后抑制效果提高的原因可以用基质竞争的理论来解释，由于热力学上反硝化释能较多，而动力学上与基质的亲和力又较强，因此，反硝化细菌在有机质底物利用的竞争中占据优势地位，反硝化优先进行代谢，有机质底物被反硝化细菌充分利用，剩余的可被硫酸盐还原菌利用的有机质底物极少，由于缺乏可被有效利用的有机质，硫酸盐还原菌不能还原硫酸盐，所以不产生硫化物。

此外，从第 2 单元格开始反应器中硫化物浓度为 0mg/L，这可能与高浓度亚硝酸盐的存在有关。如图 8-76 所示，硫酸根浓度在整个抑制过程中有所降低，但是却少有硫化物的产生，可能是因硫酸根同时被硝化细菌和硫酸盐还原细菌利用，通过气体的形式溢出。有人认为亚硝酸盐能对 SRB 产生毒性抑制作用，主要是阻止了亚硫酸盐向硫化物还原过程中酶的活性，从而控制了硫化物的产生。另外，也可能是由于存在的大量硝酸盐和亚硝酸盐极大地提升了系统的氧化还原电位，脱离了 SRB 能生长的电位范围，从而抑制了 SRB 的活性。当然，也可能是这几种作用的共同结果。

如图 8-77 所示，降 COD 后反应器内的细菌对 COD 的利用程度更高了，出水 COD 值接近于 0，在反应阶段，COD 的下降也比较明显，较低水平的 COD 在反应中利用率提高了。如图 8-78 所示，整个过程中 ORP 升高了，保持在－150～－100mV/L 之间。

虽然 COD 的降低对反应器内细菌的整体活性有所影响，但是抑菌陶粒和生态抑菌剂的联合抑制对 SRB 的活性抑制效果仍然是非常好的，从硫化物和硫酸根含量以及 ORP 的变化情况可以看出，反应器中的 SRB 明显得到抑制，其对硫酸根的利用率非常低，另外，反应器内的氧化还原电位值也给 DNB 提供了适宜的生长环境。这一阶段的试验为现场水运行反应器提供了条件。

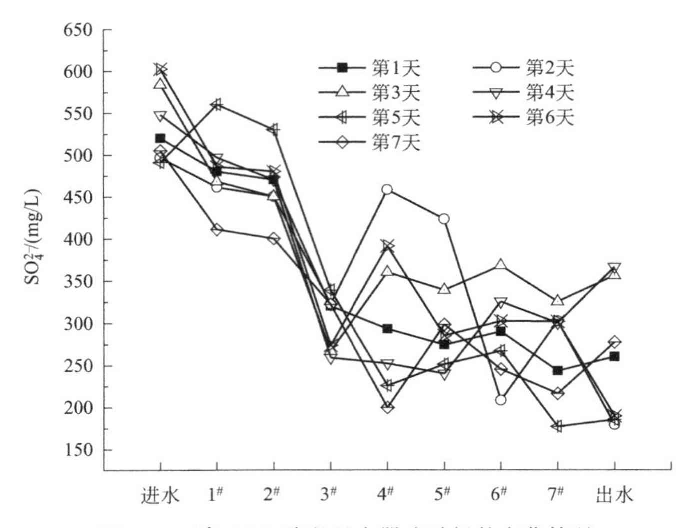

图 8-76 降 COD 阶段反应器硫酸根的变化情况

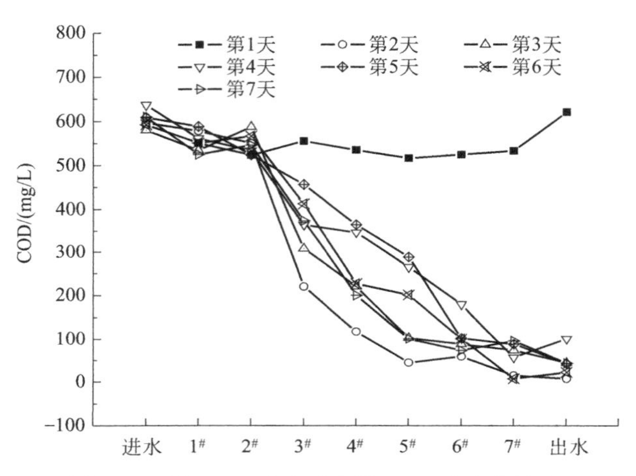

图 8-77 降 COD 阶段反应器 COD 的变化情况

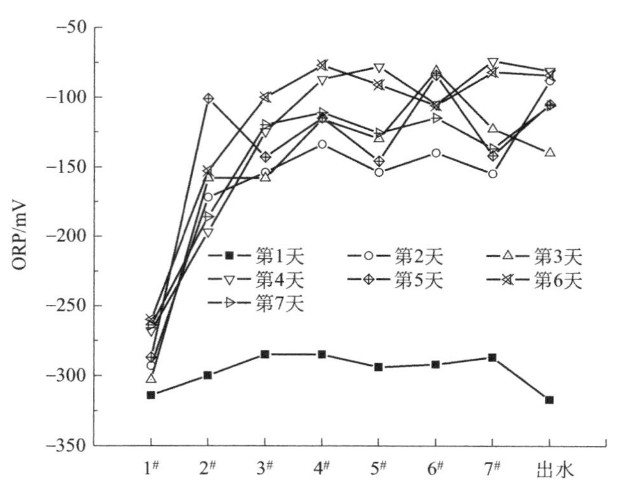

图 8-78 降 COD 阶段反应器 ORP 的变化情况

8.5.5 联合抑制SRB活性现场水抑制效果

通过以上的研究，确定了几个重要的生态调控指标，继而采用现场水进行室内模拟，考察所得最佳抑制条件下的实际运行效果，为现场的实际应用提供参考。

8.5.5.1 普通含油污水处理效果研究

(1) 试验用水及水质

试验水样取自选择的代表性水处理站——四厂新杏九联，水质指标如表8-15所列。

表8-15 不含聚合物普通含油污水水质指标

序号	指标	含量	序号	指标	含量
1	COD	598mg/L	7	SS	7.4mg/L
2	pH值	7.93	8	NO_3^-	1.39mg/L
3	碱度	2292mg/L	9	NO_2^-	<0.05mg/L
4	SO_4^{2-}	55.16mg/L	10	NH_3-N	7.43mg/L
5	S^{2-}	3.14mg/L	11	反硝化细菌	3.1×10^3个/mL
6	矿化度	5290mg/L	12	硫酸盐还原菌	2.5×10^3个/mL

由表8-15可知，水样的COD含量较低，在抑制的过程中可能造成基质不足，在SRB和DNB之间形成对基质的竞争。水样中的碱度都在2300mg/L左右，这为反应过程中保持稳定的pH值提供了保障，因此在抑制过程中也不需要外加碱度。

(2) 普通含油污水抑制效果研究

试验的装置同上，抑菌陶粒在第2单元格加入，抑菌剂在第3单元格加入，试验的方法和检测的指标同上。取现场水进行室内连续流试验。

由图8-79可见，进水硝酸根的含量很低，平均只有1.39mg/L左右，在投加生态抑菌剂之前，硝酸根没有什么变化，投加生态抑菌剂之后，反应器中硝酸根达到40mg/L左右，随着反应器的运行，硝酸根含量迅速降低，反应器中DNB大量繁殖，对硝酸根的利用也逐渐升高，同时SRB得到抑制。

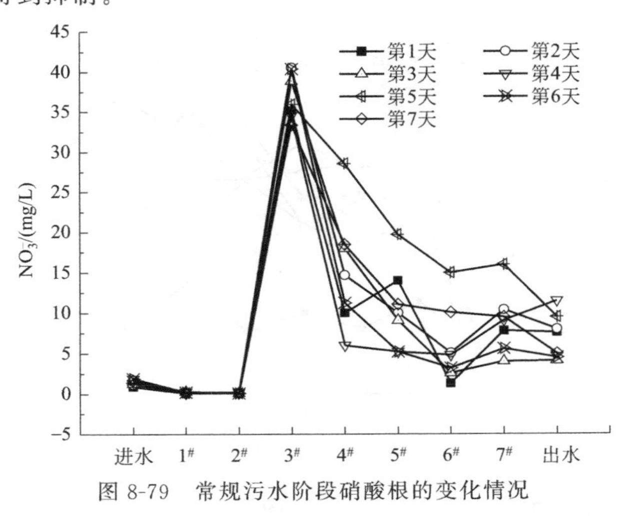

图8-79 常规污水阶段硝酸根的变化情况

由图8-80可见，进水中硫化物浓度非常低，这可能是现场水取回后长期的曝置于空气中被氧化所致。抑制前，在反应器第1单元格，系统中硫化物含量有所升高，但是第2单元格加入抑菌陶粒之后，硫化物浓度迅速降低，降至0mg/L，之后始终保持不变，联合抑制对常规污水的抑制效果是非常明显的，因为现场水的硫酸盐浓度低，所以相比实验室配水，常规水更容易抑制。

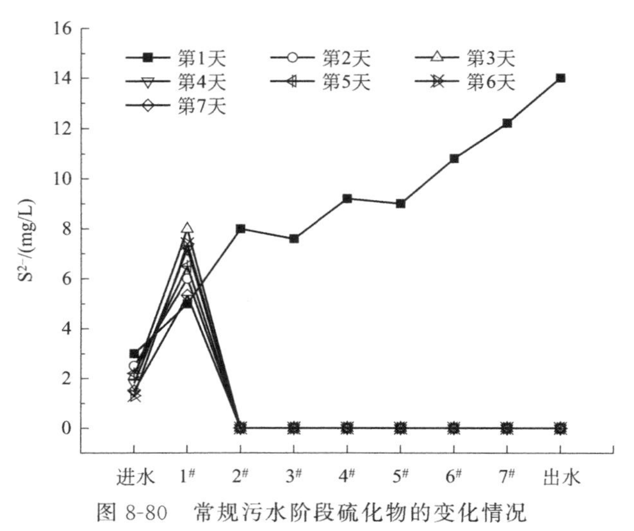

图 8-80 常规污水阶段硫化物的变化情况

由图 8-81 可以看出，抑制前氧化还原电位为－300mV 左右，属于硫酸盐还原反应类型，发生硫酸盐还原作用，产生硫化物；抑制后，氧化还原电位为－150～－50mV，属于反硝化反应类型，发生反硝化作用，硫酸盐还原被抑制，不产生硫化物，投加抑菌陶粒和生态抑菌剂的抑制效果非常明显。

如图 8-82 所示，常规污水的进水 COD 值与实验室配水降 COD 时的 COD 值接近，为 600mg/L 左右，在投加抑菌陶粒和生态抑菌剂之前，COD 浓度缓慢降低，从投加生态抑菌剂开始，DNB 大量繁殖，COD 浓度迅速降低，但是由于与实验室配水相比该阶段硝酸盐投加量降低，硝酸根的不足限制了 DNB 的生长，出水 COD 没有检出。但是大量繁殖的 DNB 仍然非常有效地抑制了 SRB，而且抑制效果持久。

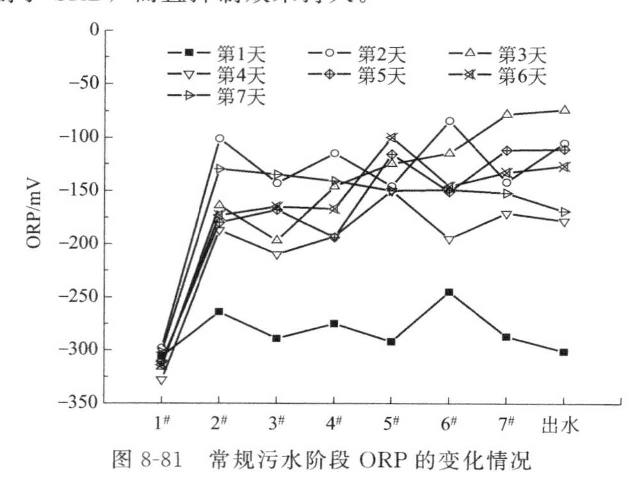

图 8-81 常规污水阶段 ORP 的变化情况

如图 8-83 和图 8-84 所示，进水 pH 值为 8.19～8.39，碱度为 2267～2384mg/L，水质比较稳定，常规污水的 pH 值和碱度与实验室配水相比都略高一些。出水 pH 值为 7.2～7.87，碱度为 1100～1307mg/L，出水水质也比较稳定。与实验室配水相比，反应过程中 pH 值和碱度的变化趋势不太明显，这是因为回注水中的菌体含量比较少，不能进行激烈的

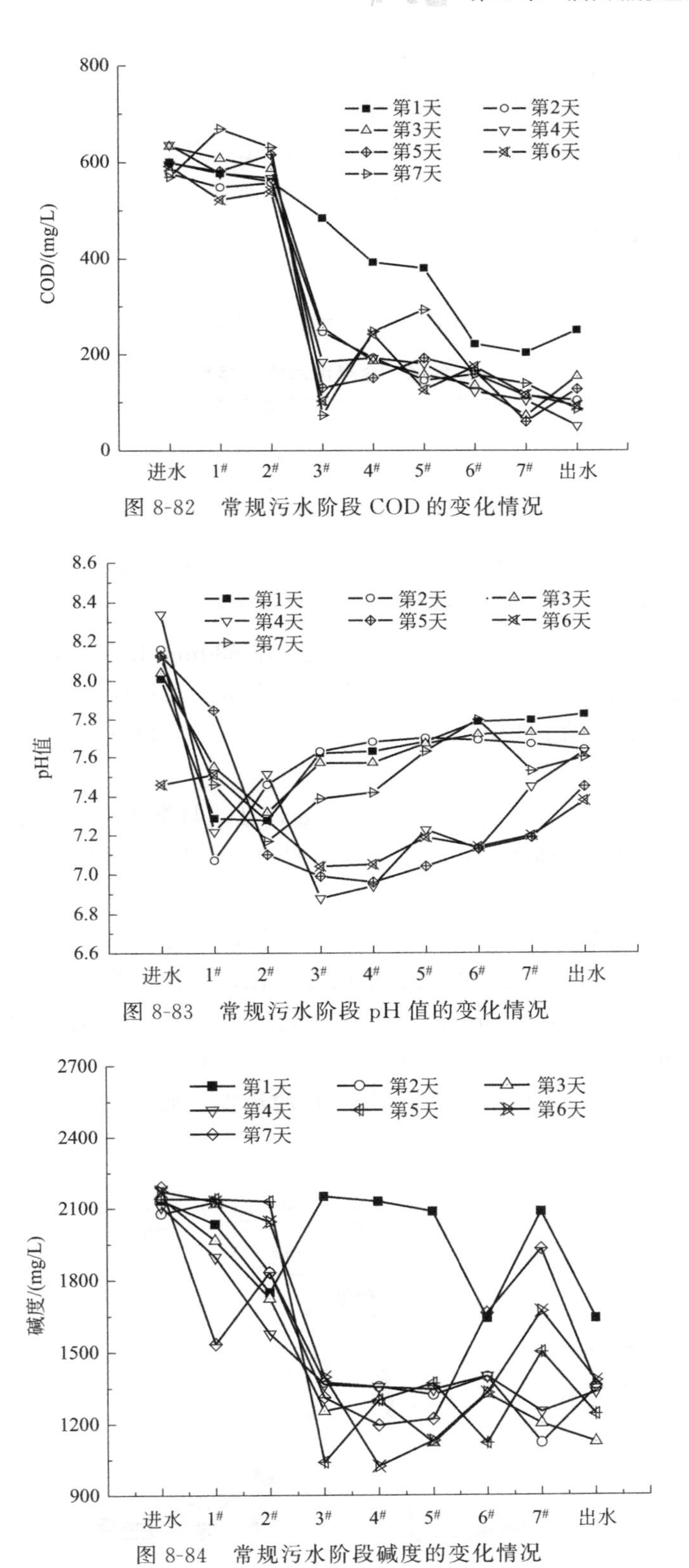

图 8-82 常规污水阶段 COD 的变化情况

图 8-83 常规污水阶段 pH 值的变化情况

图 8-84 常规污水阶段碱度的变化情况

生物竞争反应，同时系统对 pH 值和碱度的冲击也有一定的耐受性。pH 值和碱度的降低是微生物在反应过程中产生挥发酸导致的。

由上述各指标可以看出，虽然常规污水的水质条件与实验室配水有一些不同，但是从抑制效果上看，抑菌陶粒和生态抑菌剂联合抑制对常规污水的抑制效果是非常好的，反应器内硝酸根浓度大量降低，DNB大量繁殖，而产生的硫化物含量非常低，SRB被有效抑制，而且抑制效果持久。同时应用过程中可以大量减少药品的投加量。

8.5.5.2 含聚污水处理效果研究

(1) 试验用水及水质

试验水样取自选择的代表性水处理站——一厂北I-1，水质指标如表8-16所列。

表8-16 含聚污水水质指标

序号	指标	含量	序号	指标	含量
1	COD	630mg/L	8	SS	72.5mg/L
2	pH值	7.97	9	NO_3^-	1.34mg/L
3	碱度	2378mg/L	10	NO_2^-	<0.05mg/L
4	SO_4^{2-}	55.16mg/L	11	NH_3-N	7.61mg/L
5	S^{2-}	0mg/L	12	反硝化菌	9.18×10^1 个/mL
6	矿化度	5529mg/L	13	硫酸盐还原菌	6.0×10^2 个/mL
7	聚合物	143mg/L			

由表8-16可知，含聚污水的COD含量很低，在630mg/L左右，在抑制的过程中可能造成基质不足，在SRB和DNB之间形成对基质的竞争。水样中的碱度在2400mg/L左右，这为反应过程中保持稳定的pH值提供了保障，因此在抑制过程中也不需要外加碱度。

(2) 含聚污水抑制效果研究

含聚采出水抑制试验水样取自一厂北I-1水处理站，与常规污水的水质相比，各项指标比较接近，下面具体分析在抑菌陶粒和生态抑菌剂的联合抑制作用下反应器内各项指标的变化情况。

如图8-85所示，整个反应器内硝酸盐浓度都较低，这与所加入的生态抑制剂的量有关。加入抑制剂之前，开始几个单元格的硝酸根浓度很低；而加入之后硝酸盐浓度都有明显增加，第3单元格为明显，达到35mg/L左右，后续的单元格中其又逐渐被DNB利用而降低。而出水中硝酸盐浓度始终都很低，表明此前刚好完成反硝化，而此时又没有硫化物产生，这是抑制过程中的最佳状态，不但有效控制了SRB的活性，而且抑制药剂的用量也较少，降低了运行成本。

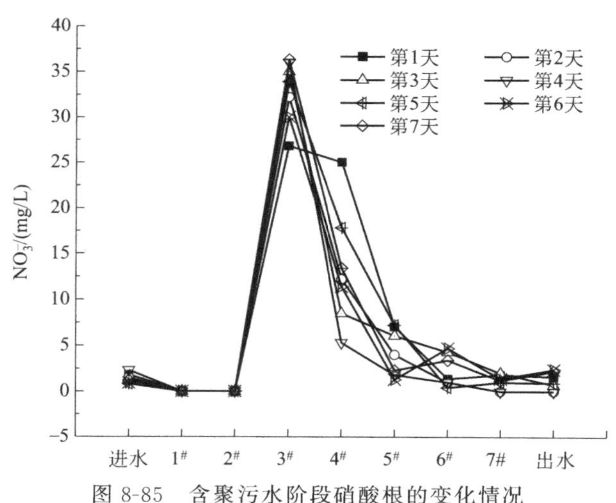

图8-85 含聚污水阶段硝酸根的变化情况

如图 8-86 所示，含聚采出水抑制试验效果与不含聚采出水抑制试验效果十分相近，加入抑制剂之前硫化物浓度有所增加，在第 2 单元格加入抑菌陶粒，第 3 单元格加入生态抑菌剂抑制后，硫化物浓度下降迅速，很快变为零，含聚采出水中硫酸盐还原菌活性得到充分抑制，而且抑制效果十分明显，抑制率达到 100%。

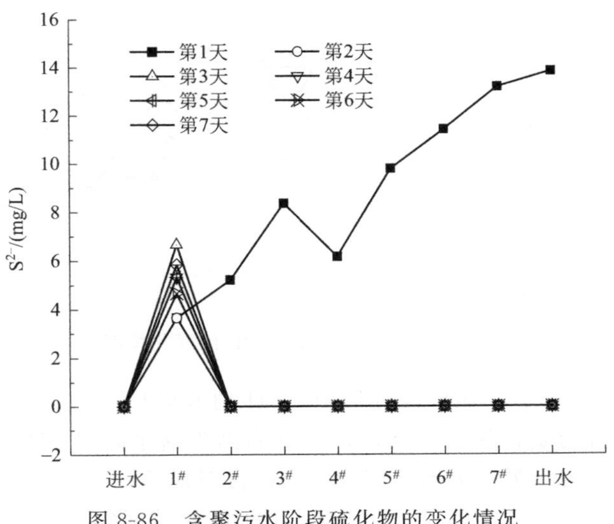

图 8-86　含聚污水阶段硫化物的变化情况

如图 8-87 所示，抑制前 ORP 为－300～－250mV，属于硫酸盐还原反应体系；抑制后 ORP 为－100～－50mV，属于反硝化反应体系，硫酸盐还原被有效抑制，而且抑制效果持久。

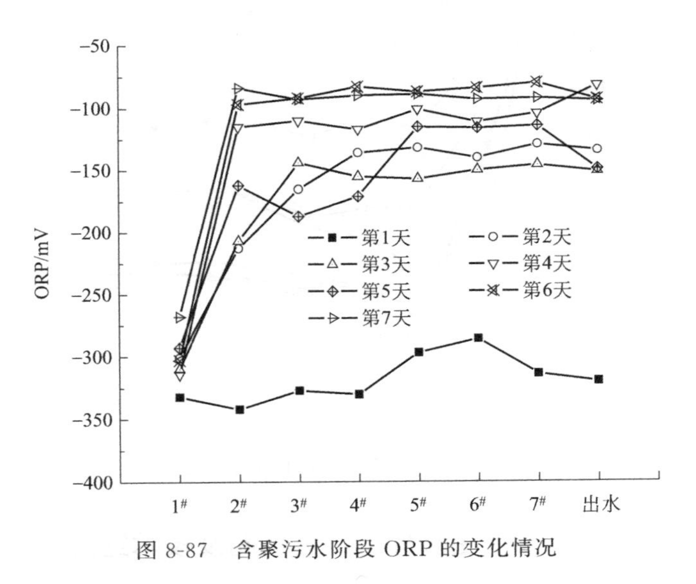

图 8-87　含聚污水阶段 ORP 的变化情况

如图 8-88 所示，含聚污水阶段 COD 的浓度变化规律和常规污水阶段 COD 的浓度变化规律比较接近，在加入抑制剂后，DNB 大量繁殖，COD 浓度急剧降低。因为进水 COD 值比较低，只有 600mg/L 左右，所以出水 COD 值也比较低。COD 利用率较高，几乎达到 100%，活跃的 DNB 有效抑制了 SRB 的活性。

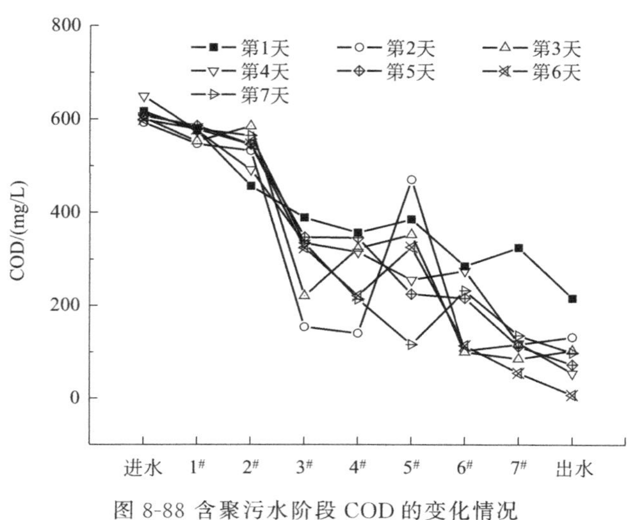

图 8-88 含聚污水阶段 COD 的变化情况

如图 8-89 和图 8-90 所示，在反应过程中，pH 值和碱度都是随着反应器的运行而逐渐降低的，在反应器运行初期，降低非常快，一方面因为这个阶段 SRB 活性比较强，反应活跃，能产生大量的挥发酸；另一方面也因为这个阶段反应器内 COD 高，给 SRB 提供了充足的能源。后期 SRB 活性不足，COD 也不充足，pH 值和碱度的变化开始逐渐稳定。整个反应器运行阶段的 pH 值和碱度都在 SRB 适宜生长的范围之内，没有因为 pH 值和碱度的影响使得细菌活性降低，也就是说，SRB 得到抑制的主要原因是生态抑菌剂起到了主要的作用。

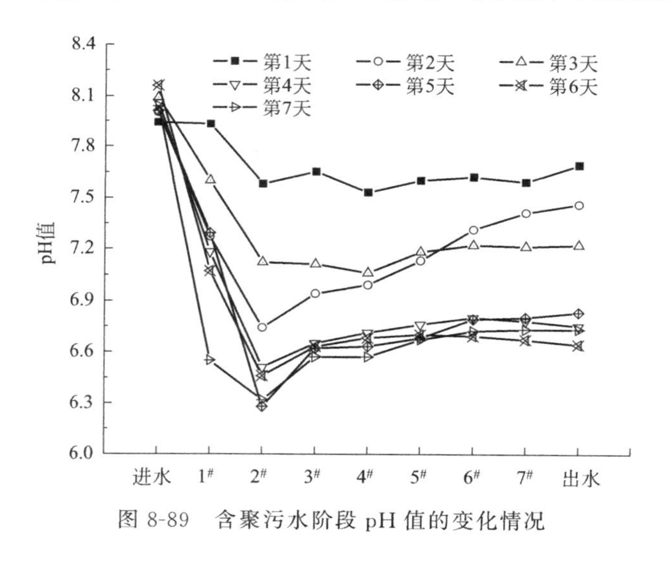

图 8-89 含聚污水阶段 pH 值的变化情况

8.5.6 回注水系统 SRB 活性生态抑制调控策略及技术经济分析

油田的硫酸盐还原菌控制存在着复杂性，而细菌的控制方法存在着多样性，且每种控制方法都存在着局限性，在对细菌控制技术进行评价的基础上，并结合 SRB 生长特性的研究结果，以 SRB 为重点控制对象，制订出了油田回注水系统细菌控制方案，即根据采出液和污水处理系统中细菌分布的状况、危害程度及目前现场应用的控制方法，采取分类处理的措

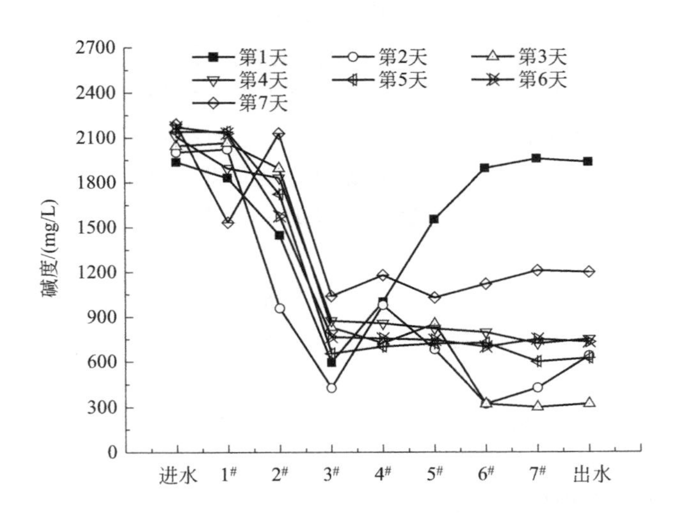

图 8-90　含聚污水阶段碱度的变化情况

施。对硫酸盐生态抑菌剂进行技术经济效益分析，制订硫酸盐还原菌生态控制方案、投加抑菌剂的加药方法以及调控策略。

8.5.6.1　油田细菌控制方法和技术评价

目前，油田细菌的控制技术有多种，大庆油田在用和进行现场试验的细菌控制技术就有5～6 种之多。只有充分了解油田在用细菌控制技术的效果才能有效地避免使用上的盲目性，为此对油田在用的细菌控制技术进行了分析、评价。油田系统中常用的控制 SRB 的方法可归结为机械方法、调整注水流程方法、物理控制方法、化学处理方法等，具体控制 SRB 的方法特点如表 8-17 所列。

表 8-17　各种 SRB 控制方法特点比较

控制方法	控制原理	对 SRB 的作用	硫化物去除	运行方式	成本	对环境和人体健康的影响	效果
机械法	采用刮管器或高压水清洗	机械清除	机械清除	间歇	高	影响小	效果好
调整注水流程法	清除水流速度慢或静止的死角	机械清除	机械清除	间歇	高	影响小	效果一般
物理杀菌法	利用光(辐射)、变频电磁、高频电流物理能量杀菌	杀灭	不去除	间歇或连续	低	影响小	效果波动较大，辐射法未推广，紫外、超声、变频法推广试验
化学杀菌法	化学杀菌剂药物杀菌	杀灭	不去除	间歇或连续	较高	产生危害	见效快，效果好，应用广泛
生态抑制法	加入生态抑菌剂，生物竞争淘汰	抑制活性，不杀灭，长期运行数量减少	去除	间歇或连续	适中	影响小	抑制效果稳定，有推广应用潜力

大庆油田杀灭 SRB 主要采用物理杀菌法和化学杀菌法，均取得了较好效果。物理杀菌法对游离的 SRB 杀灭效果显著，但由于作用域的限制，对远距离的 SRB 或附着型的 SRB 难

以达到杀灭效果。化学杀菌法中，广泛使用的杀菌剂主要有季铵盐、醛类、杂环类以及它们的复配物，但由于 SRB 常与其他微生物共存于微生物产生的多糖胶中而被保护起来，杀菌剂不易穿透；对于一般的氧化型杀菌剂而言，还由于微生物处于硫化氢的还原性环境中，杀菌剂很难起到有效的杀菌效果；生物膜的存在，使杀菌效率降低，甚至失效，以至于产生耐药菌；且杀菌剂的大量使用，也给环境带来新的污染负荷。防止 SRB 危害已是腐蚀科学和微生物学共同关注的课题。一些防腐专家认为从环境的角度考虑，SRB 的防治有必要从微生物学自身去寻找新的方法。

生态抑制的方法是利用微生物的生物竞争淘汰法，即通过微生物群的替代，将油田微生物问题变为有利因素，防止和除去硫化物。生态抑制的方法不是杀灭 SRB，而是抑制 SRB 的活性，长期抑制之后 SRB 菌群优势地位会逐渐下降，SRB 的相对数量也会逐渐减少。硫酸盐还原菌生态抑制技术与其他杀菌技术的特点比较，有待于进一步的现场应用研究。从目前已有的技术的现场应用来看，效果比较好。

8.5.6.2 油田回注水系统细菌控制技术优化研究

根据现场的实际情况，将系统分成两类进行研究：第一类是完全使用杀菌剂的处理系统；第二类是现场已安装物理杀菌装置的处理系统。

(1) 完全使用杀菌剂的处理系统

对于完全使用杀菌剂的地面处理系统，分两种情况进行处理：a. 细菌危害严重的联合站系统；b. 细菌尚未产生危害的联合站系统。

1) 细菌危害严重的联合站系统

首先进行全面监测，根据监测结果确定细菌和硫化物大量存在的部位，使用化学方法（硫化物去除剂）和机械方法（离心）清除系统内硫化物，通过大剂量连续投加杀菌剂进行有效的控制，采取的细菌控制方案如下。

① 全面监测。首先对其相关联的回注水系统进行全面监测，监测点包括部分油井到注水井整个回注水系统流程中的主要工艺流程取样点，检测项目包括流水中 SRB、TGB 和 IB 含量，水中硫化物和 Fe^{2+} 含量，水中或井口 H_2S 含量等，通过测试可判断细菌大量繁殖和硫化物大量富集的工艺段。

② 清除系统

A. 清除硫化物：根据 SRB 在回注水系统分布规律研究的结果，硫化物通常易富集在游离水脱除器、电脱水器、沉降罐等处。因此，在全面监测数据的基础上，对系统内硫化物富集的部位，可使用化学方法（硫化物去除剂）、机械方法（离心）或两者结合将系统内影响生产的硫化物进行有效去除。

B. 处理系统内附着细菌：系统内大量富集的硫化物被去除之后，还需要对系统内的细菌进行彻底的清除，尤其是管壁或罐壁上附着的细菌，以控制系统内硫化物再次大量生成的来源。这时可使用杀菌剂溶液进行长时间、大剂量（100～200μL/L）连续加药。

C. 有效控制。对于采用完全化学法杀菌的系统，在系统被彻底清洗的基础上，可继续投加抑菌剂及时进行调控，防止细菌再次大量繁殖。

综上所述，完全采用生态抑菌剂的系统，对于细菌危害严重的联合站系统的细菌控制流程如图 8-91 所示。

2) 细菌尚未产生危害的联合站系统

细菌尚未产生危害，但流水中 SRB 含量超标的联合站系统，首先应对系统进行清洗，

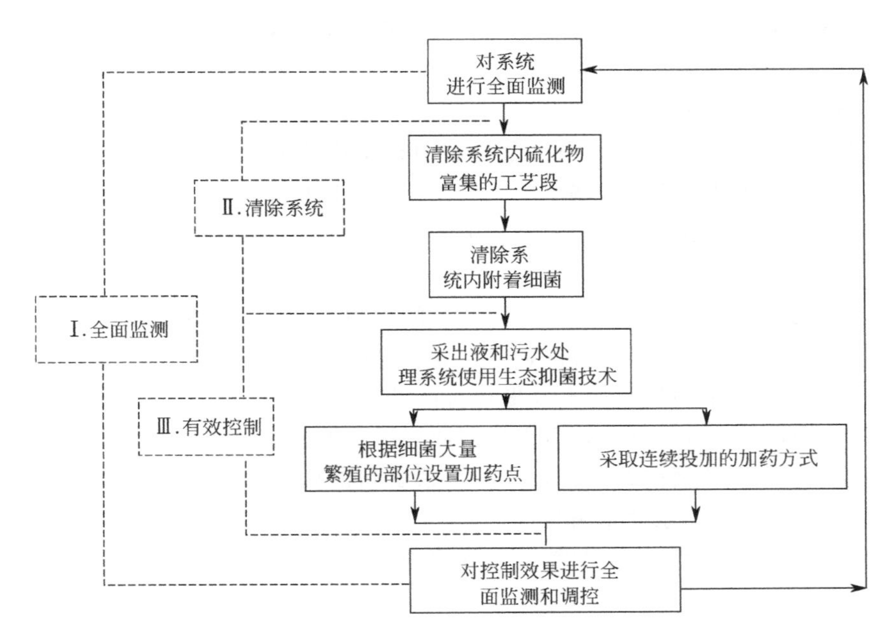

图 8-91 完全化学法杀菌的系统（细菌危害严重的联合站系统）的细菌控制流程

消除可能发生的隐患，然后再对系统内细菌进行有效控制，可采取的细菌控制方案如下。

① 全面监测。首先对其相关联的回注水系统进行全面监测，判断细菌大量繁殖的工艺段。

② 清除系统——处理系统内附着细菌。对系统内的细菌进行彻底的清除，尤其是管壁或罐壁上附着的细菌，以控制系统内硫化物大量生成的来源。可使用杀菌剂溶液进行长时间、大剂量（100～200μL/L）连续加药。

③ 有效控制。系统被彻底清洗之后，继续投加抑菌剂，防止细菌再次大量繁殖，具体操作可参考细菌危害严重的联合站系统进行处理，区别在于减少清除系统内硫化物富集的工艺段的处理工艺。

（2）现场已安装物理杀菌装置的处理系统

对于现场已安装物理杀菌装置的地面处理系统，同样分 2 种情况进行处理：a. 细菌危害严重的联合站系统；b. 细菌尚未产生危害的联合站系统。鉴于油田在用细菌控制技术评价研究的结果，目前油田在用的物理杀菌技术只能在杀菌装置覆盖的范围内起到一定的细菌控制效果，因此对于安装了物理杀菌装置的系统建议使用生态抑菌技术进行配合。

1）细菌危害严重的联合站系统

细菌危害严重的联合站系统，首先应解决系统内细菌已产生的危害，然后再对系统内细菌进行有效控制，可采取的细菌控制方案如下。

① 全面监测。首先对其相关联的回注水系统进行全面监测，监测点包括部分油井到注水井整个回注水系统流程中的主要工艺流程取样点，检测项目包括流水中 SRB、TGB 和 IB 含量，水中硫化物和 Fe^{2+} 含量，水中或井口 H_2S 含量等，通过测试可判断细菌大量繁殖和硫化物大量富集的工艺段。

② 清除系统

A. 清除硫化物：根据 SRB 在回注水系统分布规律研究的结果，硫化物通常易富集在游离水脱除器、电脱水器、沉降罐等处。因此，在全面监测数据的基础上，对系统内硫化物富集的部位，可使用化学方法（硫化物去除剂）、机械方法（离心）或两者结合将系统内影响生产的硫化物进行有效去除。

B. 处理系统内附着细菌：系统内大量富集的硫化物被去除之后，还需要对系统内的细菌进行彻底的清除，尤其是管壁或罐壁上附着的细菌，以控制系统内硫化物再次大量生成的来源。这时可使用杀菌剂溶液进行长时间、大剂量（100～200μL/L）连续加药。

C. 有效控制

在系统被彻底清洗的基础上，还需采取有效的控制手段加以控制，防止细菌再次大量繁殖，可采取物理和化学联合杀菌的方法，以达到满足控制效果和降低杀菌成本的目的。

① 物理杀菌：根据细菌控制技术效果评价的结果，物理杀菌选用紫外杀菌装置，将其安装在深度污水处理站的外输水上，重点控制回注污水中的细菌含量。

② 生态抑菌：生态抑菌重点控制原油脱水系统和常规污水处理系统中的细菌繁殖，同时可配合深度污水系统中的紫外杀菌装置，控制紫外杀菌后至注水井段中细菌再次繁殖。

综上所述，已安装物理杀菌装置且细菌危害严重的联合站系统的细菌控制流程如图 8-92 所示。

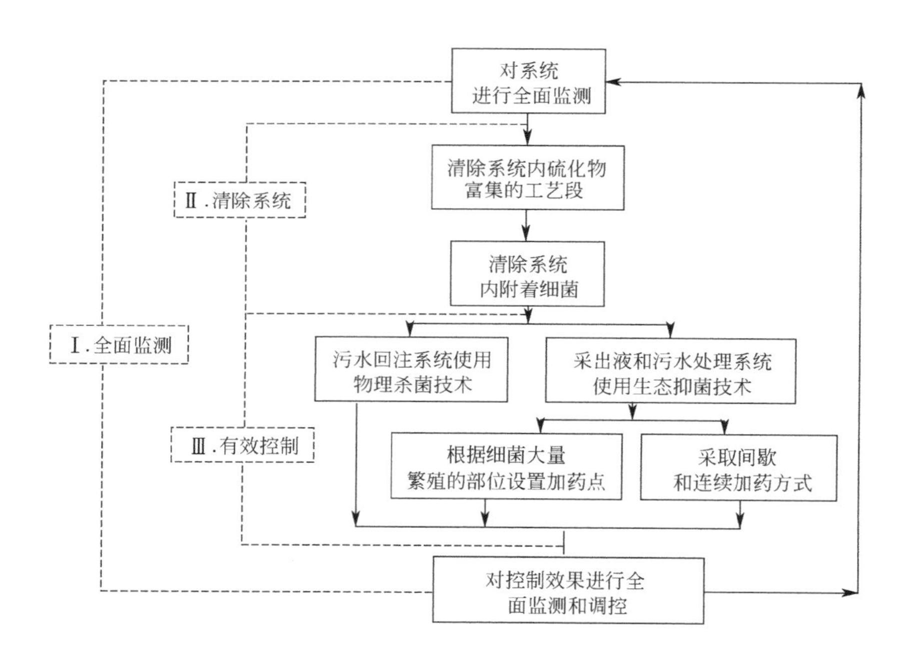

图 8-92 已安装物理杀菌装置且细菌危害严重的联合站系统的细菌控制流程

2）细菌尚未产生危害的联合站系统

细菌尚未产生危害，但流水中 SRB 含量超标的联合站系统，首先应对系统进行清洗，消除可能发生的隐患，然后再对系统内细菌进行有效控制，可采取的细菌控制方案如下。

① 全面监测。首先对其相关联的回注水系统进行全面监测，判断细菌大量繁殖的工艺段。

② 清除系统：处理系统内附着细菌。对系统内的细菌进行彻底的清除，尤其是管壁或罐壁上附着的细菌，以控制系统内硫化物大量生成的来源。可使用杀菌剂溶液进行长时间、

大剂量（100～200μL/L）连续加药。

③ 有效控制。系统被彻底清洗之后，采取物理和化学联合杀菌的方法加以控制，以达到满足控制效果和降低杀菌成本的目的，具体操作可参考细菌危害严重的联合站系统进行处理，区别在于减少清除系统内硫化物富集的工艺段的处理工艺。

总之，在采出液处理系统中，采取生态抑菌技术控制 SRB 繁殖及危害；对系统中 SRB 繁殖、危害严重的管段、罐体及处理设备考虑采用大剂量杀菌剂连续投加等方法彻底清除附着的 SRB；在污水处理系统中，通过技术优化将物理杀菌技术和生态抑菌技术有机结合在一起，达到处理成本和处理效果的最优化。

8.5.6.3 硫酸盐还原菌活性生态抑制适应的投药点

大庆油田从油井采出液到污水回注工艺可分成油水分离处理部分、含油污水处理部分和污水回注部分 3 个阶段（或单元）。对于硫酸盐还原菌和硫化物危害而言，在油水分离处理部分，其主要危害是硫化物造成电脱水器跨电场而影响生产；在含油污水处理部分，主要是硫酸盐还原菌在沉降罐和滤罐中大量繁殖并产生硫化物从而引起危害；在污水回注部分，主要是回注水在缓冲罐中具有一定的停留时间引起硫酸盐还原菌繁殖，产生的硫化物对注水井网和井管造成腐蚀危害和金属硫化物注入地下可能引起低渗透油层堵塞。

在前期对系统全面监测的基础上，根据细菌在系统内大量繁殖的部位来设置杀菌剂的投药点。硫酸盐还原菌大量繁殖存在的场所以及硫化物危害比较严重的位置，就是生态抑制的主要投药点，所以，管道、电脱水器中、沉降罐和滤罐内部和注水井套管中是回注水系统生态抑制硫酸盐还原菌活性的合理位置。

8.5.6.4 硫酸盐还原菌活性生态抑菌剂加药方法和加药原则

(1) 硫酸盐还原菌生态抑菌剂母液配置和加药方法

硫酸盐还原菌生态抑菌剂水溶性极好，其母液配制可使用油田地面处理系统中的污水。硫酸盐还原菌生态抑菌剂母液配制方法及加药方式如图 8-93 所示，母液配制时，使油田地面处理系统管道中的水间歇进入并加满具有一定体积的计量水箱，固体生态抑菌剂自水箱上面加药口加入，同时用搅拌机进行搅拌，搅拌均匀后制成母液，母液通过计量泵注入回管道中。

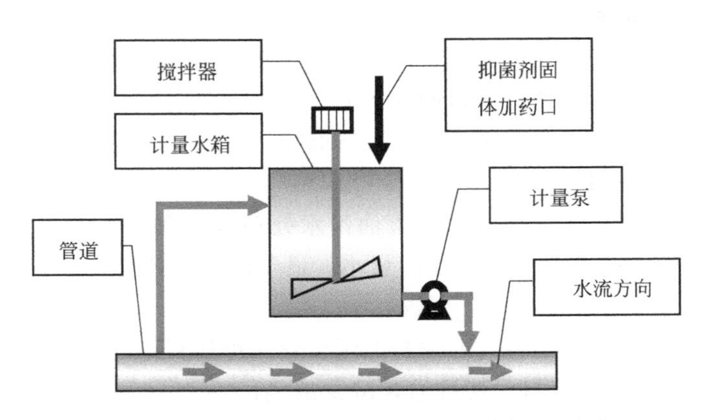

图 8-93 硫酸盐还原菌生态抑菌剂母液配制方法及加药方式

(2) 硫酸盐还原菌生态抑菌剂加药的原则

硫酸盐还原菌生态抑菌剂的加药原则基本上有以下 5 点：a. 对加药工艺的水质的分析，

特别是硫酸根的浓度、硝酸根的浓度，以及硫酸盐还原菌和反硝化细菌的数量；b. 水的流速；c. 硫酸根、硝酸根的电子流的分析作为一个重要的指导参数；d. 主要根据硝酸根确定投加生态抑菌剂的浓度，原则上水中的硫酸根的浓度与抑菌剂的浓度为 1∶1 即可；e. 根据硫酸盐还原菌的生长规律，硫酸盐还原菌种群的群体生长速率在 5～7 d，可以在对数生长期加药，根据危害的程度选择连续加药和间歇式加药，抑制的有效水力停留时间为 48h。

(3) 硫酸盐还原菌生态抑菌剂对油田水性质影响分析

在油田水中加入生态抑菌剂后是否对油田水质造成显著影响，是评价生态抑菌剂能否具有实际应用价值的前提。如果加入的药剂在一定程度上改变了油田水原有性质，比如，改变了油田水的 pH 值、碱度、矿化度，使水浑浊等，则可能会影响油水分离效果、聚合物黏度等，从而影响油田生产。所以，有必要对生态抑菌剂加入前后油田的水质进行比较分析。表 8-18 为一厂北 I-1 出水和四厂新杏九联滤后水加入生态抑菌剂前后水质的变化情况。

表 8-18 大庆油田地面水中加入生态抑菌剂前后水质的变化情况

水样来源	处理	pH 值	碱度/(mg/L)	矿化度/(mg/L)	吸光值(420nm)
一厂北 I-1 滤后水	加入生态抑菌剂前	7.85	2350.8	5428.9	0.021
	加入生态抑菌剂后	7.86	2364.4	5468.7	0.021
四厂新杏九联滤后水	加入生态抑菌剂前	7.97	2267.5	5412.6	0.018
	加入生态抑菌剂后	7.94	2285.7	5458.1	0.017

注：生态抑菌剂加入后水中的生态抑菌剂浓度为 50.0mg/L。

由表 8-18 可见，生态抑菌剂加入到水处理站滤后水，pH 值、碱度、矿化度和吸光值没有明显改变，吸光值可以表征水的浊度的变化情况，吸光值变化很小说明水的浊度变化也非常小。所以，生态抑菌剂加入到油田水中，在 pH 值、碱度、矿化度、含盐量、浊度方面不会使油田水的性质发生改变。生态抑菌剂的加入不会对油田地面生产产生负面的影响。

8.5.6.5 油田回注水系统硫酸盐还原菌生态抑制方案

根据大庆油田回注水系统油水处理流程中硫酸盐还原菌和硫化物危害程度和危害区域范围，确定出全程抑制和局部抑制两种生态抑制方案，如图 8-94 所示。

(1) 方案一：全程抑制

通常抑菌陶粒的最好的加入部位为过滤段，具体加入与否要根据生产实际来定。加药位置在油水分离部分的三相分离器后井口回掺水管道上，见图 8-94 中的 A 位置，管道连续加药，加药量较大，成本较高，适合于整个系统 SRB 和硫化物危害较大的地面站。

(2) 方案二：局部抑制

加药位置选择在油水分离处理部分、含油污水处理部分和污水回注部分，见图 8-94 中的 B_1、B_2、B_3 位置，管道连续加药，加药量小，适于硫酸盐还原菌和硫化物产生局部危害的地面站。

在局部抑制方案中，有 3 处适宜的加药抑制位置，可达到不同的抑制目的。

① 在油水分离处理部分抑制，其目的是减少或消除油水分离处理部分电脱水器中硫化物引起的跨电场现象和硫化物对后续工艺的危害，保障油田安全生产。合适抑制剂加药位置在游离水脱除器之前的管道上，见图 8-94 中的 B_1 位置。

② 在含油污水处理部分抑制，其主要目的是抑制沉降罐和滤罐中硫酸盐还原菌活性，减少或消除硫化物对后续工艺及管道的危害，合适生态抑菌剂加药位置见图 8-94 中的 B_2 位置。

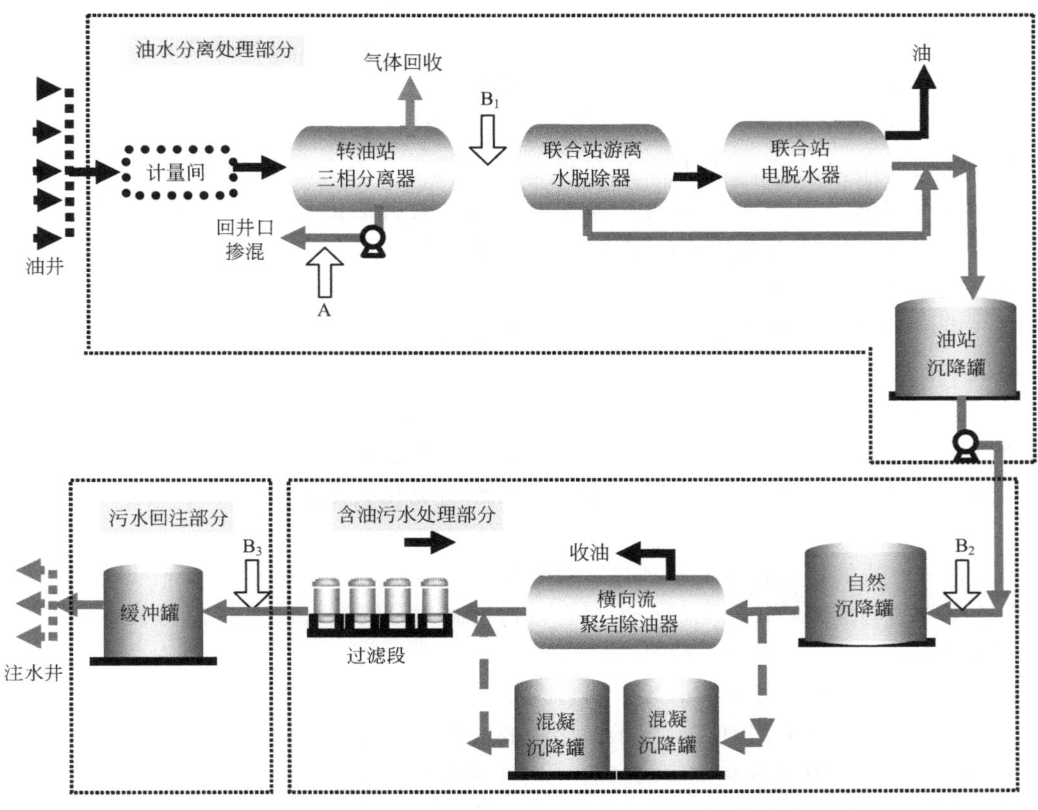

图 8-94　油田地面部分油水处理工艺流程及生态抑菌剂加药位置示意

A、B_1、B_2、B_3—适宜的生态抑菌剂加药位置

③ 在污水回注部分抑制，其主要目的是抑制回注水缓冲罐中硫酸盐还原菌活性，防止或消除硫化物生成，减少或消除硫化物对注水井管的腐蚀和金属硫化物对低渗透油层的堵塞，适宜的加药位置见图 8-94 中的 B_3 位置，加药位置选择在缓冲罐进水口前端的管道上。

局部抑制时，抑制剂浓度根据油田水中硫酸根离子含量按照 SO_4^{2-}/NO_3^- 值为 1∶1 的比例连续加入，此时，抑制的有效水力停留时间为 48h。但如果含油污水处理流程较长，其水力停留时间过长可进行多点加药抑制或适当提高单点加药抑制剂浓度。

大庆油田有近 200 座地面水处理站，各个处理站之间主要工艺相近，但具体流程各不相同，有的站流程长些、有的站流程短些，有的站某单元流程长些、某单元流程短些，采用生态抑制硫酸盐还原菌活性时，可分别选择方案一和方案二，也可以选择两种方案进行组合，地面站可根据流程特点、抑制位置及硫化物危害程度选择适合的抑制方案。

8.5.6.6　硫酸盐还原菌活性生态抑菌剂成本分析及技术经济分析

(1) 硫酸盐还原菌生态抑菌剂成本分析

① 硫酸盐还原菌生态抑菌剂的组成：大庆油田回注水系统生态抑菌剂包含 6 种主要成分，采用连续加药方式进行抑制，由于地面水中硫酸根浓度多小于 50mg/L，按照 SO_4^{2-}/NO_3^- 值为 1∶1 加入时，加入后水中生态抑菌剂的有效浓度也应为 50mg/L，所以加药时生态抑菌剂各成分成本如下：主要成分浓度为 50mg/L，成本为 0.125 元/m^3 水；辅助成分 1 浓度为 5mg/L，成本为 0.025 元/m^3 水；辅助成分 2 浓度为 0.2mg/L，成本为 0.015

元/m^3 水；辅助成分 3 浓度为 0.2mg/L，成本为 0.001 元/m^3 水；辅助成分 4 浓度为 0.2mg/L，成本为 0.015 元/m^3 水；辅助成分 5 浓度为 0.1mg/L，成本为 0.025 元/m^3 水。

生态抑菌剂总成本=主要成分成本+辅助成分 1 成本+…+辅助成分 5 成本=0.20 元/m^3 水。所以，生态抑菌剂加药成本为 0.206 元/m^3 水。

大庆油田在用的杀菌技术主要有变频电脉冲技术、紫外杀菌技术和化学杀菌技术，化学杀菌时采用的杀菌剂种类不同，其成本不同。大庆油田设计院有限公司古文革、乔丽艳等对大庆油田在用杀菌技术的成本进行了详细的计算，根据其计算结果，变频电脉冲与紫外线杀菌联合处理成本为 0.035 元/m^3 水、化学剂杀菌成本为 0.363 元/m^3 水。本研究开发的生态抑菌剂成本高于变频电脉冲与紫外线杀菌联合处理成本，而低于化学剂杀菌成本。

② 硫酸盐还原菌生态抑菌剂的特点：硫酸盐还原菌生态抑菌剂立足于微生物生态抑制，提出通过生态抑制 SRB 活性的方法，改变以往的单纯追求以杀灭 SRB 为目的传统思维模式，转而以抑制 SRB 活性为目的，是油田系统控制硫化物危害方面观念的变革和方法的创新。

生态抑制方法的特点在于安全环保、效果明显、作用时间长和波及范围广。属于目前提倡的绿色净水剂的范畴，该产品的研发对有效地抑制油田回注水系统中 SRB 的数量和活性、减少 SRB 腐蚀产物带来的危害有极大参考价值。

对整个油田的地面工艺系统、地下水体中都会形成一个有益于水处理和采油的良性循环体系。对于回注水系统工艺而言，由于硫化物的去除使腐蚀大大降低并有利于油水分离和悬浮物的去除，这是因为 FeS 和油滴的亲合，使油滴相对密度加大，油水分离变得更加困难。对于地下系统而言由于硫化物的降低，水体的酸性变弱并能生成诸多有利于采油的生物代谢产物。生态抑制硫酸盐还原菌的方法有利于形成地面系统和地下系统的良性循环。

抑制 SRB 的生长，促使有益菌大量的生长，提高有益菌的生态位，降低 SRB 的生态位。去除营养源，抑制、排斥 SRB 的生长的同时，有益菌对硫化物有较好的代谢作用，使之在油藏水系统中消失或降得很低，从根本上改变 SRB 赖以生存的条件，达到抑制 SRB 活性的作用，改变极性的表面润湿性，增加原油流动性，提高有效注水能力。抑制 SRB 的生长有利于含聚污水中聚合物絮团的去除，降低污水处理难度。

（2）推广应用前景和经济效益分析

生态抑制硫酸盐还原菌活性技术以抑制 SRB 活性为目的，是大庆油田系统控制硫酸盐还原菌和硫化物危害方面的新探索。该方法的生态抑制效果明显、操作简便，还可以同时消除水中原有硫化物，防止硫化物腐蚀危害。抑制成本较低，抑制剂水溶性极好、配制过程中无异味产生，安全环保，符合 21 世纪绿色生产的要求，能够实现经济效益和社会效益双丰收，所以具有广阔的应用前景和应用价值。

该项目制订的油田回注水系统细菌控制方案，可在全油田所有联合站系统上推广应用，可有效地控制油田回注水系统中细菌的繁殖。一方面消除了硫化物存在给生产设施和生产运行带来的影响，节约大量硫化物处理费用和由此造成的损失；另一方面减少因硫化物造成注水井注水能力下降而增加的水井酸化费用。附着 SRB 含量测定技术可在全油田地面设施上推广使用，通过测定系统中附着 SRB 含量，可更为准确地掌握系统中 SRB 的繁殖程度，从而为实施有效的细菌控制提供基础资料。

① 社会效益：有利于污水处理站的水质改善，水中的硫化物得到了有效的控制；保证

了安全生产和脱水站外输油含水合格；避免回收老化油时电脱水频繁跳闸，减轻基层工人的劳动强度；避免外排污水处理带来的环境污染。

② 经济效益：产品属于绿色净水剂，符合我国政府大力提倡的广泛使用绿色净水剂的要求。产品成本低，可以在油田应用以及用于受硫酸盐还原菌危害的环境的治理和修复，将会产生巨大的经济效益。

8.6 本章小结

油田硫酸盐还原菌在油田地面系统的危害主要是表现腐蚀、联合站污水中硫化物超标，同时伴有硫化氢气体超标等问题；采出液油水三相分离中腐蚀、细菌滋生，造成垮电厂以及生产的危害。在硫酸盐还原菌的控制上有一些效果较好的方法，如投加杀菌剂，但是这种方法会造成二次污染。开发的生态调控方法从微生物种群竞争和微生物代谢的角度出发，解决了一些地面系统和采出液中硫化物和硫化氢超标的问题。但是还有很多的问题没有解决，如生态调控的方法在油藏系统中效果较好，但是是否对微生物采油造成影响，无法得到评估，以及如何降低药剂成本等问题，以上研究对解决硫酸盐还原菌的控制提出了很多建设性的意见和工程实践，但是离做到更好还有一段距离。

第9章 油田硫酸盐还原菌的腐蚀作用

对油田采出水回注系统来说，注水管材、设备的腐蚀、堵塞、结垢三大问题作为影响油田正常生产的主要危险有害因素，引起了广泛的关注。回注系统三大问题的出现，是多种因素相互作用的结果。目前，国内外已有较多学者，对特定注水水质对管线的腐蚀机理进行了大量的研究。

腐蚀一直是困扰海上油田原油开发和生产过程中的难题，腐蚀的存在，不但大大降低了原油开采设备（如油井套管、海底输油管道等）的使用寿命，而且对原油的正常生产和开采活动造成很大的威胁和隐患，也不时有因为海底管线腐蚀穿孔导致油田停产事件的发生。南海某海上油田在2013年4月发生首次腐蚀失效事件，腐蚀漏点位于测试分离器闭排管线弯头处。因此对海上油田的腐蚀失效事件进行分析，判断腐蚀失效性质，确认引起腐蚀的主要因素，从而有效预防重复腐蚀失效就显得尤为重要。

① 在油田设施上，腐蚀往往具有综合性，是几种腐蚀协同作用的结果，对协同腐蚀机理的研究相对较少，有待进一步研究。

② 关于硫化氢腐蚀机理的研究，目前对电化学腐蚀产物、反应步骤、几种物质参与反应存在较大分歧，有待进一步深入研究。

③ 在H_2S/CO_2共存条件下的腐蚀机理以及腐蚀产物膜的形成机理等方面仍存在较大争议，应进一步深入研究。

④ 随着油气田开采难度的加大，油气田中的腐蚀环境也变得越来越复杂，对一些特殊环境如高温高压、高浓度H_2S和高浓度CO_2、高流速、高矿化度、高酸度等条件下的腐蚀机理研究相对缺乏。

⑤ 局部腐蚀（点蚀或坑蚀）往往产生较为严重的损失，其产生因素较为复杂，是多种因素共同作用的结果，目前对其产生的原因还没有一个统一的认识，应加强对局部腐蚀机理的研究，采取必要的防腐措施，为油田持续稳产、提高经济效益提供保障。

随着科技的进步，特别是一些先进仪器以及先进技术的应用，尤其是量子化学及电子计算机模拟技术的发展，使得研究油气田在一些特殊条件下的腐蚀机理成为可能，从而为防腐提供了理论依据，对减少油气田因腐蚀造成的损失、增加油气工业的经济效益有重要意义。

9.1 SRB腐蚀的理论机理

微生物腐蚀（microbiologically influenced corrosion，MIC）指微生物自身生命活动及其代谢产物直接或间接地加速金属材料腐蚀的过程。微生物广泛存在于土壤、海水等自然环境中，微生物腐蚀常发生在埋地管道、海港、大坝、发电厂、污水处理系统和油田中，且在油田中尤为严重。微生物腐蚀对石油、天然气的运输和生产造成了重大危害，是影响地下管道使用寿命的重要因素之一，给社会造成了巨大的经济损失。据统计，MIC占金属材料腐蚀的20%，在石油和天然气运输行业，MIC造成的损失比例达15%～30%。

SRB被认为是油田系统中最主要的腐蚀性厌氧微生物，且油田厌氧环境中存在大量硫酸盐，硫酸盐是SRB代谢必要物质，SRB通过氧化还原硫酸盐所释放的能量维持自身生命活动。关于SRB的具体腐蚀机制，一直是近几十年来的讨论热点。早期，Pankhania[441]提出在无氧或极少氧的情况下，金属腐蚀的阴极过程是氢还原过程，即氢原子会形成氢分子，但这一过程需要的活化能非常高，在热力学上难以进行，而SRB由于含有氢化酶，可以利用阴极表面的吸附氢原子将硫酸根离子还原，并从中获取生存能量，在阴极过程中去除氢分子，导致阴极去极化，加速金属的腐蚀。但是后来有研究发现，不是所有SRB体内都含有氢化酶。Gu等[442]从生物能量学角度，提出了生理。该机理认为，SRB能利用分子氢、低级脂肪醇、低级脂肪酸、高级脂肪酸、脂肪烃和单芳香族化合物等作为碳源，但当环境中碳源匮乏时，与金属基体直接接触的SRB可以直接从金属表面获得电子，造成金属的腐蚀。Chen等[443]发现在饥饿条件下，浮游SRB的数量会减少，碳钢表面出现大量点蚀坑，并且在坑周围附着大量SRB。Torres-Sanchez等[444]研究发现了同样的结果，存在SRB的AISI 304不锈钢表面会产生高密度的点蚀。另外，关于SRB代谢产物对腐蚀的影响也得到了人们的重视，如SRB厌氧发酵产生的有机酸，会与金属发生反应而造成腐蚀[445, 446]。附在金属表面的硫化亚铁与金属基体之间存在电化学的耦合作用，会形成腐蚀电偶，使金属基体作为阳极而发生腐蚀[447, 448]。Lee等[449]研究发现，含有FeS的生物膜与低碳钢的金属基体接触时会加速低碳钢的腐蚀。

9.1.1 SRB腐蚀的理论分类

大量的研究工作及实际生产操作表明油田采注水系统中存在SRB和S^{2-}会造成腐蚀、穿孔、容器管道破漏、结垢、堵塞、储罐自燃爆炸等危害。80%的地下金属腐蚀是由微生物腐蚀引起的，尤其是SRB腐蚀。

油田注水系统的微生物腐蚀实际上是电化学腐蚀的特殊形式，包括厌氧微生物腐蚀和好氧微生物腐蚀。SRB是最早被人们发现的能腐蚀金属的微生物，宜在厌氧条件下生长。目前，关于SRB腐蚀的机理有阴极去极化机理[450]、浓差电池机理[451]、局部电池机理、代谢产物机理[452]、沉积物下的酸腐蚀机理[453]、阳极区固定机理等，其中最经典的为阴极去极化机理，其包括氢化酶阴极去极化理论、细菌代谢产物去极化理论、硫铁化物和氢化酶共去极化剂理论、含磷化合物去极化理论四种。

9.1.1.1 氢化酶阴极去极化理论

SRB通过氢化酶使电子通过氢中间体由金属表面转移到硫化菌，使其有能力利用阳极区产生的氢将硫酸盐还原为H_2S，在厌氧电化学腐蚀过程中起到阴极去极化的作用，从而加速金属的腐蚀。Kuhr 理论以及 Booth 和 Tiller[454] 的研究成果表明在缺氧条件下，含有氢化酶的 SRB 可以从铁的阴极表面除掉氢原子，并利用它使硫酸盐还原，加快阴极反应，促使阳极溶解，加速了钢铁的腐蚀过程。

总之，阴极去极化理论描述 SRB 利用金属表面的离子还原硫酸盐。阴极去极化作用是钢铁腐蚀过程中的关键步骤，在没有氧的条件下，金属腐蚀的阴极反应应该是氢的逸出，但是由于放出氢的活化电位太高，腐蚀电池本身难以供给这样的电位，因而阴极就被一层原子态的氢所覆盖，故使得腐蚀中止；SRB 的作用就是把氢原子从金属（Me）表面除去，从而使腐蚀过程继续下去，过程如下：

$$8H_2O \longrightarrow 8OH^- + 8H^+$$

阳极： $4Me \longrightarrow 4Me^{2+} + 8e^-$

阴极： $8H^+ + 8e^- \longrightarrow 8[H]$

阴极去极化： $SO_4^{2-} + 8[H] \longrightarrow S^{2-} + 4H_2O$

阳极（腐蚀产物）： $Me^{2+} + S^{2-} \longrightarrow MeS$

阴极： $3Me^{2+} + 6OH^- \longrightarrow 3Me(OH)_2$

总反应式： $4Me + SO_4^{2-} + 4H_2O \longrightarrow 3Me(OH)_2 + MeS + 2OH^-$

硫酸盐还原菌的阴极去极化机理如图 9-1 所示。

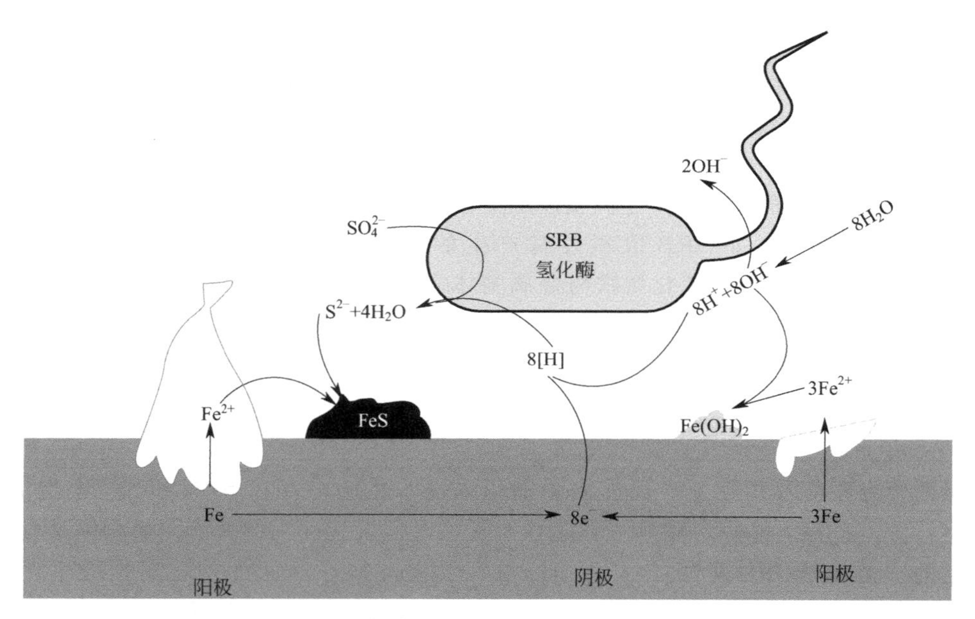

图 9-1 硫酸盐还原菌的阴极去极化机理

9.1.1.2 细菌代谢产物去极化理论

该理论又分为 H_2S 作为去极化剂和 FeS 作为去极化剂两种。

当金属暴露在富含微生物的环境中时，微生物会倾向于附着在金属表面，然后繁殖生长并产生细胞外聚合物，从而形成生物膜。在微生物代谢活动影响下，生物膜的形成和发展过程如图 9-2 所示。

金属表面胞外聚合物（EPS）的形成需要三个阶段：首先是吸收大分子（如蛋白质、脂质、多糖和腐殖酸）；其次是微生物从本体相移动到金属表面并吸附在金属表面（受动力学

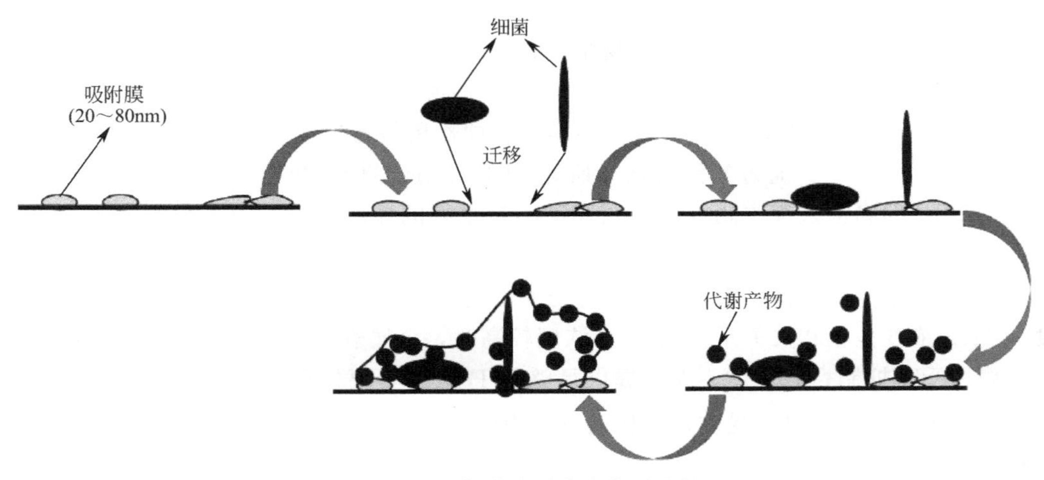

图 9-2　生物膜的形成和发展过程

影响)；最终是生物膜不断变厚，金属表面吸附的生物膜更加完整和成熟。

SRB 生物膜不仅包含大量的 SRB 菌体和代谢腐蚀产物，而且还黏附有环境中的有机物。EPS 是一种凝胶状的聚合物，而凝胶能够起到屏障扩散的作用，由此产生浓度梯度。通常情况下 EPS 都是亲水的，因此 EPS 也能赋予疏水表面以亲水性质，使得界面表面性质发生变化。且 EPS 还有较强的阳离子络合能力，易吸附金属离子，改变金属表面的结构状态，对氧化层的稳定性产生影响。如果一个腐蚀位点被 EPS 覆盖，EPS 会与金属离子发生螯合作用，金属与金属离子之间的平衡被破坏，加速腐蚀的发生，胞外聚合物的铁腐蚀机理如图 9-3 所示。

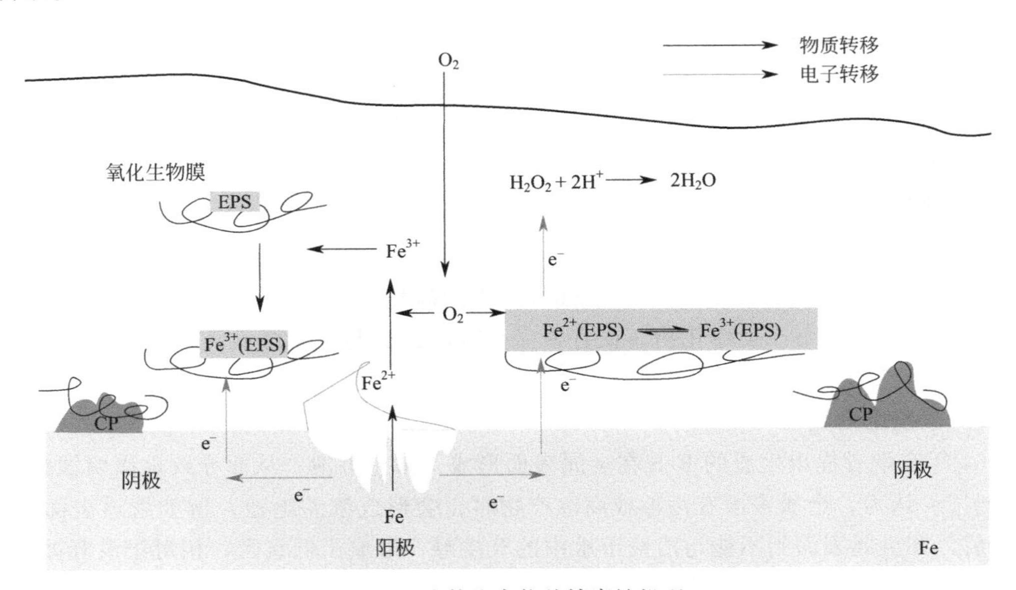

图 9-3　胞外聚合物的铁腐蚀机理

SRB 的代谢产物与金属基体相互作用，能够加速金属的腐蚀过程，反应如下。

SRB 的活动：　$Na_2SO_4+4H_2 \longrightarrow Na_2S+4H_2O$

生成 H_2S：　$Na_2S+2H_2CO_3 \longrightarrow 2NaHCO_3+H_2S$

与 Fe 反应：　　　　　　$Fe + H_2S \longrightarrow FeS + H_2$

许多研究认为，SRB 腐蚀代谢产物中的硫与硫铁化合物对腐蚀起着更为重要的作用。Salvarezza 等[455] 研究表明 1020 碳钢在含有 SRB 的海水和不同浓度的硫化物中的电化学行为具有相似之处，认为厌氧细菌 SRB 对金属的腐蚀作用是通过代谢产物硫化物产生的。

Romero 等[456, 457] 通过氢渗透技术研究 SRB 在惰性材料 Pd 上的生长情况，通过试验研究认为 SRB 的腐蚀过程中阴极去极化理论不是主要的作用机理，而硫化物腐蚀和硫化铁等产物的产生导致了严重的细菌腐蚀。

研究 SRB 培养液中低碳钢的腐蚀行为与所产生的 H_2S 随时间的变化关系时发现，腐蚀速度与 H_2S 浓度呈正相关关系。当 H_2S 浓度较高时，金属表面会形成硫化物保护膜，电位上升，腐蚀受到抑制；若介质不能再提供足够的 H_2S 时，腐蚀则得到促进。研究发现 SRB 将介质中的 SO_4^{2-} 作为电子受体，在代谢过程中被还原成 S^{2-} 或 H_2S 进而形成铁的硫化物，包裹在金属基体表面的生物膜中，改变了生物膜下碳钢表面的微环境，促使碳钢表面形成点腐蚀，进而在其表面形成大而不均匀的溃斑。由上述研究可知，SRB 代谢产物会加速金属的局部腐蚀。SRB 在代谢过程中产生的 H_2S，不但能通过直接在金属表面还原参与阴极过程，同时还能与工件中残余应力产生协同作用造成金属表面严重的应力腐蚀开裂[458]。

9.1.1.3 硫铁化物和氢化酶共去极化剂理论

Stumper[459] 最早提出硫化物能促进金属的微生物腐蚀，研究发现硫化物的存在能使金属的腐蚀速率提高 2 倍。

King 等[452] 的研究表明低碳钢在厌氧环境下的腐蚀与环境中的 Fe^{2+} 有直接的关联。在 Fe^{2+} 浓度较低的条件下，金属表面会形成 FeS 保护膜，减缓了金属的腐蚀；在 Fe^{2+} 浓度较高的条件下，硫化物则会出现沉积，不再生成保护膜，腐蚀会被促进。

在厌氧条件下 H_2S 通过氢化酶和代谢产物 FeS 的共同作用促进腐蚀过程的阴极去极化作用，从而加速金属的腐蚀。

Thomas 等[460] 研究了微生物生成 H_2S 对海洋结构钢腐蚀疲劳的影响，发现裂纹生长速率随着 H_2S 含量的增加而增加。

9.1.1.4 含磷化合物去极化理论

Iverson 等[451] 认为，在厌氧条件下，SRB 会产生挥发性磷化物，与基体铁反应生成 Fe_2P，从而造成金属的腐蚀。当然，由 SRB 产生的硫化氢与无机磷化物、磷酸盐、亚磷酸盐、次磷酸盐作用也可产生磷化物。在有铁存在时硫化氢与次磷酸盐作用也可产生磷化铁。这些作用加剧了基体铁的腐蚀。

9.1.1.5 浓差电池机理

1964 年有学者提出生成的 FeS 在金属表面形成了浓差电池，从而导致金属腐蚀的发生。Starkey[174] 认为，金属表面有污垢或腐蚀产物时，会形成浓差电池，例如管道表面覆盖有锈垢之后，在金属表面则不能与溶解于水中的氧接触，形成了低氧区，相对于没有被沉积物覆盖的管道内壁的金属表面，覆盖部分的金属表面就构成了阳极，这种类型的腐蚀常伴随着厌氧腐蚀，好氧菌在管壁附着生长形成结瘤产生氧浓差，适于厌氧 SRB 的生存，从而加速了金属表面原有的腐蚀状况。King 等[461] 认为随着硫酸盐还原菌代谢产物硫化亚铁的不断生成，由于硫化亚铁与基体之间的电位差，金属表面形成以铁基体为阳极、硫化亚铁为阴极的浓差电池，从而加速金属的腐蚀。Lee 等[462] 的研究结果表明，硫化铁良好的电子传导性，使其在具有未反应铁的电化学腐蚀电池中优先作为阴极存在。

吕人豪等[195] 提出金属的腐蚀过程也与形成氧的浓差电池有关。腐蚀过程刚开始是铁细菌或一些黏液形成菌在管壁上附着生长，逐渐形成较大菌落、结瘤或产生不均匀黏液层，这些物质的存在造成氧浓差电池。随着生物污垢的生长，形成 SRB 繁殖的厌氧条件，加剧了氧浓差电池腐蚀，同时 SRB 去极化作用及硫化物产物腐蚀，使腐蚀进一步恶化，直至金属局部腐蚀发生，甚至导致设备穿孔。胥聪敏等[463] 研究也表明 SRB 与 IB 共同作用下加速了 316L 不锈钢的腐蚀过程，因为 IB 及 TGB 为好氧菌，在代谢过程中将消耗 O_2，IB 附着在管壁上形成氧浓差，有利于管道内 SRB 的繁殖代谢。

SRB 浓差电池腐蚀机理如图 9-4 所示。

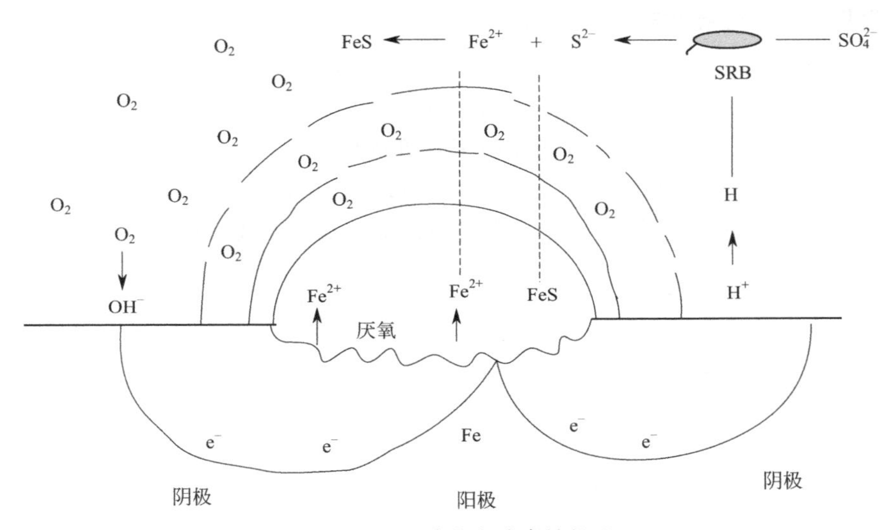

图 9-4　SRB 浓差电池腐蚀机理

9.1.1.6　沉积物下的酸腐蚀机理

1973 年，Evans 等[464] 发现微生物腐蚀过程中的产物醋酸等有机酸会沉积在金属表面造成金属的严重腐蚀。这个理论的主要依据是绝大多数微生物腐蚀过程的最终腐蚀产物中都存在低碳链的脂肪酸，其中最常见的就是醋酸。当醋酸沉积在金属表面时，对碳钢有很大的侵蚀性，会加速碳钢的腐蚀。在含氧环境中，酸腐蚀机理则表现为水解反应生成的氢离子引起环境中 pH 值发生变化，使得阳极区 pH 值降低，发生酸腐蚀。

微生物代谢过程中生成的无机弱酸，对于碳钢的腐蚀行为有着不可忽视的影响。刘宏伟等[465] 在各种充气条件［即空气，N_2 和 5% CO_2（体积分数）］下研究了管线钢在含有硫酸盐还原菌的薄层土壤溶液下的腐蚀。试验结果表明 O_2 的存在会抑制 SRB 生长，而 CO_2 的存在则会加速 SRB 的生长和生物膜的形成，从而加速管线钢的腐蚀。

金属腐蚀中的有机酸腐蚀类似于无机酸的腐蚀。这些有机酸一般属于弱酸，虽然阴极去极化反应为氢去极化过程，但是这些有机酸的阴离子会与阳极反应产生的阳离子络合而加速阳极反应。有机酸螯合阳离子形成稳定的复杂化合物，金属原子可能会从晶体点阵中溶解，导致结构的弱化，如铁在醋酸中的腐蚀。因此，有机酸比无机酸更具腐蚀性。

9.1.1.7 腐蚀产物腐蚀

除了以上几种SRB腐蚀机理外，还包括硫化物被氧化成元素硫和溶解的硫被还原成硫化物；硫化物被氧化成硫代硫酸盐和硫代硫酸盐还原成活性硫化物；硫化物氧化成硫或硫代硫酸盐以及连四硫酸盐引起的酸化。

通过电化学试验研究证明了SRB代谢的中间产物，如硫代硫酸盐、硫氰酸酯等可以增加活性区的阳极溶解电流，阻碍金属表面钝化膜的形成。同时发现硫化物在氧化过程中更易产生侵蚀性的环境，甚至在不含Cr的环境中诱导不锈钢的孔蚀。

目前，针对SRB的腐蚀行为有了比较深入的研究，但针对其具体腐蚀机理还没有统一的定论，因此针对SRB腐蚀机理的研究有待进一步探索。

9.1.1.8 生物阴极催化硫酸盐还原机理

Gu等[466-468]和Xu等[469]从生物能量学的角度出发，提出了生物阴极催化硫酸盐还原机理（biocatalytic cathodic sulfate reduction mechanism，BCSR）。该机理认为，当周围环境中有充足碳源（如乳酸）时，SRB优先利用有机物作为电子供体。而由于代谢产物作用，当碳源难以接近贴近金属表面的SRB生物膜时，微生物腐蚀由扩散过程控制，易被腐蚀的金属成为唯一的电子供体，腐蚀被加速。生物阴极催化硫酸盐还原机理如图9-5所示。

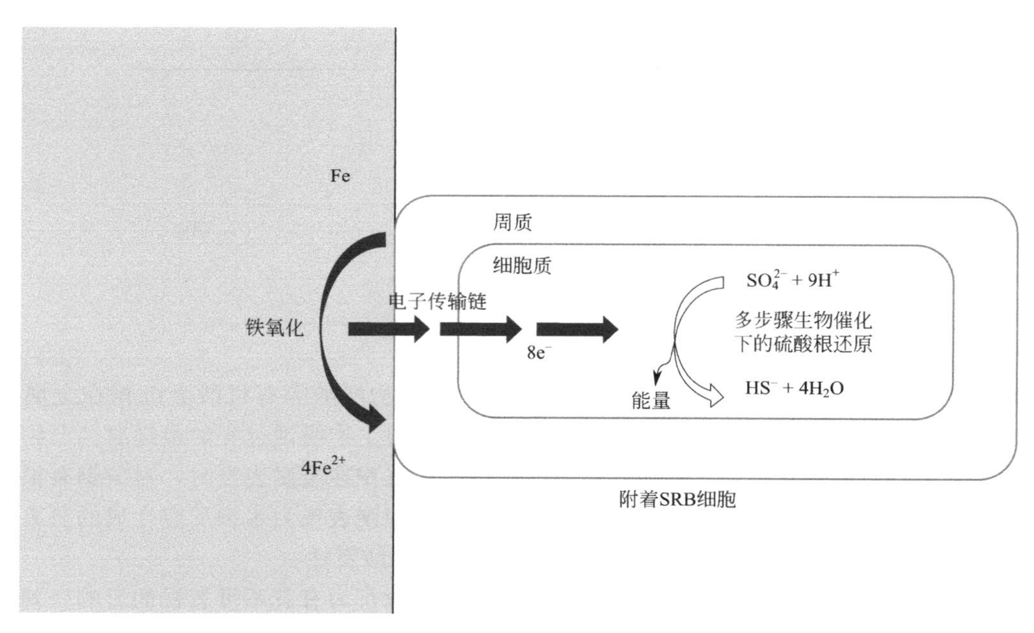

图9-5 生物阴极催化硫酸盐还原机理

9.1.2 SRB对金属的腐蚀行为

SRB在金属材料的腐蚀行为上主动承担着腐蚀细菌的角色，腐蚀大多数金属材料（如钢、纯铝、铝合金、纯钛等）。

9.1.2.1 铁腐蚀

自从大约4000年前第一次生产铁以来，由于其优异的力学性能和丰富的矿石，铁的使用量比任何其他金属材料都要大得多，铁在基础设施、交通和制造业中都是不可或缺的。铁的一个主要缺点是容易腐蚀。铁的腐蚀大多是一个电化学过程，通过耦合金属氧化来还原合适的氧化剂。与非金属的氧化还原反应不同，铁的氧化和氧化剂的还原不一定发生在同一位置。氧化（阳极）和还原（阴极）反应的空间分离是可能的，因为金属基体允许电子自由地从阳极流向阴极。

铁的生物腐蚀以微生物腐蚀（MIC）为主。SRB 对铁的腐蚀分为两个过程，即化学微生物腐蚀（CMIC）过程和电微生物腐蚀（EMIC）过程，如图 9-6 所示。化学微生物腐蚀过程是指 SRB 通过自身新陈代谢将硫酸盐还原为硫化氢参与铁腐蚀，且产生的 H_2 会进入铁材内使铁产生氢脆裂纹。化学微生物腐蚀反应过程如下：

$$3(CH_2O)+2Fe+2SO_4^{2-}+H^+ \longrightarrow 3HCO_3^-+2FeS+2H_2O$$

$$H_2S+Fe \longrightarrow H_2+FeS$$

电微生物腐蚀过程是指 SRB 可以直接从金属中获取电子，将硫酸盐还原成硫化氢加剧铁的腐蚀。电微生物腐蚀反应过程如下：

$$4Fe+SO_4^{2-}+3HCO_3^-+5H^+ \longrightarrow FeS+3FeCO_3+4H_2O$$

通常情况下，在硫酸还原菌引起的腐蚀中 CMIC 和 EMIC 过程都会发生。当铁表面形成致密的生物膜时，碳源很难扩散到铁的表面从而使得铁表面吸附的细菌处于饥饿状态，则细菌会通过直接从 Fe^0 中获取电子进行新陈代谢，加速铁的腐蚀。因此，EMIC 在相同条件下可加速铁的氧化达 71 倍，如图 9-7 所示[470]。图 9-7(a)～(c) 铁钥匙在脱硫弧菌株 IS5 作用下的电微生物腐蚀（EMIC）；(d)～(f) 在无菌（对照）条件下的非生物腐蚀。

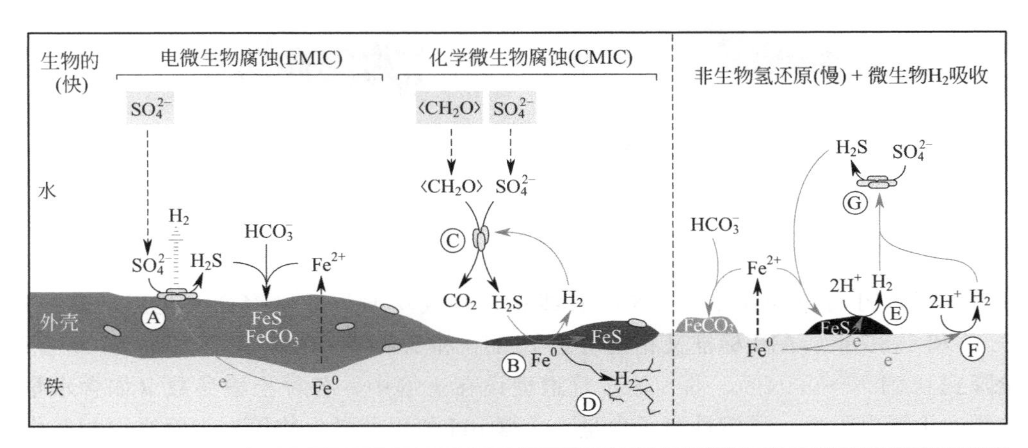

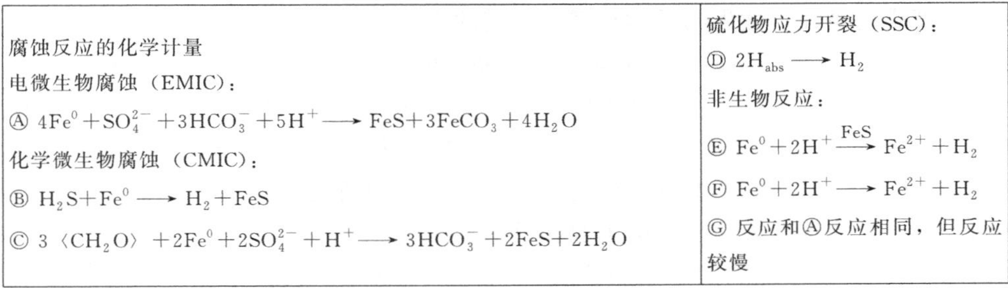
腐蚀反应的化学计量

电微生物腐蚀（EMIC）：

Ⓐ $4Fe^0+SO_4^{2-}+3HCO_3^-+5H^+ \longrightarrow FeS+3FeCO_3+4H_2O$

化学微生物腐蚀（CMIC）：

Ⓑ $H_2S+Fe^0 \longrightarrow H_2+FeS$

Ⓒ $3\langle CH_2O\rangle+2Fe^0+2SO_4^{2-}+H^+ \longrightarrow 3HCO_3^-+2FeS+2H_2O$

硫化物应力开裂（SSC）：

Ⓓ $2H_{abs} \longrightarrow H_2$

非生物反应：

Ⓔ $Fe^0+2H^+ \xrightarrow{FeS} Fe^{2+}+H_2$

Ⓕ $Fe^0+2H^+ \longrightarrow Fe^{2+}+H_2$

Ⓖ 反应和Ⓐ反应相同，但反应较慢

图 9-6　SRB 在中性 pH、生物和非生物反应下对铁的不同腐蚀类型

9.1.2.2　碳素钢合金腐蚀

碳钢是含碳量在 0.0218%～2.11%的铁碳合金，也叫碳素钢。一般还含有少量的硅、锰、硫、磷。一般碳钢中含碳量越高则硬度越大，强度也越高，但塑性越低。我国管线钢的应用和起步较晚，过去已铺设的油、气管线大部分采用 Q235 和 16Mn 钢。“六五”期间，

图 9-7 微生物诱导条件下的腐蚀效果[470]

我国开始按照 API 标准研制 X60、X65 管线钢，并成功地与进口钢管一起用于管线敷设。到 1973 年和 1985 年，API 标准又相继增加了 X70 和 X80 钢，而后又开发了 X100 管线钢，碳含量降到 0.01%～0.04%。油气输送管道埋设在土壤中，各种土壤参数（如含水量、土壤矿物质、土壤电阻率、可溶性离子含量、土壤 pH 值以及微生物等）与管线钢相互作用会引起或加速管线钢腐蚀。微生物活动在埋地管道的腐蚀过程中起到了重要作用。

碳素钢的 SRB 微生物腐蚀机理依赖于细胞外的电子转移（EET）。细胞外的电子转移被定义为使用不溶性底物进行微生物呼吸所需的电子传递。一种不溶性物质，如微生物燃料电池（MFC）中的石墨生物阳极，可以作为电子受体，而一种不溶性矿物，如铁，可以作为微生物腐蚀（MIC）中的电子供体。在这两种方向相反的情况下［图 9-8(a)］，电子需要穿梭于细胞表面，因为这个表面位于电子源和目的地之间[442]。

碳钢的 SRB 微生物腐蚀始于单质铁在式(9-1) 的反应中失去电子，这发生在细胞外，因为（不溶性的）单质铁不能扩散到 SRB 细胞中。相比之下，一种有机碳营养物质，如乳酸盐，可以在 SRB 细胞质中氧化释放电子，与硫酸盐还原发生在同一位置，而不需要细胞外的电子转移。硫酸盐是典型 SRB 微生物腐蚀的末端电子受体。其还原反应如式(9-2) 所示，通过 APS（腺苷磷酸硫酸盐）途径在生物催化作用下发生于细胞内。由于铁在 SRB 细胞外发生氧化，而硫酸盐在 SRB 细胞内发生还原，因此需要细胞外的电子转移将电子穿过

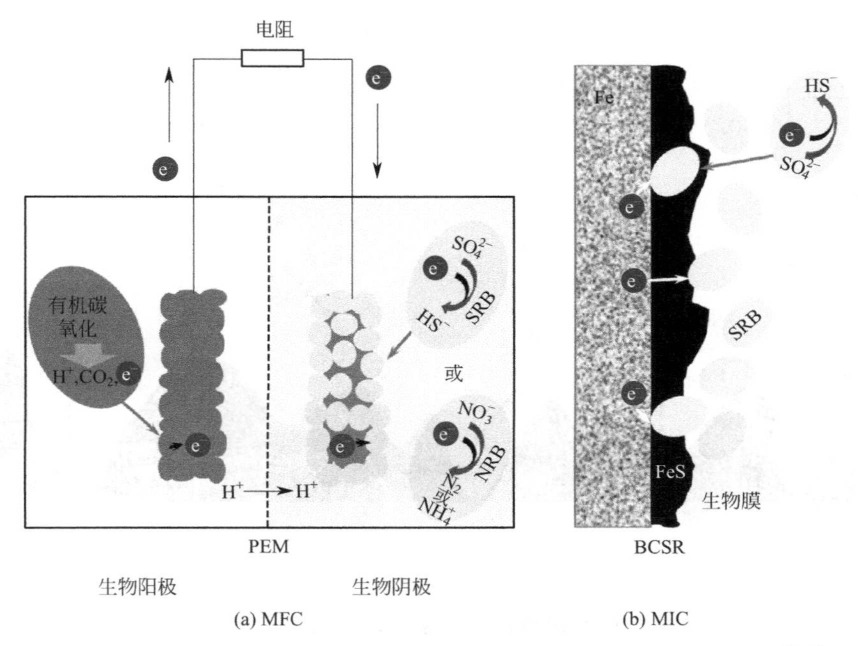

(a) MFC (b) MIC

图 9-8 微生物燃料电池（MFC）和微生物腐蚀（MIC）的电化学原理[442]

SRB 细胞壁。这就是为什么碳钢的 SRB 微生物腐蚀是细胞外的电子转移的一个例子。在微生物燃料电池（MFC）中，阳极生物膜将电子提供给阳极。这种电子转移方向与碳素钢在 SRB 微生物腐蚀的细胞外的电子转移方向相反（图 9-8）。有研究者提出生物阴极催化硫酸盐还原机理（BCSR），描述了碳素钢在 SRB 微生物腐蚀中利用胞外电子进行能量传递。因为在这种情况下，电子转移方向与 MFC 中阴极、生物膜和阴极表面之间的电子转移方向相同，MFC 依赖生物阴极进行电子利用（从细胞外固体表面到细胞的细胞质，如图 9-8 所示）。

$$Fe \longrightarrow Fe^{2+} + 2e^- (E_0^- = -447mV) \tag{9-1}$$

$$SO_4^{2-} + 9H^+ + 8e^- \longrightarrow HS^- + 4H_2O(E_0^- = -217mV) \tag{9-2}$$

细胞有两种类型的电子转移方法用于在外部固体表面和细胞表面之间的电子转移（图 9-9）：一种是直接电子转移（DET）；另一种是介导电子转移（MET）。直接电子转移依赖于：a. 外膜结合的氧化还原活性蛋白，如细胞色素 c 与导电表面（如微生物腐蚀中的金属表面或微生物燃料电池中的生物电极）直接接触；b. 导电菌毛（导电纳米线）。介导电子转移则是利用溶剂型电子载体（电子介质或电子载体），如 H^+/H_2、核黄素、黄素腺嘌呤二核苷酸等具有氧化还原活性的化学物质。在微生物腐蚀的胞外电子转移中，胞外电子通过直接电子转移或介导电子转移运输到细胞膜外的氧化还原活性蛋白上，如细胞色素 c。一旦它们进入细胞并到达细胞质膜，细胞内的电子传递链将通过一系列氧化还原反应传递到胞质中的末端电子受体，即有氧呼吸的氧或 SRB 呼吸的硫酸盐。对于细菌而言，电子传递链等依赖于各种细胞质膜结合的氧化还原活性化学物质，如细胞色素和黄素蛋白。

经典的阴极去极化理论（CDT）可以通过添加胞质膜结合的氢化酶的作用而被激活，如下反应式所示：

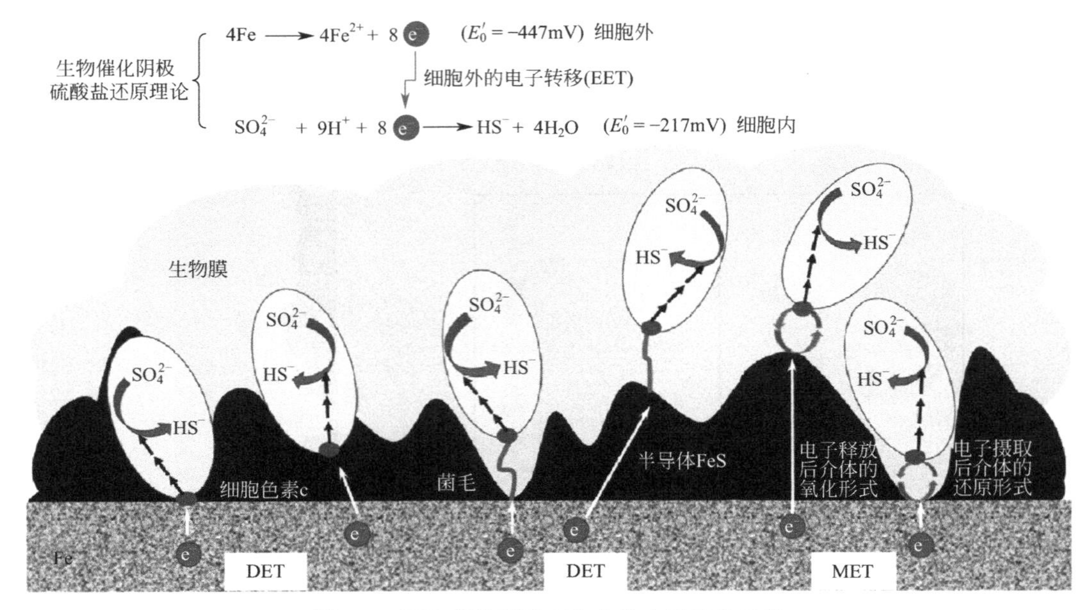

图 9-9　SRB 腐蚀碳素钢合金的电子传递示意

阳极反应：

$$CH_3CHOHCOO^- + H_2O \longrightarrow CH_3COO^- + CO_2 + 4H^+ + 4e^- \text{(碳源充足)}$$

阳极反应（金属溶解）：$4Fe \longrightarrow 4Fe^{2+} + 8e^-$（碳源不充足）

水解离：$8H_2O \longrightarrow 8H^+ + 8OH^-$

阴极反应：$8H^+ + 8e^- \longrightarrow 8H_{ads}$

阴极去极化（细胞外）：$8H_{ads} \longrightarrow 4H_2$

氢化酶催化的 H_2 氧化：$4H_2 \longrightarrow 8H^+ + 8e^-$

SRB 的硫酸盐还原：$SO_4^{2-} + 9H^+ + 8e^- \longrightarrow HS^- + 4H_2O$

总反应：$4Fe + SO_4^{2-} + 9H^+ \longrightarrow HS^- + 4H_2O + 4Fe^{2+}$

通过原子氢（H_{ads}）的化学或电化学反应生成氢分子（H_2），吸附在阴极上使阴极去极化。扩散溶解的氢分子进入 SRB 细胞，最终到达细胞质膜，在氢化酶的生物催化作用下被氧化。膜结合氢化酶和多血红蛋白细胞色素通过腺苷磷酸硫酸盐途径以黄素氧化还原蛋白(或不同的电子载体）传递电子，使硫酸盐在细胞质中被还原。H_2 的氧化产物 H^+ 不进入细胞质。

碳钢的 SRB 微生物腐蚀是由于半导电腐蚀产物 FeS 提供的（部分）钝化而产生点蚀的一个例子。在相同的铁表面，未被生物膜覆盖的斑点是阳极点，而被 SRB 生物膜覆盖的斑点是阴极点。SRB 的微生物腐蚀是在碳钢上形成致密的、薄的、油漆状的生物膜。在实验室试验中，从金属表面去除 SRB 生物膜后，整个碳钢片表面因 FeS 呈黑色。因此，腐蚀的凹坑不完全是 FeS，如果凹坑足够大，则更有可能是 SRB 细胞。小范围的钝化（如 FeS 膜较薄或断裂）斑点是式(9-1) 中释放的 Fe^{2+}（阳极区），通过钢基体传导到其他钝化区域(阴极区），通过半导电 FeS 腐蚀产物膜富集了 SRB 生物膜（图 9-10）。FeS 本身并不是氧化剂（电子受体）。在无氧、无氧化剂的非酸性环境中不能发生腐蚀。然而，表面粗糙的 FeS 薄膜在碳钢上提供了额外的阴极区域，让更多的 SRB 附着，从而允许更多的 SRB 获得电子。这加速了反应中的阴极反应[式(9-2)]，导致点蚀增加。

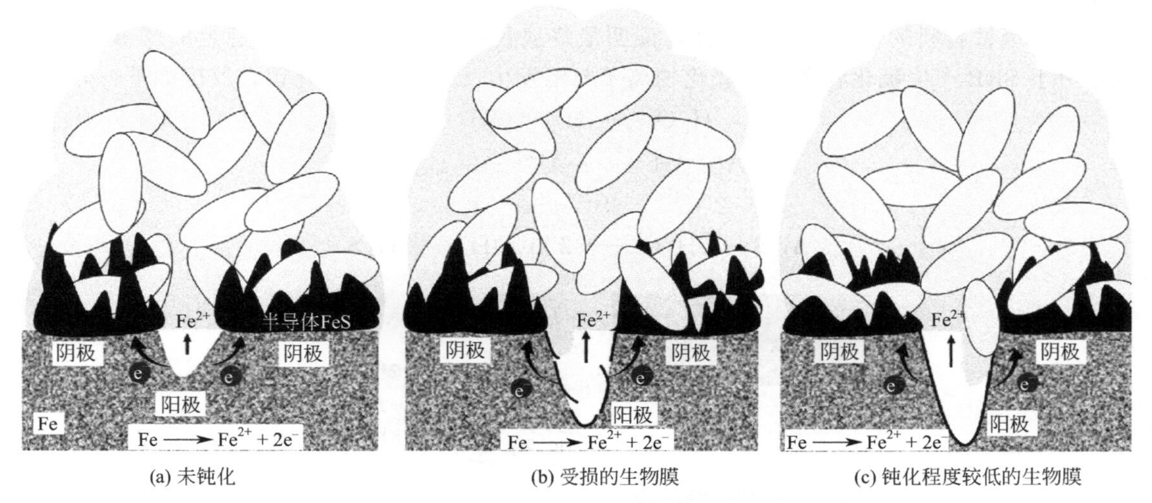

(a) 未钝化　　(b) 受损的生物膜　　(c) 钝化程度较低的生物膜

图 9-10　碳素钢的 SRB 微生物腐蚀过程

9.1.2.3　纯铝的腐蚀

铝及其合金在自然界中储量丰富，由于其独特的延展性、高比强度等优异性能，广泛应用于航空航天、海洋探索等各个领域。但是微生物腐蚀常常导致铝及其合金性能被破坏。

SRB 利用铝基体作为电子供体获取能量，从而导致腐蚀加重。SRB 所致纯铝的腐蚀机理为胞外电子传递-微生物腐蚀（EET-MIC）。

9.1.2.4　Ti-6Al-4V 合金的腐蚀

Ti-6Al-4V 合金具有比强度高、耐腐蚀性好等特点，是航天航空工程、生物医学工程等行业最常用的钛合金。近几十年来，Ti-6Al-4V 合金在海洋工程中的应用受到重视。然而，在海洋环境中，尽管钛合金在海水中具有良好的耐腐蚀性，但迄今为止，Ti-6Al-4V 合金仍因 SRB 的腐蚀而受损。点状腐蚀被认为是 SRB 溶液中合金腐蚀行为的典型原因。该合金腐蚀的基本机理（图 9-11）如下：

钛的氧化过程：

$$Ti+H_2O \longrightarrow TiO+2H^+ +2e^-$$

$$2TiO+H_2O \longrightarrow Ti_2O_3+2H^+ +2e^-$$

$$Ti_2O_3+H_2O \longrightarrow 2TiO_2+2H^+ +2e^-$$

硫酸盐在 SRB 代谢作用下被还原为硫化物，反应如下：

$$H^+ \xrightarrow{\text{氢化酶}} [H]$$

$$SO_4^{2-}+8[H] \xrightarrow{SRB} 4H_2O+S^{2-}$$

S^{2-} 和 Ti^{4+} 在 Ti-6Al-4V 合金表面发生反应，形成含钛硫化物沉积。然后，TiO_2 保护膜表面与腐蚀产物之间的电子转移可能被硫化物强化，加速了基体的腐蚀。此外，H_2S 的离子化可能导致溶液酸化。基体的腐蚀过程因硫化物的积累和电解液的酸化而增强。此外，普遍认为 SRB 可以通过直接或间接地接触金属表面而从金属中获得电子。因此，可能会有一个额外的腐蚀微电池电路，包括阳极（钢表面）、阴极（细菌）、电子介质（如纳米线和核黄素）和离子介质（溶液）。可以合理地认为，SRB的电子捕获过程在腐蚀过程中起着重要的作用。因此，硫化物和电子捕获过程是SRB局部腐蚀的主要机理。Rao等[471]研究了ASTM 2级钛材料的微生物诱导腐蚀，证明最终腐蚀产物为TiS_2。铝镁合金的严重腐蚀可能是由于SRB产生硫化物离子，硫化物离子与铝发生反应生成氢氧化铝，反应如下：

$$H_2O \longrightarrow H^+ + OH^-$$

$$Al + 3H^+ \longrightarrow Al^{3+} + 3[H]$$

$$2Al^{3+} + 3S^{2-} \longrightarrow Al_2S_3$$

$$Al_2S_3 + 6H_2O \longrightarrow 2Al(OH)_3 + 3H_2S$$

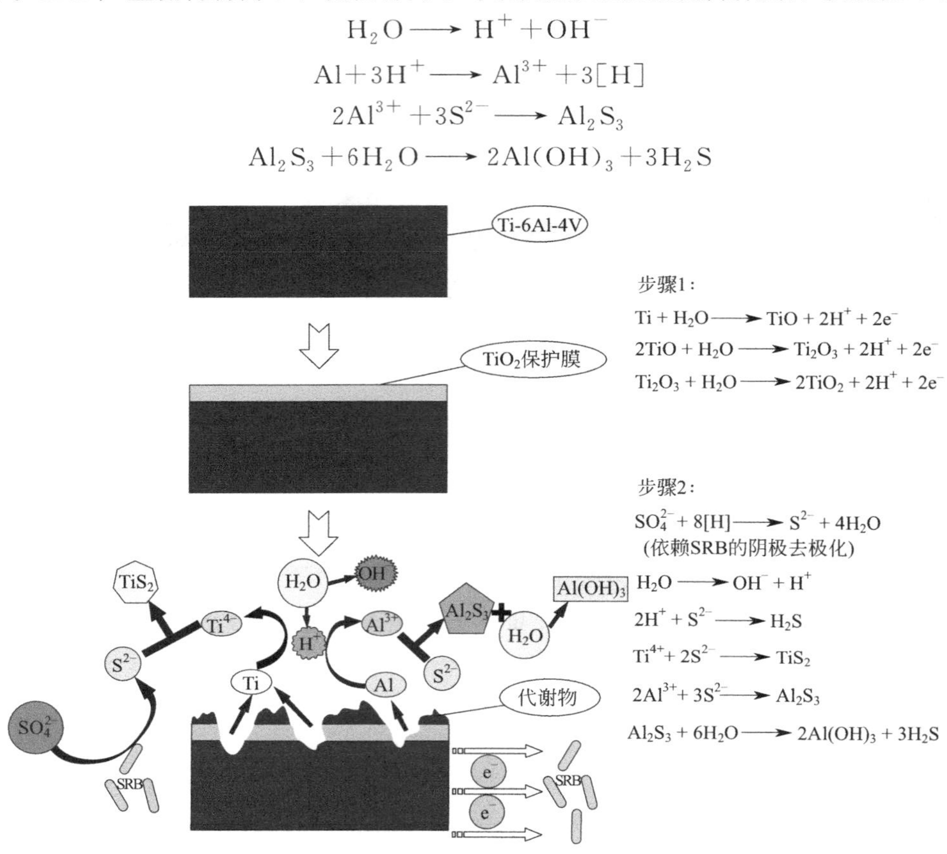

图 9-11 SRB腐蚀Ti-6Al-4V合金的可能机理示意[472]

SRB在初期会少量黏附在Ti-6Al-4V合金表面，然后逐渐形成菌落，最后大量黏附在Ti-6Al-4V合金表面。少量的硫对Ti-6Al-4V表面的氧化膜有保护作用。但随着硫元素的不断增加和接触时间的延长，硫对氧化膜的破坏加速。SRB代谢物会对Ti-6Al-4V表面造成腐蚀。最终的腐蚀产物是少量的TiS_2和$Al(OH)_3$，铝在Ti-6Al-4V中的化学反应是导致Ti-6Al-4V合金腐蚀的主要原因。

9.1.2.5 铜腐蚀

铜广泛应用于许多工业中，如热交换器和消防喷淋系统。铜是耐氧腐蚀的，因产生铜绿而钝化。铜对SRB的微生物腐蚀无抗性。SRB对铜可能发生点蚀和粒间腐蚀。SRB生物膜会影响电化学参数，SRB产生的H_2S降低了阳极反应的还原电位，从而推动了铜腐蚀向前发展。此外，防护性较差的Cu_2S膜促进了铜表面的非均质性，加速了局部腐蚀。

SRB对铜的微生物腐蚀热动力学如下所述。

在使用硫酸盐的SRB代谢中，一个有机碳（如乳酸盐）作为电子供体，而硫酸盐作为电子受体，反应式如下：

$$CH_3CHOHCOO^- + H_2O \longrightarrow CH_3COO^- + CO_2 + 4H^+ + 4e^- \quad (9\text{-}3)$$

$$E_e = -0.0163 - \frac{2.303RT}{F}pH - \frac{RT}{4F}\ln\frac{[CH_3CHOHCOO^-]}{[CH_3COO^-]p_{CO_2}} \quad (9\text{-}4)$$

$$SO_4^{2-} + 9H^+ + 8e^- \longrightarrow HS^- + 4H_2O \quad (9\text{-}5)$$

$$E_e = 0.249 - \frac{2.591RT}{F}pH - \frac{RT}{8F}\ln\frac{[HS^-]}{[SO_4^{2-}]} \quad (9\text{-}6)$$

由于 Cu^+/Cu 和 Cu^{2+}/Cu 的平衡势相当大，Cu 的能量比 Fe 低很多，如下所示（半反应为 Cu 溶解方向）：

$$Cu \longrightarrow Cu^+ + e^- \quad (9\text{-}7)$$

$$E_e = +0.520 + \frac{RT}{F}\ln[Cu^+] \quad (9\text{-}8)$$

$$Cu \longrightarrow Cu^{2+} + 2e^- \quad (9\text{-}9)$$

$$E_e = +0.340 + \frac{RT}{2F}\ln[Cu^{2+}] \quad (9\text{-}10)$$

在常温条件下，Cu^+ 和 Cu^{2+} 的还原电位过高，铜的直接氧化反应与硫酸盐还原反应并不符合热力学条件。这意味着铜的损耗在电微生物腐蚀情况下是可以忽略不计的。因此，进行铜的直接氧化[式(9-7)、式(9-9)]与硫酸盐还原反应是不太可能发生的。

HS^- 由 SRB 催化硫酸盐还原生成，如式(9-5) 所示。因为[HS]/[S_2]比值在 pH 值为 7 和温度为 37℃时等于 106.5，可逆反应 $HS^- \rightleftharpoons H^+ + S^{2-}$ 的平衡常数为 1013.5。

HS^- 也可以与 H^+ 结合形成 H_2S 逸入气相。这从腐蚀环境中去除一些 H^+，导致腐蚀环境中的 pH 值增加。

铜可被硫化物腐蚀。其反应式为：

$$2Cu + HS^- + H^+ \longrightarrow Cu_2S + H_2(g)$$

以上反应结果表明，硫酸盐还原法增加了二硫键的生成量，会导致铜的腐蚀更加严重。由于二硫键是 SRB 的代谢物，所以这种腐蚀属于代谢产物导致的微生物腐蚀（M-MIC）。

同等条件下 SRB 对碳素钢和铜的微生物腐蚀的对比如图 9-12 所示[446]。

9.2 腐蚀的影响因素

对油田水来说腐蚀问题通常是必然存在的，因为油田水中常溶解有 CO_2、H_2S 等可以引起腐蚀的气体，而且总溶固一般都较高，同时伴有硫酸还原菌的滋生可以产生微生物腐蚀，只是对于不同油田其腐蚀的程度及导致腐蚀的主导因素因水质和工艺条件的不同而有很大的差异。

经济发展水平不断提高，各领域对石油能源的需求不断增大，促使油田集输工作深入推进，油气的集输与处理关乎高质量石油产品的生产使用。油田地面工程集输系统是采集并输送油气资源的重要系统，但在石油与天然气中含有腐蚀性介质，集输系统经常发生腐蚀问题。

研究发现流速与腐蚀速率呈现一定的规律性。牛耀玉[473] 对宝浪油田污水系统腐蚀的原因进行分析，发现主要存在 CO_2 腐蚀、O_2 腐蚀和 SRB 腐蚀，并证实 pH 值、温度和 SRB 含量会影响污水系统的腐蚀程度。经过对宝一联含油污水系统不同部位腐蚀产物和污

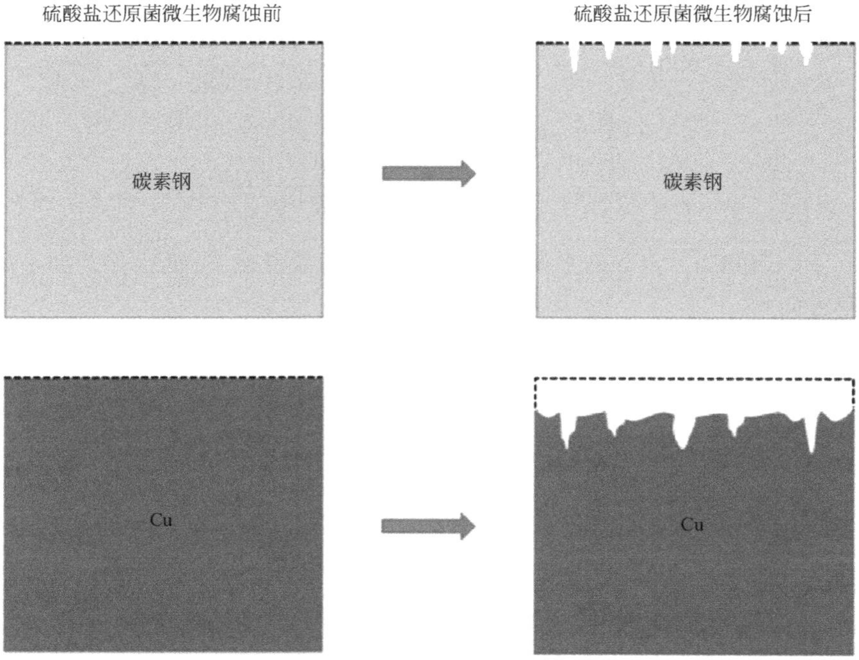

图 9-12 同等条件下 SRB 对碳素钢和铜的微生物腐蚀的对比[446]

水腐蚀影响因素分析，得出如下结论或建议：a. 宝一联污水系统以孔蚀和局部腐蚀为主，均匀腐蚀较轻；b. 系统主要存在 CO_2 腐蚀、O_2 腐蚀和 SRB 腐蚀，其中三相分离器以 CO_2 腐蚀为主，污水罐因是敞口设备，以 O_2 腐蚀为主，油罐则以 SRB 腐蚀为主，对于 O_2 腐蚀可通过采用密闭式设备或除氧设备来避免；c. 三相分离器中盘管外壁腐蚀产物主要为 $FeCO_3$，还有少量 FeS 的存在，说明其污水的腐蚀主要为 CO_2 造成的电化学腐蚀，还伴有 SRB 的腐蚀作用；室内腐蚀测试也表明，温度和 CO_2 对三相分离器内的腐蚀影响显著；因存在一定的工作压力和温度，CO_2 腐蚀更为严重，将造成盘管由外向内穿孔破坏；d. 500m^3 污水罐的腐蚀产物主要为 Fe_2O_3，还有少量 $FeCO_3$ 的存在，证实其污水的腐蚀主要表现为 O_2 腐蚀，还伴有 CO_2 腐蚀；室内的腐蚀电化学测试也表明 500m^3 污水罐的腐蚀受 O_2 影响控制；O_2 腐蚀加上 CO_2 的作用造成罐壁的腐蚀及底板的腐蚀破坏；e. 油罐的腐蚀主要是由于 SRB 的存在，使其发生局部腐蚀破坏。

污水系统中金属腐蚀因素包括流速、pH 值、温度、溶解氧、CO_2、H_2S、Cl^-、细菌。一般来说，开式采出水处理系统的腐蚀主要是由高浓度溶解氧引起的，而对于特殊地质条件（地层中 H_2S 含量高）或特殊作业（CO_2 含量高），腐蚀的主要因素相应地为 H_2S 或 CO_2，矿化度较高（一般高于 10000mg/L）的闭式注水系统的腐蚀主要是由无机盐离子特别是 Ca^{2+} 和 Cl^- 等引起的。水质、垢物及腐蚀产物共同作用、相互影响，构成了污水回注站复杂的腐蚀体系。

9.2.1 流速对腐蚀的影响

油井流体的流动速度、流动状态对工具设备的腐蚀有很大的影响。流速增加将会促进腐蚀介质向设备表面的扩散接触、腐蚀反应物向周围的扩散交换，会冲去在金属表面上形成的有保护作用的保护膜，所以加速腐蚀。同时油井采出液中往往含有泥砂、垢物等固体颗粒，在较高的流体速度下会发生对设备表面的撞击冲刷，会造成严重的以机械破坏为主的冲刷腐蚀。高产液油井抽油泵处流体处于涡流状态，流速较高，因此抽油泵的腐蚀一般比较严重。

污水流速对腐蚀速率的影响如图 9-13 所示，当流速从 0m/s 增加到 0.5m/s 时，腐蚀速率达到最大。然而随着流速的继续增大，腐蚀速度逐渐减小。这是由于随着流速的增大，SRB 难以吸附在金属表面，因此腐蚀减轻。SRB 能利用附着于金属表面的有机物作为碳源，并利用细菌生物膜内产生的氢，将硫酸盐还原成硫化氢，从氧化还原反应中获得生存的能量。这种代谢过程也可以利用腐蚀原电池产生的氢，从而引起腐蚀原电池的阴极去极化，导致腐蚀的加速进行。因此在现场流速低的地方，腐蚀速率可能较大，应引起注意。不同流速下腐蚀产物的形貌如图 9-14 所示，流速为 0.5m/s 时试片表面有一层疏松的腐蚀产物出现，试片表面依稀可见细小的腐蚀坑。流速为 1.0～1.5m/s 时，腐蚀相对轻些，依稀还能看见打磨的痕迹。

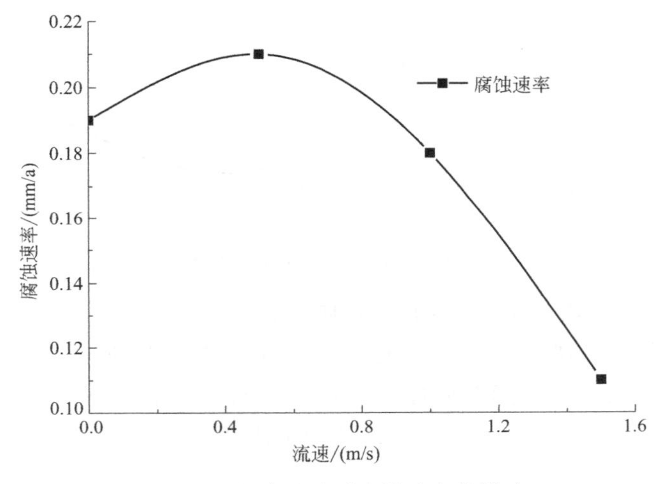

图 9-13　污水流速对腐蚀速率的影响

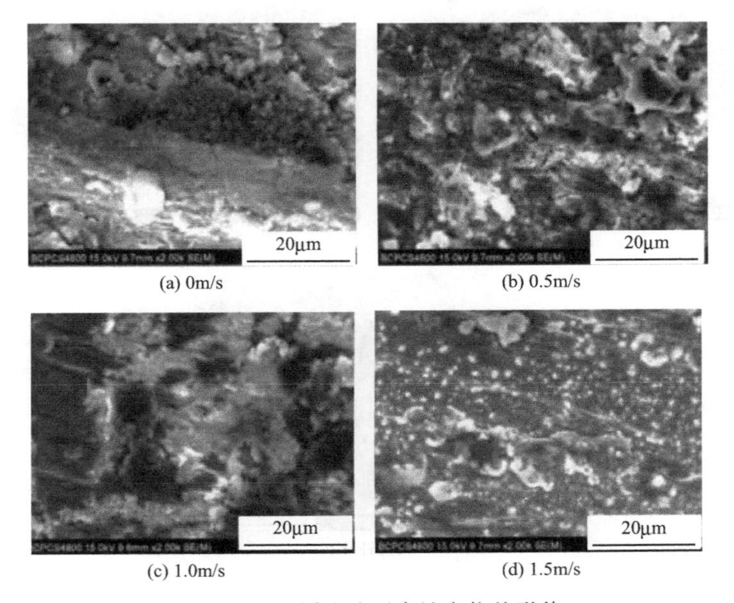

(a) 0m/s　(b) 0.5m/s

(c) 1.0m/s　(d) 1.5m/s

图 9-14　不同流速下腐蚀产物的形貌

9.2.2 pH 值对腐蚀的影响

pH 值对腐蚀速率的影响如图 9-15 所示。随着 pH 值增大，腐蚀速率急剧减小，pH=7.0 时的腐蚀速度是 pH=6.0 时的 1/4 左右。pH 值到 8 后腐蚀速率又有所增加。因此适当提高污水的 pH 值将有利于腐蚀的减轻。现场将污水 pH 值控制在 7～8 之间，有利于控制腐蚀速率。

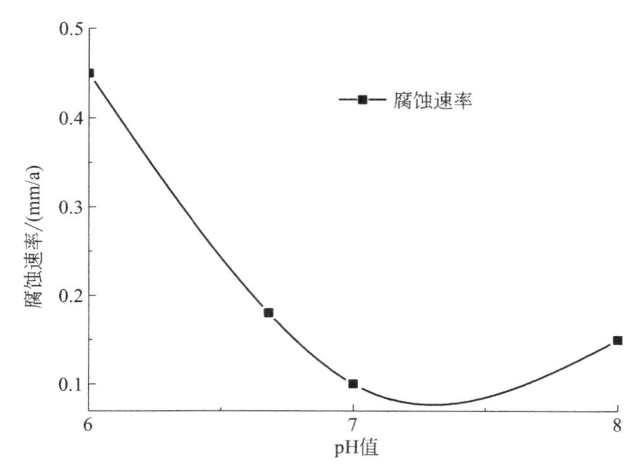

图 9-15　pH 值对腐蚀速率的影响

不同 pH 值下腐蚀产物的形貌如图 9-16 所示，从图中可以看出，pH=6.0 的电镜照片中有大的疏松和孔洞出现，pH=7.0 的电镜照片中能够看到一些区域发生了台面状的腐蚀，pH=8.0 的电镜照片中能看见打磨的痕迹，同时还能发现一些细小的腐蚀坑。pH 值对金属腐蚀的影响包括两个方面：一是直接影响阴极反应过程，当 pH 值增加时，溶液

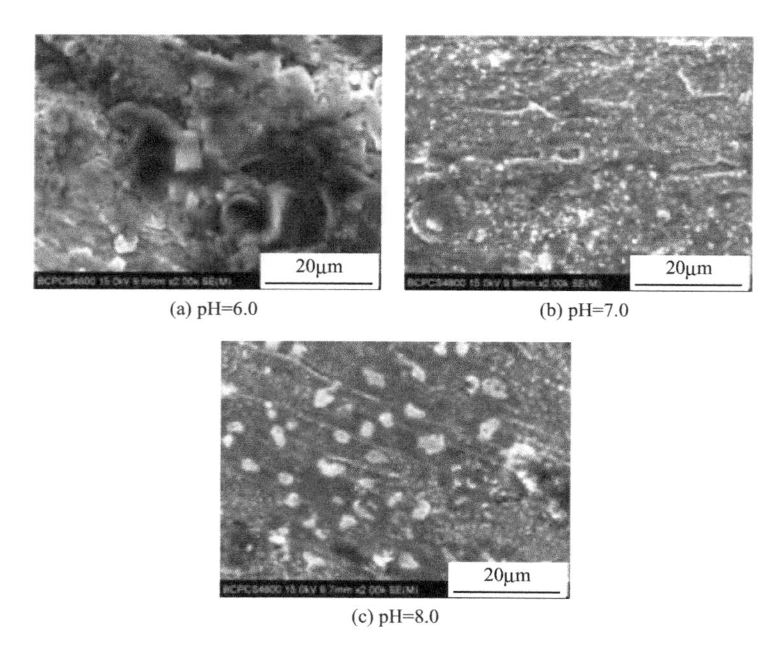

(a) pH=6.0　(b) pH=7.0　(c) pH=8.0

图 9-16　不同 pH 值下腐蚀产物的形貌

中的氢离子浓度降低，阴极还原反应不易进行，从而降低腐蚀速率；二是pH值增加，使金属腐蚀产物的溶解度发生改变，金属表面保护膜的稳定性也会提高，从而间接降低金属的腐蚀速率。

当pH值在4～10之间时腐蚀速率受氧扩散控制，不受pH值影响；在pH<4的酸性范围内，碳钢表面的氧化物覆盖膜将完全溶解，致使钢铁表面和酸性介质直接接触；当pH值在10～13的碱性范围内时，随碳钢表面的pH值升高，Fe_2O_3覆盖膜逐渐转化为具有钝化性能的γ-Fe_2O_3保护膜，腐蚀速率有所下降。但当pH值过高时，腐蚀速率又会上升，其原因是碳钢表面的钝化膜溶解成可溶性的铁酸钠（$NaFeO_2$）。

污水pH值的降低使A3钢腐蚀速率增大较多，而提高pH值腐蚀速率变化较小。污水pH值降至6.5后，40℃时三相分离器污水腐蚀速率增大了23%，污水罐水的腐蚀速率增大了21%，油罐底水的腐蚀速率增大了1.5倍；60℃时三种污水腐蚀速率依次分别增大了22%、24%和82%。而pH值增大至8.5，三种污水腐蚀速率变化最大不超过10%。因此，如果在实际污水中存在使其pH值降低的因素时，污水对钢的腐蚀是显著增强的。

9.2.3 温度对腐蚀的影响

温度对腐蚀速率的影响如图9-17所示。随温度升高，腐蚀速率增大。这是由于温度升高，电极反应速率加快，促进了腐蚀。当温度达到45℃时，腐蚀速度增加不明显。这可能是与在金属表面形成一层保护膜有关，保护膜的形成抑制了腐蚀。不同温度下腐蚀产物的形貌如图9-18所示，从图中可以看出，27℃的电镜照片中还能看见打磨的痕迹，35℃的电镜照片中有大的疏松的腐蚀产物出现，45℃的电镜照片中能够看到一些细小腐蚀产物的形成。

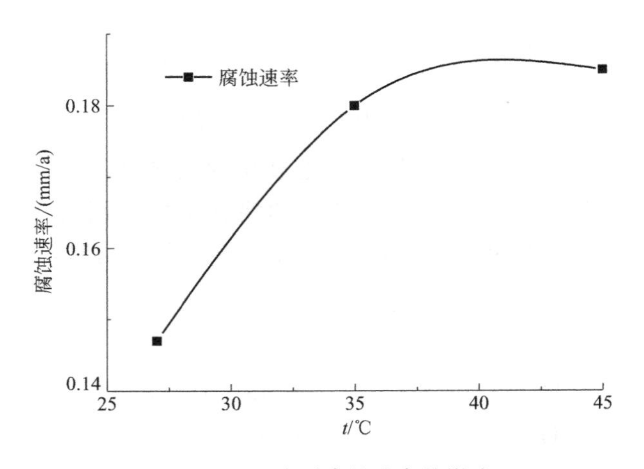

图9-17　温度对腐蚀速率的影响

温度的改变不仅改变反应所需的活化能，也影响水中氧的含量。敞口条件下，温度低于80℃时腐蚀速率随温度升高而增加；温度更高时由于到达金属表面的氧含量极微，腐蚀速率将急剧下降。在封闭系统中，由于氧难以逸出，腐蚀速率随温度的升高而增加，直到氧耗尽为止。

分别在40℃、60℃和80℃温度下，用三种污水进行静态腐蚀挂片试验，测定A3钢的

(a) 27℃　(b) 35℃　(c) 45℃

图 9-18　不同温度下腐蚀产物的形貌

腐蚀速率。随温度升高，三种污水中 A3 钢的腐蚀速率都逐渐增大。在三种不同温度下，水样腐蚀性大小表现一致，腐蚀速率从大到小依次为三相分离器污水＞污水罐水＞油罐底水[473]。

目前对于 SRB 的腐蚀大多数是针对常温型菌种研究，对嗜热 SRB 的腐蚀研究较少。国内学者的研究发现，嗜热 SRB 有强的抗杀菌剂的性能。在一些极端的环境下一般的细菌难以侵入，嗜热 SRB 的腐蚀破坏性显得尤为突出。

9.2.4　溶解氧对腐蚀的影响

O_2 在水中的溶解度取决于温度、压力和水中 Cl^- 的含量。氧在中性水中起去极化剂的作用，促进金属的腐蚀，在某些情况下氧是氧化性的钝化剂，可以抑制金属的腐蚀。氧在高矿化度下即使浓度很低，也会引起严重的腐蚀。如果同时有 H_2S 或 CO_2 气体存在，腐蚀速率会急剧升高。另外，当采出水中氧浓度分布不均时，将会导致氧浓度差电池腐蚀。

氧存在情况下，腐蚀反应如下：

$$2H_2O+4FeS+3O_2 \longrightarrow 4S+4FeO(OH)$$
$$3H_2S+2FeO(OH) \longrightarrow 2FeS+S+4H_2O$$

在低浓度时，溶解氧对 Q235 钢的腐蚀作用随水中溶解氧含量增加而增加。因为金属不可能是完全纯净的，经常存在一些惰性杂质，在金属表面存在电势差，构成了原电池，产生电化学腐蚀现象。其中铁是阳极，惰性杂质是阴极。

阳极反应：$Fe \longrightarrow Fe^{2+}+2e^-$

阴极反应：$O_2+4H^++4e^- \longrightarrow 2H_2O$

从电极反应可以看出，在低浓度时，随着 O_2 的浓度增大，阴极反应加速。因为这时腐蚀受氧向钢表面的扩散所控制，但是当氧含量达到某个临界值以上，腐蚀速率反而下降，因为氧的供给过剩，使低碳钢钝化即形成氧化膜，一定程度上阻碍了溶解氧向金属表面的迁移过程，使腐蚀受到抑制。然而，水中若有 Cl^- 存在，就不会产生这种钝化现象，因为 Cl^- 的存在会破坏金属表面的保护膜，Cl^- 越多，溶液的电导率越大，从而加剧微电池作用，腐蚀加剧。所以，在低浓度时，腐蚀速率随着 O_2 浓度的加大而加大；当氧过剩时，腐蚀因形成氧化膜而受到抑制。

油层水中少量的溶解氧可引起腐蚀，其腐蚀产物主要为铁锈（Fe_2O_3）或针铁矿[FeO(OH)]。在腐蚀产物内部，FeO(OH) 还可以与 Fe^{2+} 结合，生成 Fe_3O_4。

在油田地面工程中，溶解氧腐蚀也是集输系统经常出现的腐蚀类型，因为水中含有的溶解氧成分较多，对金属的腐蚀作用明显，在化学反应下会生成氧腐蚀物。为此，一旦遇水就会使二次产物生成，影响到集输系统的稳定性，管道表面的金属层发生腐蚀，管道内部就会慢慢有坑蚀出现。通常来说，遇水后的二次产物外观是不均匀的，且有着较大的腐蚀面积，锈瘤会由此产生，管道蜂窝状腐蚀面就会出现。

9.2.5　CO_2 对腐蚀的影响

溶解在水中的 CO_2 会形成碳酸，使水呈弱酸性，从而引起电化学腐蚀。CO_2 腐蚀钢材形成的产物都是易溶的，不易形成保护膜，因此腐蚀速率会随 CO_2 浓度的增大而增大。注水系统中可以形成 CO_2 和水组成的腐蚀体系，如水中存在一定量的硫化氢，则会形成更加复杂的腐蚀体系。

CO_2 对碳钢的腐蚀属于管道内腐蚀，主要包括 3 类腐蚀过程。

① 均匀腐蚀，在一定条件下，天然气中的水汽凝结在管面形成水膜，CO_2 溶解并极易附着在管面，使金属发生氢去极化腐蚀。

② 冲刷腐蚀，井口装置在高速流体的冲刷腐蚀作用下，腐蚀产物被冲击流体带走，使金属表面不断暴露，腐蚀加速。流体中的粉沙产生的机械作用会加速冲刷腐蚀。

③ 坑点腐蚀，井口装置在气相、液相、固相多相流环境都可能发生坑蚀。CO_2 腐蚀最典型的特征是呈现局部的坑蚀、轮癣状腐蚀和台肩状腐蚀。

CO_2 的腐蚀速率受溶液中 H^+ 的扩散所控制，即受阴极析氢的动力学控制。在相同 pH 值下，CO_2 溶液的腐蚀性要远比盐酸溶液的腐蚀性强。如在 pH 值为 4 的 CO_2 溶液中，阴极极限电流要大于相同 pH 值下盐酸溶液的阴极极限电流，并且在 pH 值为 4 或 6 时，CO_2 溶液中的阴极极限电流相同。该研究结果表明，在 CO_2 的腐蚀过程中，质子的扩散并非是决定腐蚀速率的关键，CO_2 分子的直接参与可能对腐蚀起到了重要作用，并发现氢从阴极的析出可通过两个根本不同的机制进行。在 CO_2 腐蚀过程中，影响 CO_2 的腐蚀因素有很多，如 CO_2 分压、溶液 pH 值、溶液中的盐量、温度、金属表面在溶液中所形成的固态腐蚀产物、介质的流速、浸泡时间等。由于众多的影响因素以及这些因素的相互交叉作用，使得 CO_2 的腐蚀更为复杂；因而，在较大的参数变化范围内，很难搞清其中某一个因素对其腐蚀规律的具体影响。

采出液中溶解的少量 CO_2 与 Ca^{2+}、Fe^{2+} 等离子，在一定条件下可生成 $CaCO_3$ 和 $FeCO_3$，形成腐蚀垢物，导致垢下腐蚀。溶液中的 HCO_3^- 与金属 Fe 反应后生成 $FeCO_3$ 和 Fe_3O_4。同时，溶液中的 CO_3^{2-} 和 HCO_3^- 还可与 Ca^{2+}、Mg^{2+} 发生反应，生成 $CaCO_3$、$MgCO_3$ 沉淀，或悬浮在介质中或覆盖在金属表面成为腐蚀产物的一部分。由于 $CaCO_3$、

$MgCO_3$ 属于同构类质晶体，因此膜层中可夹杂复盐（Ca，Mg）CO_3 成分。

CO_2 对油田集输系统的腐蚀作用较为明显，一旦 CO_2 与水发生反应，就会出现弱酸性，对钢铁等金属有着较强的腐蚀性，且极化作用也较为明显。在受到 CO_2 的腐蚀后，会有较为坚硬的物质生成，肉眼观察呈灰白色，非常容易堵塞管道，严重阻碍集输系统的稳定运行。

CO_2 较易溶解在水中，会促进钢铁发生电化学腐蚀。温度是二氧化碳腐蚀的重要参数，在温度小于 60℃时发生均匀腐蚀；温度达到 100℃时发生严重的均匀腐蚀和局部腐蚀（深孔）；温度超过 150℃时由于生成细致、紧密、附着力强的 $FeCO_3$ 和 Fe_3O_4 保护膜，腐蚀速率大大降低。微量氧使二氧化碳的腐蚀性大大提高。

对三种污水，分别通入 N_2 和 CO_2 半小时以上进行除氧并溶解饱和后，在不同温度下进行腐蚀挂片试验（数据略）。试验表明，通 N_2 后，在三种污水中 A3 钢的腐蚀速率均降低，通 CO_2 后腐蚀速率均增大；通入气体后对油罐底水的腐蚀影响最为明显，A3 钢腐蚀速率变化较大，例如 60℃时通 N_2 后腐蚀速率比空白减小 41%，通 CO_2 腐蚀速率增大了 51%。通入 N_2 进行了除氧，从而使污水的腐蚀降低；而溶入饱和 CO_2，既降低了污水的 pH 值，同时也参与金属腐蚀过程，从而加速了钢铁的腐蚀破坏[473]。

在低浓度范围内，HCO_3^- 的存在对 Q235 钢的腐蚀有抑制作用，而当 HCO_3^- 浓度达一定程度后，HCO_3^- 的存在对 Q235 钢的腐蚀有促进作用。HCO_3^- 对 Q235 钢腐蚀随浓度变化的原因是 HCO_3^- 对碳钢具有一定的缓蚀作用，在 HCO_3^- 浓度低时，随 HCO_3^- 浓度的增大，HCO_3^- 对碳钢的缓蚀作用增强，能够抑制碳钢的均匀腐蚀；而当 HCO_3^- 浓度高到一定程度后，虽然 HCO_3^- 对碳钢具有一定的缓蚀作用，能抑制碳钢的均匀腐蚀，但因为保护膜（$FeCO_3$）的不完整性，易受到 Cl^- 的影响，使碳钢发生孔蚀，因此碳钢的腐蚀速率增大。所以当 HCO_3^- 浓度达到一定程度后，Cl^- 的存在对 Q235 钢的腐蚀有促进作用[474]。

在 CO_2 与 H_2S 共存的溶液中，供电子能力强的硫原子很容易与基体铁原子或产物中的铁离子形成配位健，不仅增大了腐蚀产物膜在铁表面的附着力，而且硫化亚铁晶粒之间结合得更加牢固，提高了腐蚀产物膜的性能，从而有效抑制腐蚀。

① H_2S 含量极低，此时 CO_2 是主要的腐蚀介质，相应腐蚀产物由 $CaCO_3$、$FeCO_3$ 和 Fe_3C 组成，而在超过 60℃的较高温度下，只有 $FeCO_3$ 能够附着在铁的表面上，其他物质均变得不稳定，此时的腐蚀速率主要取决于 $FeCO_3$ 膜的保护性能，而与 H_2S 基本无关。

② 随着 H_2S 含量增加，但仍然以 CO_2 为主导的体系中，即 $p_{CO_2}/p_{H_2S}>200$，H_2S 浓度<1700mg/L 时，H_2S 在溶液中离解的各种离子会与铁作用生成硫化物腐蚀产物，硫化物腐蚀产物覆盖在铁表面形成较致密的保护性膜，从而阻止腐蚀的发生。

③ 当 H_2S 含量增加到 $p_{CO_2}/p_{H_2S}<200$，且 H_2S 浓度超过 1700mg/L 时，以 H_2S 腐蚀为主，此时对钢铁的腐蚀取决于腐蚀产物 FeS 和 $FeCO_3$ 形成的膜的稳定性及其保护情况。稳定的 FeS 优先于 $FeCO_3$ 形成，在 60～240℃时，FeS 能对金属提供保护。但是在温度低于 60℃或高于 240℃时，FeS 膜变得不稳定且多孔，而且由于 H_2S 的存在阻止了稳定的 $FeCO_3$ 的形成，从而加速了腐蚀。

④ 不同温度对 H_2S/CO_2 共存体的腐蚀速率影响也较明显。通过对 5 种钢铁材料的腐蚀速率在不同温度下的研究表明：5 种钢铁材料均呈现出随温度增加，腐蚀速率先增加后降低的趋势。研究认为，60℃条件下，H_2S 的存在使阴极反应过程加快，提高了腐蚀速率；100℃条件下，当 H_2S 含量超过 33mg/kg 时，全面腐蚀速率加快而局部腐蚀速率却受到抑

制而下降；在150℃左右高温时，铁的表面又将形成一层$FeCO_3$或FeS保护膜，腐蚀速率降低。姜放、戴海黔等将SEM和XRD技术相结合，检测到了二氧化碳和硫化氢共存时钢铁表面腐蚀产物膜的结构和成分，从而印证了以上理论。

9.2.6 H_2S对腐蚀的影响

H_2S溶于水呈酸性，腐蚀速率随H_2S浓度的增加而增大，达到最大值后随浓度的增加而减小，最后趋于恒定。水中溶解的CO_2对H_2S的腐蚀有一定影响，使钢材的吸氢量增大、氢致开裂的敏感性提高。

水处理过程中投加絮凝剂如硫酸亚铁、聚氯化铝铁、聚合铁等，这些絮凝剂不仅会引入铁离子，而且大量的S^{2-}、SO_4^{2-}的存在使腐蚀的亚铁盐及硫化亚铁盐增加并氧化，水中铁含量也会增加。铁离子含量增加，会使Fe^{2+}不断地被空气中的氧气氧化为Fe^{3+}。在pH值为6.0～7.0时，形成Fe（OH）$_3$红棕色沉淀使水质变浑、变红。

H_2S腐蚀的腐蚀产物主要是Fe_9S_8、Fe_3S_4、FeS_2和FeS，而pH值、H_2S的浓度等参数决定着生成腐蚀产物的类型。当H_2S浓度很低时，钢铁表面形成一层致密的FeS膜，从而阻止铁离子通过，有时可以使铁表面钝化，有效降低钢铁的腐蚀速度；当H_2S浓度较高时，生成的硫化铁膜疏松，呈黑色分层状或粉末状，这种膜不但不能阻止铁离子通过，反而会与钢铁基体形成原电池，加快腐蚀。含H_2S的溶液中存在的HS^-或其他毒性物质（如氰化物或氢氟酸）可以使阴极反应产生氢原子生成氢气的速度降低，从而一部分氢原子将会向钢铁基体内部扩散，在其扩散过程中，当与钢材的缺陷处，如空穴、裂缝、晶格层间错断、夹杂等相遇时，便在这些缺陷处富集，氢原子增多便会结合为氢分子。氢分子的体积远大于氢原子的体积，这样在钢材的缺陷处便会形成很高的氢压力。伴随氢分子的增多，缺陷处的氢压力增加，此处便成为应力集中区，当压力足够大时，界面破裂形成裂缝。压力进一步增大，当超过裂缝的承受压力时，裂缝变大，体积增加，压力将会降低。一定时间后，氢原子再次在此处积累进而形成氢分子，裂缝压力又将升高，裂纹继续扩展。

硫化氢是一种弱酸，其K_1、K_2分别为9.1×10^{-8}、1.2×10^{-15}，在溶液中S^{2-}与Fe^{2+}发生反应生成Fe_xS_y沉淀，Fe_xS_y为各种结构硫化铁的通式。H_2S离解的产物HS^-、S^{2-}吸附在金属表面，形成加速电化学腐蚀的吸附复合物离子$Fe(HS)^-$。吸附的HS^-、S^{2-}使金属电位移向负值，促使阴极放氢加速；同时又使铁原子间键的强度减弱，使铁更容易进入溶液，加速了阳极反应。

$$H_2S \xrightarrow{K_1} H^+ + HS^- \xrightarrow{K_2} 2H^+ + S^{2-}$$

$$xFe^{2+} + yS^{2-} \longrightarrow Fe_xS_y$$

另外，生成物硫化铁将加剧电化学腐蚀。H_2S浓度较低时，能生成致密的硫化铁（主要由硫化铁、二硫化铁组成），该膜能阻止铁离子通过，可显著降低金属的腐蚀速率，甚至使金属接近钝化状态。H_2S浓度较高时，其生成的硫化铁膜呈黑色疏松分层状或或粉末，其主要成分为Fe_9S_8，该膜不但不能阻止铁离子通过，反而与铁形成宏观电池。硫化铁为阴极，碳钢为阳极，因而会加速金属腐蚀。这样造成因振动而产生大量的硫化铁沉积，井下油管、套管被大量硫化铁堵塞，油管、套管表面呈现很深的局部溃疡腐蚀。

9.2.7 Cl^-对腐蚀的影响

Cl^-体积小，活泼性强，很容易穿透金属表面的钝化膜，所以由氯盐引起的腐蚀主要是缝隙腐蚀或孔腐蚀。当 Cl^- 浓度小于 3000mg/L 时，随着 Cl^- 浓度的增大，腐蚀速度逐渐增大；当 Cl^- 浓度增加到 5000mg/L 时，电导率虽然增大，但是会使氧的溶解度显著降低，从而使吸氧腐蚀速率降低。

Cl^- 不仅对不锈钢容易造成应力腐蚀破坏，而且还容易破坏金属表面上的氧化膜，因此 Cl^- 也是使碳钢产生点蚀的主要原因。点蚀倾向随着 Cl^- 浓度的升高而增加。点蚀都是大阴极小阳极，有自催化特性。小孔内腐蚀使小孔周围受到阴极保护。孔越小，阴、阳极面积比越大，穿孔越快，因此，点蚀具有极强的破坏性，越来越引起人们的重视。我国部分采油厂采出水中 Cl^- 含量都在 7000mg/L 以上，腐蚀非常严重。

A3 钢的腐蚀速率随 Cl^- 浓度的增加呈先升后降的抛物线形式，这是电导率和溶解氧共同作用的结果。即随 Cl^- 浓度增加，介质电导率增加，在溶解氧不变的情况下腐蚀速率直线上升；当 Cl^- 浓度增加至 5000mg/L 时，溶解氧含量减少，腐蚀速率有所下降。Cl^- 的极化度高、半径小，具有很高的极性和穿透性，可不均匀地吸附在金属局部，使得吸附部位的金属表面活化，造成孔腐蚀或缝隙腐蚀。

油田水中含盐量较高、电导率大，各种腐蚀因素相互作用，会加重腐蚀。注水系统中，会引起腐蚀的离子有 Cl^- 和 Ca^{2+} 等。Cl^- 会吸附在金属的某些部位上，使得所吸附的部位受到活化，导致金属材料的电化学腐蚀。并且 Cl^- 的穿透能力很强，能穿透保护膜，从而加速对金属的腐蚀作用。纯梁首站污水总矿化度为 23111mg/L，高矿化度加速了金属的腐蚀。

9.2.8 细菌对腐蚀的影响

细菌腐蚀并不是它本身对金属的侵蚀作用，而是细菌生命活动过程中间接地对金属产生腐蚀。

油气开采过程中造成腐蚀的菌种主有硫酸盐还原菌、腐生菌和铁细菌。其中 SRB 是厌氧条件下引起腐蚀的主要微生物，附着处会出现坑穴；铁细菌产生的锈瘤使钢铁表面形成氧浓差电池，从钢铁的表面除去亚铁离子，使钢铁的腐蚀速率增大。

油田污水密闭输送且具有还原性，使得 SRB 大量繁殖，产生酸性黏液物质，与油田污水中的 CO_3^{2-}、HCO_3^-、HS^- 及其他阳离子一起，加速垢的形成，对污水集输管线、回注系统造成严重的结垢、堵塞，并发生局部氢去极化穿孔。

分别取三种污水，在 40℃下进行 SRB 的培养，通过绝迹稀释法测量污水中的 SRB 含量，发现污水中存在大量 SRB。三相分离器污水和油罐底水中 SRB 含量约为 10^5 个/mL，$500m^3$ 污水罐水中 SRB 含量约为 1×10^4 个/mL，三种污水中均含有大量的 SRB，并且工作温度适合 SRB 生长，将会造成管线的严重腐蚀。在 500mL 污水中分别加入 10mL SRB 培养基（酵母浸汁和乳酸钠），可以使 SRB 生长，从而考察 SRB 生长对污水腐蚀的影响，因 SRB 生长及腐蚀作用缓慢，需要长时间的培养。25d 后加入培养基的三种污水均发黑，经测量三相分离器、$500m^3$ 污水罐和油罐污水中 SRB 含量分别增长为 1×10^7 个/mL、1×10^8 个/mL、1×10^6 个/mL 左右。经 25d 的腐蚀试验，测定 A3 钢的腐蚀速率发现，加入培养基后，即 SRB 含量增加后，A3 钢在三相分离器污水和 $500m^3$ 污水罐水中的腐蚀速率有所降低，而油罐底水的腐蚀速率增大了 55%。从腐蚀后的试片表面来看，经长时间腐蚀，加入 SRB 培养基后试片表面均覆盖了一层黑色硫化物，三种污水中均能发生 SRB 腐蚀，生成硫化亚铁。而腐蚀速率变化不同，是由于污水的主要腐蚀控制因素不同，由腐蚀速率的增大结果可认为油罐底水的腐蚀主要由 SRB 生长所控制。

早期运用极化曲线法研究了SRB的厌氧腐蚀情况，证明了Fe^{2+}、S^{2-}、FeS、SO_4^{2-}等会促进碳钢的SRB腐蚀。在油田污水中，SRB对腐蚀的阳极过程影响不大，对阴极却有显著的去极化作用而加快了钢铁腐蚀，即它们对腐蚀的主要作用是促进了腐蚀反应的阴极去极化，Fe^{2+}还显著地促进SRB的生长繁殖及磷代谢。

硫杆菌可分为氧化硫硫杆菌、脱氮硫杆菌和氧化亚铁硫杆菌，其中脱氮硫杆菌存在于油田污泥、油水中，脱氮硫杆菌是严格自养兼厌氧菌，菌细胞为球杆状，革兰氏染色呈阴性。它们能将许多硫酸盐和硫化物氧化成SO_4^{2-}，或将硫化氢氧化成高价态硫化物，硫杆菌在厌氧条件下引起腐蚀需要硝酸盐和溶解气态氮，NO_3^-作为电子受体被还原成N_2，其反应式为：

$$5HS^- + 8NO_3^- + 3H^+ \longrightarrow 5SO_4^{2-} + 4N_2 + 4H_2O$$

硫杆菌可将硫或硫化物氧化成硫酸而导致腐蚀。从污水中析出的无机硫化物沉积在管道的内底面上，硫杆菌将这些硫化物氧化成硫酸（$pH<1$），使金属管受到腐蚀，最终导致管道毁坏。在油井环境中硫杆菌的数量一般较少，它们很可能是注水时被带入的。

9.2.9　其他影响

由于原油物性差，日常生产中，通常在集油、掺水、脱水系统分别加入清蜡剂、降黏剂、破乳剂等药剂，最终所有药剂汇入整个掺水系统中，为搞清这些药剂的腐蚀作用，对现用化学药剂的腐蚀性进行了评价，试验证明清蜡剂对腐蚀性有一定贡献。

溶解的矿物盐水中发现的主要离子有：钙离子、镁离子、钠离子、碳酸氢根离子、硫酸根离子、氯离子和硝酸根离子等。氯化物对腐蚀的影响得到了最广泛的研究。如同其他离子一样，它们增加了水的电导率，所以增大了腐蚀电流的流量。它们还降低了可渗透小离子的自然保护膜的有效性。硝酸盐与氯化物的作用是很相似的，但其浓度通常比氯化物浓度低得多。硫酸盐对碳钢材料的腐蚀作用表现得与氯离子相似。实际上，硫酸盐含量高的水会侵蚀混凝土，由于存在硫酸盐，一些缓蚀剂似乎会起相反的作用。对厌氧条件下的微生物腐蚀，硫酸盐也有特殊的作用。

水的矿化度对金属设备及管道的腐蚀起了推波助澜的作用。矿化度增加了水中离子的数量，大大增强了水中离子的导电能力，加快了原电池反应速率。大量离子的存在（如Ca^{2+}、Na^+），加快了原电池腐蚀速率的同时，也会与水中其他离子（如SO_4^{2-}、S^{2-}、HS^-、CO_3^{2-}、HCO_3^-等）发生化学反应，形成沉淀物，使设备及管道内壁结垢、管道堵塞，严重影响设备及管道的使用。高矿化度水中大量阴、阳离子的存在使原电池反应速率增加，同时也增加了设备及管道的结垢速率。Ca^{2+}和水中的CO_3^{2-}、HCO_3^-、SO_4^{2-}、S^{2-}等离子结合生成$CaCO_3$、$CaSO_4$等沉淀物。且$CaCO_3$、$CaSO_4$等沉淀物还会与Fe^{2+}等形成包结沉淀物，其硬度远大于$CaCO_3$、$CaSO_4$等沉淀物，它们附着在设备或管道内壁上，不但使设备及管道结垢、管道堵塞，而且也增加了除垢难度。管道的结垢为硫酸盐还原菌、铁细菌的繁殖生长创造了条件，进一步改变Ca、Fe盐包结沉淀物的结构，大大提高了晶体的增长速率，也提高了设备及管道腐蚀结垢速率，这种沉淀物和细菌之间的相互补充效应使设备及管道腐蚀结垢严重恶化。高矿化度水在弱酸性环境下加快原电池反应的同时，也会使水中的pH值降低。特别是Cl^-存在的情况下，不仅设备及管道表面的保护膜会被破坏，而且还会继续和设备及管道中的铁快速反应，形成点蚀。大庆油田采油五厂对油田储油罐的腐蚀速率做了现场调查，发现在无保护条件下腐蚀速率为0.52～0.58mm/a。因此，降低矿化度、减少铁离子含量是设备及管道防腐、防结垢的根本。

静应力引起的腐蚀就是应力腐蚀，在腐蚀介质影响下，脆性开裂是集输系统管道经常容易发生的问题，对系统的破坏将大大增强。一般来讲，应力腐蚀并不容易被发现，其产生也没有征兆，需要提高防范意识，避免引起更大的问题。

油田污水中的聚合物是指部分水解聚丙烯酰胺（HPAM），随着浓度增加，其对Q235钢的缓蚀率也迅速增加，但当浓度达到一定范围后，其对Q235钢的缓蚀率增加变化不大。随着温度升高，腐蚀速率增加；同时随着分子量的减少，它的缓蚀作用增强。这是因为HPAM能覆盖在Q235钢的表面，但是其膜不能致密、有序地覆盖在Q235钢的表面，同时因为溶液中随着聚合物浓度增加，含氧量降低，黏度显著增加，这两种原因导致Q235钢在中性体系中的电化学腐蚀的阴极反应受阻，抑制了金属的腐蚀。此外HPAM中含有电负性高的氧、氮、硫，由亲水性极性基团和憎水的非极性基团组成“亲水的极性基团”，可以吸附于金属表面的活性点或整个表面，而憎水的非极性基团，通过憎水基起隔离作用，把腐蚀介质和金属表面隔开。另外，铁元素易接受孤对电子，而表面活性剂和聚合物中以氧、氮、硫原子为中心的极性基团，具有一定的供电子能力，两者可以形成配位键而发生化学吸附，这种吸附是不可逆的，它改变了金属表面的性质，抑制了阳极反应，在一定程度上阻碍了电荷和物质的转移扩散，起到了减缓腐蚀的作用。尽管HPAM浓度增大到一定程度，腐蚀减缓，但是它为硫酸盐还原菌提供了丰富的资源，而且黏度增加，为SRB厌氧环境提供了条件，所以导致SRB引起的腐蚀加剧。

酸腐蚀理论的重要依据是绝大多数MIC的最终产物是低碳链的脂肪酸（如醋酸）。当低碳链的脂肪酸在微生物腐蚀沉积物下浓缩时，对碳钢有很大的侵蚀性。在酸性微环境中，微量氧引发氧的阴极还原反应，金属生成金属阳离子。挥发性脂肪酸（VFA）在油层中十分普遍，它是SRB生长繁殖过程的良好基质。在油层中VFA主要为醋酸盐和丙酸盐（比例为25∶1），SRB利用油层中的VFA生长繁殖，产生大量的H_2S气体，从而导致油田采出液变酸，原油质量降低，加速了油田管材的腐蚀。

9.3 腐蚀检测技术

随着油田开发年限的延长，油田的在用管线和设备陈旧老化问题日益严重，需要大规模地更新改造。而伴随着注聚合物、三元和CDG等三次采油的逐步深入开展，注水水质比过去单纯注水时更为复杂。加强腐蚀监测，尤其是在注水系统源头开始，显得尤为必要。腐蚀率作为砂岩油藏10项水质指标之一，其监测难度大。室内腐蚀监测与现场腐蚀监测结果误差较大，得出的数据令人难以置信。因此有必要对水系统现场和室内腐蚀监测方法进行分析研究，建立适应的腐蚀测试方法和实施规则，并实施网络化管理，为油田生产和管理提供可靠的腐蚀监测数据。

套管腐蚀问题难以避免，形式复杂多变，包括化学腐蚀、电腐蚀及机械腐蚀等，随着油气勘探开发向更深、更复杂的储层发展，腐蚀防控工作显得更加刻不容缓。作为应对腐蚀问题的关键手段，腐蚀检测技术不仅能够大幅降低直接成本，还可通过提前发现薄弱环节来有效降低安全及环境风险。对于地面管道设施，通常可通过肉眼直接观测、探伤仪器等途径来实现腐蚀检测；针对井下油套管柱检测，主要利用测井仪器。目前应用较多的套管腐蚀检测手段包括电磁、超声波、井下成像、机械井径测量等。

9.3.1 国外套管腐蚀检测技术

国内针对套管腐蚀检测技术的研究相对较少，在检测质量、分析能力等方面还有待提高。近年来，斯伦贝谢、贝克休斯、哈里伯顿及威德福等公司均对套管腐蚀检测技术开展深入研究，并推出一系列新方法、新仪器，但受高温、高压，含 H_2S、CO_2 及 O_2 等气体，高矿化度和高含水率等因素影响，套管腐蚀问题仍较为严重。

套管腐蚀检测技术不仅可有效预测潜在腐蚀位置，还能为套管维护、保养及更替提供指导参考，因此该类技术在勘探生产一线有较大的应用规模和较好的应用效果。当前常见的腐蚀检测技术主要有电磁检测技术、超声波检测技术、井下成像技术、机械井径测量技术等。

9.3.1.1 电磁检测技术

电磁检测技术主要基于漏磁和电磁感应等原理，漏磁仪器采用永久性磁铁或电磁铁使管柱磁化，在腐蚀点、斑、孔、片、块附近检测其漏出磁通量，进而对套管内外部缺陷进行整体检测，但由于磁体需尽可能贴近管柱，测量时必须将油管移除才能更好地进行套管检测，且漏磁仪器对连续、平缓腐蚀等情况检测效果不佳，因此在应用上有所限制。电磁感应仪器可以探测套管内外部及多层管柱情况下外部套管柱的金属损伤情况，在任何流体中均可通过单芯电缆进行操作，可以适应较小的井眼尺寸，更可以对管材斑点、穿孔等损伤情况进行测量，实现对套管完整性的综合评价，大幅降低作业时间和成本。电磁检测方面比较有代表性的技术包括以下几种。

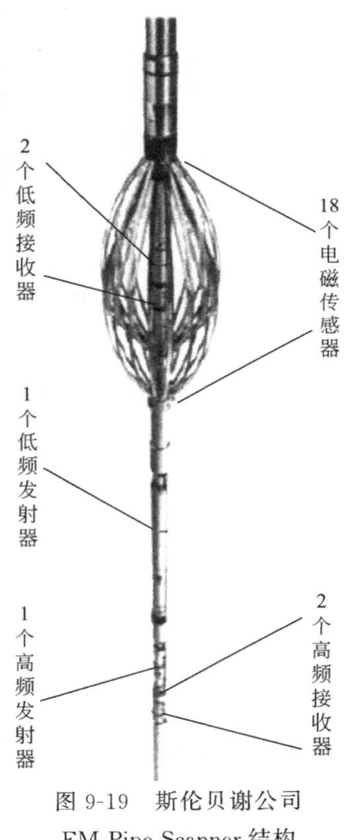

图 9-19 斯伦贝谢公司 EM Pipe Scanner 结构

(1) 套管电磁扫描仪

斯伦贝谢公司的套管电磁扫描仪（EM Pipe Scanner）长约 6m，重约 50kg，仪器外径约 5.4cm，适用套管尺寸为 7.30～33.97cm，可耐 150℃高温和 103MPa 的压力。该仪器主要利用远场涡流原理，具体工作原理与带损耗的变压器原理相似，仪器发射器线圈产生一个随时间变化的磁场，该磁场的磁通量受套管控制，磁通量在次级线圈或接收器线圈中产生感应电压。由于套管金属会产生感应电流，套管所提供的磁导在介质中发生能量损耗，通过仪器配备的 18 个电磁传感器，利用趋肤效应和远近区域信号差异来检测这些损耗，确定套管的几何特征、电磁属性及套管腐蚀或点蚀情况。此外，EM Pipe Scanner 还能同时运用低频和高频感应电流对套管进行检测，实现平均电磁厚度测量，以及 2D 厚度成像和 2D 分辨成像，有效识别套管裂纹、腐蚀、损伤及金属损失量等。

EM Pipe Scanner 结构如图 9-19 所示。

(2) Vertilog 套管检测服务

贝克休斯公司的 Vertilog 套管检测服务主要通过漏磁测量来识别和量化套管内外部的腐蚀损伤情况，仪器配备了重叠阵列型漏磁传感器和鉴别传感器，以便进行油套管管柱全周检测。该技术还可对金属损失和金属聚积、普通腐蚀和孤立点蚀等情况进行有效区分，对腐蚀程度进行级别评定。Vertilog 套管检测服务主要包括数字检测服务（digital verilog service,

DVS)、微检测服务（micro verilog service，MVS）及高分辨率检测服务等。DVS利用漏磁测量原理对套管内外壁进行检测，可实现腐蚀情况的精确指示，可适用的套管尺寸为24.45～55.88cm；MVS采用多重极板设计，可实现套管360°全覆盖检测，适用套管尺寸为7.30～24.45cm，该项技术不受井眼流体限制，避免了不必要的生产损失，仪器支持存储-读取模式，便于地面分析。高分辨率检测服务可提供分辨率极高的套管360°腐蚀图谱，准确找到套管内外壁腐蚀的位置、大小及形状，通过先进的处理系统可节省高昂的修井费用，降低生产损失，甚至延长油气井使用寿命。Vertilog套管检测服务测量效果如图9-20所示（另见书后彩图）。

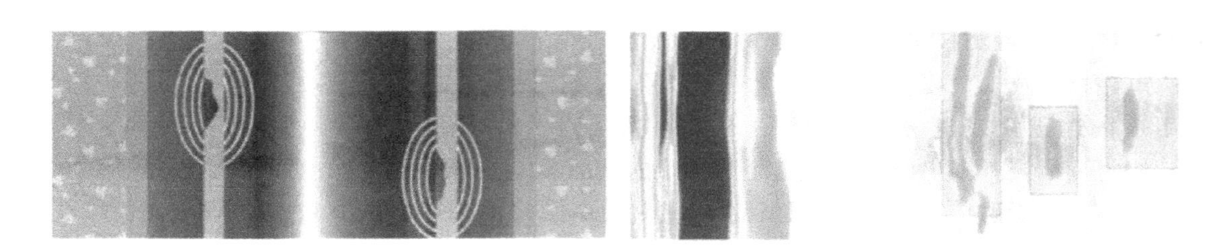

(a) 微检测　　(b) 高分辨率检测

图9-20　贝克休斯公司Vertilog套管检测服务测量效果

此外，贝克休斯公司还推出了基于电磁原理的数字电磁检测仪。它是一种多频、多通道的电磁套管检测技术，通过测量磁场偏移量，可获取单根或多重套管柱中的管壁厚度变化，根据管壁异常的检测数据绘制出曲线，整体评价套管内壁上的细小损伤。

(3) Xaminer™ 电磁腐蚀测量仪

哈里伯顿公司推出的Xaminer™电磁腐蚀测量仪长度约5.24m，重约125 kg，仪器外径约9.84 cm，适用套管尺寸为12.07～50.80cm，可耐149℃高温和137.9 MPa的压力。该仪器主要利用瞬变涡流电流穿透套管层，无须移除油管柱即可同时检测油管和外面的套管，定量评价油管和最内层套管厚度，并定性表征第三层套管，实现针对生产套管的腐蚀监测。该仪器的工作原理是法拉第电磁感应定律，当向仪器的发射线圈施加随时间变化的电流时，会在周围的油管和套管中产生瞬态电磁通量，进而在这些同心管柱中感生涡流。涡流产生随时间变化的磁场，磁场又在仪器的接收线圈中产生电动势。当油管和套管的厚度发生变化时，对应的瞬态涡流在时域衰减谱上会出现变化。脉冲涡流检测仪器的测量精度很高，足以探测到同心管柱厚度的微小变化，能够从时间上分离来自不同圆柱壳体的信号，可有效测量油层套管上的金属损失量、裂缝和漏孔等损伤信息，确定油管和套管的厚度，非常有助于施工作业方对井眼完整性进行综合评价，并大大降低作业时间和成本。Xaminer™电磁腐蚀测量仪结构如图9-21所示。

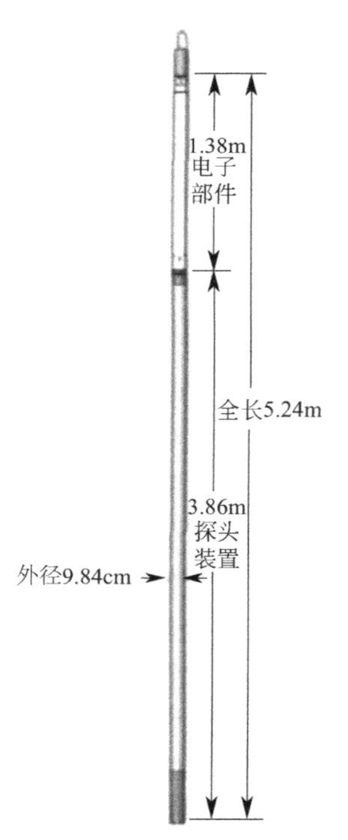

图9-21　哈里伯顿公司Xaminer™电磁腐蚀测量仪结构

(4) MFL 套管漏磁检测仪

威德福公司推出的套管漏磁检测仪（magnetic flux leakage，MFL）采用磁性更强的钐-钴永久磁体，利用重叠高分辨率霍尔效应传感器提供最优的磁场强度，实现更完整的井眼覆盖，进而对由内外套管损伤引发的磁通量变化进行探测，有效区分内外部损坏。另外，MFL 对测速没有要求，提高了仪器应用灵活性，且具有较高的适用性，适用套管尺寸为 15.24～142.24cm，在液体、气体井眼中都能正常使用。不同外径尺寸的 MFL 如图 9-22 所示。

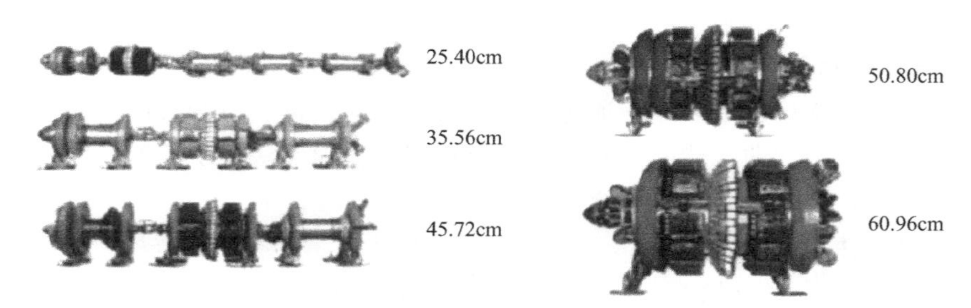

图 9-22 威德福公司不同外径尺寸的 MFL

9.3.1.2 超声波检测技术及井下成像技术

超声波检测技术主要根据脉冲回波理论，利用仪器探头中的旋转传感器，对井周进行扫描探测，进而较准确地获取单一套管柱的壁厚信息，该类仪器获取资料的方位分辨率较高，利于实现固井评价、裸眼井成像及腐蚀成像等工作。井下成像技术主要是通过井下摄像机对井壁或管壁进行扫描成像，获取高分辨率的直观图像资料，进而实现套管腐蚀检测。

(1) 超声成像测量仪和超声套管成像仪

斯伦贝谢公司推出的超声成像测量仪可发射和传播 200～700 kHz 频率范围的超声信号，对套管进行回波探测，然后根据回波幅度差异可有效评价水泥胶结质量和套管腐蚀程度。另外，由回波传播时间、响应频率等信息还可获取 2D 内径成像和 2D 套管厚度等数据。为更好地进行套管腐蚀超声参数监测，斯伦贝谢公司还推出了升级版超声探测仪器——超声套管成像仪（ultrasoniccasing imager，UCI），它可在管径为 114.3～339.7mm 的套管内进行测量，测量精度达到±1 mm，采用频率为 2MHz 的旋转聚焦换能器进行高度聚焦测量，分辨率更高。通过记录套管内外壁回波，可计算得到套管半径及厚度，回波幅度可以定性判断套管状况。但需要注意，UCI 的应用条件有限制，主要应用于盐水泥浆、油基、轻质油基泥浆、水基泥浆中。加重泥浆产生的声波衰减会使测量失真，影响监测结果，效果不佳。UCI 工作原理如图 9-23 所示。

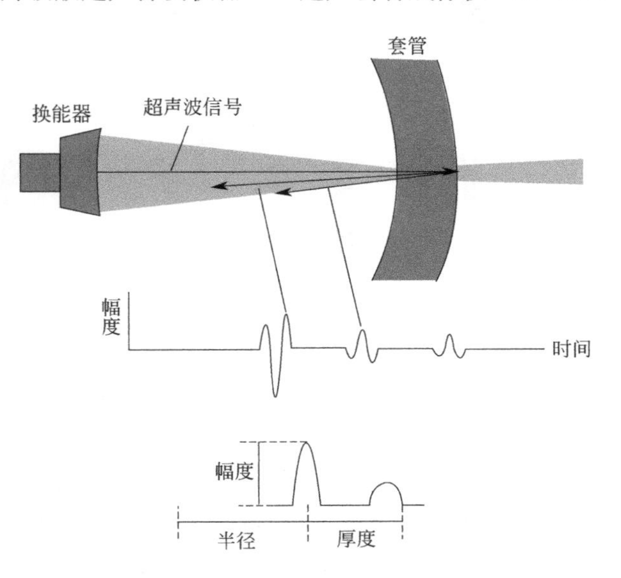

图 9-23 斯伦贝谢公司 UCI 工作原理

(2) 井周声波扫描仪

哈里伯顿公司的井周声波扫描仪（circumferential acoustic scanning tool,

CAST）配有超声换能器，可对套管内部进行 360°全方位高分辨率测量，并可实时评价固井质量。CAST 还具有良好的适用性，可适应多种井眼尺寸和类型。

（3）井下成像系统

目前应用较多的井下成像系统主要包括哈里伯顿公司的 Hawkeye™、Fiber-Optic 及 EyeDeal™ 等，将井下摄像系统置于井筒中，对管壁进行扫描成像，获取连续的高质量图像，完成套管腐蚀检测和穿孔检查。除此之外，该类技术还可应用于井下掉落物探测、油气产出测试等方面。

9.3.1.3 机械井径测量技术

机械井径测量技术已发展多年，通过与管壁直接接触，可获取套管内壁数据，有效识别套管细小腐蚀，对管柱弯曲、错断也有较好的分辨能力，但无法提供外部腐蚀信息。由于受套管内壁结垢影响，测量结果的精度会有所降低。

（1）多臂成像井径仪

斯伦贝谢公司的多臂成像井径仪（platform multi-fingerimaging tool，PMIT）采用阵列型触点与套管内壁直接接触，有效获取套管内壁成像等资料，实现套管腐蚀、变形或金属损失等测量，通过等距等方位排列触点，还可降低偏心效应的影响。该仪器分为 PMIT-24、PMIT-40、PMIT-60 等型号，分别配有 24、40 和 60 个触点，适用井径范围为 4.45～35.56cm，同时支持实时输出和记忆储存等模式。PMIT 结构如图 9-24 所示。

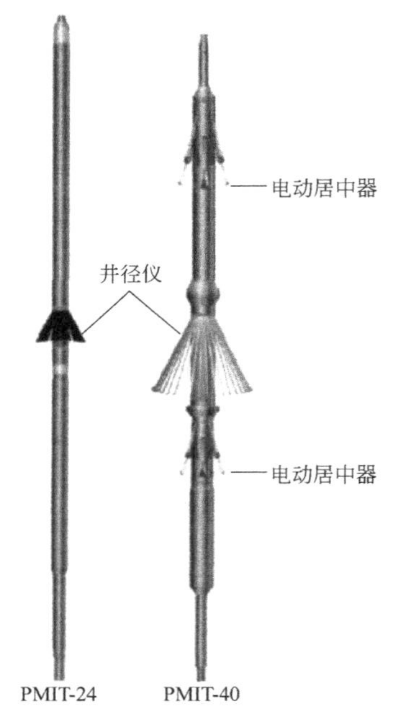

图 9-24 斯伦贝谢公司 PMIT 结构

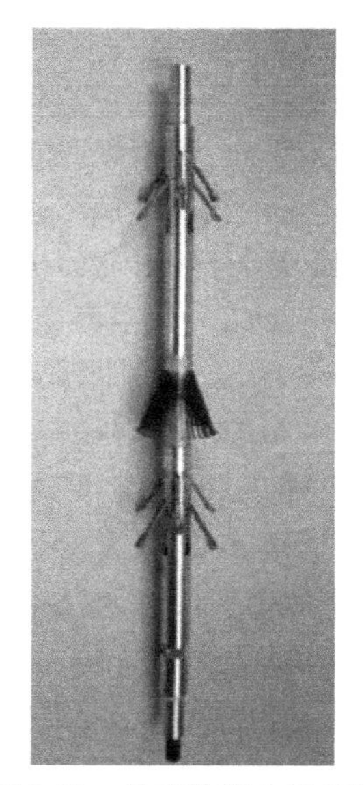

图 9-25 贝克休斯公司 ICL

（2）成像井径仪

贝克休斯公司的成像井径仪（imaging caliper log，ICL）可提供高分辨率的套管检测能力，识别潜在损伤，确定套管腐蚀磨损情况，进而判断套管强度是否可满足油气井安全生产需求。通过贴壁触点测量套管内部微小变化，检测数据传输至地面并显示为高分辨率测井图。ICL 触臂的贴壁压力在 4.45～6.67N 范围内，可保证仪器对管柱表层（铬合金或塑料）

的伤害最小化。ICL如图9-25所示。

(3) 多臂井径仪

哈里伯顿公司的多臂井径仪（multi-finger caliper，MFC）利用独立部件对套管内壁进行测量，可提供套管内部构造及腐蚀状况的高精度3D视图。该仪器分为40触点和60触点2种型号，MFC-40型和MFC-60型的参数对比见表9-1。MFC还可实现时间推移监测，通过周期性测量，可获取4D测井数据，实现套管腐蚀状况探测和趋势预测，利于更好地进行维护保养工作。MFC还提供有关套管损伤的数据统计报告，包括直方图、深度-损伤剖面及层状分析结果等内容，有助于技术人员对井下套管数据进行综合处理与分析。

表9-1 MFC-40型和MFC-60型的参数对比

型号	长度/m	重量/kg	仪器外径/cm	最小套管内径/cm	最大套管内径/cm	最大承载力/MPa	最大承受温度/℃
MFC-40	1.68	31.8	6.98	6.98	17.8～25.4	1.38	177
MFC-60	1.55	43.6	9.90～11.20	10.20～11.40	25.4～35.6	1.38	177

9.3.2 国外套管腐蚀检测技术发展趋势

近年来，电磁、超声波、井下成像及机械井径测量等腐蚀检测技术已在内陆、海上等众多油气田得到广泛应用，整体发展较快，从当前腐蚀检测评价需求和技术应用效果来看，其发展趋势主要体现在以下几个方面。

(1) 检测技术应用范围更广、限制更少

目前的套管腐蚀检测技术已取得了一定进展，对套管内外壁均具有较高的灵敏性，人为干扰较少，对外在环境和施工人员基本无害。但具体到各项技术仍存在较多限制，如超声波检测技术无法在气井中操作，在内径受限或采用单芯电缆时无法测量，测量有可能因管壁粗糙或过度腐蚀而中断；在非均质材料、不规则形状或薄层套管中，检测结果会出现失真等。受井下流体、泥浆类型、套管材质及内外部特性差异等因素影响，当前的套管腐蚀检测技术应用范围还有待扩大。

(2) 仪器集成化、一体化，形成腐蚀检测系统

不同检测技术各具优劣势，但单一的检测方法很难应对当前的腐蚀挑战，如在井下射孔层段中，若腐蚀性流体是从套管外部对金属产生腐蚀，井径测井数据通常只显示出射孔区域，无法识别金属损耗，而电磁检测仪器测得的2D厚度成像可明显显示出金属损耗的存在。另外，同一口井中若在套管内壁出现结垢，受结垢组分、厚度等因素影响，电磁检测仪器不够敏感，很容易忽视腐蚀情况，井径仪贴靠在结垢上时，测得的内径结果会明显偏小，如结合超声波和井下电视等检测手段，可准确定位套管结垢位置。目前套管腐蚀检测大多是通过重复测量来提升检测结果的准确性和可靠性，但这种方法不仅费时费力，在下入仪器的过程中也易造成不必要的误差和影响。因此，推进仪器集成化、一体化，形成腐蚀检测系统成为必然趋势，通过挂接、捆绑不同类型的检测仪器，获取多方面数据资料，进而对测量目标进行综合解释分析，既可满足不同的腐蚀检测需求，还能有效降低作业时间，提高工作效率。

(3) 检测技术更高精度、更高分辨率

随着油气勘探开发方向进一步趋于更深、更复杂储层，油气井管柱服役环境越来越复杂，管柱受不同腐蚀介质、pH 值、温度、流速等耦合条件的影响，腐蚀机理及规律难以分辨，套管腐蚀问题也就日趋严峻。在套管腐蚀检测技术中，电磁检测具有很好的纵向分辨率和厚度分辨率，而超声波检测的方位分辨率很高，机械井径测量在物理精度方面有明显优势，将以上技术的特征和优点进行汇总，结合井口流体动力参数、泵出流体性质等地面数据，可有效提升检测质量，保证数据结果的可靠性。因此，检测技术必然会向更高精度、更高分辨率发展。

9.3.3 国外管道内腐蚀检测技术的发展

现在我国对长输管道的检测多采用传统的管道外腐蚀检测技术，即通过对管道的阴极保护系统进行检测从而获得管道的受蚀状况，这类方法虽然能够实现在不开挖、不影响正常工作的情况下对埋地管道进行检测，但都属于间接检测管道腐蚀的方法，而且得到的原始数据往往需要工作人员的仔细分析和校验，有的管道外腐蚀检测技术还不适于检测公路、铁路、海洋等区域下的管道，无法实现对管道的全面检测。针对管道外腐蚀检测技术存在的问题，国外一些发达国家先后开发出了一些可行的管道内腐蚀检测技术。德国、美国、日本和加拿大在这方面起步较早，且已结合此项技术研制出了各种智能检测爬行机（intelligent pig 或 smart pig），简称爬机，并获得了成功的经验。根据我国管道腐蚀检测技术普遍传统落后的情况，本节将着重介绍现今国外管道内腐蚀检测技术的发展情况。

管道发生腐蚀后，通常表现为管道的管壁变薄，出现局部的凹坑和麻点。管道内腐蚀检测技术就是主要针对管壁的变化来进行测量分析的。在没有开挖管道的情况下进行的管道内腐蚀检测技术一般有漏磁通法、超声波法、涡流检测法、激光检测法、电视测量法等。其中激光检测法和电视测量法需和其他方法配合才能得出有效准确的腐蚀数据，而涡流检测法虽然可适用于多种黑色金属和有色金属，探测蚀孔、裂纹、全面腐蚀和局部腐蚀，但是涡流对于铁磁材料的穿透力很弱，只能用来检查表面腐蚀。而且如果在金属表面的腐蚀产物中有磁性垢层或存在磁性氧化物，就可能给测量结果带来难以避免的误差。另外，由于涡流检测法的检测结果与被测金属的电导率有密切关系，为了提高测量精度还要求被测体系最好保持恒温。所以，现在国外使用较为广泛的管道内腐蚀检测方法是漏磁通法和超声波检测法。

9.3.3.1 漏磁通法

漏磁通法检测的基本原理是建立在铁磁材料的高磁导率这一特性之上的，其检测的基本原理如图 9-26 所示。钢管中因腐蚀产生缺陷处的磁导率远小于钢管的磁导率，钢管在外加磁场作用下被磁化，当钢管中无缺陷时，磁力线绝大部分通过钢管，此时磁力线均匀分布；当钢管内部有缺陷时，磁力线发生弯曲，并且有一部分磁力线泄漏出钢管表面。检测被磁化钢管表面逸出的漏磁通，就可判断缺陷是否存在。漏磁通法适用于检测中小型管道，可以对各种管壁缺陷进行检验，检测时不需要耦合剂，也不容易发生漏检。漏磁通法只限于材料表面和近表面的

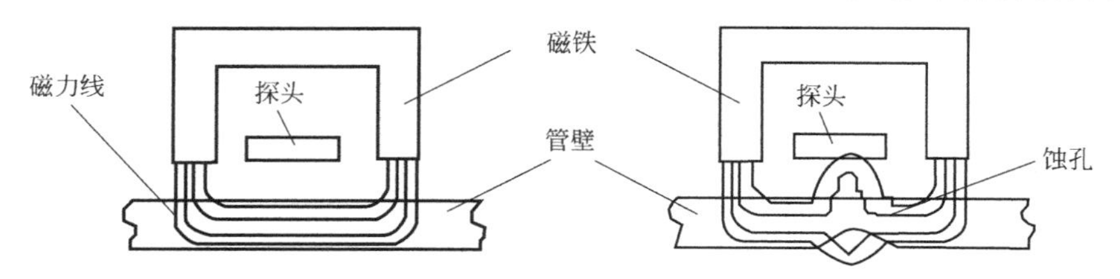

图 9-26　漏磁通法检测的基本原理

检测，被测的管壁不能太厚，干扰因素多，空间分辨力低。另外，小而深的管壁缺陷处的漏磁信号要比形状平滑但很严重的缺陷处的信号大得多，所以漏磁通法的检测数据往往需要经过校验才能使用。检测过程中当管道所用的材料混有杂质时，还会出现虚假数据。

9.3.3.2　超声波法

超声波法主要是利用超声波的脉冲反射原理来测量管壁受蚀后的厚度，其检测原理如图9-27所示。检测时将探头垂直向管道内壁发射超声脉冲基波P，探头首先接收到由管壁内表面反射的脉冲F，然后超声探头又会接收到由管壁外表面反射的脉冲B，F与B之间的间距d_2反映了管壁的厚度，若管壁受蚀，d_2将减小。这种检测方法是管道腐蚀缺陷深度和位置的直接检测方法，检测原理简单，对管道材料的敏感性小，检测时不受管道材料杂质的影响，能够实现对厚壁、大管径的管道的精确检测，使被测管道不受壁厚的限制。根据基波P与内壁反射波F间的间距d_1的变化，还能够检测出管道的变形和内外壁腐蚀。此外，超声波法的检测数据简单准确，且无须校验，检测数据非常适合用于管道最大允许输送压力的计算，为检测后确定管道的使用期限和维修方案提供了极大的方便，并能够检测出管道的应力腐蚀开裂和管壁内的缺陷如夹杂等。这种方法的不足之处就是超声波在空气中衰减很快，检测时一般要有声波的传播介质，如油或水等。

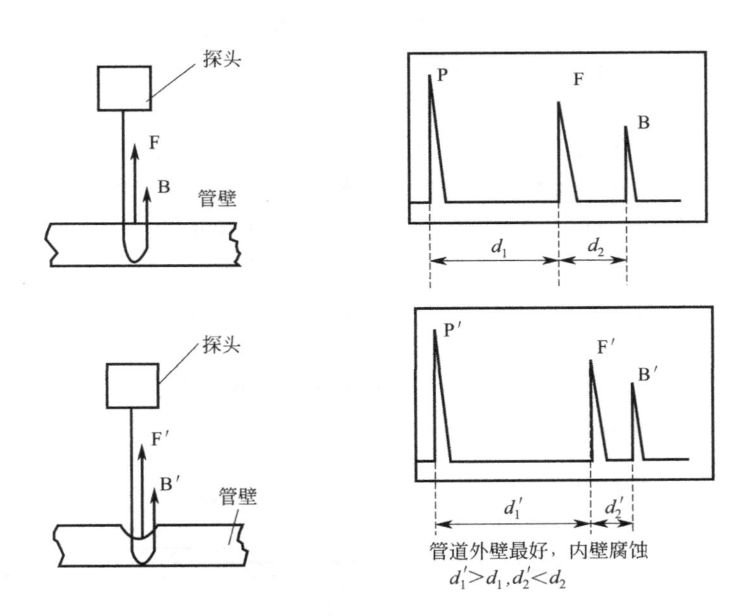

图9-27　超声波法的检测原理

F'—管壁受损时由管壁内表面反射的脉冲；B'—管壁受损时由管壁外表面反射的脉冲

9.3.3.3　智能检测装置

目前国外的工程技术人员结合漏磁通法和超声波法已研制出了各种管道内智能检测装置。这类装置从结构上可分为有缆型和无缆型两种。

(1) 有缆型智能检测装置

最初研制的智能检测装置都是有缆型的。有缆型智能检测装置一般由配有各种检测仪的管内移动部分、设置在管外的遥控装置、电源、数据记录处理、电缆供给控制装置以及连接管内移动检测部分和管外装置的电缆组成。电缆的任务主要是用来供电、遥控和传输成像及检测数据等。管内移动部分就是指在管道内行走的智能检测爬行机部分。起初的爬机主要用来清除管道内的残余杂物。进入 20 世纪 60 年代以后，由于输送管道深埋于地下，且管道中充满油气等介质，常规的检测方法难以胜任。为此，一些发达国家又将爬机技术引入了管道的检测。由于有缆型智能检测装置的电源和数据处理部分设在管外，所以其爬机部分结构紧凑，可以应用于中小管径管道。此外这种检测装置还能够同时监测管内移动检测部分的影像数据，可对安在河流、铁道、道路下面特殊管道的重要位置进行有选择的检测等特点。但有缆型智能检测装置的使用范围受电缆长度和管断面等的限制，尽管有的爬机采用了光缆，其检测管道的长度依然很有限，并且有缆型爬机多用于停运管道的检测。

(2) 无缆型智能检测装置

随着爬机行走技术的进一步成熟，为了检测长距离管道的腐蚀状况，一些发达国家的技术人员又研制了无缆型的管道内检测装置。目前，这种装置的研究，无论是检测精度、定位精度、数据储存，还是数据分析均已达到了较高的水平。在所有的管道内检测装置中无缆型的爬机应用最为广泛，这类检测装置在管道中是由液体推动前进的，其主要由主机、数据处理系统和辅助设备三部分组成。

1) 主机

主机是指在管道内行走的智能检测爬机部分。这类检测爬机通常以钢壳为机身，外覆聚氨酯或橡胶，机身内部装有探头、电子仪器、动力装置等，是一个集机械、控制、检测于一体的高技术系统。它被广泛用于地下管道的检测，可在高温、高压条件下，对数十千米甚至数百千米的各型管道完成在线自动检测。现今国外已有 30 多种智能爬机服务于各种埋地管道。漏磁爬机和超声爬机的结构相似，一般为一机多节，每一节的前部和后部都设有密封罩杯，这些罩杯起密封作用，同时还能保持爬机与管壁的距离恒定，并在管道内形成压力差，推动检测爬机在管道内行进。机体各节相互之间以万向节相连，以利于爬机转弯。有些爬机的外部还带有叶片，当被测管道内的压力过小，检测爬机的爬行速度减慢时可张开中片，增大爬机的推力，使爬机按预定的速度行进。有的爬机还带有自我行走机构，整机可在管道内做竖直或水平双向行走，并且还能在 T 型管道内和阀门外行走自如。以超声爬机为例，其基本结构可分为如图 9-28 所示的三部分。

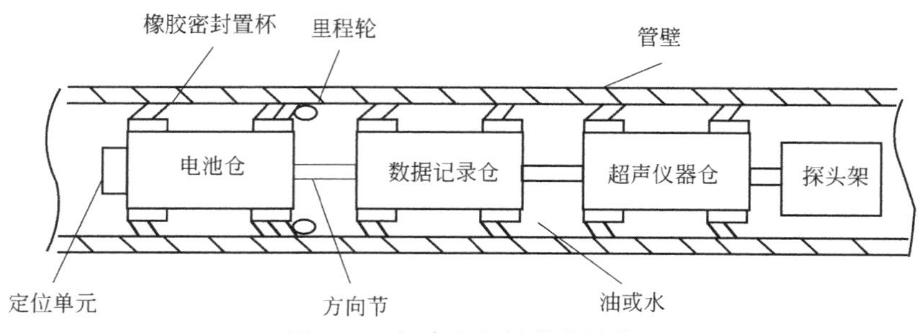

图 9-28 超声爬机的基本结构

爬机的第一部分为驱动节。其内部装满电池，主要用于爬机的供电。通常在高压密封仓的前端还装有跟踪信号的发射机和标记信号的接收机。后部装有两个里程轮，进行里程记录。第二部分为数据记录仪器节。目前的管道超声检测爬机对所检测的数据尚无实时处理功能，只能将数据存储于磁带上，待爬机检测完整段管线以后，由爬机内取出记录磁带，再进行数据处理。所以在这一节内通常装有磁卡机和大容量的磁带，可以对检测器实行自动控制，对数据进行传输、压缩和记录。第三部分由电子仪器节和探头架组成。超声波电子仪器节是爬机的发生器室，内装有超声波发生器、接收器、测量单元和微处理器等，它的主要功能是对被测管道发出超声波并接收所发出的声波信号。探头架是检测爬机的触角，它与被检测管道内壁直接吻合，上面装有超声波探头。这些探头由耐腐蚀的材料制成，并且能够耐高压。通常爬机结构一般要根据被测管道口径大小进行设计组合。小口径的管道可采用多节结构，随着口径的增大，节与节之间可以进行组合，如直径大于711.2mm的管道就可由一节组成。爬机的内部还设有摆锤及自动调节机构，以免爬机在行进过程中发生转动，不仅可以精确地测定管壁受损的轴向位置，还可以确定管壁受损的径向位置。国外漏磁检测爬机（magnetic flux leakage intelligent Pig，MFL Pig）的研制始于20世纪70年代中期，至今已发展到第二代，而超声波技术是20世纪80年代末才引入爬机的。国外最先将超声波技术引入腐蚀检测智能爬机的是日本钢管株式会社（NKK）和德国Pipetronix公司，之后加拿大、美国等也相继研制了这类超声爬机。与漏磁检测爬机相比，超声检测爬机（ul trasonic intelligent Pig，UT Pig）由于检测时不受管道壁厚的限制，它的出现被认为是管道检测技术的一大进步，现在许多国家的管道检测技术人员也都在致力于这方面的研究。实践也证明采用超声波检测法得出的数据确实比漏磁法更为精确。现在国外的超声检测爬机的轴向判别精度可达3.3 mm，管道圆周分辨精度可达8 mm，机体外径在159～1504mm范围内，爬机的行程可达50～200km，行走速度最高可达2m/s。

2）数据处理系统

爬机检测后的存储数据处理一般由地面上的微型计算机来完成，利用专家系统软件可以对检测到的数据进行处理分析，并生成腐蚀管道的图形，以供检测工作人员进行管道腐蚀速率评估。

3）辅助设备

超声检测的辅助设备主要包括液压发送装置和定位装置。由于检测爬机的体积长、重量大，必须用特殊的液压发送装置才能将停放在拖盘中的爬机顶入发球筒内。爬机的定位装置主要是指爬机的外定位装置。现在不少发达国家在管道检测方面都已有严格的规定，并形成了一系列成熟的管道检测技术。除了采用各种智能爬机对管道的变形、壁厚、涂层及腐蚀情况进行详细的检测以外，还采用以微机网络系统为基础的SCADA技术对管道的运行情况进行监测，并以数据及图形方式再现埋地管道的详尽情况，最后还对计算机处理的结果进行综合分析——风险评估，将管道运行状况分为5个等级，根据不同的等级采取不同修复方法，为管道决策者提供参考。近几年，国外的技术人员在漏磁爬机的机体上加载了一圈分辨内壁腐蚀的探头，增加了漏磁爬机对管道内外壁腐蚀的分辨能力；同时为克服超声波在空气中衰减过快的缺点，又有一些国家的技术人员研制出了输气管道专用的超声爬机，使机体在液体槽中检测，解决了超声波技术在气管线中应用的难题。随着电磁声学传感器（EMAT）的出现和使用，这些爬机还能检测管道的应力腐蚀开裂（SCC），进一步拓宽了超声检测爬机的应用范围。还有的公司将超声波检测技术引入清管器，在清管器上安装检测探头，推出了清管器型检测装置，减小了爬机机体的重量和体积。

9.4 本章小结

油田管道的腐蚀和相应的污水处理系统的腐蚀，油藏采油过程以及石油加工运输过程中都面临的设备以及相应的金属的腐蚀，给油田带来了巨大的损失，以大庆油田为例，其腐蚀损失每年高达20亿元以上。关于腐蚀的机理和机制，许多科研前辈做了大量的工作，取得了非常卓越的研究成果。随着时代的进步、电化学等工作站的设备的完善，以及对参与腐蚀的微生物的研究的加强，会对生物腐蚀，尤其是硫酸盐还原菌造成的腐蚀的机制有新的认识和进展。如参与微生物腐蚀的微生物种群，种群之间的电子传递和代谢产物对微生物腐蚀的影响，微生物作为“催化剂”对腐蚀催化的机理的研究。随着研究的深入，我们会有更加深刻的认识。

第10章 油田硫酸盐还原菌在污水处理中的应用研究

10.1 硫酸盐还原菌应用于污水处理的基础原理

10.1.1 硫酸盐还原菌

硫化物可通过厌氧微生物分解蛋白质为氨基酸并进一步分解氨基酸产生，或通过硫酸盐还原菌（SRB）直接还原硫酸盐产生。硫酸盐还原可通过同化或异化途径进行。同化途径产生还原性硫化物，用于氨基酸和蛋白质的生物合成，不导致硫化物的直接排泄。在异化还原过程中，硫酸盐（或硫）被专性厌氧硫酸盐还原菌（或硫还原菌）还原为无机硫化物。

硫酸盐的同化和异化还原均始于三磷酸腺苷（ATP）激活硫酸盐。硫酸盐与ATP的结合由ATP硫酸化酶催化，形成磷酸腺苷（APS）。在异化还原过程中，黄芪多糖的硫酸部分被黄芪多糖还原酶直接还原为亚硫酸盐。同化还原过程中，在APS中加入另一个磷原子形成3′-磷酸腺苷-5′-磷酰硫酸（PAPS）。PAPS被还原为亚硫酸盐。亚硫酸盐一旦形成，就会被亚硫酸盐还原酶转化为硫化物。在异化还原过程中，硫化物被排出，而在同化还原过程中，硫化物被同化还原成有机硫化合物。

SRB包括一群不同的专性厌氧生物，它们在含有机物质和硫酸盐的缺氧环境中生长繁殖。SRB利用有机化合物或氢作为电子供体，根据式(10-1）将硫酸盐还原为硫化物。在大多数情况下，电子供体和碳源是同一种化合物。然而，H_2 作为电子供体时，需要提供 CO_2 或乙酸盐等有机化合物作为碳源。

$$SO_4^{2-} + 8e^- + 4H_2O \longrightarrow S^{2-} + 8OH^- \quad (10\text{-}1)$$

硫酸盐还原菌分为3个主要的分支：a. δ-变形杆菌门（超过25属）；b. 革兰氏阳性细菌（脱硫肠状菌属、脱硫螺菌属）；c. 由热脱硫菌和热脱硫弧菌形成的分支。第3分支c中的硫酸盐还原菌是嗜热的，而其他两个分支a和b则包括嗜冷、嗜中温、嗜热的物种。就代谢功能而言，SRB分为两类：一类是完全氧化型（乙酸类氧化型），具有将有机化合物氧化为二氧化碳的能力；另一类是不完全氧化型（非乙酸类氧化型），将有机化合物不完全氧化为乙酸和二氧化碳。不完全氧化型的生长动力学一般比完全氧化型的生长动力学快。然而，就营养需求而言，后者更占优势。这些细菌可以将硫还原为硫化物，但不能将硫酸盐还原为硫化物。

(1) 电子供体(能量和碳源)

多种化合物可作为SRB的电子供体,同时也可作为SRB的碳源。这些物质包括但不限于一元羧酸如甲酸、乙酸、丙酸、丁酸、乳酸和丙酮酸,二元羧酸如富马酸、琥珀酸,醇类如甲醇、乙醇、1-丙醇、2-丙醇、1-丁醇和甘油,以及乙醛。氨基酸、糠醛、芳香烃和饱和烃是SRB利用的其他化合物。表10-1总结了各种电子供体的氧化耦合硫酸盐还原及相应的吉布斯自由能。SRB不能直接利用复杂的有机基质,其他厌氧细菌的存在能够将复杂化合物降解为更简单的分子,这对于维持硫酸盐的还原至关重要。因此,利用复杂基质的系统,产酸菌、产甲烷菌和SRB之间的协同作用和/或竞争是决定系统整体性能的因素。

表10-1 各种电子供体的氧化耦合硫酸盐还原及相应的吉布斯自由能

反应式	编号	ΔG°/kJ
氢:$4H_2+SO_4^{2-} \longrightarrow 4H_2O+S^{2-}$	(10-2)	−123.98
乙酸:$CH_3COO^-+SO_4^{2-} \longrightarrow H_2O+CO_2+HCO_3^-+S^{2-}$	(10-3)	−12.41
甲酸:$4HCOO^-+SO_4^{2-} \longrightarrow 4HCO_3^-+S^{2-}$	(10-4)	−182.67
丙酮酸:$4CH_3COCOO^-+SO_4^{2-} \longrightarrow 4CH_3COO^-+4CO_2+S^-$	(10-5)	−331.06
乳酸:$2CH_3CHOHCOO^-+SO_4^{2-} \longrightarrow 2CH_3COO^-+2CO_2+2H_2O+S^{2-}$	(10-6)	−140.45/−178.06
苹果酸:$2(OOCCH_2CHOHCOO)^{2-}+SO_4^{2-} \longrightarrow 2CH_3COO^-+2CO_2+2HCO_3^-+S^{2-}$	(10-7)	−180.99
富马酸:$2(OOCCHCHCOO)^{2-}+SO_4^{2-}+2H_2O \longrightarrow 2CH_3COO^-+2CO_2+2HCO_3^-+S^{2-}$	(10-8)	−190.19
琥珀酸:$4(OOCCH_2CH_2COO)^{2-}+3SO_4^{2-} \longrightarrow 4CH_3COO^-+4CO_2+4HCO_3^-+3S^{2-}$	(10-9)	−150.48

对于无机废水的处理,电子供体的选择是一个重要的设计参数。例如,可以提供一种有机基质(如糖蜜)作为电子供体,尽管这增加了残留污染物的风险。对于提供H_2/CO_2混合气的高速率硫酸盐还原生物反应器,在中温(30℃)或嗜热的(55℃)反应器中,较短的启动期(10d)内就能获得较高的转化率。在H_2/CO_2反应器中,SRB(*Desulfovibrio* sp.)和同型醋酸菌(*Acetobacterium* sp.)协同作用。

在纯氢气不可用的情况下,可以使用合成气体(H_2、CO_2和CO),直接或浓缩后,H_2通过水气转换反应作用于厌氧颗粒污泥。有研究者分离出羧酸型脱硫纯种(*Desulfotomaculum carboxydivorans*),这是第一种能够在CO上进行水培生长的硫酸盐还原菌。在硫酸盐存在下,所形成的氢用于硫酸盐还原。该菌群在$p(CO)=200kPa$、pH=7.0和55℃下生长迅速,一代时间为100min,从CO和H_2O中产生几乎等量的H_2和CO_2。CO转化率高,超过0.8mol CO/[(g蛋白)·h],使其成为目前使用的化学催化水气转换反应净化合成气(主要包含H_2、CO和CO_2)的一个生物替代选择。此外,由于该菌群能够在部分CO压力超过100kPa时实现氢营养基的硫酸盐还原,因此它也是高温生物脱硫工艺的良好候选。

(2) 电子受体

除硫酸盐外,大多数SRB还可以利用硫代硫酸盐和亚硫酸盐作为电子受体。一些SRB伴随着单质硫生长。SRB可还原磺胺酸盐和二甲基亚砜。SRB利用的其他非含硫电子受体包括硝酸盐和亚硝酸盐、Fe^{3+}、砷酸盐、铬酸盐。虽然SRB是严格的厌氧菌,但其电子受体还包括O_2。

(3) 环境pH值

已知SRB在pH值为5~9的环境中生长良好。pH值超出这个范围通常会导致SRB活性降低,SRB耐受pH值高达10。SRB也存在于各种酸性环境中,如酸性池的沉积物和酸性矿井的排水系统,有研究者分离出嗜酸或耐酸的SRB菌株。一种耐酸性SRB菌株在pH

值为 2.9 的环境中生长。且与纯 SRB 相比，混合 SRB 菌群更能耐受极端条件。

(4) 温度

SRB 包括嗜温和嗜中温菌株，其生长和硫酸盐还原动力学受到温度的显著影响。升高温度，硫酸盐降低率显著升高。需要指出的是，SRB 对低温的适应需要一段较长的时间，但是一旦种群适应了低温，温度的影响就变得不明显了。

表 10-2 总结了几种 SRB 的生长温度范围。

表 10-2　几种 SRB 的生长温度范围

SRB	温度/℃	
	范围	最佳状态
脱硫杆菌属 *Desulfobacter*	28～32	
脱硫叶菌属 *Desulfobulbus*	28～39	
脱硫单胞菌属 *Desulfomonas*	—	30
脱硫叠球菌属 *Desulfosarcina*	33～38	
脱硫弧菌属 *Desulfovibrio*	25～35	
嗜热脱硫菌属 *Thermodesulforhabdus norvegicus*	44～74	60
卢氏脱硫菌属 *Desulfotomaculum luciae*	50～70	
脱硫肠杆菌属 *Desulfotomaculum solfataricum*	48～65	60
嗜热脱硫肠杆菌属 *Desulfotomaculum thermobenzoicum*	55～62	55
嗜热脱硫肠杆菌属 *Desulfotomaculum thermocisternum*	41～75	62
嗜热脱硫肠杆菌属 *Desulfotomaculum thermosapovorans*	35～60	50
地下脱硫状菌 *Desulfacinum infernum*	60	—

(5) 金属离子和硫化物的抑制作用

SRB 的活性受金属离子的影响。重金属在低浓度下可以促进 SRB 活性，而在高浓度下则有抑制甚至致死作用。不同金属导致硫酸盐还原停止的浓度范围为 2～50mg Cu/L、13～40mg Zn/L、75～125mg Pb/L、4～54mg Cd/L、10～20mg Ni/L、60mg Cr/L、74mg Hg/L。同时存在的金属，如镍和锌或铜和锌，会产生协同或累积毒性效应。铜和锌的二元混合物的毒性作用显著高于基于单独金属添加剂毒性的预期。与人们通常认为的只有可溶性金属离子才有毒的观点相反，不溶金属化合物，尤其是金属硫化物，可通过沉积在细胞表面和阻断对底物和其他营养物质的接触而影响 SRB 的活性。

不同硫化物对 SRB 活性也有抑制作用，其抑制作用依次为：硫酸盐＜硫代硫酸盐＜亚硫酸盐＜全硫化物＜硫化氢。硫化物可以以不同的形式存在，如 H_2S、HS^- 和 S^{2-}，环境 pH 值是决定当前离子种类比例的一个因素。当 pH 值为 6.0 时，所产生的硫化氢主要以非解离形式存在，随着 pH 值的增加，其解离成 HS^-。因此，对于 6.0～9.0 范围内的环境 pH 值，溶液中存在 H_2S 和 HS^- 的混合物，H_2S 的水平随着 pH 值的增加而降低。当 pH 值大于 8.5 时，HS^- 进一步解离为 S^{2-}，最终 S^{2-} 成为 pH 值大于 10 时的唯一形式。

硫化物抑制的确切机制尚不完全清楚，存在不同的观点。一般来说，硫化物的抑制作用被认为是由于未解离的 H_2S 渗透到细胞中，破坏了蛋白质，从而使细胞失去活性，或 H_2S 与金属反应并生成金属硫化物沉淀，从而使 SRB 失去激活酶所必需的微量金属。

10.1.2　硫酸盐还原和生物反应器构型的生物动力学

利用搅拌槽、上流式厌氧污泥床（UASB）、流化床、填料床、膜反应器等多种反应器结构，对硫酸盐还原菌的污水处理进行了研究。

(1) UASB和流化床反应器

在厌氧废水处理过程中，产甲烷废水处理中常用的生物反应器，即UASB反应器，可用作高速的硫酸盐还原的生物反应器。

Nagpal等在间歇搅拌槽式反应器[475]和流化床反应器[476]中研究了SRB混合培养对乙醇的利用。在搅拌槽反应器中，乙醇主要被氧化为乙酸，CO_2的产量不显著。与文献报道的乳酸菌产菌量和生长速度相比，乙醇菌产菌量较低，生长速度较慢。在乙醇流化床反应器中使用SRB，在5.1 h的停留时间内，硫酸盐的最大还原速率为6.3g/(L·d)。乙醇的不完全氧化导致废水COD含量高。添加含有完全氧化型的硫杆菌团并没有缓解这一问题。

Weijma等[477]在65℃、pH值为7.5、以甲醇为碳源的膨胀颗粒污泥床反应器中研究了嗜热SRB、产甲烷菌和产醋酸菌之间的竞争。甲醇主要用于硫酸盐的还原，只有少量用于甲烷和醋酸的生产。后续研究表明，所研究的体系可以同时去除亚硫酸盐和硫酸盐，去除率分别达到21.1g/(L·d)和14.4g/(L·d)[478]。Weijma等[479]使用类似的系统表明，将pH值从7.5降低到6.0或将COD/SO_4^{2-}比值从6降低到0.34有利于硫酸盐的还原。硫化物对产甲烷菌的抑制作用仅在总硫化物浓度大于1.2 g S/L时才出现。

Kaksonen等[480]研究了利用乳酸盐作为碳和能源，在UASB和流化床反应器中处理含锌和铁的酸性废水。在任一情况下，硫酸盐的最大还原速率约为2.3g/(L·d)，停留时间为16h。UASB和流化床反应器对锌的去除率分别为0.35g/(L·d)和0.25g/(L·d)，而对铁的去除率为0.08g/(L·d)。在相关研究中，Kaksonen等[481]使用乙醇研究了在流化床反应器中pH值为3.0的进水对锌和铁的去除。在20.7～6.1h范围内，停留时间的减少增加了硫酸盐还原速率、锌和铁的去除速率以及乙醇的氧化速率，最大值分别为2.6g/(L·d)、0.6g/(L·d)、0.3g/(L·d)和4.3g/(L·d)。产生的碱度导致反应器中的pH值为8.0。Kaksonen等[482]利用16S rRNA基因克隆文库和变性梯度凝胶电泳（DGGE）指纹图谱，在乙醇反应器中鉴定出大量的变形杆菌序列。在乳酸反应器中，硝基螺门的聚类序列丰富。每个反应器的一些序列与已知的硫酸盐还原菌有密切的关系。

(2) 采用惰性填料的填充床反应器

Glombitza[483]报道了一种处理酸性木质素水的方法，该方法将SRB固定在固定床甲醇反应器中。在此基础上，设计了三阶段中试规模流程。使用过氧化氢将过量的硫化物氧化成硫。该系统成功运作了几个月，金属去除率接近100%，废水pH值为6.9。Foucher等[484]采用两步法处理了切西矿井的实际废水。在这个过程中，一个硫酸盐还原固定床反应器与CO_2和H_2的混合物被用来与一个汽提器联合从废水中分离H_2S。脱除的H_2S被注入到一个含有矿井废水的混合反应器中。对实际矿井废水的处理，最初的金属通过沉淀从废水中去除，硫酸盐的去除率在90%～95%。在停留时间为21.6h的情况下，处理矿井出水的最大硫酸盐还原速率为0.2g/(L·h)。

Kolmert和Johnson[485]以甘油、乳酸和乙醇三种不同的组合作为潜在的电子供体，考察了嗜酸SRB（a-SRB）、嗜中性SRB（n-SRB）和嗜酸SRB与嗜中性SRB混合物3个群体在生物反应器中的耐酸能力。含a-SRB和a-SRB与n-SRB混合物的反应器的硫酸盐还原能力与含n-SRB的反应器相似，且均低于含n-SRB反应器。对甘油几乎没有去除效果。然而，随着乳酸的去除，a-SRB和a-SRB、n-SRB混合物的硫酸盐还原速率降至零。含n-SRB的反应器在去除乳酸盐后不受影响。通过将进水pH值从4.0逐步降低到2.25，评价各种群的耐酸能力。硫酸盐还原速率相对稳定，特别是在a-SRB和n-

SRB混合物pH值在3.0左右或以上时。pH值较低时，三个反应器的硫酸盐还原速率均不显著。

Jong和Parry[486]研究了以甲醇为碳源的逆流填料床反应器对铜、锌、镍、铁、铝、镁和砷的去除。SRB的活性将pH值从4.5（进水）提高到7.0（出水），并导致至少97.5%的铜、锌、镍，77.5%的砷和82%的铁被去除。

Baskaran和Nemati[487]对接种了SRB的填充床反应器进行了厌氧硫酸盐还原研究，SRB是从加拿大一个油田的采出水中富集的。通过硫酸盐还原率来评估反应器性能，其性能取决于为SRB被动固定提供的载体基质的总表面积。在三个反应器（砂、生物质支撑粒子和玻璃珠）中，最短停留时间为0.5h，砂表现出优越的性能，最大下降速率为1.7g/(L·h)。在恒定的进水硫酸盐浓度下，硫酸盐体积负荷率的增加使还原速度达到最大值。与流化床模式相反[488]，进水硫酸盐浓度的增加导致固定化SRB的反应速率降低。Wang和Banks[489]探究了固定化SRB在厌氧过滤器中对来自填埋场的富碱硫酸盐渗滤液的有效处理。积存的硫化物对SRB和产甲烷菌的抑制作用可以通过添加$FeCl_3$来克服。硫酸盐的还原被认为是渗滤液中COD去除的主要机制。甲烷的低产量（每处理$1m^3$的渗滤液产生$2m^3$甲烷）、$FeCl_3$药剂的投加成本和硫化物沉淀可能堵塞过滤器，是制约该系统大规模应用的主要障碍。

（3）装有有机填料的填料床反应器

Chang等[490]研究了橡树屑、废橡木、废蘑菇堆肥、废纸回收站污泥和有机肥土处理酸性废物的适应性。虽然用废橡木、废蘑菇堆肥和污泥填充的反应堆在短期内的性能优于其他废料，但在所有情况下的最终性能都是相似的。纤维素多糖是生产过程中消耗的主要原料。考虑到SRB不能直接利用纤维素，其他厌氧菌将纤维素多糖转化为脂肪酸和酒精，而这些脂肪酸和酒精又被SRB利用。Harris和Ragusa[491]用一种50：50的混合黑麦草作为一种可快速分解的有机物质和一种高阳离子交换的黏土作为酸性矿水处理的pH缓冲剂。该混合物的应用使AMD的pH值从入口的2.3增加到接近反应器顶部的5.0，并在短时间内支持了SRB活性种群的构建。

Waybrant等[492]使用柱式反应器研究了由硅砂、黄铁矿和有机材料层组成的渗透性反应器的有效性，目的是在pH值为5.5～6.0的模拟矿井排水中去除硫酸盐和金属。试验了两种有机混合物，一种由叶面覆盖物、锯末、污泥和木屑组成；另一种含有叶面覆盖物和锯末。这两种混合物都能促进SRB的生长并去除铁、锌和镍。然而，随着试验的进行，以叶面覆盖物、锯末、污泥和木屑混合物为填料的体系硫酸盐还原速率降低，而以叶面覆盖和锯末混合物为填料的体系硫酸盐还原速率保持相对恒定。

Zagury等[493]评估了6种有机材料的适用性，包括枫木屑、泥炭藓、叶面堆肥、针叶树堆肥、鸡粪和针叶树锯末，以分批系统减少硫酸盐和去除废水中的金属离子。对每一种有机材料、乙醇、混合的叶面堆肥、家禽粪便和枫树木片，以及同样添加了甲醛的混合物进行了测试。含甲醛和不含甲醛的有机混合物是最有效的基质，其次是乙醇和枫树木片，而含碳量高的鸡粪的硫酸盐还原率和金属去除率最低。

与使用廉价有机材料有关的问题之一是，由于SRB可用尽反应器的有机成分而使处理过程恶化。Tsukamoto和Miller[494]研究了添加甲醇和乳酸在废粪肥堆中恢复SRB活性的可能性。虽然添加任何一种化合物都会导致系统的重新激活，但发现甲烷是更有效的。在低硫酸盐和铁去除效率（分别为7%和32%）的中试系统中，添加乙醇后，硫酸盐和铁的去除效率分别提高到了69%和93%。在随后的一项研究中，Tsukamoto等[495]比较了乙醇和甲醇改良剂对废粪肥基质中硫酸盐还原菌活化的影响。SRB对乙醇的适应比甲醇快。低温和pH的应用使适应期延长。当细菌在室温下适应乙醇时，将温度降至6℃以下对体系的性能影响不大。

(4) 膜反应器

SRB在酸性矿山废水和其他含金属废水处理中的应用受到重金属和硫化物的抑制作用以及废水的极端酸性的限制。为了解决这些问题，Chuichulcherm等提出使用萃取膜反应器来阻止SRB和废物流之间的直接接触。该系统由含硫流化床反应器和膜反应器组成。流化床产生的硫化物被泵送至膜反应器的壳侧，硫化物通过硅橡胶膜扩散，与流经管侧的废水中的金属离子沉淀。在含0.25 g Zn/L的合成废水处理中，锌的去除率可达到90%。膜表面硫化锌的析出被认为是反应器的主要缺陷。当氢和二氧化碳气体分别被用作电子供体和碳源时，膜反应器的使用同样重要。在传统的方法中，这些气体的混合物直接注入硫酸盐还原反应器。压缩和回收大量气体以克服传质限制是必要的，以及使用加压氢气所引起的安全问题是膜反应器的一个缺点。使用膜反应器，将CO_2和H_2的混合物注入管侧，而废水通过外壳一侧流入[496]，该系统的主要优点如下：与气泡表面积相比，微孔膜表面积的增大有利于H_2传质；防止含H_2S的废气的污染；SRB生物膜在膜表面的生长导致了生物量的增加，尽管这可能作为一个屏障，阻止气体通过膜的转移；较小的反应器体积，省去回流系统，使投资成本和运营成本较低。

表10-3总结了不同案例中不同反应器配置的性能。包括菌种来源、pH值、温度、进水硫酸盐浓度等运行条件，以及反应器在硫酸盐体积还原速率方面的性能。

表10-3 处理含硫酸盐废水的各种生物反应器的运行条件和生物动力学

菌种来源	生物反应器	生物膜附载基质	碳源	温度/℃	pH值	进水硫酸盐浓度/(g/L)	水力停留时间/h	硫酸盐体积还原速率/[g/(L·h)]
污水处理厂	连续流搅拌槽	—	醋酸、蛋白胨	35	8	1～10	48～90	0.007～0.017
厌氧消化污泥池/海港沉积物	气膜反应器	—	CO_2和H_2	25	8.3	5.4	序批式	0.025
硫酸盐还原反应器产生的污泥	膨胀颗粒污泥床	—	甲醇	65	7.5	3.8	3.5	0.625
产甲烷污泥和矿山沉积物	上流式厌氧污泥床	—	乳酸	35	2.3～5.6	1～2.2	16	0.096
混合SRB	流化床	多孔玻璃珠	乙醇	—	6.9～7.3	2～2.5	5.1	0.264
产甲烷污泥和矿山沉积物	流化床	二氧化硅	乳酸	35	3～3.2	2	6.1①	0.179①
油藏的产出水	填充床	砂子	乳酸	22	7	1～5	0.5～2.7①	0.68～1.7①
来自矿区湿地过滤器的水	填充床	粗砂	乳酸	22	4.5	2.5	16.2①	0.02①
小溪厌氧区的水	填充床	砂、黄铁矿、活性混合物②	活性混合物②	25	6.5	3.7	—	0.005①

续表

菌种来源	生物反应器	生物膜附载基质	碳源	温度/℃	pH 值	进水硫酸盐浓度/(g/L)	水力停留时间/h	硫酸盐体积还原速率/[g/(L·h)]
褐煤矿井水	填充床	多孔陶瓷载体	甲醇	—	2.9～3.2	2	12①	0.13①
		熔岩岩石		—			4.2①	0.13①
肥料	填充床	肥料	甲醇	23～26	4.2	0.9	6.6①	0.067①
—	填充床	特殊填料	H_2、CO_2、醋酸	30	2.5	5.8③ (0.6～0.8)	21.6④	0.2④
消化污泥	填充床	塑料环	醋酸	35	7	0.9	60④	0.013④
废弃的矿井站	填充床	多孔玻璃珠	乙醇、乳酸、甘油	—	4	1.4	49.3④	0.021④
厌氧消化池的消化液	填充床	废料⑤	废料⑤	25	6.8	2.6	480④	0.005④

① 根据反应器的空隙体积计算。

② 落叶和锯末。

③ 由于循环流的存在，进入反应器的硫酸盐浓度为 0.6～0.8g/L。

④ 根据反应器总容积计算。

⑤ 橡木片、蘑菇堆肥渣、有机肥土、废纸回收站污泥。

厌氧硫酸盐还原工艺已部分大规模应用于含金属废水的处理中[497]。在北美某锌矿进行了试验，工艺包括一个生物段，在厌氧条件下单质硫被还原为硫化物。所产生的硫化物随后由载气输送到第二阶段，在第二阶段中它与含金属的流出物接触，导致金属离子形成硫化物沉淀而被去除。

10.1.3 硫酸盐还原菌在环境工程技术中的应用

利用 SRB 的技术起初是有些争议的，硫酸盐还原多年来一直被认为是不必要的，因为产生的硫化氢会引起许多问题，如毒性、腐蚀、气味。增加液体的废水化学需氧量(COD)，以及减少了沼气的产质和产量。因此，20 世纪 70～80 年代的研究重点主要是在产甲烷废水处理过程中防止或尽量减少硫酸盐的还原作用。从 20 世纪 90 年代起，人们越来越有兴趣用硫酸盐还原法来处理特定的废物流，如富硫酸盐的无机废水、酸性矿井水、金属污染的地下水和烟气洗涤水等。主要利用微生物硫循环转化的环境生物技术应用案例见表 10-4。

表 10-4 主要利用微生物硫循环转化的环境生物技术应用案例

应用	硫转化利用	处理的废物类型
污水处理		
去除氧化的含硫化合物(硫酸盐、亚硫酸盐和硫代硫酸盐)	S^- 还原成 S^{2-}，然后以硫化物去除途径去除	工业废水、酸性矿井废水和废硫酸
硫化物的去除	部分 S^{2-} 氧化成 S^0	工业废水
重金属的去除	SO_4^{2-} 还原	湿地、厌氧池、高速率反应器对工业废水、酸性矿井废水和地下水的广泛处理
氮的去除	S^{2-}、S^0 和 $S_2O_3^{2-}$ 氧化	生活污水

续表

应用	硫转化利用	处理的废物类型
污水处理		
清除外源性物质	SO_4^{2-} 还原	纺织废水
微生物好氧处理	生物体内的硫循环	生活污水
废气处理		
生物过滤气体	S^{2-} 和有机硫化物氧化	沼气、来自堆肥和农业的恶臭气体
洗涤水的处理	SO_4^{2-} 和 SO_3^{2-} 还原，加上部分 S^{2-} 氧化成 S^0	富含 SO_2 气体的洗涤水
固体废物处理		
减少污泥的产生	生物体内的硫循环	生物膜中的硫循环
资源的脱硫	有机硫氧化	废橡胶、煤、油、液化石油气、废酸
金属的生物浸出	S^{2-} 氧化	污水污泥、堆肥
石膏处理土壤和沉积物的处理	SO_4^{2-} 还原	废石膏堆场
金属的生物浸出	S^{2-} 氧化	疏浚沉淀物和淤泥
植物提取	SO_4^{2-} 被植物吸收	疏浚沉淀物和淤泥
外源性物质的降解	SO_4^{2-} 还原	PCB 污染的土壤泥浆

10.2 硫酸盐还原菌对油田高含铁采出水的净化作用

10.2.1 硫酸盐还原菌除铁原理

油田水中普遍含有 SRB、铁细菌、腐生菌等细菌。其中，SRB 代谢过程中利用水体中普遍含有的 SO_4^{2-} 产生 H_2S，S^{2-} 与 Fe^{2+} 结合产生 FeS 沉淀，在絮凝沉降时沉淀，消耗了水体中的 Fe^{2+}；铁细菌将 Fe^{2+} 氧化成 Fe^{3+}，生成 $Fe(OH)_3$ 絮凝沉淀而除去。在絮凝沉淀的同时，因为大部分细菌被包裹藏身于 FeS、$Fe(OH)_3$、悬浮物等沉淀中，水体中原有的 Fe^{2+} 和细菌含量均大大降低。生产实际中将目前普遍采用的前端杀菌改为末端杀菌，SRB 等厌氧细菌在工艺前段比较缺氧的罐体底部大量繁殖，铁细菌也在罐顶少量繁殖，构成水体中微生物净化体系，增强了水处理工艺对油田高含铁水体的除铁净化效果。

10.2.2 硫酸盐还原菌的净化作用

油田采出水中普遍含有硫酸盐、有机酸等细菌生长所必须的营养物质，江汉油田老二站采出水也不例外。老二站三相分离器来水和注水泵出水化学成分分析如表 10-5 所列。

表 10-5 2011 年 7 月老二站采出水化学成分分析

取样点	pH 值	离子含量/(mg/L)					总矿化度/(mg/L)	SBR 含量/(个/mL)
		Ca^{2+}	Mg^{2+}	Fe^{2+}	SO_4^{2-}	Cl^-		
三相分离器来水	6.3	209.1	168.6	59.2	1418.3	60654.9	101823.1	110
注水泵出水	6.4	1996.4	118.5	49.5	1380.2	59158.8	100194.2	25

老二站采出水中含 SRB 高达 110 个/mL，SRB 代谢所必需的 SO_4^{2-} 浓度也很高，平均在 1400mg/L 左右，满足 SRB 繁殖与代谢需求。采出水中 Fe^{2+} 含量约为 60mg/L，若让 SRB 大量繁殖，构成水体中微生物净化体系，会增强水处理工艺对油田高含铁水体的除铁净化效果。

（1）室内研究

调研表明，江汉油田老二站出口污水含铁与添加杀菌剂有关。原先的水处理工艺在前端和末端均添加杀菌剂，末端出水高含铁，后来前端停加杀菌剂，发现末端出水含铁降低、SRB 含量稍高，推断 SRB 应有一定的除铁效果。

试验表明，细菌培养过程中，S^{2-}、SRB 含量均快速增加，水体 pH 值略有降低；但培养 72 h 后增加缓慢，这可能与水体中 SO_4^{2-} 消耗、S^{2-} 产物累积抑制 SRB 生长代谢有关。

SRB 在繁殖过程中产生的 S^{2-} 可与水体中的 Fe^{2+} 作用产生 FeS 沉淀，达到除铁效果。试验用采出水为江汉油田老二站三相分离器出水，SO_4^{2-} 含量在 54mg/L 左右，分别在杀菌、自然、补加营养剂 3 种不同条件下密闭隔氧培养数天，然后测试水体上清液含铁量，结果见表 10-6。

表 10-6　不同试验条件下水体中 Fe^{2+} 含量（培养温度：35℃）

培养时间/d	Fe^{2+} 含量/(mg/L)		
	采出水＋1227 杀菌剂	采出水	采出水＋培养液
0	54.1	54.6	54.3
1	52	39.8	37.3
2	50.6	30.1	21.5
3	49.4	19.1	9.8
4	48.9	10.2	8.3

以上结果说明，水体中添加 1227 杀菌剂（100mg/L）杀灭 SRB 等细菌后铁离子含量下降不够明显，而不加杀菌剂时，在 35℃下恒温培养数天后，SRB 逐渐生长繁殖，其产生的 S^{2-} 结合 Fe^{2+} 以 FeS 沉淀除去，有较强的除铁效果。水体中添加了利于 SRB 生长繁殖的营养剂之后，SRB 生长更加旺盛，除铁作用进一步增强。

（2）现场应用

在研究中通过现场调研、取样分析，对老二站污水系统中各阶段出水进行了水体细菌与水质分析。前端添加杀菌剂时细菌及水质分析结果见表 10-7。从检测结果看，虽然前端添加有杀菌剂，系统水体中 SRB 仍然在繁殖，絮凝沉降前水体中细菌自始至终呈上升趋势。各个罐体的沉降排泥作用一般使细菌大幅度减少，这是因为污水系统中 SRB 菌体主要藏身于底部污泥中，水体中细菌含量远远低于污泥中细菌含量。

表 10-7　老二站污水系统工艺调整前各工段细菌及水质分析结果

取样点	停留时间/h	SRB 含量/(个/mL)	Fe^{2+} 含量/(mg/L)
三相分离器来水	0	0.6×10^2	60
调储罐出口	36	1.0×10^2	57
除油罐出口	18	2.0×10^2	54
沉降罐出口	18	2.5×10^2	52
缓冲罐出口	12	0.6×10^2	50
注水泵出口		25	48

（3）杀菌工艺调整

污水系统前端杀菌效率低下与前端水体中悬浮物含量高有关。细菌藏身于悬浮物污泥中，受污泥包裹，杀菌剂难以接触细菌，致使杀菌效率低下。杀菌剂的投加应该在絮凝沉降之后，由于絮凝沉降，此时水体中细菌含量低，细菌无所附着，杀菌效率最高。现在工艺中杀菌剂加药位置已调整到絮凝沉降之后、过滤器增压泵前，运行良好。

老二站平均处理水量为200m³/d，所辖注水井10口，配注水量150m³/d，实际注水量145m³/d。污水处理中液碱、絮凝剂、缓蚀阻垢剂采取连续投加的方式。杀菌剂在工艺后段采用间歇式投加，依据来水流量和细菌含量确定杀菌剂的投加量，一般用量在100m³/d以上。2011年12月16日后现场工艺调整实施后老二站水质情况见表10-8。

如表10-8所列，水体中铁含量明显下降，水处理工艺末端注水泵入口处含铁量由原来的48mg/L降为10mg/L左右，工艺调整前后污水中铁离子的去除率由20%上升到83.3%，除铁作用明显。水体pH值由7.2降为6.8，降低幅度不算太大。

表10-8 老二站工艺调整实施后的水质情况

取样点	测试项目	测试日期		
		2011-12-16	2011-12-17	2011-12-18
三相分离器来水	悬浮物含量/(mg/L)	60	60	60
	含铁量/(mg/L)	60	60	60
	pH值	7.2	7.2	7.2
调储罐出口	悬浮物含量/(mg/L)	40	40	40
	含铁量/(mg/L)	40	40	40
	pH值	7.2	7.2	7.2
除油罐出口	悬浮物含量/(mg/L)	38	40	40
	含铁量/(mg/L)	40	40	40
	pH值	7.1	7.1	7.1
沉降罐出口	悬浮物含量/(mg/L)	30	30	30
	含铁量/(mg/L)	32	35	16
	pH值	7.0	7.0	6.8
缓冲罐出口	悬浮物含量/(mg/L)	28	30	20
	含铁量/(mg/L)	30	32	12
	pH值	6.9	6.9	6.8
注水泵出口	悬浮物含量/(mg/L)	10	10	10
	含铁量/(mg/L)	12	8	10
	pH值	6.9	6.9	6.8

10.3 硫酸盐还原菌降解采油污水中聚丙烯酰胺的试验研究

聚丙烯酰胺（PAM）是丙烯酰胺均聚物或与其他单体共聚的聚合物的统称，亦是一种水溶性高分子聚合物[498]。PAM普遍用于石油开采、造纸、农业、水处理等行业，目前，用量最大的是石油开采领域，年消费量在80万吨左右，占国内消费总量的50%以上。石油开采过程中，PAM使用后仍以聚合物形式进入三次采油污水中，其质量浓度高达500mg/L，分子量一般为（2～5）$\times 10^6$。聚合物自身具有黏稠性和吸附性，这使得污水含油量和悬浮固体量增大，颗粒物稳定，不易沉降去除；聚合物的分子量大，不易被常规微生物所降解，亦使得采油污水的可生化性变差。目前，处理含聚合物采油污水的方法有物理法、化学法和生物法三类。物理方法有气浮、膜分离等；化学方法包括高级氧化、电化学氧化等；生物方法主要利用不同途径筛选得到的聚丙烯酰胺降解菌来处理含聚合物污水，常见工艺有生物接触氧化、水解酸化等。相比于物理、化学方法，生物方法的处理成本较低，具有一定的应用价值。1995年Kunichika首次分离纯化得到了降解聚丙烯酰胺的单菌，此后学者们在降解菌的多样性、降解机理、代谢产物分析等方面取得了一系列的研究成果。据报道，目前从不同环境中筛选得到的能降解聚丙烯酰胺的微生物有20余种，其中，好氧菌种类较多，有19

种；厌氧菌较少，多为硫酸盐还原菌；真菌 1 种，为百富真菌。硫酸盐还原菌由于能利用多种有机物质生长、适应能力强、在环境中分布非常广泛而备受关注。该菌种在硫酸盐工业废水处理、酸性矿山废水处理及含重金属废水处理中均有成功的案例。关于硫酸盐还原菌处理三次采油污水的研究多集中在单菌筛选、降解机理探讨等方面，而关于该菌影响 PAM 降解性能、改变三次采油污水可生化性等方面的报道尚少见。在污水中培养硫酸盐还原菌，开展硫酸盐还原菌降解采油污水中 PAM 的试验，以期改善污水可生化性，为硫酸盐还原菌在三次采油污水处理中的实际应用提供参考。

pH 值和温度是影响微生物生长的重要因素，有机物质量浓度、微生物接种量和降解时间直接影响微生物降解有机物的效果，通过对上述影响因素进行研究，发现在 pH＝6～8、温度为 25～50℃时，硫酸盐还原菌的降解能力较强。一定范围内，增加硫酸盐还原菌的用量和延长降解时间能够提高降解效率。

10.3.1　pH 值对 PAM 降解效果的影响

pH 值严重影响微生物的生长繁殖。有研究表明，适合硫酸盐还原菌生长的 pH 值范围较广，一般在 6～9 之间，但不同种类的硫酸盐还原菌存在各自最适宜的 pH 值范围。为考查该试验中硫酸盐还原菌生长的最适宜 pH 值范围，采用 NaOH 溶液调整采油污水的 pH 值，然后各取 100mL，分别接种 10mL 驯化培养 24h 的菌液，在 37℃下培养 48h，在 PAM 初始质量浓度为 200mg/L 的条件下测定 PAM 转化率（η）和溶液黏度损失率（γ），结果如图 10-1 所示。

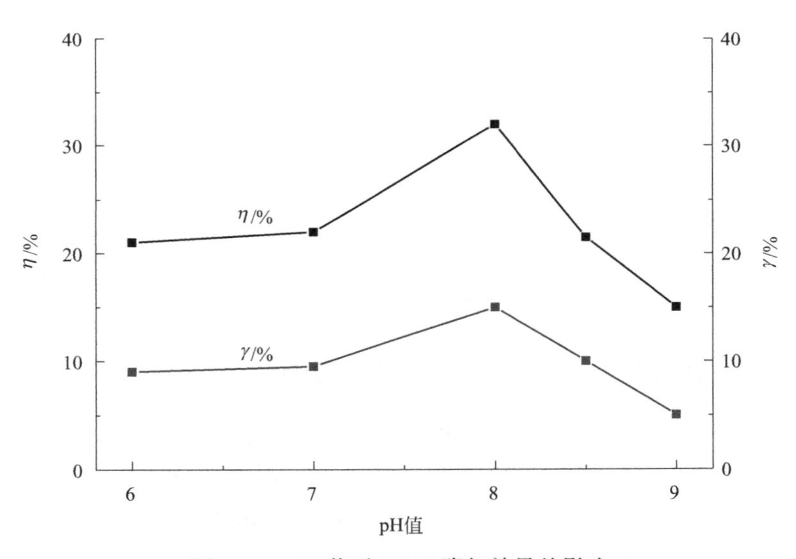

图 10-1　pH 值对 PAM 降解效果的影响

通常 pH 值对微生物生长的影响主要表现在 3 个方面：a. 影响细胞膜蛋白和胞外水解酶活性，进而影响微生物对物质的转运和吸收；b. 影响细胞膜表面电荷与通透性，进而影响微生物对物质的吸收；c. 影响微生物周围环境中物质的存在形态和电荷性质，从而影响微生物对该物质的吸收。不同种类的微生物或同种微生物在不同环境条件下，均有各自生长的适宜 pH 值范围。从图 10-1 可以看出，试验中的硫酸盐还原菌在溶液 pH 值为 8 时，活性最强，在 pH 值为 6～9 范围内均可降解 PAM。实验所取采油污水的 pH 值为 8.5，在此条件下 PAM 在 48 h 的转化率和溶液黏度损失率分别为 24.1%和 10.7%。

10.3.2 温度对 PAM 降解效果的影响

温度也是微生物生长的重要影响因素。取 100 mL 采油污水，分别接种 10 mL 驯化培养 24 h 的菌液，在不同温度下培养 48 h，在 pH 值为 8、PAM 初始质量浓度为 200mg/L 的条件下测定 PAM 转化率和溶液黏度损失率，考查试验中硫酸盐还原菌的适宜生长温度，结果如图 10-2 所示。温度直接影响微生物体内酶的活性，决定着微生物的生长速度与代谢活动，温度太低或太高均会抑制微生物的生长代谢。一般的水处理中硫酸盐还原菌按其对生长温度的要求分为两种：一种是中温菌，最适温度范围为 30～35℃；另一种是高温菌，最适温度范围为 55～60℃。由图 10-2 知，采油污水的温度一般处于 30～50℃的范围内，硫酸盐还原菌在 25～50℃范围内均能正常生长，并降解 PAM。37℃时，PAM 的转化率高于其他温度，说明试验中的硫酸盐还原菌主要为中温菌。

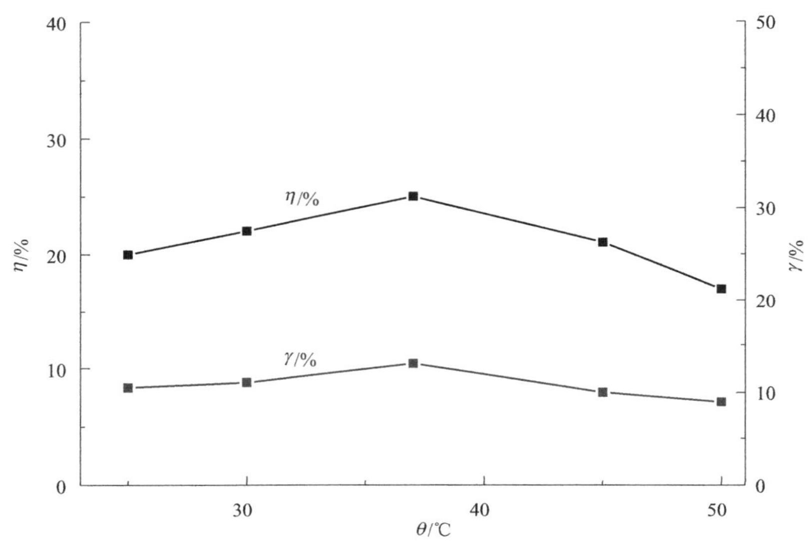

图 10-2 温度对 PAM 降解效果的影响

10.3.3 PAM 质量浓度对 PAM 降解效果的影响

三次采油污水中 PAM 的质量浓度变化范围较宽，为考查硫酸盐还原菌对 PAM 的降解能力及 PAM 的质量浓度适应范围，在试验条件下，向污水中加入聚丙烯酰胺（分子量为 2×10^6），配置不同浓度的污水，然后各取 100mL，分别接种 10mL 驯化培养 24h 的菌液，在温度为 37℃、pH 值为 8 的条件下培养 48 h，测定 PAM 转化率和溶液黏度损失率，结果如图 10-3 所示。

有研究者认为，硫酸盐还原菌降解 PAM 的过程可以分为 3 个阶段：

① 分解阶段，碳碳主链被降解并产生少量三磷酸腺苷（ATP）而释放高能电子；

② 电子传递阶段，高能电子通过菌体中的细胞色素酶等辅酶传递后产生大量 ATP；

③ 氧化阶段，硫酸盐中的氧化态硫元素被还原成硫离子生成硫化氢气体。

PAM 在整个过程中既作为硫酸盐还原菌的碳源，又间接作为能源。因此，硫酸盐还原菌降解 PAM 的效率与污水中 CODcr（主要来自 PAM）和 SO_4^{2-} 的浓度比值有关，一般认

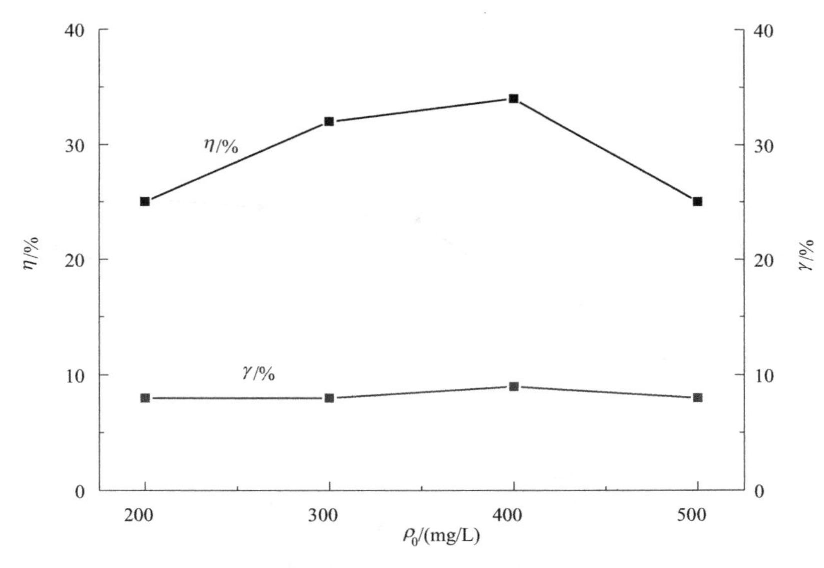

图 10-3　PAM 初始质量浓度对 PAM 降解效果的影响

为两者比值适宜范围为（2∶1）～(3∶1)，所以，当污水中 SO_4^{2-} 浓度一定，PAM 过高、两者比值过大时，硫酸盐还原菌降解 PAM 的生化反应反而受到抑制，降解效率下降。如图 10-3 所示，在 200～500mg/L 的 PAM 质量浓度范围内，PAM 的转化率随初始质量浓度的增加先升高后降低。这与上述原理基本一致。由图 10-3 也可以看出，在试验浓度范围内，黏度损失率无明显变化。这可能是由于污水的黏度是随着 PAM 质量浓度的增加而增大的，随 PAM 质量浓度增大而增加的黏度抵消了部分 PAM 降解降低的黏度，从而导致污水黏度损失率整体上无明显变化。

10.3.4　接种量对 PAM 降解效果的影响

增加接种量就是增加硫酸盐还原菌的数量，以提高降解效果。为考查接种量对 PAM 降解效果的影响，各取 100 mL 采油污水，分别接种不同量的驯化培养 24h 的菌液，在温度为 37℃、pH 值为 8、PAM 初始质量浓度为 200mg/L 的条件下培养 48h，测定 PAM 转化率和溶液黏度损失率，结果如图 10-4 所示。在 3～15mL 的接种量范围内，PAM 转化率和黏度损失率均呈现先快速增大，然后逐渐趋于平缓的情况。这是因为在间歇培养中，培养瓶内有机物（PAM）的含量是一定的，而硫酸盐还原菌最适宜的有机负荷也是一定的，随着接种量的增加，有机负荷降低，降解速率增加。但当有机负荷降低到某一值后，有机物不足以维持更多量硫酸盐还原菌的正常代谢，此时降解速率将不再增加。就本试验所用采油污水的水质而言，其适宜的接种量为 9～12mL。

10.3.5　培养时间对 PAM 降解效果的影响

硫酸盐还原菌降解 PAM 的过程，是以 PAM 为碳源和能源的生长代谢过程，延长培养时间，可以考查硫酸盐还原菌对 PAM 降解性能的影响。各取 100mL 采油污水，接种 12mL 驯化培养 24h 的菌液，在温度为 37℃、pH 值为 8、PAM 初始质量浓度为 200mg/L 的条件下培养，间隔不同时间取样测定 PAM 转化率和溶液黏度损失率，结果如图 10-5 所

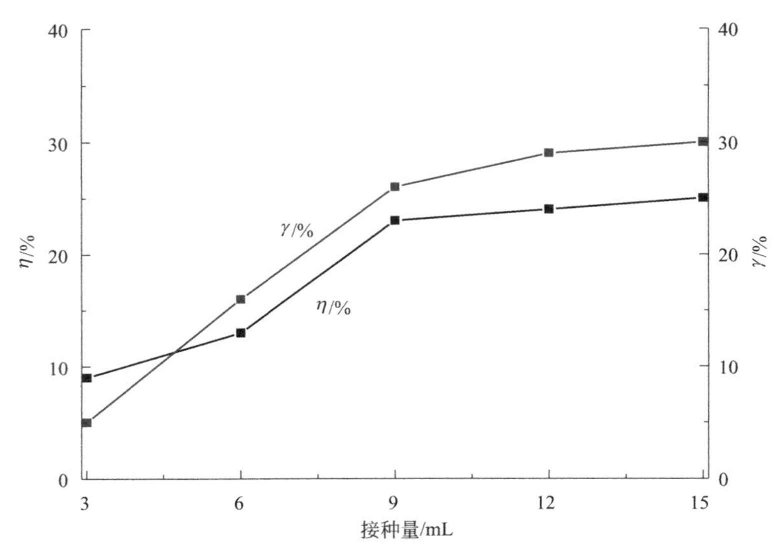

图 10-4 接种量对 PAM 降解效果的影响

示。从图 10-5 可以看出，在污水培养 4 d 以后 PAM 转化率和溶液黏度损失率基本不变，硫酸盐还原菌进入生长的稳定期。这表明经过 4～5 d 的培养，随着 PAM 等物质的消耗，硫化氢等产物形成并产生浓度积累，导致培养液中营养物质比例失调，溶液 pH 值降低。这些因素均可抑制硫酸盐还原菌的生长代谢及其对 PAM 的降解，使 PAM 含量和污水黏度不再变化。硫酸盐还原菌培养 5 d 时，PAM 的转化率可以达到 45%，污水黏度损失率为 27.3%。

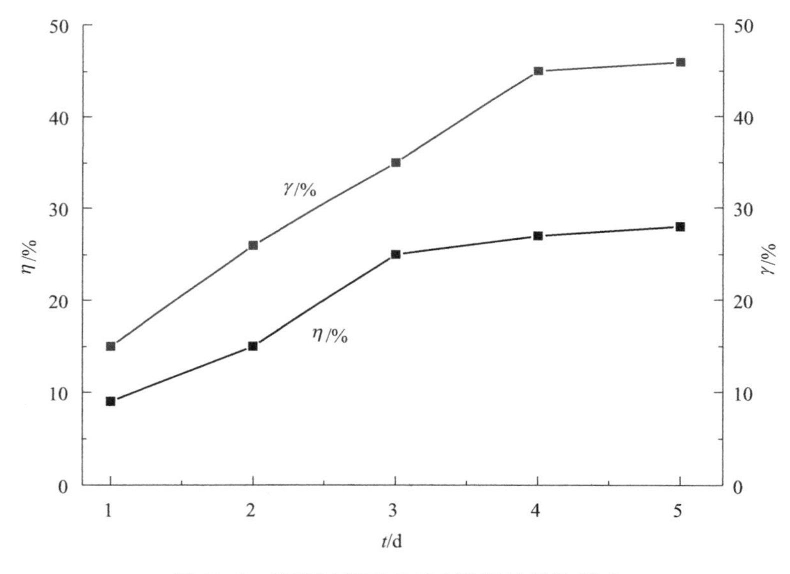

图 10-5 培养时间对 PAM 降解效果的影响

在温度为 37℃、pH 值为 8、接种量为 12mL、PAM 初始质量浓度为 200 mg /L 的条件下，利用硫酸盐还原菌降解 PAM 5 d，取污水样分析其主要水质组成，并与未经硫酸盐还原菌降解的污水水质进行对比，结果见表 10-9。由表 10-9 可知，污水中的石油类、PAM、COD_{Cr} 浓度均有所下降，但降幅并不大，BOD_5 浓度上升。这表明，在硫酸盐还原菌降解

PAM 的过程中，部分 PAM 的分子大小和官能团结构发生了变化，但并未被彻底降解为无机物，而是转化为其他有机物。溶液黏度的降低也证明大分子的 PAM 发生了断链等结构变化，转化为相对较小的物质，导致 BOD_5 质量浓度升高。降解 5d 后，污水的 BOD_5 与 COD_{Cr} 质量浓度比值为 0.25，比硫酸盐还原菌降解 PAM 前有较大提高，说明降解后污水的可生化性明显提升。

表 10-9 采油污水降解前后的水质

组分	ρ/(mg/L)	
	降解前	降解后
石油类	21.80	4.24
PAM	200.00	110.00
COD_{Cr}	495.00	405.00
BOD_5	72.60	101.30

综上，在温度为 37℃、pH 值为 8、接种量为 12mL、PAM 初始质量浓度为 200mg/L 的条件下，采用硫酸盐还原菌降解三次采油污水 5d，污水中 PAM 的转化率和 COD_{Cr} 去除率分别为 45%和 18%，BOD_5 与 COD_{Cr} 的质量浓度比值从 0.15 提高至 0.25，污水的可生化性明显提升。

10.4 油砂废水生物处理过程中硫酸盐还原菌及其活性的研究

浆料废物的致密化产生的油砂处理废水（OSPW）再循环利用到沥青提取过程中，根据油砂的“零排放”政策，油砂开采作业中释放的泥浆废物必须存放在现场的尾矿池中。尾矿池水的连续循环将有机化合物和无机化合物浓缩在水中，泥浆废物的数量不断累积，估计到 2025 年将产生超过 10 亿立方米的尾矿池水，因此 OSPW 的处理是油砂行业面临的关键挑战[499]。与化学方法相比，生物膜技术处理废水具有成本效益和环境友好性。已经有研究人员对生物膜内的微生物群落进行了表征，并证明这些微生物成功地适应了 OSPW 环境，并且可能具有原位生物修复功能。例如，Susanne 等[500] 证明在卡尔加里生物膜装置中接种油砂的土著微生物，可在一周内形成 1～3 层细胞层厚的生物膜。Islam 等[501] 使用具有粒状活性炭（GAC）的流化床生物膜反应器（FBBR）作为支撑介质来处理 OSPW。在 OSPW 处理 120d 后，厚度为 30～40μm 的生物膜含有 *Polaromonasjejuensis*、*Algoriphagus* sp.、*Chelatococcus* sp. 和 *Methylobacterium fujisawaense*。在 Choi 等[502] 的分批和连续生物膜反应器中，在 OSPW 处理 28d 后获得约 30μm 厚的生物膜，主要含有黄杆菌（*Flavobacterium*）、根际土壤细菌（*Rhizosphere soil bacteria*）、根瘤菌（*Rhizobium*）、固氮弧菌（*Azoarcus*）、橙色标桩菌（*Stigmatellaaurantiaca*）、放线杆菌（*Actinobacterium*）和 *Sulfuritalea hydrogenivorans*。然而，在这些研究中，生物膜都是比较薄的（<50 μm）。典型的废水处理生物膜可以厚达 1000 μm。较厚的生物膜含有氧和缺氧区域，生物膜的缺氧层为 SRB 的生长提供了良好的环境。

有人使用基于 dsrB 的 PCR-DGGE 组合技术研究在 OSPW 中生长的生物膜中 SRB 的存在及其功能多样性和潜在活性。设计了 R1 和 R2 两个反应器，收集来自艾伯塔省北部尾矿池的含有 80%～85%固体的尾矿污泥样品，并将其放入密封的 2 L 样品罐中。其中 R1 含有 600mL OSPW，R2 含有 300mL OSPW 及 300mL 生长培养基（0.525g/L 蛋白胨，0.35g/L

酵母提取物，0.35g/L 葡萄糖，0.35g/L 淀粉，0.21g/L 的 K_2HPO_4，0.21g/L 丙酮酸钠，0.175 g/L 胰蛋白胨和 0.0168g/L $MgSO_4$）。R1 和 R2 中水质化学参数见表 10-10。

表 10-10　反应器 1（R1）和反应器 2（R2）中水质化学参数

参数	R1：OSPW(600mL)	R2：OSPW ＋培养基(300mL＋300mL)
NH_4^+-N/(mg/L)	1.32±0.14	8.72±1.96
NO_3^--N/(mg/L)	20.81±1.02	9.83±0.75
TN/(mg/L)	25.29±0.53	91.98±3.94
SO_4^{2-}/(mg/L)	141.51±0.89	80.35±1.53
COD/(mg/L)	197.92±4.23	869.46±11.70

10.4.1　生物反应器的 COD 和硫酸盐及氮的去除

R1 和 R2 运行 6 个月后，观察到 R1 基质表面的附着细胞分布不均匀，而在 R2 中，基质完全被生物膜覆盖，厚度约为 1000 μm。如图 10-6 所示，COD 的去除反映了体系中有机物的去除。随着两个反应器中的生物质积累，COD 去除随着水停留时间的增加而增加。在 R1 中观察到 OSPW 的 COD 去除受到限制：与原始 COD（198mg/L）相比，仅去除 14mg/L（约 7%）的 COD；在含有生长培养基的 R2 中，总 COD 最终从 889mg/L 降至 78mg/L 左右。结果表明，添加外部培养基后 COD 去除率提高，R2 中的平均 COD 去除率显著高于 R1 中的平均 COD 去除率。

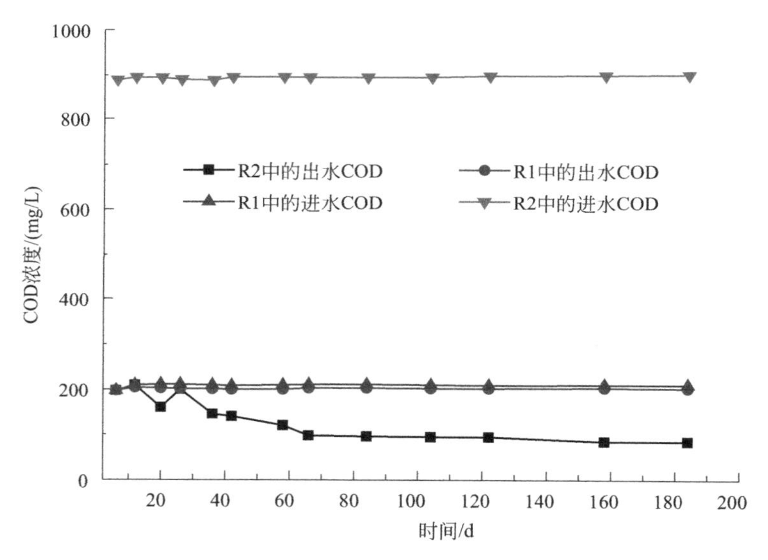

图 10-6　反应器运行期间反应器 1 和反应器 2 的进水和出水 COD 浓度

选取 P1、P2、P3、P4、P5 和 P6（分别对应第 14～第 22 天、第 31～第 38 天、第 58～第 70 天、第 85～第 106 天、第 126～第 154 天以及第 154～第 184 天）6 个时期监测硫酸盐浓度。如图 10-7 所示，在 R2 中的 P3 之后开始观察到硫酸盐去除。R2 中的硫酸盐浓度最终从 80mg/L 降至 64mg/L，即在 R2 中除去约 20% 的硫酸盐，并且 R2 中硫酸盐去除率高于 R1。

测定 R1 和 R2 中 NH_4^+-N、NO_2^--N、NO_3^--N 和总氮（TN）浓度，在 R1 中没有观察到氮浓度的变化，P6 期间 R2 中变化结果如图 10-8 所示。在 R2 中，NH_4^+-N 浓度最初从

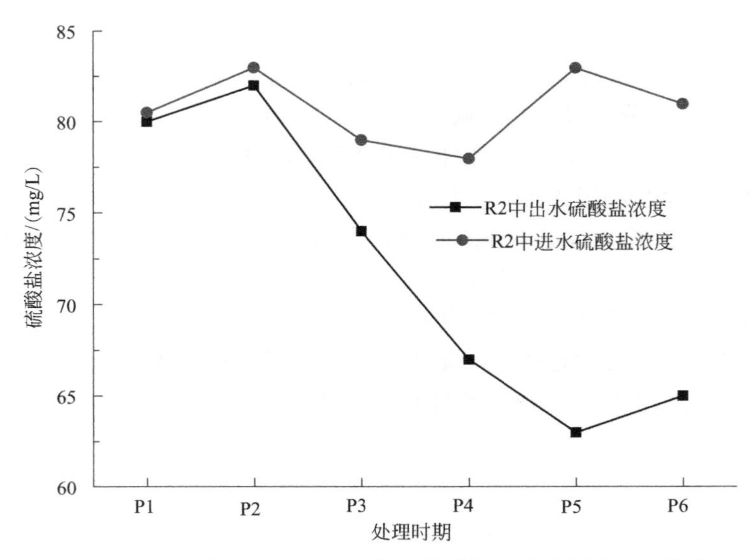

图 10-7 在 P1、P2、P3、P4、P5 和 P6 期间来自 R2 的进水和出水硫酸盐浓度

8mg/L 增加到 20.6mg/L，然后降低到 1.2mg/L。NH_4^+-N 浓度的增加可归因于补充培养基中的有机氮转化为无机氮。NO_3^--N 浓度从 9.6mg/L 增加到 39.2mg/L，即由 NH_4^+-N 转化为 NO_3^--N，另外还注意到在此期间 TN 浓度从 92mg/L 降至 45mg/L。

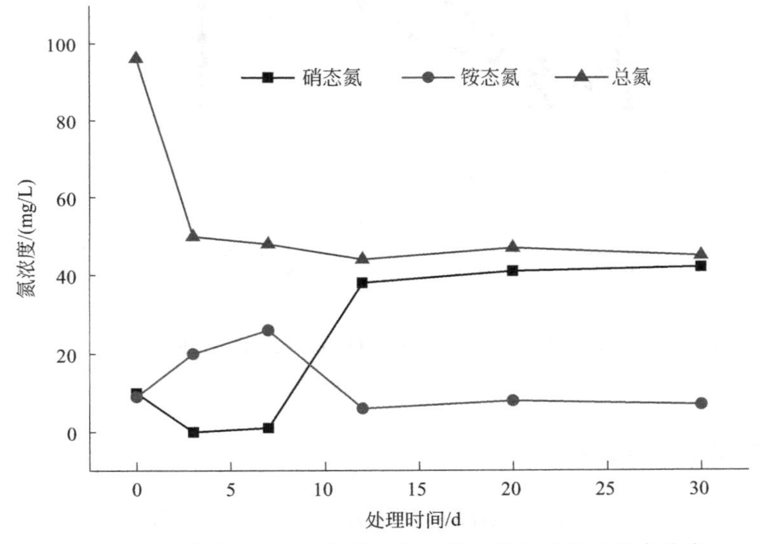

图 10-8 P6 期间来自 R2 的铵态氮、硝态氮和总氮的出水浓度

如果不添加外部碳源，OSPW 中生物膜生长形成需要很长的时间，并且有机物的生物降解过程较慢。R2 中生物膜对 COD 的去除率高于 R1，推测是因为外加培养基有利于生物膜生长，增强了生物质密度并因此增加了有机物质的微生物降解，并且还有利于氮和硫酸盐的去除。

10.4.2 OSPW 生物膜中 SRB 的电位活性

利用传感器监测了 R2 中生物膜中溶解氧（DO）、H_2S、pH 值和 ORP 的垂直分布情况，多次测量趋势均相似，如图 10-9 所示。溶解氧浓度在生物膜表面附近最高，并在生物膜底部附近逐渐降低至零。在 1000μm 厚的生物膜中，溶解氧仅能渗透到水-生物膜界面下方约 800μm 处，而在生物膜较深部分形成缺氧区域。在生物膜的深度缺氧区中检测到 H_2S，并且在水-生物膜界面下方 750～1000μm 处观察到 H_2S 浓度的逐渐增加，揭示了生物膜的较深区域中的硫酸盐还原。沿着整个生物膜深度，pH 值略有变化，不超过 0.3 个单位。ORP 曲线表明氧化还原电位从生物膜的表面到底部逐渐降低，水-生物膜界面附近的初始氧化还原电位约为＋410mV，而在 550μm 的深度下降至负值，在界面下 1000μm 处为－110mV。复杂多样的微生物和化学活性将决定微环境中的氧化还原电位，相反，环境中的氧化还原电位将影响微生物物种和相关的微生物化学过程。氧化还原电位低于－100mV 是 SRB 活性的特定环境要求之一。OSPW 生物膜中形成的缺氧条件和氧化还原电位环境为 SRB 的生长和生物活性提供了可能。

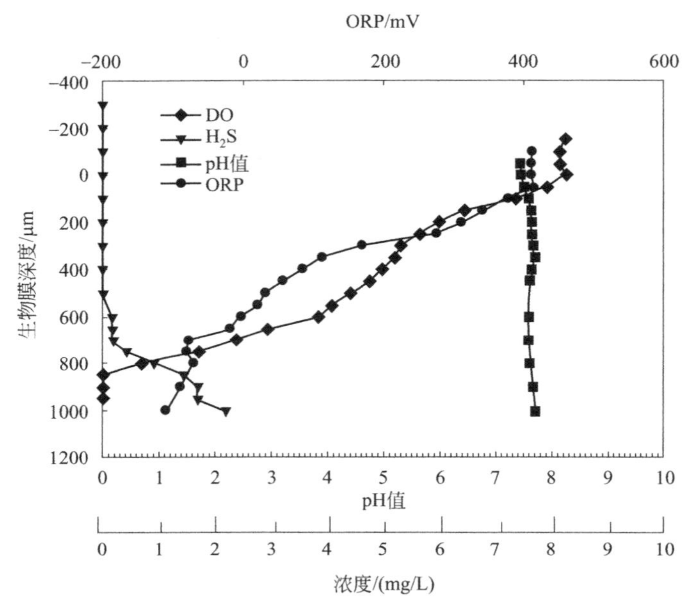

图 10-9 R2 中 OSPW 生物膜中的溶解氧（DO）、pH 值、ORP 和 H_2S 的垂直分布

（实线表示生物膜-液体界面）

10.4.3 SRB 的功能多样性

在 P1、P2、P3、P4、P5 和 P6 期间从反应器 2 中取出生物膜样品以确定生物膜内 SRB 群落的发育。在 P1 和 P2 生物膜样品中扩增 dsrB 基因片段后，在琼脂糖凝胶上没有明显的条带（数据未显示）。在 P3 时期开始检测到 SRB。通过实时定量荧光 PCR 定量功能性 dsrB 基因检测 P3、P4、P5 和 P6 时期的样品，随时间延长，扩增 SRB 的 dsrB 基因丰度逐渐增加，如图 10-10 所示。P5 和 P6 时期每克生物膜样品中的 SRB 丰度大约是 P3 和 P4 时期样品的 5 倍。生物膜随着反应器运行时间的延长而变厚，氧气扩散到生物膜中逐渐受限，在生物膜深层处形成缺氧区，这有利于 SRB 的生长发育，随其丰度的增加，能检测到 H_2S 生成。

尽管 SRB 对反应器的影响尚不清楚，在今后将会重点关注 SRB 对反应器运行去除油砂废水的影响，将微生物代谢活动与反应器性能和 OSPW 处理效率相关联。

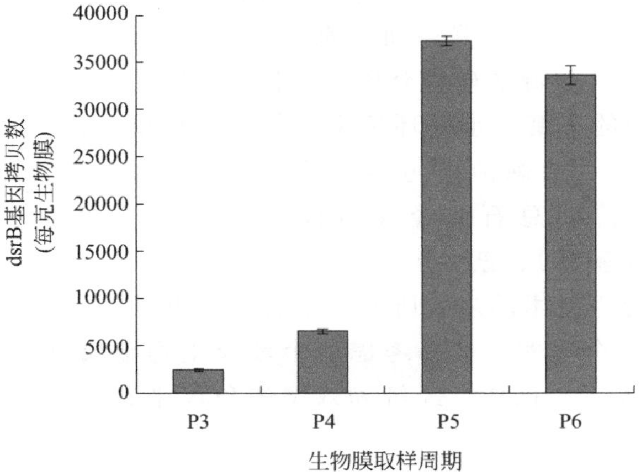

图 10-10 在不同时间间隔从 R2 收集的 OSPW 生物膜样品中的 dsrB 基因拷贝数

10.5 石油废水中重金属生物沉淀和石油生物降解集成技术

在石油废水和油矿区的污染场地通常同时存在有机污染物和重金属，这些污染物中有许多是具有毒性、致突变性和致癌性的，并且它们在环境中持久存在，对生态系统和人类健康造成重大危害[503]。这类污染在环境中的危险性和持久性意味着需要数十年才能清理这些场所，因此迫切需要开发用于这些类型污染的修复技术。由有机物（石油、氯化溶剂、杀虫剂、除草剂）和金属污染物共同污染的场地的修复是一个复杂的问题，因为这两种化合物通常需要采用不同的方法进行处理。重金属不能生物降解，并且在采矿和工业领域，它们通常以可溶形式（如硫酸盐）存在，其易于进入自然环境。降低重金属流动性的最佳方法是将它们转化为不溶性化合物（如硫化物），这是更稳定的形式。形成的金属硫化物一般在中性 pH 下是高度不溶的，而部分金属硫化物（如 CuS）则在 pH 值低至 2 时是高度不溶的。硫化物沉淀的最大优点是选择性沉淀。

在厌氧条件下，SRB 通过利用硫酸盐作为电子受体氧化简单的有机化合物（如乙酸和乳酸）并产生 H_2S。H_2S 与重金属离子反应形成不溶性金属硫化物，可以很容易地从溶液中分离出来。与氢氧化物沉淀相比，金属硫化物沉淀具有以下几方面的潜在优势：a. 金属的硫化物比氢氧化物的溶解度低；b. 金属的硫化物能去除废水中的金属浓度比氢氧化物低；c. 螯合剂对废水的干扰问题较少；d. 选择性去除金属为金属再利用提供了更好的机会；e. 金属硫化物污泥比氢氧化物污泥具有更好的沉降、增稠和脱水特性，产生较低的污泥体积；f. 现有的冶炼厂可以处理硫化物沉淀，有价值的金属可以从金属硫化物污泥中回收，而无须处理污泥。每一种析出金属都以独特的 S^{2-} 浓度（pS）析出，该浓度与金属硫化物的溶解度积直接相关。将每个金属的 pS 水平的唯一性作为一个控制参数，选择性地沉淀金属，获得纯金属硫化物，使其具有更好的再利用效果。沉淀过程的成功不仅取决于金属离子从可溶性相中的去除，还取决于固相（金属硫化物沉淀）从液相中的分离。因此，固液分离过程，如沉淀或过滤，在有效的金属去除过程中是至关重要的。

石油含有数千种单独的烃类化合物，已经分离出许多能够降解石油组分的微生物。鉴于石油产品的复杂性，需要具有酶功能广泛的细菌的组合以实现总石油烃的降解。然而，文献中报道的大多数原油降解研究都是用单一或混合细菌菌株进行的，因为它们能够在以原油作为唯一碳源的矿物介质中生长。铜绿假单胞菌（*Pseudomonas aeruginosa*）存在于世界各地的土壤、水等环境中，其是一种革兰氏阴性且需氧的杆状细菌，具有单极运动能力。从石油炼油厂污染土壤（古巴圣地亚哥）分离的 *Pseudomonas. aeruginosa* AT18 可以降解总石油烃（TPH）。菌株能在煤油（$C_{12}\sim C_{14}$）、润滑油（$C_{18}\sim C_{40}$）、甲苯（烷基苯）、萘（多芳烃）上生长。

结合好氧和厌氧处理技术的多方研究数据表明，重金属毒性会降低微生物代谢有机化合物的能力，基于这个事实，值得考虑一个涉及生物金属沉淀和随后发生的石油生物降解的综合处理方式。从操作、经济和效率的角度来看，集成系统将是有利的处理手段。

10.5.1 用于重金属沉淀和石油降解的集成系统

重金属沉淀和 TPH 生物降解的集成系统如图 10-11 所示。

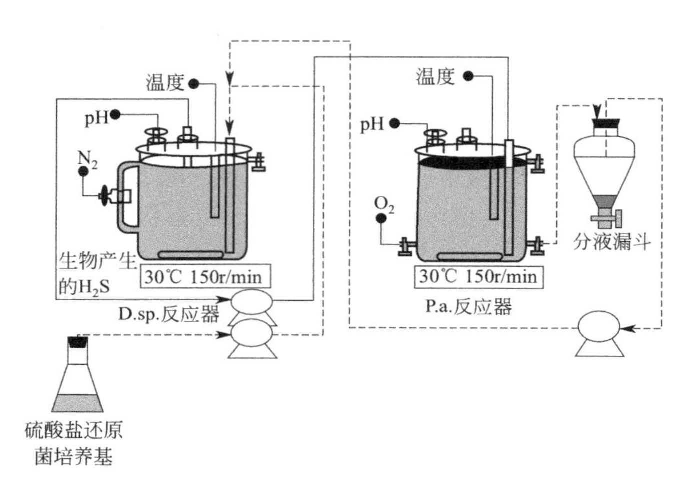

图 10-11 重金属沉淀和 TPH 生物降解的集成系统

在 P. a. 反应器中添加有 Cr(Ⅲ)、Cu(Ⅱ)、Mn(Ⅱ) 和 Zn(Ⅱ) 硫酸盐的溶液（100mL），浓度分别为 60mg/L、49mg/L、50mg/L 和 80mg/L，同时该反应器内还有 2%（体积分数）的石油，并接种 2%（体积分数）的 *Pseudomonas aeruginosa* AT18。在 D. sp. 反应器中培养 SRB 并将产生的 H_2S 通入到 P. a. 反应器，进行重金属沉淀反应。将 P. a. 反应器的流出物置于分液漏斗中，以促进金属沉淀物的倾析，同时该漏斗的上清液再循环至 D. sp. 反应器与新注入的 Postgate C 培养基结合，以改善污染物的去除效果。

10.5.2 集成系统运行情况

如图 10-12 所示，测定反应器中 *Desulfovibrio* sp. 的 H_2S 的生产情况。菌体浓度在 800～1000 细胞/mL 范围内，硫酸盐浓度为 1.9～2.5g/L，每日硫酸盐摄取量为 217.8mg/L，在第 120 小时，菌体生长量最大（1000 细胞/mL），且产生的硫化物浓度最大，为 126.88mg/L。

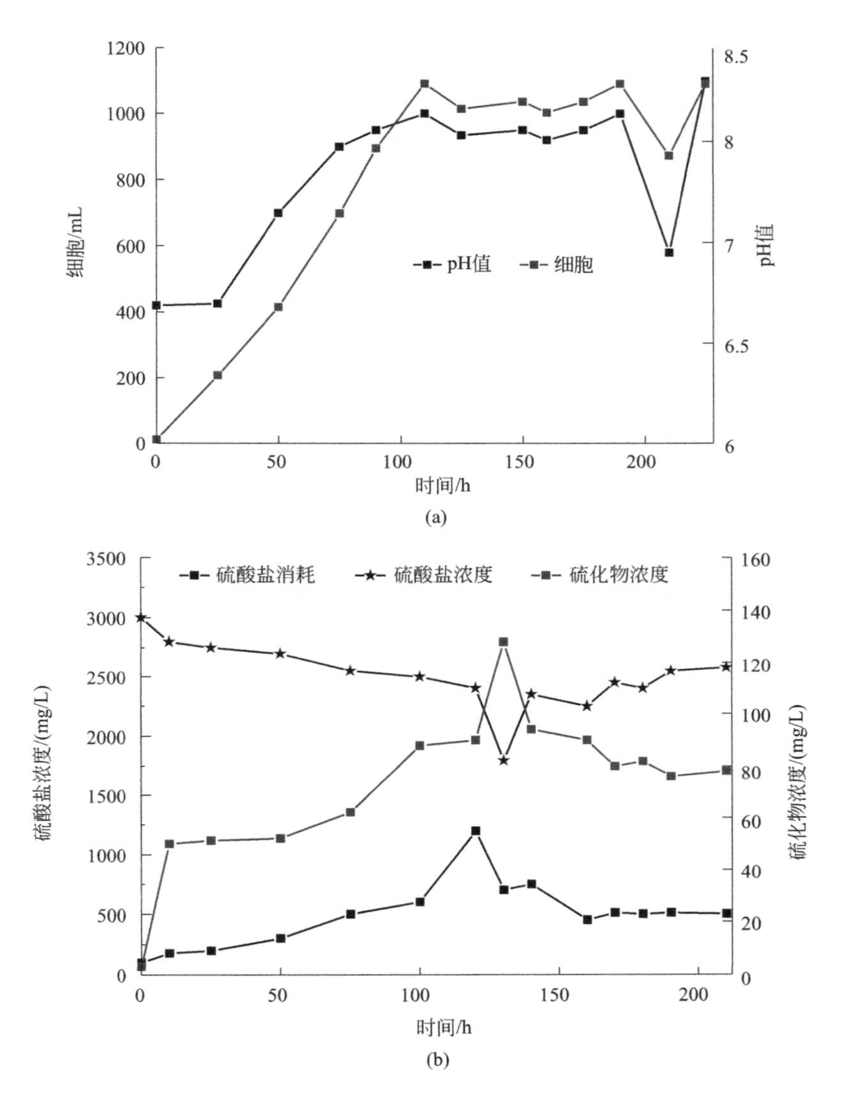

图 10-12　反应器中 *Desulfovibrio* sp. 的生长和 pH 值变化情况（a）和硫化物的形成和溶液中硫酸盐的变化（b）

在联合反应器运行过程中，由于将好氧反应器中从分液漏斗流出的上清液与新鲜的 Postgate C 培养基混合注入厌氧反应器中，这对厌氧反应器中的菌群有轻微的不利影响，菌群稍微有所减少。厌氧反应器中的 SRB 是严格厌氧生长的，而从好氧反应器中流出的上清液中含有一定的氧气和重金属，这可能是导致厌氧微生物菌群减少的原因。

在添加从 D. sp. 厌氧反应器产生的 H_2S 后，P. a. 好氧反应器中观察到 *Pseudomonas aeruginosa* AT18 特征性的双峰生长，如图 10-13 所示。第一个指数生长期从 4d 延长至 7d，随后，第二个指数生长期也从后面的 3d 增加到 6d，最终在第 360 小时达到稳定生长期，而在单独运行的反应器中是在第 216 小时达到稳定期。集成系统与单独运行系统的主要区别在于集成系统中的 P. a. 好氧反应器中加入了 H_2S，可以影响 *Pseudomonas aeruginosa* AT18 的生长和生物活性（图 10-14）。

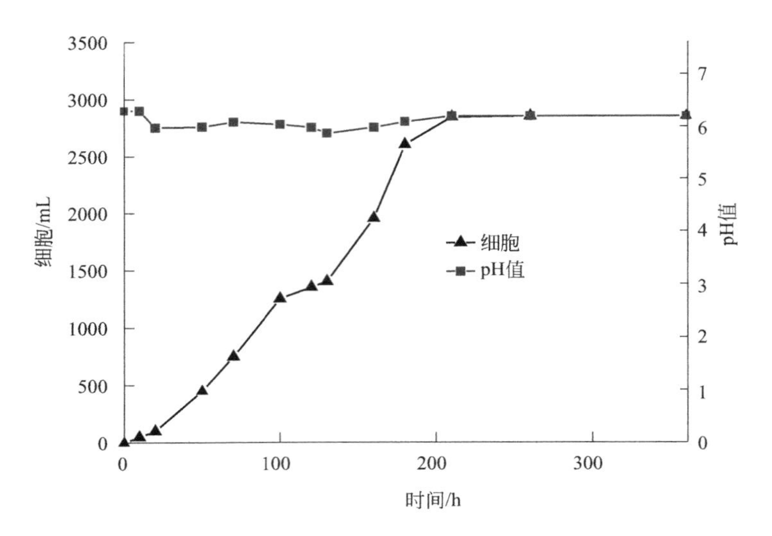

图 10-13　独立运行反应器中 *Pseudomonas aeruginosa* AT18 在重金属 Cr(Ⅲ)、Cu(Ⅱ)、Mn(Ⅱ) 和 Zn(Ⅱ) 及石油存在下的生长情况

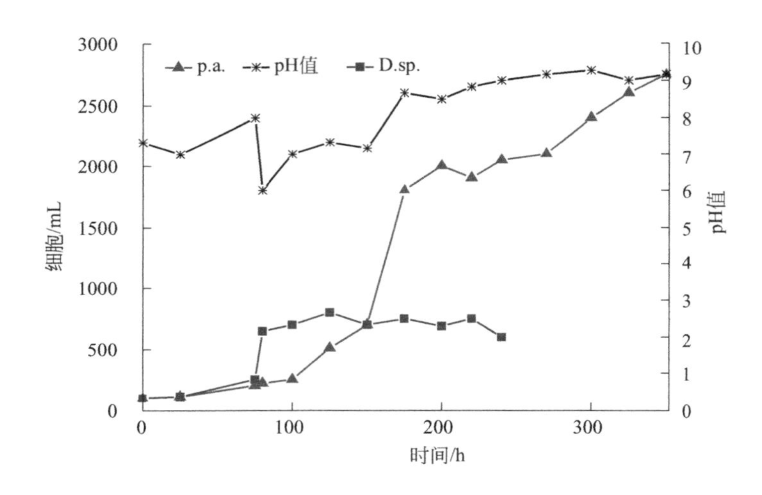

图 10-14　集成系统中 *Pseudomonas aeruginosa* AT18 和 *Desulfovibrio* sp. 的生长情况

集成系统对重金属去除的效果如图 10-15 所示，观察到在 96h，即在供应 H_2S 之前，在 P. a. 好氧反应器中微生物能消除溶液中部分重金属［91%Cr(Ⅲ)、48% Cu(Ⅱ)、30% Mn(Ⅱ)、50%Zn(Ⅱ)］。这可归因于 *P. aeruginosa* AT18，其通过细胞壁上的官能团吸附这些金属。通入 H_2S 240 h 后，溶液中的重金属显著减少，这可能是由于不溶性化合物的产生。第 240 小时后，去除率随时间保持不变，这意味着 240 h 是达到重金属最大沉淀/生物吸附百分比的时间（每种金属高于 99%）。此后，D. sp. 厌氧反应器运行停止，P. a. 好氧反应器继续运行，目的是更好地降解 TPH。在运行 15d 后，84%的 TPH 已被降解，通过气相色谱分析（图 10-16）显示正烷烃、类异戊二烯和萘馏分几乎都被降解完，并且仅一部分芳烃未降解。生物降解主要归因于铜绿假单胞菌的作用，值得注意的是 SRB 是使用有机底物作为碳和能源的异养生物，这些细菌具有降解脂肪族和芳香族烃类的能力，如苯甲酸盐、儿

萘酚、吲哚衍生物和氯酚，并将它们转化为更简单的化合物（CO_2），因此 SRB 也可能参与此过程。

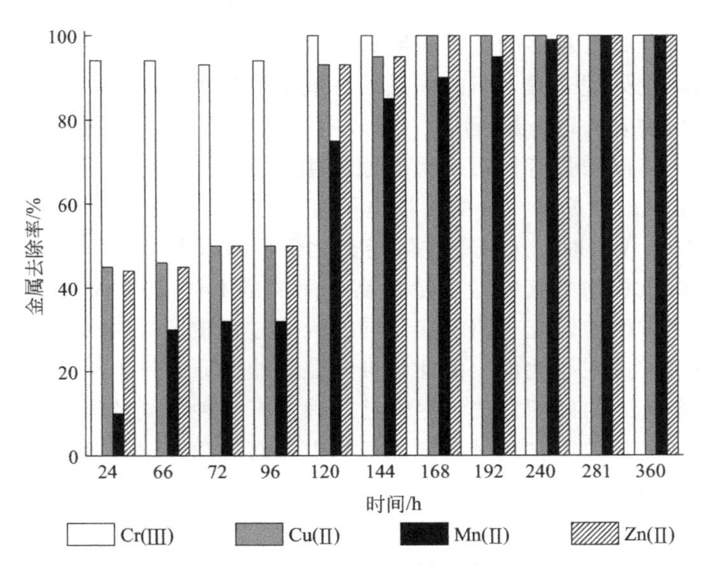

图 10-15　沉淀-生物降解的集成系统中 P. a. 好氧反应器中 Cr（Ⅲ）、Cu（Ⅱ）、Mn（Ⅱ）和 Zn（Ⅱ）的去除率

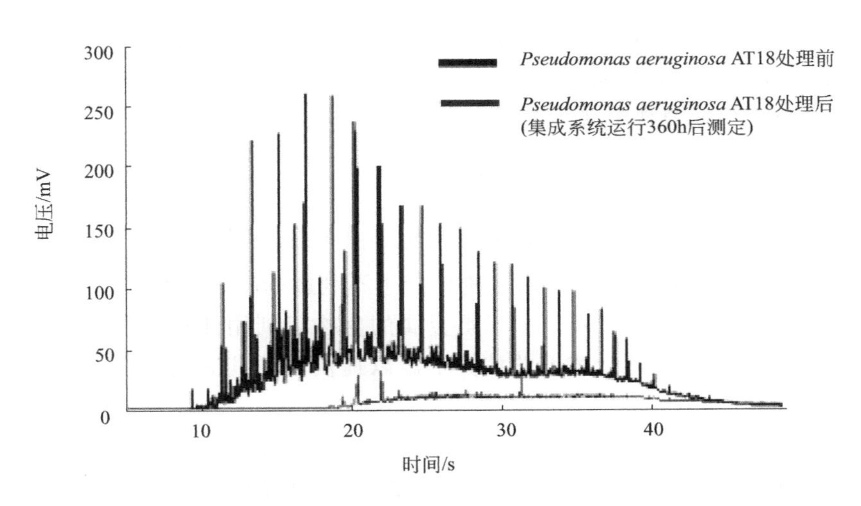

图 10-16　原油气相色谱图

10.6　缺氧海洋沉积物中石油烃的生物修复

海洋沉积物中普遍存在石油烃污染，对生态系统的稳定及其提供的产品服务有着非常不利的影响，因此在过去几年中已经投入了大量精力来探索对于沉积物处理的修复方案，这些方法能够将污染物浓度降低到阈值水平，低于该阈值水平预计不会对生物群产生不利影响，其中环境友好型生物修复技术越来越受到重视。

现场运行和室内试验表明，通过生物刺激以及生物强化策略，可以增强生物量或提高能降解烃类化合物的微生物的活性来加速石油污染沉积物的生物降解过程。由于微生物加氧酶在烃类化合物的生物降解过程中起着关键作用，因此，大多数油田和实验室试验都是在有氧条件下进行的。但现在越来越多的证据表明，烃类化合物的生物降解也发生在缺氧条件下，这为污染沉积物的原位处理开辟了新的前景。好氧微生物利用 O_2 作为电子受体可以刺激石油烃的降解，但沉积物表面以下缺乏 O_2，难以有效修复石油烃污染。在还原条件下，必须着重关注其他电子受体以增强有机污染物的原位生物降解。在缺氧海洋沉积物中，硫酸盐、Mn（Ⅳ）和 Fe（Ⅲ）的还原是主要的终端电子接受过程。因此，只有当烃类氧化剂是硫酸盐、Fe（Ⅲ）或 Mn（Ⅳ）时，厌氧条件下烃类化合物的微生物代谢才能有效地修复沉积物中石油烃污染。沿海沉积物中硫酸盐含量丰富，而少量 Fe（Ⅲ）仅在严重污染的沉积物中存在，结合先前在这方面的研究表明，在不同的厌氧过程中，烃类降解与硫酸盐还原相结合在海洋缺氧性沉积物中占主导地位。由此，推测硫酸盐还原条件下缺氧海洋沉积物中烃类化合物的生物修复是最有效的处理方法。尽管已经确定有多种不同的细菌菌株在厌氧条件下能降解石油烃类污染，但是关于在缺氧海洋沉积物中如何刺激并增强微生物生长和如何提高微生物降解性能的信息仍然有限。详细了解厌氧沉积物微生物降解的信息对指导沉积物现场修复是极为重要的。

受强烈人为输入影响的沿海海洋沉积物的特征往往不仅仅是含高浓度的石油烃，而且还含有高浓度的重金属。微生物的代谢显著影响重金属污染物的流动性，从而影响它们在环境中的存在形式。因此，受有机污染物和无机污染物污染的海洋沉积物的生物修复不仅要考虑有机物生物降解最佳条件，同时，还要考虑与重金属形态变化相关的潜在风险。Dell' Anno 等[504] 评估了在受污染的缺氧沉积物中，增强烃类化合物的生物降解会改变重金属的形态，从而对其流动性和生物利用度产生潜在影响。

10.6.1 沉积物特征

从安科纳港取得沉积物样品，样品呈现黑色，并有 H_2S 气味，石油烃浓度＞1mg/g，总 Cu、Zn 和 Ni 的浓度远高于预期会对生物体产生不利影响的阈值水平，沉积物中的 Cr 和 Pb 的浓度预计产生的不良影响较小。由于重金属的生物可利用性很大程度上取决于它们的化学形式（即金属形态），因此总浓度的估算不足以提供有关其流动性及潜在的毒性的可靠信息。

沉积物中不稳定、生物可利用的 Cu、Pb、Cr 和 Ni 只占少数，为 2%～7%。先前在亚得里亚海盆地（地中海）的其他沿海海洋系统中报告了类似的结果，显示出沉积物受高浓度的重金属污染，相反，生物可利用的 Zn 占很大一部分（平均为 27%）。这些差异是重金属的不同特征导致的，Kot 和 Namiesik[505] 指出，这些差异也可能是不同地球化学相中解吸或浸出少量重金属导致的。

10.6.2 生物修复试验

以往的微生物研究试验表明海洋沉积物中的烃类化合物可以使用硝酸盐、硫酸盐或 Fe^{3+} 作为电子受体进行厌氧降解。然而，大多数研究都集中在所选择的某一种石油化合物的生物降解效率，而不是关注所有石油烃的生物降解潜力。基于现场和室内试验的研究结果发现，在相对长的时间内（超过 1 年），内源生物修复（即土著微生物群落的活动导致的污染的自然衰减）在缺氧条件下可以显著去除海洋沉积物中的石油烃，但是，如何提高缺氧的海洋沉积物中烃类化合物生物降解性能、节约修复成本仍有待研究。

通过比较石油污染沉积物的自然衰减过程与生物刺激和生物培养过程诱导的降解效率，以此获得更有意义的信息。设置三组试验，沉积物样品中加入：a. 乙酸钠（终浓度为1mg/mL）；b. SRB（终密度约为1×10^{8}个/mL）；c. 乙酸钠和SRB（浓度同上）。在自然衰减过程中，前30d，石油烃显著减少，去除效果好（24%），但随着时间延长，去除效果并不明显，如图10-17所示。而在处理组，添加乙酸钠、SRB后，均能刺激微生物代谢过程，提高了降解效率。无氧呼吸增强以及细菌活性介导的电子流导致氧化还原电位显著降低、pH值显著增加，这些发现与缺氧海洋沉积物中描述的代谢过程一致，并表明向港口沉积物中添加乙酸盐或硫酸盐还原剂可能是增加整个微生物群落代谢的有效策略。受刺激的微生物代谢对烃类化合物的生物降解效率也有显著影响，其浓度在三种处理组中均显著降低。此外，与未处理沉积物的观察结果相反，烃的生物降解率随着培养时间的增加而增加。向沉积物中添加SRB是最有效的烃去除方式（60d后平均降解率为58%），而其他方式处理效率较低。特别是在含有乙酸钠和SRB的处理中，烃类化合物的生物降解率最低（60d后为38%），这表明微生物优先使用乙酸钠而不是总石油烃作为电子供体或碳源。

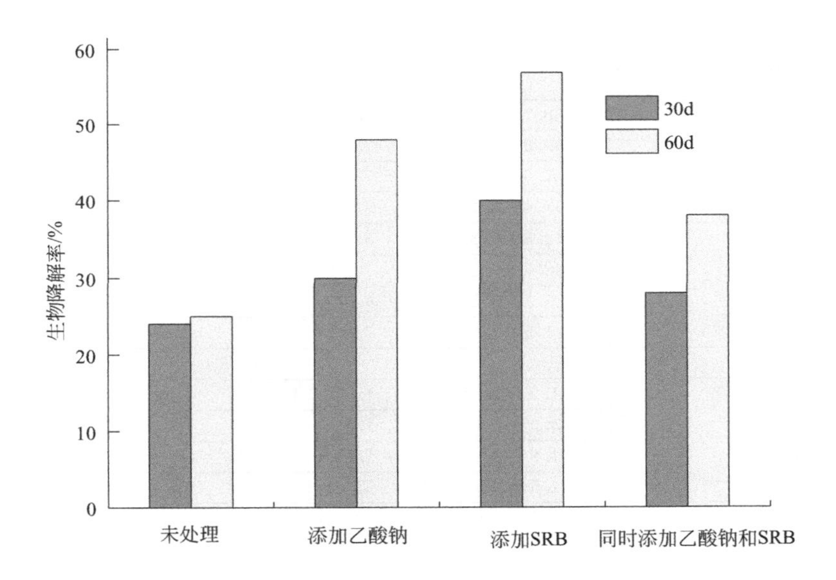

图10-17 不同处理下30d和60d后烃的生物降解率
（相对于沉积物中初始烃浓度的百分数）

在检测沉积物的降解效率同时，还研究了样品中重金属的重新分配变化，见表10-11。沉积物中可交换和可氧化的Cu、Pb和Zn浓度显著增加。这些研究结果表明，尽管添加乙酸盐、SRB后可以显著减少总石油烃浓度，同时也可能增加重金属的潜在流动性和生物可利用度。在处理后的样品中，氧化性的Cu、Pb和Zn浓度也显著增加，这可能是硫酸盐还原过程引起的金属硫化物形成导致的。在硫酸盐还原过程中形成不可溶的金属硫化物是一种很有前途的去除重金属的生物修复方法。然而，在海洋生态系统修复过程中，应该仔细考虑这个过程，因为沉积物再悬浮和生物扰动的自然发生过程可能使金属硫化物暴露于更高的氧化还原电位，从而可能诱导金属活化，未达到去除效果。

表 10-11　不同处理下 30 d 和 60 d 后重金属的重新分配变化

样品	时间/d	可交换的	可还原的	可氧化的	残余
Cu					
未处理	30	0	0	189.7±5.7	222.7±6.7
+乙酸盐		4.1±0.1	86.6±2.6	276.3±8.3	45.4±1.4
+SRB		0	16.5±0.5	244.5±6.5	152.6±4.6
SRB+乙酸盐		0	4.1±0.1	189.7±5.7	156.7±4.7
未处理	60	0	4.1±0.1	222.7±6.7	185.6±5.6
+乙酸盐		0	4.1±0.1	2433±7.3	165.0±4.9
+SRB		2.47±0.7	989±3.0	226.8±6.8	619±1.9
SRB+乙酸盐		0	103.1±3.1	309.3±9.3	0
Pb					
未处理	30	0.8±0.1	4.5±0.4	29.6±2.4	40.9±3.3
+乙酸盐		3.0±0.2	24.3±1.9	16.7±1.3	31.8±2.5
+SRB		1.5±0.1	9.1±0.5	14.4±1.2	50.8±4.1
SRB+乙酸盐		0.8±0.1	3.0±0.2	22.7±1.8	49.3±3.9
未处理	60	0.8±0.1	2.3±0.2	16.7±1.3	56.1±4.5
+乙酸盐		1.5±0.1	3.8±0.3	3.8±0.3	66.7±5.3
+SRB		2.3±0.2	25.0±2.0	28.8±2.3	19.7±1.6
SRB+乙酸盐		3.0±0.2	28.0±2.2	6.1±0.5	38.7±3.1
Ni					
未处理	30	38.7±0.8	7.3±0.1	27.2±0.5	31.3±0.6
+乙酸盐		30.3±0.6	7.3±0.4	25.1±0.5	41.8±0.8
+SRB		37.6±0.8	7.3±0.1	28.2±0.6	31.3±0.6
SRB+乙酸盐		33.4±0.7	7.3±0.1	29.3±0.6	34.5±0.7
未处理	60	41.8±0.8	8.4±0.2	23.0±0.5	31.3±0.6
+乙酸盐		38.7±0.8	7.3±0.8	24.0±0.5	34.5±0.7
+SRB		25.1±0.5	6.3±0.1	23.0±0.5	50.2±1.0
SRB+乙酸盐		21.9±0.4	7.3±0.1	25.1±0.5	50.2±1.0
Cr					
未处理	30	1.5±0.1	1.5±0.1	43.2±4.0	102.9±9.6
+乙酸盐		3.0±0.3	1.5±0.1	49.2±4.6	95.4±8.9
+SRB		1.8±0.4	1.6±0.3	67.1±6.2	79.0±7.3
SRB+乙酸盐		1.5±0.1	0	62.6±5.8	85.0±7.9
未处理	60	1.5±0.1	1.2±0.1	47.7±4.4	98.4±9.1
+乙酸盐		1.5±0.1	1.5±0.1	50.7±4.7	95.4±8.9
+SRB		1.4±0.2	1.5±0.1	59.6±5.5	86.5±8.0
SRB+乙酸盐		1.3±0.1	1.5±0.1	56.7±5.3	89.5±8.3
Zn					
未处理	30	45.0±2.3	90.0±4.5	125.0±6.3	240.1±12.0
+乙酸盐		100.0±5.0	105.0±5.3	175.0±8.8	120.0±6.0
+SRB		115.0±5.8	100.0±5.0	115.0±5.8	170.0±8.5
SRB+乙酸盐		35.0±1.8	135.0±6.8	130.0±6.5	200.0±10.0
未处理	60	55.0±2.8	65.0±3.3	140.0±7.0	238±11.0
+乙酸盐		75.0±3.8	89.0±4.0	155.0±7.8	190.0±9.5
+SRB		135.0±6.8	110.0±5.5	85.0±4.3	167.0±8.1
SRB+乙酸盐		70.0±3.5	160.0±8.5	240.1±12.0	30.0±1.5

10.7　微生物系统工艺处理强碱三元采出水现场中试试验

10.7.1　试验目的

本次现场中试试验的目的：一是对于前期室内微生物小试试验的验证；二是考察由室内微生物试验（半动态试验）到现场微生物试验（动态试验），BESI 微生物一体化反应器的适应性及稳定性；三是确定以 BESI 微生物一体化反应器为主体设备的系统工艺流程及参数，最终为三元采出水处理技术的选择提供一种新的途径。

10.7.2　强碱三元采出水微生物系统工艺，达到大庆油田聚驱高渗透注水水质现场试验

10.7.2.1　工艺流程及设计参数

工艺流程为“来水→BESI 微生物一体化反应器→高压旋流气浮装置→一级压力石英砂-磁铁矿双层过滤罐→二级压力海绿石-磁铁矿双层过滤罐→出水”的四段处理工艺，处理量为 $1m^3/h$。

微生物系统工艺处理强碱三元采出水工艺流程如图 10-18 所示。强碱三元采出水经缓冲池提升进入 BESI 微生物一体化反应器进行生化处理，处理后提升至高压旋流气浮装置，去除悬浮固体，达到固液分离的目的。气浮装置出水自流进入缓冲池，经过滤提升泵升压至一级石英砂-磁铁矿双层过滤罐和二级海绿石-磁铁矿双层过滤罐，出水满足大庆油田含聚污水高渗透层回注水水质指标要求后回用。

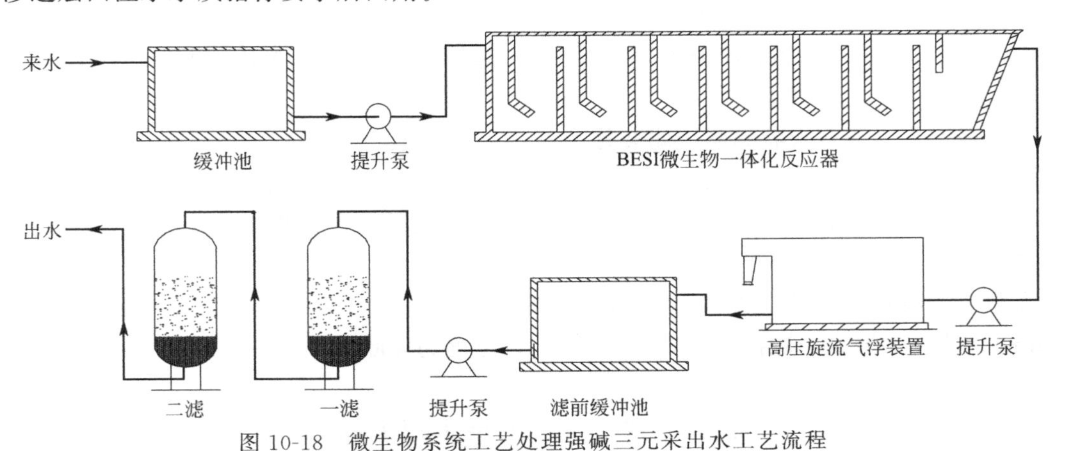

图 10-18　微生物系统工艺处理强碱三元采出水工艺流程

(1) BESI 微生物一体化反应器

参数：厌氧段分为 3 格，水力停留时间为 12 h，厌氧段以厌氧活性污泥为主，设置悬浮填料挂膜，填料投配率分别为 35%、40%、45%。缺氧段分为 1 格，水力停留时间为 4h，设置弹性填料挂膜，填料投配率为 55%，缺氧段回流比控制在 40%～80%。好氧段分为 2 格，水力停留时间为 8h，设置悬浮填料挂膜，填料投配率为 60%，好氧段气液比为 15：1 左右。每格上升流速在 0.9 m/h 左右，折流区冲击流速在 2.40 mm/s 左右。

(2) 高压旋流气浮装置

该装置采用漩涡差速三相混合器、全溶气气浮装置，目的是去除脱落的生物膜及无机物

等。构成包括高压水泵、高压气泵、流量计、多级漩涡差速三相混合器、吸气和排气电磁阀，溶气释放器、气浮装置箱体（释放区、气浮区、出水区等）、刮油（渣）器、PLC控制柜、收油（渣）箱。利用多级漩涡差速三相混合器完成高压空气溶解、污染物捕捉、气泡晶核生成和超轻絮体形成的所有步骤。高压溶气水进入气浮装置后，在释放区经溶气释放器释放后，由高压转至低压，溶解在水中的气体从水中释放，形成微气泡附在污水中的油和悬浮物上，加大介质的密度差。污水从释放区进入气浮区后，快速上升的粒子将浮到水面，上升较慢的粒子在波纹板中分离，即一旦粒子接触到波纹板将逆流上升。高压旋流溶气气浮装置结构流程及实物照片如图10-19所示。

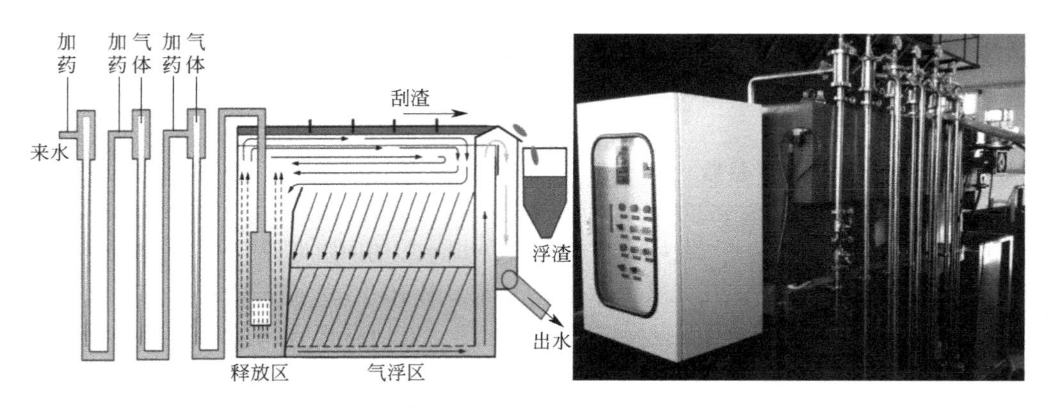

图10-19　高压旋流溶气气浮装置结构流程及实物照片

参数：水力停留时间为40min，溶气为7%～12%，进气（进1s，停30s）、排气（排1s，停2min 30s）；旋流起点压力为0.6MPa，旋流终点压力为0.2MPa；刮渣（每30min运行一次，刮渣40s）；不加药。

(3) 两级压力双层粒状滤料过滤装置

试验装置为压力过滤器，过滤时污水自上而下流经过滤器，通过较厚（一般800mm）而多孔的粒状物质（石英砂、海绿石、磁铁矿等），杂质被留在这些介质的孔隙里或介质上，从而使污水得到净化。

参数：一级石英砂-磁铁矿双层过滤器，滤料上层采用石英砂（0.8～1.2mm，厚度为400mm），滤料下层采用磁铁矿（0.4～0.8mm，厚度为400mm）；滤速为6.3m/h；气水反冲洗，反洗周期为24～48h。

二级海绿石-磁铁矿双层过滤器，滤料上层采用海绿石（0.5～0.8mm，厚度为400mm），滤料下层采用磁铁矿（0.25～0.5mm，厚度为400mm）；滤速为4.2m/h；气水反冲洗，反洗周期为24～48h。

10.7.2.2 BESI微生物一体化反应器启动阶段

投加经过三元采出水驯化过的活性污泥后，将含有营养剂的三元采出水填满BESI微生物一体化反应器。填满后，闲置3d，3d后开始进水。启动初期采用逐渐加大处理量的方式启动，处理量从0.3m^3/h逐渐提高至1m^3/h，启动阶段投加微生物营养剂。一个月后出水水质开始稳定，BESI微生物一体化反应器来水含油量平均为300mg/L，出水含油量平均为14.1mg/L，去除率达到95.3%。BESI微生物一体化反应器来水悬浮固体含量波动较大，平均为199mg/L，出水悬浮固体含量平均为89.7mg/L，去除率为54.9%。

10.7.2.3 BESI 微生物一体化反应器初期运行及生物强化阶段

针对 BESI 微生物一体化反应器出水悬浮固体含量偏高，和室内试验差距较大的问题，进行了 BESI 微生物一体化反应器的生物强化，主要的工作包括厌氧段及缺氧段生物菌剂的强化、提高厌氧段泥水之间的传质效率、兼性段回流比的调控及好氧段溶解氧的控制等措施。工艺流程为“原水→高压旋流气浮装置→BESI 微生物一体化反应器→出水”，处理量为 $1m^3/h$。BESI 微生物一体化反应器初期运行及生物强化阶段各单体构筑物进出水悬浮固体含量变化如图 10-20 所示，含油量变化如图 10-21 所示。

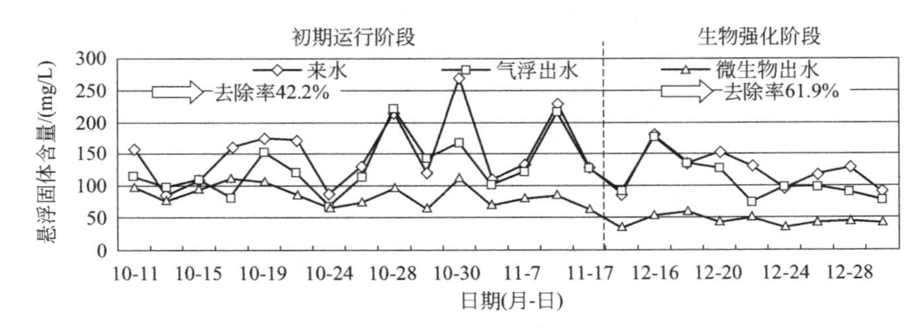

图 10-20 BESI 微生物一体化反应器初期运行及生物强化阶段各单体构筑物进出水悬浮固体含量变化曲线

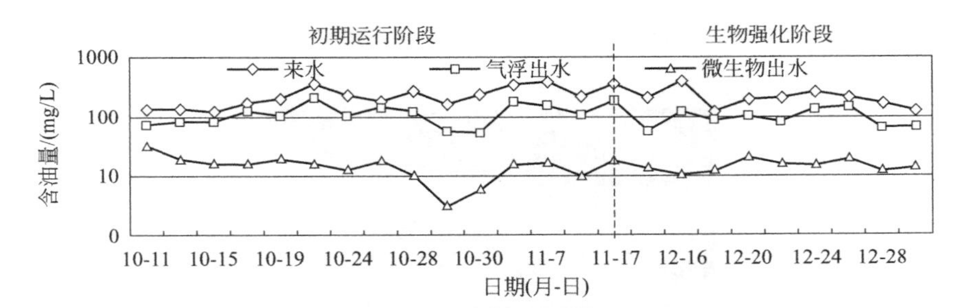

图 10-21 BESI 微生物一体化反应器初期运行及生物强化阶段各单体构筑物进出水含油量变化曲线

如图 10-20 所示，生物强化后 BESI 微生物一体化反应器出水悬浮固体含量下降明显，BESI 微生物一体化反应器平均出水悬浮固体含量从 87.3mg/L 下降到 46.6mg/L，BESI 微生物一体化反应器出水悬浮固体去除率从 42.2%提高到 61.9%。

如图 10-21 所示，初期运行阶段和生物强化阶段出水含油量变化不大，在来水平均含油量为 229mg/L 的情况下，经过高压旋流气浮装置处理后，出水含油量降至 110mg/L；再经 BESI 微生物一体化反应器处理后出水含油量降至 15.7mg/L。总体含油去除率为 93.2%，其中气浮段平均除油贡献率为 52.0%，BESI 微生物一体化反应器平均除油贡献率为 41.2%。

10.7.2.4 微生物系统工艺优化调整阶段

BESI 微生物一体化反应器生物强化达到最佳效果后，投运两级压力双层滤料过滤罐。微生物系统工艺为“来水→高压旋流气浮装置→BESI 微生物一体化反应器→一级石英砂-磁铁矿双层过滤罐→二级海绿石-磁铁矿双层过滤罐→出水”，处理量为 $1m^3/h$。此工艺运行一段时间后，最终出水悬浮固体含量不能稳定达标（悬浮固体含量应在 20mg/L 以下），且过滤压差上升较快，反洗周期较短（16h 左右）。

分析原因为 BESI 微生物一体化反应器出水悬浮固体有一定波动，生化处理后，污水中悬浮固体主要是一些脱落的生物膜及无机物等，絮体颗粒较大，密度较小，难以下沉。因此为了保障滤前水水质稳定，将高压旋流气浮装置放于 BESI 微生物一体化反应器之后，相当于二沉池的作用。系统工艺调整后，最终出水悬浮固体含量稳定达标且过滤系统压差上升缓慢。

10.7.2.5 微生物系统工艺稳定运行阶段

经过优化调整后，最终微生物系统工艺定型为“来水→BESI 微生物一体化反应器→高压旋流气浮装置→一级石英砂-磁铁矿双层过滤罐→二级海绿石-磁铁矿双层过滤罐→出水”，处理量为 $1m^3/h$。微生物系统工艺稳定运行阶段进出水含油量变化如图 10-22 所示，微生物系统工艺取样照片如图 10-23 所示，悬浮固体含量变化如图 10-24 所示。

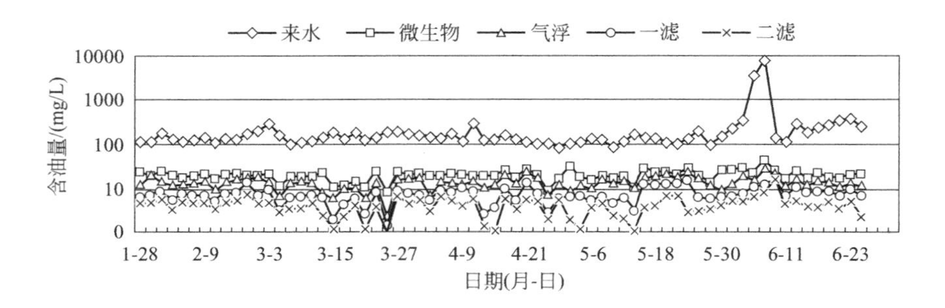

图 10-22 微生物系统工艺稳定运行阶段进出水含油量变化曲线

图 10-23 微生物系统工艺取样照片

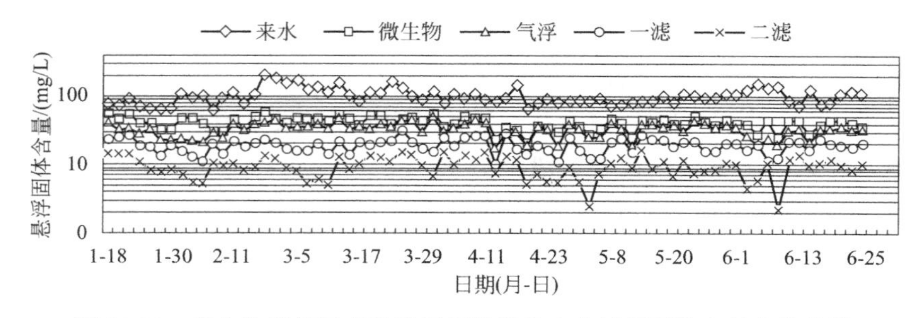

图 10-24 微生物系统工艺稳定运行阶段进出水悬浮固体含量变化曲线

如图 10-22 所示，来水平均含油量为 321mg/L，BESI 微生物段出水含油量平均为 19.0mg/L（7.79～28.6mg/L），去除贡献率为 94.1%；气浮段出水含油量平均为 12.9mg/L，去除贡献率为 1.90%；一滤后出水含油量平均为 7.59mg/L，去除贡献率为

1.65%；二滤后出水含油量平均为4.04mg/L（0.62～6.38mg/L），去除贡献率为1.11%，微生物系统工艺整体含油去除率为98.76%。

如图10-24所示，来水平均悬浮固体含量为105mg/L，BESI微生物段出水平均悬浮固体含量为43.8mg/L（25.0～58.5mg/L），去除贡献率为58.3%；气浮段出水平均悬浮固体含量为35.5mg/L，去除贡献率为7.90%；一滤后出水平均悬浮固体含量为19.7mg/L，去除贡献率为15.0%；二滤后出水平均悬浮固体含量为9.84mg/L（2.27～15.2mg/L），去除率贡献率为9.39%，微生物系统工艺整体悬浮固体去除率为90.59%。

10.7.3 强碱三元采出水微生物系统工艺，达到大庆油田聚驱低渗透注水水质现场试验

10.7.3.1 粒状滤料优化现场试验

在原微生物系统工艺的基础上，增加一级过滤，即开展三级过滤现场试验研究（图10-25）。

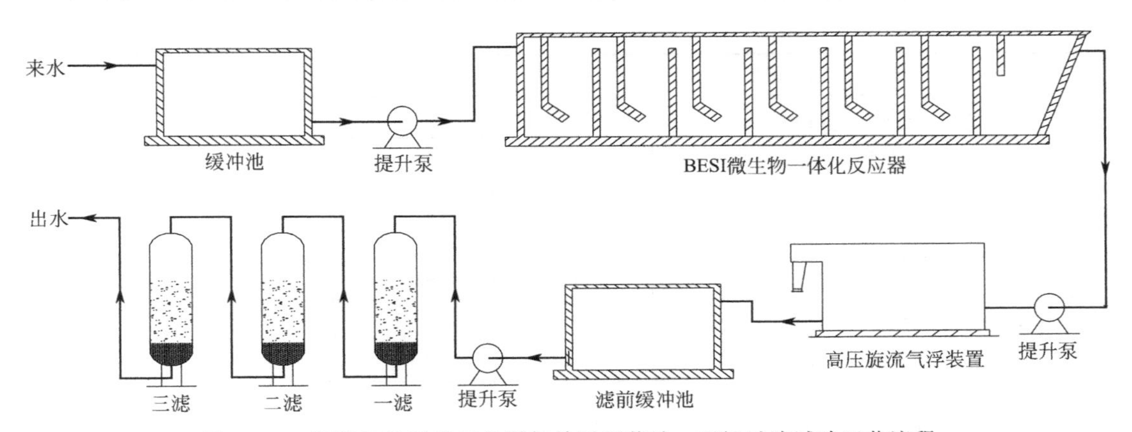

图10-25 原微生物系统工艺增加单层石英砂，三级过滤试验工艺流程

(1) 工艺流程（一）

主体工艺流程为“来水→BESI微生物一体化反应器→高压旋流气浮装置→一级压力石英砂单层过滤罐（0.5～1.2mm）→二级压力石英砂-磁铁矿双层过滤罐→三级压力海绿石-磁铁矿双层过滤罐→出水”的五段处理工艺。试验处理规模为$1m^3/h$，其中微生物反应器水力停留时间为24h；旋流气浮装置水力停留时间为40min；一滤滤速为8m/h，二滤滤速为6m/h，三滤滤速为4m/h，过滤周期为24h。试验结果见表10-12。

表10-12 微生物系统工艺三级过滤各段出水悬浮固体含量测试结果（一）

单位：mg/L

时间	来水	微生物出水	气浮出水	一滤出水	二滤出水	三滤出水
4h	108	29.4	31.4	33.4	4.94	4.76
8h	273	55.2	25.9	34.3	7.41	4.60
12h	109	36.0	37.9	18.8	10.0	15.4
16h	136	31.3	38.2	21.4	2.78	7.32
20h	79.3	14.3	29.1	6.45	16.2	4.44
24h	68.1	16.0	23.3	19.4	18.8	9.30
平均	129	30.4	31.0	22.3	10.0	7.64

如表10-12所列，运行周期为24h，在来水悬浮固体含量平均为129mg/L的情况下，微生物处理后悬浮固体含量平均30.4mg/L，三级过滤最终出水悬浮固体含量平均为7.64mg/L，悬浮固体整体去除率为94.1%。取样共计6组，达标3组（≤5mg/L），达标率为50%，平均出水悬浮固体含量没有达到深度水水质指标。

(2) 工艺流程（二）

工艺（二）基本同工艺（一），只是将单层石英砂滤料更换为单层陶粒滤料。

主体工艺流程为"来水→BESI微生物一体化反应器→高压旋流气浮装置→一级压力陶粒单层过滤罐（0.45～0.9mm）→二级压力石英砂-磁铁矿双层过滤罐→三级压力海绿石-磁铁矿双层过滤罐→出水"的五段处理工艺。试验处理规模为$1m^3/h$，其中微生物一体化反应器水力停留时间为24h；旋流气浮装置水力停留时间为40min；一滤滤速为8m/h，二滤滤速为6m/h，三滤滤速为4m/h，过滤周期为24h。试验结果见表10-13。

表10-13 微生物系统工艺三级过滤各段出水悬浮固体含量测试结果（二）

单位：mg/L

时间	来水	微生物出水	气浮出水	一滤出水	二滤出水	三滤出水
4h	85.0	23.4	13.8	3.61	9.06	6.00
8h	80.6	22.1	25.2	12.2	3.49	5.33
12h	98.0	19.2	27.8	11.4	10.9	4.01
16h	73.0	26.2	12.9	10.5	13.8	4.31
20h	82.8	20.4	26.9	6.50	4.38	5.00
24h	82.9	17.4	10.5	9.77	8.91	3.00
平均	83.7	21.5	19.5	9.00	8.42	4.61

如表10-13所列，运行周期为24h，在来水悬浮固体含量平均为83.7mg/L的情况下，微生物处理后悬浮固体含量平均21.5mg/L，三级过滤最终出水悬浮固体含量平均为4.61mg/L，悬浮固体整体去除率为94.5%。取样共计6组，达标4组（≤5mg/L），达标率为66.7%，平均出水悬浮固体含量达到深度水水质指标。

(3) 对比结果

两种处理工艺除一滤不同外，其他均相同，从图10-26可以看出，一级过滤采用过滤精度略细的单层陶粒（0.45～0.9mm），效果要略好于采用单层石英砂（0.5～1.2mm），悬浮固体去除率提高了25.7%。

10.7.3.2 微生物系统工艺处理强碱三元采出水稳定运行试验

如图10-27所示，来水含油量平均为186mg/L，经微生物系统工艺处理后最终出水含油量平均为3.85mg/L，总体去除率为97.9%。其中微生物段出水含油量平均为16.9mg/L，除油贡献率为90.9%；气浮段出水含油量平均为12.3mg/L，除油贡献率为2.47%；过滤段除油贡献率为4.53%。处理后的水质满足大庆油田含聚污水低渗透层含油量≤5mg/L的水质回用指标。

如图10-28所示，来水悬浮固体含量平均为107mg/L，经微生物系统工艺处理后最终出水悬浮固体含量平均为3.86mg/L，悬浮固体总体去除率为96.4%。其中微生物段出水悬浮固体含量平均为27.8mg/L，除悬浮固体贡献率为74.0%；气浮段出水悬浮固体含量平均为22.4mg/L，除悬浮固体贡献率为5.05%；过滤段除悬浮固体贡献率为17.4%。处理后的水

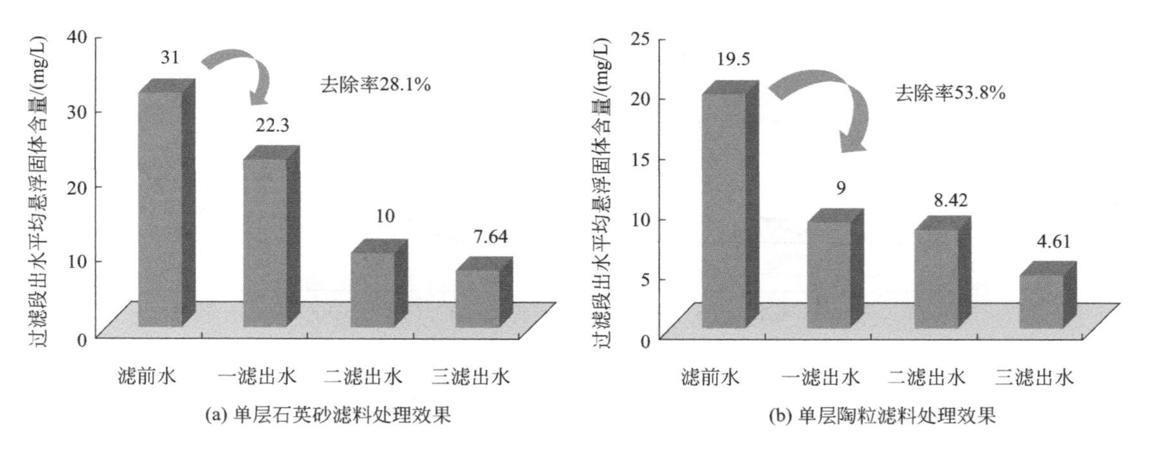

图 10-26　不同滤料处理效果对比

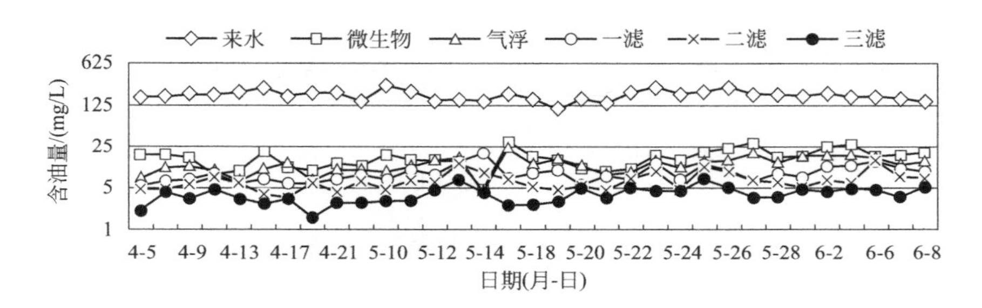

图 10-27　微生物系统工艺处理强碱三元采出水各段出水含油量变化曲线

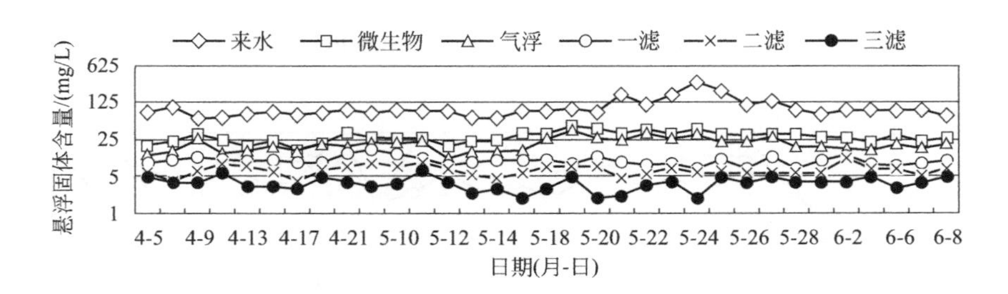

图 10-28　微生物处理工艺处理强碱三元采出水各段出水悬浮固体含量变化曲线

质满足大庆油田含聚污水低渗透层悬浮固体含量≤5mg/L 的水质回用指标。

10.7.4　BESI 微生物一体化反应器有机物降解分析

10.7.4.1　表面活性剂、黏度和聚合物降解分析

如图 10-29 和图 10-30 所示，经过 BESI 微生物一体化反应器处理后表面活性剂去除及降黏效果较明显。其中微生物反应器进水表活剂含量平均为 84.4mg/L（55～125mg/L），经过 BESI 微生物一体化反应器处理后出水降至平均为 41.2mg/L（12.7～78.9mg/L），去除率为 51.2%。采出水黏度经过 BESI 微生物一体化反应器处理后，黏度由进水平均 3.34mPa·s 降至出水平均 1.76mPa·s，降黏率为 47.3%。表活剂及黏度前期处理效果较

好，后期随着进水 pH 值的不断升高直至达到 10.6 以上时，黏度及表活剂去除效率呈现下降趋势，但对于出水含油量、悬浮固体含量没有明显影响。

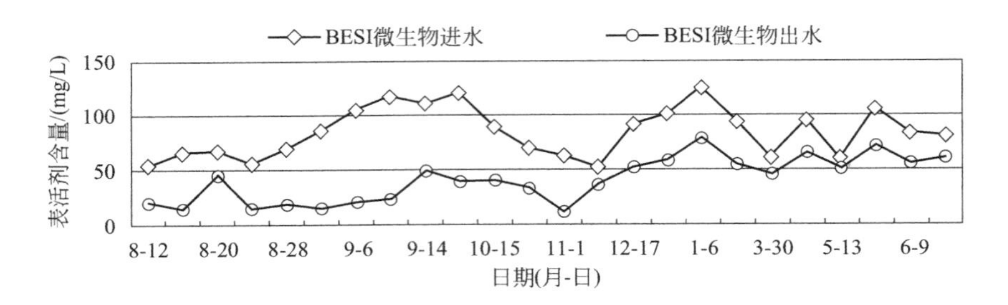

图 10-29 BESI 微生物一体化反应器进出水表活剂含量变化曲线

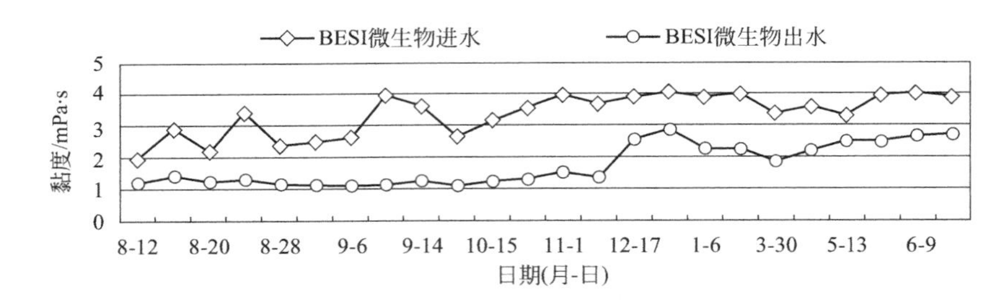

图 10-30 BESI 微生物一体化反应器进出水黏度变化曲线

如图 10-31 所示，经过 BESI 微生物一体化反应器处理后聚合物含量去除率较低。主要原因为微生物在强碱三元采出水水质环境下对于聚合物难以完全降解。

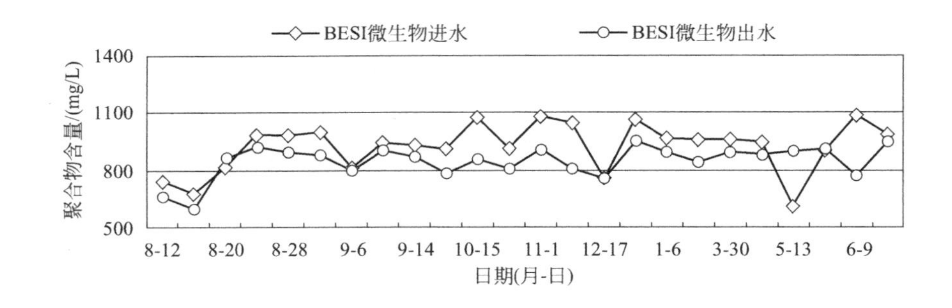

图 10-31 BESI 微生物一体化反应器进出水聚合物含量变化曲线

10.7.4.2 色质联机有机物变化分析

采用气相色谱-质谱联用仪（GC-MS），对 BESI 微生物一体化反应器各段有机物进行了定性分析。

如图 10-32 所示，采用 MTBE（甲基叔丁基醚）为萃取剂，主要考察石油类物质的降解以及降解产物，污染物共直接检出物质 84 种，其中明显峰值的物质 30 种，多为十一烷到三十四烷（表 10-14），相对于原水，石油类物质在各个生化处理段，峰值发生明显降低，许多低碳石油类物质得到去除，部分高碳石油类物质也有明显的去除。生物法对于石油类物质的深度处理，显现出明显的效果。

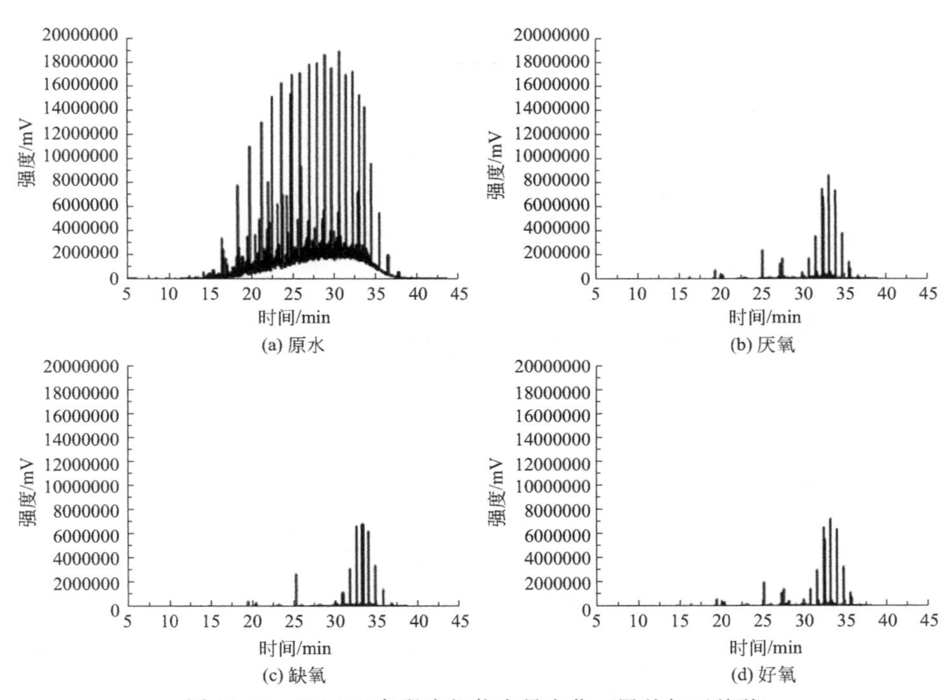

图 10-32　GC-MS 各段有机物含量变化（甲基叔丁基醚）

表 10-14　GC-MS 各段有机物含量变化表（甲基叔丁基醚萃取剂）

序号	污染物名称	原水	厌氧	兼性	好氧
1	十一烷 Undecane	+	−	−	−
2	戊基环己烷 pentyl cyclohexane	+	−	−	−
3	2-甲基十一烷 2-methyl undecane	+	−	−	−
4	十二烷 Dodecane	+	−	−	−
5	十三烷 Tridecane	+	−	−	−
6	庚基环己烷 Heptylcyclohexane	+	+	+	−
7	9-甲基壬烷 9-methyl nonadecane	+	+	−	−
8	十四烷 Tetradecane	+	−	−	−
9	2,6,10,14-四甲基十七烷 2,6,10,14-tetramethyl heptadecane	+	−	−	−
10	十五烷 Pentadecane	+	−	−	+
11	2,6,10-三甲基十四烷 2,6,10-trimethyl tetradecane	+	−	−	−
12	十六烷 Hexadecane	+	−	−	−
13	三十四烷 Tetratriacontane	+	+	+	+
14	十七烷 Heptadecane	+	+	+	+
15	2-甲基癸烷 2-methyl decane	+	+	−	+
16	十八烷 Octadecane	+	−	−	−
17	十九烷 Nonadecane	+	+	+	+
18	十二烷基环己烷 Dodecylcyclohexane	+	−	−	−
19	十四烷基环氧乙烷 tetradecyl oxirane	+	+	+	+
20	1-甲基蒽,1-methyl anthracene	+	−	−	−
21	十二烷基环己烷 Dodecylcyclohexane	+	+	−	−
22	2,6,10-三甲基十四烷 2,6,10-trimethyl tetradecane	+	−	−	−
23	二十烷 Eicosane	+	+	+	+

续表

序号	污染物名称	原水	厌氧	兼性	好氧
24	2,6,10,14-四甲基十五烷 2,6,10,14-tetramethyl pentadecane	+	—	—	+
25	二十一烷 Heneicosane	+	+	+	+
26	二十碳烷 Eicosane	+	+	+	+
27	十五烷基环己烷 *n*-Pentadecylcyclohexane	+	—	—	—
28	戊基环己烷 Cyclohexane, pentyl-	+	+	+	+
29	2-环己基十二烷 2-cyclohexyl dodecane	+	—	—	+
30	三十一烷 Hentriacontane	+	+	+	+

注：是否含有该类有机物以"+""—"表示，其中"+"代表含有该类有机物，"—"代表不含有该类有机物。

如图 10-33 所示，采用正己烷为萃取剂，主要考察其他污染物（除聚合物外）的降解以及降解产物，污染物直接检出物质 102 种，其中明显峰值的物质 22 种，多是部分石油类物质以及有毒类物质，如苯系物、氰类物质以及其他多环芳烃类物质（表 10-15）。相对于原水，部分石油类物质及其他污染物在各个生化处理段，峰值发生明显降低，得到了明显的去除。污水有毒物质在厌氧及缺氧段大部分被去除，提高了污水的可生化性，同时保证了后续好氧阶段的更好处理，采用多级梯度生物处理是难降解污水处理的首选措施。

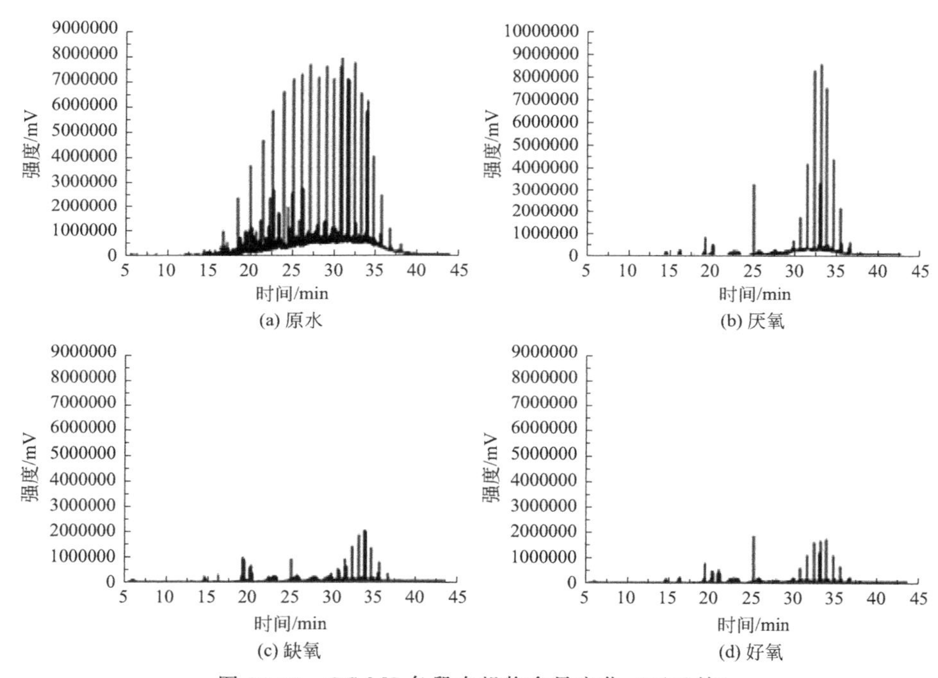

图 10-33　GC-MS 各段有机物含量变化（正己烷）

表 10-15　GC-MS 各段有机物含量变化表（正己烷萃取剂）

序号	污染物名称	原水	厌氧	兼性	好氧
1	4,4-二甲基-3-氧代戊腈 4,4-Dimethyl-3-oxopentanenitrile	—	+	—	—
2	十六烷 Hexadecane	—	+	—	—
3	2-甲基十一烷 2-methyl undecane	+	—	—	—
4	3,8-二甲基癸烷 3,8-dimethyl decane	—	+	—	—
5	2-甲基丙酸 2-methyl propanoic acid	+	—	—	+
6	丁酸丁酯 butyl butyrate	+	+	+	+

续表

序号	污染物名称	原水	厌氧	兼性	好氧
7	1-碘辛烷 1-iodo octadecane	+	+	−	−
8	对甲基酚 Butylated Hydroxytoluene	+	+	−	+
9	4-乙氧基苯甲酸乙酯 4-Ethoxy-benzoic acid ethyl ester	+	+	+	+
10	二十碳烷 Eicosane	+	−	−	+
11	烯丙基二甲基(丙-1-炔基)硅烷 Allyldimethyl(prop-1-ynyl)silane	+	−	−	−
12	邻苯二甲酸二丁酯 Dibutyl phthalate	+	−	−	+
13	3-丁基环已酮 3-butyl cyclohexanone	+	−	−	−
14	二十一烷 Heneicosane	+	+	+	+
15	十八烷酸甲酯 Octadecanoic acid，methyl ester	+	+	−	+
16	2,6,10,14-四甲基十六烷 2,6,10,14-tetramethyl hexadecane	+	−	−	+
17	正十八烷 Octadecane	+	+	+	+
18	1,2-苯二甲酸单(2-乙基已基)酯 1,2-Benzenedicarboxylic acid mono(2-ethylhexyl) ester	+	−	−	+
19	正十七烷 Heptadecane	+	+	+	+
20	3-甲基-1-亚甲基丁基苯(3-methyl-1-methylenebutyl)-benzene	−	−	−	+
21	2-甲基-1-十八碳烯 2-Methyl-1-octadecene	−	−	−	+

10.7.5 BESI 微生物一体化反应器群落演替分析

采用最新的微生物群落高通量测序技术，对三元原水，BESI 微生物一体化反应器厌氧段、兼性厌氧段及好氧段不同生物处理的生物相，进行了微生物群落演替的解析。原水流经 BESI 微生物一体化反应器不同反应段时（厌氧段、兼性厌氧段、好氧段），微生物群落发生很大变化，其中表现在厌氧段和好氧段的微生物群落差异显著，不同生物相中的优势微生物种群稳定，优势菌属明显。优势菌属的确定，为后续微生物菌剂的开发指明方向。在不同的生物相作用下，进行着污染物的降解和转化。BESI 微生物一体化反应器不同反应段微生物群落演替及组成分析见图 10-34（另见书后彩图）。

① 三元原水优势微生物：*Gaiellales*、丛毛单胞菌（*Comamonadaceae*）、红育菌属（*Ramlibacter*）、副球菌属（*Paracoccus*）、红杆菌属（*Rhodobacteraceae*）、类诺卡氏菌属（*Nocardioides*）、梭菌属（*Clostridiaceae*）、叶绿体属（*Chloroplast*）、不动杆菌属（*Acinetobacter*）、黄杆菌属（*Flavobacteriaceae*）、磁螺菌属（*Magnetospirillum*）、芽单胞菌属（*Gemmatimonas*）、鞘脂菌属（*Sphingobium*）、铁杆菌属（*Ferribacterium*）、红环菌属（*Rhodocyclaceae*），原水中的优势菌属表现出嗜盐、耐碱的功能，同时也有部分降解功能。通过不同的工艺段，激发本源微生物的生长，实现污染物的降解和去除。

② 厌氧段优势微生物：*Gaiellales*、古细菌的乙酸功能属（*Synergistaceae*）、叶瘤菌属（*Phyllobacteriaceae*）、候选属（*Candidatus*）、肉杆菌属（*Carnobacterium*）、海螺菌属（*Marinospirillum*）、螺菌属（*Nitrosospira*）、甲基弯曲菌属（*Methylosinus*）、类诺卡氏属（*Nocardioides*）、脱硫球茎菌属（*Desulfobulbus*）、明串珠菌属（*Trichococcus*）、嗜盐单胞菌属（*Halomonas*）、微细菌属（*Microbacterium*）、乳球菌属（*Lactococcus*），厌氧段的微生物表现出了产甲烷、产酸以及硫酸盐还原功能。

③ 兼性厌氧段优势微生物：线粒体属（*Mitochondria*）、红育菌属（*Ramlibacter*）、古细菌的乙酸功能属（*Synergistaceae*）、肉食杆菌属（*Carnobacterium*）、嗜盐嗜碱菌属（*Alkalibacterium*）、明串珠菌属（*Trichococcus*）、嗜盐单胞菌属（*Halomonas*）、热单胞菌属

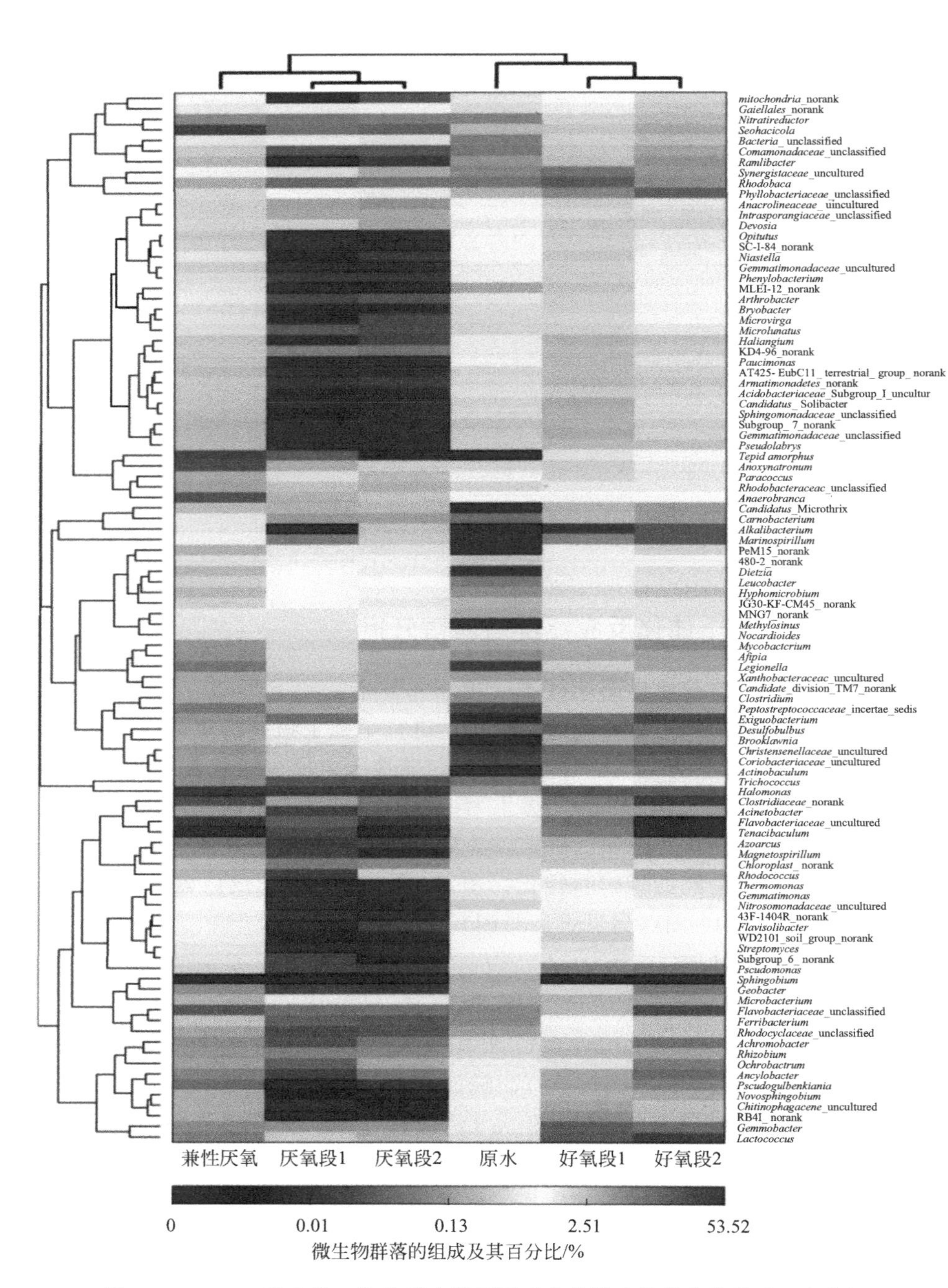

图 10-34 BESI 微生物一体化反应器不同反应段微生物群落演替及组成分析

(*Thermomonas*)、假单胞菌属 (*Pseudomonas*)，兼性厌氧段的微生物表现出了嗜盐、嗜碱以及硝酸盐还原功能。

④ 好氧段优势微生物：叶杆菌属 (*Nitratireductor*)、古细菌的乙酸功能属 (*Synergistaceae*)、红菌属 (*Rhodobaca*)、叶瘤菌属 (*Phyllobacteriaceae*)、嗜盐单胞菌属 (*Halomonas*)、铁杆菌属 (*Ferribacterium*)、苍白杆菌属 (*Ochrobactrum*)。好氧段的微生物体现的功能在于小分子的降解利用以及硝化、氨氧化功能。

10.8　本章小结

油田硫酸盐还原菌作为一把“双刃剑”表现出好的一面是在污水生物处理方面，对难降解的物质有一定的降解效果，提高了污水的可生化性，可以实现污水的深度处理，尤其对石油类物质处理效果较好，降低了污水处理成本。近 10 年，生物法处理油田污水表现出了良好的势头，有很多的工程案例得到实施（见陈忠喜、魏利、赵秋实、古文革等编著的《含油污水回注生物处理技术研究及其工程应用》）。

笔者在 2014 年提出了基于“硫”载体的生物硫循环处理工业废水的思想，通过多年的实践发现具有较好的应用前景，但也存在很多问题，如不同价态的“硫”的电子传递以及代谢途径的解析、参与的硫酸盐还原菌与系统中的微生物群落种群竞争、生态调控等，还没有得到合适的解释和证明。

但是从前期的研究看，硫酸盐还原菌的确具有较好的污水处理能力，在污水处理中可以很好地加以应用，对解决油田环保问题具有重要意义。

第11章 硫酸盐还原菌在含油污泥和土壤修复中的应用

11.1 石油烃降解的研究

11.1.1 石油污染的产生和危害

随着石油工业的迅猛发展，在石油的勘探、开发、运输及炼制过程中，石油对油田、地下水和农用耕地造成了很大的污染，严重地影响了人们正常的生产和生活。相关数据表明，目前每年的原油产量中有80%以上的原油是由陆地油田产生的，仅落地原油一项我国石油企业每年产生量约为700万吨，有近60万吨无法回收而直接进入环境，对土壤的污染尤为严重，因此对石油污染土壤开展污染治理刻不容缓。

大多数情况下，在油田的开发过程中，石油烃污染物进入土壤后部分会被土壤中的细菌降解，但有时石油烃污染物会直接与地下水接触，或者土层空隙度太大，使石油烃易于透过包气带对地下水造成严重污染。目前，我国大部分油田的地下水位较低，如克拉玛依油田、胜利油田和大庆油田等，地下水埋深均在2～7m之间，含水介质主要以细砂和粉砂为主，因此地下水的污染也是一个非常严重的问题。

石油是一种由有机和无机化合物组成的复杂混合物，石油中的主要元素是碳和氢，以及少量的氧、氮和硫元素，另外还含有少量金属元素和氯、硅和磷等非金属元素。石油组分可以分为饱和烃类和不饱和烃类两大类，其中饱和烃类包括直链烷烃、支链烷烃和环烷烃；不饱和烃类包括烯烃、炔烃、单环芳烃、多环芳烃和杂环芳烃等。污染土壤的石油主要来自石油勘探与开采、储运、炼制过程中作业不当、事故泄漏等，如在油田开发过程中钻井造成的落地原油、井喷事故，运输过程的漏油事故、油罐的泄漏以及石油炼制过程中产生的一些炼厂“三泥”等，而这些落地油和事故泄漏原油可随雨水进入水环境，并通过土壤入渗进入地下水环境。

据调查，我国大部分的油田作业区周围的土壤一般都受到了较为严重的石油污染，有的石油污染土壤甚至寸草不生，尤其是我国西北地区的油田如克拉玛依油田，给周围的环境造成了严重的危害，污染主要集中在地表50cm的深度范围内。由于石油的特殊性质，当其进入土壤后会与土壤中的颗粒物粘连，从而引起土壤理化性质发生变化，如造成土壤孔隙结构的堵塞，影响土壤的通透性，降低土壤的透水性；石油的强极性基团还能与土壤中的有机物质及一些营养元素结合，如与腐殖质、无机氮和磷结合，限制了硝化、反硝化和磷酸化作用，从而使土壤中可供微生物和植物利用的有效有机质、氮和磷含量降低，降低了土壤中的C/N/P 比，严重影响了土壤的肥力。此外石油中的大多数组分特别是一些不饱和烃类物质，对土壤中的动植物有很大的毒害作用，从而导致作物发芽率、出苗率降低，结实率下降，抗倒伏、抗病虫害的能力降低；同时对微生物的群落结构和微生物区系影响较大，使得污染土壤的活性进一步降低。石油中的芳香烃类物质对人及动物的毒性较大，尤其是以双环和三环为代表的多环芳烃毒性更大。到目前为止，石油制品中总计发现了 2000 多种可疑致癌化学物质，其可分为四大类，其中第一类就是以多环芳烃（PAHs）为主的有机化合物。PAHs 可通过呼吸、皮肤接触、饮食摄入等方式进入人和动物的体内，影响其肝、肾等器官的正常功能，甚至引起癌变。同时，当石油烃污染物从土壤进入地下水后，由于其自净能力极弱，会对生态环境造成严重影响，直接对人类及其活动造成危害。国外的相关研究表明，当地下水受到石油污染后，一般几十年都难以在自然状态下使水质复原，这在水资源日益紧张的今天，地下水缓慢的自然净化速度对人类的生活和发展是一个巨大的挑战。综上所述，石油污染物对土壤和地下水造成了严重的污染和生态破坏，影响了人们的正常生产和生活，对人体健康和生存造成了巨大的威胁。因此，石油污染治理，特别是污染土壤和地下水的治理是当前急需解决的问题，对人类生存和社会可持续发展具有重要的意义。

11.1.2 石油烃污染的厌氧生物修复技术研究

目前，大多数有关石油污染土壤和地下水的现场和室内研究都是在好氧条件下进行的。以石油烃好氧代谢理论建立的生物修复技术，在石油污染土壤和地下水的治理中已经取得了很好的效果，具有经济、高效、二次污染少等优点，但在缺氧或厌氧的环境中，该技术的缺点显而易见。近几年的大量研究表明，在缺氧条件（anoxic conditions）或厌氧条件（anaerobic conditions）下同样可以进行石油烃的降解，这一新颖的观点对石油污染土壤及地下水进行原位生物修复，特别是针对一些污染源较为分散、现场操作条件较差的石油污染区域（如我国西北地区的油田）来说具有很重要的作用。

原油是一种非常复杂的烃类化合物，一般可分成四个组分：饱和分、芳香分、胶质和沥青质。大量研究表明，无论是好氧菌还是厌氧菌，以原油为碳源时主要降解的是原油中的饱和分、芳香分和少量的胶质组分，而且芳香烃和饱和烃在石油中占 85%左右，因此国内外对石油烃厌氧降解的研究主要集中在饱和分和芳香分；另外由于石油烃的复杂性，为了便于研究，学者们通常是对石油烃中的单一组分或模式物进行研究。在好氧条件下，低环数的 PAHs 易被微生物降解，但微生物对高环数的 PAHs，特别是三环和四环却没有明显的降解效果，而石油烃厌氧降解菌却能够降解部分好氧菌无法降解的物质，但厌氧菌存在生长速度和降解速度缓慢的缺点。研究表明，原位厌氧生物过程中，厌氧处理效果的好坏取决于厌氧微生物所处环境受污染时间的长短，受污染时间越长，微生物越能适应土壤环境，修复效果就越好。

国内外对石油烃厌氧降解的研究主要集中在厌氧降解菌的筛选和鉴定、厌氧降解影响因素、厌氧降解菌的微生物学特性、厌氧降解特性、厌氧降解菌的代谢机理和降解途径等方面。

在厌氧条件下，微生物利用的电子受体主要包括硫酸盐、硝酸盐、Fe^{3+} 和 CO_2 等，这些电子受体对厌氧降解的影响也很大，R. Boopathy 在实验室内设计厌氧堆置土柱试验模拟柴油污染土壤原位修复，考察了不同单一电子受体和混合电子受体对厌氧降解柴油的影响，结果表明在任何电子受体条件下厌氧降解菌均可以厌氧降解柴油，但在混合电子受体中厌氧降解速率最大。从被污染的土壤中筛选出 3 株厌氧降解苯系物（BTEX）的纯菌种，对地下水中 BTEX 厌氧生物降解进行研究，结果表明以硫酸盐或硝酸盐作为电子受体时，BTEX 的降解率最高，可以达到 95%；地下水厌氧原位生物修复的影响因素主要包括电子受体、菌种、污染物浓度等。从石油污染土壤中筛选得到一系列的甲苯降解菌，利用渗流槽模拟扩大降解试验，结果表明筛选得到的菌株能够有效降解地下水中的甲苯。因此要根据修复现场的实际情况（电子受体本底值、土著微生物种类等）投加特定的电子受体，强化生物修复效果。在石油污染厌氧生物修复过程中，最主要的影响因素包括厌氧降解菌的类型、电子受体以及污染物的种类和浓度，因此在研究过程及实际的生物修复过程中厌氧降解菌的获取显得尤为重要。

11.1.3 石油烃厌氧降解菌

厌氧菌（anaerobic bacteria）是一类在无氧条件下比在有氧环境中生长好的细菌，这类细菌缺乏完整的代谢酶体系，其能量代谢以无氧发酵的方式进行。根据对氧气耐受程度的不同，降解石油烃的微生物可以分为两类：一类是兼性厌氧菌，这类微生物可在厌氧条件下良好生长，同时在好氧条件下也可以进行代谢，如硝酸盐还原菌、铁细菌、锰细菌和部分硫酸盐还原菌等；另一类是严格厌氧菌，这类微生物在有空气存在的情况下是无法生存的，如大部分的硫酸盐还原菌。近二十年以来，已经开展了很多石油烃厌氧降解菌的筛选工作，已经获得了较多能够以石油烃中的某一种或几种组分为唯一碳源的厌氧降解单菌。

大部分可以利用石油烃中的某一组分作为碳源的厌氧菌主要是硝酸盐还原菌和硫酸盐还原菌，另外还有少量的铁细菌和光合细菌，这些降解单菌可利用的烃类主要是正构烷烃中 C_6～C_{23} 之间的部分化合物，单环芳烃中的苯、甲苯、乙苯、对异丙基甲苯、2-乙基甲苯和间二甲苯，多环芳烃中的萘等，这些降解菌分别属于 *Rhodospirillum*、*Roseobacter*、*Marinobacter*、*Ralstonia*、*Thauera*、*Thauera selenatis*、*Dechloromonas*、*Rhodocyclus*、*Escherichia coli*、*Bacillus cereus*、*Ectothiorhodospira*、*Desulfatiferula*、*Desulfovibrio*、*Desulfatibacillum*、*Desulfotignum*、*Proteobacteria* 和 *Desulfuromonas*。

除上述所列的石油烃降解菌外，还有大量从油藏、地下水和石油污染土壤中筛选得到的厌氧单菌或混合菌，这些厌氧菌有的能直接以石油烃中的某些组分或其衍生物为碳源，有的能以某些简单的糖类、酸类、醇类和醛类化合物为碳源，有的甚至能直接以原油为碳源进行生长代谢。从下水道底泥中分离纯化得到 2 株能与葡萄糖共代谢厌氧降解硝基苯的降解菌，其分别是吉氏拟杆菌（*Bacteroides distasonis*）和屎拟杆菌（*Bacteroides merdae*），并考察了这两株菌的最适生长条件。向廷生等在试验条件下发现，烃氧化菌和硫酸盐还原菌的混合菌可以在好氧和厌氧条件下直接以原油为碳源，使原油的组分发生变化。李红梅等从厌氧活性污泥中筛选得到一株可以高效降解苯酚的白假丝酵母（*Candida albicans*），命名为 PDY-07，该菌能以苯酚为唯一碳源。黎霞等首次从国内油藏中分离得到一株菌株热厌氧杆菌 SC-2，该菌能利用葡萄糖产生乙醇、乙酸、丙酸、H_2、CO_2 及少量的乳酸。Yumiko Kodama 和 Kazuya Watanabe 从油藏中分离得到一株单菌 YK-1（属于 *Thiomicrospira denitrificans*），该菌可以以硫酸盐、硝酸盐和 H_2 为电子受体，不能以原油为碳源，而是以原油中的含硫化合物为碳源。马立安等利用 SRB 处理不同黏度的原油，利用红外光谱和气相色谱分析处理前后原油的组成变化，结果表明，SRB 可以降解原油，使轻组分相对减少。郑承纲等从油田采出水中分离得到一株烃降解菌 *Rhodococcus ruber* Z25，该菌能分别在好氧和厌氧条件下利用石油，好氧条件下优先降解轻烃组分，厌氧条件下优先降解重烃组分。

石油烃厌氧降解菌株的分离纯化对于研究厌氧菌在厌氧环境中的作用及其在石油污染治理中的作用有着较为重要的意义，特别是在研究其对石油烃的代谢机理中有着非常重要的作用。到目前为止，能厌氧降解原油的降解单菌只有 Widdel 等报道的一株降解原油的硫酸盐还原菌和硝酸盐还原菌以及郑承纲等分离得到的一株 *Rhodococcus ruber* Z25 菌，而能降解多底物或原油的混合菌是比较多的。单一的厌氧降解单菌对石油烃的底物利用能力是有限的，大部分只能利用正构烷烃中的轻质组分、部分的单环芳烃和少数的多环芳烃，而要提高厌氧修复石油烃的效果就必须要有较好底物降解范围的降解菌。因此，在实际的厌氧生物修复过程中，单一的菌株是不适合的，应该使用高效的厌氧降解混合菌进行厌氧生物修复，特别是利用污染环境中的土著厌氧微生物，通过原位强化措施提高其厌氧降解能力。

11.1.4 石油烃的微生物厌氧降解机制

在自然界中，没有一种有代谢能力的单一菌种能够降解原油中的所有组分，原油的生物降解典型也涉及所存在的微生物种群中的物种演替。事实上不能直接降解石油烃的微生物对环境中石油烃的最终去除也可能起着非常重要的作用。石油烃的降解涉及一系列繁杂的反应和转化，在这些反应和转化过程中，某些微生物可能对石油组分实施最初的代谢；这一过程会产生一些被其他微生物所利用的中间产物，从而使石油烃得到进一步的降解。根据石油烃的性质和组成可以将石油烃分为饱和分、芳香分、胶质和沥青质，目前对饱和烃、芳香烃及单一化合物厌氧降解的研究开展得比较多。

综合近年来国外的研究进展表明，以硝酸盐或硫酸盐作为电子受体降解石油烃的起始反应主要有以下 4 种。

① 延胡索酸盐结合反应。延胡索酸盐结合反应是烃厌氧降解的主要途径，由烃的碳原子攻击延胡索酸盐的双键，生成烷基或芳香基琥珀酸盐；

② 羧基化反应。羧基化反应由外源碳原子添加到烷烃链上或芳香烃苯环上，生成烷基或芳香基脂肪酸。

③ 羟基化反应。

④ 甲基化反应。羟基化反应和甲基化反应主要是芳香烃的降解方式，由羟基或甲基结合于芳香烃烷基链或苯环上。

11.1.4.1 饱和烃

饱和烃主要由正构烷烃（直链烷烃）、异构烷烃和环烷烃组成。一般情况下，饱和烃中的正构烷烃是最容易被降解的组分。研究表明微生物可降解碳原子数高达 44 的正构烷烃。无论是在好氧条件还是在厌氧条件下，$C_{10}\sim C_{26}$ 的烷烃均被认为是最容易且最频繁被微生物利用的石油烃组分。1991 年 Aeckersberg 等报道了第一株可厌氧降解烷烃的单菌，这是一株硫酸盐还原菌，被命名为 Hxd3，可以在十六烷或其他烷烃下严格厌氧完全降解为 CO_2。目前已经发现正构烷烃的厌氧降解途径主要有两种（见图 11-1）：第一种是羧基化反应，在 C-3 位置发生羧基化；第二种是在 C-2 位置增加一分子的延胡索酸。研究表明，两种降解途径在硫酸盐还原条件下同时发生，这与以前提出的通过脱氢酶脱氢生成烯烃的观点不一致，这是两种新的降解途径。值得注意的是，在某些芳烃化合物的厌氧降解初始阶段也同时存在羧基化反应和延胡索酸合成反应。

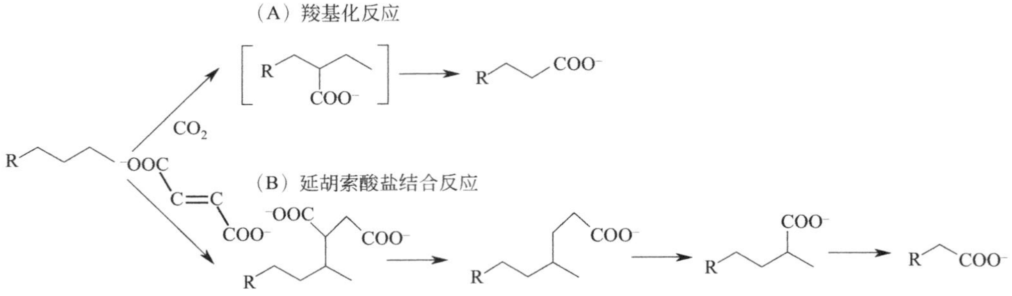

图 11-1　正构烷烃的厌氧降解途径

(1) 延胡索酸盐结合反应

So 和 Young 用含有氘原子和^{13}C 标记的烷烃来研究菌 AK-01 在硫酸盐还原条件下的厌氧降解，发现其可以生成相关长度的 2-甲基、4-甲基和 6-甲基脂肪酸。质谱分析表明，这些生成的支链脂肪酸保留了烷烃原来的碳链，生成的脂肪酸支链来自烷烃的末端的甲基，说明降解菌 AK-01 是将外源碳结合到烷烃的次末端（C-2）碳原子上，在后来的研究中发现在这个过程中有一种新的甘氨酰自由基酶参与反应。Rabus 等通过研究硝酸盐还原菌 HxN1 厌氧降解标记的正己烷的代谢产物，表明最初的反应是通过在 C-2 位置发生 C—H 均裂后结合延胡索酸生成 1-甲基戊基琥珀酸。与甲苯厌氧代谢形成琥珀酸苄酯相比，烷烃的延胡索酸盐反应类似于一种自由基反应（由一种甘氨酰自由基酶催化），从而保留了原来碳链上的氢原子。碳骨架经过重新排列后生成烷基琥珀酸，然后通过脱羧基反应生成 4-甲基脂肪酸，该脂肪酸可以再通过 β-氧化为 2-甲基脂肪酸，最后氧化为比原来碳链少了两个碳原子的直链脂肪酸。因此，对碳原子数大于 6 的正构烷烃的延胡索酸盐结合反应，以奇数碳链的烷烃为碳源时，会生成奇数碳链的脂肪酸，反之，以偶数碳链的烷烃为碳源时，将生成偶数碳链的脂肪酸。

(2) 羧基化反应

So 等通过研究硫酸盐还原菌 Hxd3 厌氧降解标记的正构烷烃的代谢产物，发现了羧基化反应是正构烷烃的一种代谢途径。参与羧基化反应的无机碳（碳酸氢盐）是在正构烷烃的 C-3 位置发起攻击的，烷烃末端的两个碳原子丢失，从而导致了以奇数碳链的烷烃为碳源时，将生成偶数碳链的脂肪酸，以偶数碳链的烷烃为碳源时，将生成奇数碳链的脂肪酸。虽然这种机制已经得到了大量研究证实，但是一直无法检测到 2-乙基脂肪酸代谢中间产物，因此需要对此做更加深入的研究。

11.1.4.2　单环芳烃

单环芳烃的主要代表物是苯系物（苯、甲苯、乙苯和二甲苯等），它是厌氧降解研究的热点，有关单环芳烃的厌氧降解代谢已经开展了非常多的工作，特别是苯和甲苯，其降解途径已经被许多研究所证明。苯系化合物对厌氧菌的攻击较为敏感，因此下面分别对甲苯、苯和其他苯系物的降解途径分别进行论述。

(1) 甲苯

在苯系化合物中，甲苯的厌氧降解得到了最广泛的关注，人们对甲苯的厌氧降解菌、降解机理、降解酶和降解基因等方面都开展了大量的工作。早期的研究表明大多数的甲苯厌氧降解菌是硝酸盐还原菌，在后来的研究中又发现了能在 Mn^{4+} 、Fe^{3+} 、硫酸盐和甲烷条件下厌氧降解甲苯的菌株。在 1～2 个月的降解周期内，甲苯能在各种还原条件下得到完全降解，而苯的完全降解需要非常长的时间（达到 525 d）。大量研究表明，甲苯厌氧降解的第一步是延胡索酸盐结合到甲苯的甲基上形成苯甲基琥珀酸盐（见图 11-2）。参与该步骤反应的酶是一种新的甘氨酰自由基酶，称为苯甲基琥珀酸合成酶（Bss），在以甲苯为碳源的混合菌中可以检测到这种酶的存在，现在其已经被认为是甲苯起始代谢过程中关键的诱导酶。甲苯的苯甲基琥珀酸合成酶代谢机制首先是索氏菌属（*Thauera*）和固氮弓菌属（*Azoarcus*）在降解菌的硝酸盐还原过程中发现的，后来又在许多降解菌的多种还原条件下发现了这种代谢机制的存在，例如，在 Fe^{3+} 还原条件下的 *Geobacter metallireducens* 和硫酸盐还原条件下的 *Desulfobacula toluolica*，这两种菌均是 *Proteobacteria* 下的 σ 子类。同时这种作用机制也在 *Proteobacteria* α 子类 *Blastochloris sulfoviridis* 的甲苯厌氧消化过程中发现。

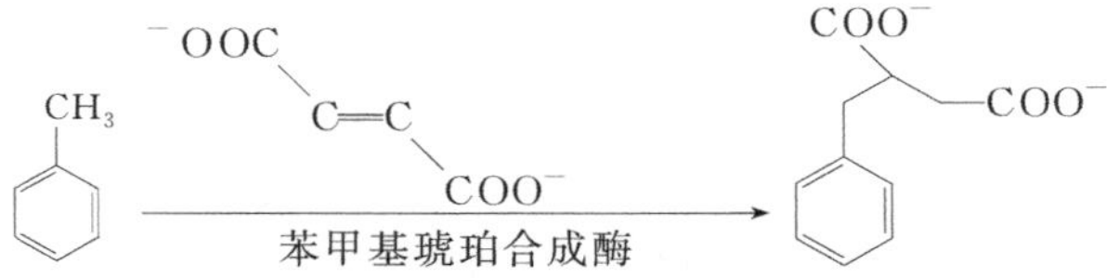

$^{-}$OOC—C═C—COO^{-}
CH_3
COO^{-}
COO^{-}
苯甲基琥珀合成酶

图 11-2 甲苯的厌氧降解途径

(2) 苯

近二十年有关甲苯厌氧降解菌及其降解途径的报道非常多，而苯的厌氧降解的研究相对而言比较困难。大部分有关苯厌氧降解的研究主要是在沉积物或富集混合菌上，尽管也证明了苯的厌氧降解可以在硫酸盐、硝酸盐、Fe^{3+} 还原条件下发生，但一直以来都没有发现可以直接利用苯作为唯一碳源的特定微生物种属。2001 年，Coates 等首次筛选得到两株能以苯为唯一碳源的降解单菌 RCB 和 JJ，这两株降解菌被分类为脱氯单胞菌 *Proteobacteria* 下的 β 亚类，这两株菌均能在硝酸盐还原条件下将苯完全降解成为 CO_2，5d 内可去除 160μmol/L 的苯。目前，还无法完整了解厌氧降解苯的生化代谢途径，但研究推测其存在羧基化、甲基化、羟基化几种降解途径，通过这些反应将苯还原为芳烃代谢中间产物苯甲酰（benzoyl）并开环，最后生成 CO_2。厌氧降解菌降解苯的代谢中间产物主要有苯酚、苯甲酸、丙酸和醋酸等，苯的厌氧降解途径如图 11-3 所示。羧基化过程主要生成苯甲酸；甲基化过程是先生成甲苯，然后在延胡索酸的参与下合成苯甲基琥珀酸；羟基化过程是先生成苯酚，然后在苯酚对位上加成一个羧基形成代谢中间体或者是直接生成环已酮。上述三种降解途径，在降解过程中都会有多种酶参与。其中一种酶叫苯甲酰辅酶 A（benzoyl-coA），它是芳烃厌氧代谢过程中均会出现的一种酶，最终将会降解为乙酰辅酶 A（acetyl-CoA）和二氧化碳。

(3) 其他苯系物

除了甲苯和苯外，有关其他苯系物的降解途径也有相关报道，特别是二甲苯（间二甲苯、邻二甲苯和对二甲苯）和乙苯在硫酸盐还原条件和硝酸盐还原条件下的降解途径。二甲苯的厌氧降解途径如图 11-4 所示，乙苯的厌氧降解途径如图 11-5 所示。尽管已经发现在沉积物和混合菌中存在对二甲苯的厌氧降解，但到目前为止还没有筛选出能够直接将对二甲苯降解为 CO_2 的菌株。间二甲苯的初始厌氧降解过程与甲苯在硝酸盐条件下的降解过程相似，在 3-甲基苯甲基琥珀酸合成酶的作用下产生苯甲酰自由基，苯甲酰自由基结合到苯环的某个支链上，形成一种 3-甲基苯甲基琥珀酸自由基，然后再将 3-甲基苯甲基琥珀酸合成酶保留的氢原子结合到3-甲基苯甲基琥珀酸自由基上，形成3-甲基苯甲基琥珀酸盐中间体，最后氧化为3-甲基苯甲酸。邻二甲苯和对二甲苯的降解方式与间二甲苯类似，只是参与的酶分别是2-甲基苯甲基琥珀酸合成酶和4-甲基苯甲基琥珀酸合成酶，生成的中间体分别是2-甲基苯甲基琥珀酸盐和4-甲基苯甲基琥珀酸盐。

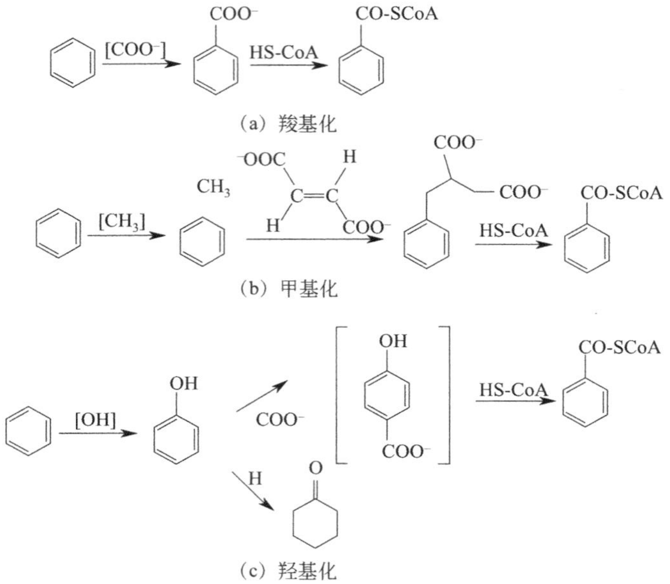

(a) 羧基化

(b) 甲基化

(c) 羟基化

图 11-3 苯的三种厌氧降解途径

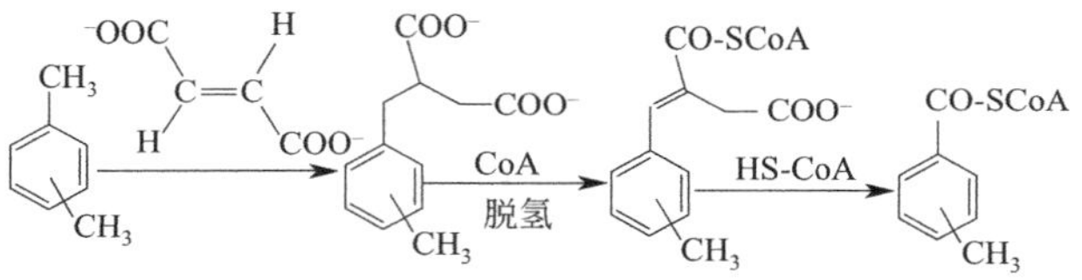

图 11-4 二甲苯的厌氧降解途径

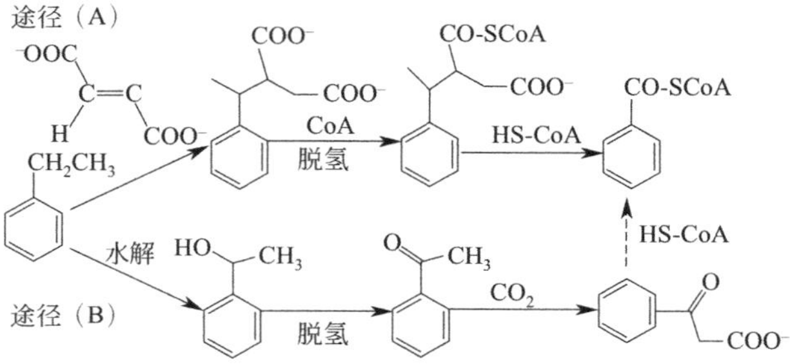

图 11-5 乙苯的厌氧降解途径

研究表明，在石油烃污染场地和富集混合菌中均发现乙苯能在硫酸盐和硝酸盐还原条件下被厌氧降解，但其降解能力与各种环境条件密切相关，Villatoro-Monzón 等发现在 Fe^{3+} 还原条件下，乙苯的降解速率要远高于其他苯系物；而 Botton 和 Parsons 却无法从能降解苯、甲苯和二甲苯的厌氧体系中发现乙苯的厌氧降解过程。乙苯有两种完全不同的降解途径，一个途径是与甲苯和二甲苯厌氧降解相似的延胡索酸盐结合反应，生成苯甲基琥珀酸盐的乙基同系物，如图 11-5 途径（A）所示。另一个代谢途径是在 *Azoarcus* sp. strain EB1 的硝酸盐还原过程中发现的，如图 11-5 途径（B）所示，乙苯先被羟基化为 1-苯乙醇，然后在水提供氢原子的条件下发生脱氢反应生成苯乙酮，最后氧化为芳烃的重要代谢产物苯甲酰辅酶 A。同时，在初始阶段乙基羟基化过程中发现了苯乙基酶，该酶已经被纯化并进行了相关表征。研究表明，可以单独按延胡索酸盐结合途径降解甲苯以及羟基化乙苯（降解菌 *Azoarcus* sp. EbN1），在甲苯和乙苯共存的情况下可以同时进行两种降解过程。

11.1.4.3　多环芳烃

到目前为止，能够在厌氧环境下被微生物所降解的多环芳烃的种类非常有限，可被厌氧降解的多环芳烃主要是萘、菲和一些烷基类多环芳烃。人们对多环芳烃厌氧降解机制了解得并不多，而且对其他三环或三环以上的多环芳烃是否能进行厌氧降解或者它们的厌氧降解是否在生长基质存在下以共代谢的方式进行一直持有不同的观点。在硫酸盐或硝酸盐还原条件下富集和筛选多环芳烃厌氧降解菌非常困难，近十年来才筛选得到若干株单菌和一些稳定的混合菌，从而使多环芳烃的厌氧降解机制被人们有所了解。但根据目前对大多数多环芳烃厌氧降解的研究结果，还无法确定多环芳烃的厌氧降解是被某些微生物部分氧化为代谢中间产物还是终产物，或者是被混合菌完全氧化，或者是两种过程会同时发生。

自 Mihelcic 和 Luthy 首次报道了在硝酸盐还原条件下土壤富集过程中发现了萘的厌氧降解以后，人们又发现了在硫酸盐、Fe^{3+}、Mn^{4+} 和甲烷还原条件下萘的厌氧降解，但降解萘的单菌却很少：Galushko 等筛选得到三株可以降解萘的硫酸盐还原菌 Naph S2、Naph S3 和 Naph S6，以及 Rockne 等从海洋沉积物中筛选得到的硝酸盐还原菌 strain NAP-3-1。通过对这些降解单菌及混合降解过程代谢产物的检测分析，人们提出萘厌氧降解起始反应主要有两个过程（见图 11-6）：一个是羧基化反应，辅酶与碳酸氢盐结合为萘的羧基化提供羧基，在这个过程中将有多种酶参与；另一个是先甲基化生成 2-甲基萘，然后按 2-甲基萘的降解途径进行延胡索酸盐结合反应，甲基化所需要的甲基可能来自碳酸氢盐的反 CO-脱氢酶反应，2-甲基萘经延胡索酸盐结合反应生成萘基-2-甲基琥珀酸盐，然后萘基-2-甲基琥珀酸盐脱氢生成萘基-2-亚甲基琥珀酸盐，以上两个降解途径最终经过一系列的反应生成 2-萘酸。研究表明，2-萘酸的代谢有两个途径，途径一［图 11-6（A）］：2-萘酸在一系列酶的作用下，加氢生成 1，4，5，6，7，8，9，10-八氢-2-萘酸盐，最后被代谢为终产物十氢萘酸或者是开环生成 *cis*-2-羧基环己醋酸盐，然后继续参与厌氧代谢；途径二［图 11-6（B）］：2-萘酸加氢生成 5，6，7，8-四氢-2-萘酸盐，靠近羧基的环将会优先被攻击，生成羟基十氢-2-萘酸盐，羟基十氢-2-萘酸盐继续氧化生成十氢-2-氧-2-萘酸盐，然后开环加成生成 $C_{11}H_{16}O_4$ 二元酸，最后和途径一一样生成 *cis*-2-羧基环己醋酸盐继续参与后续的厌氧代谢，厌氧降解的主要终产物为 CO_2。此外，Bedessem 推测萘的起始反应还可能是羟基化反应［图 11-6（D）］，即由萘生成萘酚，有关此反应途径的研究目前还没有确切的证据。

目前，无支链多环芳烃的厌氧攻击机制还没有得到完全的验证，存在一定的争议，而烷基多环芳烃的厌氧途径已经比较清楚，主要是延胡索酸盐合成途径，这种途径与苯和烷基苯的降解途径类似。特别是 2-甲基萘的厌氧降解已经有较多的报道，其代谢途径如图 11-6（C）所示，2-甲基萘经延胡索酸盐结合反应生成萘基-2-甲基琥珀酸盐，然后萘基-2-甲基琥珀酸盐脱氢生成萘基-2-亚甲基琥珀酸盐，最后生成 2-萘酸，按萘的降解途径进行降解。而

1-甲基萘的厌氧降解途径如图 11-7 所示，首先在 2 号位甲基化，然后在这个位置进行延胡索酸盐结合反应，最后生成代谢终产物 1-甲基-2-萘酸。

菲是除了萘、甲基萘外少数被用于厌氧降解研究的多环芳烃，人们在硫酸盐和硝酸盐还原条件下的海洋沉积物中发现了菲的厌氧降解过程。与萘的降解途径相比，人们认为菲的降解途径可能是羧基化反应或者是甲基化反应，然后通过延胡索酸盐结合反应和氧化反应生成菲甲酸。通过同时对萘和菲的厌氧降解研究，研究人员推测在菲的厌氧降解过程中存在与萘的厌氧降解过程相同的酶，但是 Chang 等在对产甲烷多环芳烃污染海洋沉积物的微生物群落结构分析过程中发现降解萘和菲的微生物群落结构是不同的。此外，研究表明共代谢对菲等三环和三环以上的多环芳烃化合物的厌氧降解起着很关键的作用。

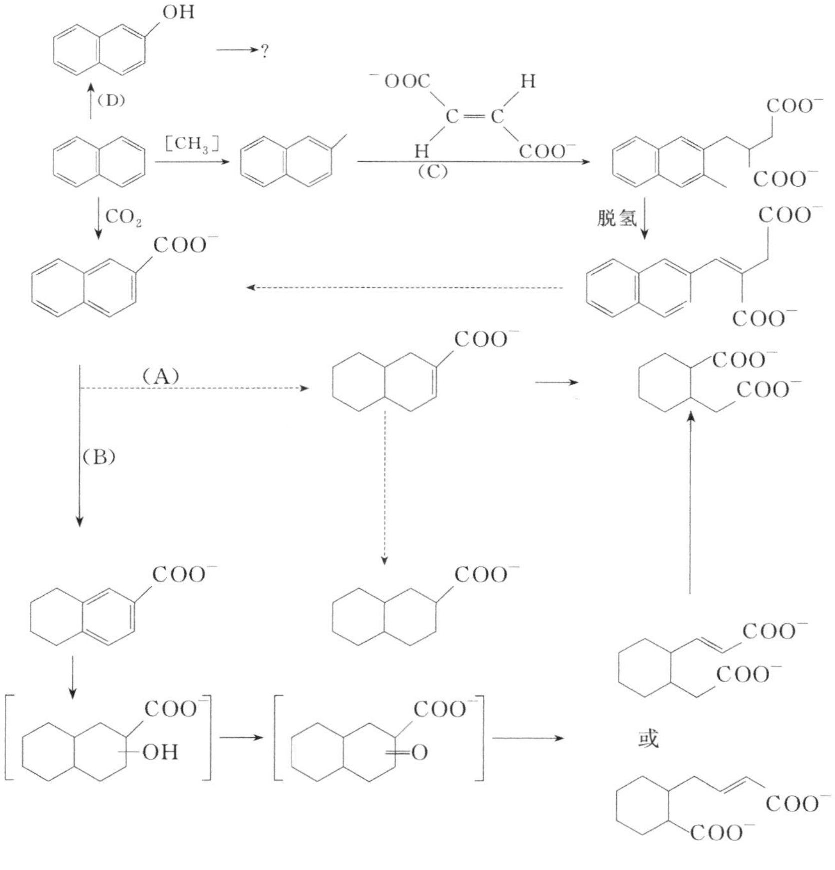

图 11-6 萘的厌氧降解途径

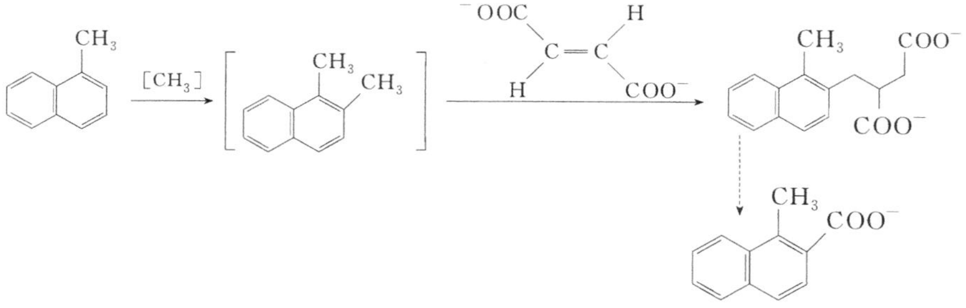

图 11-7 1-甲基萘的厌氧降解途径

11.2 厌氧降解混合菌 KLA14-2 修复石油污染土壤的研究

从克拉玛依油田和胜利油田采集相关的土壤样品和油田采出水样品，通过分析土壤样品电子受体的分布，选择合适的电子受体，筛选能够在高温条件下利用原油的石油烃厌氧降解菌，并通过现代分子生物学的方法对降解菌进行鉴定，同时考察所筛选得到的降解菌的最优培养条件，为后续研究提供稳定和高活性的菌源。

11.2.1 主要设备与试剂

(1) 试验的主要仪器和设备

试验的主要仪器和设备如表 11-1 所列。

表 11-1 试验的主要仪器和设备

设备序号	仪器、设备名称	设备生产厂家
1	AE200S 电子分析天平	梅特勒-托利多仪器(上海)有限公司
2	Y 53909M 移液器(GILSON)	France
3	UV-2100	上海第三分析仪器厂
4	SX2-5-12 马弗炉	山东省龙口市电炉总厂
5	SHR-250 型生化培养箱	上海森信实验仪器有限公司
6	BCD-539WE 冰箱	青岛海尔股份有限公司
7	LDZX-408I 电热压力蒸汽灭菌器	上海申安医疗器械厂
8	HZQ-X 100 振荡培养箱	哈尔滨东联电子技术开发公司
9	显微镜	济南医用光学仪器厂
10	电子调温万用电炉	龙口市先科仪器公司
11	BCM-1000 生物净化工作台	苏州净化设备有限公司
12	102 电热鼓风干燥箱	山东省龙口市电炉总厂
13	HZQ-HA 水浴振荡器	哈尔滨东联电子技术开发公司
14	HZQ-QX 全温振荡器	哈尔滨东联电子技术开发公司
15	Allegra 25R 高速冷冻离心机	BECKMAN COULTER
16	JY 600C 型电泳仪	北京君意东方电泳设备有限公司
17	JY-SP3 型水平电泳槽	北京君意东方电泳设备有限公司
18	TaKaRa TP60/TP6SO PCR	宝生物工程(大连)有限公司
19	厌氧工作站	Plas Labs，Lansing，MI，USA
20	Dr5000 型 HACH 水质分析仪	HACH
21	OIL-510 型红外分光测油仪	北京华夏科创仪器技术有限公司
22	场发射扫描电镜 S-4800	日本日立公司

(2) 试验所用的培养基

① 选择性培养基：Na_2SO_4 5.0g/L，NH_4Cl 2.7g/L，KH_2PO_4 0.35g/L，K_2HPO_4 0.27g/L，$MgCl_2$ 0.1g/L，$CaCl_2$ 0.1g/L，酵母粉 1.0g/L，$NaHCO_3$ 2.5g/L，硫酸亚铁铵 0.5g/L。

② 富集培养基：KH_2PO_4 0.5g/L，$(NH_4)_2SO_4$ 2.5g/L，Na_2SO_4 1.0g/L，$CaCl_2$ 0.1g/L，$MgSO_4$ 1.0g/L，酵母粉 1.0g/L，硫酸亚铁铵 0.5g/L，乳酸钠 2.0mg/L。

(3) 样品采集

本试验所用到的环境样品包括：克拉玛依石油污染深层土样 26 个（KL1-2、KL2-2、KL3-2、KL4-2、KL5-2、KL6-2、KL7-2、KL8-2、KL9-2、KL10-2、KL11-2、KL12-2、KL13-2、KL14-2、LW-2、YN-2、YN-4、YN-6、KL9、KL3、KL26、KL24、KL10、

KL1、KL4、KL6)，石油重度污染多年的深层土样 4 个（DG1、DG2、DG3、DG4)，胜利油田采出水样 3 个（DY1、DY2、DY3)，黄岛大炼油生化段厌氧污泥样品 3 个（DA1、DA2、DA3)。

11.2.2 厌氧降解混合菌 KLA14-2 降解原油的影响因素

通过采集克拉玛依油田、胜利油田土壤样品以及油田采出水样品，分析土壤样品电子受体的分布，发现克拉玛依油田和胜利油田所采集土壤样品的区块硫酸盐含量最高，相对干旱的克拉玛依土样的硫酸盐含量普遍要高于胜利油田的土样，硫酸盐适合作为石油烃厌氧降解菌的电子受体。筛选出比较稳定、厌氧降解效果较好的 4 组降解混合菌 KLA3-2、KLA12-2、KLA14-2 和 KLA1-2，其中以 KLA14-2 的降解率最高，稀油降解率达到了 23.47%，稠油降解率达到了 19.31%，高效降解石油烃的厌氧嗜热菌从高温污染土壤样品中筛选的效果最佳。初步判断 KLA14-2-2 和 KLA14-2-4 分别与可培养的脱硫肠状菌属（*Desulfotomaculum*）和铁细菌的亲缘关系较近。

11.2.2.1 pH 值对厌氧降解混合菌 KLA14-2 降解的影响

微生物生长的一个重要环境因素是 pH 值，通常情况下微生物能够在一定的 pH 值范围内正常地生长，但不同的微生物其适宜的 pH 值是不尽相同的，此外 pH 值还会影响微生物代谢产物的生物活性，从而进一步影响后续代谢产物的进一步利用。试验中 pH 值对厌氧降解混合菌 KLA14-2 降解原油的影响如图 11-8 所示。

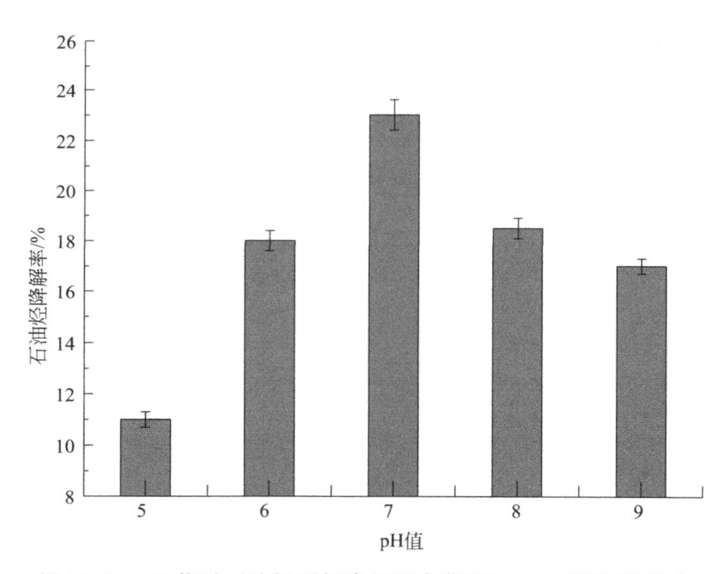

图 11-8　pH 值对石油烃厌氧降解混合菌 KLA14-2 降解的影响

由图 11-8 可知，适宜的培养基初始 pH 值范围为 6～8，过高或过低的 pH 值均不适合石油烃的厌氧降解，这与大部分研究报道的最适 pH 值是一致的。当 pH 值为 7.0 时降解率最高，达到了 28.67%±1.62%，当 pH 值低于 6.0 时 KLA14-2 的降解率明显下降，说明在 pH 值较低时会影响 KLA14-2 对原油的利用，这是因为厌氧降解过程容易产生大量有机酸，会导致降解环境的 pH 值一定程度的降低。有机酸的产生会抑制微生物的正常生长代谢，Frederick 研究了乳酸对一株 *Brochothrix thermosphacta* 菌生长的影响，结果表明过高浓度的乳酸会抑制菌株的正常生长。在硫酸盐还原条件下厌氧降解菌代谢过程会将 SO_4^{2-} 还原为 H_2S，如果污染环境中没有足够量的可溶性金属化合物，会使污染环境 H_2S 大量积累，进一步降低 pH 值，从而抑制厌氧菌对石油烃的进一步利用，因此在以硫酸盐还原菌作为厌氧修复时的主要菌种时，要考虑修复场地可溶性金属化合物的本底值。同时可以看出，pH 值在 8.0 和 9.0 时降解率下降不如酸性条件下明显，说明 KLA14-2 对偏碱性条件有一定的适应能力，这是因为筛选 KLA14-2 的污染土壤本身就是偏碱性的，土著微生物已经适应了偏碱性的环境。

11.2.2.2 接种量对厌氧降解混合菌 KLA14-2 降解的影响

接种量对厌氧降解混合菌 KLA14-2 降解原油的影响如图 11-9 所示。

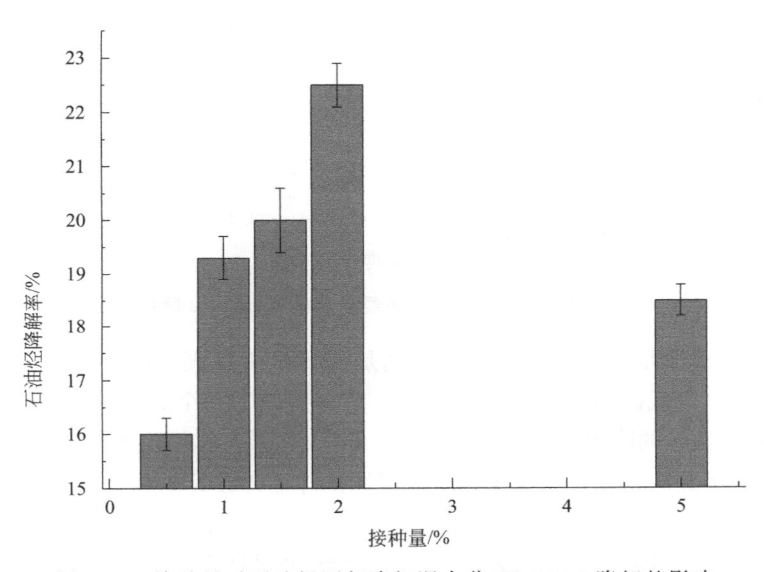

图 11-9 接种量对石油烃厌氧降解混合菌 KLA14-2 降解的影响

由图 11-9 可以发现，当接种量在 0.5%～2%之间时石油烃的降解率随接种量的增加而增加，在接种量为 2%时培养 40 d 降解率即达到 22.27%±0.30%；当接种量大于 2%时，随接种量的增加降解率有所降低，这可能是由于接种量过高时，微生物大量生长，菌密度大大增加，由于起始生物量太大，在短时间内降解了溶于水中的少量烃类物质，造成碳源的短缺，从而不利于后来单个菌的生长和持续产表面活性剂，影响微生物对石油的吸收降解。综合考虑，选择接种量为 2%较为合适。

11.2.2.3 温度对厌氧降解混合菌 KLA14-2 降解的影响

为确定石油烃厌氧降解混合菌 KLA14-2 的温度耐受范围，考察了不同温度下 KLA14-2 的石油烃降解率，试验结果如图 11-10 所示。

由图 11-10 可以看出，当培养温度为 30℃时石油烃降解率比较低，表明 KLA14-2 是中温菌或高温菌，相关报道表明高温菌在低温条件下微生物活性很低，降解效果较差。随着温度的升高石油烃降解率不断提高，说明厌氧混合菌 KLA14-2 最佳培养温度并不是 50℃，最佳温度应该在 50℃ 以上，混合菌 KLAL14-2 能够在 50～60℃ 的温度下较好地利用原油。Kniemeyer 等从海洋油气渗漏区富集得到一组可降解烷烃的混合菌，分别研究了这组混合菌在 12℃、28℃和 60℃时的组成，结果表明在 12℃时可培养的微生物量很少，而在 60℃时主要为硫酸盐还原菌，温度过高对菌群的稳定性有一定的影响。从图 11-10 中可以看出 KLA14-2 在 60℃时石油烃降解率依然很高，更进一步说明了该混合菌更适合于高温干旱地区现场原位修复，对今后的试验工作具有很大的参考价值。

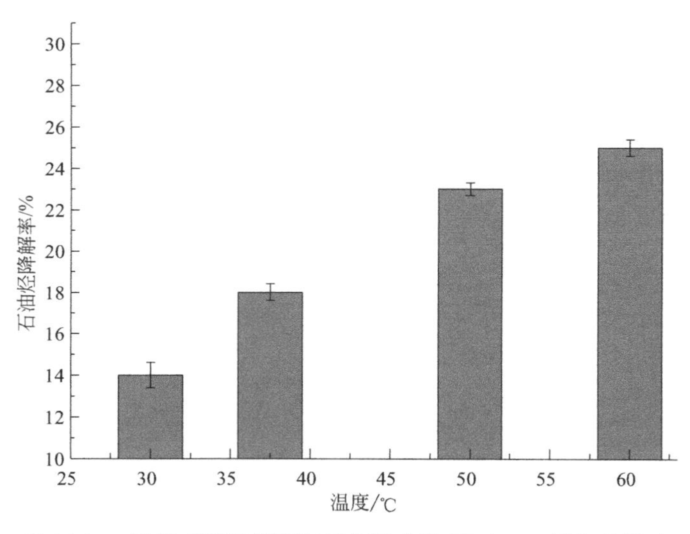

图 11-10　温度对石油烃厌氧降解混合菌 KLA14-2 降解的影响

Onstott 等认为温度是影响厌氧降解菌特别是油藏微生物厌氧降解石油烃的限制性因子，过高的温度会降低其厌氧菌的降解能力。此外，考虑到以下几个原因：a. 在 30～50℃温度范围内 KLA14-2 对石油烃的降解速率较大，而 50～60℃降解速率有所降低；b. 对 KLA14-2 分离出的 4 株单菌的分子鉴定可以发现除了硫酸盐还原菌外还存在其他类型的中温菌，过高的温度会使部分功能菌群发生变化；c. 克拉玛依等中国西北地区的油田的土壤夏季地表温度高达 80℃，但在夏季日光辐射情况下，地表以下 20～40cm 处最适合进行厌氧原位修复的温度在 40～50℃之间，因此在本试验选定混合菌 KLA14-2 的培养温度为 50℃。

11.2.2.4　底物浓度对厌氧降解混合菌 KLA14-2 降解的影响

为确定石油烃厌氧降解混合菌 KLA14-2 的耐受石油浓度和降解石油的效果，在一定量选择性培养基中加入不同量石油烃条件下进行降解试验，试验结果如图 11-11 所示。

如图 11-11 所示，随着石油烃浓度的升高降解率不断地降低，当石油烃浓度在 1000～5000 mg/L 时降解率变化幅度不大，当石油烃浓度达到 1%时降解率只有 17.42%，这是因为当环境介质中原油达到一定浓度时对微生物也是有毒害作用的，菌株不能耐受高浓度的石油，导致无法正常地生长，对原油的降解率会大大降低。Grishchenkov 等从石油污染土壤中筛选得到 3 株硝酸盐还原菌，考察了它们在厌氧条件下降解 1.5%浓度原油时的特性，结果表明在 50 d 降解周期内，降解率只有 15%～18%，因此结合污染现场的实际情况，选择 5000 mg/L 作为适合的底物浓度进行降解试验。由于底物浓度不一样，降解率不能体现 KLA14-2 对不同浓度原油的实际降解能力，因此使用式（11-1）计算 5 种原油浓度下经过 40 d 厌氧降解的比降解率，结果见表 11-2。当原油浓度为 1000 mg/L 时，比降解率最大，达到了 6.62×10^{-3}/d，随着原油浓度的增加 KLA14-2 的降解能力不断降低，说明在低浓度条件下，混合菌 KLA14-2 对原油的利用能力最强。

$$\mu=\frac{\frac{dC}{dt}}{C} \tag{11-1}$$

式中　μ——比降解率，d^{-1}；

C——原油的浓度，mg/L；

t——降解时间，d。

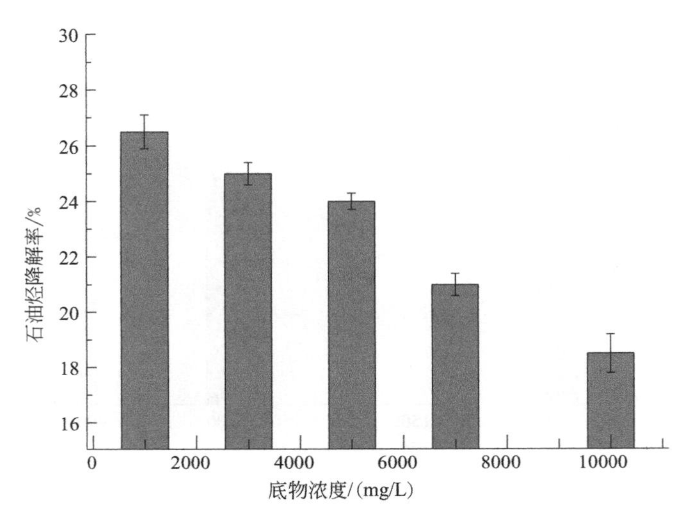

图 11-11　底物浓度对石油烃厌氧降解混合菌 KLA14-2 降解的影响

表 11-2　KLA14-2 厌氧降解不同浓度原油的比降解率

浓度/(mg/L)	1000	3000	5000	7000	10000
降解率/%	26.49	24.82	23.285	20.12	17.425
降解速率/[mg/(L·d)]	6.62	18.62	29.11	35.21	43.56
比降解率/(10^{-3}/d)	6.62	6.21	5.82	5.03	4.36

11.2.2.5　表面活性剂对厌氧降解混合菌 KLA14-2 降解的影响

不同浓度表面活性剂（Tween 80）对石油烃厌氧降解混合菌 KLA14-2 降解原油的影响如图 11-12 所示。

由图 11-12 可知，过高的表面活性剂浓度不利于 KLA14-2 对石油烃的降解，这可能是随着原油培养基中 Tween 80 含量的增加，菌株 KLA14-2 优先以 Tween 80 作为碳源，从而降低了 KLA14-2 对石油烃的降解；此外，过高浓度的 Tween 80 对菌株的生长也会产生抑制作用。同时，由试验结果可以看出当表面活性剂浓度在 30～100 mg/L 之间（均低于 CMC 值）时，表面活性剂 Tween 80 对 KLA14-2 降解石油烃起到促进作用，而在 30℃的水溶液中，Tween 80 的 CMC 为 0.0124%（即 124 mg/L），在 50℃下其 CMC 将更大，这说明 Tween 80 能够促进混合菌 KLA14-2 厌氧降解原油不是因为表面活性剂对原油的增溶作用，而是表面活性剂与微生物之间的作用引起的，研究表明 Tween 80 对微生物胞内和胞外的脂磷酸含量有关，而脂磷酸对微生物某些特定的酶起着关键的作用，过高浓度的 Tween 80 会影响微生物产脂磷酸，从而影响其代谢和生长，相关作用机制有待开展进一步的研究工作予以确定。

11.2.2.6　电子受体对厌氧降解混合菌 KLA14-2 降解的影响

厌氧降解菌在代谢烃类化合物时以硫酸盐、硝酸盐或 Fe^{3+} 为电子受体，将烃类化合物降解为低分子量的酸类物质或最终降解为 CO_2，不同的厌氧微生物对电子受体具有一定的选择性利用，而在修复现场会有多种电子受体共同存在，为了考察不同电子受体对所筛选到的混合菌降解能力的影响，考察了硫酸盐、硝酸盐、三价铁盐以及 4 种类型混合电子受体（3 种混合电子受体按 1∶1 配比，以及 3 种按 1∶1∶1 配比）对石油烃厌氧降解的影响，结果如图 11-13 所示。

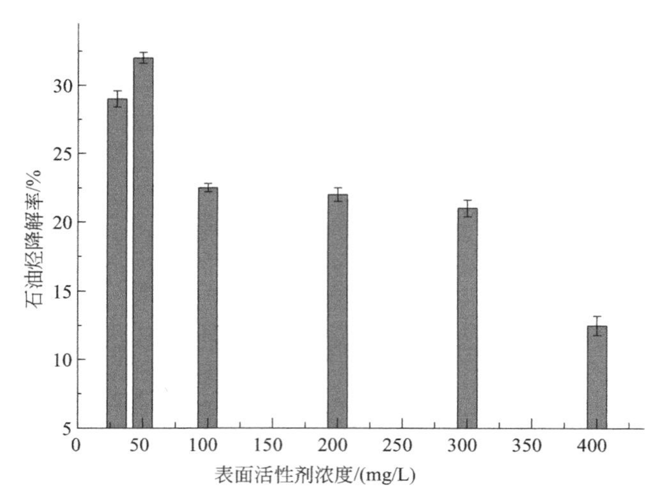

图 11-12　表面活性剂 Tween 80 对石油烃厌氧降解混合菌 KLA14-2 降解的影响

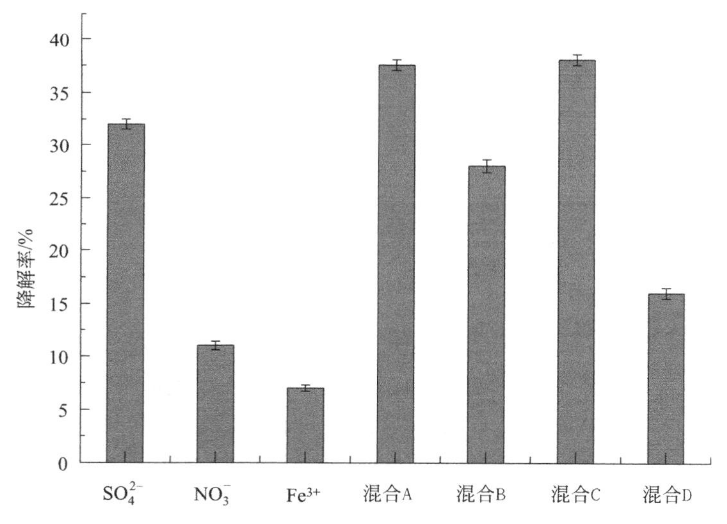

图 11-13　电子受体对石油烃厌氧降解混合菌 KLA14-2 降解的影响

混合 A—$SO_4^{2-}+NO_3^-+Fe^{3+}$；混合 B—$SO_4^{2-}+NO_3^-$；混合 C—$SO_4^{2-}+Fe^{3+}$；混合 D—$NO_3^-+Fe^{3+}$

由图 11-13 可知，混合菌 KLA14-2 对原油降解率的大小顺序是混合 C($SO_4^{2-}+Fe^{3+}$)＞混合 A($SO_4^{2-}+NO_3^-+Fe^{3+}$)＞SO_4^{2-}＞混合 B($SO_4^{2-}+NO_3^-$)＞混合 D($SO_4^{2-}+Fe^{3+}$)＞NO_3^-＞Fe^{3+}，可以看出在混合电子受体下混合菌对原油的降解率均高于单一的电子受体，这也与 Boopathy 的研究结果一致。同时可以看出，在单一电子受体下，以 SO_4^{2-} 为电子受体时降解率最高，说明混合菌 KLA14-2 选择性利用 SO_4^{2-} 进行厌氧代谢，但在 NO_3^- 和 Fe^{3+} 条件下同样具有一定的利用能力。

通过对不同电子受体对厌氧降解混合菌 KLA14-2 降解原油的考察，可以发现硫酸盐还原作用对厌氧降解原油的贡献最大。Dell，Anno 等研究被石油重度污染的缺氧海洋沉积物的生物强化和生物刺激时，发现向污染土壤中投加硫酸盐处理石油污染是最有效的方法；Orcutt 等通过原油对墨西哥湾冷渗漏沉积物中微生物的种类、分布和活性的研究，发现在石油污染的海洋沉积物中硫酸盐还原菌起着至关重要的作用。同时在硫酸盐存在的条件下，Fe^{3+} 能够促进厌氧降解混合菌的降解，这与 Coates 等的研究结果不同，在石油污染土壤中添加 Fe^{3+} 并没有促进石油烃的降解，这可能和土壤的生境有关。从混合菌 KLAL14-2 中筛选到了一株厌氧降解单菌 KLA14-2-4，经分子生物学鉴定，发现其与铁细菌具有较近的亲缘关系，说明混合菌中存在能够以 Fe^{3+} 为电子受体的微生物，再对比单一的 Fe^{3+} 存在时降解率不高的现象，说明针对不同的厌氧微生物群落结构，Fe^{3+} 存在时硫酸盐还原菌的降解存在不同的作用机制。对比 4 种不同的混合电子受体，发现降解率最高的并不是 3 种混合电子受体，而是混合电子受体 C($SO_4^{2-}+Fe^{3+}$)，这说明在 3 种电子受体共同存在时，虽然比单一的 SO_4^{2-} 存在时降解能力提高了，但由于 NO_3^- 存在情况下抑制了混合菌 KLA14-2 中优势降解菌的生长，在一定程度上使得其降解原油的能力有所降低，同时由于有 Fe^{3+} 电子受体的存在，Fe^{3+} 会促进 SO_4^{2-} 条件下厌氧菌的生长和代谢，两种不同电子受体的共同作用，导致了其降解率介于 SO_4^{2-} 和混合电子受体 C($SO_4^{2-}+Fe^{3+}$)之间，这在国内外尚属首次报道，也进一步说明了在不同电子受体的共同存在下会对混合菌的群落和降解能力产生较大的影响，有关混合电子受体和厌氧微生物群落之间的相互作用机制有待开展进一步深入的研究。

11.2.3　厌氧降解混合菌 KLA14-2 对原油的降解特性分析

11.2.3.1　厌氧降解混合菌 KLA14-2 降解原油的红外分析

不同类型原油（稀油、稠油）经 KLA14-2 厌氧降解后原油组成的红外光谱图如图 11-14 和图 11-15 所示。

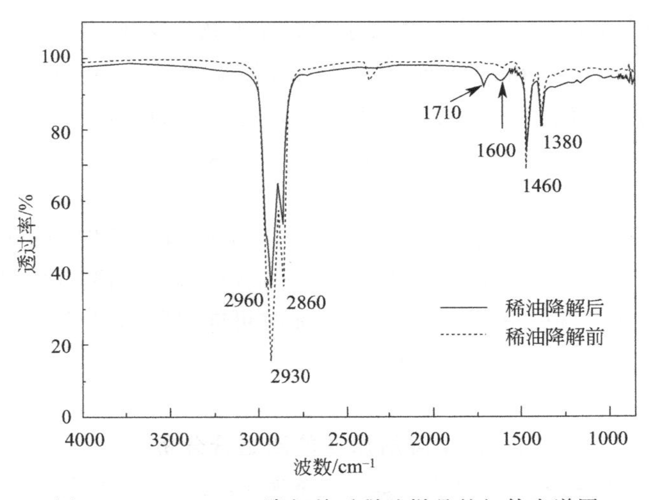

图 11-14　KLA14-2 降解前后稀油样品的红外光谱图

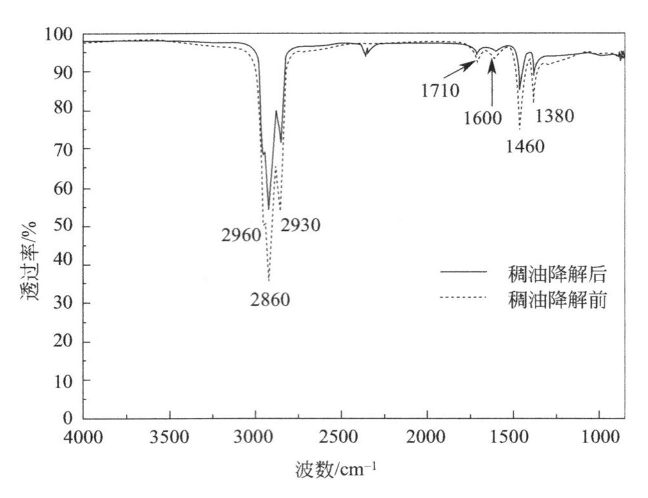

图 11-15 KLA14-2 降解前后稠油样品的红外光谱图

在红外光谱图的芳烃族中，3380cm^{-1} 代表羟基，1710cm^{-1} 代表羰基，1600cm^{-1} 代表芳香环。由图 11-14 和图 11-15 可以发现 KLA14-2 厌氧降解稀油时，样品中的芳香环相对含量增多，有新物质羰基化合物生成，说明对于稀油，KLA14-2 对芳香环的降解能力较差；同时可以看出对于稠油，经过 KLA14-2 降解后，样品中的羰基减少，芳香环也减少，且发现芳香环大量减少，表明 KLA14-2 降解稠油和稀油的机制是不同的，对于稠油，KLA14-2 更容易利用芳烃组分。由图 11-14 和图 11-15 还可以看出两种原油在降解前后在 3380cm^{-1} 处均没有特征峰出现，表明厌氧降解过程不会出现羟基类化合物。

11.2.3.2 厌氧降解混合菌 KLA14-2 降解原油的模拟蒸馏分析

为了探究厌氧降解混合菌对原油中正构烷烃的降解特性，对 KLA14-2 降解稀油和稠油 40d 后的样品进行了模拟蒸馏，结果如图 11-16 所示。

由图 11-16 可以看出，对于稀油，经过 40d 的厌氧降解，C_{16} 以下的正构烷烃几乎全部降解，高碳的正构烷烃降解很少。表明厌氧混合菌 KLA14-2 降解稀油中的正构烷烃主要以 C_{16} 以下的正构烷烃为主，对稀油中碳数较小的烷烃类物质降解效果较好，这也进一步解释了稀油红外谱图中降解后 1600cm^{-1} 处芳香环的特征吸收峰峰强变强的原因，即 KLA14-2 对克拉玛依稀油中的非烷烃组分的利用能力较差，这一推测可以通过柱层析进行进一步验证。此外，经降解后 C_{17} 和 C_{18} 相对组分有所增加，基线抬升，这可能是因为含量较少的异构烷烃混合出峰。

同时由图 11-16 可知，对于稠油，经过 40d 的厌氧降解，低碳的正构烷烃降解不明显，高碳峰无法分离。这可能是因为稠油中异构烷烃含量较高，从而造成大量混合出峰。稠油中的正构烷烃降解不明显，说明 KLA14-2 降解稠油时可能以降解其他组分为主，而不是正构烷烃，这与红外分析结果一致，因此有必要进行四组分分析和色谱质谱分析，进一步探讨 KLA14-2 对克拉玛依原油的降解特性。

11.2.3.3 厌氧降解混合菌 KLA14-2 降解原油的四组分分析

使用四组分分析方法对混合菌 KLA14-2 厌氧降解（40d）前后的稀油和稠油进行了测定，结果见表 11-3。由表 11-3 可以看出，KLA14-2 对不同性质的原油降解特性差别较大，对于轻质组分较多的稀油，KLA14-2 优先利用饱和分（降解率达到了 34.12%），其次是芳香分（降解率达到了

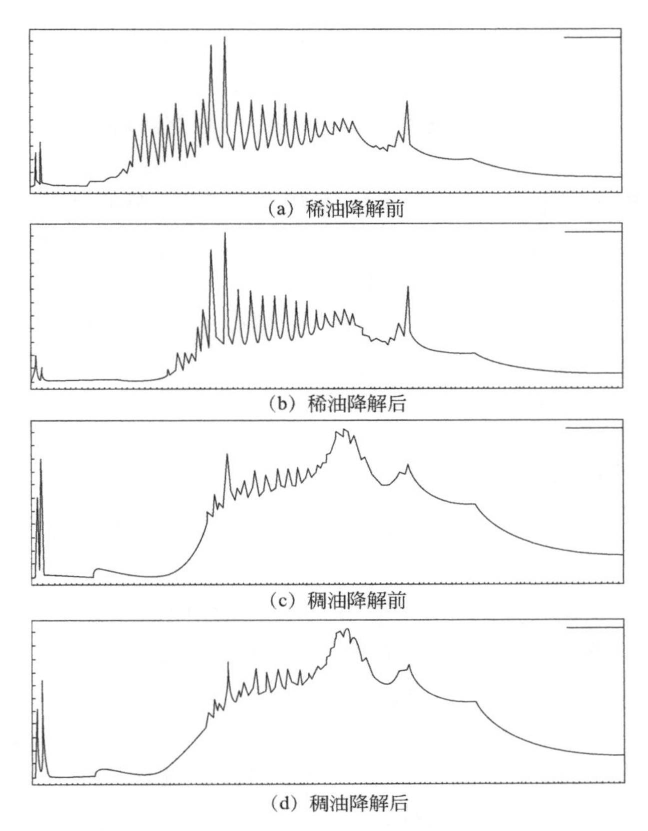
(a) 稀油降解前

(b) 稀油降解后

(c) 稠油降解前

(d) 稠油降解后

图 11-16　KLA14-2 对稀油和稠油中正构烷烃组分的降解特性（40 d）

18.83%），对胶质和沥青质的利用能力有限；而对于以胶质为主的稠油，KLA14-2 对芳香分的利用能力最强，其次是饱和分和胶质，其中相对于稀油而言对胶质的利用能力得到了很大幅度的提高，这可能是因为对于胶质含量较高的稠油来说，由于存在大量对降解菌有毒害作用的组分，一定程度上抑制了其对原油中易降解组分的降解，而混合菌 KLA14-2 群落结构发生一定变化后会选择性地降解一些重质组分，厌氧降解混合菌对不同原油的降解特性，特别是对以重质组分为主的稠油的这一降解特性的报道，在国内外尚属首次。因此，对于一些重质油品污染的土壤或水体可优先使用厌氧修复，优先将重油中难降解的且对微生物有毒害作用的芳香分和胶质得到优先去除，为进一步的生物降解提供可能。

表 11-3　KLA14-2 厌氧降解原油的四组分分析

样品	饱和分		芳香分		胶质		沥青质	
	w/%	η/%	w/%	η/%	w/%	η/%	w/%	η/%
稀油降解前	63.27	—	16.48	—	21.31	—	0.84	—
稀油降解后	53.69	34.12	17.48	18.83	27.75	0.34	1.08	1.60
稠油降解前	21.33	—	11.33	—	67.52	—	1.62	—
稠油降解后	20.77	21.43	10.15	27.71	67.11	21.20	1.97	1.88

注：w 表示百分含量；η 表示石油烃降解率。

11.3　江汉油田区典型农田土壤烃类降解微生物的研究

油田区土壤易受烃类物质影响并可能富集了特异的石油烃降解微生物类群。针对江汉油田区5个不同油井口附近的典型旱地农田土壤，采用石油烃中苯系物代谢的关键功能基因（苯甲基琥珀酸合成酶基因）作为分子标识物，通过克隆文库结合末端限制性片段长度多样性（T-RFLP）的方法，研究该油田区土壤含有 *bssA* 基因的烃类降解微生物群落结构，并探讨其环境驱动机制。结果表明，土壤中PAHs含量在0.21～2.01 mg/kg之间，石油烃污染程度较低。T-RFLP的分析表明不同土壤样品中的 *bssA* 基因多样性差异明显，PAHs含量最高的土壤中 *bssA* 基因多样性最高，其优势 *bssA* 基因类群与硫酸盐还原菌或地杆菌有较近的亲缘关系。冗余分析进一步表明，土壤硝态氮、有效磷、PAHs含量均是影响 *bssA* 基因多样性的重要因子。这些结果表明：江汉油田区典型农田土壤中含有 *bssA* 基因的主要类群为β-变形菌和δ-变形菌，并与地杆菌属（*Geobacter*）、索氏菌属（*Thauerae*）和固氮菌属具有较近的系统发育亲缘关系。这些微生物可能通过硝酸盐、硫酸盐及铁还原代谢过程降解土壤PAHs。

11.3.1 土壤PAHs含量及理化性质

不同油田附近典型农田土壤PAHs含量及基本性质见表11-4。各土壤样品PAHs含量具有明显差别，其中JH-5（2.01 mg/kg）和JH-1（1.23 mg/kg）的含量较高，其余各样品均低于1 mg/kg。供试土壤均呈碱性，且各样品pH值之间的差异性不显著。不同土壤样品的有机质含量差异性显著（$p<0.05$），其中样品JH-5和JH-2的有机质含量较高，分别为40.2 g/kg和38.3 g/kg，而JH-1的有机质含量最低，仅为11.3 g/kg。有效磷含量最高的样品是JH-5（25.4 mg/kg），其次是JH-3（15.9 mg/kg）和JH-4（11.5 mg/kg），其余各样品的有效磷含量均低于10 mg/kg。各土壤样品的铵态氮含量差异不明显，均在4.10～4.30 mg/kg之间。硝态氮含量最高的样品是JH-5（31.1 mg/kg），其次是JH-3和JH-4，其余样品的硝态氮含量均低于5mg/kg。

11.3.2 混合克隆文库中 bssA 序列及其末端限制性片段组成

对 *bssA*、*nmsA* 和 *assA* 克隆测序结果进行比对分析，结果表明只成功扩增到土壤样品中的 *bssA* 基因。从 *bssA* 混合克隆文库中随机挑选220个阳性克隆子测序，并在GenBank中进行Blast比对，共得到95条有效的 *bssA* 序列。在95%的相似水平下，可分为24个OTUs。各OTU代表性序列经 *Alu I* 酶切后的末端限制性片段（terminal-restriction fragment，T-RF）长度及其所含序列占克隆文库总序列数的百分比见表11-5。可见，其序列数占克隆文库总序列数的比例超过10%的优势OTUs为OTU-3（10.05%）、OTU-5（11.6%）、OTU-6（17.9%）和OTU-23（13.7%）。从表11-5中还可看出，限制性内切酶 *Alu I* 能够较好地将这些优势OTUs进行分型，适于后续的T-RFLP分析。

表11-4 样点土壤基本性质

样品编号	PAHs/(mg/kg)	pH值	有机质/(g/kg)	有效磷/(mg/kg)	铵态氮/(mg/kg)	硝态氮/(mg/kg)
JH-1	1.23±0.01b	8.88±0.08a	11.3±0.16e	5.25±0.31e	4.17±0.05abc	2.57±0.19e
JH-2	0.21±0.01e	8.75±0.12a	38.3±0.83b	8.83±0.22d	4.26±0.04ab	3.60±0.14de
JH-3	0.80±0.01c	8.18±0.01a	24.7±0.44d	15.9±1.01b	4.16±0.01bc	22.1±1.30b
JH-4	0.63±0.05d	8.56±0.03a	30.3±0.36c	11.5±0.28c	4.12±0.03cd	10.9±0.49c
JH-5	2.01±0.03a	8.22±0.09a	40.2±1.30a	25.4±0.22a	4.1±0.11bcd	31.1±1.60a

注：表中数值为三个平行处理的平均值±标准差，同一列不同小写字母表示样品间差异显著（$P<0.05$）。

表 11-5　克隆文库中的 OTUs 及 Alu I 酶切的末端片段

OTUs	各末端片段在 OTUs 中的比例/%									
	89bp	125bp	175bp	334bp	388bp	409bp	433bp	436bp	517bp	670bp
OTU-1						2.1				
OTU-2	1.05									
OTU-3									10.05	
OTU-4					7.35					
OTU-5					11.6					
OUT-6						17.9				
OUT-7	4.2									
OUT-8								1.05		
OUT-9				4.2						
OUT-10								1.05		
OUT-11									2.1	
OUT-12								3.15		
OUT-13					1.05					
OUT-14										3.15
OUT-15		3.15								
OUT-16					1.05					
OUT-17			2.1							
OUT-18						1.05				
OUT-19								3.15		
OUT-20					1.05					
OUT-21	1.05									
OUT-22									2.1	
OUT-23							13.7			
OUT-24								1.05		

11.4　本章小结

油田硫酸盐还原菌具有很好的石油降解能力，尤其是对一些有毒有害物质和特征污染物，在前期的研究中也有发现，有的硫酸盐还原菌具有硫酸盐还原功能的同时也具有反硝化功能，同时硫酸盐还原菌可以与其生态位接近的其他功能菌群共同实现污染物的去除。

硫酸盐还原菌的使用主要是厌氧和兼性厌氧的条件下居多，在一定程度上可以解决好氧曝气量大、成本高的问题，但是厌氧也存在处理效率低等问题，未来的 10 年含油污泥处理、含油土壤修复属于蓝海，具有巨大的市场空间。

参考文献

[1] 周玲革，向廷生，佘跃惠．青海油田微生物采油技术研究[J]. 生物技术，2004，14（6）：58-59.

[2] Röling W F M，Head I M，Larter S R. The microbiology of hydrocarbon degradation in subsurface petroleum reservoirs：perspectives and prospects[J]. Research in Microbiology，2003，154（5）：321-328.

[3] Wilhelms A，Larter S R，HEAD I，et al. Biodegradation of oil in uplifted basins prevented by deep-burial sterilization [J]. Nature，2001，411（6841）：1034-1037.

[4] England W A，Mackenzie A S，MANN D M，et al. The movement and entrapment of petroleum fluids in the subsurface[J]. Journal of the Geological Society，1987，144（2）：327-347.

[5] Pepper A S，Corvi P J. Simple kinetic models of petroleum formation. Part Ⅰ：oil and gas generation from kerogen [J]. Marine and Petroleum Geology，1995，12（3）：291-319.

[6] Larter S R，Aplin A C. Reservoir geochemistry：methods，applications and opportunities[J]. Geological Society，London，Special Publications，1995，86（1）：5-32.

[7] 张煜，张辉，郭省学．石油微生物学［M］．北京：中国石化出版社，2011.

[8] Magot M，Ollivier B，Patel B K C. Microbiology of petroleum reservoirs[J]. Antonie van Leeuwenhoek，2000，77（2）：103-116.

[9] Jeanthon C，Reysenbach A-L，L'haridon S，et al. *Thermotoga subterranea* sp. nov. a new thermophilic bacterium isolated from a continental oil reservoir[J]. Archives of Microbiology，1995，164（2）：91-97.

[10] Ravot G，Magot M，Fardeau M L，et al. *Thermotoga elfii* sp. nov.，a novel thermophilic bacterium from an African oil-producing well[J]. International Journal of Systematic Bacteriology，1995，45（2）：308-314.

[11] Grassia G S，Mclean K M，GLÉNAT P，et al. A systematic survey for thermophilic fermentative bacteria and archaea in high temperature petroleum reservoirs[J]. FEMS Microbiology Ecology，1996，21（1）：47-58.

[12] Fisher J B. Distribution and occurrence of aliphatic acid anions in deep subsurface waters[J]. Geochimica Et Cosmochimica Acta，1987，51（9）：2459-2468.

[13] Head I M，Jones D M，LARTER S R. Biological activity in the deep subsurface and the origin of heavy oil [J]. Nature，2003，426（6964）：344-352.

[14] Stetter K O，Huber R，Blöchl E，et al. Hyperthermophilic archaea are thriving in deep North Sea and Alaskan oil reservoirs[J]. Nature，1993，365（6448）：743-745.

[15] Bastin E S，Greer F E，Merritt C A，et al. The persence of sulphate reducing bacteria in oil field waters[J]. Science，1926，63（1618）：21-24.

[16] Rosnes J T，Torsvik T，Lien T. Spore-forming thermophilic sulfate-reducing bacteria isolated from north sea oil field waters[J]. Applied and Environmental Microbiology，1991，57（8）：2302-2307.

[17] Beeder J，Torsvik T，Lien T. *Thermodesulforhabdus norvegicus* gen. nov.，sp. nov.，a novel thermophilic sulfate-reducing bacterium from oil field water[J]. Archives of Microbiology，1995，164（5）：331-336.

[18] Barth T. Organic acids and inorganic ions in waters from petroleum reservoirs，Norwegian continental shelf：a multivariate statistical analysis and comparison with American reservoir formation waters[J]. Applied Geochemistry，1991，6（1）：1-15.

[19] Barth，Riis. Interactions between organic acid anions in formation waters and reservoir mineral phases [J]. Organic Geochemistry，1992，19（4）：455-482.

[20] Rees G N，Grassia G S，Sheehy A J，et al. *Desulfacinum infernum* gen. nov.，sp. nov.，a thermophilic sulfate-reducing bacterium from a petroleum reservoir[J]. International Journal of Systematic and Evolutionary Microbiology，1995，45（1）：85-89.

[21] Rozanova E P，Tourova T P，Kolganova T V，et al. *Desulfacinum subterraneum* sp. nov.，a new thermophilic sulfate-reducing bacterium isolated from a high-temperature oil field[J]. Microbiology，2001，70（4）：466-471.

[22] Lien T，Beeder J. *Desulfobacter vibrioformis* sp. nov.，a Sulfate Reducer from a Water-Oil Separation System [J]. International Journal of Systematic and Evolutionary Microbiology，1997，47（4）：1124-1128.

[23] Müller J A, Galushko A S, Kappler A, et al. Anaerobic degradation of m-cresol by Desulfobacterium cetonicum is initiated by formation of 3-hydroxybenzylsuccinate[J]. Archives of Microbiology, 1999, 172 (5): 287-294.

[24] Lien T, Madsen M, Steen I H, et al. *Desulfobulbus rhabdoformis* sp. nov., a sulfate reducer from a water-oil separation system [J]. International Journal of Systematic and Evolutionary Microbiology, 1998, 48 (2): 469-474.

[25] Leu J Y, Mcgovern-traa C P, Porter A J, et al. The same species of sulphate-reducing Desulfomicrobium occur in different oil field environments in the North Sea[J]. Letters in Applied Microbiology, 1999, 29 (4): 246-252.

[26] Rozanova E, Nazina T, Galushko A. Isolation of a new genus of sulfate-reducing bacteria and description of a new species of this genus, *Desulfomicrobium apsheronum* gen. nov., sp. nov [J]. Microbiology, 1988, 57 (4): 514-520.

[27] Tardy-jacquenod C, Magot M, Patel B K C, et al. *Desulfotomaculum halophilum* sp. nov., a halophilic sulfate-reducing bacterium isolated from oil production facilities[J]. International Journal of Systematic and Evolutionary Microbiology, 1998, 48 (2): 333-338.

[28] Nazina T, Ivanova A, Kanchaveli L, et al. A new spore-forming thermophilic methylotrophic sulfate-reducing bacterium, *Desulfotomaculum-kuznetsovii* sp. nov[J]. Microbiology, 1988, 57 (5): 659-663.

[29] Nazina T, Rozanova E. Thermophilic sulfate-reducing bacteria from oil strata[J]. Microbiology, 1978, 47 (1): 113-118.

[30] Nilsen R K, Torsvik T, Lien T. *Desulfotomaculum thermocisternum* sp. nov., a sulfate reducer isolated from a hot North Sea oil reservoir[J]. International Journal of Systematic and Evolutionary Microbiology, 1996, 46 (2): 397-402.

[31] Magot M, Basso O, Tardy-jacquenod C, et al. *Desulfovibrio bastinii* sp. nov. and *Desulfovibrio gracilis* sp. nov., moderately halophilic, sulfate-reducing bacteria isolated from deep subsurface oilfield water [J]. International Journal of Systematic and Evolutionary Microbiology, 2004, 54 (5): 1693-1697.

[32] Miranda-tello E, Fardeau M-L, Fernández L, et al. *Desulfovibrio capillatus* sp. nov., a novel sulfate-reducing bacterium isolated from an oil field separator located in the Gulf of Mexico[J]. Anaerobe, 2003, 9 (2): 97-103.

[33] Tardy-jacquenod C, Magot M, Laigret F, et al. *Desulfovibrio gabonensis* sp. nov., a new moderately halophilic sulfate-reducing bacterium isolated from an oil pipeline[J]. International Journal of Systematic and Evolutionary Microbiology, 1996, 46 (3): 710-715.

[34] Magot M, Caumette P, Desperrier J, et al. *Desulfovibrio longus* sp. nov., a sulfate-reducing bacterium isolated from an oil-producing well[J]. International Journal of Systematic and Evolutionary Microbiology, 1992, 42 (3): 398-403.

[35] Dang P N, Dang T C H, Lai T H, et al. *Desulfovibrio vietnamensis* sp. nov., a halophilic sulfate-reducing bacterium from vietnamese oil fields[J]. Anaerobe, 1996, 2 (6): 385-392.

[36] L'haridon S, Reysenbacht A-L, GLÉNAT P, et al. Hot subterranean biosphere in a continental oil reservoir [J]. Nature, 1995, 377 (6546): 223-224.

[37] Christensen B, Torsvik T, Lien T. Immunomagnetically captured thermophilic sulfate-reducing bacteria from north sea oil field waters[J]. Applied and Environmental Microbiology, 1992, 58 (4): 1244-1248.

[38] Rozanova E, Khudiakova A. A new non-spore forming thermophilic organism, reducing sulfates, Desulfovibrio thermophilus nov. sp[J]. Mikrobiologiia, 1974, 43 (6): 1069-1075.

[39] Nazina T, Rozanova E, Kuznetsov S. Microbial oil transformation processes accompanied by methane and hydrogen-sulfide formation[J]. Geomicrobiology Journal, 1985, 4 (2): 103-130.

[40] Prokaryotes Jcoticoso. Valid publication of the genus name *Thermodesulfobacterium* and the species names *Thermodesulfobacterium commune* (Zeikus et al. 1983) and *Thermodesulfobacterium thermophilum* (ex *Desulfovibrio thermophilus* Rozanova and Khudyakova 1974). Opinion 71[J]. International Journal of Systematic and Evolutionary Microbiology, 2003, 53 (3): 927.

[41] Zeikus J G, Dawson M A, Thompson T E, et al. Microbial ecology of volcanic sulphidogenesis: isolation and char-

acterization of *Thermodesulfobacterium commune* gen. nov. and sp. nov [J]. Microbiology, 1983, 129 (4): 1159-1169.

[42] Stetter K O, Lauerer G, Thomm M, et al. Isolation of extremely thermophilic sulfate reducers: evidence for a novel branch of archaebacteria[J]. Science, 1987, 236: 822-824.

[43] Stetter K O. *Archaeoglobus fulgidus* gen. nov., sp. nov.: a new taxon of extremely thermophilic archaebacteria[J]. Systematic and Applied Microbiology, 1988, 10: 172-173.

[44] Labes A, Schönheit P. Sugar utilization in the hyperthermophilic, sulfate-reducing archaeon *Archaeoglobus fulgidus* strain 7324: starch degradation to acetate and CO_2 via a modified Embden-Meyerhof pathway and acetyl-CoA synthetase (ADP-forming) [J]. Archives of Microbiology, 2001, 176 (5): 329-338.

[45] Burggraf S, Jannasch H W, Nicolaus B, et al. *Archaeoglobus profundus* sp. nov., represents a new species within the sulfate-reducing archaebacteria[J]. Systematic and Applied Microbiology, 1990, 13 (1): 24-28.

[46] Rueter P, Rabus R, Wilkes H, et al. Anaerobic oxidation of hydrocarbons in crude oil by new types of sulphate-reducing bacteria[J]. Nature, 1994, 372 (6505): 455-458.

[47] Kniemeyer O, Fischer T, Wilkes H, et al. Anaerobic degradation of ethylbenzene by a new type of marine sulfate-reducing bacterium[J]. Applied and Environmental Microbiology, 2003, 69 (2): 760-768.

[48] 王丹，贾贞，游松．硫酸盐还原菌的培养及检测方法的研究进展[J]. 沈阳药科大学学报，2009，26 (6): 502-506.

[49] 承磊．石油烃厌氧生物降解过程中的产甲烷古菌研究 [D]．北京：中国农业科学院，2007.

[50] 汪卫东．油田污水中硫酸盐还原菌的变化规律及其控制技术[J]. 油气地质与采收率，2013，20 (6)：61-64.

[51] 李永峰，刘晓晔，杨传平．硫酸盐还原菌细菌学[M]. 哈尔滨：东北林业大学出版社，2013.

[52] Junier P, Junier T, Podell S, et al. The genome of the Gram-positive metal- and sulfate-reducing bacterium Desulfotomaculum reducens strain MI-1[J]. Environ mental Microbiology, 2010, 12 (10): 2738-2754.

[53] Grein F, Ramos A R, Venceslau S S, et al. Unifying concepts in anaerobic respiration: Insights from dissimilatory sulfur metabolism[J]. Biochimica et Biophysica Acta (BBA) - Bioenergetics, 2013, 1827 (2): 145-160.

[54] Zane G M, Yen H C B, Wall J D. Effect of the deletion of qmoABC and the promoter-distal gene encoding a hypothetical protein on sulfate reduction in *Desulfovibrio vulgaris* Hildenborough[J]. Applied and Environmental Microbiology, 2010, 76 (16): 5500-5509.

[55] Rabus R, Venceslau S S, Wöhlbrand L, et al. A post-genomic view of the ecophysiology, catabolism and biotechnological relevance of sulphate-reducing prokaryotes[J]. Advances in Microbial Physiology, 2015, 66: 55-321.

[56] Rabus R. Biodegradation of Hydrocarbons Under Anoxic Conditions[M]. Petroleum Microbiology. American Society of Microbiology, 2005.

[57] Widdel F, Knittel K, Galushko A. Anaerobic Hydrocarbon-Degrading Microorganisms: An Overview[M]//TIMMIS K N. Handbook of Hydrocarbon and Lipid Microbiology. Berlin, Heidelberg: Springer, 2010: 1997-2021.

[58] 易绍金，佘跃惠．石油与环境微生物技术[M]. 北京：中国地质大学出版社，2002.

[59] 白义珍．克拉玛依油田回注地层水杀菌剂的再次筛选[J]. 油田化学，1994，11 (3)：247-249.

[60] 康群，罗永明，赵世玉，等．江汉油区硫酸盐还原菌的生长规律研究[J]. 江汉石油职工大学学报，2005，18 (4)：79-81.

[61] 吕红梅，王彪，朱霞．油田硫酸盐还原菌的危害及防治[J]. 石油化工腐蚀与防护，2013，30 (6)：36-40.

[62] 李虞庚，冯世功．石油微生物学[M]. 上海：上海交通大学出版社，1991.

[63] 黄峰，卢献忠．硫酸盐还原菌在含水解聚丙烯酰胺介质中的生长繁殖[J]. 武汉科技大学学报（自然科学版），2002，25 (1)：45-48.

[64] 于亮，麻威，史荣久，等．硫酸盐还原菌对水解聚丙烯酰胺黏度的影响[J]. 生物技术，2009，19 (2)：81-84.

[65] 刘宏芳，许立铭，郑家遷．SRB 生物膜与碳钢腐蚀的关系[J]. 中国腐蚀与防护学报，2000，20 (1)：41-46.

[66] 李景全，石丽华，杨彬，等．油田污水系统硫化氢的危害及其治理[J]. 表面技术，2016，45 (2)：65-72.

[67] 黄亮，刘智勇，杜翠薇，等．Q235B 钢含硫污水罐的腐蚀开裂失效分析[J]. 表面技术，2015，44 (3)：52-56.

[68] 李苗，郭平．油田硫酸盐还原菌的危害与防治[J]. 石油化工腐蚀与防护，2007，24（2）：49-51.

[69] 李林．油田生产中硫酸盐还原菌的危害及其防治[J]. 化工时刊，2010，24（9）：59-62.

[70] 张燕，林晶，于贵文．304不锈钢的微生物腐蚀行为研究[J]. 表面技术，2009，38（3）：44-45.

[71] 曲虎，刘静，马梓涵，等．油田污水腐蚀影响因素研究[J]. 应用化工，2011，40（6）：1062-1065.

[72] Koopmans M P，Larter S R，Zhang C，et al. Biodegradation and mixing of crude oils in Eocene Es3 reservoirs of the Liaohe Basin，Northeastern China[J]. AAPG Bulletin，2002，86（10）：1833-1843.

[73] Tissot B P，Welte D H. Petroleum Formation and Occurrence[M]. Berlin：Springer，1984.

[74] Wenger L M，Davis C L，ISAKSEN G H. Multiple controls on petroleum biodegradation and Impact on Oil Quality [J]. SPE-80168-PA，2002，5（5）：375-383.

[75] Peters K E，Moldowan J M. The biomarker guide：Interpreting molecular fossils in petroleum and ancient sediments [M]. New York：Prentice Hall，1993.

[76] Whelan J K，Kennicutt M C，Brooks J M，et al. Organic geochemical indicators of dynamic fluid flow processes in petroleum basins[J]. Organic Geochemistry，1994，22（3）：587-615.

[77] Palmer S E. Effect of biodegradation and water washing on crude Oil Composition[M]//ENGEL M H，MACKO S A. Organic Geochemistry：Principles and Applications. Boston，MA：Springer US，1993：511-533.

[78] Horstad I，Larter S R，Mills N. A quantitative model of biological petroleum degradation within the Brent Group reservoir in the Gullfaks Field，Norwegian North Sea[J]. Organic Geochemistry，1992，19（1）：107-117.

[79] Widdel F，Rabus R. Anaerobic biodegradation of saturated and aromatic hydrocarbons[J]. Current Opinion in Biotechnology，2001，12（3）：259-276.

[80] Zengler K，Richnow H H，Rosselló-Mora R，et al. Methane formation from long-chain alkanes by anaerobic microorganisms[J]. Nature，1999，401（6750）：266-269.

[81] Wilkes H，Kühner S，Bolm C，et al. Formation of *n*-alkane- and cycloalkane-derived organic acids during anaerobic growth of a denitrifying bacterium with crude oil[J]. Organic Geochemistry，2003，34（9）：1313-1323.

[82] Kropp K G，Davidova I A，Suflita J M. Anaerobic oxidation of *n*-dodecane by an addition reaction in a sulfate-reducing bacterial enrichment culture[J]. Applied and Environmental Microbiology，2000，66（12）：5393-5398.

[83] 马立安，向廷生，张敏，等．硫酸盐还原菌对原油降解作用的研究[J]. 长江大学学报（自然科学版），2008，5（4）：85-86.

[84] 向廷生，万家云，蔡春芳．硫酸盐还原菌对原油的降解作用和硫化氢的生成[J]. 天然气地球科学，2004，15（2）：171-173.

[85] 张廷山，徐山．石油微生物采油技术[M]. 北京：化学工业出版社，2009.

[86] 李光玉，孙风芹，邵宗泽．硫酸盐还原菌危害性、多样性及检测手段研究进展[C]. 福建省海洋学会学术年会暨福建省科协学术年会分会场，2014.

[87] 左小刚．硫酸盐还原菌的快速检测方法的完善[J]. 新疆有色金属，2013，36（6）：53-54.

[88] 关淑霞，叶海春，范莹莹．油田污水中硫酸盐还原菌检测技术的研究进展[J]. 化学与生物工程，2012，29（6）：17-19.

[89] Ezzat A M，Rosser H R，Al-humam A A. Control of microbiological activity in biopolymer-based drilling muds[M]. SPE/IADC Middle East Drilling Technology Conference. Bahrain：Society of Petroleum Engineers，1997：7.

[90] 罗立新，宋成举，王琳．紫外线杀菌技术在油田注水处理中的应用研究[J]. 给水排水，1999，25（8）：41-44.

[91] 刘辉，刘禹峰，刘岩．采用物理杀菌装置提高污水水质[J]. 油气田地面工程，2011，30（5）：75-76.

[92] 刘德俊，申龙涉，刘雨丰．紫外线-变频技术联合杀菌在油田水处理中的应用[J]. 水处理技术，2007，33（4）：46-49.

[93] 黄金营，魏红飚，金丹，等．抑制油田生产系统中硫酸盐还原菌的方法[J]. 石油化工腐蚀与防护，2005，22（6）：48-50.

[94] 张刚，黄廷林，裴润有．油田采出水中硫酸盐还原菌的臭氧杀灭动力学及试验研究[J]. 给水排水，2001，27（3）：54-56.

[95] 魏利，马放，刘广民，等．二氧化氯用于油田注水系统杀菌的试验[J]. 给水排水，2006，32（4）：51-53.

[96] 刘瑞卿，韦良霞，王富华．稳定性二氧化氯的生产工艺及在油田回注污水中的应用研究[J]. 油田化学，2004，21（3）：227-229.

[97] 黄兵，魏自广，彭红波，等．二氧化氯在油田污水处理中的应用研究[J]. 化学研究与应用，2012，24（8）：1300-1305.

[98] 黄敏，聂艳，史足华，等．杀菌剂在油田污水处理中的应用探讨[J]. 油田化学，2000，17（3）：249-252.

[99] 金华，丁建华，袁润成，等．新型污水杀菌技术研究[J]. 油气田地面工程，2008，27（9）：16-17.

[100] 赵彦辉．辽河油田回注污水杀菌技术[J]. 中国化工贸易，2014，6（28）：62-64.

[101] 郝兰锁，谢日彬，李锋，等．高硫化氢油田的腐蚀控制实践[J]. 工业水处理，2011，31（9）：90-92.

[102] 杜春安，潘永强，任福建，等．生化法处理油田采出水用于配聚保黏的技术研究[J]. 西安石油大学学报（自然科学版），2013，28（4）：95-98.

[103] 冯英明．生物除硫技术在含油污水处理站的应用[J]. 油气田地面工程，2012，31（10）：60-61.

[104] 陈昊宇，汪卫东，杜春安，等．生物竞争抑制油田回注水系统微生物腐蚀研究[J]. 工业水处理，2013，33（6）：79-81.

[105] 聂春梅，方新湘，陈爱华，等．微生物法抑制油田污水中硫酸盐还原菌的研究[J]. 新疆石油天然气，2013，9（2）：70-75.

[106] 乔丽艳，叶坚，刘万丰，等．反硝化技术在油田的应用[J]. 石油规划设计，2014，25（1）：21-22.

[107] 陈忠喜，冯英明．利用反硝化技术解决油田水处理系统中硫化物问题的技术实践[J]. 工业用水与废水，2011，42（2）：40-42.

[108] 庄文．分子生物学在油田微生物多样性研究中的应用进展[J]. 山东化工，2010，39（5）：24-26.

[109] 科琳・惠特比，托本・隆德・史柯胡斯．油田系统应用微生物学与分子生物学[M]. 薛燕芬，于波，马延和，等译．北京：化学工业出版社，2015.

[110] Kormas K A，Tivey M K，VON DAMM K，et al. Bacterial and archaeal phylotypes associated with distinct mineralogical layers of a white smoker spire from a deep-sea hydrothermal vent site（9° N，East Pacific Rise）[J]. Environmental Microbiology，2006，8（5）：909-920.

[111] Orphan V J，Taylor L T，Hafenbradl D，et al. Culture-dependent and culture-independent characterization of microbial assemblages associated with high-temperature petroleum reservoirs[J]. Applied and Environmental Microbiology，2000，66（2）：700-711.

[112] Ovreås L，Forney L，Daae F L，et al. Distribution of bacterioplankton in meromictic Lake Saelenvannet，as determined by denaturing gradient gel electrophoresis of PCR-amplified gene fragments coding for 16S rRNA[J]. Applied and Environmental Microbiology，1997，63（9）：3367-3373.

[113] Ferris M J，Muyzer G，Ward D M. Denaturing gradient gel electrophoresis profiles of 16S rRNA-defined populations inhabiting a hot spring microbial mat community[J]. Applied and Environmental Microbiology，1996，62（2）：340-346.

[114] Mayilrai S，Kaksonen A H，Cord-ruwisch R，et al. *Desulfonauticus autotrophicus* sp. nov.，a novel thermophilic sulfate-reducing bacterium isolated from oil-production water and emended description of the genus *Desulfonauticus* [J]. Extremophiles，2009，13（2）：247-255.

[115] Muyzer G，De Waal E C，Uitterlinden A G. Profiling of complex microbial populations by denaturing gradient gel electrophoresis analysis of polymerase chain reaction-amplified genes coding for 16S rRNA[J]. Applied and Environmental Microbiology，1993，59（3）：695-700.

[116] Wang J，Ma T，Zhao L X，et al. Monitoring exogenous and indigenous bacteria by PCR-DGGE technology during the process of microbial enhanced oil recovery[J]. Journal of Industrial Microbiology and Biotechnology，2008，35（6）：619-628.

[117] Bouvier T，Del Giorgio P A. Factors influencing the detection of bacterial cells using fluorescence in situ hybridization（FISH）：A quantitative review of published reports[J]. FEMS Microbiology Ecology，2003，44（1）：3-15.

[118] Zeng J H，Wu X L，Zhao G F，et al. Detection of SRPs in injection water of Shenli Oil Field by FISH [J]. Environmental Science，2006，27（5）：972-976.

[119] Yuan S Q, Xue Y F, Gao P, et al. Microbial diversity in Shengli petroleum reservoirs analyzed by T-RFLP[J]. Acta Microbiologica Sinica, 2007, 47 (2): 290-294.

[120] Sette L D, Simioni K C M, Vasconcellos S P, et al. Analysis of the composition of bacterial communities in oil reservoirs from a southern offshore Brazilian basin[J]. Antonie van Leeuwenhoek, 2007, 91 (3): 253-266.

[121] Watanabe K, Kodama Y, Kaku N. Diversity and abundance of bacteria in an underground oil-storage cavity [J]. BMC Microbiology, 2002, 2 (1): 23.

[122] Lopez I, Ruiz-larrea F, Cocolin L, et al. Design and evaluation of PCR primers for analysis of bacterial populations in wine by denaturing gradient gel electrophoresis[J]. Applied and Environmental Microbiology, 2003, 69 (11): 6801-6807.

[123] Holba A G, Dzou L I P, Hickey J J, et al. Reservoir geochemistry of South Pass 61 Field, Gulf of Mexico: compositional heterogeneities reflecting filling history and biodegradation[J]. Organic Geochemistry, 1996, 24 (12): 1179-1198.

[124] Ward D, Brock T D. Anaerobic metabolism of hexadecane in sediments[J]. Geomicrobiology Journal, 1978, 1 (1): 1-9.

[125] Berry D F, Francis A J, Bollag J M. Microbial metabolism of homocyclic and heterocyclic aromatic compounds under anaerobic conditions[J]. Microbiological Reviews, 1987, 51 (1): 43-59.

[126] Grbic-galic D, Vogel T M. Transformation of toluene and benzene by mixed methanogenic cultures [J]. Appl Environ Microbiol, 1987, 53 (2): 254-260.

[127] Zengler K, Heider J, Rosselló-mora R, et al. Phototrophic utilization of toluene under anoxic conditions by a new strain of Blastochloris sulfoviridis[J]. Archives of Microbiology, 1999, 172 (4): 204-212.

[128] Bonin P, Cravo-laureau C, Michotey V, et al. The anaerobic hydrocarbon biodegrading bacteria: an overview[J]. Ophelia, 2004, 58 (3): 243-254.

[129] Evans P J, Mang D T, Kim K S, et al. Anaerobic degradation of toluene by a denitrifying bacterium [J]. Applied and Environmental Microbiology, 1991, 57 (4): 1139-1145.

[130] Anders H J, Kaetzke A, Kämpfer P, et al. Taxonomic position of aromatic-degrading denitrifying pseudomonad strains K 172 and KB 740 and their description as new members of the *genera thauera*, as *Thauera aromatica* sp. nov., and *Azoarcus*, as *Azoarcus evansii* sp. nov., respectively, members of the beta subclass of the *proteobacteria* [J]. International Journal of Systematic and Evolutionary Microbiology, 1995, 45 (2): 327-333.

[131] Shinoda Y, Sakai Y, Uenishi H, et al. Aerobic and anaerobic toluene degradation by a newly isolated denitrifying bacterium, *Thauera* sp. strain DNT-1[J]. Applied and Environmental Microbiology, 2004, 70 (3): 1385-1392.

[132] Grishchenkov V G, Slepen'kin A V, BORONIN A M. Anaerobic degradation of biphenyl by the facultative anaerobic strain citrobacter freundii BS2211[J]. Applied Biochemistry and Microbiology, 2002, 38 (2): 125-128.

[133] Spormann A M, Widdel F. Metabolism of alkylbenzenes, alkanes, and other hydrocarbons in anaerobic bacteria [J]. Biodegradation, 2000, 11 (2): 85-105.

[134] Fries M R, Zhou J, Chee-sanford J, et al. Isolation, characterization, and distribution of denitrifying toluene degraders from a variety of habitats[J]. Applied and Environmental Microbiology, 1994, 60 (8): 2802-2810.

[135] Song B, Häggblom M M, Zhou J, et al. Taxonomic characterization of denitrifying bacteria that degrade aromatic compounds and description of *Azoarcus toluvorans* sp. nov. and *Azoarcus toluclasticus* sp. nov[J]. International Journal of Systematic and Evolutionary Microbiology, 1999, 49 (3): 1129-1140.

[136] Dolfing J, Zeyer J, Binder-eicher P, et al. Isolation and characterization of a bacterium that mineralizes toluene in the absence of molecular oxygen[J]. Archives of Microbiology, 1990, 154 (4): 336-341.

[137] Rabus R, Widdel F. Anaerobic degradation of ethylbenzene and other aromatic hydrocarbons by new denitrifying bacteria[J]. Archives of Microbiology, 1995, 163 (2): 96-103.

[138] Hess A, Zarda B, Hahn D, et al. In situ analysis of denitrifying toluene- and m-xylene-degrading bacteria in a diesel fuel-contaminated laboratory aquifer column[J]. Applied and Environmental Microbiology, 1997, 63 (6): 2136-2141.

[139] Ball H A, Johnson H A, Reinhard M, et al. Initial reactions in anaerobic ethylbenzene oxidation by a denitrifying bacterium, strain EB1[J]. Journal of Bacteriology, 1996, 178 (19): 5755-5761.

[140] Harms G, Rabus R, Widdel F. Anaerobic oxidation of the aromatic plant hydrocarbon p-cymene by newly isolated denitrifying bacteria[J]. Archives of Microbiology, 1999, 172 (5): 303-312.

[141] Ehrenreich P, Behrends A, Harder J, et al. Anaerobic oxidation of alkanes by newly isolated denitrifying bacteria [J]. Archives of Microbiology, 2000, 173 (1): 58-64.

[142] Chakraborty R, Coates J D. Hydroxylation and carboxylation—two crucial steps of anaerobic benzene degradation by Dechloromonas strain RCB[J]. Applied and Environmental Microbiology, 2005, 71 (9): 5427-5432.

[143] Rockne K J, Chee-sanford J C, Sanford R A, et al. Anaerobic naphthalene degradation by microbial pure cultures under nitrate-reducing conditions[J]. Applied and Environmental Microbiology, 2000, 66 (4): 1595-1601.

[144] 邓栋，刘翔 . BTEX 厌氧降解纯菌株的筛选及降解效率影响因素研究[J]. 农业环境科学学报，2008，27（5）：1991-1996.

[145] Cravo-laureau C, Labat C, Joulian C, et al. *Desulfatiferula olefinivorans* gen. nov., sp. nov., a long-chain *n*-alkene-degrading, sulfate-reducing bacterium[J]. International Journal of Systematic and Evolutionary Microbiology, 2007, 57 (11): 2699-2702.

[146] Galushko A, Minz D, Schink B, et al. Anaerobic degradation of naphthalene by a pure culture of a novel type of marine sulphate-reducing bacterium[J]. Environmental microbiology, 1999, 1 (5): 415-420.

[147] Phelps C D, Kerkhof L J, Young L Y. Molecular characterization of a sulfate-reducing consortium which mineralizes benzene[J]. FEMS Microbiology Ecology, 1998, 27 (3): 269-279.

[148] Harms G, Zengler K, Rabus R, et al. Anaerobic oxidation of *o* -xylene, *m* -xylene, and homologous alkylbenzenes by new types of sulfate-reducing bacteria[J]. Applied and Environmental Microbiology, 1999, 65 (3): 999-1004.

[149] Musat F, Galushko A, Jacob J, et al. Anaerobic degradation of naphthalene and 2-methylnaphthalene by strains of marine sulfate-reducing bacteria[J]. Environmental Microbiology, 2009, 11 (1): 209-219.

[150] Cravo-laureau C, Matheron R, Joulian C, et al. *Desulfatibacillum alkenivorans* sp. nov., a novel *n*-alkene-degrading, sulfate-reducing bacterium, and emended description of the genus Desulfatibacillum[J]. International Journal of Systematic and Evolutionary Microbiology, 2004, 54 (5): 1639-1642.

[151] Rabus R, Nordhaus R, Ludwig W, et al. Complete oxidation of toluene under strictly anoxic conditions by a new sulfate-reducing bacterium[J]. Applied and Environmental Microbiology, 1993, 59 (5): 1444-1451.

[152] Aeckersberg F, Bak F, Widdel F. Anaerobic oxidation of saturated hydrocarbons to CO_2 by a new type of sulfate-reducing bacterium[J]. Archives of Microbiology, 1991, 156 (1): 5-14.

[153] Aeckersberg F, Rainey F A, Widdel F. Growth, natural relationships, cellular fatty acids and metabolic adaptation of sulfate-reducing bacteria that utilize long-chain alkanes under anoxic conditions[J]. Archives of Microbiology, 1998, 170 (5): 361-369.

[154] So C M, Young L Y. Isolation and characterization of a sulfate-reducing bacterium that anaerobically degrades alkanes[J]. Applied and Environmental Microbiology, 1999, 65 (7): 2969-2976.

[155] Ommedal H, Torsvik T. *Desulfotignum toluenicum* sp. nov., a novel toluene-degrading, sulphate-reducing bacterium isolated from an oil-reservoir model column[J]. International Journal of Systematic and Evolutionary Microbiology, 2007, 57 (12): 2865-2869.

[156] Lovley D R, Baedecker M J, Lonergan D J, et al. Oxidation of aromatic contaminants coupled to microbial iron reduction[J]. Nature, 1989, 339 (6222): 297-300.

[157] Kunapuli U, Jahn M K, Lueders T, et al. *Desulfitobacterium aromaticivorans* sp. nov. and *Geobacter toluenoxydans* sp. nov., iron-reducing bacteria capable of anaerobic degradation of monoaromatic hydrocarbons[J]. International Journal of Systematic and Evolutionary Microbiology, 2010, 60 (3): 686-695.

[158] Tor J M, Lovley D R. Anaerobic degradation of aromatic compounds coupled to Fe (Ⅲ) reduction by Ferroglobus placidus[J]. Environmental Microbiology, 2001, 3 (4): 281-287.

[159] 黄建新，杨靖亚，张茜，等．硫酸盐还原菌对磺化物的分解作用研究[J]．西北大学学报（自然科学版），2002，32（4）：401-405.

[160] Cravo-laureau C，Matheron R，Cayol J L，et al. *Desulfatibacillum aliphaticivorans* gen. nov.，sp. nov.，an *n*-alkane- and *n*-alkene-degrading，sulfate-reducing bacterium[J]. International Journal of Systematic and Evolutionary Microbiology，2004，54（1）：77-83.

[161] 冀忠伦，周立辉，任建科，等．长庆油田原油集输系统 H_2S 次生机理分析[J]．安全与环境工程，2011，18（1）：67-70.

[162] Knittel K，Boetius A，Lemke A，et al. Activity，distribution，and diversity of sulfate reducers and other bacteria in sediments above gas hydrate（Cascadia Margin，Oregon）[J]. Geomicrobiology Journal，2003，20（4）：269-294.

[163] Gieg L M，Duncan K E，Suflita J M. Bioenergy production via microbial conversion of residual oil to natural gas [J]. Applied and Environmental Microbiology，2008，74（10）：3022-3029.

[164] Suflita J M，Davidova I A，Gieg L M，et al. Chapter 10 Anaerobic hydrocarbon biodegradation and the prospects for microbial enhanced energy production[M]//VAZQUEZ-DUHALT R，QUINTERO-RAMIREZ R. Studies in Surface Science and Catalysis. Elsevier，2004：283-305.

[165] Updegraff D M，Wren G B. The release of oil from petroleum-bearing materials by sulfate-reducing bacteria [J]. Applied Microbiology，1954，2（6）：309-322.

[166] 李新荣，沈德中．硫酸盐还原菌的生态特性及其应用[J]．应用与环境生物学报，1999，5：10-13.

[167] Harris J R. Use desalting for FCC feedstocks[J]. Hydrocarbon Processing，1996：63-68.

[168] Borgne S L，Quintero R. Biotechnological processes for the refining of petroleum[J]. Fuel Processing Technology，2003，81（2）：155-169.

[169] Kayser J K，Bielaga-jones B A，Jackowski K，et al. Utilization of organosulfur compounds by axenic and mixed cultures of Rhodococcus rhodochrous IGTS8[J]. Journal of General Microbiology，1993，139（12）：3123-3129.

[170] Kim T S，Kim H Y，Kim B H. Petroleum desulfurization by Desulfovibrio desulfuricans M6 using electrochemically supplied reducing equivalent[J]. Biotechnology Letters，1990，12（10）：757-760.

[171] Beijerinck M W. *Spirillum Desulfuricans* als Ursache von Sulfatreduktion[J]. Zentralblatt Bakteriol，1895，2：49-59.

[172] Elion L. A thermophilic sulphate-reducing bacterium[J]. Zentr Bakteriol Parasitenk，1924，63：58-67.

[173] Baars J K. Over sulfaatreductie door bacteriën[D]. Delft：Tu Delft，1930.

[174] Starkey R L. A study of spore formation and other morphological characteristics of vibrio desulfuricans[J]. Archiv Für Mikrobiologie，1938，9（1-5）：268-304.

[175] Campbell L L，JR，Frank H A，et al. Studies on thermophilic sulfate reducing bacteria. I. Identification of Sporovibrio desulfuricansas Clostridium nigrificans[J]. J Bacteriol，1957，73（4）：516-521.

[176] Campbell L L，Postgate J R. Classification of the spore-forming sulfate-reducing bacteria[J]. Bacteriol ogical Reviews，1965，29（3）：359-363.

[177] Widdel F，Pfennig N. A new anaerobic，sporing，acetate-oxidizing，sulfate-reducing bacterium，*Desulfotomaculum*（emend.）*acetoxidans*[J]. Archives of Microbiology，1977，112（1）：119-122.

[178] Widdel F，Pfennig N. Sporulation and further nutritional characteristics of *Desulfotomaculum acetoxidans*[J]. Archives of Microbiology，1981，129（5）：401-402.

[179] Zeikus J，Dawson M，Thompson T，et al. Microbial ecology of volcanic sulphidogenesis：isolation and characterization of *Thermodesulfobacterium commune* gen. nov. and sp. nov[J]. Microbiology，1983，129（4）：1159-1169.

[180] Moore W E C，Johnson J L，Holdeman L V. Emendation of *bacteroidaceae* and *butyrivibrio* and *descriptions* of *desulfornonas gen*. nov. and ten new species in the genera *desulfomonas*，*butyrivibrio*，*eubacterium*，*czostridium*，and *ruminococcus*[J]. International Journal of Systematic Bacteriology，1976，26（2）：238-252.

[181] Widdel F，Pfennig N. Studies on dissimilatory sulfate-reducing bacteria that decompose fatty acids. I. Isolation of new sulfate-reducing bacteria enriched with acetate from saline environments. Description of *Desulfobacter postgatei*

gen. nov. , sp. nov[J]. Archives of Microbiology, 1981, 129 (5): 395-400.

[182] Widdel F, Pfennig N. Studies on dissimilatory sulfate-reducing bacteria that decompose fatty acids Ⅱ. incomplete oxidation of propionate by *Desulfobulbus propionicus* gen. nov. , sp. nov. [J]. Archives of Microbiology, 1982, 131: 360-365.

[183] Widdel F, Kohring G W, MAYER F. Studies on dissimilatory sulfate-reducing bacteria that decompose fatty acids Ⅲ. characterization of the filamentous gliding *Desulfonema limicola* gen. nov. sp. nov. , and *Desulfonema magnum* sp. nov[J]. Archives of Microbiology, 1983, 134 (4): 286-294.

[184] Imhoff-Stuckle D, Pfennig N. Isolation and characterization of a nicotinic acid-degrading sulfate-reducing bacterium, *Desulfococcus niacini* sp. nov[J]. Archives of Microbiology, 1983, 136 (3): 194-198.

[185] Barton L L, Fauque G D. Biochemistry, physiology and biotechnology of sulfate-reducing bacteria[J]. Advances in Applied Microbiology, 2009, 68 (9): 41-98.

[186] 陈悟．硫酸盐还原菌多相分类系统与综合防治方法研究[D]. 武汉：华中科技大学，2006.

[187] Tebo B M, Obraztsova A Y. Sulfate-reducing bacterium grows with Cr (Ⅵ), U (Ⅵ), Mn (Ⅳ), and Fe (Ⅲ) as electron acceptors[J]. Fems Microbiology Letters, 1998, 162 (1): 193-198.

[188] Widdel F. The Genus *Desulfotomaculum*[M]//DWORKIN M, FALKOW S, ROSENBERG E, et al. The Prokaryotes: Volume 4: Bacteria: Firmicutes, Cyanobacteria. New York, NY: Springer US, 2006: 787-794.

[189] 闵航．嗜热氧化乙酸脱硫肠状菌的分离和特征[J]. 浙江大学学报（农业与生命科学版），1990，16（3）：259-266.

[190] Voordouw G, Voordouw J K, Jack T R, et al. Identification of distinct communities of sulfate-reducing bacteria in oil fields by reverse sample genome probing[J]. Applied and Environmental Microbiology, 1992, 58 (11): 3542-3552.

[191] Voordouw G, Voordouw J K, Karkhoffschweizer R R, et al. Reverse sample genome probing, a new technique for identification of bacteria in environmental samples by DNA hybridization, and its application to the identification of sulfate-reducing bacteria in oil field samples[J]. Applied and Environmental Microbiology, 1991, 57 (11): 3070-3078.

[192] Leu J Y, Mcgoverntraa C P, Porter A J, et al. Identification and phylogenetic analysis of thermophilic sulfate-reducing bacteria in oil field samples by 16S rDNA gene cloning and sequencing[J]. Anaerobe, 1998, 4 (3): 165-174.

[193] 陈鸣渊．嗜热硫酸盐还原菌在不同温度下的生长及其硫代谢[J]. 广东化工，2016，43（3）：31-32.

[194] WIDDEL F, BAK F. Gram-negative mesophilic sulfate-reducing bacteria[M]. New York: Springer, 1992.

[195] 吕人豪，苗桂时，扈芝香．几种土壤的硫酸盐还原菌（*Desulfovibrio desulfuricans*）的研究[J]. 微生物学报，1973，13（1）：77-80.

[196] Rooney Varga J N, Sharak Genthner B R, Devereux R, et al. Phylogenetic and physiological diversity of sulphate-reducing bacteria isolated from a salt marsh sediment[J]. Systematic and Applied Microbiology, 1998, 21 (4): 557-568.

[197] Mogensen G L, Kjeldsen K U, Ingvorsen K. *Desulfovibrio aerotolerans* sp. nov. , an oxygen tolerant sulphate-reducing bacterium isolated from activated sludge[J]. Anaerobe, 2005, 11 (6): 339-349.

[198] Gonçalves L S G, Huber R, Costa M S D, et al. A variant of the hyperthermophile *Archaeoglobus fulgidus* adapted to grow at high salinity[J]. Fems Microbiology Letters, 2003, 218 (2): 239-244.

[199] Huber H, Jannasch H, Rachel R, et al. *Archaeoglobus veneficus* sp. nov. , a novel facultative chemolithoautotrophic hyperthermophilic sulfite reducer, isolated from abyssal black smokers[J]. Systematic and Applied Microbiology, 1997, 20 (3): 374-380.

[200] Loy A, Lehner A, Lee N, et al. Oligonucleotide microarray for 16S rRNA gene-based detection of all recognized lineages of sulfate-reducing prokaryotes in the environment[J]. Applied and Environmental Microbiology, 2002, 68 (10): 5064-5081.

[201] 魏利，马放，魏继承，等．大庆油田地面系统的硫酸盐还原菌的分离与鉴定[J]. 湖南科技大学学报（自然科学版），2006，21（1）：82-85.

[202] Feris K, Ramsey P, Frazar C, et al. Differences in hyporheic-zone microbial community structure along a heavy-metal contamination gradient[J]. Applied and Environmental Microbiology, 2003, 69 (9): 5563-5573.

[203] Seghers D, Verthé K, Reheul D, et al. Effect of long-term herbicide applications on the bacterial community structure and function in an agricultural soil[J]. FEMS Microbiology Ecology, 2003, 46 (2): 139-146.

[204] 高枫，张心平，梁凤来，等．用全DNA转化法构建多功能石油降解菌[J]. 南开大学学报（自然科学），1999，32（3）：158-162.

[205] Amann R, Lemmer H, Wagner M. Monitoring the community structure of wastewater treatment plants: a comparison of old and new techniques[J]. FEMS Microbiology Ecology, 1998, 25 (3): 205-215.

[206] Daims H, Ramsing N B, Schleifer K H, et al. Cultivation-independent, semiautomatic determination of absolute bacterial cell numbers in environmental samples by fluorescence in situ hybridization[J]. Applied and Environmental Microbiology, 2001, 67 (12): 5810-5818.

[207] Fodor S P, Read J L, Pirrung M C, et al. Light-directed, spatially addressable parallel chemical synthesis [J]. Science, 1991, 251 (4995): 767-773.

[208] Wu L, Thompson D K, LI G, et al. Development and evaluation of functional gene arrays for detection of selected genes in the environment[J]. Applied and Environmental Microbiology, 2001, 67 (12): 5780-5790.

[209] Zhou J, Thompson D K. Challenges in applying microarrays to environmental studies[J]. Current Opinion in Biotechnology, 2002, 13 (3): 204-207.

[210] Fischer S G, Lerman L S. Length-independent separation of DNA fragments in two-dimensional gel electrophoresis [J]. Cell, 1979, 16 (1): 191-200.

[211] Gillan D C, Speksnijder A G, Zwart G, et al. Genetic diversity of the biofilm covering Montacuta ferruginosa (Mollusca, bivalvia) as evaluated by denaturing gradient gel electrophoresis analysis and cloning of PCR-amplified gene fragments coding for 16S rRNA[J]. Applied and Environmental Microbiology, 1998, 64 (9): 3464-3472.

[212] Renouf V, Claisse O, Miot-Sertier C, et al. Lactic acid bacteria evolution during winemaking: use of rpoB gene as a target for PCR-DGGE analysis[J]. Food Microbiology, 2006, 23 (2): 136-145.

[213] Yaseen M, Lu J R, Webster J R, et al. Adsorption of single chain zwitterionic phosphocholine surfactants: effects of length of alkyl chain and head group linker[J]. Biophysical Chemistry, 2005, 117 (3): 263-273.

[214] Hernandez-Raquet G, Budzinski H, Caumette P, et al. Molecular diversity studies of bacterial communities of oil polluted microbial mats from the Etang de Berre (France) [J]. FEMS Microbiology Ecology, 2006, 58 (3): 550-562.

[215] Juck D, Charles T, Whyte L G, et al. Polyphasic microbial community analysis of petroleum hydrocarbon-contaminated soils from two northern Canadian communities[J]. FEMS Microbiology Ecology, 2000, 33 (3): 241-249.

[216] Buchholz-Cleven B E E, Rattunde B, Straub K L. Screening for genetic diversity of isolates of anaerobic Fe (Ⅱ)-oxidizing bacteria using DGGE and whole-cell hybridization[J]. Systematic and Applied Microbiology, 1997, 20 (2): 301-309.

[217] Myers R M, Fischer S G, Maniatis T, et al. Modification of the melting properties of duplex DNA by attachment of a GC-rich DNA sequence as determined by denaturing gradient gel electrophoresis[J]. Nucleic Acids Research, 1985, 13 (9): 3111-3129.

[218] Witzmann F, Clack J, Fultz C, et al. Two-dimensional electrophoretic mapping of hepatic and renal stress proteins [J]. Electrophoresis, 1995, 16 (3): 451-459.

[219] Washburn M P, Wolters D, Yates J R. Large-scale analysis of the yeast proteome by multidimensional protein identification technology[J]. Nature Biotechnology, 2001, 19 (3): 242-247.

[220] Rudiger A H, Rudiger M, Carl U D, et al. Affinity mass spectrometry-based approaches for the analysis of protein-protein interaction and complex mixtures of peptide-ligands[J]. Analytical Biochemistry, 1999, 275 (2): 162-170.

[221] Cordwell S J, Nouwens A S, Walsh B J. Comparative proteomics of bacterial pathogens[J]. Proteomics, 2001, 1 (4): 461-472.

[222] Conrads T P, Issaq H J, Veenstra T D. New tools for quantitative phosphoproteome analysis[J]. Biochemical and Biophysical Research Communications, 2002, 290 (3): 885-890.

[223] Peng J, Elias J, C Thoreen C, et al. Evaluation of multidimensional chromatography coupled with tandem mass spectrometry (LC/LC-MS/MS) for large-scale protein analysis: the yeast proteome[J]. Journal of Proteome Research, 2003, 2 (1): 43-50.

[224] Wiśniewski J R, Rakus D. Quantitative analysis of the Escherichia coli proteome[J]. Data in Brief, 2014, 1: 7-11.

[225] Ying W, Hao Y, Zhang Y, et al. Proteomic analysis on structural proteins of Severe Acute Respiratory Syndrome coronavirus[J]. Proteomics, 2004, 4 (2): 492-504.

[226] Klumpp J, Fuchs T M. Identification of novel genes in genomic islands that contribute to *Salmonella typhimurium* replication in macrophages[J]. Microbiology, 2007, 153 (4): 1207-1220.

[227] 高建峰，朱力，刘先凯，等．温度对粘质沙雷菌蛋白质表达谱的影响[J]．军事医学科学院院刊，2007，(4)：312-316，321.

[228] Bachmann R T, Johnson A C, Edyvean R G J. Biotechnology in the petroleum industry: an overview[J]. International Biodeterioration and Biodegradation, 2014, 86: 225-237.

[229] Philippi G T. On the depth, time and mechanism of origin of the heavy to medium-gravity naphthenic crude oils[J]. Geochimica et Cosmochimica Acta, 1977, 41 (1): 33-52.

[230] Beckman J W. Action of bacteria on mineral oil[J]. Ind Eng Chem News, 1926, 10 (3): 3-10.

[231] 莫吉列夫斯基．微生物学在油气田勘探中的应用[M]．王修垣，译．北京：科学出版社，1958.

[232] 库兹涅佐夫．地质微生物学引论[M]．王修垣，译．北京：科学出版社，1966.

[233] Blau L W. Process for locating valuable subterranean deposits[M]. 1943.

[234] Zobell C E. Bacteriological process for treatment of fluid-bearing earth formations[M]. 1946.

[235] 何新，何翠香，徐登霆，等．一株高温解烃菌的筛选及性能评价[J]．西安石油大学学报（自然科学版），2010，25 (6)：73-75，113.

[236] 谢英，付步飞，王平，等．马红球菌的高温烃降解特性及其驱油效果[J]．新疆石油地质，2012，33 (6)：715-719.

[237] Hemalatha S, Veeramanikandan P. Characterization of aromatic hydrocarbon degrading bacteria from petroleum contaminated sites[J]. Journal of Environmental Protection, 2011, 2 (3): 243-254.

[238] Hassanshahian M, Ahmadinejad M, TEBYANIAN H, et al. Isolation and characterization of alkane degrading bacteria from petroleum reservoir waste water in Iran (Kerman and Tehran provenances) [J]. Marine Pollution Bulletin, 2013, 73 (1): 300-305.

[239] Varjani S J, Gnansounou E. Microbial dynamics in petroleum oilfields and their relationship with physiological properties of petroleum oil reservoirs[J]. Bioresource Technology, 2017, 245 (Pt A): 1258-1265.

[240] 胥元刚，何延龙，张凡，等．厌氧微生物对新疆六中区稠油的降解特性[J]．西安石油大学学报（自然科学版），2012，27 (3)：67-71.

[241] She Y H, Zhang F, Xia J J, et al. Investigation of biosurfactant-producing indigenous microorganisms that enhance residue oil recovery in an oil reservoir after polymer flooding[J]. Applied Biochemistry and Biotechnology, 2011, 163 (2): 223-234.

[242] Sheehy A J, Glénat P, Grassia G S, et al. A systematic survey for thermophilic fermentative bacteria and archaea in high temperature petroleum reservoirs[J]. FEMS Microbiology Ecology, 1996, 21 (1): 47-58.

[243] Belyaev S S, Obraztcova A Y, Laurinavichus K S, et al. Characteristics of rod-shaped methane-producing bacteria from oil pool and description of *Methanobacterium ivanovii* sp. nov. [J]. Microbiology, 1986, 55: 821-826.

[244] Davydova-Charakhch' Yan I A, Kuznetsova V G, Mityushina L L, et al. Methane-forming bacilli from oil fields of tatarstan and western siberia[J]. Mikrobiologiya, 1992, 61: 299-305.

[245] Ollivier B, Fardeau M L, Cayol J L, et al. *Methanocalculus halotolerans* gen. nov., sp. nov., isolated from an oil-producing well[J]. International Journal of Systematic Bacteriology, 1998, 48: 821-828.

[246] Jeanthon C, Nercessian O, Corre E, et al. Hyperthermophilic and methanogenic archaea in oil fields[M]. Petroleum Micro-

biology，American Society of Microbiology，2005：55-70.

[247] Ni S，Boone D R. Isolation and characterization of a dimethyl sulfide-degrading methanogen，*Methanolobus siciliae* HI350，from an oil well，characterization of *M. siciliae* T4/MT，and emendation of *M. siciliae* [J]. International Journal of Systematic Bacteriology，1991，41 (3)：410-416.

[248] Lv L，Zhou L，Wang L Y，et al. Selective inhibition of methanogenesis by sulfate in enrichment culture with production water from low-temperature oil reservoir[J]. International Biodeterioration and Biodegradation，2016，108：133-141.

[249] 李凯平. 长链烷烃厌氧降解产甲烷体系的菌群组成及变化[D]上海：华东理工大学，2012.

[250] 金锐，任南琪，郭婉茜. 利用微生物降解原油产甲烷气能力和群落构成研究[J]. 科技风，2013 (18)：54-55.

[251] Ivanov M V，Belyaev S S，Borzenkov I A，et al. Additional oil production during field trials in Russia[M]//PREMUZIC E T，WOODHEAD A. Developments in Petroleum Science. Elsevier，1993：373-381.

[252] Greene A C，Patel B K，Sheehy A J. *Deferribacter thermophilus* gen. nov.，sp. nov.，a novel thermophilic manganese- and iron-reducing bacterium isolated from a petroleum reservoir[J]. International Journal of Systematic Bacteriology，1997，47 (2)：505-509.

[253] Vetriani C，Speck M D，Ellor S V，et al. *Thermovibrio ammonificans* sp. nov.，a thermophilic，chemolithotrophic，nitrate-ammonifying bacterium from deep-sea hydrothermal vents[J]. International Journal of Systematic and Evolutionary Microbiology，2004，54 (Pt 1)：175-181.

[254] Л. ИЧ Г-К Т. Миукробиологическое исследование серносолены вод Апщерона. Азерб Нефт Хоз-во [J]. ВестникОренбургскогогосударственногоуниверситета，1926，6：30-39.

[255] Bastin E S，Greer F E，Merritt C A，et al. The presence of sulfate-reducing bacteria in oil field waters [J]. Science，1926，63 (1618)：21-24.

[256] Jeanthon C，L'haridon S，Cueff V，et al. *Thermodesulfobacterium hydrogeniphilum* sp. nov.，a thermophilic，chemolithoautotrophic，sulfate-reducing bacterium isolated from a deep-sea hydrothermal vent at Guaymas Basin，and emendation of the genus Thermodesulfobacterium[J]. International Journal of Systematic and Evolutionary Microbiology，2002，52：765-772.

[257] Guan J，Xia L P，Wang L Y，et al. Diversity and distribution of sulfate-reducing bacteria in four petroleum reservoirs detected by using 16S rRNA and dsrAB genes[J]. International Biodeterioration and Biodegradation，2013，76：58-66.

[258] Gieg L M，Jack T R，Foght J M. Biological souring and mitigation in oil reservoirs[J]. Appl Microbiol Biotechnol，2011，92 (2)：263-282.

[259] 赵桂芳，吴晓磊，曾景海，等. 胜利油田外排水中铁细菌主要类群的检测及群落结构分析[J]. 应用与环境生物学报，2006，12 (6)：828-832.

[260] 管婧. 油藏环境硫酸盐还原菌和硝酸盐还原菌的分布及相互作用研究[D]. 上海：华东理工大学，2013.

[261] Klenk H P，Clayton R A，Tomb J F，et al. The complete genome sequence of the hyperthermophilic，sulphate-reducing archaeon *Archaeoglobus fulgidus*[J]. Nature，1997，390：364-370.

[262] Heidelberg J，Seshadri R，Haveman S，et al. The genome sequence of the anaerobic，sulfate-reducing bacterium *Desulfovibrio vulgaris* Hildenborough[J]. Nature biotechnology，2004，22：554-559.

[263] Rabus R，Ruepp A，Frickey T，et al. The genome of *Desulfotalea psychrophila*，a sulfate-reducing bacterium from permanently cold Arctic sediments[J]. Environmental microbiology，2004，6：887-902.

[264] Pereira I A C，Haveman S A，Voordouw G. Biochemical，genetic and genomic characterization of anaerobic electron transport pathways in sulphate-reducing Delta proteobacteria [M]//BARTON L L，HAMILTON W A. Sulphate-Reducing Bacteria：Environmental and Engineered Systems. Cambridge：Cambridge University Press，2007：215-240.

[265] Rabus R，Strittmatter A. Functional genomics of sulphate-reducing prokaryotes[M]//BARTON L L，HAMILTON W A. Sulphate-Reducing Bacteria：Environmental and Engineered Systems. Cambridge：Cambridge University Press，2007：117-140.

[266] Marietou A, Griffiths L, Cole J. Preferential Reduction of the Thermodynamically Less Favorable Electron Acceptor, Sulfate, by a Nitrate-Reducing Strain of the Sulfate-Reducing Bacterium *Desulfovibrio desulfuricans* 27774 [J]. Journal of Bacteriology, 2009, 191 (3): 882-889.

[267] Mills P C, Rowley G, Spiro S, et al. A combination of cytochrome c nitrite reductase (NrfA) and flavorubredoxin (NorV) protects Salmonella enterica serovar Typhimurium against killing by NO in anoxic environments[J]. Microbiology, 2008, 154 (4): 1218-1228.

[268] Poock S R, Leach E R, Moir J W, et al. Respiratory detoxification of nitric oxide by the cytochrome c nitrite reductase of Escherichia coli[J]. Journal of Biological Chemistry, 2002, 277 (26): 23664-23669.

[269] Greene E A, Hubert C, Nemati M, et al. Nitrite reductase activity of sulphate-reducing bacteria prevents their inhibition by nitrate-reducing, sulphide-oxidizing bacteria[J]. Environmental Microbiology, 2003, 5 (7): 607-617.

[270] Haveman S A, Greene E A, Voordouw G. Gene expression analysis of the mechanism of inhibition of *Desulfovibrio vulgaris* Hildenborough by nitrate-reducing, sulfide-oxidizing bacteria [J]. Environmental Microbiology, 2005, 7 (9): 1461-1465.

[271] Lukat P, Rudolf M, Stach P, et al. Binding and Reduction of Sulfite by Cytochrome c Nitrite Reductase[J]. Biochemistry, 2008, 47 (7): 2080-2086.

[272] Sparacino-Watkins C, Stolz J F, Basu P. Nitrate and periplasmic nitrate reductases[J]. Chemical Society Reviews, 2014, 43 (2): 676-706.

[273] LóPez-CortéS A, Fardeau M L, Fauque G, et al. Reclassification of the sulfate- and nitrate-reducing bacterium *Desulfovibrio vulgaris* subsp. oxamicus as *Desulfovibrio oxamicus* sp. nov., comb. nov[J]. International Journal of Systematic and Evolutionary Microbiology, 2006, 56 (7): 1495-1499.

[274] Sousa J R, Silveira C M, Fontes P, et al. Understanding the response of *Desulfovibrio desulfuricans* ATCC 27774 to the electron acceptors nitrate and sulfate - biosynthetic costs modulate substrate selection[J]. Biochimica Et Biophysica Acta, 2017, 1865 (11 Pt A): 1455-1469.

[275] Fournier M, Aubert C, Dermoun Z, et al. Response of the anaerobe *Desulfovibrio vulgaris* Hildenborough to oxidative conditions: proteome and transcript analysis[J]. Biochimie, 2006, 88 (1): 85-94.

[276] Venceslau S S, Lino R R, Pereira I A. The Qrc membrane complex, related to the alternative complex III, is a menaquinone reductase involved in sulfate respiration[J]. The Journal of Biological Chemistry, 2010, 285 (30): 22774-22783.

[277] Ramos A R, Grein F, Oliveira G P, et al. The FlxABCD-HdrABC proteins correspond to a novel NADH dehydrogenase/heterodisulfide reductase widespread in anaerobic bacteria and involved in ethanol metabolism in *Desulfovibrio vulgaris* Hildenborough[J]. Environmental microbiology, 2015, 17 (7): 2288-2305.

[278] Price M N, Ray J, Wetmore K M, et al. The genetic basis of energy conservation in the sulfate-reducing bacterium *Desulfovibrio alaskensis* G20[J]. Frontiers in Microbiology, 2014, 5: 577.

[279] Thomas S H, Wagner R D, Arakaki A K, et al. The mosaic genome of Anaeromyxobacter dehalogenans strain 2CP-C suggests an aerobic common ancestor to the delta-proteobacteria[J]. Plos One, 2008, 3 (5): 1-12.

[280] Valente F M, Almeida C C, Pacheco I, et al. Selenium is involved in regulation of periplasmic hydrogenase gene expression in *Desulfovibrio vulgaris* Hildenborough[J]. Journal of Bacteriology, 2006, 188 (9): 3228-3235.

[281] Valente F M A, Oliveira A S F, Gnadt N, et al. Hydrogenases in *Desulfovibrio vulgaris* Hildenborough: structural and physiologic characterisation of the membrane-bound [NiFeSe] hydrogenase[J]. JBIC Journal of Biological Inorganic Chemistry, 2005, 10 (6): 667-682.

[282] Goenka A, Voordouw J K, Lubitz W, et al. Construction of a [NiFe] -hydrogenase deletion mutant of *Desulfovibrio vulgaris* Hildenborough[J]. Biochemical Society Transactions, 2005, 33 (1): 59-60.

[283] Pohorelic B K, Voordouw J K, Lojou E, et al. Effects of deletion of genes encoding Fe-only hydrogenase of *Desulfovibrio vulgaris* Hildenborough on hydrogen and lactate metabolism[J]. Journal of Bacteriology, 2002, 184 (3): 679.

[284] Caffrey S M, Hyung-Soo P, Voordouw J K, et al. Function of periplasmic hydrogenases in the sulfate-reducing

bacterium *Desulfovibrio vulgaris* Hildenborough[J]. Journal of Bacteriology, 2007, 189 (17): 6159.

[285] Casalot L, Valette O, Luca G D, et al. Construction and physiological studies of hydrogenase depleted mutants of *Desulfovibrio fructosovorans*[J]. Fems Microbiology Letters, 2002, 214 (1): 107-112.

[286] Morais-Silva F O, Santos C I, Rute R, et al. Roles of HynAB and Ech, the only two hydrogenases found in the model sulfate reducer *Desulfovibrio gigas*[J]. Journal of Bacteriology, 2013, 195 (20): 4753-4760.

[287] Pereira P M, Miguel T, Xavier A V, et al. The Tmc complex from *Desulfovibrio vulgaris* hildenborough is involved in transmembrane electron transfer from periplasmic hydrogen oxidation[J]. Biochemistry, 2006, 45 (34): 10359-10367.

[288] Laura S, Martin K, Berks B C, et al. Thiosulfate reduction in *Salmonella enterica* is driven by the proton motive force[J]. Journal of Bacteriology, 2012, 194 (2): 475-485.

[289] Pereira P M, He Q, Valente F M A, et al. Energy metabolism in *Desulfovibrio vulgaris* Hildenborough: insights from transcriptome analysis[J]. Antonie van Leeuwenhoek, 2008, 93 (4): 347-362.

[290] Haveman S A, Greene E A, Stilwell C P, et al. Physiological and gene expression analysis of inhibition of *Desulfovibrio vulgaris* Hildenborough by nitrite. J Bacteriol 186: 7944-7950[J]. Journal of bacteriology, 2005, 186: 7944-7950.

[291] He Q, Huang K, He Z, et al. Energetic Consequences of Nitrite Stress in *Desulfovibrio vulgaris* Hildenborough, Inferred from Global Transcriptional Analysis[J]. Applied and environmental microbiology, 2006, 72: 4370-4381.

[292] Kristian P, Eberhard W, Kroneck P M H, et al. Reaction cycle of the dissimilatory sulfite reductase from *Archaeoglobus fulgidus*[J]. Biochemistry, 2010, 49 (41): 8912-8921.

[293] Broco M, Rousset M, Oliveira S, et al. Deletion of flavoredoxin gene in *Desulfovibrio gigas* reveals its participation in thiosulfate reduction[J]. Febs Letters, 2005, 579 (21): 4803-4807.

[294] Finster K. Microbiological disproportionation of inorganic sulfur compounds[J]. Journal of Sulfur Chemistry, 2008, 29 (3-4): 281-292.

[295] Pascal P, Mark V Z, Kevin L, et al. Early Archaean microorganisms preferred elemental sulfur, not sulfate [J]. Science, 2007, 317 (5844): 1534-1537.

[296] Krämer M, Cypionka H. Sulfate formation via ATP sulfurylase in thiosulfate- and sulfite-disproportionating bacteria [J]. Archives of Microbiology, 1989, 151 (3): 232-237.

[297] Barton L L, Tomei F A. Characteristics and activities of sulfate-reducing bacteria[M]. Sulfate-Reducing Bacteria. Springer, 1995: 1-32.

[298] Muyzer G, Stams A J M. The ecology and biotechnology of sulphate-reducing bacteria[J]. Nature Reviews Microbiology, 2008, 6: 441.

[299] Plugge C M, Zhang W W, Scholten J C M, et al. Metabolic Flexibility of Sulfate-Reducing Bacteria[J]. Frontiers in Microbiology, 2011, 2 (81) .

[300] Moura J J G, Gonzalez P, Moura I, et al. Dissimilatory nitrate and nitrite ammonification by sulphate-reducing eubacteria[M]//BARTON L L, HAMILTON W A. Sulphate-Reducing Bacteria: Environmental and Engineered Systems. Cambridge: Cambridge University Press, 2007: 241-264.

[301] Fritz G, Einsle O, Rudolf M, et al. Key Bacterial Multi-Centered Metal Enzymes Involved in Nitrate and Sulfate Respiration[J]. Journal of Molecular Microbiology and Biotechnology, 2005, 10 (2-4): 223-233.

[302] Simon J, Klotz M G. Diversity and evolution of bioenergetic systems involved in microbial nitrogen compound transformations[J]. Biochimica et Biophysica Acta (BBA) - Bioenergetics, 2013, 1827 (2): 114-135.

[303] He Q, He Z, Joyner D C, et al. Impact of elevated nitrate on sulfate-reducing bacteria: a comparative Study of *Desulfovibrio vulgaris*[J]. The Isme Journal, 2010, 4: 1386.

[304] Korte H L, Fels S R, Christensen G A, et al. Genetic basis for nitrate resistance in *Desulfovibrio* strains [J]. Frontiers in Microbiology, 2014, 5 (153) .

[305] Jepson B J N, Marietou A, Mohan S, et al. Evolution of the soluble nitrate reductase: defining the monomeric periplasmic nitrate reductase subgroup[J]. Biochemical Society Transactions, 2006, 34 (1): 122-126.

[306] Potter L, Angove H, Richardson D, et al. Nitrate reduction in the periplasm of gram-negative bacteria[J]. Advances in Microbial Physiology, 2001, 45: 51-86.

[307] Bursakov S, Liu M-Y, Payne W J, et al. Isolation and preliminary characterization of a soluble nitrate reductase from the sulfate reducing organism *Desulfovibrio desulfuricans* ATCC 27774[J]. Anaerobe, 1995, 1 (1): 55-60.

[308] Dias J M, Than M E, Humm A, et al. Crystal structure of the first dissimilatory nitrate reductase at 1.9 Å solved by MAD methods[J]. Structure, 1999, 7 (1): 65-79.

[309] GonzáLez P J, Correia C, Moura I, et al. Bacterial nitrate reductases: Molecular and biological aspects of nitrate reduction[J]. Journal of Inorganic Biochemistry, 2006, 100 (5): 1015-1023.

[310] Marietou A, Richardson D, Cole J, et al. Nitrate reduction by *Desulfovibrio desulfuricans*: A periplasmic nitrate reductase system that lacks NapB, but includes a unique tetraheme c-type cytochrome, NapM[J]. FEMS Microbiology Letters, 2005, 248 (2): 217-225.

[311] Kern M, Simon J. Characterization of the NapGH quinol dehydrogenase complex involved in Wolinella succinogenes nitrate respiration[J]. Molecular microbiology, 2008, 69 (5): 1137-1152.

[312] Yang W, Lu H, Khanal S K, et al. Granulation of sulfur-oxidizing bacteria for autotrophic denitrification[J]. Water Research, 2016, 104: 507-519.

[313] Simon J. Enzymology and bioenergetics of respiratory nitrite ammonification[J]. FEMS Microbiology Reviews, 2002, 26 (3): 285-309.

[314] Dow J M, Grahl S, Ward R, et al. Characterization of a periplasmic nitrate reductase in complex with its biosynthetic chaperone[J]. The FEBS journal, 2014, 281 (1): 246-260.

[315] Riuett M O, Buss S R, Morgan P, et al. Nitrate attenuation in groundwater: a review of biogeochemical controlling processes[J]. Water Research, 2008, 42 (16): 4215-4232.

[316] Collins M D, Weddel F. Respiratory Quinones of Sulphate-Reducing and Sulphur-Reducing Bacteria: A Systematic Investigation[J]. Systematic and Applied Microbiology, 1986, 8 (1): 8-18.

[317] Pereira I A C, Ramos A R, Grein F, et al. A Comparative Genomic Analysis of Energy Metabolism in Sulfate Reducing Bacteria and Archaea[J]. Frontiers in microbiology, 2011, 2 (69): 69.

[318] Korte H L, Saini A, Trotter V V, et al. Independence of nitrate and nitrite inhibition of *desulfovibrio vulgaris* hildenborough and use of nitrite as a substrate for growth[J]. Environmental Science and Technology, 2015, 49 (2): 924-931.

[319] Haveman S A, Greene E A, Stilwell C P, et al. Physiological and gene expression analysis of inhibition of *Desulfovibrio vulgaris* Hildenborough by nitrite[J]. Journal of Bacteriology, 2004, 186 (23): 7944-7950.

[320] Korte H L, Avneesh S, Trotter V V, et al. Independence of nitrate and nitrite inhibition of *Desulfovibrio vulgaris* Hildenborough and use of nitrite as a substrate for growth[J]. Environmental Science and Technology, 2015, 49 (2): 924-931.

[321] Einsle O. Chapter sixteen-structure and function of formate-dependent cytochrome c nitrite reductase, NrfA[M]//KLOTZ M G, STEIN L Y. Methods in Enzymology. Pittsburgh: Academic Press, 2011: 399-422.

[322] Liu M C, Peck H D. The isolation of a hexaheme cytochrome from *Desulfovibrio desulfuricans* and its identification as a new type of nitrite reductase[J]. Journal of Biological Chemistry, 1981, 256 (24): 13159-13164.

[323] Rodrigues M L, Oliveira T F, Pereira I A, et al. X-ray structure of the membrane-bound cytochrome c quinol dehydrogenase NrfH reveals novel haem coordination[J]. The EMBO Journal, 2006, 25 (24): 5951-5960.

[324] Rodrigues M L, Scott K A, Sansom M S, et al. Quinol oxidation by c-type cytochromes: structural characterization of the menaquinol binding site of NrfHA[J]. Journal of Molecular Biology, 2008, 381 (2): 341-350.

[325] Simon J, Kroneck P M H. Chapter two - microbial sulfite respiration[M]//POOLE R K. Advances in Microbial Physiology. Pittsburgh: Academic Press, 2013: 45-117.

[326] Odom J M, Peck H D. Hydrogen cycling as a general mechanism for energy coupling in the sulfate-reducing bacteria, *Desulfovibrio* sp. [J]. FEMS Microbiology Letters, 1981, 12 (1): 47-50.

[327] Odom J M, Peck H D. Localization of dehydrogenases, reductases, and electron transfer components in the sulfate-

reducing bacterium *Desulfovibrio gigas*[J]. Journal of Bacteriology, 1981, 147 (1): 161-169.

[328] Zaunmüller T, Kelly D J, Glöckner F O, et al. Succinate dehydrogenase functioning by a reverse redox loop mechanism and fumarate reductase in sulphate-reducing bacteria[J]. Microbiology, 2006, 152 (8): 2443-2453.

[329] Lemos R S, Fernandes A S, Pereira M M, et al. Quinol: fumarate oxidoreductases and succinate: quinone oxidoreductases: phylogenetic relationships, metal centres and membrane attachment[J]. Biochimica et Biophysica Acta (BBA) - Bioenergetics, 2002, 1553 (1): 158-170.

[330] Macy J M, Santini J M, Pauling B V, et al. Two new arsenate/sulfate-reducing bacteria: mechanisms of arsenate reduction[J]. Archives of Microbiology, 2000, 173 (1): 49-57.

[331] Li X, Krumholz L R. Regulation of arsenate resistance in *Desulfovibrio desulfuricans* G20 by an *arsRBCC* operon and an *arsC* gene[J]. Journal of Bacteriology, 2007, 189 (10): 3705-3711.

[332] Nunes C I P, Brás J L A, Najmudin S, et al. ArsC3 from *Desulfovibrio alaskensis* G20, a cation and sulfate-independent highly efficient arsenate reductase[J]. JBIC Journal of Biological Inorganic Chemistry, 2014, 19 (8): 1277-1285.

[333] Newman D K, Kennedy E K, Coates J D, et al. Dissimilatory arsenate and sulfate reduction in *Desulfotomaculum auripigmentum* sp. nov[J]. Archives of Microbiology, 1997, 168 (5): 380-388.

[334] Zehr J P, Oremland R S. Reduction of selenate to selenide by sulfate-respiring bacteria—Experiments with cell-suspensions and estuarine sediments[J]. Applied and Environmental Microbiology, 1987, 53: 1365-1369.

[335] Chung J, Nerenberg R, Rittmann B E. Bioreduction of selenate using a hydrogen-based membrane biofilm reactor [J]. Environmental Science and Technology, 2006, 40 (5): 1664-1671.

[336] Hockin S, Gadd G M. Removal of selenate from sulfate-containing media by sulfate-reducing bacterial biofilms [J]. Environmental Microbiology, 2006, 8 (5): 816-826.

[337] Keller K L, Rapp-Giles B J, Semkiw E S, et al. New model for electron flow for sulfate reduction in *Desulfovibrio alaskensis* G20[J]. Applied and Environmental Microbiology, 2014, 80 (3): 855-868.

[338] Meyer B, Kuehl J V, Price M N, et al. The energy-conserving electron transfer system used by *Desulfovibrio alaskensis* strain G20 during pyruvate fermentation involves reduction of endogenously formed fumarate and cytoplasmic and membrane-bound complexes, Hdr-Flox and Rnf[J]. Environmental Microbiology, 2014, 16 (11): 3463-3486.

[339] Christensen G, Zane G, Kazakov A, et al. Rex (Encoded by DVU _ 0916) in *Desulfovibrio vulgaris* Hildenborough is a repressor of sulfate adenylyl transferase and is regulated by NADH[J]. Journal of Bacteriology, 2015, 197: 29-39.

[340] Rodionov D A, Dubchak I, Arkin A, et al. Reconstruction of regulatory and metabolic pathways in metal-reducing δ-proteobacteria[J]. Genome Biology, 2004, 5: R90.

[341] Ravcheev D, Li X, Latif H, et al. Transcriptional regulation of central carbon and energy metabolism in bacteria by redox-responsive repressor rex[J]. Journal of Bacteriology, 2011, 194: 1145-1157.

[342] Kuehl J V, Price M N, Ray J, et al. Functional genomics with a comprehensive library of transposon mutants for the sulfate-reducing bacterium *Desulfovibrio alaskensis* G20[J]. mBio, 2014, 5 (3) .

[343] Birte M, Kuehl J V, Price M N, et al. The energy-conserving electron transfer system used by *Desulfovibrio alaskensis* strain G20 during pyruvate fermentation involves reduction of endogenously formed fumarate and cytoplasmic and membrane-bound complexes, Hdr-Flox and Rnf[J]. Environmental Microbiology, 2014, 16 (11): 3463-3486.

[344] Plugge C, Zhang W, Scholten J, et al. Metabolic flexibility of sulfate-reducing bacteria[J]. Frontiers in Microbiology, 2011, 2: 81.

[345] Pankhania I, Spormann A, Hamilton W, et al. Lactate conversion to acetate, CO_2 and H_2 in cell suspensions of *Desulfovibrio vulgaris* (Marburg): indications for the involvement of an energy driven reaction [J]. Archives of Microbiology, 1988, 150: 26-31.

[346] Leloup J, Fossing H, Kohls K, et al. Sulfate-reducing bacteria in marine sediment (Aarhus Bay, Denmark): a-

bundance and diversity related to geochemical zonation[J]. Environmental Microbiology，2009，11：1278-1291.

[347] Imachi H，Sekiguchi Y，Kamagata Y，et al. Non-sulfate-reducing，syntrophic bacteria affiliated with *Desulfotomaculum* cluster I are widely distributed in methanogenic environments[J]. Applied and Environmental Microbiology，2006，72：2080-2091.

[348] Meyer B，Kuehl J，Price M N，et al. The energy-conserving electron transfer system used by *Desulfovibrio alaskensis* Strain G20 during pyruvate fermentation involves reduction of endogenously formed fumarate and cytoplasmic and membrane-bound complexes，Hdr-Flox and RNF [J]. Environmental Microbiology，2014，16：3463-3486.

[349] Li X，Mcinerney M，Stahl D，et al. Metabolism of H_2 by *Desulfovibrio alaskensis* G20 during syntrophic growth on lactate[J]. Microbiology (Reading，England)，2011，157：2912-2921.

[350] Meyer B，Kuehl J，Deutschbauer A，et al. Flexibility of syntrophic enzyme systems in *Desulfovibrio* species ensures their adaptation capability to environmental changes[J]. Journal of Bacteriology，2013，195：4900-4914.

[351] Meyer B，Kuehl J，Deutschbauer A，et al. Variation among *Desulfovibrio* species in electron transfer systems used for syntrophic growth[J]. Journal of Bacteriology，2012，195：990-1004.

[352] Plugge C，Scholten J，Culley D，et al. Global transcriptomics analysis of *Desulfovibrio vulgaris* lifestyle change from syntrophic growth with Methanosarcina barkeri to sulfate reducer[J]. Microbiology (Reading，England)，2010，156：2746-2756.

[353] Worm P，Stams A J M，Cheng X，et al. Growth- and substrate-dependent transcription of formate dehydrogenase and hydrogenase coding genes in *Syntrophobacter fumaroxidans* and *Methanospirillum hungatei*[J]. Microbiology，2011，157 (1)：280-289.

[354] Boone D R，Johnson R L，Liu Y. Diffusion of the interspecies electron carriers H_2 and formate in methanogenic ecosystems and its implications in the measurement of Km for H_2 or formate uptake[J]. Applied and Environmental Microbiology，1989，55 (7)：1735-1741.

[355] Stams A J M，Plugge C M. Electron transfer in syntrophic communities of anaerobic bacteria and archaea[J]. Nature Reviews Microbiology，2009，7：568.

[356] Walker C B，He Z，Yang Z K，et al. The electron transfer system of syntrophically grown *Desulfovibrio vulgaris* [J]. Journal of Bacteriology，2009，191 (18)：5793-5801.

[357] Worm P，Koehorst J J，Visser M，et al. A genomic view on syntrophic versus non-syntrophic lifestyle in anaerobic fatty acid degrading communities[J]. Biochimica et Biophysica Acta (BBA) - Bioenergetics，2014，1837 (12)：2004-2016.

[358] Lobo S A L，Melo A M P，Carita J N，et al. The anaerobe *Desulfovibrio desulfuricans* ATCC 27774 grows at nearly atmospheric oxygen levels[J]. FEBS Letters，2007，581 (3)：433-436.

[359] Lemos R S，Gomes C M，Santana M，et al. The "strict" anaerobe *Desulfovibrio gigas* contains a membrane-bound oxygen-reducing respiratory chain[J]. FEBS Letters，2001，496 (1)：40-43.

[360] Chen L，Liu M Y，Legall J，et al. Purification and characterization of an NADH - rubredoxin oxidoreductase involved in the utilization of oxygen by *Desulfovibrio gigas*[J]. European Journal of Biochemistry，1993，216 (2)：443-448.

[361] Santana M. Presence and expression of terminal oxygen reductases in strictly anaerobic sulfate-reducing bacteria isolated from salt-marsh sediments[J]. Anaerobe，2008，14 (3)：145-156.

[362] Lamrabet O，Pieulle L，Aubert C，et al. Oxygen reduction in the strict anaerobe *Desulfovibrio vulgaris* Hildenborough：characterization of two membrane-bound oxygen reductases [J]. Microbiology，2011，157 (9)：2720-2732.

[363] Ramel F，Amrani A，Pieulle L，et al. Membrane-bound oxygen reductases of the anaerobic sulfate-reducing *Desulfovibrio vulgaris* Hildenborough：roles in oxygen defence and electron link with periplasmic hydrogen oxidation [J]. Microbiology，2013，159 (12)：2663-2673.

[364] Chen L，Liu M Y，Legall J，et al. Rubredoxin oxidase，a new flavo-hemo-protein，is the site of oxygen reduction

to water by the " Strict Anaerobe" *Desulfovibrio gigas*[J]. Biochemical and Biophysical Research Communications, 1993, 193 (1): 100-105.

[365] Frazão C, Silva G, Gomes C M, et al. Structure of a dioxygen reduction enzyme from *Desulfovibrio gigas* [J]. Nature Structural and Molecular Biology, 2000, 7 (11): 1041-1045.

[366] Yurkiw M A, Voordouw J, Voordouw G. Contribution of rubredoxin: oxygen oxidoreductases and hybrid cluster proteins of *Desulfovibrio vulgaris* Hildenborough to survival under oxygen and nitrite stress[J]. Environmental Microbiology, 2012, 14 (10): 2711-2725.

[367] Johnston S, Lin S, Lee P, et al. A genomic island of the sulfate-reducing bacterium *Desulfovibrio vulgaris* Hildenborough promotes survival under stress conditions while decreasing the efficiency of anaerobic growth[J]. Environmental Microbiology, 2009, 11: 981-991.

[368] Wildschut J D, Lang R M, Voordouw J K, et al. Rubredoxin: oxygen oxidoreductase enhances survival of *Desulfovibrio vulgaris* Hildenborough under microaerophilic conditions[J]. Journal of Bacteriology, 2006, 188 (17): 6253-6260.

[369] Figueiredo M, Lobo S, Sousa S, et al. Hybrid cluster proteins and flavodiiron proteins afford protection to *Desulfovibrio vulgaris* upon macrophage infection[J]. Journal of Bacteriology, 2013, 195 (11): 2684-2690.

[370] Almeida C, Romao C, Lindley P, et al. The role of the hybrid cluster protein in oxidative stress defense[J]. The Journal of Biological Chemistry, 2006, 281: 32445-32450.

[371] Baumgarten A, Redenius I, Kranczoch J, et al. Periplasmic oxygen reduction by *Desulfovibrio* species[J]. Archives of Microbiology, 2001, 176 (4): 306-309.

[372] Xavier A, Pereira P, He Q, et al. Transcriptional response of *Desulfovibrio vulgaris* Hildenborough to oxidative stress mimicking environmental conditions[J]. Archives of Microbiology, 2008, 189: 451-461.

[373] Fournier M, Dermoun Z, Durand M C, et al. A new function of the *Desulfovibrio vulgaris* Hildenborough [Fe] hydrogenase in the protection against oxidative stress [J]. Journal of Biological Chemistry, 2004, 279 (3): 1787-1793.

[374] Cypionka H. Oxygen respiration by *Desulfovibrio* species[J]. Annurevmicrobiol, 2000, 54 (1): 827-848.

[375] Bonnot F, Houée-Levin C, Favaudon V, et al. Photochemical processes observed during the reaction of superoxide reductase from *Desulfoarculus baarsii* with superoxide: Re-evaluation of the reaction mechanism[J]. Biochimica et Biophysica Acta (BBA) - Proteins and Proteomics, 2010, 1804 (4): 762-767.

[376] Chen L, Sharma P, Le Gall J, et al. A blue non-heme iron protein from *Desulfovibrio gigas*[J]. European Journal of Biochemistry, 1994, 226 (2): 613-618.

[377] Abreu I A, Saraiva L M, Carita J, et al. Oxygen detoxification in the strict anaerobic archaeon *Archaeoglobus fulgidus*: superoxide scavenging by Neelaredoxin[J]. Molecular Microbiology, 2000, 38 (2): 322-334.

[378] Coulter E D, Kurtz D M. A role for rubredoxin in oxidative stress protection in *Desulfovibrio vulgaris*: catalytic electron transfer to rubrerythrin and two-iron superoxide reductase[J]. Archives of Biochemistry and Biophysics, 2001, 394 (1): 76-86.

[379] Rodrigues J V, Abreu I A, Saraiva L M, et al. Rubredoxin acts as an electron donor for neelaredoxin in *Archaeoglobus fulgidus*[J]. Biochemical and Biophysical Research Communications, 2005, 329 (4): 1300-1305.

[380] Fournier M, Zhang Y, Wildschut J D, et al. Function of oxygen resistance proteins in the anaerobic, sulfate-reducing bacterium *Desulfovibrio vulgaris* Hildenborough[J]. Journal of Bacteriology, 2003, 185 (1): 71-79.

[381] CoulTer E D, Shenvi N V, Kurtz D M. Nadh peroxidase activity of rubrerythrin[J]. Biochemical and Biophysical Research Communications, 1999, 255 (2): 317-323.

[382] Pierik A J, Wolbert R B G, Portier G L, et al. Nigerythrin and rubrerythrin from *Desulfovibrio vulgaris* each contain two mononuclear iron centers and two dinuclear iron clusters[J]. European Journal of Biochemistry, 1993, 212 (1): 237-245.

[383] Figueiredo M C O, Lobo S A L, Carita J N, et al. Bacterioferritin protects the anaerobe *Desulfovibrio vulgaris* Hildenborough against oxygen[J]. Anaerobe, 2012, 18 (4): 454-458.

[384] Lee J-W, Helmann J D. Functional specialization within the Fur family of metalloregulators[J]. Biometals, 2007, 20 (3): 485-499.

[385] Rodionov D A, Dubchak I, Arkin A, et al. Reconstruction of regulatory and metabolic pathways in metal-reducing δ-proteobacteria[J]. Genome Biology, 2004, 5 (11): R90.

[386] Mukhopadhyay A, Redding A M, Joachimiak M P, et al. Cell-wide responses to low-oxygen exposure in *Desulfovibrio vulgaris* Hildenborough[J]. Journal of Bacteriology, 2007, 189 (16): 5996-6010.

[387] Fu R, Wall J D, Voordouw G. DcrA, a c-type heme-containing methyl-accepting protein from *Desulfovibrio vulgaris* Hildenborough, senses the oxygen concentration or redox potential of the environment[J]. Journal of Bacteriology, 1994, 176 (2): 344-350.

[388] Fu R, Voordouw G. Targeted gene-replacement mutagenesis of dcrA, encoding an oxygen sensor of the sulfate-reducing bacterium *Desulfovibrio vulgaris* Hildenborough[J]. Microbiology, 1997, 143 (6): 1815-1826.

[389] 王辉，戴友芝，刘川，等．混合硫酸盐还原菌代谢过程的影响因素[J]．环境工程学报，2012，6 (6): 1795-1800.

[390] 刘慧娜，孙吉慧，沈加艳．给水管网中管壁生物膜对水质二次污染的影响[J]．环保科技，2009，15 (4): 9-13.

[391] 王田丽，刘宏芳，韩霞．油田注水管道固着菌检测及控制技术[J]．油气田环境保护，2014，24 (4): 8-11.

[392] 魏利，马放，赵立军，等．附着型硫酸盐还原菌的分离及其定量检测[J]．哈尔滨工业大学学报，2008，40 (6): 887-890.

[393] Zhao F, Shi R, Zhang J, et al. Characterization and evaluation of a denitrifying and sulfide removal bacterial strain isolated from Daqing Oilfield[J]. Liquid Fuels Technology, 2015, 33 (6): 8.

[394] Zhao F, Zhou J D, Ma F, et al. Simultaneous inhibition of sulfate-reducing bacteria, removal of H_2S and production of rhamnolipid by recombinant *Pseudomonas stutzeri* Rh1: Applications for microbial enhanced oil recovery [J]. Bioresource Technology, 2016, 207: 24-30.

[395] Zhao F, Ma F, Shi R, et al. Production of rhamnolipids by *Pseudomonas aeruginosa* is inhibited by H_2S but resumes in a co-culture with *P. stutzeri*: applications for microbial enhanced oil recovery[J]. Biotechnology Letters, 2015, 37 (9): 1803-1808.

[396] 陈德胜，龙媛媛，刘璐，等．胜利油田孤六联合站污水腐蚀与防护措施[J]．腐蚀与防护，2010，31 (10): 800-802.

[397] 王玉江．胜利油田地面工程集输系统腐蚀控制技术及应用[J]．全面腐蚀控制，2012，26 (4): 19-21.

[398] Li Y, Leung W K, Yeung K L, et al. A multilevel antimicrobial coating based on polymer-encapsulated ClO_2 [J]. Langmuir: the Acs Journal of Surfaces and Colloids, 2009, 25 (23): 13472-13480.

[399] 黄廷林，张刚，裴润有，等．采油废水中硫酸盐还原菌的二氧化氯杀灭实验研究[J]．环境工程，2000，18 (6): 22-24.

[400] 岳彩鹏．二氧化氯在油田污水处理中的应用[J]．内蒙古石油化工，2005，31 (3): 133-134.

[401] 许立铭，刘金霞，唐和清，等．醛类化合物对硫酸盐还原菌的抑灭能力[J]．油田化学，1993，10 (3): 260-263.

[402] 李平，罗逸，刘烈炜．*N*-苄基胺和烷基胺对硫酸盐还原菌杀菌作用的研究[J]．精细石油化工，1992 (5): 10-12.

[403] 夏明珠，马家骧．二烷基二甲基季铵盐对硫酸盐还原菌的抑制作用[J]．江苏化工，1996，24 (6): 30-37.

[404] 苟绍华，尹婷，吴雁，等．注水开发污水中硫酸盐还原菌抑制剂研究进展[J]．精细化工，2015，32 (5): 481-486.

[405] 刘长松，张强德．中原油田套管内腐蚀机理及腐蚀控制技术[J]．石油钻采工艺，2007，29 (5): 107-110.

[406] 刘庆旺，许琳，赵贤亮．Gemini 表面活性剂的杀菌性能[J]．精细石油化工进展，2009，10 (5): 19-21.

[407] 刘建华，刘芳，李松梅．新型季鏻盐型缓蚀杀菌剂的合成及其特性[J]．腐蚀科学与防护技术，2001，13 (2): 26-29.

[408] 刘建华，刘芳．季鏻盐型缓蚀剂对 SRB 诱导碳钢腐蚀过程的缓蚀与杀菌作用[J]．腐蚀与防护，2002，23 (4): 139-143.

[409] 刘宏芳，黄立，江德顺，等．纳米 TiO_2/PANI 复合材料的制备及抗铁细菌性能研究[J]．材料保护（增刊），2006，39: 238-239.

[410] 黄玲，江德顺，曹植忠，等．聚鏻盐抗菌剂的合成及其对腐生菌（TGB）杀菌性能的研究[J]. 材料保护（增刊），2006，39：135-137.

[411] 陈德斌，胡裕龙，陈学群．舰船微生物腐蚀研究进展[J]. 海军工程大学学报，2006，18（1）：79-84.

[412] El-Sheshtawy H S，Aiad I，Osman M E，et al. Production of biosurfactant from Bacillus licheniformis for microbial enhanced oil recovery and inhibition the growth of sulfate reducing bacteria[J]. Egyptian Journal of Petroleum，2015，24（2）：155-162.

[413] Heylen K，Vanparys B，Wittebolle L，et al. Cultivation of denitrifying bacteria：optimization of isolation conditions and diversity study[J]. Applied and Environmental Microbiology，2006，72（4）：2637-2643.

[414] Kaster K M，Grigoriyan A，Jenneman G，et al. Effect of nitrate and nitrite on sulfide production by two thermophilic，sulfate-reducing enrichments from an oil field in the North Sea[J]. Applied Microbiology and Biotechnology，2007，75（1）：235.

[415] 汪梅芳，刘宏芳，许立铭．细菌竞争生长在微生物腐蚀防治中的应用研究[J]. 中国腐蚀与防护学报，2004，24（3）：159-162.

[416] Gevertz D，Telang A J，Voordouw G，et al. isolation and characterization of strains CVO and FWKO B，two novel nitrate-reducing，sulfide-oxidizing bacteria isolated from oil field brine[J]. Applied and Environmental Microbiology，2000，66（6）：2491-2501.

[417] Telang A J，Ebert S，Foght J M，et al. Effect of nitrate injection on the microbial community in an oil field as monitored by reverse sample genome probing[J]. Applied and Environmental Microbiology，1997，63（5）：1785-1793.

[418] Davidova I，Hicks M S，Fedorak P M，et al. The influence of nitrate on microbial processes in oil industry production waters[J]. Journal of Industrial Microbiology and Biotechnology，2001，27（2）：80-86.

[419] Mutiti C S. Status of Physical education in selected Schools in Chongwe District[J]. Biotechnology and Bioengineering，2003，81（5）：570-577.

[420] Chidthaisong A，Conrad R. Turnover of glucose and acetate coupled to reduction of nitrate，ferric iron and sulfate and to methanogenesis in anoxic rice field soil[J]. Fems Microbiology Ecology，2000，31（1）：73-86.

[421] Achtnich C，Bak F，Conrad R. Competition for electron donors among nitrate reducers，ferric iron reducers，sulfate reducers，and methanogens in anoxic paddy soil[J]. Biology and Fertility of Soils，1995，19（1）：65-72.

[422] Schulthess R V，Kühni M，Gujer W. Release of nitric and nitrous oxides from denitrifying activated sludge[J]. Water Research，1995，29（1）：215-226.

[423] 孙宝魁，孙玉堂，张照韩．油田水反硝化技术抑制硫酸盐还原菌活性研究进展[J]. 环境科学与管理，2008，33（8）：98-101.

[424] Zumft W G. The biological role of nitric oxide in bacteria[J]. Archives of Microbiology，1993，160（4）：253-264.

[425] Reinsel M A，Sears J T，Stewart P S，et al. Control of microbial souring by nitrate，nitrite or glutaraldehyde injection in a sandstone column[J]. Journal of Industrial Microbiology，1996，17（2）：128-136.

[426] Klüber H D，Conrad R. Effects of nitrate，nitrite，NO and N_2O on methanogenesis and other redox processes in anoxic rice field soil[J]. FEMS Microbiology Ecology，2006，25：301-318.

[427] Voordouw G，Armstrong S M，Reimer M F，et al. Characterization of 16S rRNA genes from oil field microbial communities indicates the presence of a variety of sulfate-reducing，fermentative，and sulfide-oxidizing bacteria[J]. Applied and Environmental Microbiology，1996，62（5）：1623-1629.

[428] 刘宏芳，汪梅芳，许立铭．脱氮硫杆菌生长特性及其对 SRB 生长的影响[J]. 微生物学通报，2003，30（3）：46-49.

[429] Telang A J，Jenneman G E，Voordouw G. Sulfur cycling in mixed cultures of sulfide-oxidizing and sulfate- or[J]. Revue Canadienne De Microbiologie，1999，45（45）：905-913.

[430] Yamamoto-Ikemoto R，Matsui S，Komori T，et al. Interactions between filamentous sulfur bacteria，sulfate reducing bacteria and poly-P accumulating bacteria in anaerobic-oxic activated sludge from a municipal plant[J]. Water Science and Technology，1998，37（4）：599-603.

[431] Mori K, Kim H, Kakegawa T, et al. A novel lineage of sulfate-reducing microorganisms: *Thermodesulfobiaceae* fam. nov., *Thermodesulfobium narugense*, gen. nov., sp. nov., a new thermophilic isolate from a hot spring [J]. Extremophiles, 2003, 7 (4): 283-290.

[432] Devai I, Delaune R D. Emissions of reduced gaseous sulfur compounds from wastewater sludge: redox effects [J]. Environmental Engineering Science, 2000, 17 (17): 1-8.

[433] Taylor B F, Oremland R S. Depletion of adenosine triphosphate in *Desulfovibrio* by oxyanions of group Ⅵ elements [J]. Current Microbiology, 1979, 3 (2): 101-103.

[434] Lo K V, Liao P H. Anaerobic treatment of baker's yeast wastewater: I. Start-up and sodium molybdate addition [J]. Biomass, 1990, 21 (3): 207-218.

[435] Kuijvenhoven C, Noirot J C, Bostock A M, et al. Use of nitrate to mitigate reservoir souring in Bonga Deepwater Development Offshore Nigeria[J]. Spe Production and Operations, 2006, 21 (4): 467-474.

[436] Sturman P J, Goeres D M, Winters M A. Control of hydrogen sulfide in oil and gas wells with nitrite injection [J]. Oil Well, 1999, 2: 357-363.

[437] Hitzman D O, Dennis M. New nitrate-based treatments control hydrogen sulfide in reservoirs[J]. World Oil, 2004, 225 (11): 51-54.

[438] Nemati M, Jenneman G, Voordouw G. Impact of nitrate-mediated microbial control of souring in oil reservoirs on the extent of corrosion[J]. Biotechnol Prog, 2001, 17 (5): 852-859.

[439] 李亚. 曝氧油田污水再利用配置驱油剂溶液性质研究[J]. 石油石化节能, 2011 (6): 11-14.

[440] 林军章, 汪卫东, 耿雪丽, 等. 利用埕东油田西区采油污水配制聚合物溶液研究[J]. 油气地质与采收率, 2011, 18 (6): 104-106.

[441] Pankhania I P, Moosavi A N, Hamilton W A. Utilization of cathodic hydrogen by *Desulfovibrio vulgaris* (Hildenborough) [J]. Microbiology, 1986, 132 (12): 3357-3365.

[442] Gu T, Jia R, Unsal T, et al. Toward a better understanding of microbiologically influenced corrosion caused by sulfate reducing bacteria[J]. Journal of Materials Science and Technology, 2019, 35 (4): 631-636.

[443] Chen Y, Tang Q, Senko J M, et al. Long-term survival of *Desulfovibrio vulgaris* on carbon steel and associated pitting corrosion[J]. Corrosion Science, 2015, 90: 89-100.

[444] Torres-Sanchez R, GarcíA Vargas J, Alfonso Alonso A, et al. Corrosion of AISI 304 stainless steel induced by thermophilic sulfate reducing bacteria (SRB) from a geothermal power unit[J]. Materials and Corrosion, 2001, 52 (8): 614-618.

[445] Huttunen-Saarivirta E, Rajala P, Carpén L. Corrosion behaviour of copper under biotic and abiotic conditions in anoxic ground water: electrochemical study[J]. Electrochimica Acta, 2016, 203: 350-365.

[446] Dou W, Jia R, Jin P, et al. Investigation of the mechanism and characteristics of copper corrosion by sulfate reducing bacteria[J]. Corrosion Science, 2018, 144: 237-248.

[447] Antony P, Raman R S, Mohanram R, et al. Influence of thermal aging on sulfate-reducing bacteria (SRB) -influenced corrosion behaviour of 2205 duplex stainless steel[J]. Corrosion Science, 2008, 50 (7): 1858-1864.

[448] Pourbaix A, Aguiar L E, Clarinval A M. Local corrosion processes in the presence of sulphate-reducing bacteria: measurements under biofilms[J]. Corrosion Science, 1993, 35 (1-4): 693-698.

[449] Lee W, Characklis W G. Corrosion of mild steel under anaerobic biofilm[J]. Corrosion, 1993, 49 (3).

[450] 魏宝明. 金属腐蚀理论及应用[M]. 北京: 化学工业出版社, 1984.

[451] Iverson W P. Corrosion of iron and formation of iron phosphide by *Desulfovibrio desulfuricans*[J]. Nature, 1968, 217 (5135): 1265-1267.

[452] King R A, Miller J D A, Smith J S. Corrosion of mild steel by iron sulphides[J]. British Corrosion Journal, 1973, 8 (3): 137-141.

[453] Keresztes Z, Telegdi J, Beczner J, et al. The influence of biocides on the microbiologically influenced corrosion of mild steel and brass[J]. Electrochimica Acta, 1998, 43 (1-2): 77-85.

[454] Booth G H, Tiller A K. Cathodic characteristics of mild steel in suspensions of sulphate-reducing bacteria

[J]. Corrosion Science，1968，8（8）：583-600.

[455] Salvarezza R C，Videla H A. Passivity breakdown of mild steel in sea water in the presence of sulfate reducing bacteria [J]. Corrosion，1980，36（10）：550-554.

[456] Romero M D，Duque Z，De Rincon O，et al. Microbiological corrosion：hydrogen permeation and sulfate-reducing bacteria[J]. Corrosion，2002，58（5）：429-435.

[457] Romero M D，Duque Z，Rodríguez L，et al. A study of microbiologically induced corrosion by sulfate-reducing bacteria on carbon steel using hydrogen permeation[J]. Corrosion，2005，61（1）：68-75.

[458] Kong D-J，Wu Y-Z，Long D. Stress corrosion of X80 pipeline steel welded joints by slow strain test in NACE H_2S solutions[J]. Journal of Iron and Steel Research，International，2013，20（1）：40-46.

[459] Stumper R. La corrosion du fer en presence du sulfure de fer[J]. Compt Rend Acad Sci（Paris），1923，176：1316.

[460] Thomas C，Edyvean R，Brook R，et al. The effects of microbially produced hydrogen sulphide on the corrosion fatigue of offshore structural steels[J]. Corrosion Science，1987，27（10-11）：1197-1204.

[461] King R，Miller J. Corrosion by the sulphate-reducing bacteria[J]. Nature，1971，233（5320）：491-492.

[462] Lee W，LewAndowski Z，Nielsen P H，et al. Role of sulfate - reducing bacteria in corrosion of mild steel：a review[J]. Biofouling，1995，8（3）：165-194.

[463] 胥聪敏，张耀亨，程光旭，等 . 316L 不锈钢在硫酸盐还原菌和铁氧化菌共同作用下的腐蚀行为[J]. 材料热处理学报，2006（5）：64-69，133.

[464] Evans T，Hart A，Skedgell A. The nature of the film on coloured stainless steel[J]. Transactions of the IMF，1973，51（1）：108-112.

[465] 刘宏伟，刘宏芳，秦双，等 . 集输管线硫酸盐还原菌诱导生物矿化作用调查[J]. 腐蚀科学与防护技术，2015，27（1）：7-12.

[466] Gu T. New understandings of biocorrosion mechanisms and their classifications[J]. Microbial and Biochemical Technology，2012，4147.

[467] Gu T，Xu D. Why are some microbes corrosive and some not?；proceedings of the CORROSION 2013，F [C]. OnePetro，2013.

[468] Gu T，Xu D. Demystifying MIC mechanisms；proceedings of the CORROSION 2010，F[C]. OnePetro，2010.

[469] Xu D，Gu T. Carbon source starvation triggered more aggressive corrosion against carbon steel by the *Desulfovibrio vulgaris* biofilm[J]. International Biodeterioration and Biodegradation，2014，91：74-81.

[470] Enning D，Garrelfs J. Corrosion of iron by sulfate-reducing bacteria：new views of an old problem[J]. Applied and Environmental Microbiology，2014，80（4）：1226-1236.

[471] Rao T S，Kora A J，Anupkumar B，et al. Pitting corrosion of titanium by a freshwater strain of sulphate reducing bacteria（*Desulfovibrio vulgaris*）[J]. Corrosion Science，2005，47（5）：1071-1084.

[472] Zheng X，Zhuang X，Yanhua L，et al. Corrosion behavior of the Ti-6Al-4V alloy in sulfate-reducing bacteria solution[J]. Coatings，2019，10：24.

[473] 牛耀玉 . 宝浪油田污水腐蚀性研究[J]. 全面腐蚀控制，2006，20（6）：14-17.

[474] 万泰力，刘可金，门秀华 . 大庆油田采油污水腐蚀因素分析[J]. 油气田地面工程，2008，27（2）：29-30.

[475] Nagpal S，Chuichulcherm S，Livingston A，et al. Ethanol utilization by sulfate-reducing bacteria：an experimental and modeling study[J]. Biotechnol Bioeng，2000，70（5）：533-543.

[476] Nagpal S，Chuichulcherm S，Peeva L，et al. Microbial sulfate reduction in a liquid-solid fluidized bed reactor [J]. Biotechnol Bioeng，2000，70（4）：370-380.

[477] Weijma J，Stams A J，Hulshoff Pol L W，et al. Thermophilic sulfate reduction and methanogenesis with methanol in a high rate anaerobic reactor[J]. Biotechnology and Bioengineering，2000，67（3）：354-363.

[478] Weijma J，Haerkens J-P，Stams A，et al. Thermophilic sulfate and sulfite reduction with methanol in a high rate anaerobic reactor[J]. Water Science and Technology，2000，42（5-6）：251-258.

[479] Weijma J，Bots E A，Tandlinger G，et al. Optimisation of sulphate reduction in a methanol-fed thermophilic bioreactor[J]. Water Research，2002，36（7）：1825-1833.

[480] Kaksonen A H, Riekkola-Vanhanen M L, Puhakka J. Optimization of metal sulphide precipitation in fluidized-bed treatment of acidic wastewater[J]. Water Research, 2003, 37 (2): 255-266.

[481] Kaksonen A H, Franzmann P D, Puhakka J A. Effects of hydraulic retention time and sulfide toxicity on ethanol and acetate oxidation in sulfate - reducing metal - precipitating fluidized - bed reactor[J]. Biotechnology and Bioengineering, 2004, 86 (3): 332-343.

[482] Kaksonen A H, Plumb J J, Franzmann P D, et al. Simple organic electron donors support diverse sulfate-reducing communities in fluidized-bed reactors treating acidic metal-and sulfate-containing wastewater[J]. FEMS Microbiology Ecology, 2004, 47 (3): 279-289.

[483] Glombitza F. Treatment of acid lignite mine flooding water by means of microbial sulfate reduction[J]. Waste Management, 2001, 21 (2): 197-203.

[484] Foucher S, Battaglia-Brunet F, Ignatiadis I, et al. Treatment by sulfate-reducing bacteria of Chessy acid-mine drainage and metals recovery[J]. Chemical Engineering Science, 2001, 56 (4): 1639-1645.

[485] Kolmert Å, Johnson D B. Remediation of acidic waste waters using immobilised, acidophilic sulfate - reducing bacteria[J]. Journal of Chemical Technology and Biotechnology, 2001, 76 (8): 836-843.

[486] Jong T, Parry D L. Removal of sulfate and heavy metals by sulfate reducing bacteria in short-term bench scale upflow anaerobic packed bed reactor runs[J]. Water Research, 2003, 37 (14): 3379-3389.

[487] Baskaran V, Nemati M. Anaerobic reduction of sulfate in immobilized cell bioreactors, using a microbial culture originated from an oil reservoir[J]. Biochemical Engineering Journal, 2006, 31 (2): 148-159.

[488] Moosa S, Nemati M, Harrison S. A kinetic study on anaerobic reduction of sulphate, Part Ⅰ: Effect of sulphate concentration[J]. Chemical Engineering Science, 2002, 57 (14): 2773-2780.

[489] Wang Z, Banks C. Treatment of a high-strength sulphate-rich alkaline leachate using an anaerobic filter[J]. Waste Management, 2007, 27 (3): 359-366.

[490] Chang I S, Shin P K, Kim B H. Biological treatment of acid mine drainage under sulphate-reducing conditions with solid waste materials as substrate[J]. Water Research, 2000, 34 (4): 1269-1277.

[491] Harris M, Ragusa S. Bioremediation of acid mine drainage using decomposable plant material in a constant flow bioreactor[J]. Environmental Geology, 2001, 40 (10): 1192-1204.

[492] Waybrant K, Ptacek C, Blowes D. Treatment of mine drainage using permeable reactive barriers: column experiments[J]. Environmental Science and Technology, 2002, 36 (6): 1349-1356.

[493] Zagury G J, Kulnieks V I, Neculita C M. Characterization and reactivity assessment of organic substrates for sulphate-reducing bacteria in acid mine drainage treatment[J]. Chemosphere, 2006, 64 (6): 944-954.

[494] Tsukamoto T, Miller G. Methanol as a carbon source for microbiological treatment of acid mine drainage[J]. Water Research, 1999, 33 (6): 1365-1370.

[495] Tsukamoto T, Killion H, Miller G. Column experiments for microbiological treatment of acid mine drainage: low-temperature, low-pH and matrix investigations[J]. Water Research, 2004, 38 (6): 1405-1418.

[496] Tabak H H, Govind R. Advances in biotreatment of acid mine drainage and biorecovery of metals: 2. Membrane bioreactor system for sulfate reduction[J]. Biodegradation, 2003, 14 (6): 437-452.

[497] Huisman J L, Schouten G, Schultz C. Biologically produced sulphide for purification of process streams, effluent treatment and recovery of metals in the metal and mining industry[J]. Hydrometallurgy, 2006, 83 (1-4): 106-113.

[498] 任广萌，徐冬羽，颜朝忠．硫酸盐还原菌降解采油污水中聚丙烯酰胺的实验研究[J]．黑龙江科技大学学报，2018，28 (3)：329-333.

[499] Liu H, Yu T, Liu Y. Sulfate reducing bacteria and their activities in oil sands process-affected water biofilm [J]. Science of the Total Environment, 2015, 536: 116-122.

[500] Susanne G, Howard C, Gieg L M, et al. Evaluation of microbial biofilm communities from an Alberta oil sands tailings pond[J]. FEMS Microbiology Ecology, 2012, 79 (1): 240-250.

[501] Islam M S, Tao D, Sheng Z, et al. Microbial community structure and operational performance of a fluidized bed

biofilm reactor treating oil sands process-affected water[J]. International Biodeterioration and Biodegradation，2014，91 (91)：111-118.

[502] Choi J，Hwang G，El-Din M G，et al. Effect of reactor configuration and microbial characteristics on biofilm reactors for oil sands process-affected water treatment[J]. International Biodeterioration and Biodegradation，2014，89 (2)：74-81.

[503] Pérez R M，Cabrera G，Gómez J M，et al. Combined strategy for the precipitation of heavy metals and biodegradation of petroleum in industrial wastewaters[J]. Journal of hazardous materials，2010，182 (1)：896-902.

[504] Deli' Anno A，Beolchini F，Gabellini M，et al. Bioremediation of petroleum hydrocarbons in anoxic marine sediments：consequences on the speciation of heavy metals[J]. Marine Pollution Bulletin，2009，58 (12)：1808-1814.

[505] Kot，Namiesnik. The role of speciation in analytical chemistry[J]. Trends in Analytical Chemistry，2000，19 (2)：69-79.

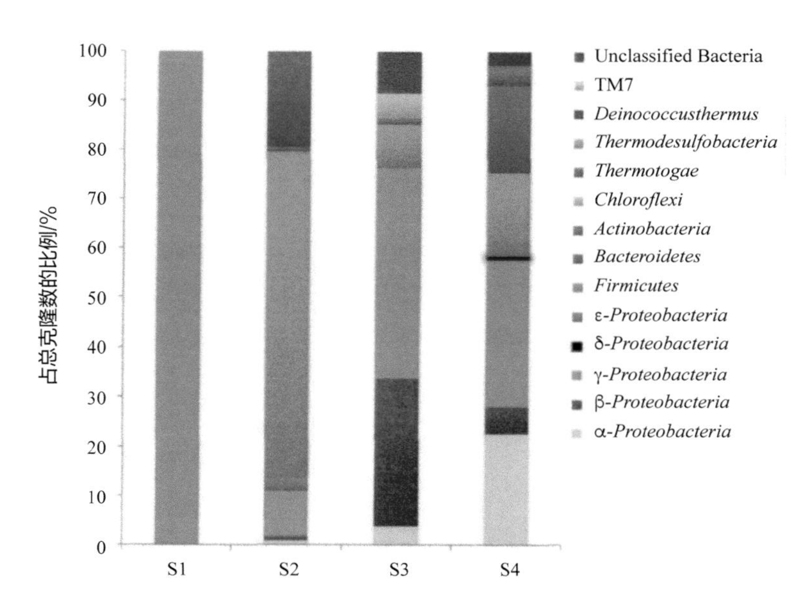

彩图3-5　不同温度油藏产出液中16S rRNA细菌多样性分析

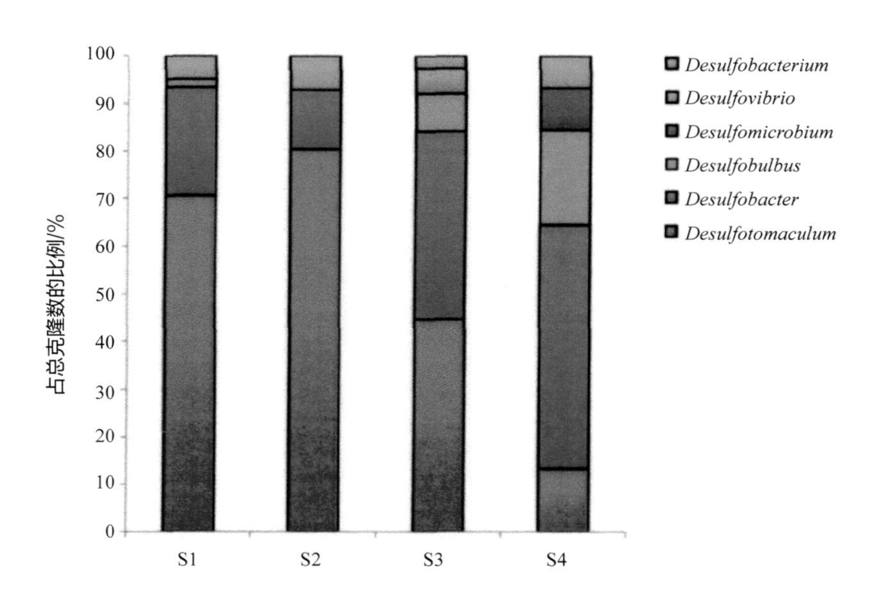

彩图3-6　不同温度油藏产出液中硫酸盐还原菌多样性分析

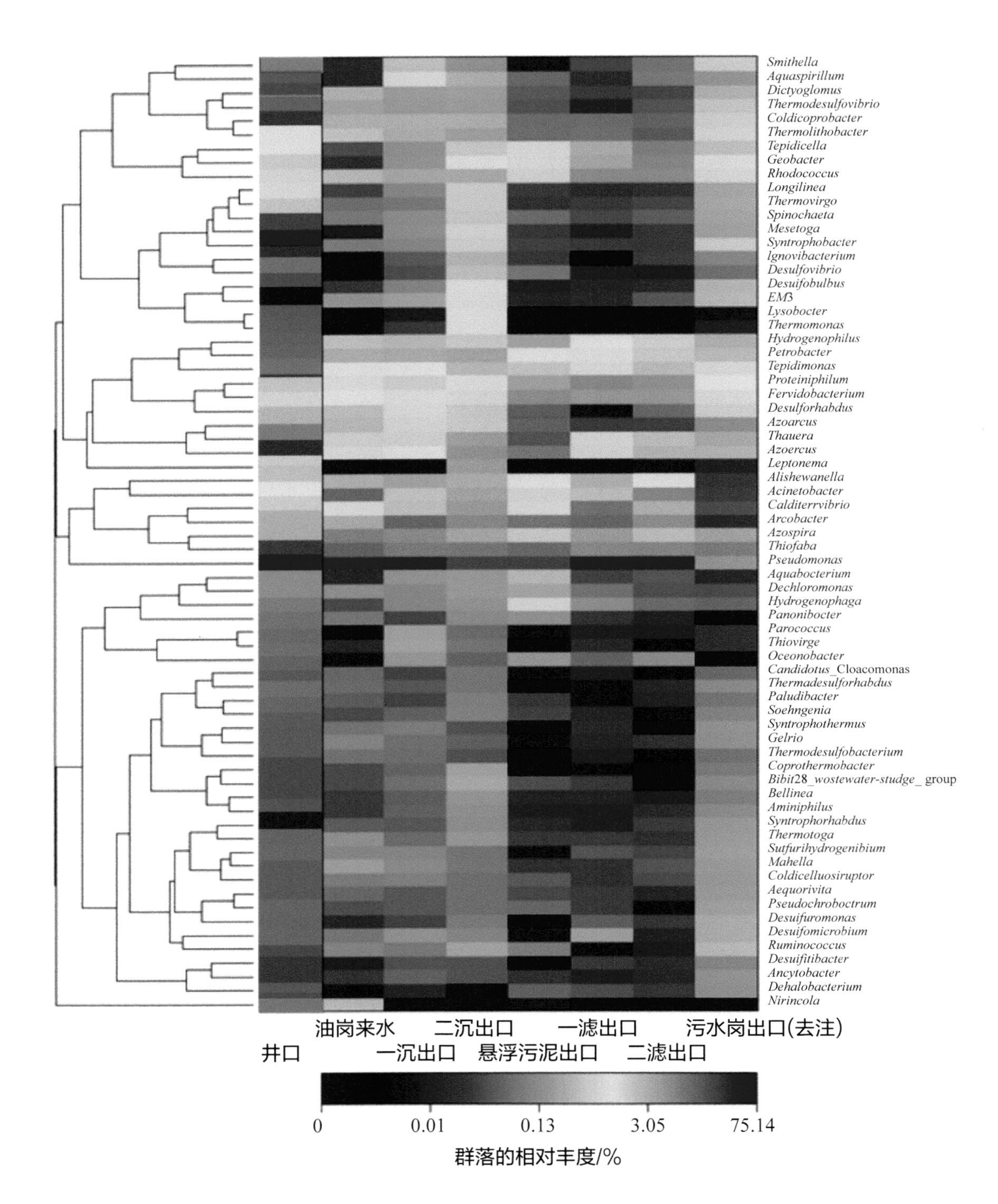

彩图3-8　葡三联地面系统微生物群落动态演替分析热图

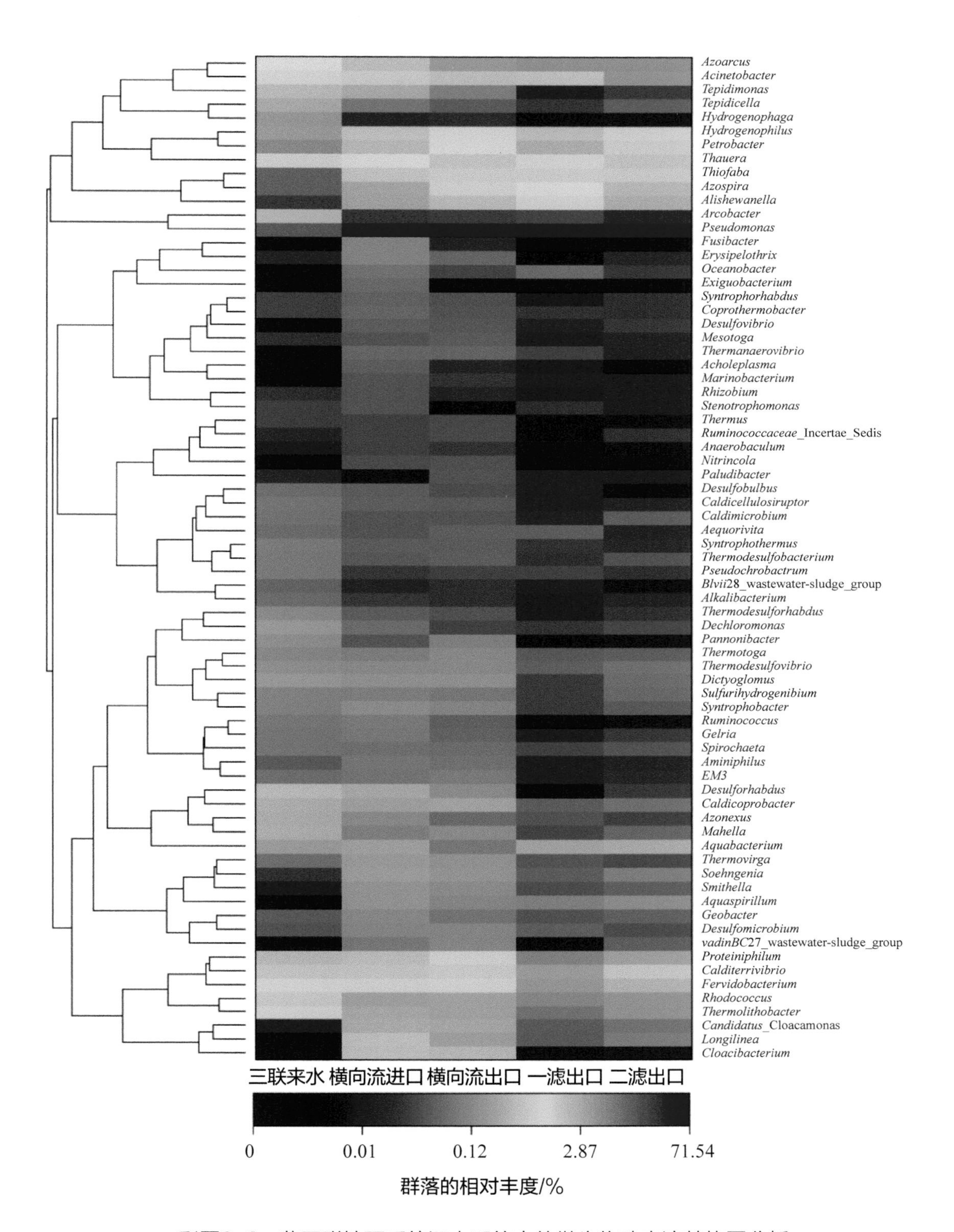

彩图3-9　葡四联地面系统污水系统中的微生物动态演替热图分析

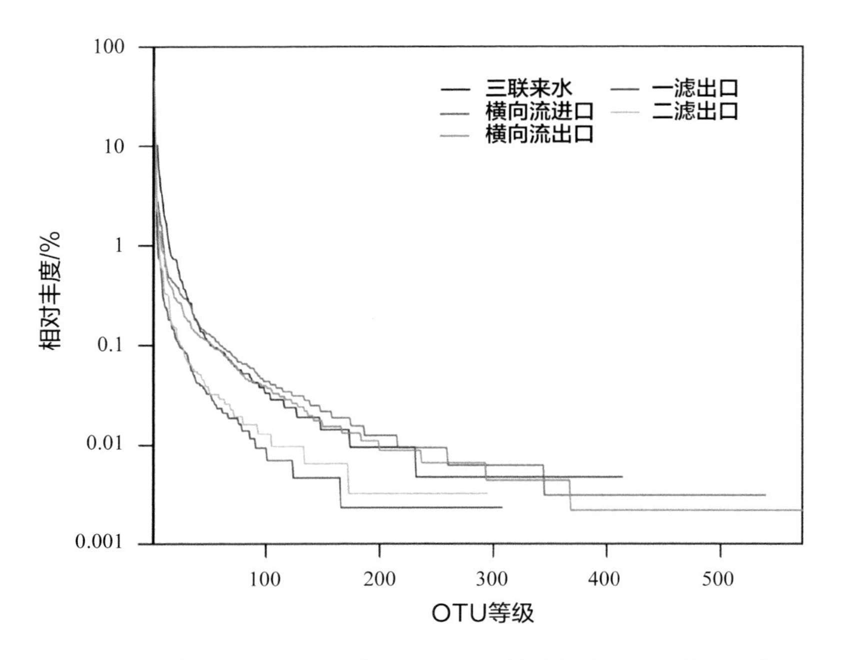

彩图3-10　葡四联污水处理系统OTU的丰度分布曲线

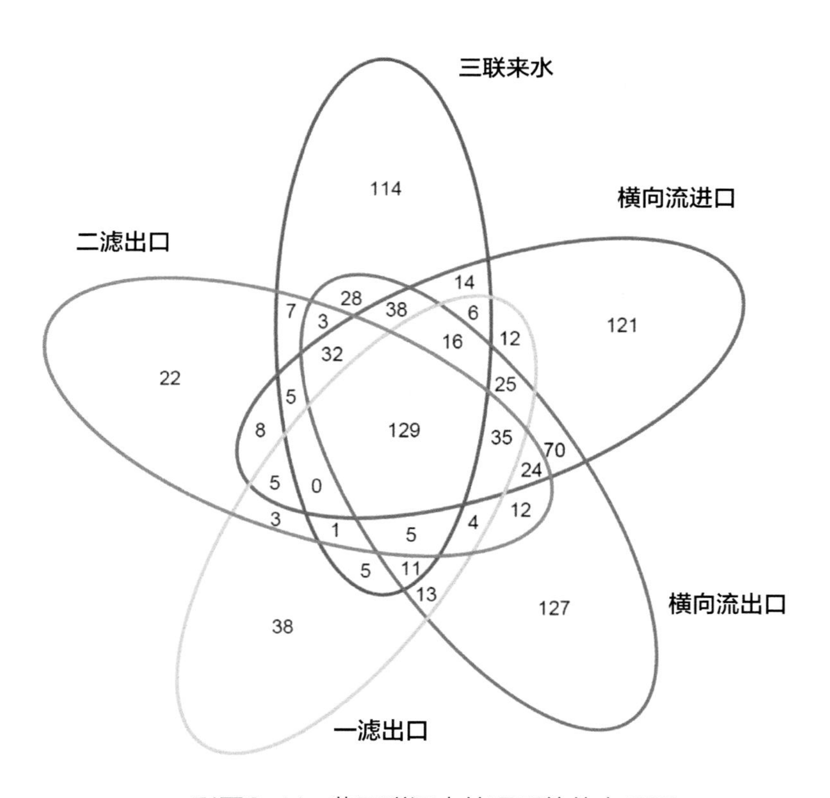

彩图3-11　葡四联污水处理系统的文氏图

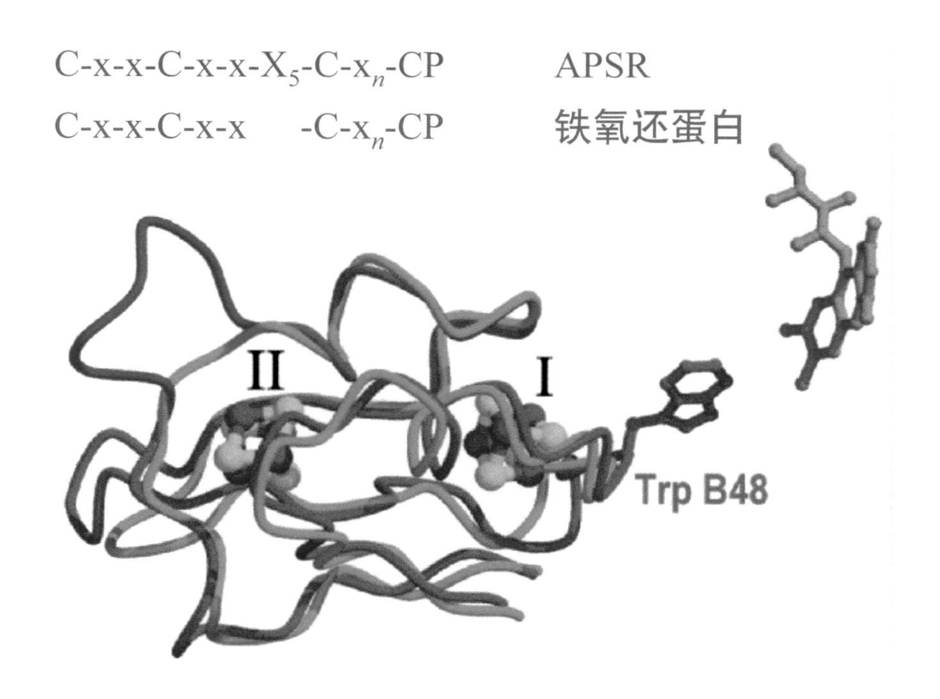

彩图4-1　*Archaeoglobus fulgidus*菌株Fe-S键主导的APS还原酶的三维结构

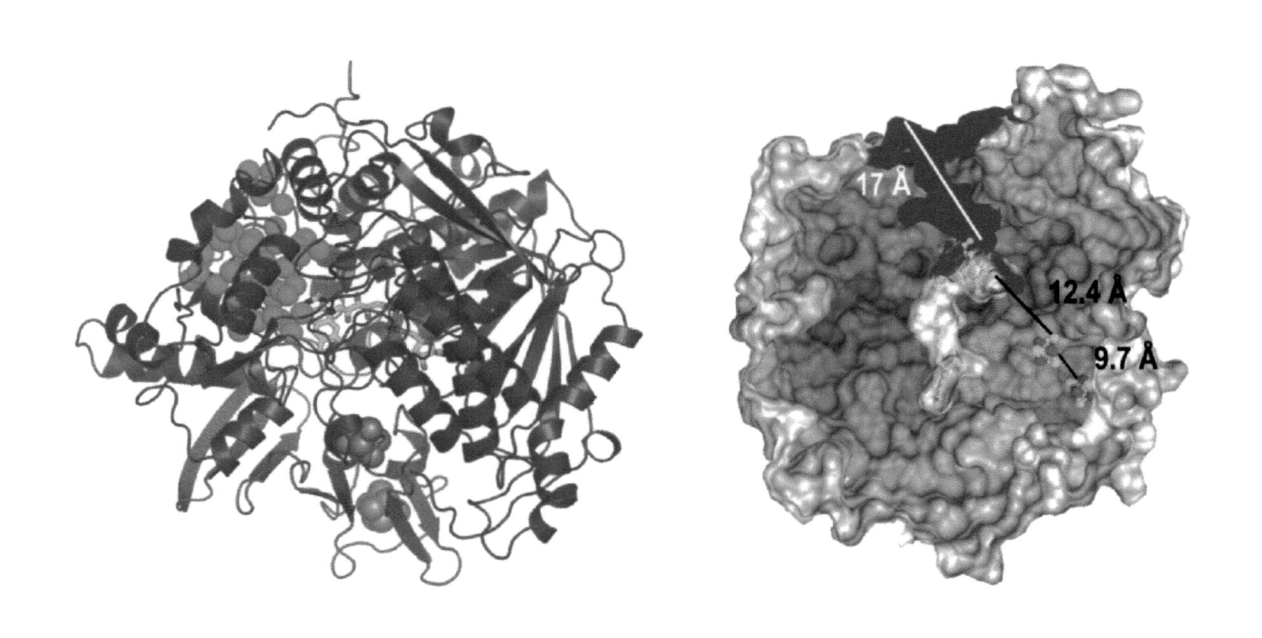

彩图4-2　黄球古菌（*Archaeoglobus fulgidus*）腺苷5′-磷酸硫酸盐还原酶(APSR)的αβ异质二聚体(1Å=0.1nm)

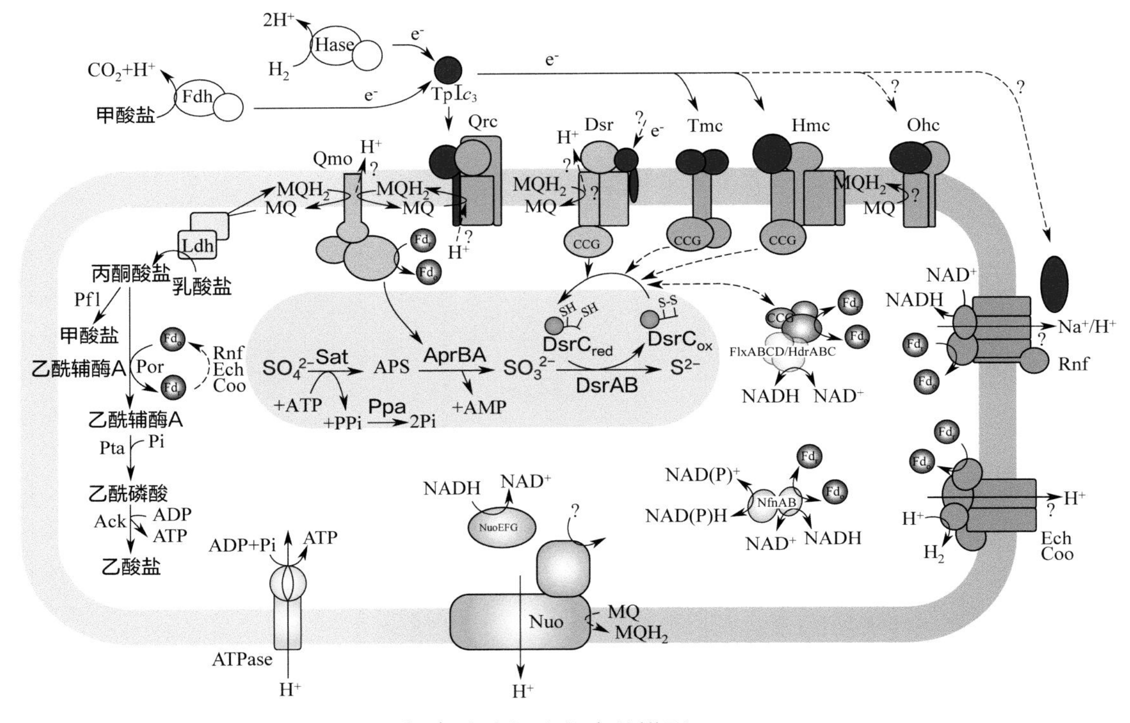

（a）富含细胞色素的模型

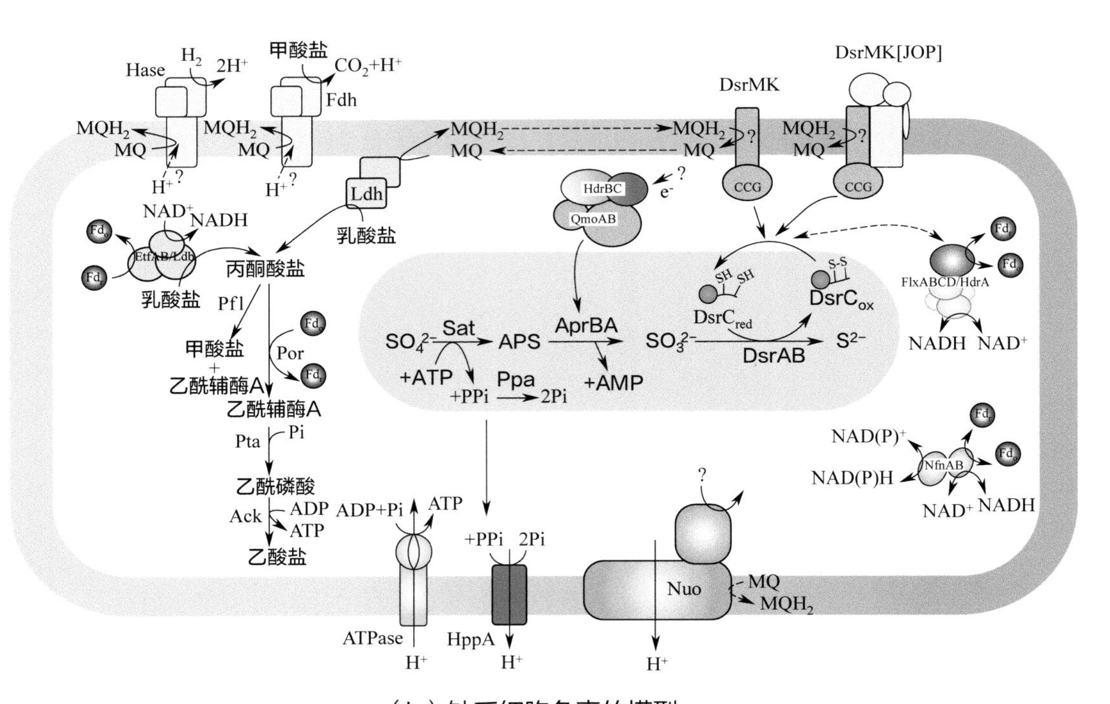

（b）缺乏细胞色素的模型

彩图5-5　SRB进行硫酸盐呼吸与乳酸氧化的模型

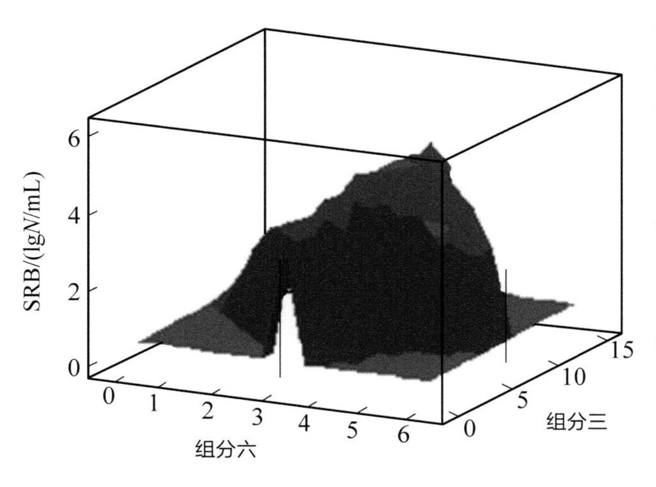

彩图6-4 组分三和组分六最佳浓度示意

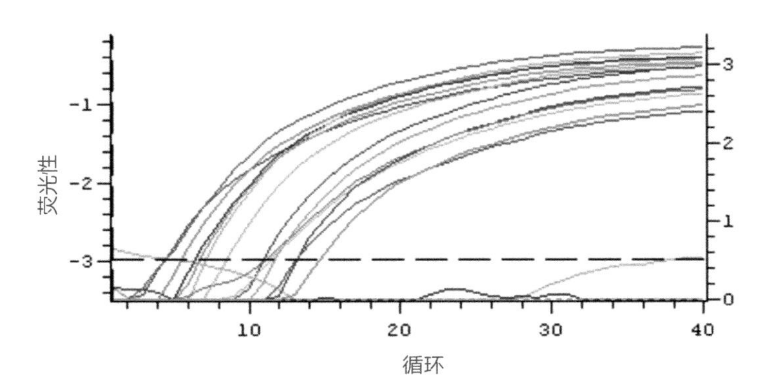

彩图6-21 检测样品实时荧光定量RT-PCR扩增曲线(一)

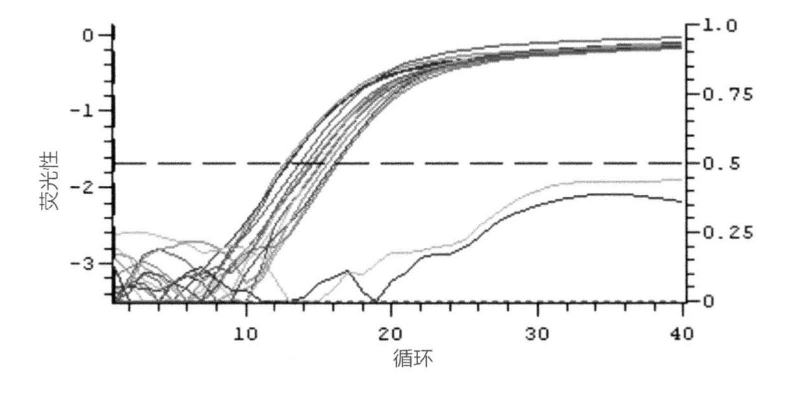

彩图6-24 检测样品实时荧光定量RT-PCR扩增曲线(二)

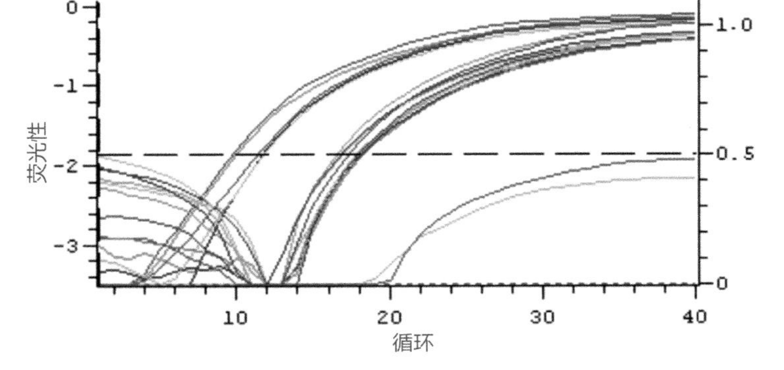

彩图6-27 检测样品实时荧光定量RT-PCR扩增曲线(三)

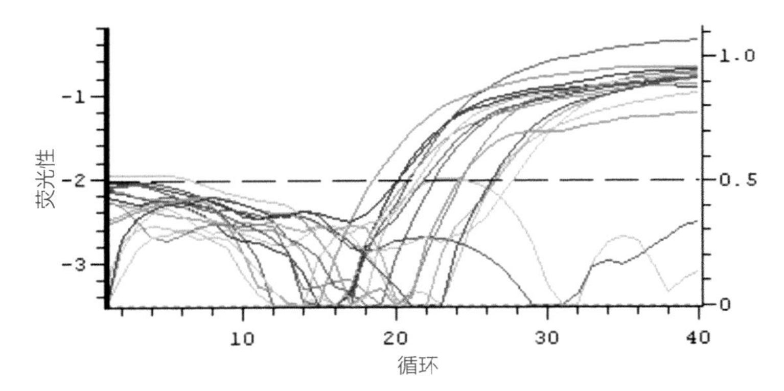

彩图6-30 检测样品实时荧光定量RT-PCR扩增曲线（四）

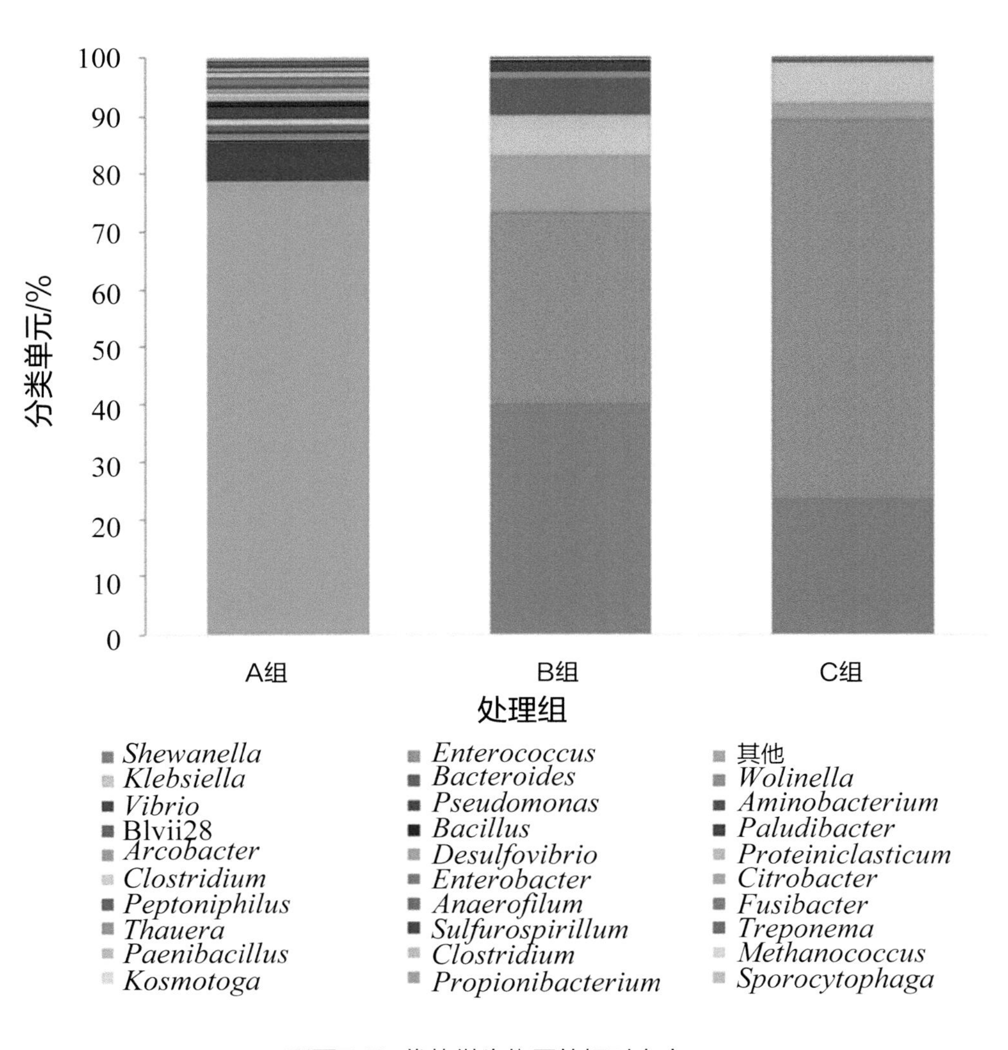

彩图7-7 优势微生物属的相对丰度

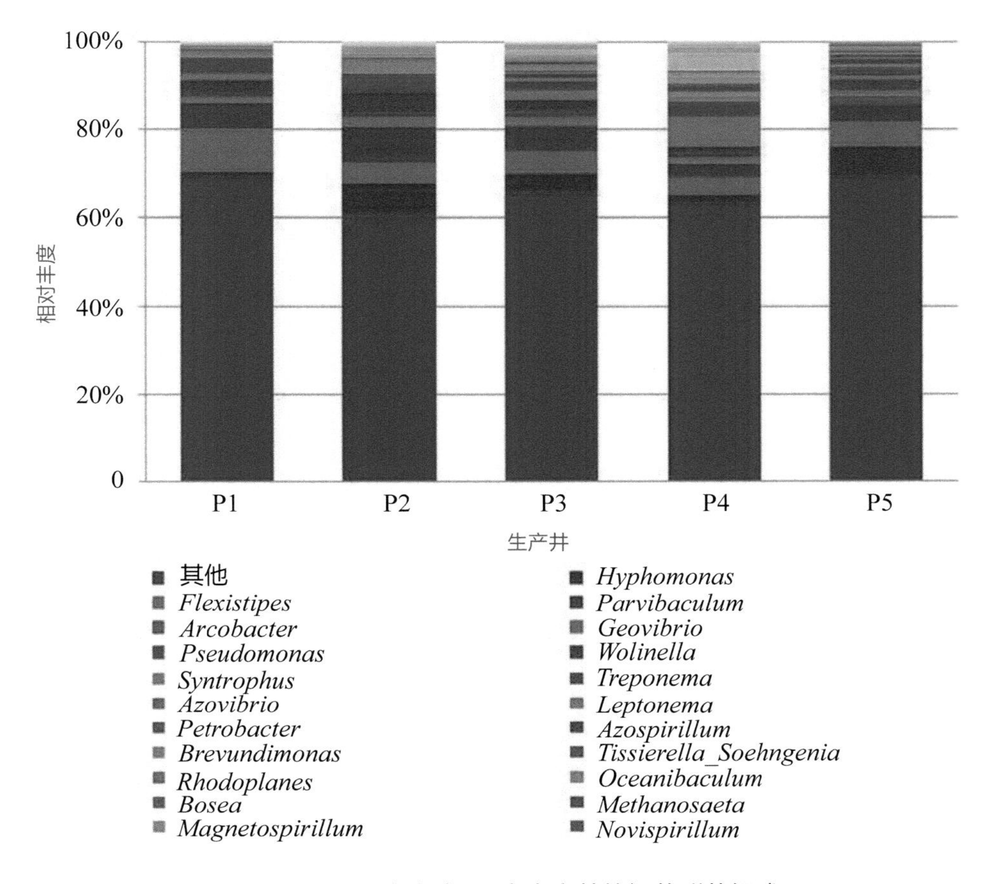

彩图7-10 大庆油田5个生产井的细菌群落组成

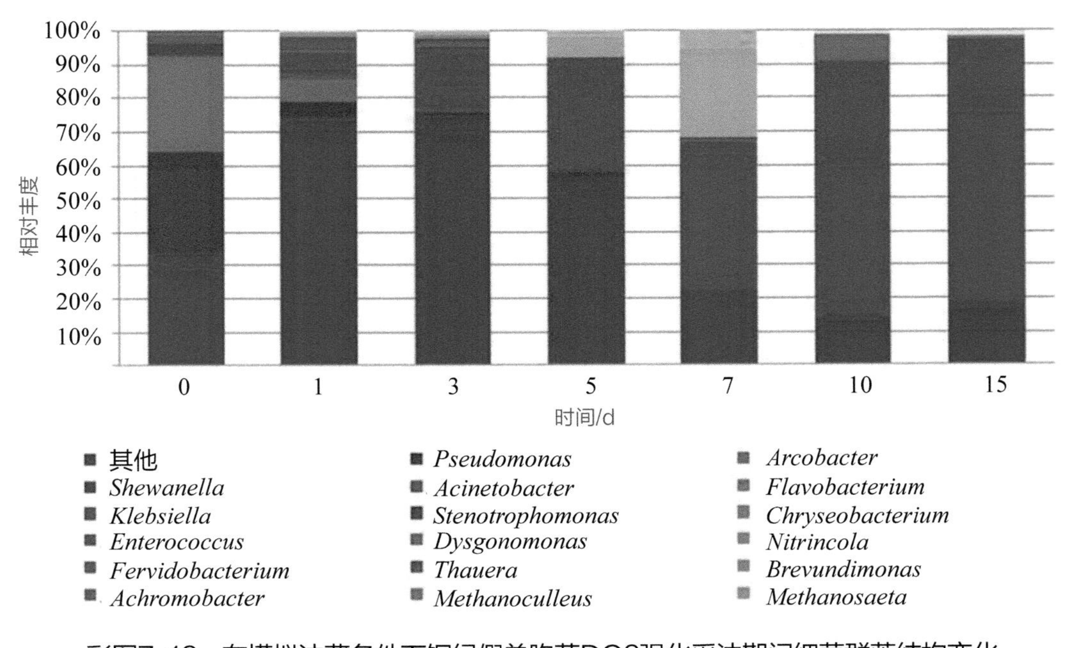

彩图7-13 在模拟油藏条件下铜绿假单胞菌DQ3强化采油期间细菌群落结构变化

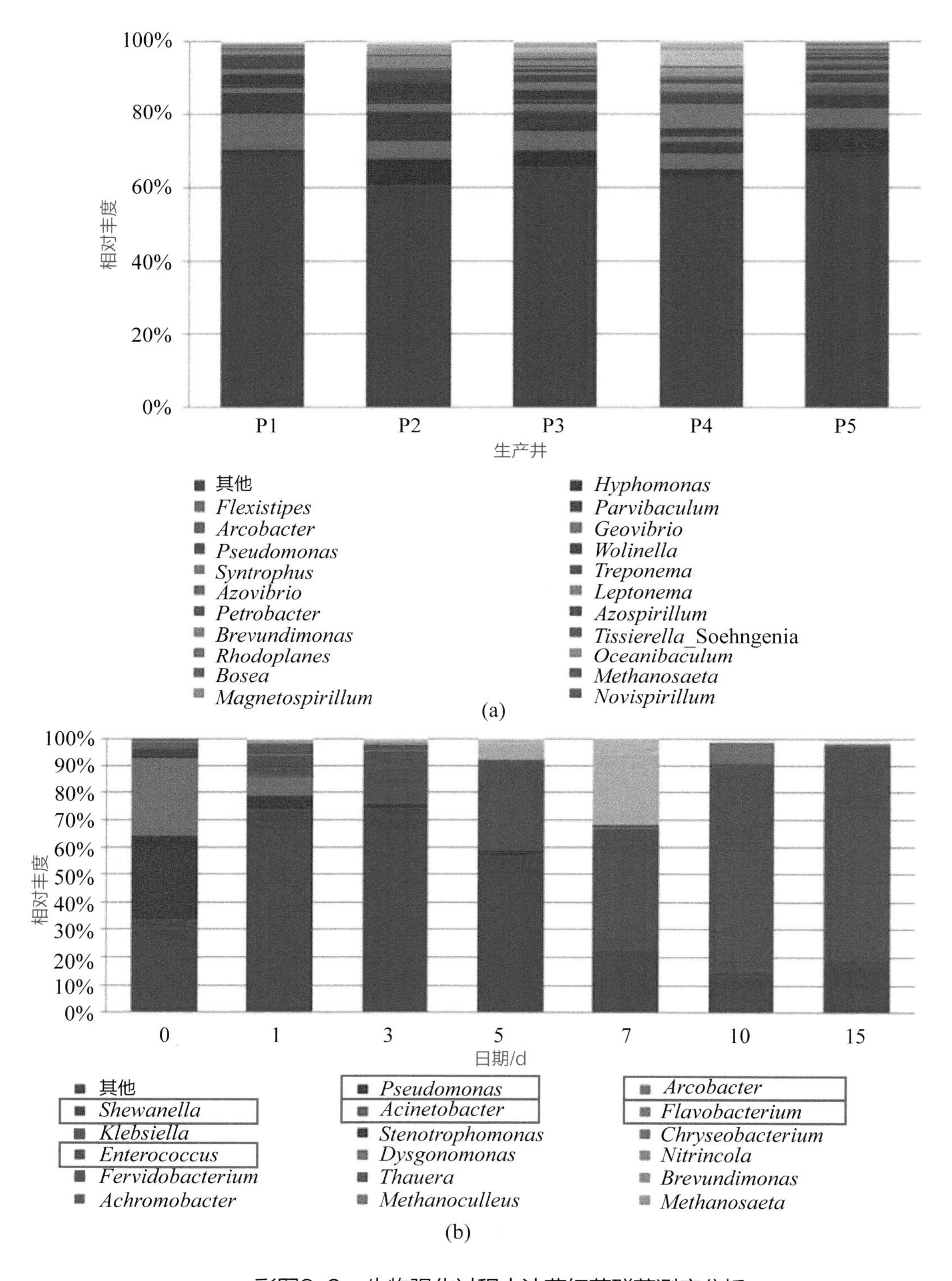

彩图8-2 生物强化过程中油藏细菌群落测序分析

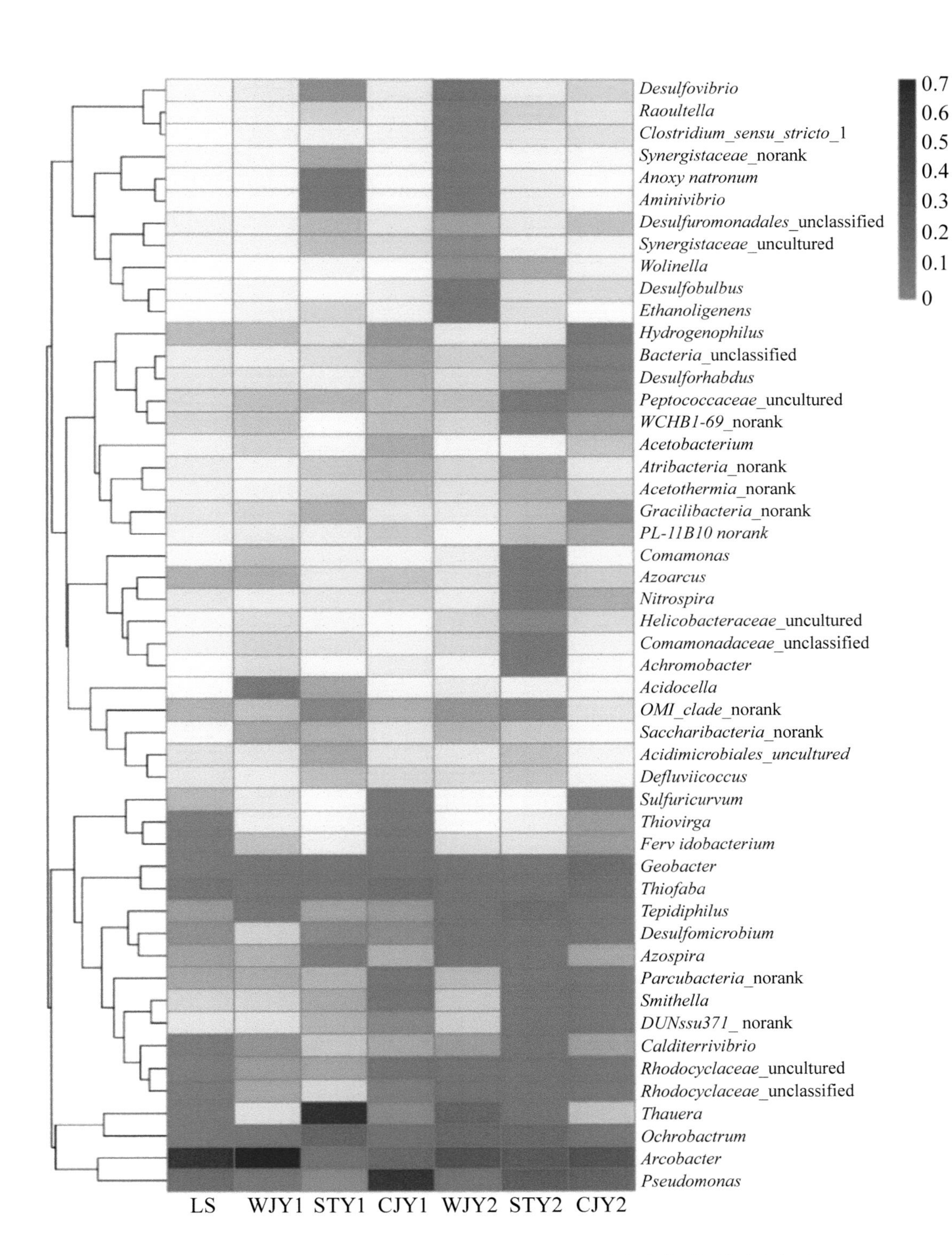

彩图8-12 未加药、加厂家药剂和生态抑制剂下的微生物群落解析（属）

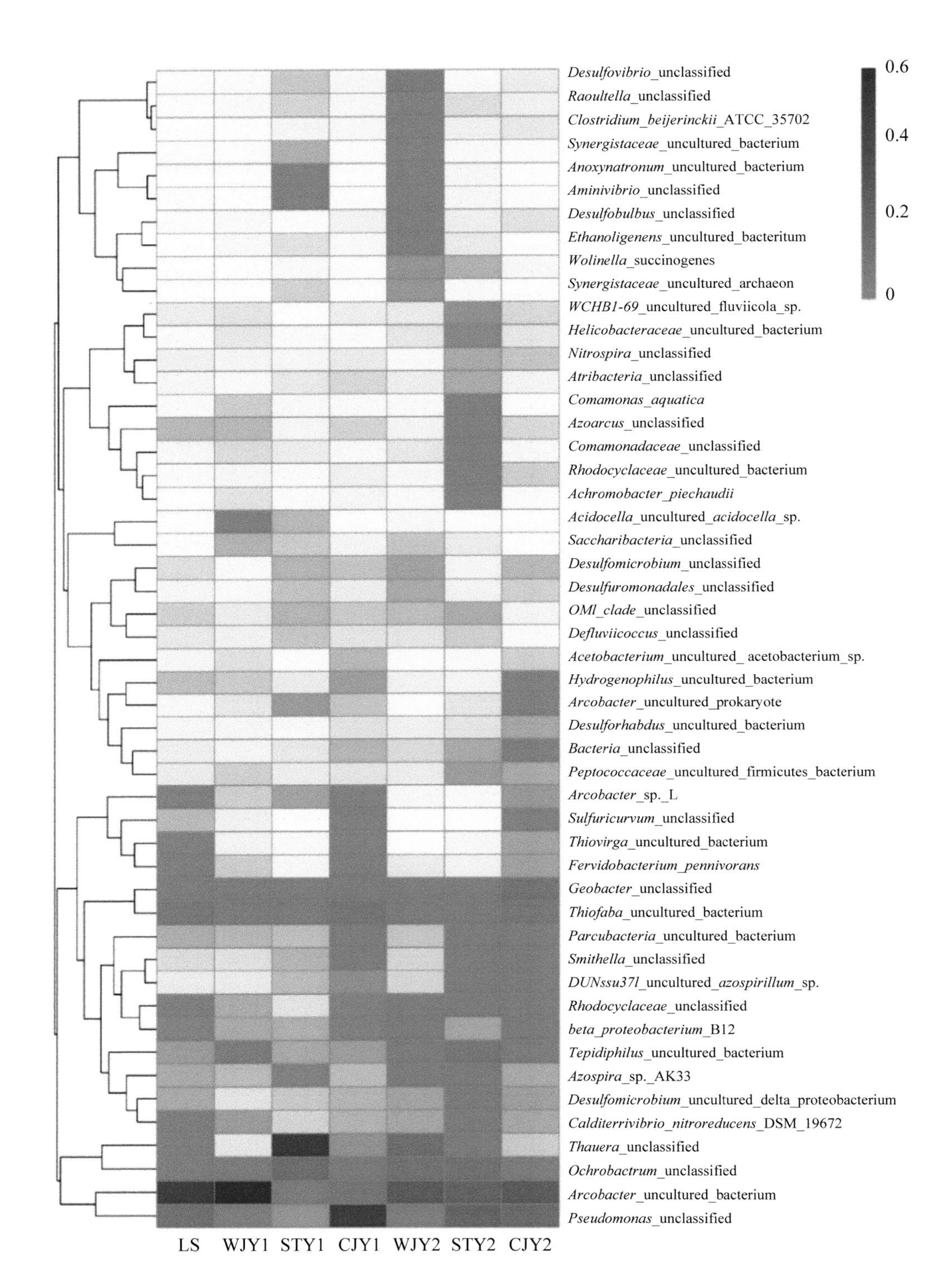

彩图8-13 未加药、加厂家药剂和生态抑制剂下的微生物群落解析（种）

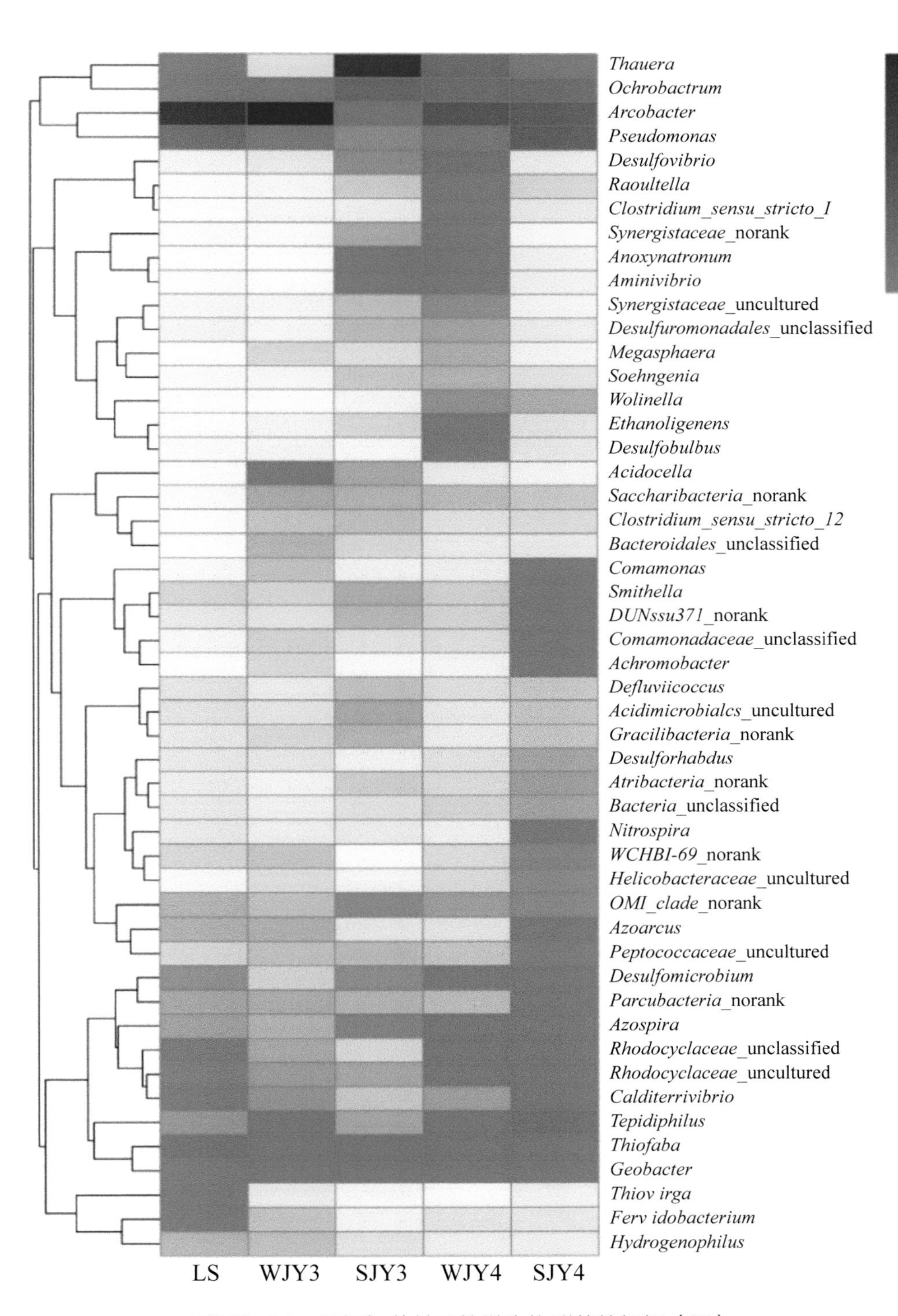

彩图8-14　现场加药前后的微生物群落的解析（属）

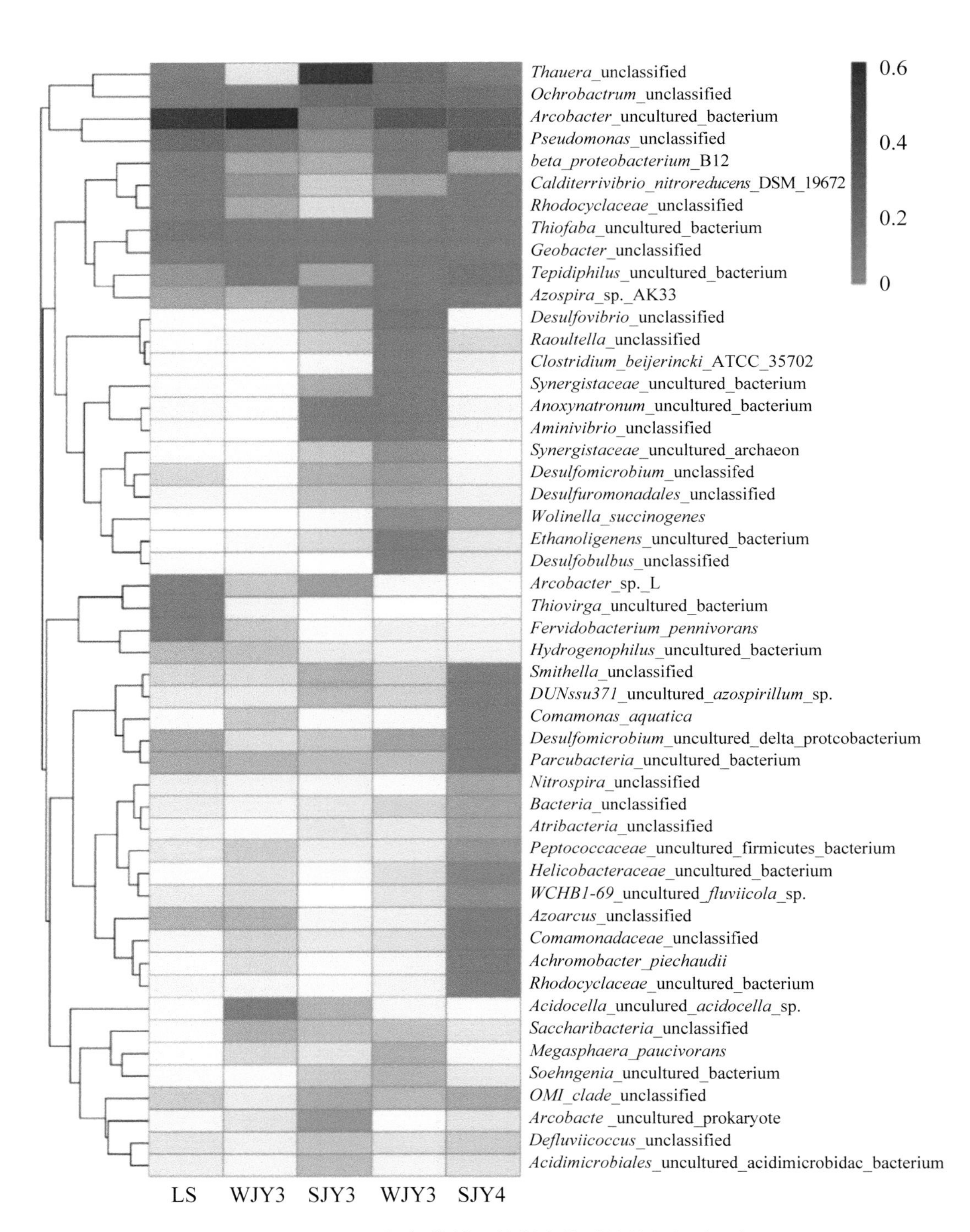

彩图8-15　现场加药前后的微生物群落的解析（种）

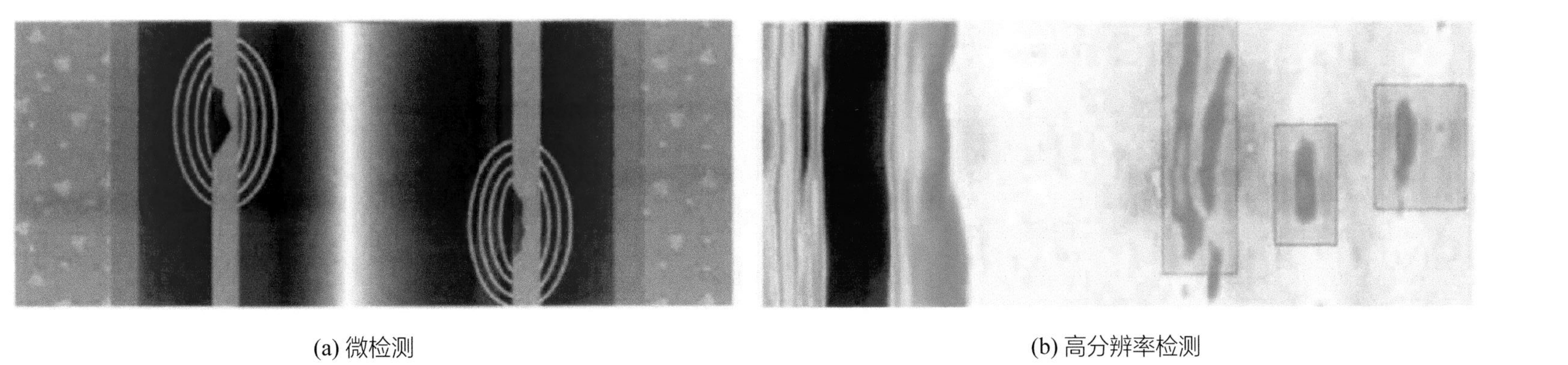

(a) 微检测　　(b) 高分辨率检测

彩图9-20　贝克休斯公司Vertilog套管监测服务测量结果

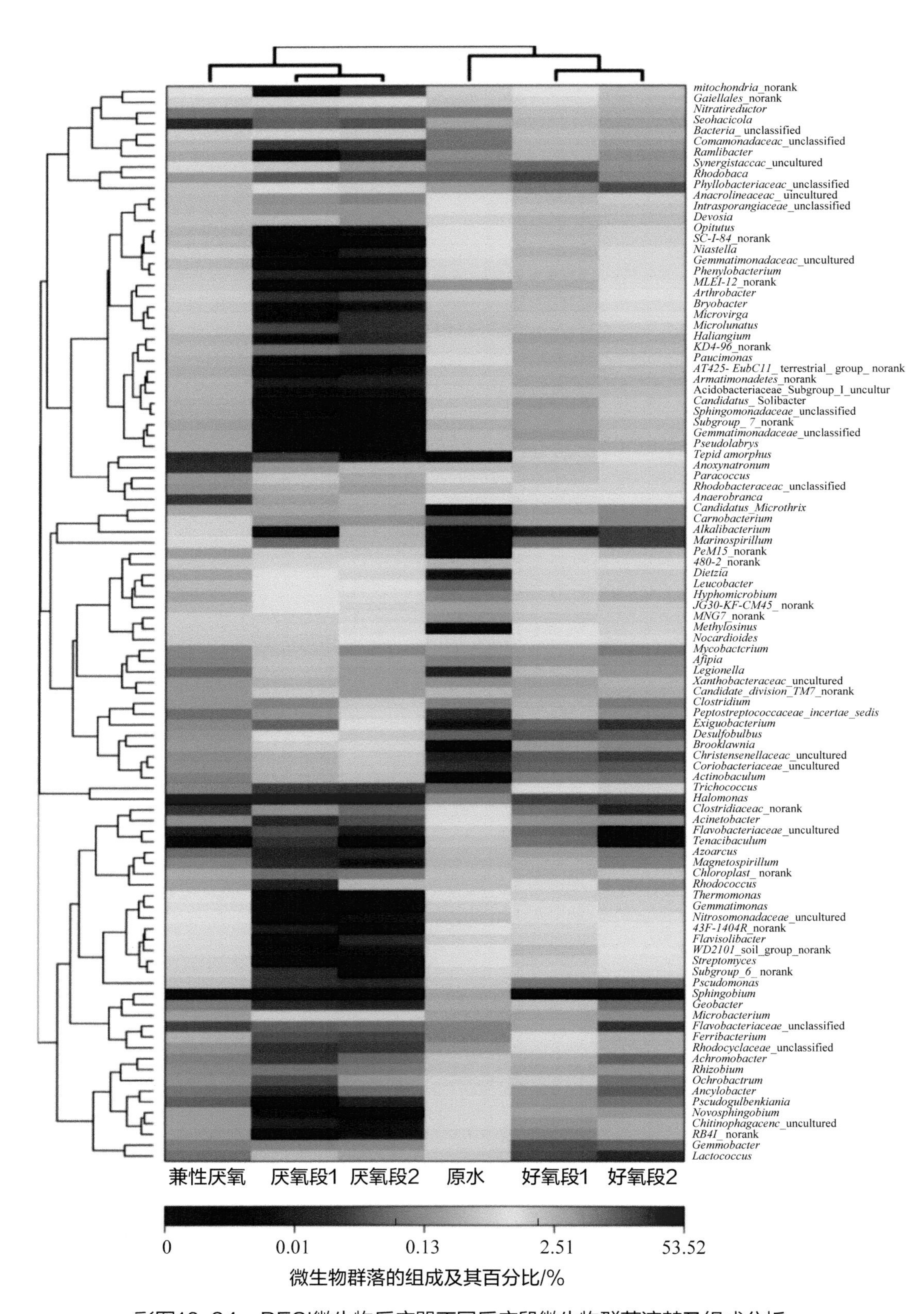

彩图10-34　BESI微生物反应器不同反应段微生物群落演替及组成分析